现代数学丛书

线性随机系统：一种关于建模、估计和辨识的几何方法

上册

[瑞典] 林德奎斯特　[意大利] 皮奇　著

赵延龙　赵文虓　译

上海科学技术出版社

图书在版编目(CIP)数据

线性随机系统:一种关于建模、估计和辨识的几何方法. / (瑞典)林德奎斯特(A. Lindquist),(意)皮奇(G.Picci)著;赵延龙,赵文虓译.—上海:上海科学技术出版社,2018.3

ISBN 978-7-5478-3792-4

Ⅰ.①线… Ⅱ.①林… ②皮… ③赵… ④赵… Ⅲ.①线性随机系统 Ⅳ.①TP271

中国版本图书馆 CIP 数据核字(2017)第 274782 号

总 策 划 苏德敏 张 晨
丛书策划 包惠芳 田廷彦
责任编辑 田廷彦
封面设计 赵 军

线性随机系统:一种关于建模、估计和辨识的几何方法
[瑞典] 林德奎斯特 [意大利] 皮奇 著
赵延龙 赵文虓 译

上海世纪出版(集团)有限公司
上 海 科 学 技 术 出 版 社 出版、发行
(上海钦州南路 71 号 邮政编码 200235 www.sstp.cn)
上海中华商务联合印刷有限公司印刷
开本 787×1092 1/16 印张 46.75
字数 810 千字
2018 年 3 月第 1 版 2018 年 3 月第 1 次印刷
ISBN 978-7-5478-3792-4/O·58
定价: 328.00 元(上下册)

《现代数学丛书》编委会

马志明(MA Zhiming)
中国科学院数学与系统科学研究院,北京 100190,中国

Andrew J. MAJDA
Courant Institute of Mathematical Sciences, New York University, New York, NY 10012, USA.

Cédric VILLANI
Institut Herni Poincaré, 75231 Paris Cedex 05, France.

袁亚湘(YUAN Yaxiang)
中国科学院数学与系统科学研究院,北京 100190,中国

张伟平(ZHANG Weiping)
南开大学陈省身数学研究所,天津 300071,中国

助 理

姚一隽(YAO Yijun)
复旦大学数学科学学院,上海 200433,中国

译 者 序

《线性随机系统：一种关于建模、辨识和估计的几何方法》一书是著名的控制理论方面的权威、瑞典皇家理工学院和上海交通大学“千人计划”讲席教授林德奎斯特以及意大利帕多瓦大学皮奇教授编著的. 林德奎斯特教授现任瑞典皇家工程院院士、中国科学院外籍院士, 同时也是俄罗斯科学院外籍院士、匈牙利运筹学会荣誉会员、国际电子与电气工程师协会终身会员 (IEEE Life Fellow)、国际工业与应用数学学会会士 (SIAM Fellow) 和国际自动控制联合会会士 (IFAC Fellow). 林德奎斯特教授的研究涉及数学和工程的广泛领域, 包括系统和控制、信号处理、系统辨识等. 皮奇教授现任瑞典皇家工程学院外籍院士, 同时也是国际电子与电气工程师协会终身会员和国际自动控制联合会会士. 皮奇教授的研究集中于随机系统的建模、估计和辨识. 林德奎斯特教授和皮奇教授的研究成果, 在许多方向都做出了前瞻性和开创性的贡献.

本书旨在对具有二阶矩的随机过程的状态空间建模给出严格的数学理论, 并包括这些理论方法在工程和其他学科中的应用. 具有平稳性的二阶矩随机过程建模与滤波的研究始于上世纪 40 年代 Kolomogov、Wiener、Cramer、Wold 等人以及之后 60 年代 Kalman 等人的奠基性工作. 本书基于 Hilbert 空间的几何理论这一崭新视角来重新审视这个问题. 应当说, 基于两位作者三十多年来的研究成果, 本书建立了基于几何方法的随机系统建模、估计和辨识的完整理论架构, 针对这些问题提供了一种新的数学工具, 是一本新颖而又坚实的理论专著.

本书分上下两册，由 17 章和 2 节附录组成：第 1 章为导言, 第 2 章介绍二阶随机过程的几何性质, 第 3 章介绍平稳随机过程的谱表示, 第 4 章介绍新息、Wold 分解和谱分解, 第 5 章介绍连续时间情形下的谱分解, 第 6 章介绍有限维线性随机系统, 第 7 章介绍分裂子空间的几何性质, 第 8 章介绍 Markov 表示, 第 9 章介绍 Hardy 空间的正规 Markov 表示, 第 10 章介绍连续时间情形下的随机实现理论, 第 11 章为随机均衡和模型降阶, 第 12 章为有限区间和部分随机实现理论, 第 13 章为时间序列的子空间辨识, 第 14 章为零动态与 Riccati 不等式的几何性质, 第 15 章为平滑和内插, 第 16 章为非因果线性随机系统和谱分解, 第 17 章为带输入的随机系统的相关理论, 最后两节附录分别为确定性实现理论的基础知识以及线性代数和 Hilbert 空间简介.

本书的主要特点：从内容的完整性看, 涵盖了线性随机系统建模、辨识和滤波等主要方面；从视角的独特性看, 以 Hilbert 空间和 Hardy 空间的基本理论为出发点, 从几何性角度入手, 全面阐述了线性随机系统的相关结论, 体现了作者写作的用心和内容的新颖；从本书的体系架构看, 阅读本书需要动态系统、线性代数、随机过程以及 Hilbert 空间、Hardy 空间等知识, 这些知识在本书中均有介绍, 从而使本书构成从几何角度阐释随机系统相关理论的一本自洽的专著；本书所引用的参考文献丰富, 几乎涵盖了随机系统领域的重要研究成果和重要原始文献. 本书适合于控制理论学者、研究生以及自动化工程技术人员参考.

本书的翻译第 1–5、13–17 章以及附录 A 和 B 由赵延龙执笔, 第 6–12 章由赵文虓执笔, 并得到了冯文辉、何雁羽、王西梅、张杭、王梓、谭建伟、李爽、彭程等人的帮助. 感谢田廷彦、龙静、钮凯福、杨凤霞等人的细致和专业的编辑与校对！此外，感谢中国科学院数学与系统科学研究院系统控制重点实验室和中国科学院大学对本书翻译的支持！由于译者学识浅薄, 错误和疏漏在所难免, 恳请专家和读者批评指正.

中国科学院数学与系统科学研究院
赵延龙　赵文虓
2017 年 8 月

前　　言

本书旨在论述二阶平稳过程的理论和模型, 并给出一些我们所认为的在工程和实践过程中的重要应用. 在本书开始处讨论的平稳过程基本问题由来已久, 自 20 世纪 40 年代, 因包括 Kolmogorov、Wiener、Cramèr 及其学生, 特别是 Wold 等人在内的工作而有所发展, 同时也有其他人的再定义和完善. 从 20 世纪 60 年代开始, 在现代数字计算机以及 Kalman 等人工作的基础上, 平稳随机信号和系统的滤波及建模问题也随之能得到处理研究和深入. 但关于随机过程的经典书籍没有讨论前面的问题, 特别是对特定状态空间的建模问题, 而建模问题在应用中又是极其重要的.

几十年前, 当我们第一次打算写这本书时, 激励我们的正是我们坚信文献中关于建模、估计和辨识的结果是散乱且不完整的, 有时湮没在各种公式中. 在我们看来, 主要原因是缺少了将不同问题联系起来的概念索链. 很多经常遇到的细节和技术总是被习惯性地忽略, 即使到了今天依然如此. 所以, 对于建模问题, 我们希望借助 Hilbert 的空间几何和坐标自由思想, 提供一些统一的、逻辑上自洽的看法. 在这个框架下, 基于与过去和将来信息流条件独立的随机状态空间和状态空间建模的概念构成了统一性的基础.

尽管已有 P.E. Caines 和 Gy. Michaletzky 及其他人的书讨论过这些概念中的一部分, 但中心要点仍与我们所设想的不同. 随着问题的发展, 新的理论和应用不断出现. 很多在本书中的内容已经发表在期刊论文中, 但仍有一些新的结果在本书中第一次出现.

由于数十年的共同努力的结果, 本书并不希望成为一本用于“季节性消费”的书. 很不谦虚地说, 我们期待（至少希望）它能够成为对应用数学中这个重要又美妙问题感兴趣的学生和研究者们的长期参考书. 我们感谢很多提出本书中理论的共同作者们, 特别是 G. Ruckebusch、M. Pavon、F. Badawi、Gy. Michaletzky、A. Chiuso 和 A. Ferrante, 也包括 C.I. Byrnes、S.V. Gusev、A. Blomqvist、R. Nagamune 和 P. Enqvist. 也感谢包括 O. Staffans、J. Malinen、P. Enqvist、Gy. Michaletzky、T.T. Georgiou、J. Karlsson 和 A. Ringh 在内的诸多同行对于手稿的审阅和提出的宝贵建议. 此外, 我们对赵延龙教授、赵文虓教授及其团队专业的中文翻译和编辑表示感谢.

林德奎斯特
皮奇

目　　录

第 1 章　导言 ········· 1
§ 1.1 随机实现的几何理论 ········· 2
1.1.1 Markov 分裂子空间 ········· 3
1.1.2 可观测性、可构造性以及极小性 ········· 4
1.1.3 基本表示定理 ········· 5
1.1.4 预测空间和偏序 ········· 7
1.1.5 框架空间 ········· 9
1.1.6 推广 ········· 9
§ 1.2 谱分解和基的一致选择性 ········· 10
1.2.1 线性矩阵不等式以及 Hankel 分解 ········· 10
1.2.2 极小性 ········· 12
1.2.3 有理协方差扩张 ········· 12
1.2.4 基的一致选择性 ········· 13
1.2.5 矩阵 Riccati 公式 ········· 14
§ 1.3 应用 ········· 14
1.3.1 平滑 ········· 14
1.3.2 插值法 ········· 16
1.3.3 子空间辨识 ········· 16
1.3.4 平衡模型降阶 ········· 17

§ 1.4 本书简介 ······ 19
§ 1.5 相关文献 ······ 21

第 2 章 二阶随机过程的几何结构 ······ 22
§ 2.1 二阶随机变量的 Hilbert 空间 ······ 22
2.1.1 符号和约定 ······ 23
§ 2.2 正交投影 ······ 23
2.2.1 线性估计和正交映射 ······ 25
2.2.2 关于正交投影的事实 ······ 28
§ 2.3 夹角和奇异值 ······ 29
2.3.1 典型相关分析 ······ 31
§ 2.4 条件正交性 ······ 33
§ 2.5 二阶过程和移位算子 ······ 36
2.5.1 平稳性 ······ 38
§ 2.6 条件正交以及建模 ······ 39
2.6.1 Markov 性质 ······ 40
2.6.2 随机动态系统 ······ 42
2.6.3 因子分析 ······ 44
2.6.4 条件正交性和协方差选择 ······ 49
2.6.5 因果关系以及自由反馈过程 ······ 52
§ 2.7 倾斜投影 ······ 52
2.7.1 有限维情况下倾斜投影的计算 ······ 55
§ 2.8 连续时间平稳增量过程 ······ 56
§ 2.9 相关文献 ······ 57

第 3 章 平稳过程的谱表示 ······ 59
§ 3.1 正交增量随机过程及 Wiener 积分 ······ 59
§ 3.2 平稳过程的调和分析 ······ 63
§ 3.3 谱表示定理 ······ 65
3.3.1 与随机 Fourier 变换的经典定义的联系 ······ 67
3.3.2 连续时间谱表示 ······ 69

3.3.3 关于离散时间白噪声的注 …… 69
3.3.4 实值过程 …… 70
§ 3.4 向量过程 …… 71
§ 3.5 白噪声泛函 …… 73
3.5.1 Fourier 变换 …… 75
§ 3.6 平稳增量过程的谱表示 …… 78
§ 3.7 重数与 H(y) 的模块结构 …… 80
3.7.1 重数及 H(y) 模块结构的定义 …… 82
3.7.2 基与谱因子分解 …… 84
3.7.3 绝对连续分布矩阵过程 …… 87
§ 3.8 相关文献 …… 89

第 4 章　新息、Wold 分解及谱因子分解 …… 90
§ 4.1 Wiener-Kolmogorov 滤波及预测理论 …… 90
4.1.1 Fourier 变换与谱表示的作用 …… 91
4.1.2 非因果与因果 Wiener 滤波器 …… 91
4.1.3 因果 Wiener 滤波 …… 94
§ 4.2 可正交化过程与谱因子分解 …… 96
§ 4.3 Hardy 空间 …… 100
§ 4.4 解析谱因子分解 …… 103
§ 4.5 Wold 分解 …… 104
4.5.1 可反转性 …… 111
§ 4.6 外谱因子 …… 113
4.6.1 不变子空间与因子分解定理 …… 115
4.6.2 内函数 …… 119
4.6.3 外函数的零点 …… 120
§ 4.7 Toeplitz 矩阵与 Szegö 公式 …… 121
4.7.1 Toeplitz 矩阵的代数性质 …… 128
§ 4.8 相关文献 …… 132

第 5 章 连续时间情形的谱因子分解 ········ 134
§ 5.1 连续时间 Wold 分解 ········ 134
§ 5.2 半平面的 Hardy 空间 ········ 135
§ 5.3 连续时间下的解析谱因子分解 ········ 139
5.3.1 $\mathcal{W}^2$ 中的外谱因子 ········ 140
§ 5.4 广义半鞅 ········ 143
5.4.1 平稳增量半鞅 ········ 146
§ 5.5 谱域中的平稳增量半鞅 ········ 147
5.5.1 定理 5.4.4 的证明 ········ 150
5.5.2 退化平稳增量过程 ········ 151
§ 5.6 相关文献 ········ 152

第 6 章 有限维线性随机系统 ········ 153
§ 6.1 随机状态空间模型 ········ 153
§ 6.2 反因果状态空间模型 ········ 157
§ 6.3 生成过程和结构函数 ········ 160
§ 6.4 状态空间和不依赖坐标选取的表示 ········ 163
§ 6.5 可观性, 可构造性和最小性 ········ 165
§ 6.6 向前和向后预测空间 ········ 168
§ 6.7 谱密度和解析谱因子 ········ 172
6.7.1 反问题 ········ 175
§ 6.8 正则性 ········ 179
§ 6.9 Riccati 方程和 Kalman 滤波 ········ 183
§ 6.10 相关文献 ········ 187

第 7 章 分裂子空间的几何性质 ········ 189
§ 7.1 确定性实现理论回顾: 状态空间构造的抽象想法 ········ 189
§ 7.2 垂直相交 ········ 191
§ 7.3 分裂子空间 ········ 193
§ 7.4 Markov 分裂子空间 ········ 198

§ 7.5 Markov 半群 ······ 205
§ 7.6 最小性和维数 ······ 206
§ 7.7 最小分裂子空间的偏序 ······ 210
7.7.1 基底的一致选择 ······ 212
7.7.2 排序和分散对 ······ 214
7.7.3 最紧的内部界 ······ 217
§ 7.8 相关文献 ······ 221

第 8 章 Markov 表示 ······ 222
§ 8.1 基本表示定理 ······ 223
§ 8.2 标准, 正常和 Markov 半群 ······ 228
§ 8.3 向前和向后系统 (有限维情形) ······ 232
§ 8.4 可达性, 可控性和确定子空间 ······ 236
§ 8.5 纯确定过程的 Markov 表示 ······ 245
§ 8.6 有限维模型的最小性和非最小性 ······ 250
§ 8.7 有限维最小 Markov 表示的参数化 ······ 253
§ 8.8 Markov 表示的正规性 ······ 258
§ 8.9 无观测噪声模型 ······ 262
§ 8.10 向前和向后系统 (一般情形) ······ 265
8.10.1 状态空间同构和无穷维正实引理方程 ······ 273
8.10.2 更多关于正规性的内容 ······ 275
8.10.3 无观测噪声模型 ······ 276
§ 8.11 相关文献 ······ 277

第 9 章 Hardy 空间中的正规 Markov 表示 ······ 278
§ 9.1 Markov 表示的泛函形式 ······ 278
9.1.1 谱因子和结构性泛函 ······ 280
9.1.2 Markov 表示的内部三元组 ······ 282
9.1.3 状态空间的构造 ······ 284
9.1.4 受限移位算子 ······ 287

§ 9.2 最小 Markov 表示 …… 290
9.2.1 Hankel 算子的谱表示 …… 292
9.2.2 严格非循环过程和正规性 …… 294
9.2.3 最小 Markov 表示的结构函数 …… 297
9.2.4 最小性的一个几何条件 …… 300
§ 9.3 退化性 …… 302
9.3.1 误差空间的正则性、奇异性和退化性 …… 303
9.3.2 退化过程 …… 305
9.3.3 例子 …… 308
§ 9.4 强制性再议 …… 311
§ 9.5 无观测噪声模型 …… 313
§ 9.6 相关文献 …… 315

第 10 章 连续时间情形的随机实现理论 …… 317
§ 10.1 连续时间随机模型 …… 317
10.1.1 模型的最小化和非最小化 …… 318
10.1.2 状态空间和 Markov 表示的基本思想 …… 320
10.1.3 平稳过程建模 …… 322
§ 10.2 Markov 表示 …… 323
10.2.1 状态空间的构造 …… 325
10.2.2 谱因子与结构函数 …… 330
10.2.3 谱因子到 Markov 表示 …… 334
§ 10.3 有限维 Markov 表示的前向和后向实现 …… 336
§ 10.4 谱分解与 Kalman 滤波 …… 346
10.4.1 基底的一致选择 …… 346
10.4.2 谱分解, 线性矩阵不等式和集合 $\mathcal{P}$ …… 348
10.4.3 代数 Riccati 不等式 …… 352
10.4.4 Kalman 滤波 …… 353
§ 10.5 一般情形下的前向和后向随机实现 …… 356
10.5.1 前向状态表示 …… 357
10.5.2 后向状态表示 …… 361

10.5.3 平稳过程的随机实现 …… 364
10.5.4 平稳增量过程的随机实现 …… 367
§ 10.6 相关文献 …… 369

第 11 章　随机均衡和模型降阶 …… 370
§ 11.1 典型相关分析与随机均衡 …… 371
11.1.1 可观性与可构造性 Gram 算子 …… 373
11.1.2 随机均衡 …… 376
11.1.3 均衡的随机实现 …… 378
§ 11.2 基于 Hankel 矩阵的随机均衡实现 …… 381
§ 11.3 随机模型降阶的基本原理 …… 385
11.3.1 随机模型近似 …… 388
11.3.2 与极大似然准则的联系 …… 392
§ 11.4 受限模型类中的预报误差近似 …… 393
§ 11.5 H^∞ 中相对误差极小化 …… 395
11.5.1 Hankel 范数近似的简短回顾 …… 395
11.5.2 极小化相对误差 …… 400
§ 11.6 随机均衡截断 …… 405
11.6.1 连续时间情形 …… 406
11.6.2 离散时间情形 …… 408
11.6.3 离散时间模型的均衡截断 …… 412
§ 11.7 相关文献 …… 414

第 1 章

导言

在本书中, 我们考虑如下的反问题: 对给定一个平稳随机向量的过程, 找到一个由白噪声驱动并且以给定的过程作为其输出的线性随机系统. 这个随机实现问题实际上是一个状态空间建模的问题, 与其他大多数反问题类似, 该问题一般来说有无穷多个解. 从应用的角度看, 参数化该问题的解并从系统理论的角度来描述它是非常重要的.

我们对该随机实现问题提出了完整的几何理论. 其建模问题被归结为 Hilbert 空间的一个几何问题. 从概念的角度来看, 这样的转换策略有几个优点: 首先, 没有必要限制在有限维系统中分析, 因为几何性质是一般 (但不总是) 独立于系统维度的; 其次, 由于几何性质独立于系统维度, 所以我们能够分解出仅依赖于坐标选择的模型的属性和算法, 实际上, 几何方法还是坐标自由的. 看起来非常复杂的、依赖于坐标形式的结构特征性质的问题我们都给出简单的几何描述. 最后, 系统理论的概念, 如极小性、可观察性、可构造性等, 都可以用几何术语进行定义分析.

这里提出的建立线性随机系统理论的方法应该是自然的、符合逻辑一致性的. 传统的理论很少关注线性随机系统的结构概念, 即使是最基本的结构概念, 比如极小性. 这就导致根据公式推导出的滤波算法没有帮助更深入地了解为什么估计会满足递推公式, 算法是否具有极小的复杂性等. 实际上, 在动态估算中许多重要的结构属性, 比如递归 (微分或差分方程) 解的存在性、滤波算法的极小性, 以及具体的观测信号处理过程 (这个观测信号可能伴随非因果的信息模式) 等属性都可以用几何语言在 Hilbert 空间理论下以坐标自由的形式完美地表达和理解. 坐标的使用可能使问题模糊化. 看来其完全不同的算法, 当去掉坐标后实际上可能是等价的. 对基于在观测数据上构建的各种子空间上的几何运算的子空间辨识方法,这样的情况同样存在.

此导言部分的目的是简单地介绍这本书的一些基本概念, 并且解释它们是如何被应用的. 读者对于线性系统的确定性实现理论的一些知识对理解本书也是有帮助的. 如果读者不了解这部分知识, 可以阅读附录 A. 我们需要的一些线性代数和 Hilbert 空间中的基本知识可以在本书附录 B 中读到, 这部分内容也可以帮助读者了解本书中的符号.

虽然有时候为了章节的完整性, 一般概率测度论的理论也应该被提及, 但是阅读本书的大部分内容可以不需要概率测度论的内容.

符号说明

我们用符号 $\mathbb{R}$, $\mathbb{C}$, $\mathbb{Z}$ 以及 $\mathbb{N}$ 分别代表实数、复数、整数以及自然数. 一般情况下, 除非特别说明, 向量均为列向量, 符号 $(')$ 代表向量以及矩阵的转置. 给定两个子空间 A 以及 B, 向量和 $\mathrm{A} \vee \mathrm{B}$ 是集合 $\{\alpha + \beta \mid \alpha \in \mathrm{A}, \beta \in \mathrm{B}\}$ 的闭包, 见附录 B.2 节. 一列子空间的向量和 $\{\mathrm{A}_k,\ k \in \mathcal{K}\}$ 用 $\bigvee_{k\in\mathcal{K}} \mathrm{A}_k$ 表示. 两个子空间 A 和 B 的直和用 $\mathrm{A} \dotplus \mathrm{B}$ 表示, 正交直和用 $\mathrm{A} \oplus \mathrm{B}$ 表示.

§ 1.1 随机实现的几何理论

一个由白噪声输入 w 驱动的有限维随机系统是本书中研究的典型的反问题. 给定零均值的 m 维 (宽) 平稳过程 $\{y(t),\ t \in \mathbb{Z}\}$, $y(t)$ 为如下系统的输出

$$\begin{cases} x(t+1) = Ax(t) + Bw(t), \\ y(t) = Cx(t) + Dw(t), \end{cases} \tag{1.1}$$

其中,$\{x(t),\ t \in \mathbb{Z}\}$ 是一个 n 维平稳向量过程, 是此系统的状态过程, $\{w(t), t \in \mathbb{Z}\}$ 是一个 p 维过程, 并且具有以下性质

$$\mathrm{E}\{w(t)\} = 0, \qquad \mathrm{E}\{w(t)w(s)'\} = I\delta_{ts} := \begin{cases} I, & \text{若 } t = s, \\ 0, & \text{若 } t \neq s, \end{cases} \tag{1.2}$$

其与 $\{x(s),\ s \leqslant t\}$ 是不相关的, A, B, C, D 是相应维数的常数矩阵, 并且 A 矩阵的特征值的模小于 1.

T 是任意维数的非奇异矩阵. 用 $Tx(t)$ 代替 (1.1) 中的 $x(t)$, 通过坐标变换可以得到另一个输出 y 的表达形式

$$(A, B, C, D) \to (TAT^{-1}, TB, CT^{-1}, D). \tag{1.3}$$

但是, 我们考虑这种变换的唯一性是平凡的, 因为上述表达式具有相同的状态空间

$$\mathrm{X} := \{a'x(0) \mid a \in \mathbb{R}^n\}, \tag{1.4}$$

不同的仅仅是在 X 中选择不同的基底. 我们感兴趣的是在不同的状态空间 X 下, 参数化 y 的随机实现系统 (1.1). 特别地, 我们对 X 中的一族具有极小维度 n 的状态空间 $\mathcal{X}$ 感兴趣.

再假设 y 是纯粹非确定性的, 有以下表达式

$$y(t) = \sum_{k=-\infty}^{t-1} CA^{t-1-k}Bw(k) + Dw(t), \tag{1.5}$$

以上可看出 $y(t)$ 只依赖于 $\{w(s),\ s \leqslant t\}$ 并且与未来的噪声 $\{w(s),\ s > t\}$ 是无关的. 因此, (1.1) 是一个包含前向时间的随机系统.

正如我们在第 6 章和第 8 章看到的, 对系统 (1.1) 还有一个相关的后向实现

$$\begin{cases} \bar{x}(t-1) = A'\bar{x}(t) + \bar{B}\bar{w}(t), \\ y(t) = \bar{C}\bar{x}(t) + \bar{D}\bar{w}(t), \end{cases} \tag{1.6}$$

这个系统有相同的状态空间 X, 即

$$\{a'\bar{x}(-1) \mid a \in \mathbb{R}^n\} = \mathrm{X} = \{a'x(0) \mid a \in \mathbb{R}^n\}. \tag{1.7}$$

状态过程 x 和 $\bar{x}$ 具有如下关系

$$\bar{x}(t) = P^{-1}x(t+1), \tag{1.8}$$

这里根据平稳性,$P := \mathrm{E}\{x(t)x(t)'\}$ 是常数矩阵, 并且

$$\bar{C} = CPA' + DB'. \tag{1.9}$$

此外, 白噪声过程 $\{\bar{w}(t); t \in \mathbb{Z}\}$ 满足方程 (1.2), $\bar{x}(t)$ 与过去时刻的 $\{\bar{w}(s),\ s \leqslant t\}$ 是无关的, 这也反映了系统 (1.6) 的后向特征. 由于 $\mathrm{E}\{x(0)\bar{x}(-1)'\} = I$,X 中的 $x(0)$ 和 $\bar{x}(-1)$ 两个基底被称为对偶基底.

1.1.1　Markov 分裂子空间

在第 2 章将详细介绍的是, 对于任意的 $t \in \mathbb{Z}$, 具有有限二阶矩的零均值的随机变量 $x(t)$ 和 $y(t)$, 可以表示为具有内积 $\langle \xi, \eta \rangle = \mathrm{E}\{\xi\eta\}$ 的 Hilbert 空间中的元素,

其中 $E\{\cdot\}$ 表示数学期望. 特别地, 集合 $\{y(t), t \in \mathbb{Z}\}$ 中所有元素的线性组合的闭包是这个 Hilbert 空间的一个子空间 H; 我们称这个子空间 H 是 $\{y(t), t \in \mathbb{Z}\}$(线性)产生的. 同样地, H^- 是集合 $\{y(t); t < 0\}$ 中的元素产生的, 被称为过去的空间,H^+ 是由 $\{y(t); t \geqslant 0\}$ 的元素产生的, 被称为未来的空间. 空间 X 也是一个子空间, 但并不需要是 H 的子空间. 如果是, 我们称表示是内在的. 与 H, H^- 以及 H^+ 不同的是, X 是有限维的.(但是, 在这本书中我们也会遇到 X 是无穷维的空间中的表示.) 由平稳性, 存在一个单位算子 $\mathcal{U}: \mathbb{H} \to \mathbb{H}$ 使得对于所有的 $t \in \mathbb{Z}$, 任意的 $b \in \mathbb{R}^m$ 以及 $a \in \mathbb{R}^n$, 我们有 $b'y(t) = \mathcal{U}^t\big(b'y(0)\big)$, $a'x(t) = \mathcal{U}^t\big(a'x(0)\big)$.

在第 6 章中我们将证明表达式 (1.1) 和 (1.6) 在 X 中成立当且仅当

$$\langle \xi - \mathrm{E}^{\mathrm{X}} \xi, \eta - \mathrm{E}^{\mathrm{X}} \eta \rangle = 0, \qquad \forall \xi \in \mathrm{H}^- \vee \mathrm{X}^-, \eta \in \mathrm{H}^+ \vee \mathrm{X}^+, \tag{1.10}$$

这里 $\mathrm{X}^- := \bigvee_{k=-\infty}^{0} \mathcal{U}^k \mathrm{X}$, $\mathrm{X}^+ := \bigvee_{k=0}^{\infty} \mathcal{U}^k \mathrm{X}$, E^{X} 是映射到子空间 X 正交映射. 如果给定 X 我们称子空间 $\mathrm{H}^- \vee \mathrm{X}^-$ 以及 $\mathrm{H}^+ \vee \mathrm{X}^+$ 是条件正交 的. 满足这个条件的 X 空间被称为关于 y 的 Markov 分裂子空间.

1.1.2 可观测性、可构造性以及极小性

下面我们将说明基本的系统理论概念如何具有几何特征. 几何理论的一个中心目标是 Hankel 算子

$$\mathcal{H} := \mathrm{E}^{\mathrm{H}^+}|_{\mathrm{H}^-} \tag{1.11}$$

将过去的空间 H^- 中的元素正交地映射到未来的空间 H^+ 中, 同时它的伴随算子

$$\mathcal{H}^* := \mathrm{E}^{\mathrm{H}^-}|_{\mathrm{H}^+} \tag{1.12}$$

将未来空间中的元素正交地映射到过去的空间. 我们也定义能观性算子

$$\mathcal{O} := \mathrm{E}^{\mathrm{H}^+}|_{\mathrm{X}} \tag{1.13}$$

以及构造算子

$$\mathcal{C} := \mathrm{E}^{\mathrm{H}^-}|_{\mathrm{X}}. \tag{1.14}$$

正如第 7 章介绍的, 任意满足 (1.10) 的 X 都有下列的关系图

$$\begin{array}{ccc} \mathrm{H}^- & \xrightarrow{\mathcal{H}} & \mathrm{H}^+ \\ \mathcal{C}^* \searrow & & \nearrow \mathcal{O} \\ & \mathrm{X} & \end{array} \qquad \mathcal{H} = \mathcal{O}\mathcal{C}^* \tag{1.15}$$

一个具有这个性质的空间 X 被简单地称为分裂子空间, 同时, 用统计的语言来说, 它代表了一个充分统计量. 与确定性实现理论的情形相似 (第 7.7 节), 当且仅当这个分解是正则的, 空间 X 具有极小的维度, 就是说, $\mathcal{C}^*$ 是满射, $\mathcal{O}$ 是单射. 等价地, 我们有对偶分解

$$\begin{array}{ccc} \mathrm{H}^+ & \xrightarrow{\mathcal{H}^*} & \mathrm{H}^- \\ \mathcal{O}^* \searrow & & \nearrow \mathcal{C} \\ & \mathrm{X} & \end{array} \qquad \mathcal{H}^* = \mathcal{C}\mathcal{O}^* \tag{1.16}$$

这个分解是正则的当且仅当 $\mathcal{O}^*$ 是满射,$\mathcal{C}$ 是单射, 跟上一个条件相同. 如果 $\mathcal{O}$ 是单射, 或者等价地 $\mathcal{O}^*$ 是满射, 我们称 X 是能观测的, 条件成立当且仅当 $\mathrm{X}\cap(\mathrm{H}^+)^\perp = 0$. 类似地, 如果 $\mathcal{C}$ 是单射, 或者等价地 $\mathcal{C}^*$ 是满射, 我们称 X 是可构造的, 该条件成立当且仅当 $\mathrm{X}\cap(\mathrm{H}^-)^\perp = 0$. 因此, X 是极小的当且仅当它是可观测的并且是可构成的 (定理 7.3.5).

定义受约束的变换

$$\mathcal{U}(\mathrm{X}) = \mathrm{E}^{\mathrm{X}}\,\mathcal{U}|_{\mathrm{X}},$$

定理 7.5.1 可以说明下列关系图对任意的 Markov 分裂子空间成立

$$\begin{array}{ccc} \mathrm{H}^+ & \xrightarrow{\mathcal{O}^*} & \mathrm{X} \\ {\scriptstyle \mathcal{U}}\big\downarrow & & \big\downarrow{\scriptstyle \mathcal{U}(\mathrm{X})} \\ \mathrm{H}^+ & \xrightarrow{\mathcal{O}^*} & \mathrm{X} \end{array} \qquad\qquad \begin{array}{ccc} \mathrm{H}^- & \xrightarrow{\mathcal{C}^*} & \mathrm{X} \\ {\scriptstyle \mathcal{U}^*}\big\downarrow & & \big\downarrow{\scriptstyle \mathcal{U}(\mathrm{X})^*} \\ \mathrm{H}^- & \xrightarrow{\mathcal{C}^*} & \mathrm{X} \end{array}$$

公式中 $\mathcal{U}(\mathrm{X})^*$ 以及 $\mathcal{U}(\mathrm{X})$ 分别是 (1.1) 中的 A 以及 (1.6) 中的 A' 的算子形式. 根据 (1.1) 可以得到 $\mathcal{U}(\mathrm{X})a'x(0) = a'Ax(0)$, 根据 (1.6) 可以得到 $\mathcal{U}(\mathrm{X})^*a'\bar{x}(0) = a'A\bar{x}(0)$, 即可得到以上关系图.

1.1.3　基本表示定理

在第 7 章以及第 8 章一个主要的结果是 Markov 分裂子空间的散射对形式的特征描述. 这个描述与 Lax-Phillips 散射理论 (通过 Hardy 空间理论) 有关; 见第 9 章: 子空间 X 是一个 Markov 分裂子空间当且仅当

$$\mathrm{X} = \mathrm{S}\cap\bar{\mathrm{S}}$$

对一些满足 $\mathrm{H}^-\subset\mathrm{S}$, $\mathrm{H}^+\subset\bar{\mathrm{S}}$ 的散射对 $(\mathrm{S},\bar{\mathrm{S}})$, 不变性条件 $\mathcal{U}^*\mathrm{S}\subset\mathrm{S}$, $\mathcal{U}\bar{\mathrm{S}}\subset\bar{\mathrm{S}}$,

$$\mathrm{S}\vee\bar{\mathrm{S}} = \bar{\mathrm{S}}^\perp\oplus(\mathrm{S}\cap\bar{\mathrm{S}})\oplus\mathrm{S}^\perp,$$

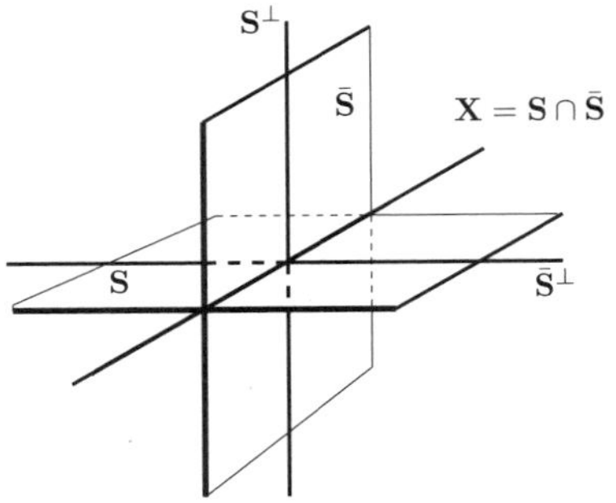

图 1.1 $X \sim (S, \bar{S})$ 的几何形状

其中 $\oplus$ 表示正交直和,$\perp$ 是环绕空间 $S \vee \bar{S}$ 的正交补. 因此, 正如图 1.1 所示, 散射子空间 $(S, \bar{S})$ 与一个非空交集正交, 而这个非空集合恰恰就是 X. 此外, 等价关系 $X \leftrightarrow (S, \bar{S})$ 是一对一的, $S = H^- \vee X^-$, $\bar{S} = H^+ \vee X^+$. 可以写为 $X \sim (S, \bar{S})$ 来确定这些对象. 总之, $(\mathbb{H}, \mathcal{U}, X)$ 是可观测的当且仅当

$$\bar{S} = H^+ \vee S^\perp, \tag{1.17}$$

$(\mathbb{H}, \mathcal{U}, X)$ 是可构造的当且仅当

$$S = H^- \vee \bar{S}^\perp, \tag{1.18}$$

$(\mathbb{H}, \mathcal{U}, X)$ 是极小的当且仅当 (1.17) 及 (1.18) 同时成立.

现在, S 在 $\mathcal{U}S$ 中的正交补 W, 即

$$W = \mathcal{U}S \ominus S,$$

代表 S 提供的新的信息, 这是因为随着时间的推移它被向前推了一步. 这样一个子空间被称为*游荡子空间* . 在第 8 章中, 可以证明它是一个有限 p 维的空间, 并且可以产生无穷维正交分解

$$S = \mathcal{U}^{-1}W \oplus \mathcal{U}^{-2}W \oplus \mathcal{U}^{-3}W \oplus \cdots \oplus S_{-\infty},$$

其中 $S_{-\infty} = 0$ 是由 (1.5) 代表的纯粹的非确定性的情况. 这是第 4 章介绍的 Wold 分解. 设 $(\eta_1, \eta_2, \cdots, \eta_p)$ 是 W 一组正交基, 定义向量过程 $\{w(t),\ t \in \mathbb{Z}\}$, 其元素为 $w_k(t) = \mathcal{U}^t \eta_k$, $k = 1, 2, \cdots, p$. 则 w 是一个满足 (1.2) 的白噪声过程. 此外, 在第 8

章有

$$\begin{cases}\mathcal{U}\mathrm{X} \subset \mathrm{X} \oplus \mathrm{W},\\ \quad \mathrm{Y} \subset \mathrm{X} \oplus \mathrm{W}.\end{cases}$$

这里 $\mathrm{Y} := \{b'y(0) \mid b \in \mathbb{R}^m\}$ (定理 8.1.2). 因此, 如果 $x(0)$ 是 X 的一个基, 对于某些通过推论 2.2.3 映射公式决定的矩阵 A, B, C 和 D , 我们可以得到正交分解

$$\begin{cases}x(1) = Ax(0) + Bw(0),\\ y(0) = Cx(0) + Dw(0).\end{cases}$$

那么对每个组成元素运用转移算子 $\mathcal{U}^t$, 我们将恰巧得到随机实现系统 (1.1).

类似地, 我们同样有

$$\begin{cases}\mathcal{U}^*\mathrm{X} \subset \mathrm{X} \oplus (\mathcal{U}^*\bar{\mathrm{W}}),\\ \mathcal{U}^*\mathrm{Y} \subset \mathrm{X} \oplus (\mathcal{U}^*\bar{\mathrm{W}}).\end{cases}$$

游荡子空间为

$$\bar{\mathrm{W}} := \bar{\mathrm{S}} \ominus \mathcal{U}\bar{\mathrm{S}}.$$

这个游荡子空间与 W 有同样维数 p, 对应的 Wold 分解

$$\bar{\mathrm{S}} = \bar{\mathrm{W}} \oplus \mathcal{U}\bar{\mathrm{W}} \oplus \mathcal{U}^2\bar{\mathrm{W}} \oplus \cdots \oplus \bar{\mathrm{S}}_\infty.$$

定义一个白噪声过程 $\{\bar{w}(t), t \in \mathbb{Z}\}$, 并且白噪声满足 (1.2), $\bar{w}(0)$ 是 $\bar{\mathrm{W}}$ 的一个基. 由于根据公式 (1.8),$\bar{x}(-1)$ 是 X 的一个基, 对于合适的 $\bar{A}, \bar{B}, \bar{C}$ 以及 $\bar{D}$, 我们有

$$\begin{cases}\bar{x}(-2) = \bar{A}\bar{x}(-1) + \bar{B}\bar{w}(-1),\\ y(-1) = \bar{C}\bar{x}(-1) + \bar{D}\bar{w}(-1).\end{cases}$$

但是, 因为 A 和 $\bar{A}$ 分别对应于 $\mathcal{U}(\mathrm{X})$ 和 $\mathcal{U}(\mathrm{X})^*$, 可知 $\bar{A} = A'$, 因此系统 (1.6) 应用转换 $\mathcal{U}^{t+1}$ 的分量方式可以得到.

1.1.4　预测空间和偏序

有两个非常重要的 Markov 分裂子空间, 分别为, 预测空间

$$\mathrm{X}_- := \mathrm{E}^{\mathrm{H}^-}\mathrm{H}^+ = \mathrm{closure}\{\mathrm{E}^{\mathrm{H}^-}\lambda \mid \lambda \in \mathrm{H}^+\} \tag{1.19}$$

以及反向预测空间

$$\mathrm{X}_+ := \mathrm{E}^{\mathrm{H}^+}\mathrm{H}^- = \mathrm{closure}\{\mathrm{E}^{\mathrm{H}^+}\lambda \mid \lambda \in \mathrm{H}^-\}. \tag{1.20}$$

给定任意一个 Markov 分裂子空间 X, 可以看出

$$\mathrm{E}^{\mathrm{H}^-}\mathrm{X} = \mathrm{X}_- \quad 和 \quad \mathrm{E}^{\mathrm{H}^+}\mathrm{X} = \mathrm{X}_+.$$

因此, 根据平稳状态 Kalman 滤波生成的一步预测 $x_-(t) := \mathrm{E}\{x(t) \mid y(t-1), y(t-2), \cdots\}$,

$$x_-(t+1) = Ax_-(t) + K[y(t) - Cx_-(t)], \tag{1.21}$$

实际上是空间 X_- 的前向随机实现系统的状态过程

$$\begin{cases} x_-(t+1) = Ax_-(t) + B_-w_-(t), \\ y(t) = Cx_-(t) + D_-w_-(t). \end{cases} \tag{1.22}$$

$w_-(t) = D_-^{-1}[y(t) - Cx_-(t)]$ 是以 D_- 和 $B_- = KD_-$ 为正则化因子的新息过程. 同样地, 根据后向平稳状态 Kalman 滤波生成的 $\bar{x}_+(t) := \mathrm{E}\{\bar{x}(t) \mid y(t), y(t+1), \cdots\}$,

$$\bar{x}_+(t-1) = A'\bar{x}_+(t) + \bar{K}[y(t) - \bar{C}\bar{x}_+(t)], \tag{1.23}$$

是 X_+ 空间的随机实现系统的状态过程

$$\begin{cases} \bar{x}_+(t-1) = A'\bar{x}_+(t) + \bar{B}_+\bar{w}_+(t), \\ y(t) = \bar{C}\bar{x}_+(t) + \bar{D}_+\bar{w}_+(t), \end{cases} \tag{1.24}$$

这个空间同样有一个前向实现系统

$$\begin{cases} x_+(t+1) = Ax_+(t) + B_+w_+(t), \\ y(t) = Cx_+(t) + D_+w_+(t), \end{cases} \tag{1.25}$$

状态过程为 $x_+(t) := \bar{P}_+^{-1}\bar{x}_+(t-1)$, $\bar{P}_+ := \mathrm{E}\{\bar{x}_+(t)\bar{x}_+(t)'\}$. 同理, 空间 X_- 也有一个后向实现系统, 状态过程为 $\bar{x}_-(t) := P_-^{-1}x_-(t+1)$, $P_- := \mathrm{E}\{x_-(t)x_-(t)'\}$.

在第 7.7 节中, 我们介绍了最小 Markov 分裂子空间族 $\mathcal{X}$ 的一种偏序关系 $\mathrm{X}_1 \prec \mathrm{X}_2$, 若

$$\|\mathrm{E}^{\mathrm{X}_1}\lambda\| \leqslant \|\mathrm{E}^{\mathrm{X}_2}\lambda\|, \quad 对所有的\ \lambda \in \mathrm{X}_+, \tag{1.26a}$$

或者等价地,

$$\|\mathrm{E}^{\mathrm{X}_2}\lambda\| \leqslant \|\mathrm{E}^{\mathrm{X}_1}\lambda\|, \quad 对所有的\ \lambda \in \mathrm{X}_-. \tag{1.26b}$$

令 $\lambda \in \mathrm{X}_+$. 因为 $\mathrm{E}^{\mathrm{X}_+}$ 是一个正交映射, 对任意的 $\mathrm{X} \in \mathcal{X}$, 有 $\|\mathrm{E}^{\mathrm{X}}\lambda\| \leqslant \|\lambda\|$. 但是, $\|\mathrm{E}^{\mathrm{X}_+}\lambda\| = \|\lambda\|$, 因此根据公式 (1.26a), 有 $\mathrm{X} \prec \mathrm{X}_+$. 同理, 在公式 (1.26b) 中设 $\mathrm{X}_1 = \mathrm{X}_-$, 对所有的 $\lambda \in \mathrm{X}_-$, 我们可以得到 $\|\mathrm{E}^{\mathrm{X}}\lambda\| \leqslant \|\lambda\|$; 就是说, $\mathrm{X}_- \prec \mathrm{X}$. 因此,

$$\mathrm{X}_- \prec \mathrm{X} \prec \mathrm{X}_+, \quad 对所有的\ \mathrm{X} \in \mathcal{X}. \tag{1.27}$$

一个 Markov 子空间 $X \sim (S, \bar{S})$ 被称为内子空间, 如果 $X \subset H$. 预测空间 $X_- \sim (H^-, \bar{S}_-)$ 和 $X_+ \sim (S_+, H^+)$ 是内子空间, 但这不是在排序关系 (1.27) 下 X 的一般形式.

1.1.5 框架空间

在一些应用中一个重要的概念对象 (具有显著的平滑性), 是框架空间

$$H^{\square} = X_- \vee X_+, \tag{1.28}$$

这个框架空间本身是一个 (非极小) 内 Markov 分裂子空间. 实际上, $H^{\square}$ 是所有极小本性 Markov 分裂子空间的线性闭包, 它的散射对表示为 $H^{\square} \sim (S_+, \bar{S}_-)$. 此外, 在第 7.4 节即将介绍正交分解

$$H = N^- \oplus H^{\square} \oplus N^+, \tag{1.29}$$

这里 $N^- := H^- \cap (H^+)^{\perp}$, $N^+ := H^+ \cap (H^-)^{\perp}$. 可以看出, 对任意极小的 X,

$$E^H X \subset H^{\square}, \tag{1.30}$$

所以, 当基于完整的输出记录估计系统 (1.1) 的状态过程, 所有需要的信息都包含在框架空间中. 由于 N^- 包含了与未来状态无关的所有过去的状态,N^+ 包含了所有与过去状态无关的未来的状态, 我们可以抛弃垃圾空间 N^- 和 N^+, 这是一个优势, 因为 N^- 和 N^+ 是无穷维的, 而无论 X 在何时,$H^{\square}$ 是有限维的.

1.1.6 推广

这种结构可以推广到几个方面. 首先, 在第 8.4 节详细分析了当 $S_{-\infty}$ 和 $\bar{S}_{\infty}$ 是非平凡的, 那么系统也是由确定性的非平凡元素构成的, 在这一部分以及第 8.5 节也介绍了几何概念可达性和可控性. 其次, 几何构造不需要 X, 因此系统 (1.1) 以及 (1.6) 是有限维的. 极小性也以子空间折叠的形式定义, 这个定义表明在有限维的情况下可以减少维度 (定理 7.6.1). 再次, 同样的几何框架也可以通过简单和明显的修正, 用于连续时间过程 (第 10 章), 在有限区间上定义的过程 (第 12 章) 以及非平稳过程 (第 15.2 节).

§ 1.2 谱分解和基的一致选择性

线性随机系统 (1.1) 的输出 y, 简单地假设它是满秩的, 并且有 $m \times m$ 谱密度矩阵

$$\Phi(e^{i\theta}) = \Phi_+(e^{i\theta}) + \Phi_+(e^{-i\theta})', \tag{1.31a}$$

其中 Φ_+ 是正的实数部分

$$\Phi_+(z) = \frac{1}{2}\Lambda_0 + \sum_{k=1}^{\infty} \Lambda_k z^{-k}, \quad 这里\ \Lambda_k := \mathrm{E}\{y(k)y(0)'\},$$

在开单位圆的补集上是解析的. 一个直接的计算表明 $\Lambda_k = CA^{k-1}\bar{C}'$, $t > 0$, $\bar{C}$ 是由 (1.9) 给定的,$\Lambda_0 = CPC' + DD'$, 因此,

$$\Phi_+(z) = C(zI - A)^{-1}\bar{C}' + \frac{1}{2}\Lambda_0. \tag{1.31b}$$

系统 (1.1) 的 $m \times p$ 矩阵传递函数

$$W(z) = C(zI - A)^{-1}B + D \tag{1.32}$$

是 (1.31) 的一个谱因子, 即

$$W(z)W(z^{-1})' = \Phi(z) \tag{1.33}$$

(命题 6.7.1). 更确切地说, W 是一个平稳 (解析) 的谱因子, 它的所有极点都在开单位圆盘中. 根据 Φ_+ 决定 W 是一个经典的谱分解问题. 同样地, 系统 (1.6) 的 $m \times p$ 矩阵传递函数

$$\bar{W}(z) = \bar{C}(z^{-1}I - A')^{-1}\bar{B} + \bar{D} \tag{1.34}$$

也是一个谱因子, 这个函数是严格平稳的 (上解析的), 也就是说, $\bar{W}$ 的所有极点都在闭圆盘的补集上. 更一般地, 一个谱因子是方程 (1.33) 的任意一个解, 如果它是有理的, 它的 McMillan 度 $\deg W$ 满足 $\deg W \geqslant \deg \Phi_+$. 如果 $\deg W =\geqslant \Phi_+$, 谱因子是极小的 .

1.2.1 线性矩阵不等式以及 Hankel 分解

正如 (1.3) 中, 在固定三元组 $(C, A, \bar{C}')$ 分解出的变换

$$(C, A, \bar{C}') \to (CT^{-1}, TAT^{-1}, T\bar{C}') \tag{1.35}$$

下, Φ_+ 的表达式 (1.31b) 是不唯一的. 在第 6 章可以看出, 通过选择坐标轴 (以及模一个平凡的正交变换), 极小平稳谱分解 (1.32) 和线性矩阵不等式

$$M(P) := \begin{bmatrix} P - APA' & \bar{C}' - APC' \\ \bar{C} - CPA' & \Lambda_0 - CPC' \end{bmatrix} \geqslant 0 \tag{1.36}$$

的对称正定解集合 $\mathcal{P}$ 之间是一一对应的. 这里 B 和 D 可以通过极小秩-矩阵分解:

$$\begin{bmatrix} B \\ D \end{bmatrix} \begin{bmatrix} B \\ D \end{bmatrix}' = M(P), \tag{1.37}$$

以及

$$P = \mathrm{E}\{x(t)x(t)'\}. \tag{1.38}$$

设 H_∞ 是无穷维 Hankel 矩阵块

$$H_\infty := \begin{bmatrix} \Lambda_1 & \Lambda_2 & \Lambda_3 & \cdots \\ \Lambda_2 & \Lambda_3 & \Lambda_4 & \cdots \\ \Lambda_3 & \Lambda_4 & \Lambda_5 & \cdots \\ \vdots & \vdots & \vdots & \ddots \end{bmatrix},$$

构成协方差 $\Lambda_k = \mathrm{E}\{y(t+k)y(t)'\}$. 因为对任意 $t > 0$, $\Lambda_k = CA^{k-1}\bar{C}'$, H_∞ 满足极小秩分解

$$H_\infty = \Omega\bar{\Omega}', \tag{1.39}$$

这里

$$\Omega = \begin{bmatrix} C \\ CA \\ CA^2 \\ \vdots \end{bmatrix}, \quad \bar{\Omega} = \begin{bmatrix} \bar{C} \\ \bar{C}A' \\ \bar{C}(A')^2 \\ \vdots \end{bmatrix}.$$

分解 (1.39) 实际上是 (1.15) 的矩阵形式. 实际上, 在第 11 章 $\mathcal{O}$ 和 $\mathcal{C}^*$ 的矩阵表达形式分别为 Ω 和 $\bar{\Omega}'$.

记 $\Omega A = \sigma\Omega$, 这里 $\sigma\Omega$ 为删除 Ω 的第一块元素后得到的无穷维矩阵. 因此, $A = \Omega^{-L}\sigma\Omega$, 这里 $^{-L}$ 代表左逆. 所以, 如果无穷序列 $\Lambda_1, \Lambda_2, \Lambda_3, \cdots$, 即 H_∞ 是已知的, 我们可以根据分解 (1.39) 确定三元组 $(C, A, \bar{C})$, 根据 (1.37) 确定 B 以及 D 的形式.

1.2.2 极小性

线性系统(1.1)的状态向量$x(0)$是X的基当且仅当状态协方差$P := \mathrm{E}\{x(0)x(0)'\}$是正定的. 但是, 由于 P 满足 Lyapunov 方程

$$P = APA' + BB',$$

这个条件成立当且仅当 (A, B) 是可达的 (命题 B.1.20). 显然这是随机系统 (1.1) 具有极小性是一个必要条件, 但是这些条件是不够的. Markov 分裂子空间 X 必须是极小的, 即可观测的和可构成的.

X 的可观测性成立当且仅当 $\mathrm{X} \cap (\mathrm{H}^+)^\perp = 0$, 即任意 $\xi = a'x(0) \perp \mathrm{H}^+$ 必须为 0, 这个条件成立当且仅当对 $t = 0, 1, 2, \cdots$, $\mathrm{E}\{y(t)x(0)'\}a = CA^tPa = 0$. 但是, 由于 $P > 0$, 这等价于 $\ker \Omega = 0$, 即 (C, A) 是可观测的. 同理 X 是可构成的当且仅当 $\ker \bar{\Omega} = 0$, 即 $(\bar{C}, A')$ 是可观测的.

总之, 线性随机系统 (1.1) 是极小的, 仅仅只有 (A, B) 是可达的以及 (C, A) 是可观测的这个条件是不够的, 这是确定性实现理论中 (附录 A),(A, B, C) 是传递函数 $W(z)$ 的一个极小实现的条件. 还需要 $(\bar{C}, A')$ 是可观测的, 这里 $\bar{C} = CPA' + DB'$.

1.2.3 有理协方差扩张

给定有限个协方差延时

$$\Lambda_0, \Lambda_1, \Lambda_2, \cdots, \Lambda_T, \tag{1.40}$$

在文献中根据有限分块 Hankel 矩阵的一个最小秩因子来重新获得 $(C, A, \bar{C})$ 是很常见的.

$$H_{t+1,t} := \begin{bmatrix} \Lambda_1 & \Lambda_2 & \cdots & \Lambda_t \\ \Lambda_2 & \Lambda_3 & \cdots & \Lambda_{t+1} \\ \vdots & \vdots & \ddots & \vdots \\ \Lambda_{t+1} & \Lambda_{t+2} & \cdots & \Lambda_{2t} \end{bmatrix} = \begin{bmatrix} C \\ CA \\ \vdots \\ CA^t \end{bmatrix} \begin{bmatrix} \bar{C} \\ \bar{C}A' \\ \vdots \\ \bar{C}(A')^{t-1} \end{bmatrix}',$$

为了简化, 我们取 $T = 2t$; 见引理 12.4.8.

这在数学意义下是正确的仅当 (1.40) 正是一个维数 $n \leqslant t$ 的极小随机实现过程 (1.1) 的输出过程得到的协方差序列 (命题 12.4.2), 这相当于假设 (1.31b) 定义的三元组形式 $(C, A, \bar{C})$ 的 Φ_+ 是正定实数的；即 $\Phi(z) = \Phi_+(z) + \Phi_+(z^{-1})$ 在单位圆上是非负的, 定义了一个真实的 谱密度 Φ.

换句话说, 当协方差序列 (1.40) 的代数度, 即 Hankel 分块矩阵 $H_{t+1,t}$ 的维数等于 (1.40) 的正定维数, 也就是使得 Φ_+ 是正实数的最小的度, 那么以上分析步骤是正确的. 这个条件文献中大部分是默认的, 但是在一般的协方差序列 (1.40) 可以不满足这个条件. 这个问题在第 12.4 节中也有讨论.

数学意义上的正确性扩张到协方差序列 (1.40), 使得 Φ_+ 是具有最小度的正实数, 这是为了解决瞬时问题, 从而确定一个具有最小度的正谱密度且满足

$$\int_{-\pi}^{\pi} e^{ik\theta}\Phi(e^{i\theta})\frac{d\theta}{2\pi} = \Lambda_k, \quad k = 0, 1, 2, \cdots, T.$$

这个随机偏微分实现问题会在第12章第 12.5 节中详细地讨论.

1.2.4　基的一致选择性

接下来, 我们将证明 $\mathcal{P}$ 和 $\mathcal{X}$ 之间有一一对应关系. 在 X_+ 中任意选择一个基底 $x_+(0)$, 这个基底可以确定三元组 $(C, A, \bar{C}')$, 并且为每一个 $X \in \mathcal{X}$ 引入一个基底 $x(0)$, 使得

$$a'x(0) = E^X a'x_+(0), \quad 对\ \forall a \in \mathbb{R}^n, \tag{1.41}$$

对于 $\forall X \in \mathcal{X}$, 三元数组 $(C, A, \bar{C}')$ 是固定的, 而 B, D, $\bar{B}$ 以及 $\bar{D}$ 是变化的. 现在, 由于 E^X 是一个正交映射

$$a'Pa = \|a'x(0)\|^2 = \|E^X a'x_+(0)\|^2 \leqslant \|a'x_+(0)\|^2 = a'P_+a, \quad 对\ \forall a \in \mathbb{R}^n,$$

这里 $P \in \mathcal{P}$ 对应于 $X \in \mathcal{X}$, P_+ 对应于 X_+, 因此对 $\forall P \in \mathcal{P}$, 有 $P \leqslant P_+$. 特别地, 在这个基底系统 X_- 中, 我们有 $x_-(0)$. 定义 $\bar{x}_-(-1) := P_-^{-1}x_-(0)$. 那么在 X 中定义 $\bar{x}(-1)$

$$a'\bar{x}(-1) = E^X a'\bar{x}_-(-1), \quad 对\ \forall a \in \mathbb{R}^n,$$

恰好是对偶基底 $\bar{x}(-1) = P^{-1}x(0)$, 并且有以下性质

$$\bar{P} = E\{\bar{x}(t)\bar{x}(t)'\} = P^{-1}, \tag{1.42}$$

因此 $\bar{P} \leqslant \bar{P}_-$, 即 $P_- \leqslant P$. 从而,

$$P_- \leqslant P \leqslant P_+\ , \ 对\ \forall P \in \mathcal{P}, \tag{1.43}$$

这与根据 (1.26) 得到的 (1.27) 结果是同构的.

对应于 P_- 的平稳谱因子 $W_-(z)$ 是最小相位的 或者称为外部的, 即所有的零点位于开单位圆外面. 类似地, P_+ 对应的稳谱因子 $W_+(z)$ 是最大相位的, 所有的零点在闭单位圆的补集上. $W_-(z)$ 和 $W_+(z)$ 都是 $m \times m$ 的方阵.

1.2.5 矩阵 Riccati 公式

过程 y 被称为正规的, 如果它满足以下条件

$$\Delta(P) := \Lambda_0 - CPC' > 0, \quad \text{对 } \forall P \in \mathcal{P}. \tag{1.44}$$

在这个情况下, 取 $T := -(\bar{C}' - APC')\Delta(P)^{-1}$,

$$\begin{bmatrix} I & T \\ 0 & I \end{bmatrix} M(P) \begin{bmatrix} I & 0 \\ T' & I \end{bmatrix} = \begin{bmatrix} R(P) & 0 \\ 0 & \Delta(P) \end{bmatrix},$$

这里

$$R(P) := P - APA' - (\bar{C}' - APC')\Delta(P)^{-1}(\bar{C}' - APC')', \tag{1.45}$$

因此 $P \in \mathcal{P}$ 当且仅当代数 Riccati 不等式

$$R(P) \geqslant 0 \tag{1.46}$$

成立. 显然地,

$$p := \operatorname{rank} M(P) = m + \operatorname{rank} R(P) \geqslant m. \tag{1.47}$$

对应于 $P \in \mathcal{P}$ 的平方谱因子使得 $R(P) = 0$, 即 P 满足代数 Riccati 方程

$$P = APA' + (\bar{C}' - APC')\Delta(P)^{-1}(\bar{C}' - APC')', \tag{1.48}$$

转而对应于 $\mathrm{X} \in \mathcal{X}$ 使得 $\mathrm{X} \subset \mathrm{H}$, 因此称之为内部 实现; 见第 9.1 节.

当 (1.44) 不成立的非正规情况, 将产生方向不变的 Riccati 方程. 在第 14 章第 14.2 节中将考虑这个问题.

§ 1.3 应用

我们即将通过一些重要的应用来证明随机实现系统的几何理论的优势所在.

1.3.1 平滑

给定一个线性随机系统 (1.1), 一个简单的光滑性问题相当于在一个有限区间 $[t_0, t_1]$ 内确定最小二乘估计

$$\hat{x}(t) = \mathrm{E}\{x(t) \mid y(s);\ t_0 \leqslant s \leqslant t_1\}, \quad t_0 \leqslant t \leqslant t_1.$$

作为一个解释概念的原型问题, 考虑当 $t_0 \to -\infty$ 以及 $t_1 \to \infty$ 的情况. 我们可以得到根据 (1.30) 描述的平稳设置, 即

$$\hat{x}(t) = \mathrm{E}\{x(t) \mid \mathcal{U}^t \mathrm{H}^\square\}.$$

因此, 考虑到 (1.28), 存在 L_1 和 L_2, 其在第 15.5 节确定, 使得

$$\hat{x}(t) = L_1 x_-(t) + L_2 x_+(t),$$

这里 $x_-(t)$ 以及 $x_+(t)$ 分别是 (1.22) 和 (1.25) 的状态过程. 这是 Mayne-Fraser 二滤波公式的原型. 由于 x_- 是由 Kalman 滤波 (1.21) 产生的, 最初认为 (1.25) 是一个向后滤波. 但是, 正如我们现在理解的, 它实际上是一个前向系统或者后向预测空间. 若 $\bar{x}_+(t) = P_+^{-1} x_+$, 这两个滤波公式可以写为

$$\hat{x}(t) = L_1 x_-(t) + L_2 P_+ \bar{x}_+(t),$$

分别是前向 Kalman 滤波 (1.21) 以及后向 Kalman 滤波 (1.23) 的形式.

在参考文献中有很多光滑公式, 但是它们都对应于不同的空间中不同的分解以及不同的坐标选择. 比如, 正交分解

$$\mathrm{H}^\square = \mathrm{X}_- \oplus \mathrm{Z},$$

这里 Z 是 $z(0) := x_+(0) - x_-(0)$ 扩张的空间, 使得 Bryson-Frazier 形式的光滑公式成为

$$\hat{x}(t) = M_1 x_-(t) + M_2 z(t),$$

这里 M_1 和 M_2 在第 15.5 节将给出更详细的解释.

为了符号简单, 我们在这里只讨论在有限区间上的平稳随机过程 (1.1), 通向平稳状态的光滑算法的情况, 在框架空间依赖于 t 的一般情况下, 基本构成是一样的. 在第 15.1 节, 我们考虑在有限区间上的离散情况. 在第 15.3 节, 我们考虑在更一般的非平稳时变系统矩阵的连续情况.

但是, 当状态过程是平稳的并且区间足够长, 那么稳定状态的光滑算法是有利的. 一个恰当的例子是当交集 $\mathrm{X} \cap \mathrm{H}$ 是非平凡的, 在这个情况下, 需要的动态方程个数 $\nu := \dim(\mathrm{X} \cap \mathrm{H})$ 可以被减少到 $2n - \nu$, 而不是在一般情况下的 $2n$. 这将会在第 15.4 节以及第 15.5 节中讨论, 并且这些都是基于对应谱因子的零结构的几何理论 (第 14 章).

1.3.2 插值法

在第 15.6 节我们考虑两个插值问题, 即状态插值问题 来决定最小二乘估计

$$\hat{x}(t) = \mathrm{E}\{x(t) \mid y(s);\ t \in [t_0, t_1] \cup [t_2, T]\}, \quad t_1 \leqslant t \leqslant t_2$$

当观测值在区间 (t_1, t_2) 内缺失的情况; 另外一个问题是输出插值问题, 即在缺失的区间内重新构造过程 y. 这些在一般的连续时间情形下已经完成, 即第 15.3 节.

基本结构是一个伴随推广的空间框架的几何结构 $\hat{\mathrm{X}}_-(t_1) \vee \hat{\mathrm{X}}_+(t_2)$. 这个结构基于 (非平稳的) 向前或者向后的 Kalman 滤波估计.

1.3.3 子空间辨识

子空间时间序列辨识相当于根据输出过程 y 的观测样本轨迹

$$(y_0, y_1, y_2, \ldots, y_N) \tag{1.49}$$

决定线性随机系统 (1.1) 的 A, B, C 以及 D. 因为从输出数据不可能分辨出个别的最小 Markov 模型表示 (1.1), 我们能做的最好的就是从这个类中决定一个模型, 我们选择预测空间的 X_- 前向实现 (1.22).

基于输出数据的状态过程的构成的辨识方法都指的是时间序列的子空间辨识. 在第 13 章我们将根据随机实现的基本原理再检验这些方法.

为了对样本轨迹建立一个 Hilbert 空间框架, 我们假设在时刻有一个输出过程的无穷维的观测

$$(y_0, y_1, y_2, y_3, \cdots) \tag{1.50}$$

给定过程 y 二阶遍历过程 (定义 13.1.3),

$$\Lambda_k = \lim_{N\to\infty} \frac{1}{N+1} \sum_{t=0}^{N} y_{t+k} y_t. \tag{1.51}$$

接下来, 对每一个 $t \in \mathbb{Z}_+$, 我们定义 $m \times \infty$ 尾矩阵

$$Y(t) := \begin{bmatrix} y_t & y_{t+1} & y_{t+2} & y_{t+3} & \cdots \end{bmatrix},$$

以及移位

$$U[a'Y(t)] = a'Y(t+1), \quad a \in \mathbb{R}^m,\ t \in \mathbb{Z}_+.$$

正如第 13 章描述的, 通过取所有线性组合的闭包

$$\sum a_k' Y(t_k), \quad a_k \in \mathbb{R}^m, t_k \in \mathbb{Z}_+,$$

在如下内积下,

$$\langle \boldsymbol{\xi}, \boldsymbol{\eta} \rangle = \lim_{N\to\infty} \frac{1}{N+1} \sum_{t=0}^{N} \xi_t \eta_t, \tag{1.52}$$

我们得到无限序列 $\boldsymbol{\xi} = (\xi_0, \xi_1, \xi_2, \cdots)$ 的一个 Hilbert 空间 $\mathrm{H}(Y)$. 在第 13 章我们将证明存在一个单位映射 $T_\omega : \mathrm{H}(Y) \to \mathrm{H}$ 使得下图

$$\begin{array}{ccc} \mathrm{H}(Y) & \xrightarrow{U} & \mathrm{H}(Y) \\ {\scriptstyle T_\omega}\big\downarrow & & \big\downarrow{\scriptstyle T_\omega} \\ \mathrm{H} & \xrightarrow{\mathcal{U}} & \mathrm{H} \end{array}$$

成立. 因此, 我们对无限样本轨迹有一个 Hilbert 空间, 这与上述是完全同构的, 所有的几何结论是不变的.

但是, 我们没有一个无限维观测 (1.50), 不过有一个有限观测 (1.49), 所以我们回到第 1.2 节介绍的随机协方差设置, 实际上用到截断遍历估计

$$\Lambda_k = \frac{1}{N+1} \sum_{t=0}^{N-k} y_{t+k} y_t.$$

虽然很少有直接描述, 但实际上文献中所有的自空间辨识算法都是基于代数的以及正的度是相等的这个默认的条件 (条件 12.4.1). 条件 12.4.1 很难检验, 但是对于很长的数据, 它一般是满足的 (虽然从来不能保证).

在第 13 章, 我们将详细介绍不同的子空间辨识算法在随机实现系统理论中的推导. 一件新奇的事是当一个确定性元素存在时, 大多数情况都可以做到这些的.

在更一般的带输入的随机系统中, 几何理论需要被修改、扩展, 使之允许斜交投影. 同样地随机信号的反馈的影响也应该被考虑到. 这个一般性情形第 17 章将会介绍, 在带有输入的子空间辨识中可以应用.

1.3.4　平衡模型降阶

在很多与辨识有关的问题中, 控制和统计信号过程产生、算法的复杂性随着模型 (1.1) 维度的增加而增加, 经常比线性更复杂. 因此为了逼近一个合理维度的模型需要一些技巧. 由于 (1.1) 仅仅是一个随机过程可能的表达形式中的一种, 经典的确定性模型降阶理论 (附录 A.2 节) 是不能直接应用的, 并且需要根据随机性调整.

基本的随机平衡的想法是在最小 Markov 分解子空间 X 的一族 $\mathcal{X}$ 确定一组一致选择基, 这个子空间关于过去和未来是平衡的. 更确切地说, 我们想要在每个

X 中确定一组对偶基底 $(x,\bar{x})$ 使得

$$\|E^{H^+}\bar{x}_k\| = \|E^{H^-}x_k\|, \quad k=1,2,\cdots,n, \tag{1.53}$$

并且使得这些基底在预测空间 X_- 和 X_+ 是正交的. 这样一组基底被称为随机平衡 的. 随机平衡与确定性平衡不同 (附录 A) 在于最小 Markov 分裂子空间的基底是同时平衡的.

随机平衡 (1.53) 确实是观测算子的平衡 (1.13). 构造算子 (1.14) 与 Hankel 算子 (1.11) 有关. 考虑单一分解

$$\mathcal{H}u_k = \sigma_k v_k, \quad k=1,2,3,\cdots \tag{1.54a}$$

$$\mathcal{H}^* v_k = \sigma_k u_k, \quad k=1,2,3,\cdots \tag{1.54b}$$

这里 $\sigma_1,\sigma_2,\sigma_3,\cdots$ 是 $\mathcal{H}$ 中的单值, 称为标准相关系数, (u_k,v_k), $k=1,2,3,\cdots$, 是施密特对, 称为标准向量. 那么, 如果 $\operatorname{rank}\mathcal{H}=n$, $\{u_1,u_2,\cdots,u_n\}$是 X_- 中的一组正交基, $\{v_1,v_2,\cdots,v_n\}$是 X_+ 中的一组正交基. 再加上 $\{u_{n+1},u_{n+2},\cdots\}$ span $N^-=\ker\mathcal{H}$ 以及 $\{v_{n+1},v_{n+2},\cdots\}$ span $N^+=\ker\mathcal{H}^*$. 因此标准向量为 H 组建一组适用于 (1.29) 分解的正交基, 也就是说, $H=N^-\oplus H^\square\oplus N^+$, 这里 $H^\square$ 是框架空间.

现在, 可以看出 $n-$ 元 $(\xi_1,\xi_2,\cdots,\xi_n)$ 和 $(\bar{\xi}_1,\bar{\xi}_2,\cdots,\bar{\xi}_n)$, 定义为

$$\xi_k := \sigma_k^{-1/2}\mathcal{O}^* v_k, \qquad \bar{\xi}_k := \sigma_k^{-1/2}\mathcal{C}^* u_k, \quad k=1,2,\cdots,n,$$

分别形成 X 中的一组对偶正交基 x 和 $\bar{x}$(命题 11.1.2), 并且它们是随机平衡的 (命题 11.1.7). 同样也可以看出, 所有对应于 $\mathcal{X}$ 中一致选择基的 y 的最小随机实现 (1.1) 是同时平衡的当且仅当 $P_- := E\{x_-(t)x_-(t)'\}$ 以及 $\bar{P}_+ := E\{\bar{x}_+(t)\bar{x}_+(t)'\}$ 是相等且是对角的; 也就是说,

$$P_- = \Sigma = \bar{P}_+, \tag{1.55}$$

这里 $\Sigma=\operatorname{diag}\{\sigma_1,\sigma_2,\cdots,\sigma_n\}$ 是标准相关系统的对角线矩阵, $x_-(t)$ 是前向 Kalman 估计, $\bar{x}_+(t)$ 是后向 Kalman 估计 (命题 11.1.8).

随机平衡固定三元组 $(A,C,\bar{C})$. 对应的正实值变换函数

$$\Phi_+(z) = C(zI-A)^{-1}\bar{C}' + \frac{1}{2}\Lambda_0$$

被称为正实平衡的. 随机平衡模型降维, 由 Desai 和 Pal 介绍, 相当于平衡三元组 $(A,C,\bar{C})$ 的主要子系统截断 . 一个降阶三元组 $(A_1,C_1,\bar{C}_1)$ 维数 $r<n$ 是由

$$A=\begin{bmatrix}A_{11} & A_{12}\\ A_{21} & A_{22}\end{bmatrix}, \quad C=\begin{bmatrix}C_1 & C_2\end{bmatrix}, \quad \bar{C}=\begin{bmatrix}\bar{C}_1 & \bar{C}_2\end{bmatrix}, \quad \Sigma=\begin{bmatrix}\Sigma_1 & 0\\ 0 & \Sigma_2\end{bmatrix}$$

决定的. 这个想法是选择 $(A_{11}, C_1, \bar{C}_1)$ 的 r 使得丢弃的 Σ_2 中的标准相关系数 $\sigma_{r+1}, \cdots, \sigma_n$ 比 Σ_1 中的 $\sigma_1, \cdots, \sigma_r$ 小. 同样可以看出

$$\Psi_+(z) = C_1(zI - A_{11})^{-1}\bar{C}_1' + \frac{1}{2}\Lambda_0$$

是正实的. $(A_{11}, C_1, \bar{C}_1, \frac{1}{2}\Lambda_0)$ 是 Ψ_+ 的最小实现 (定理 11.6.4).

§ 1.4 本书简介

第 2 章介绍了基本的几何概念以及除去第 2.6 节关于因素分析和协方选择的几个子节. 第 2 章的材料对于本书后续部分是必需的. 第 2.8 节是第 10 章中连续时间随机实现理论的准备内容.

第 3 章和第 4 章旨在提供一个涉及本书中平稳随机过程理论部分的合理连贯综述, 一些被省略的证明可以在参考文献中找到. 我们涉及一些在平稳过程的谐波分析、谱表示、Wiener-Kolmogorov 滤波和预测理论、Wold 分解、谱分解、Toeplitz 矩阵以及 Szegö 公式中相关的话题. 建议读者在第一遍阅读此书时先浏览一下, 然后因需去阅读. 第 5 章描述了在第 3 章和第 4 章中的连续时间模拟表示, 也可以在第一遍阅读时略过.

第 6 章提供了一个向后续章节的重要概念性转折. 开始是经典的随机实现理论, 它的一个主要目标就是激发读者对几何、无坐标表示的思考, 与此同时介绍了 Anderson-Faurre 理论中有理分解的一些基本概念.

在第 7 章, 我们对分裂子空间和连通的 Hilbert 空间几何理论进行了一个全面的探究, 并且在第 8 章中, 我们将这些结果应用到 Markov 表示中. 这些章节是这本书的核心, 建议细读.

在第 9 章, 我们针对 Hardy 空间设置下的 Markov 分割子空间的几何提出了一个函数模型. 这就允许我们使用 Hardy 空间理论的强大功能去证明几个额外的结果以及有用的特征. 它也提供了一个在 Hilbert 空间的 Nagy-Foiaş 算子理论和 Lax-Phillips 散点理论的一个联系.

第 10 章给出了第 6、7以及9 章中一些结论在连续时间下的类似结果. 它也发展了一套针对有限维状态空间的随机表示理论.

第 11 章针对随机系统和随机平衡介绍了典型相关分析. 这也涉及模型截断的一些基本的准则, 例如预测误差逼近,H^∞ 中的相对误差最小化, 以及随机平衡截断. 第 12 章提出了有限时间随机实现理论以及部分实现理论, 它可以看作在第 13

章中子空间辨识内容随机实现的预备知识. 第 11 章和第 12 章针对第 13 章提供了背景资料.

第 13 章针对随机实现框架中的时间序列发展了子空间辨识理论, 它事实上是解决这类问题的一个正确框架. 我们介绍了一个二阶平稳时间序列的 Hilbert 空间, 以及利用有限数据的几何框架. 推导了几个子空间算法并且证明了一致性. 振荡或者拟周期元素的可能存在违反了遍历性, 一般直接或者间接在文献中假设, 本书可能是第一次解决这个复杂问题. 在第 12 章和第 13 章中, 我们讨论了正定性的问题, 它一般会在文献中被忽略. 事实上, 子空间辨识的基本准则在数学上是不正确的, 除非一些很难验证的条件才成立.

在第 14 章中, 我们考虑最小谱因子的零结构并且说明这导致了零动态和诱导输出子空间的几何理论. 这给出了诸如矩阵 Riccati 方程中不变方向现象的一个几何的启发. 我们也讨论了 Riccati 不等式的几何局部结构.

第 15 章是关于平滑和内插的内容. 平滑是系统和控制中的一个基本的应用领域, 它特别适合用随机实现方法. 本章也提供了针对许多经典结果的统一的几何描述, 并且在坐标去除时清晰地分析了它们之间的联系. 我们讨论了一般性的各种度的问题, 提供了在连续时间下最一般的表示. 这章的重点在于概念.

在第 16 章中, 考虑了带有一个混合非因果结构的随机系统. 这样的系统将会在带反馈的随机系统中自然地发生, 更进一步的研究将在第 17 章中讨论. 然而, 这一章是为了展示本书的大部分结果, 尤其是涉及第 6 章中矩阵 Riccati 方程能够被推广到更加一般的情形. 更准确地说, 由于本书的基本框架是平稳随机系统, 和 Riccati 理论表面上的联系好像有些冲突. 本章的目的就是说明实际并非如此.

在第 17 章中, 发展了一个针对带有输入的随机系统的几何理论. 这要求一个因果和反馈的几何描述, 同时也提供了一个基于倾斜投影的倾斜分割子空间理论, 进一步应用到带输入的子空间辨识.

最后, 在附录 A 中, 我们回顾了一个类似 Kalman 情形的基本确定性实现理论. 不熟悉此理论的读者建议学习此附录. 在附录 B 中, 我们简略地回顾了几个背景资料. 这个附录也仅仅是作为本书的参考资料.

我们强调本书的重点是概念强于算法. 例如, 我们对待 Kalman 滤波并不是按照实际工程师的需求进行的. 事实上, 尽管 Kalman 滤波在本书的很多地方都出现了, 它的基本目的是建立起相互之间的联系.

§ 1.5 相关文献

详细的参考文献说明将在本章的结尾处给出, 并且我们向读者提供这些. 这里我们仅仅提及几本涉及几何随机实现理论的书籍. 书 [48] 第 4 章介绍了在此展示的几何理论. 书 [224] 为线性随机系统的几何理论提供了重要的知识. 在第 1.2 节最开始出现的有理谱分解经典理论通常被称作 Anderson-Faurre 理论, 在书 [88] 中进行了相对完整的介绍.

第 2 章

二阶随机过程的几何结构

在本书中, 随机过程的建模和估计问题是在一个统一的几何框架中考虑的. 为此, 我们需要随机向量过程所在的 Hilbert 空间的一些基本知识. 这个随机向量过程有有限的二阶矩, 并且是宽平稳的. 过程 $\{y(t)\}_{t\in\mathbb{Z}}$ 是实值或者复值随机向量 $y_k(t), k=1,2,\cdots,m, t\in\mathbb{Z}$ 的聚集,$\{y(t)\}_{t\in\mathbb{Z}}$ 生成一个具有内积空间

$$\langle \xi, \eta \rangle = \mathrm{E}\{\xi\bar{\eta}\}$$

的 Hilbert 空间 H, 这里 $^-$ 表示共轭. 这个 Hilbert 空间被赋予*转移*, 即一个酉算子 $\mathcal{U}: \mathrm{H} \to \mathrm{H}$, 具有以下性质

$$y_k(t+1) = \mathcal{U} y_k(t), \quad k = 1, 2, \cdots, t \in \mathbb{Z}.$$

在本章中, 我们介绍一些此类 Hilbert 空间上基本的几何学知识, 虽然我们已经假设读者已经知道一些关于 Hilbert 空间的基本知识, 为了读者方便, 附录 B.2 节提供了一些相关的信息.

§ 2.1 二阶随机变量的 Hilbert 空间

一个实数随机变量 ξ 就是定义在基础的概率测度空间 $\{\Omega, \mathcal{A}, P\}$ 上的实值可测函数 ($\mathcal{A}$ 是事件域的 σ-代数[1], P 是 $\mathcal{A}$ 上的概率测度) . 符号 $\mathrm{E}\{\xi\} := \int_\Omega \xi \,\mathrm{d}P$ 表示随机变量 ξ 的数学期望. 具有有限二阶矩 $\mathrm{E}\{|\xi|^2\} < \infty$ 的随机变量, 一般被称为二阶随机变量.

[1] 这本书中将很少用到概率测度理论 (以及诸如 σ- 代数的概念) , 读者不用深入了解这些知识就可以阅读本书的大部分内容.

定义在同一个 $\{\Omega, \mathcal{A}, P\}$ 空间上的实值或者复值随机变量 f 所组成的集合, 在一般的求和以及乘以一个实数 (或者复数) 操作下, 显然是一个线性向量空间. 这个向量空间自然有以下内积性质

$$\langle \xi, \eta \rangle = \mathrm{E}\{\xi \bar{\eta}\},$$

当 $\mathrm{E}\{\xi\} = \mathrm{E}\{\eta\} = 0$ 时, 这个公式就是 ξ 和 η 的协方差. 注意到根据这个内积推导出的范数 $\|\xi\| = \langle \xi, \xi \rangle^{1/2}$ (二阶矩 ξ 的平方根) 是正定的, 即 $\|\xi\| = 0 \Leftrightarrow \xi = 0$, 该结论成立只在我们认同几乎处处相等的随机变量是一样的情形下, 即仅仅在一个零测集上是不相等的. 考虑二阶随机变量 f 关于几乎处处相等的等价类的集合, 这个集合一旦伴随一个内积 $\langle \cdot, \cdot \rangle$, 就成为一个内积空间, 表示为 $L^2(\Omega, \mathcal{A}, P)$. 关于这个空间的范数的收敛性被称为*均方收敛*. 可知, $L^2(\Omega, \mathcal{A}, P)$ 实际上关于均方收敛是闭的, 因此也是一个 Hilbert 空间.

2.1.1　符号和约定

在这本书中, Hilbert 空间 H 子空间就是闭的子空间. 对有限维向量 v, $|v|$ 表示欧几里得范数 (在标量情况下是绝对值).

两个线性向量空间的和 $\mathrm{X} + \mathrm{Y}$, 定义为线性向量空间 $\{x + y \mid x \in \mathrm{X}, y \in \mathrm{Y}\}$. 即使当 X 和 Y 都是 (闭) 子空间, 这个线性流形也可能不是闭的.X 和 Y 的 (闭) 向量和, 表示为 $\mathrm{X} \vee \mathrm{Y}$, 是 $\mathrm{X} + \mathrm{Y}$ 的闭包.

本书中, 符号 $+$, $\vee$, $\dotplus$ 和 $\oplus$ 分别表示和、(闭) 向量和、直和, 以及*正交* 子空间的直和. 符号 $\mathrm{X}^{\perp}$ 表示子空间 X 关于之前定义的环绕空间的正交补空间. *由一族元素* $\{x_\alpha\}_{\alpha \in \mathbb{A}} \subset \mathrm{H}$ *生成的线性空间*, 表示为 $\operatorname{span}\{x_\alpha \mid \alpha \in \mathbb{A}\}$, 这个空间的所有元素都是根据*生成器* $\{x_\alpha\}$ 的有限线性组合. *由一族元素* $\{x_\alpha\}_{\alpha \in \mathbb{A}}$ *生成的向量空间* 是这个线性空间的闭包, 表示为 $\overline{\operatorname{span}}\{x_\alpha \mid \alpha \in \mathbb{A}\}$.

在附录 B.2 节读者可以找到关于这些概念更多的细节和评述.

§ 2.2　正交投影

考虑下列问题: 一个二阶随机变量 x, 这个变量的值不容易直接观测, 但是可以通过装备间接测量 (或观测) 得到. 这个设备产生一列实值观测值, 我们用这些观测值建立一族随机变量 (一个随机过程) $y = \{y(t) \mid t \in \mathbb{T}\}$, 与 x 定义在相同的概率空间上. 根据 y 的观测轨迹, 在测量中我们想要得到 x 最有可能的重组, 称为 $\hat{x}$. 这意味着我们想要找到观测值的一个函数 (一个“估计器”) $\varphi(y)$ 最优逼近 x, 即

“在平均意义下”，观测误差 $x-\varphi(y)$ 最小 (注意这个值本身就是一个随机变量). 假设 x 和 y 有有限二阶矩, 所以我们把它们视为 Hilbert 空间 $L^2(\Omega,\mathcal{A},P)$ 中的元素, 其中 P 是基础概率空间. 自然地, $\varphi(y)$ 也应该有有限二阶矩.

现在, 过程 y 的二阶函数形成了一个 $L^2(\Omega,\mathcal{A},P)$ 的一个闭的子空间, 这个空间可以被 $L^2(\Omega,\mathcal{Y},P)$ 辨识, $\mathcal{Y}\subset\mathcal{A}$ 是过程 y 生成的 σ-代数. 换句话说, 任意允许集 $\varphi(y)$ 就是 Hilbert 空间 $L^2(\Omega,\mathcal{A},P)$ 的子空间 $L^2(\Omega,\mathcal{Y},P)$ 的一个元素.

这个问题可以被自然地表示为: 在 $L^2(\Omega,\mathcal{Y},P)$ 中找到一个随机变量 z, 使得估计误差 $x-z$ 的 L^2 -范数最小, 即求解以下最优化问题

$$\min_{z\in L^2(\Omega,\mathcal{Y},P)} \|x-z\|, \tag{2.1}$$

这里 $\|x-z\|^2=\mathrm{E}\{|x-z|^2\}$.

众所周知, 这个最小距离问题有唯一解, 并且这个解是 x 映射到 $L^2(\Omega,\mathcal{Y},P)$ 的正交投影. 为了方便以后引用, 我们在这里不加证明地给出以下基本结论, 有时被称为正交投影引理.

引理 2.2.1 设 Y 是 Hilbert 空间 H 的一个 (闭) 子空间. 给定 $x\in\mathrm{H}$, 与 x 距离最短的元素 $z\in\mathrm{Y}$, 即最小化 $\|x-z\|$ 是唯一的, 并且它是 x 到 Y 的正交映射.

$z\in\mathrm{Y}$ 是 x 到 Y 的正交映射的一个充要条件是 $x-z\perp\mathrm{Y}$, 或者等价地, 对任意 Y 的生成器 $\{y_\alpha;\ \alpha\in A\}$, 下列式子成立

$$\langle x-z, y_\alpha\rangle=0,\quad \alpha\in A \tag{2.2}$$

(正交原理).

如果我们将 $L^2(\Omega,\mathcal{Y},P)$ 的生成器取为示性函数 $\{I_A, A\in\mathcal{Y}\}$, 我们可以重新写出正交关系 (2.2) 为

$$\mathrm{E}\{xI_A\}=\mathrm{E}\{zI_A\},\quad A\in\mathcal{Y},$$

这正是众所周知的条件期望 的定义

$$z=\mathrm{E}\left[x\mid\mathcal{Y}\right]\equiv\mathrm{E}\left[x\mid y\right],$$

因此随机变量 x 的最好的估计, 基于观测数据 $y=\{y(t)\mid t\in\mathbb{T}\}$, 在最小“均方误差”($L^2$ -距离) 的意义下, 就是给定数据 x 的条件期望.

不幸的是, 这个结论的用处并不是很多, 除了 x 和 y 有联合高斯分布的著名情况外, 条件期望大多数时候都不能计算.

在非高斯情况, 或者更实际地, 当对一个变量没有足够的概率信息的情况下, 需要先验 限制一个构成允许估计的函数类 φ. 从此以后我们限制估计为数据的线

性 函数. 我们即将看到, 最小均方误差线性估计完全由变量的二阶统计量决定. 另外, 由于在高斯情况下条件期望是数据的线性函数, 此时最优线性估计和最优 (非线性) 估计函数是一致的.

2.2.1 线性估计和正交映射

我们首先考虑“静态”有限维情况, 其中观测值 y 是一个由 m 个分量组成的随机向量. x 是一个由 n 个分量组成的随机向量, 不能直接观测, 假设 x 和 y 的联合协方差矩阵

$$\Sigma := \mathrm{E}\left\{\begin{bmatrix} x \\ y \end{bmatrix}\begin{bmatrix} x \\ y \end{bmatrix}'\right\} = \begin{bmatrix} \Sigma_x & \Sigma_{xy} \\ \Sigma_{yx} & \Sigma_y \end{bmatrix} \tag{2.3}$$

给定. 随机变量减去期望值有时候是非常方便的 (以后假设随机变量有零均值). 设

$$\mathrm{H}(y) := \mathrm{span}\{y_k \mid k = 1, \cdots, m\}$$

是 y 的分量线性生成的 $L^2(\Omega, \mathcal{A}, P)$ 的 (有限维) 子空间. x 基于 (或者给定) y 的最优线性估计, 是 n 维随机向量 $\hat{x}$, 它的元素 $\hat{x}_k \in \mathrm{H}(y)$, $k = 1, \cdots, n$, 独立解决最小化问题

$$\min_{z_k \in \mathrm{H}(y)} \|x_k - z_k\|, \quad k = 1, \cdots, n. \tag{2.4}$$

考虑到引理 2.2.1, $\hat{x}_k$ 就是 x_k 到 $\mathrm{H}(y)$ 上的正交映射. 我们表达这个映射为

$$\mathrm{E}\left[x_k \mid \mathrm{H}(y)\right] \quad 或 \quad \mathrm{E}^{\mathrm{H}(y)}\, x_k.$$

一般地说, 投影到任意 (闭) 子空间 $\mathrm{Y} \subset L^2(\Omega, \mathcal{A}, P)$ 的正交映射表达为 $\mathrm{E}[\cdot \mid \mathrm{Y}]$, 或者简写为 E^{Y}. 该符号的滥用并不会有什么影响, 因为在这本书中除了高斯变量我们也没有机会用到条件期望算子. 符号 $\mathrm{E}[x \mid \mathrm{Y}]$ 当 x 是向量值时也会被使用. 这个符号将表示元素为 $\mathrm{E}[x_k \mid \mathrm{Y}]$, $k = 1, \cdots, n$ 的向量. 当映射被表示某个生成器的集合 $y = \{y_\alpha\}$ (即 $\mathrm{Y} = \overline{\mathrm{span}}\{y_\alpha\}$) 时, 我们将表示为 $\mathrm{E}[x \mid y]$.

注 2.2.2 由于 x_k 具有零均值, 寻找一般的向量 y 的仿射函数 $\varphi(y) = a'y + b$ 的最优解是没有意义的, 因为 $b = 0$ 是距离最小化的一个必要条件[2]. 因此, 只需考虑向中心化后的观测变量生成的线性泛函 $\mathrm{H}(y)$ 的子空间上的投影就足够了.

显然 n 标量优化问题 (2.4) 可以被重新阐述成一个等价的问题, 最小化

$$\mathrm{var}\,(x - z) := \sum_{k=1}^{n} \|x_k - z_k\|^2, \quad z_k \in \mathrm{H}(y),$$

[2] 同样的原因, 差分 $\|x_k - \hat{x}_k\|^2$ 的平方范数是一个方差.

这是一个误差向量 $x-z$ 的标量方差. 标量方差是矩阵

$$\mathrm{Var}\,(x-z) := \mathrm{E}\{(x-z)(x-z)'\}$$

的迹.

命题 2.2.3 设 x 和 y 分别为维数 n 和 m 的零均值二阶随机向量, 协方差矩阵为 (2.3), 则 x 在 y 的分量张成的线性子空间上的正交投影 (线性最小方差估计) 为

$$\mathrm{E}\,[x \mid y] = \Sigma_{xy}\Sigma_y^{\dagger}\,y, \tag{2.5}$$

其中 † 表示 Moore-Penrose 伪逆[3]. (残留) 误差向量的协方差矩阵为

$$\Lambda := \mathrm{Var}\,(x-\mathrm{E}\,[x \mid y]) = \Sigma_x - \Sigma_{xy}\Sigma_y^{\dagger}\Sigma_{yx}. \tag{2.6}$$

这是所有线性函数类中的最小误差协方差矩阵, 也就是说, 对于任意的矩阵 $A \in \mathbb{R}^{n\times m}$, 满足 $\Lambda \leqslant \mathrm{Var}\,(x-Ay)$, 其中不等式是在对称矩阵中的半正定矩阵意义下成立的.

证 将向量 z 写成 $z = Ay$ 形式, 并且针对每个分量 x_k 调用正交条件 (2.2), 我们能够得到

$$\mathrm{E}\{(x-Ay)y'\} = 0 \quad (n\times m)$$

此式等价于 $\Sigma_{xy} - A\Sigma_y = 0$. 如果 Σ_y 是非奇异的, 则伪逆是一个求逆, (2.5) 可证.Σ_y 奇异的情况将在接下来的引理中进行讨论. □

引理 2.2.4 设 $\mathrm{rank}\,\Sigma_y = r \leqslant m$, 并且设 $U \in \mathbb{R}^{m\times r}$ 的列向量构成了像空间 $\mathrm{Im}\,\Sigma_y$ 的一组正交基. 则由下式定义的 r 维随机向量

$$v = U'y \tag{2.7}$$

的分量构成了 $\mathrm{H}(y)$ 的一组基.Σ_y 的 Moore-Penrose 伪逆能够写成

$$\Sigma_y^{\dagger} = U(U'\Sigma_y U)^{-1}U', \tag{2.8}$$

并且不依赖于 U 的特定选择.

证 设 U 和 V 的列分别构成了 $\mathrm{Im}\,\Sigma_y$ 和 $\ker\Sigma_y$ 的正交基, 并且定义 $y_{_U} := U'\,y, y_{_V} := V'\,y$. 注意 $T := \begin{bmatrix} U & V \end{bmatrix}$ 是一个正交的 $m\times m$ 矩阵 (特殊的非奇异阵) 使得 $y_{_U}$ 和 $y_{_V}$ 的元素共同张成了 $\mathrm{H}(y)$. 然而观察到

$$\Sigma_{y_V} = \mathrm{E}[V'yy'V] = V'\,\mathrm{E}[yy']V = V'\Sigma_y V = 0,$$

[3] Moore-Penrose 伪逆的定义请见附录 B 中的章节 B.1.

也就是说 y_V 的方差为零, 因此随机向量 y_V 均值为零, 并且以概率 1 为零. 进一步有

$$T'y = \begin{bmatrix} U' \\ V' \end{bmatrix} y = \begin{bmatrix} y_U \\ 0 \end{bmatrix}. \tag{2.9}$$

由于 T' 是非奇异的,$\mathrm{H}(y) = \mathrm{H}(T'y) = \mathrm{H}(y_U)$. 此外 $\Sigma_{y_U} = U'\Sigma_y U$ 是非奇异的. 事实上,$w \in \ker \Sigma_{y_U}$, 也就是说 $\Sigma_y U w = 0$ 只能当 $Uw = 0$ 时成立, 这是因为 U 的列是 $\ker \Sigma_y$ 的正交补的一组基. 然而,U 的列是线性独立的, 因此 $w = 0$.

现在, 利用伪逆的性质 $[T^{-\prime}AT^{-1}]^{\dagger} = TA^{\dagger}T'$(引理 B.1.15), 我们能够发现

$$\begin{aligned}
\Sigma_y^{\dagger} &= \left[(T')^{-1} \underbrace{\begin{bmatrix} U' \\ V' \end{bmatrix}}_{T'} \Sigma_y \underbrace{\begin{bmatrix} U & V \end{bmatrix}}_{T} T^{-1} \right]^{\dagger} = T \left[\begin{bmatrix} U' \\ V' \end{bmatrix} \Sigma_y \begin{bmatrix} U & V \end{bmatrix} \right]^{\dagger} T' \\
&= T \begin{bmatrix} U'\Sigma_y U & 0 \\ 0 & 0 \end{bmatrix}^{\dagger} T' = \begin{bmatrix} U & V \end{bmatrix} \begin{bmatrix} (U'\Sigma_y U)^{-1} & 0 \\ 0 & 0 \end{bmatrix} \begin{bmatrix} U' \\ V' \end{bmatrix} \\
&= U(U'\Sigma_y, U)^{-1}U',
\end{aligned}$$

因此,$U(U'\Sigma_y U)^{-1}U'$ 是 Σ_y 的 Moore-Penrose 伪逆. □

使用生成器 (2.7) 我们现在能够将一般的奇异协方差矩阵的情况转化成非奇异的情况. 事实上,

$$\mathrm{E}[x \mid y] = \mathrm{E}[x \mid v] = \Sigma_{xv}\Sigma_v^{-1} U'y = \Sigma_{xy} U \Sigma_v^{-1} U'y$$

并且由 (2.8) 可得公式 (2.5).

误差协方差阵的公式由正交条件能够轻松得到. 由于估计器的最小矩阵方差的性质, 我们发现对于任意的 $A \in \mathbb{R}^{n\times m}$, 可以得到

$$\mathrm{Var}(x - Ay) = \mathrm{Var}(x - \mathrm{E}[x \mid y] + \mathrm{E}[x \mid y] - Ay) = \Lambda + \mathrm{Var}(\mathrm{E}[x \mid y] - Ay),$$

因为 $\mathrm{E}[x \mid y] - Ay$ 在 $\mathrm{H}(y)$ 中有分量, 因此 (对应分量) 正交于 $x - \mathrm{E}[x \mid y]$. 由此, 最小的性质显而易见.

由于在高斯情况下 (零均值), 条件期望 $\mathrm{E}[x \mid y]$ 是 y 的线性函数, 对于高斯向量, 正交投影 (2.5) 等于真实的条件期望. 注意这种情况下, 在均方意义下逼近 x, 所有的平方可积函数中最优的是线性的.

2.2.2 关于正交投影的事实

接下来我们将列举出关于正交投影算子的一些有用的事实. 自此以后, 符号 $\mathrm{E}^{\mathrm{X}}\mathrm{Y}$ 将表示 $\{\mathrm{E}^{\mathrm{X}}\eta \mid \eta\in\mathrm{Y}\}$ 的闭包.

引理 2.2.5 设 A 和 B 是 Hilbert 空间 H 的正交子空间, 则有

$$\mathrm{E}^{\mathrm{A}\oplus\mathrm{B}}\lambda=\mathrm{E}^{\mathrm{A}}\lambda+\mathrm{E}^{\mathrm{B}}\lambda,\quad \lambda\in\mathrm{H}. \tag{2.10}$$

引理 2.2.6 设 A 和 B 是 Hilbert 空间 H 的正交子空间, 则有

$$\mathrm{A}=\mathrm{E}^{\mathrm{A}}\mathrm{B}\oplus(\mathrm{A}\cap\mathrm{B}^{\perp}), \tag{2.11}$$

其中 $\mathrm{B}^{\perp}$ 是包含 $\mathrm{A}\vee\mathrm{B}$ 的空间中的 B 的正交子空间.

证 设 $\mathrm{C}:=\mathrm{A}\ominus\mathrm{E}^{\mathrm{A}}\mathrm{B}$. 我们想说明 $\mathrm{C}=\mathrm{A}\cap\mathrm{B}^{\perp}$. 设 $\alpha\in\mathrm{A}$ 和 $\beta\in\mathrm{B}$, 则由于 $(\beta-\mathrm{E}^{\mathrm{A}}\beta)\perp\mathrm{A}$,

$$\langle\alpha,\mathrm{E}^{\mathrm{A}}\beta\rangle=\langle\alpha,\beta\rangle,$$

使得 $\alpha\perp\mathrm{E}^{\mathrm{A}}\mathrm{B}$ 当且仅当 $\alpha\perp\mathrm{B}$. 因此 $\mathrm{C}=\mathrm{A}\cap\mathrm{B}^{\perp}$ 成立. □

设 A 和 B 是 H 的正交子空间. 考虑受限的正交投影

$$\mathrm{E}^{\mathrm{A}}|_{\mathrm{B}}:\mathrm{B}\to\mathrm{A}, \tag{2.12}$$

它将随机变量 $\xi\in\mathrm{B}$ 正交投影到子空间 A 上.

引理 2.2.7 设 A 和 B 是 H 的正交子空间. 则 $\mathrm{E}^{\mathrm{A}}|_{\mathrm{B}}$ 的伴随矩阵是 $\mathrm{E}^{\mathrm{B}}|_{\mathrm{A}}$, 也就是说

$$(\mathrm{E}^{\mathrm{A}}|_{\mathrm{B}})^{*}=\mathrm{E}^{\mathrm{B}}|_{\mathrm{A}}. \tag{2.13}$$

证 由于对于所有的 $\alpha\in\mathrm{A}$ 和 $\beta\in\mathrm{B}$ 有

$$\langle\alpha,\mathrm{E}^{\mathrm{A}}\beta\rangle=\langle\alpha,\beta\rangle=\langle\mathrm{E}^{\mathrm{B}}\alpha,\beta\rangle,$$

可证. □

引理 2.2.8 设 A 和 B 是 H 的正交子空间, 且满足 $\mathrm{A}\subset\mathrm{B}$, 则有

$$\mathrm{E}^{\mathrm{A}}\mathrm{E}^{\mathrm{B}}\lambda=\mathrm{E}^{\mathrm{A}}\lambda=\mathrm{E}^{\mathrm{B}}\mathrm{E}^{\mathrm{A}}\lambda,\quad \text{对所有的 }\lambda\in\mathrm{H}\text{ 成立}. \tag{2.14}$$

证 第一个等式由 $\lambda-\mathrm{E}^{\mathrm{B}}\lambda\perp\mathrm{B}\supset\mathrm{A}$ 可得, 第二个由 $\mathrm{E}^{\mathrm{A}}\lambda\subset\mathrm{B}$ 可得. □

设 Hilbert 空间 H 配有一个酉算子 $\mathcal{U}:\mathrm{H}\to\mathrm{H}$. 当 B 是一个 $\mathcal{U}$ 不变空间并且 A 是 H 的一个 $\mathcal{U}^{*}$ 不变子空间, 则会有一个关于受限投影算子 $\mathrm{E}^{\mathrm{B}}|_{\mathrm{A}}$ 的重要特

殊例子. 例如, 一个平稳过程 y 在零时刻的将来子空间和过去子空间; 请见 (2.35). 在这种情况下, 算子 $\mathrm{E}^{\mathrm{B}}|_{\mathrm{A}}$ 被称为 Hankel 算子. 这类算子在本书中将起到主要的作用.

引理 2.2.9 设 $\mathcal{U}$ 是一个 Hilbert 空间 H 上的酉算子, 则我们有

$$\mathcal{U}\,\mathrm{E}^{\mathrm{Y}}\,\xi = \mathrm{E}^{\mathcal{U}\mathrm{Y}}\,\mathcal{U}\xi, \quad \xi \in \mathrm{H} \tag{2.15}$$

对于任意的子空间 $\mathrm{Y} \subset \mathrm{H}$ 成立.

证 由正交投影引理,$\lambda := \mathrm{E}^{\mathcal{U}\mathrm{Y}}\,\mathcal{U}\xi$ 是

$$\langle \mathcal{U}\xi - \lambda, \mathcal{U}\eta\rangle = 0, \quad \eta \in \mathrm{Y}$$

的唯一解, 也就是说对于所有的 $\eta \in \mathrm{Y}$, 有 $\langle \xi - \mathcal{U}^*\lambda, \eta\rangle = 0$. 因此 $\mathcal{U}^*\lambda = \mathrm{E}^{\mathrm{Y}}\,\xi$, 进而引理得证. □

§ 2.3 夹角和奇异值

设 A 和 B 是 Hilbert 空间 H 的两个正交子空间. 由于

$$\begin{aligned} \rho &:= \sup\{\langle \alpha,\beta\rangle \mid \alpha \in \mathrm{A},\ \beta \in \mathrm{B},\ \|\alpha\| = 1,\ \|\beta\| = 1\} \\ &= \sup\{\frac{|\langle \alpha,\beta\rangle|}{\|\alpha\|\,\|\beta\|} \mid \alpha \in \mathrm{A},\ \beta \in \mathrm{B}\} \end{aligned}$$

的值总是介于 0(当 A 和 B 正交时) 和 1 之间, 因此有一个唯一的 $\gamma := \gamma(\mathrm{A},\mathrm{B})$, $0 \leqslant \gamma \leqslant \pi/2$, 满足 $\rho = \cos\gamma$. 该数量 $\gamma(\mathrm{A},\mathrm{B})$ 被称为两个子空间 A 和 B 之间的角度.

现在, 由于 $\langle \alpha,\beta\rangle = \langle \mathrm{E}^{\mathrm{B}}\,\alpha,\beta\rangle \leqslant \|\,\mathrm{E}^{\mathrm{B}}\,\alpha\|\|\beta\|$, 则有

$$\rho \leqslant \sup_{\alpha\in\mathrm{A}} \frac{\|\,\mathrm{E}^{\mathrm{B}}\,\alpha\|}{\|\alpha\|} = \|\,\mathrm{E}^{\mathrm{B}}\,|_{\mathrm{A}}\|.$$

然而

$$\sup_{\alpha\in\mathrm{A}} \frac{\|\,\mathrm{E}^{\mathrm{B}}\,\alpha\|}{\|\alpha\|} = \sup_{\alpha\in\mathrm{A}} \frac{|\langle E^{\mathrm{B}}\alpha, E^{\mathrm{B}}\alpha\rangle|}{\|\alpha\|\|E^{\mathrm{B}}\alpha\|} \leqslant \sup_{\alpha\in\mathrm{A},\beta\in\mathrm{B}} \frac{|\langle \mathrm{E}^{\mathrm{B}}\,\alpha,\beta\rangle|}{\|\alpha\|\|\beta\|} = \rho,$$

因此

$$\rho = \cos\gamma(\mathrm{A},\mathrm{B}) = \|\,\mathrm{E}^{\mathrm{B}}\,|_{\mathrm{A}}\| = \|\,\mathrm{E}^{\mathrm{A}}\,|_{\mathrm{B}}\|, \tag{2.16}$$

其中最后一个不等式由对称性或引理 2.2.7 得到. 这仅仅是一个更普遍想法的一部分, 其中涉及子空间 A 和 B 之间的*主夹角* 以及算子 $\mathrm{E}^{\mathrm{B}}|_{\mathrm{A}}$ 的*奇异值分解*.

回顾可知, 一个*紧算子* [4] $T: \mathrm{H}_1 \to \mathrm{H}_2$ 是一个将有界集映射到紧集的算子. 也

[4]在俄罗斯的文献中, 紧算子也被称为完全连续的.

就是说对于 H_1 中的任意有界序列 $(\lambda_k)_1^\infty$, 序列 $(T\lambda_k)_1^\infty$ 在 H_2 中有一个收敛的子序列. 例子请参考 [9, 76].

如果 $T: \mathrm{H}_1 \to \mathrm{H}_2$ 是紧的, 则 $T^*T: \mathrm{H}_1 \to \mathrm{H}_1$ 和 $TT^*: \mathrm{H}_2 \to \mathrm{H}_2$ 也是紧的, 自伴随的, 且是正算子. 特别地,T^*T 有一个正交的特征值序列 $(u_1, u_2, u_3, \cdots)$, 其能够张成 $(\ker T)^\perp$, 并且能够被扩展到[5] $\ker T$, 进而形成空间 H_1 的一个完全正交的序列. 我们将特征向量进行编号, 使得对应的实的非负特征值按非增顺序排列, 根据重数进行重复. 因此,

$$T^*Tu_k = \sigma_k^2 u_k, \quad k = 1, 2, 3, \cdots,$$

其中

$$\sigma_1 \geqslant \sigma_2 \geqslant \sigma_3 \geqslant \cdots \geqslant 0. \tag{2.17}$$

对于 $\sigma_k > 0$, 令 $v_k := \sigma_k^{-1} T u_k$, 则有

$$T^* v_k = \sigma_k u_k, \qquad T u_k = \sigma_k v_k, \quad k = 1, 2, 3, \cdots. \tag{2.18}$$

(u_k, v_k) 被称为 T 对应奇异值 σ_k 的 Schmidt 对. 显而易见,

$$TT^* v_k = \sigma_k^2 v_k, \quad k = 1, 2, 3, \cdots,$$

因此 T^*T 和 TT^* 有相同的特征值. 特征向量 $(v_1, v_2, v_3, \cdots)$ 构成了一个能够张成 $\overline{\mathrm{Im}\, T} = (\ker T^*)^\perp$ 的正交序列, 同时也能够被扩展成为一个 H_2 中的完备序列. 如果想进一步了解其中的细节, 请参考 [31, 321], 其中也可以找到接下来定理的证明正交.

定理 2.3.1 (**奇异值分解**) 设 $T: \mathrm{H}_1 \to \mathrm{H}_2$ 是一个从 Hilbert 空间 H_1 到 Hilbert 空间 H_2 带有奇异值 (2.17) 和 Schmidt 对 (u_k, v_k), $k = 1, 2, 3, \cdots$ 的紧算子. 则当 $k \to \infty$,$\sigma_k \to 0$, 并且有如下的展开式

$$Tx = \sum_{k=1}^{+\infty} \sigma_k \langle x, u_k \rangle v_k, \quad x \in \mathrm{H}_1, \tag{2.19}$$

该式是在有限秩逼近意义下成立, 即

$$T_n = \sum_{k=1}^{n} \sigma_k \langle \cdot, v_k \rangle u_k \tag{2.20}$$

[5] 只要 Hilbert 空间是可分的, 该假设是这本书的一个标准假设.

当 $n \to \infty$ 其既在强算子拓扑下又在一致算子拓扑下收敛于 T. 此外, 令 $T_0 = 0$, 则逼近误差为

$$\|T - T_n\| = \min_{\left\{\begin{array}{c} R : \mathrm{H}_1 \to \mathrm{H}_2, \\ \operatorname{rank} R \leqslant n \end{array}\right\}} \|T - R\| = \sigma_{n+1}, \tag{2.21}$$

对于 $n = 0, 1, 2, \cdots$. 特别地,

$$\sigma_1 = \|T\|. \tag{2.22}$$

我们现在回到本部分最开始定义的夹角的概念上. 在这本书里, 我们将经常考虑有限秩算子 $\mathrm{E}^{\mathrm{B}}|_{\mathrm{A}}$(换句话说是有限维像空间), 该算子是紧算子中的一个特殊例子. 下面我们将仅仅假设 $\mathrm{E}^{\mathrm{B}}|_{\mathrm{A}}$ 是紧的. 很明显, 在 (2.16) 中 $\rho = \cos\gamma(\mathrm{A}, \mathrm{B})$ 恰好是算子 $\mathrm{E}^{\mathrm{B}}|_{\mathrm{A}}$ 的最大的 (第一个) 奇异值. 然而, 我们可以定义一个介于两个 Hilbert 空间之间的角度的集合. 下面的这个结果由逼近性质 (2.21) 可得.

命题 2.3.2 算子 $\mathrm{E}^{\mathrm{B}}|_{\mathrm{A}}$ 的奇异值 (σ_k) 都属于区间 $[0, 1]$, 并且主夹角 $\gamma_k := \arccos\sigma_k$, $k = 1, 2, 3, \cdots$, 被合理定义. $\mathrm{E}^{\mathrm{B}}|_{\mathrm{A}}$ 的奇异值 $\sigma_{n+1} = \cos\gamma_{n+1}$ 是最优化问题的一个解.

$$\sigma_{n+1} = \langle v_{n+1}, u_{n+1}\rangle = \max_{u\in\mathrm{A},\, v\in\mathrm{B}} \langle v, u\rangle \tag{2.23a}$$

满足

$$\begin{aligned} &\langle u, u_k\rangle = 0, \quad k = 1, \cdots, n, \\ &\langle v, v_k\rangle = 0, \quad k = 1, \cdots, n, \\ &\|u_k\| = \|v_k\| = 1, \end{aligned} \tag{2.23b}$$

其中 (u_k, v_k) 是对应奇异值 σ_k 的算子 $\mathrm{E}^{\mathrm{B}}|_{\mathrm{A}}$ 的 Schmidt 对.

注意第 k 个主角度 γ_k 介于两个子空间 A 和 B, 满足 $0 \leqslant \gamma_k \leqslant \pi/2$. 对应 γ_k 的向量 u_k, v_k 有时被称作对 (A, B) 的第 k 个主向量 .

(2.23) 的序列优化程序是线性代数中著名的 Rayleigh 商迭代的一个推广. 这也可以在 [121, p.584] 中找到.

2.3.1 典型相关分析

当 A 和 B 是随机变量的某个外围空间 H 下的子空间, 则算子 $T := \mathrm{E}^{\mathrm{B}}|_{\mathrm{A}}$ 的奇异值被称作典型相关系数 并且 $(u_1, u_2, u_3, \cdots)$ 和 $(v_1, v_2, v_3, \cdots)$ 为典型变量 . 这些符号在模型简化、逼近以及随机系统辨识的各类问题中起到了很重要的作用. 特别地, 请参考第 11 章以及接下来的几章.

为了解释统计学中典型相关分析的作用, 我们将考虑维数分别为 n 和 m 的零均值随机变量的两个有限维子空间 A 和 B. 我们希望找到两组标准正交基,$\{u_1,\cdots,u_n\}$ 和 $\{v_1,\cdots,v_m\}$ 分别对应 A 和 B, 满足

$$\mathrm{E}\{u_k v_j\} = \sigma_k \delta_{kj}, \quad k=1,\cdots,n,\ j=1,\cdots,m.$$

这等价于要求由这两组基中元素构成的两个随机向量 $u := (u_1,\cdots,u_n)'$ 和 $v := (v_1,\cdots,v_m)'$ 的协方差矩阵, 即是对角的, 也就是

$$\mathrm{E}\{uv'\} = \begin{bmatrix} \sigma_1 & 0 & \cdots & 0 & \cdots & 0 \\ 0 & \sigma_2 & \cdots & 0 & \cdots & 0 \\ \vdots & \vdots & \ddots & \vdots & \ddots & \vdots \\ 0 & 0 & \cdots & \sigma_r & \cdots & 0 \\ 0 & 0 & \cdots & 0 & \cdots & 0 \end{bmatrix},$$

其中 $r \leqslant \min(n,m)$.

我们额外要求 $\sigma_1,\sigma_2,\cdots,\sigma_r$ 是非负并且按照量级非增排序. 这个问题直接来自于投影算子 $\mathrm{E}^{\mathrm{B}}|_{\mathrm{A}}$ 的奇异值分解. 事实上, 由上面的协方差矩阵的对角结构以及投影定理 (2.5) 可得

$$\mathrm{E}^{\mathrm{B}} u_k = \sigma_k v_k, \quad \mathrm{E}^{\mathrm{A}} v_k = \sigma_k u_k, \qquad k=1,2,\cdots,\min(n,m),$$

这恰是奇异值分解的定义关系 (2.18). 因此, 要求的标准正交基 $\{u_1,\cdots,u_n\}$ 和 $\{v_1,\cdots,v_m\}$ 恰好分布是第一个子空间 A 和 B 的前 n 个和前 m 个典型向量. 特别地,

$$\langle u_k, v_j\rangle = \langle \mathrm{E}^{\mathrm{B}} u_k, v_j\rangle = \sigma_k \langle v_k, v_j\rangle = \sigma_k \delta_{kj},$$

因此这些基有需要的性质. 唯一性成立的充要条件是奇异值 $\sigma_1,\sigma_2,\cdots,\sigma_{\min(n,m)}$ 是互不相同的.

我们已经介绍了在无坐标限制设置时的典型相关分析, 但利用算子 $\mathrm{E}^{\mathrm{B}}|_{\mathrm{A}}$ 的矩阵表示也可以成立. 为此, 在 A 和 B 中分别任意选择一组基向量 x, y. 然后, 选择任意的 $\xi = a'x \in \mathrm{A}$, 由命题 2.2.3 可得

$$\mathrm{E}^{\mathrm{B}} \xi = a' \,\mathrm{E}\{xy'\}\Lambda_y^{-1} y, \quad \Lambda_y := \mathrm{E}\{yy'\},$$

并且因此在选择的基上 $\mathrm{E}^{\mathrm{B}}|_{\mathrm{A}}$ 的表示从右侧对应于矩阵乘积 $a' \to a'\,\mathrm{E}\{xy'\}\Lambda_y^{-1}$. 然而注意到, 为了以坐标形式表达在 A 和 B 中的随机元素的内积, 我们必须在对应

的内积中引入恰当的权重. 事实上, 两个元素 $\xi_i = a_i' x \in \mathrm{A}$, $i = 1, 2$ 的内积产生了 $\mathbb{R}^n$ 中的内积

$$\langle a_1, a_2 \rangle_{\Lambda_x} := a_1' \Lambda_x a_2, \qquad \Lambda_x := \mathrm{E}\{xx'\}.$$

类似地, 有一个对应于 B 的基 y 的内积 $\langle b_1, b_2 \rangle_{\Lambda_y} := b_1' \Lambda_y b_2$. 为了获得在 $\mathbb{R}^n$ 中的一般的欧氏内积, 这些基需要进行正交化处理, 并且仅在这种情况下,$\mathrm{E}^{\mathrm{A}}|_{\mathrm{B}}$ 的伴随矩阵是 $\mathrm{E}^{\mathrm{B}}|_{\mathrm{A}}$ 的矩阵的转置.

典型变量和典型相关系数可以按下列步骤计算得到. 设 L_x 和 L_y 分别是协方差矩阵 Λ_x 和 Λ_y 的 Cholesky 分解下三角因子, 也就是

$$L_x L_x' = \Lambda_x, \qquad L_y L_y' = \Lambda_y,$$

并令

$$\nu_x := L_x^{-1} x, \qquad \nu_y := L_y^{-1} y \tag{2.24}$$

分别为 A 和 B 中的对应的正交基. 那么

$$\mathrm{E}^{\mathrm{B}} a' \nu_x = a' H y,$$

其中 H 是 $n \times m$ 矩阵

$$H := \mathrm{E}\{\nu_x \nu_y\} = L_x^{-1} \mathrm{E}\{xy'\} (L_y')^{-1},$$

典型变量进一步通过奇异值分解

$$H = U \Sigma V', \qquad UU' = I_m, \quad VV' = I_n$$

得到, 即

$$u = U' \nu_x, \qquad v = V' \nu_y.$$

子空间 A 和 B 的典型相关系数是 H 的奇异值, 也就是 Σ 的非零元素.

倘若算子 $\mathrm{E}^{\mathrm{B}}|_{\mathrm{A}}$ 是紧的, 上面的算法几乎都可以逐步照搬到无限维 Hilbert 空间. 然而我们将把这一推广放在第 11 章中, 届时我们将考虑一个随机过程过去和将来子空间的典型相关分析.

§ 2.4 条件正交性

我们说一个 Hilbert 空间 H 的两个子空间 A 和 B 对于给定的另一个子空间 X 是条件正交的, 如果

$$\langle \alpha - \mathrm{E}^{\mathrm{X}} \alpha, \beta - \mathrm{E}^{\mathrm{X}} \beta \rangle = 0, \quad 对所有\ \alpha \in \mathrm{A}, \beta \in \mathrm{B} \tag{2.25}$$

并且我们将此表示为 $\mathrm{A} \perp \mathrm{B} \mid \mathrm{X}$. 当 $\mathrm{X} = 0$, 其将退化到一般的正交性 $\mathrm{A} \perp \mathrm{B}$. 条件正交性是在正交性上减掉了在 X 的投影. 使用投影算子的定义 E^{X}, 能够直接将 (2.25) 写成

$$\langle \mathrm{E}^{\mathrm{X}} \alpha, \mathrm{E}^{\mathrm{X}} \beta \rangle = \langle \alpha, \beta \rangle, \quad \text{对所有 } \alpha \in \mathrm{A}, \beta \in \mathrm{B}. \tag{2.26}$$

下面的引理是这个定义的一个平凡的结果.

引理 2.4.1 若 $\mathrm{A} \perp \mathrm{B} \mid \mathrm{X}$, 则 $\mathrm{A}_0 \perp \mathrm{B}_0 \mid \mathrm{X}$ 对所有 $\mathrm{A}_0 \subset \mathrm{A}$ 和 $\mathrm{B}_0 \subset \mathrm{B}$ 成立.

设 $\mathrm{A} \oplus \mathrm{B}$ 表示 A 和 B 的正交直和 . 如果 $\mathrm{C} = \mathrm{A} \oplus \mathrm{B}$, 那么 $\mathrm{B} = \mathrm{C} \ominus \mathrm{A}$ 是 A 在 C 中的正交补. 条件正交性还有几个等价描述.

命题 2.4.2 下面的几个表述都是等价的.

(i) $\mathrm{A} \perp \mathrm{B} \mid \mathrm{X}$;

(ii) $\mathrm{B} \perp \mathrm{A} \mid \mathrm{X}$;

(iii) $(\mathrm{A} \vee \mathrm{X}) \perp \mathrm{B} \mid \mathrm{X}$;

(iv) $\mathrm{E}^{\mathrm{A} \vee \mathrm{X}} \beta = \mathrm{E}^{\mathrm{X}} \beta$, 对所有 $\beta \in \mathrm{B}$ 成立;

(v) $(\mathrm{A} \vee \mathrm{X}) \ominus \mathrm{X} \perp \mathrm{B}$;

(vi) $\mathrm{E}^{\mathrm{A}} \beta = \mathrm{E}^{\mathrm{A}} \mathrm{E}^{\mathrm{X}} \beta$, 对所有 $\beta \in \mathrm{B}$ 成立.

证 (i), (ii) 和 (iii) 的等价性由定义可以直接得到. 由于 $(\beta - \mathrm{E}^{\mathrm{X}} \beta) \perp \mathrm{X}$, 条件正交性 (2.25) 可以写成

$$\langle \alpha, \beta - \mathrm{E}^{\mathrm{X}} \beta \rangle = 0, \quad \text{对所有 } \alpha \in \mathrm{A}, \beta \in \mathrm{B}. \tag{2.27}$$

因此 (iii) 等价于 $(\beta - \mathrm{E}^{\mathrm{X}} \beta) \perp \mathrm{A} \vee \mathrm{X}$, 也就是说

$$\mathrm{E}^{\mathrm{A} \vee \mathrm{X}} (\beta - \mathrm{E}^{\mathrm{X}} \beta) = 0, \quad \text{对所有 } \beta \in \mathrm{B},$$

因此可得 (iv). 此外, (2.27) 等价于

$$\mathrm{E}^{\mathrm{A}} (\beta - \mathrm{E}^{\mathrm{X}} \beta) = 0, \quad \text{对所有 } \beta \in \mathrm{B},$$

也就是推出了 (vi). 最后, 令 $\mathrm{Z} := (\mathrm{A} \vee \mathrm{X}) \ominus \mathrm{X}$, 则有 $\mathrm{A} \vee \mathrm{X} = \mathrm{X} \oplus \mathrm{Z}$, 也就是

$$\mathrm{E}^{\mathrm{A} \vee \mathrm{X}} \beta = \mathrm{E}^{\mathrm{X}} \beta + \mathrm{E}^{\mathrm{Z}} \beta, \quad \text{对所有 } \beta \in \mathrm{B}.$$

因此对于所有的 $\beta \in \mathrm{B}$,(iv) 等价于 $\mathrm{E}^{\mathrm{Z}} \beta = 0$, 也就是 $\mathrm{Z} \perp \mathrm{B}$, 其和 (v) 相同. □

接下来我们将给出条件正交性的一个重要的例子.

命题 2.4.3 对任意子空间 A 和 B,

$$\mathrm{A} \perp \mathrm{B} \mid \mathrm{E}^{\mathrm{A}}\, \mathrm{B}. \tag{2.28}$$

此外, 任意使得 $\mathrm{A} \perp \mathrm{B} \mid \mathrm{X}$ 的 $\mathrm{X} \subset \mathrm{A}$ 包含 $\mathrm{E}^{\mathrm{A}}\, \mathrm{B}$.

证 如果 $\mathrm{X} \subset \mathrm{A}$, 根据命题 2.4.2 (v), $\mathrm{A} \perp \mathrm{B} \mid \mathrm{X}$ 与 $\mathrm{A} \ominus \mathrm{X} \perp \mathrm{B}$ 等价, 或者

$$\mathrm{A} \ominus \mathrm{X} \subset \mathrm{A} \cap \mathrm{B}^{\perp}.$$

但是根据引理 2.2.6,

$$\mathrm{A} \ominus \mathrm{E}^{\mathrm{A}}\, \mathrm{B} = \mathrm{A} \cap \mathrm{B}^{\perp}.$$

因此 (2.28) 成立, 对任意使得 $\mathrm{A} \perp \mathrm{B} \mid \mathrm{X}$ 的 X, $\mathrm{E}^{\mathrm{A}}\, \mathrm{B} \subset \mathrm{X}$. □

分布律

$$\mathrm{X} \cap (\mathrm{A} + \mathrm{B}) = (\mathrm{X} \cap \mathrm{A}) + (\mathrm{X} \cap \mathrm{B}) \tag{2.29}$$

对任意子空间 X, A 和 B 当然是不成立的, 但仅仅在非常特殊的情况下成立. 可以参考附录 B.3 节中的命题 B.3.1. 但是, 当 $\mathrm{A} \perp \mathrm{B} \mid \mathrm{X}$ 时 (2.29) 成立. 实际上, 这是一个一般结论的推论.

命题 2.4.4 设 $\mathrm{A}_1, \mathrm{A}_2, \cdots, \mathrm{A}_n$ 和 X 是子空间使得

$$\mathrm{A}_i \perp \mathrm{A}_j \mid \mathrm{X}, \quad \text{对所有的 } (i, j) \text{ 使得 } i \neq j. \tag{2.30}$$

那么

$$\mathrm{X} \cap (\mathrm{A}_1 + \mathrm{A}_2 + \cdots + \mathrm{A}_n) = (\mathrm{X} \cap \mathrm{A}_1) + (\mathrm{X} \cap \mathrm{A}_2) + \cdots + (\mathrm{X} \cap \mathrm{A}_n). \tag{2.31}$$

证 首先注意到

$$\mathrm{X} \cap (\mathrm{A}_1 + \mathrm{A}_2 + \cdots + \mathrm{A}_n) \supset (\mathrm{X} \cap \mathrm{A}_1) + (\mathrm{X} \cap \mathrm{A}_2) + \cdots + (\mathrm{X} \cap \mathrm{A}_n)$$

显然成立. 为了证明相反的包含关系, 注意到任意

$$\xi \in \mathrm{X} \cap (\mathrm{A}_1 + \mathrm{A}_2 + \cdots + \mathrm{A}_n)$$

可以表示为

$$\xi = \xi_1 + \xi_2 + \cdots + \xi_n,$$

这里 $\xi_k \in \mathrm{A}_k$, $k = 1, 2, \cdots, n$. 我们需要证明 $\xi_k \in \mathrm{X}$, $k = 1, 2, \cdots, n$. 为了证明这个结果, 记

$$\sum_{k=1}^{n} (\xi_k - \mathrm{E}^{\mathrm{X}}\, \xi_k) = \xi - \mathrm{E}^{\mathrm{X}}\, \xi = \xi - \xi = 0.$$

但是, (2.30) 表明

$$(\xi_1 - E^X \xi_1) \perp (\xi_2 - E^X \xi_2) \perp \cdots \perp (\xi_n - E^X \xi_n),$$

因此 $\xi_k - E^X \xi_k = 0$ 对 $k = 1, 2, \cdots, n$ 成立, 这也证明了对 $k = 1, 2, \cdots, n, \xi_k \in X$. □

推广本节开始给出的定义, 如果 (2.30) 成立, 可以说 $A_1, A_2, \cdots, A_n$ 是关于给定 X 条件正交的, 我们将其记作

$$A_1 \perp A_2 \perp \cdots \perp A_n \mid X.$$

§ 2.5 二阶过程和移位算子

一个随机过程 y 是随机变量 $y := \{y(t)\}$ 的有序集合, 所有元素都定义在相同的概率空间. 对离散时间过程, 时间变量 t 在集合 $\mathbb{Z}$ 中取值, 对连续时间过程在 $\mathbb{R}$ 中取值. 时间集合的一般符号是 $\mathbb{T}$. 在这本书中我们通常将先处理离散时间的随机过程, 再修改成连续时间, 但也不是总是直截了当的. 当把离散时间的结论推广到连续时间的情况不平凡时, 我们将单独讨论.

随机变量 $y(t)$ 应该在 $\mathbb{R}$ 或者 $\mathbb{C}$ 中取值, 这种情况下我们将讨论标量 (实数或者复数) 过程, 或者, 更一般地, $y(t)$ 是向量, 在 $\mathbb{R}^m$ 或者 $\mathbb{C}^m$ 中取值. 在这个情况我们把 $y(t)$ 写成一个列向量. 在这本书中我们通常讨论实值向量, 称 $\mathbb{R}^m$-值过程, 仅仅指它们是 "m-维过程".

这本书的目的是利用线性模型 的方法研究随机过程的动态描述, 并在此框架下理解过程估计和辨识的统计问题. 为此, 通常只需要假设这个过程可用的统计变量仅包含均值 $m(t) := E\{y(t)\}$, $t \in \mathbb{T}$, 以及协方差 函数

$$\Lambda(t, s) := E\{[y(t) - m(t)][y(s) - m(s)]^*\}, \quad t, s \in \mathbb{T}, \tag{2.32}$$

这里 * 表示共轭转置. 一个协方差函数是一个正定函数 , 指的是

$$\sum_{k,j=1}^{N} a_k^* \Lambda(t_k, t_j) a_j \geqslant 0 \tag{2.33}$$

对任意向量系数 $a_k \in \mathbb{C}^m$ 以及所有有限个选择 $t_1, \cdots, t_N$ 成立.

在一个给定空间 $\{\Omega, \mathcal{A}\}$ 可以定义一个随机过程的等价类, 规定一阶矩和二阶矩. 这个类通常称为一个二阶过程. 特别地, 一个二阶过程包含一个高斯过程, 它的概率分布由给定的矩信息唯一决定. 由于均值 $m(t)$ 对任意的 t 是已知的, 它可

以由 $y(t)$ 得出, 所以不失一般性, 二阶过程可以被假定为零均值. 接下来我们会遵守这个约定. 从今以后定语"二阶"也会被省略.

考虑根据 m 维过程 $y := \{y(t);\ t \in \mathbb{T}\}$ 的标量元素线性生成的向量空间, 也就是说, 所有实随机变量的向量空间, 这些变量都是标量元素的有限线性组合 (实系数) . 这个空间是一个向量空间, 包含在 $L^2(\Omega, \mathcal{A}, P)$, 我们表示为 $\operatorname{span}\{y(t);\ t \in \mathbb{T}\}$. 初看之下, 这个记号可能会有点误导; 这个符号的意思是

$$\operatorname{span}\{y(t); t \in \mathbb{T}\} := \left\{\sum a_t' y(t) \mid t \in \mathbb{T},\ a_t \in \mathbb{R}^m\right\}. \tag{2.34}$$

这里的求和中, 只有有限个向量系数 a_t 非 0. 在空间 $L^2(\Omega, \mathcal{A}, P)$ 中取这个向量空间的闭集, 即加上基本列的均方极限, 我们得到一个 Hilbert 空间, 表示为

$$\mathrm{H}(y) = \overline{\operatorname{span}}\{y(t) \mid t \in \mathbb{T}\}.$$

这个空间包含了线性依赖于随机变量 y 的所有标量随机变量. 空间 $\mathrm{H}(y)$ 被称为由过程 y(线性) 生成的 Hilbert 空间.

在离散时间, Hilbert 空间 $\mathrm{H}(y)$ 是可分的, 它可以构造出一个可数稠密集. 在连续时间, $\mathrm{H}(y)$ 是可分的, 如果过程 y 是均方连续的, 在这个情况下 $\{y_k(r) \mid k = 1, \cdots, m,\ r$ 是有理数$\}$ 是随机变量的可数稠密集.

过去空间 和未来空间 在时刻 t, 分别为 $\mathrm{H}_t^-(y)$ 和 $\mathrm{H}_t^+(y)$, 是 $\mathrm{H}(y)$ 的子空间, 分别由过去以及未来的过程建立, 即

$$\mathrm{H}_t^-(y) := \overline{\operatorname{span}}\{y(s) \mid s < t\} \quad \text{和} \quad \mathrm{H}_t^+(y) := \overline{\operatorname{span}}\{y(s) \mid s \geqslant t\}. \tag{2.35}$$

根据一个被广泛接受的约定, 离散时间中的当前时刻只包括在未来, 不包括在过去. 其他的选择当然是可能的, 但是必须遵循条件

$$\mathrm{H}_t^-(y) \vee \mathrm{H}_t^+(y) = \mathrm{H}(y), \quad \text{对所有 } t$$

对一个均方意义下的连续时间过程, 当前时刻的随机变量 $y(t)$ 包含在过去还是未来的过程变量中是没有区别的, 因为 $y(t)$ 是一个过去 (或者未来) 值的极限 ($\lim_{s\to t} y(s) = y(t)$), 实际上, $\{y(s) \mid s < t\}$ 和 $\{y(s) \mid s \leqslant t\}$ 生成相同的子空间, $\{y(s) \mid s > t\}$ 和 $\{y(s) \mid s \geqslant t\}$ 也是如此.

虽然 $\mathrm{H}_t^-(y)$ 随 t 单调递增, $\mathrm{H}_t^+(y)$ 单调递减, 但任意一个过程的过去和未来的子空间可能随时间发生剧烈变动. 实际上, 存在标量均方连续过程 y 满足 $\mathrm{H}_t^-(y) = 0$, 但原始空间

$$\lim_{s\downarrow t} \mathrm{H}_s^-(y) := \cap_{\epsilon>0} \mathrm{H}_{t+\epsilon}^-(y)$$

是无限维的; 见 [68, p. 257]. 这个性质在平稳 过程不会成立, 我们下面会考虑这个问题.

2.5.1 平稳性

随机过程 y 被称为宽平稳, 如果协方差矩阵 (2.32) 是对象的差 $t-s$ 的函数. 我们不妨用符号记为

$$\Lambda(t,s)=\Lambda(t-s).$$

下面我们将其简称为“平稳性”, 省略掉“宽”. 如果 y 是一个平稳的离散时间过程, 可以定义一个线性等距算子 $\mathcal{U}:\mathrm{H}(y)\to\mathrm{H}(y)$, 称为过程 y 的移位，使得

$$\mathcal{U}y_k(t)=y_k(t+1),\quad t\in\mathbb{Z},\ k=1,\cdots,m.$$

更精确地, 对于离散和连续时间过程, t 单位时间上的向前移位 $\mathcal{U}_t$, $t\in\mathbb{T}$ 被首先定义在所有随机变量 $\{y_k(t);\ k=1,2,\cdots,m,\ t\in\mathbb{T}\}$ 的线性组合子集 Y 上, 首先设

$$\mathcal{U}_t y_k(s):=y_k(s+t),\quad k=1,\cdots,m, \tag{2.36}$$

然后平凡地扩展到 Y. 那么, 根据平稳性, 我们有

$$\langle\mathcal{U}_t\xi,\mathcal{U}_t\eta\rangle=\langle\xi,\eta\rangle,\quad \xi,\eta\in Y, \tag{2.37}$$

即 $\mathcal{U}_t$ 是等距的. 因此, $\mathcal{U}_t$ 根据连续性可以被扩张到闭包 $\mathrm{H}(y)$ (见附录的定理 B.2.7). 实际上, 很清楚扩张算子 $\mathcal{U}_t$ 映射 $\mathrm{H}(y)$ 到它自己上. 因此 $\mathcal{U}_t$ 是 $\mathrm{H}(y)$ 上的酉算子, 以及伴随矩阵 $\mathcal{U}_t^*$ 满足关系

$$\mathcal{U}_t^*\mathcal{U}_t=\mathcal{U}_t\mathcal{U}_t^*=I.$$

即 $\mathcal{U}_t$ 是可逆的, $\mathcal{U}_t^*=\mathcal{U}_t^{-1}$. 特别地,

$$\mathcal{U}_t^*y_k(s)=y_k(s-t),\quad t,s\in\mathbb{T},\ k=1,\cdots,m,$$

即 $\mathcal{U}_t^*$ 是向后移位.

总之, 一族 $\{\mathcal{U}_t\mid t\in\mathbb{T}\}$ 是 Hilbert 空间上的一组酉算子 $\mathrm{H}(y)$. 在离散时间, 这仅仅意味着 $\mathcal{U}_t=\mathcal{U}^t$ 对所有 $t\in\mathbb{Z}$ 成立, $\mathcal{U}$ 是一步移位. 在连续时间, 为了避免病态情形, 通常假设平稳过程 $\{y(t);\ t\in\mathbb{R}\}$ 是均方连续的. 那么, 有

$$\lim_{t\to s}\mathcal{U}_t\xi=\mathcal{U}_s\xi,\quad \text{对所有 } \xi\in\mathrm{H}(y).$$

这个性质就是 $\mathrm{H}(y)$ 的强连续性. 因此, 连续时间均方连续过程的移位是 Hilbert 空间 $\mathrm{H}(y)$ 上的一组强连续 酉算子.

在无限或者半无限时间区间上平稳过程的估计和建模, 自然包括各种各样的时间不变的过程上的随机变量的线性运算, 也就是说, 不依赖于选择“当前”的时间. 在这部分内容上, 可以固定当前时刻为任意值, 例如 $t=0$. 当需要时, 可以对数据用酉算子转移到任意时刻 $\mathcal{U}_t$.

特别地, 过程未来或者过去的子空间可以通常被假定在时刻 $t=0$, 简单地表示为 $\mathrm{H}^+(y)$ 和 $\mathrm{H}^-(y)$. 对于任意的当前时刻 t, 我们有

$$\mathrm{H}_t^+(y)=\mathcal{U}_t\mathrm{H}^+(y),\quad \mathrm{H}_t^-(y)=\mathcal{U}_t\mathrm{H}^-(y).$$

正如我们所指出的, $\mathrm{H}_t^+(y)$ 是随着 t 递减的, 而 $\mathrm{H}_t^-(y)$ 是随着时间递增的. 这个性质同平稳性一样, 是未来和过去的子空间的一个重要的性质, 可以被表示为移位和伴随矩阵的不变关系, 称为

$$\mathcal{U}\mathrm{H}^+(y)\subset\mathrm{H}^+(y),\quad \mathcal{U}^*\mathrm{H}^-(y)\subset\mathrm{H}^-(y). \tag{2.38}$$

转移不变子空间在算子理论中已经被深入地研究, 它有很好的解析性质. 在第 4 章我们将回到这些细节. 现在, 我们仅仅提到一些基本的一般的概念.

设 $\mathcal{U}$ 是 Hilbert 空间 H 上的一个酉算子. 一个子空间 X 对 $\mathcal{U}$ 和 $\mathcal{U}^*$ 是不变的, 被称为对 $\mathcal{U}$ 是双不变的. 双不变子空间的平凡例子是零空间和全空间 $\mathrm{H}(y)$. 一个不变子空间 X 被称为约化的, 如果存在一个补集子空间 Y, 即 $\mathrm{H}=\mathrm{X}\dot{+}\mathrm{Y}$ 也是不变的. 下面的结果根据附录 B.2 节的引理 B.2.8 得到.

引理 2.5.1　设 $\mathcal{U}$ 是 Hilbert 空间 H 上的一个酉算子, 那么 X 是双不变的当且仅当 $\mathrm{X}^\perp$ 以及正交和 $\mathrm{X}\oplus\mathrm{X}^\perp$ 对 $\mathcal{U}$ 和 $\mathcal{U}^*$ 是约化的.

比如说, 子空间 $\mathrm{H}(y_k)$, $k=1,\cdots,m$, 由平稳过程的元素 y_k 生成, 关于过程的移位是双不变的.

§ 2.6　条件正交以及建模

条件正交是关于充分统计量 [6] 的一个概念. 与建模和数据约简有关. 下面我们将讨论一些例子.

[6] 一个统计量关于一个统计模型是充分的, 如果其他由相同样本计算得到的统计量都不能提供关于模型参数额外的信息, 见 [83, 94, 134, 249].

2.6.1 Markov 性质

Markov 性质仅仅是随机过程状态[163]的一个系统理论的数学构造的想法. 它在研究随机系统中非常重要.

假设我们有一个 Hilbert 空间 H 上的子空间 $\{X_t;\ t \in \mathbb{T}\}$ 的时间指标族, 定义该族的过去 和未来 在时刻 t 为

$$X_t^- := \overline{\text{span}}\{X_s;\ s \leqslant t\}, \quad X_t^+ := \overline{\text{span}}\{X_s;\ s \geqslant t\}. \tag{2.39}$$

我们称这族 $\{X_t;\ t \in \mathbb{T}\}$ 是 Markov 的 [7], 如果对每一个 $t \in \mathbb{T}$, 给定当前状态, 未来和过去是条件正交的, 也就是说,

$$X_t^- \perp X_t^+ \mid X_t, \tag{2.40}$$

也可以写成以下两种等价形式

$$E^{X_t^-}\lambda = E^{X_t}\lambda, \quad \text{对所有的 } \lambda \in X_t^+, \tag{2.41a}$$

$$E^{X_t^+}\mu = E^{X_t}\mu, \quad \text{对所有的 } \mu \in X_t^-. \tag{2.41b}$$

在这些符号中过去和未来是完全对称的.

一个平稳的 Markov 过程族对酉算子 $\{\mathcal{U}_t\}$ 的移位有时间传递性, 即

$$X_{t+s} = \mathcal{U}_s X_t, \quad t, s \in \mathbb{T}.$$

在这个情况下我们可以简化符号, 用 X 表示 X_0, 并分别用 X^-, X^+ 来表示过去和未来的子空间. 同样我们也令

$$H := \vee_t X_t$$

表示连通的 Hilbert 空间.

对确定性的动态模型, 希望状态性质可以导出这族时间演化的某种“局部描述”(比如说连续时间确定性系统的一个微分方程). 接下来我们将要研究离散时间 Markov 过程的局部描述, 因此 $\mathcal{U}_t = \mathcal{U}^t$, 这里 $\mathcal{U}$ 为单位算子移位.

根据命题 2.4.2 的性质 (v), 对一个 Markov 族

$$X^- = X \oplus (X^+)^\perp, \qquad X^+ = X \oplus (X^-)^\perp, \tag{2.42}$$

---

[7] 这里, 为了和文献中的标准俗语保持一致, 我们本应增加定语“广义”, 但是因为我们在本书中从不谈论“严格”的性质, 故我们将不会这么做.

所以我们有正交分解

$$\mathrm{H} = (\mathrm{X}^+)^\perp \oplus \mathrm{X} \oplus (\mathrm{X}^-)^\perp. \tag{2.43}$$

此时, X^- 对 $\{\mathcal{U}_t^* \mid t \geqslant 0\}$ 是不变的, 一个酉算子的半群, 我们称为左 (或者向后的) 移位. 同时, X^+ 对半群 $\{\mathcal{U}_t \mid t \geqslant 0\}$ 的右 (或者前向的) 移位 是不变的. 根据引理 B.2.8 可知, $(\mathrm{X}^+)^\perp$ 是 X^- 的一个 $\mathcal{U}_t^*$-不变子空间. 因此它在 X^- 的正交补 X 对伴随矩阵是不变的, 对于集合 X^- 上的算子 $\{\mathcal{U}_t^* \mid t \geqslant 0\}$, 有 $\{T_t \mid t \geqslant 0\}$. 这个伴随矩阵不再是酉的, 称为压缩的右移位, 可以看出有以下表达式

$$T_t:\ \mathrm{X}^- \to \mathrm{X}^-, \quad \xi \mapsto \mathrm{E}^{\mathrm{X}^-}\mathcal{U}_t\xi, \quad t \geqslant 0.$$

我们现在可以以半群以及不变子空间的形式给出以下 Markov 性质的刻画.

命题 2.6.1　一族由酉群生成的空间 $\{\mathrm{X}_t,\ t \in \mathbb{Z}\}$

$$\mathrm{X}_t = \mathcal{U}_t\mathrm{X}, \quad t \in \mathbb{Z}$$

是 Markov 的当且仅当 X 对压缩右转移是不变子空间, 即

$$\mathrm{E}^{\mathrm{X}^-}\mathcal{U}_t|_{\mathrm{X}} = \mathrm{E}^{\mathrm{X}}\mathcal{U}_t|_{\mathrm{X}}. \tag{2.44a}$$

等价地, $\{\mathrm{X}_t\}$ 是 Markov 的当且仅当 X 对 X^+ 的压缩左转移是不变的, 即

$$\mathrm{E}^{\mathrm{X}^+}\mathcal{U}_t^*|_{\mathrm{X}} = \mathrm{E}^{\mathrm{X}}\mathcal{U}_t^*|_{\mathrm{X}}. \tag{2.44b}$$

从统计的观点来看, 等式 (2.44) 的刻画是相当明显的. 它们和式子 (2.41) 的性质是等价的. 用半群的语言来说, 为了得到平稳 Markov 过程的显性函数表达形式, 这本书将会用到这些刻画.

在离散时间, 与之前相同, 定义 $\mathcal{U} := \mathcal{U}_1$ 是有用的. 映射 $\mathcal{U}(\mathrm{X}) := \mathrm{E}^{\mathrm{X}}\mathcal{U}_{|\mathrm{X}}$ 被称为 Markov 族的生成器. 利用关系 (2.15), 很容易验证

$$\mathcal{U}_t(\mathrm{X}) := \mathrm{E}^{\mathrm{X}^-}\mathcal{U}^t|_{\mathrm{X}} = \mathrm{E}^{\mathrm{X}^-}\mathcal{U}^{t-1}\,\mathcal{U}(\mathrm{X}) = \cdots = \mathcal{U}(\mathrm{X})^t, \quad t \geqslant 0 \tag{2.45}$$

从而 $\{\mathcal{U}_t(\mathrm{X}) \mid t \geqslant 0\}$ 是一个生成器为 $\mathcal{U}(\mathrm{X})$ 的半群. 类似的性质对其伴随矩阵同样成立.

这个平稳 Markov 族存在一个差分方程表达形式. 这个演变和推广将在第 8 章中提到, 所以我们在这里并不多提.

定义子空间

$$\mathrm{V}_t = \mathcal{U}\mathrm{X}_t^- \ominus \mathrm{X}_t^-$$

代表由 X_{t+1} 带来的, 并不包含在 X_t^- 中的"新信息". 子空间 $\{V_t\}$ 是平稳的, 由构造可知

$$V_s \perp V_t, \qquad s \neq t. \tag{2.46}$$

定理 2.6.2 对任意随机变量 $\xi \in X$, 平稳变换 $\xi(t) = \mathcal{U}_t\xi$ 根据线性方程进化

$$\xi(t+1) = \mathcal{U}(X_t)\xi(t) + v_\xi(t), \quad t \in \mathbb{Z}, \tag{2.47}$$

这里 $\{v_\xi(t) \in V_t, t \in \mathbb{Z}\}$ 是一个正交随机变量的平稳序列 (带有白噪声).

证 根据引理 2.2.5,

$$\xi(t+1) = E^{X_t}\mathcal{U}\xi(t) + E^{V_t}\xi(t+1) = \mathcal{U}(X_t)\xi(t) + v_\xi(t).$$

根据 (2.46), $\{v_\xi(t)\}$ 是正交随机变量的平稳子序列. □

这个几何理论包含了无限维 Markov 过程的研究. 事实上, 给定一个取值在一个可分的 Hilbert 空间 $\mathcal{X}$ 的 Markov 过程 $\{x(t); t \in \mathbb{T}\}$, 子空间

$$X_t := \overline{\text{span}}\{\langle a, x(t)\rangle_{\mathcal{X}} \mid a \in \mathcal{X}\}, \quad t \in \mathbb{T} \tag{2.48}$$

是一个 Markov 族. 这很自然引出了下面的例子.

2.6.2 随机动态系统

本书一个基本的概念是随机系统 .

定义 2.6.3 一个 H 上的随机系统 是一对零均值的随机过程 (x, y), $\{x(t); t \in \mathbb{T}\}$ 和 $\{y(t); t \in \mathbb{T}\}$, 分别在实可分 Hilbert 空间 $\mathcal{X}$ 和 $\mathbb{R}^m$ 上取值, 使得根据 (2.48) 定义的 X_t, $t \in \mathbb{T}$, $H(y)$ 包含在环绕空间 H 以及

$$(H_t^-(y) \vee X_t^-) \perp (H_t^+(y) \vee X_t^+) \mid X_t, \quad t \in \mathbb{T}, \tag{2.49}$$

这里 X_t^- 和 X_t^+ 是根据 (2.39) 定义的. 过程 x 和 y 分别被称为状态过程 以及输出过程 , X_t 是时间 t 上的状态空间 . 随机系统是有限维的, 如果 $\dim \mathcal{X} < \infty$.

特别地, (2.49) 表明, 对于每个 $t \in \mathbb{T}$,

$$H_t^-(y) \perp H_t^+(y) \mid X_t. \tag{2.50}$$

也就是说, X_t 是一个关于过去空间 $\mathrm{H}_t^-(y)$ 和未来空间 $\mathrm{H}_t^+(y)$ 的可分子空间. 另外

$$\mathrm{X}_t^- \perp \mathrm{X}_t^+ \mid \mathrm{X}_t. \tag{2.51}$$

换句话说, $\{\mathrm{X}_t;\ t \in \mathbb{T}\}$ 是一个 Markov 族, 等价地, $\{x(t);\ t \in \mathbb{T}\}$ 是一个 Markov 过程.

我们称两个系统是等价的, 如果对于任意的 $t \in \mathbb{T}$, 它们的输出过程是几乎处处一致的并且它们的状态空间是相同的.

作为一个例子, 我们考虑离散时间随机系统 $\mathbb{T} = \mathbb{Z}_+$. 一个正态白噪声 w 是一列单位方差的正交随机向量; 也就是说,

$$\mathrm{E}\{w(t)w(s)'\} = I\delta_{ts} := \begin{cases} I, & \text{如果 } s = t, \\ 0, & \text{如果 } s \neq t. \end{cases} \tag{2.52}$$

定理 2.6.4 假设 $\mathbb{T} = \mathbb{Z}_+$. 那么, 所有有限维的随机系统有下列表达形式

$$\begin{cases} x(t+1) = A(t)x(t) + B(t)w(t), \quad x(0) = x_0, \\ y(t) = C(t)x(t) + D(t)w(t), \end{cases} \tag{2.53}$$

这里 $\{A(t), B(t), C(t), D(t); t \in \mathbb{T}\}$ 是相应维数的矩阵, x_0 是一个零均值随机向量, w 是一个与 x_0 正交的正态白噪声. 相反地, 任意一对满足 (2.53) 的随机过程 (x, y) 是一个随机系统.

证 设 (x, y) 是一个随机系统 $\mathbb{T} = \mathbb{Z}_+$, 状态过程 x 在 $\mathbb{R}^n$ 中取值. 我们首先证明 (x, y) 有一个表达式 (2.53). 为了这个目的, 首先记

$$\begin{bmatrix} x(t+1) \\ y(t) \end{bmatrix} = \mathrm{E}^{\mathrm{H}_t^-(y) \vee \mathrm{X}_t^-} \begin{bmatrix} x(t+1) \\ y(t) \end{bmatrix} + \mathrm{E}^{(\mathrm{H}_t^-(y) \vee \mathrm{X}_t^-)^\perp} \begin{bmatrix} x(t+1) \\ y(t) \end{bmatrix}. \tag{2.54}$$

现在, 根据 (2.49) 和命题 2.4.2,

$$\mathrm{E}^{\mathrm{H}_t^-(y) \vee \mathrm{X}_t^-} \lambda = \mathrm{E}^{\mathrm{X}_t} \lambda, \quad \text{对于所有的 } \lambda \in \mathrm{H}_t^+(y) \vee \mathrm{X}_t^+,$$

因此存在矩阵 $A(t)$ 和 $C(t)$ 使得

$$\mathrm{E}^{\mathrm{H}_t^-(y) \vee \mathrm{X}_t^-} \begin{bmatrix} x(t+1) \\ y(t) \end{bmatrix} = \begin{bmatrix} A(t) \\ C(t) \end{bmatrix} x(t).$$

(2.54) 中的第二项是一个正交序列, 可以被标准化为一个标准白噪声 w 使得

$$\mathrm{E}^{(\mathrm{H}_t^-(y)\vee \mathrm{X}_t^-)^\perp}\begin{bmatrix} x(t+1) \\ y(t) \end{bmatrix} = \begin{bmatrix} B(t) \\ D(t) \end{bmatrix} w(t),$$

这里 $B(t)$ 和 $D(t)$ 是使得 $\begin{bmatrix} B(t) \\ D(t) \end{bmatrix}$ 满秩的矩阵. 因此 (x,y) 满足 (2.53). 还要证明 $x_0 \perp \mathrm{H}(w)$. 由于 $\begin{bmatrix} B(t) \\ D(t) \end{bmatrix}$ 是满秩的, $w(t) \in (\mathrm{H}_t^-(y)\vee \mathrm{X}_t^-)^\perp$ 对所有的 $t \in \mathbb{Z}_+$ 成立, 因此 $x_0 \perp \mathrm{H}(w)$.

相反地, 假设 (x,y) 满足 (2.53). 对每个 $t \in \mathbb{Z}_+$, 设 $\mathrm{X}_t := \{a'x(t) \mid a \in \mathbb{R}^n\}$. 由于 w 是白噪声过程 $x_0 \perp \mathrm{H}(w)$, 空间 $\mathrm{X}_0 \oplus \mathrm{H}^-(w)$ 与 $\mathrm{H}^+(w)$ 是正交的, 根据命题 2.4.2 (v), 这与以下公式等价

$$(\mathrm{X}_0 \oplus \mathrm{H}^-(w)) \perp (\mathrm{H}^+(w) \oplus \mathrm{X}_t) \mid \mathrm{X}_t.$$

但是, 根据 (2.53) 非常容易得到 $\mathrm{H}^-(y)\vee \mathrm{X}^- \subset \mathrm{X}_0 \oplus \mathrm{H}^-(w)$ 以及 $\mathrm{H}^+(y)\vee \mathrm{X}_t^+ \subset \mathrm{H}^+(w)\oplus \mathrm{X}_t$, 因此 (2.49) 成立 (引理 2.4.1). 因此 (x,y) 是一个随机系统. □

对于连续系统以及对定义在整个实轴上的平稳过程, 相同的结果成立. 第 8 章和第 10 章将主要讲这些内容.

2.6.3 因子分析

一个 (静态的) 因子模型 (或者因子分析模型) 是 m 个观测变量的表达式

$$y = Ax + e \tag{2.55}$$

这 m 个观测变量 $y = [y_1, \cdots, y_m]'$ 具有零均值和有限方差, 定义式右侧为 n 个共同因子 $x = [x_1, \cdots, x_n]'$ 的线性组合, 加上线性无关的“噪声”或者“误差”项 $e = [e_1, \cdots, e_m]'$. 误差 e 的 m 个分量应该是零均值以及相互无关的随机变量, 也就是说,

$$\Sigma_{xe} := \mathrm{E}\{xe'\} = 0, \tag{2.56a}$$

$$\Delta := \mathrm{E}\{ee'\} = \mathrm{diag}\{\sigma_1^2, \cdots, \sigma_m^2\}. \tag{2.56b}$$

这类模型的目的是解释当 n 较小时,y 中的 m 个观测变量对 n 个共同因子的依赖性. 因此, 设

$$\hat{y}_i := a_i' x, \tag{2.57}$$

这里 a_i' 是矩阵的第 i 行, 恰好有

$$\mathrm{E}\{y_i y_j\} = \mathrm{E}\{\hat{y}_i \hat{y}_j\} \tag{2.58}$$

对于所有的 $i \neq j$ 成立. 换句话说, y 中以因子向量的形式的元素的估计与观测向量 y 中的元素有共同的互相关系数. 这一性质明显与

$$\langle e_i, e_j \rangle = \langle y_i - \hat{y}_i, y_j - \hat{y}_j \rangle = 0, \quad i \neq j$$

等价, 根据 (2.25), 这就是给定 $x, y_1, y_2, \cdots, y_m$ 的*条件正交性*. 接下来, 我们正式定义这个概念.

定义 2.6.5 *随机变量 $y_1, y_2, \cdots, y_m$ 对给定的 x 条件正交, 如果 $y_i \perp y_j \mid x$ 对所有的 $i \neq j$ 成立.*

根据以上的分析可知 y 允许 (2.55) 的表达当且仅当 $y_1, y_2, \cdots, y_m$ 是给定 x 条件正交的. 这个性质是由向量 x 的元素线性生成的随机变量的子空间的性质, 也就是说

$$\mathrm{X} := \{a'x \mid a \in \mathbb{R}^n\}, \tag{2.59}$$

我们称之为模型的*因子子空间*. 它有这样的性质:y 的元素在给定 X 的情况下都是条件正交的. 估计 $\hat{y}_i$ 就是正交投影 $\hat{y}_i = \mathrm{E}^{\mathrm{X}} y_i, i = 1, 2, \cdots, m$.

因为一般情况下 $n \ll m$, 矩阵 A 很大. 因此按照 "真实" 变量 $\hat{y}$ 以及附加误差 e, 引入一个矩阵 $A^{\perp}$ 使得 $A^{\perp}A = 0$, 可以排除模型 (2.55) 中的因子来得到一个*外部的*描述

$$y = \hat{y} + e, \quad A^{\perp}\hat{y} = 0, \tag{2.60}$$

这被称为*基于变量中的误差* (EIV) 模型. 这种类型的模型的研究在统计学文献中可以追溯到 20 世纪初.

一个因子子空间可能不需要很大, 因为它有与 y 无关的 (即正交的) 多余的随机变量要表示. 通过*非冗余性条件* $\mathrm{X} = \hat{\mathrm{X}}$, 这里

$$\hat{\mathrm{X}} = \mathrm{span}\{\mathrm{E}^{\mathrm{X}} y_i;\ i = 1, 2, \cdots, m\} = \mathrm{E}^{\mathrm{X}}\,\mathrm{Y}, \tag{2.61}$$

可以消除多余性, 或者等价地 $\hat{\mathrm{X}} = \mathrm{span}\{(Ax)_i;\ i = 1, 2, \cdots, m\}$. 因为, 根据引理 2.2.6, $\mathrm{X} = \hat{\mathrm{X}} \oplus (\mathrm{X} \cap \mathrm{Y}^{\perp})$, 我们有 $\mathrm{E}^{\mathrm{X}} y_i = \mathrm{E}^{\hat{\mathrm{X}}} y_i, ; i = 1, 2, \cdots, m$, 因此任意因子空间 X 可以被它的非冗余子空间 $\hat{\mathrm{X}}$ 替代, 保留它的条件正交性质. 从此以后, 我们假设条件 $\mathrm{X} = \hat{\mathrm{X}}$ 是满足的.

任意一个 X 的生成变量集合可以组成一个共同因子向量. 特别地, 不失一般性选择一个生成向量 x 为 X 中的正规基底, 即

$$\mathrm{E}\{xx'\} = I, \tag{2.62}$$

下面我们将继续分析. 维数 $n = \dim x = \dim \mathrm{X}$ 可以被称为模型的秩. 显然地, 从非多余条件 $\mathrm{X} = \hat{\mathrm{X}}$, 我们对一个秩为 n 的模型自然有 $\operatorname{rank} A = n$, 也就是说, A 总是左可逆的.

两个因子模型对于相同观测 y, 如果它的因子可以扩张成相同的子空间 X, 则认为它们是等价的. 因此, 为了符号的方便, 两个等价因子模型的因子向量通过乘以一个实的正交矩阵联系起来.

共同因子是非观测的 数量 (在计量经济学文献中也称为潜 变量), 即使对同一个输出 y 进行表达, 但原则上也可以有多种不同的选择方式, 从而产生具有不同性质和不同复杂度的表达式 (即模型). 在应用中, 人们更希望模型的 $n \ll m$, 并且可能对表达 y 所需要的因子的最小可能数有一些了解. 具有最小数量的因子的模型对应于最小维度的因子子空间 X . 这些模型自此以后被称为最小的 .

众所周知, 对于一个给定的观测量, 一般有很多 (实际上是无限多的) 最小因子子空间 $y_1, y_2, \cdots, y_m$. 因此一般存在很多不等价的最小因子模型 (带正态因子) 表示一个固定的 m- 元随机变量 y. 例如, 通过对每一个 $k = 1, 2, \cdots, m$ 选择 $(m-1)$-维向量 $x := [\,y_1 \ \cdots \ y_{k-1} \ y_{k+1} \ \cdots \ y_m\,]'$ 作为因子, 可以得到 m 个“极值”模型, 称为基本回归, 形式为

$$\begin{cases} y_1 = [\,1 \cdots 0\,]\, x + 0 \\ \vdots \\ y_k = \hat{a}_k' x \ + \ e_k \\ \vdots \\ y_m = [\,0 \cdots 1\,]\, x + 0 \end{cases} \tag{2.63}$$

这里 $\hat{a}_k' = \mathrm{E}\{y_k x'\}\,\mathrm{E}\{xx'\}^{-1}$. 注意对每一个基本回归模型, 误差方差矩阵 Δ 恰有一个非零元素. 显然地, 基本回归 (2.63) 对应于一个 EIV 模型, 误差仅仅影响第 k 个真实变量.

在这个例子中, 因子子空间是由 $m-1$ 个观测变量展开得到的. 一个包含在数据空间 $\mathrm{Y} := \operatorname{span}\{y_1 \cdots y_m\}$ 的子空间 X(即由 y 的线性函数生成的) 被称为内部的. 因此, 因子 x 是 y 的线性泛函的因子模型被称为内部 模型.

可识别性. 因子模型内蕴的非唯一性带来了哪个模型应该用在辨识中的问题, 在文献中这被称为*因子不确定性* (*或者非辨识性*), 这个术语经常被称为参数不可辨识性, 因为在这些模型中, 经常有"太多"参数需要估计. 一旦一个模型 (本质上, 一个因子子空间) 被选定, 它经常可以被参数化为一个一对一 (因此是可辨识的) 的形式. 这个问题的难度更像是在理解不同可能的模型的性质上, 也就是说一个*分类* 问题. 不幸的是, 所有 (最小) 因子子空间可能的分类和一个显式描述的最小化问题, 在很大程度上仍然是一个开放性问题.

在这里我们只介绍关于这个辨识问题的很浅显的知识. 为此, 我们需要考虑由一个因子模型诱发的观测值的协方差矩阵的和分解 $\Lambda := \mathrm{E}\{yy'\}$, 即

$$\Lambda = AA' + \Delta. \tag{2.64}$$

这被称为 Λ 的*因子分析分解*. 模型的秩也称为分解的秩.

对任意固定的 $\Lambda \in \mathbb{S}_{+}^{m\times m}$ ($m\times m$ 对称正定矩阵构成的空间), 一旦一个对角矩阵 Δ 使得 $\mathrm{rank}\{\Lambda - \Delta\} = n$ 成立, 分解 (2.64) 的矩阵 A 就是 $\Lambda - \Delta$ 的满秩因子, 即一个满足 $AA' = \Lambda - \Delta$ 的 $m\times n$ 矩阵. 通过在 $A \in \mathbb{R}_{*}^{m\times n}$ 模右乘一个 $n\times n$ 正交矩阵的等价类[8] 中选择合适的正规形式, 可以唯一地选择这个因子. 下面主要问题是考虑可辨识性.

隐藏的秩. 对一个给定的 Λ , 允许一个秩为 n 的因子分析分解, 这个 n 最小时是什么呢? 这个数字 $n_*(\Lambda)$ (在文献中经常记作 $mr(\Lambda)$) 被称为 Λ 的*隐藏的秩*. 显然 $n_*(\Lambda) \leqslant m-1$ 对所有的 Λ 成立. 一个对角矩阵 Λ 允许一个 (唯一的) 秩为 0 的平凡因子分析分解. Λ 允许一个秩为 1 ($n_*(\Lambda) = 1$) 的因子分析分解所需满足的条件在 20 世纪初已为人所知. 在文献中一个允许秩为 1 的因子分析分解的正定协方差矩阵被称为 Spearman 矩阵. 一般情形下的隐藏秩问题尚未被解决.

秩为 $m-1$ 的分解描述起来特别简单. 实际上, 这些解是根据在满足多项式方程 $\det(\Lambda - \Delta) = 0$ 的非负定对角矩阵 $\Delta = \mathrm{diag}\{\sigma_1^2, \cdots, \sigma_m^2\}$ 构成的空间里的坐标 $(\sigma_1^2, \cdots, \sigma_m^2)$ 来描述的, 但有约束为 $\Lambda - \Delta$ 的所有 $m-1$ 阶主子式是非负的且至少一个非零. 这些代数条件在 $\mathbb{R}^m$ 正象限定义了一个光滑的超曲面 (一个凹度面向原点的双曲面). 另外, 这个超曲面与第 k 个坐标轴恰相交于 σ_k^2 , 即等于第 k 个基本回归量的误差方差.

因子估计. 在根据观测变量的因子模型辨识中, 有一个另外的难点与因子向量有关. 如何得到 x 的估计? 这个问题在一些教材中经常被忽视, 因为最常用到的模

[8] 我们记 $\mathbb{R}_{*}^{m\times n}$ 是 $m\times n$ *满秩* 实矩阵空间.

型是“基本回归”的类型, 因此 x 是观测变量的一个函数. 比如, 被用于动态系统辨识的 ARMAX 模型也是这种类型, 因为一个观测向量的组成元素 (输入经常用字母 u 表示) 被认为是一个“真实的”变量, 默认假设没有叠加“ 观测噪声”. 在所有的内部模型中, 辅助变量 (称例如状态空间模型中的状态变量, 或者 ARMAX 模型中输入的白噪声) 是观测变量的确定性函数 (实际上是创新类模型的因果函数). 这些函数有仅依赖于模型未知参数的已知结构. 辅助变量的估计在参数估计后自动完成. 但是在更一般的情况下, 前述性质不再成立. 当模型是非内部的时候, 辅助变量的估计最终只能通过合适的方法处理. 对于大多数因子模型来说, 因子变量实际上是非内部的.

命题 2.6.6 *所有的内部因子模型都是回归的. 所有 $\Delta > 0$ 的非平凡因子模型都是非内部的.*

证 为了证明第一个论断, 注意到模型是内部的当且仅当

$$\mathrm{X} \cap (\mathrm{Y}_1 + \mathrm{Y}_2 + \cdots + \mathrm{Y}_n) = \mathrm{X},$$

这里 Y_k 是由观测变量 y_k 张成的一维空间, 但是由分析, 左式等于向量和 $\mathrm{X} \cap \mathrm{Y}_1 + \cdots + \mathrm{X} \cap \mathrm{Y}_n$ (命题 2.4.4). 由于 $\dim \mathrm{Y}_k = 1$, $\mathrm{X} \cap \mathrm{Y}_k$ 要么等于 Y_k, 要么是 0 子空间. 因此

$$\mathrm{X} = \vee_{\mathrm{Y}_k \subset \mathrm{X}} \mathrm{Y}_k,$$

即 X 是由有限个 y_k 张成的, 模型是回归的.

接下来, 假设 $x \neq 0$ 并且是内部的. 那么存在某个 $n \times m$ 矩阵 B 使得 $x = By$. 利用正交性 $x \perp e$ 我们得到

$$B\Lambda(I - AB)' = 0. \tag{2.65}$$

另外由 Δ 的定义矩阵 B 同样满足

$$(I - AB)\Lambda(I - AB)' = \Delta.$$

现在由 (2.65), 最后一个方程可以被改写为

$$\Lambda(I - AB)' = \Delta.$$

与 (2.65) 结合得到 $B\Delta = 0$. 因为 $\Delta > 0$ 得到 B 必须等于零, 因此 $x = 0$, 这种退化的情况在之前的假设中已经被去除掉. 因此 x 不可能是 y 的线性函数. □

因子模型辅助变量的估计可以从随机实现理论的观点得到. 下面的定理描述了如何从观测随机量以及数据的结构协方差矩阵的参数信息 (A, Δ) 建立辅助变量 x.

定理 2.6.7 因子模型 $y = Ax + e$, $\mathrm{E}\{ee'\} = \Delta$ 的每个标准共同因子向量有以下形式

$$x = A'\Lambda^{-1}y + z, \tag{2.66}$$

这里 z 是一个与 Y 正交的 n 维零均值随机向量, 协方差为 $I - A'\Lambda^{-1}A$.

证 为了证明必要性, 设 x 和 e 如定理所陈述. 因子向量 x 可以被写为正交和

$$x = \mathrm{E}[x \mid \mathrm{Y}] + z,$$

这里 $\mathrm{E}[x \mid \mathrm{Y}] = A'\Lambda^{-1}y$, z 是向量 x 基于 y 的估计误差. 很快可以验证 z 的协方差矩阵有所要求的形式.

为了证明充分性, 设 x 如上所述. 定义 $B := A'\Lambda^{-1}$ 以及 $w := y - Ax = (I - AB)y - Az$ (这样可以建立 $y = Ax + w$). 我们继续验证 $x \perp w$, 并且 w 的协方差矩阵就是 Δ. 实际上,

$$\begin{aligned}\mathrm{E}\{xw'\} &= \mathrm{E}\{(By + z)((I - AB)y - Az)'\}\\ &= B\Lambda(I - B'A') - (I - B\Lambda B')A' = 0.\end{aligned}$$

再加上

$$E\{ww'\} = (I - AB)\Lambda(I - AB)' + A(I - B\Lambda B')A' = \Lambda - AA' = \Delta,$$

如上所述. □

在实际中我们必须基于观测变量估计模型的参数 (辨识) 以及辅助变量 x(因子估计). 在这个问题中我们有确定性以及随机性的参数, 必须区别对待. 实际上如何从基本原则得出这个结论不是显然的.

2.6.4 条件正交性和协方差选择

设 y 是一个 m-维零均值二阶随机向量, 假设是线性独立的. 记 $\check{\mathrm{Y}}_{kj}$ 为所有除了 y_k 和 y_j 的 y 中的元素张成的子空间, 即

$$\check{\mathrm{Y}}_{kj} := \mathrm{span}\{y_\ell \mid \ell \neq k, \ell \neq j\}.$$

条件正交关系

$$y_k \perp y_j \mid \check{\mathrm{Y}}_{kj} \tag{2.67}$$

在统计学的很多问题中有重要应用. 可以用 y 的协方差矩阵逆的形式 $\Sigma := \mathrm{E}\{yy'\} = \left[\sigma_{ij}\right]_{i,j=1}^{m}$ 来表示.

定理 2.6.8 设 $C := \Sigma^{-1} = \left[c_{ij}\right]_{i,j=1}^{m}$，那么条件正交关系 (2.67) 成立当且仅当 $c_{kj} = 0$.

矩阵 C 经常以随机向量 y 的精度矩阵 被提及.

证 写出

$$[y_1, y_2, \cdots, y_{k-1}, 0, y_{k+1}, \cdots, y_m]' = y - E_k y,$$

这里 $E_k := \mathrm{diag}\{0, \cdots, 1, 0, \cdots, 0\}$，“1” 在第 k 个位置, 设 $\check{\mathrm{Y}}_k$ 是这个随机向量张成的空间. 考虑估计误差

$$\tilde{y}_k := y_k - \mathrm{E}^{\check{\mathrm{Y}}_k} y_k = g_k' y, \quad k = 1, 2, \cdots, m,$$

这里 $g_k \in \mathbb{R}^m$ 待确定. 由正交性原理, 所有的元素都要和 $y - E_k y$ 正交, 这样

$$\mathrm{E}\{\tilde{y}_k(y' - y'E_k)\} = 0 = g_k'\Sigma - g_k'\Sigma E_k = g_k'\Sigma - a_k^2 e_k', \quad k = 1, 2, \cdots, m,$$

这里 e_k 是 $\mathbb{R}^m$ 的第 k 个单位向量, $a_k^2 = \mathrm{E}\{\tilde{y}_k y_k\} = \mathrm{E}\{\tilde{y}_k^2\}$. 因此

$$G := \begin{bmatrix} g_1' \\ \vdots \\ g_m' \end{bmatrix} = \mathrm{diag}\{a_1^2, \cdots, a_m^2\}\Sigma^{-1},$$

向量 $\tilde{y}$ 的协方差矩阵是

$$\mathrm{E}\{\tilde{y}\tilde{y}'\} = \mathrm{diag}\{a_1^2, \cdots, a_m^2\}\Sigma^{-1}\,\mathrm{diag}\{a_1^2, \cdots, a_m^2\}. \tag{2.68}$$

这也就是说, 在模尺度意义下, 估计误差 $\tilde{y}$ 的协方差是 y 的协方差的逆. 接下来我们将要重新调节 y 的分量的方差对所有的 k 有 $a_k^2 = 1$. 这需要假设不失一般性的成立.

现在, 使用映射的基本性质, 很容易看出

$$\langle \tilde{y}_k, \tilde{y}_j \rangle = \langle y_k, y_j \rangle - \langle \mathrm{E}^{\check{\mathrm{Y}}_k} y_k, \mathrm{E}^{\check{\mathrm{Y}}_j} y_j \rangle.$$

最后一步证明基于以下引理.

引理 2.6.9

$$\langle \mathrm{E}^{\check{\mathrm{Y}}_k} y_k, \mathrm{E}^{\check{\mathrm{Y}}_j} y_j \rangle = \langle \mathrm{E}^{\check{\mathrm{Y}}_{k,j}} y_k, \mathrm{E}^{\check{\mathrm{Y}}_{k,j}} y_j \rangle \tag{2.69}$$

证 由于 $y_k \in \check{\mathrm{Y}}_j$ ，我们有

$$\begin{aligned}\langle \mathrm{E}^{\check{\mathrm{Y}}_k} y_k, \mathrm{E}^{\check{\mathrm{Y}}_j} y_j \rangle &= \langle y_k, \mathrm{E}^{\check{\mathrm{Y}}_k}\mathrm{E}^{\check{\mathrm{Y}}_j} y_j \rangle \\ &= \langle y_k, \mathrm{E}^{\check{\mathrm{Y}}_j}\mathrm{E}^{\check{\mathrm{Y}}_k}\mathrm{E}^{\check{\mathrm{Y}}_j} y_j \rangle = \langle \mathrm{E}^{\check{\mathrm{Y}}_j}\mathrm{E}^{\check{\mathrm{Y}}_k}\mathrm{E}^{\check{\mathrm{Y}}_j} y_k, y_j \rangle.\end{aligned}$$

由于 $y_j \in \check{Y}_k$, 这个关系可以被无止境的 反过来迭代. 根据 von Neumann 的交替投影定理

$$\cdots \mathrm{E}^{\check{Y}_k}\,\mathrm{E}^{\check{Y}_j}\,\mathrm{E}^{\check{Y}_k}\,\mathrm{E}^{\check{Y}_j}\cdots \to \mathrm{E}^{\check{Y}_{kj}},$$

由 $\check{Y}_{kj} = \check{Y}_k \cap \check{Y}_j$ 得到结论. □

因此, 根据引理 2.6.9,

$$\langle \tilde{y}_k, \tilde{y}_j \rangle = \langle y_k, y_j \rangle - \langle \mathrm{E}^{\check{Y}_{kj}}\, y_k, \mathrm{E}^{\check{Y}_{kj}}\, y_j \rangle$$

由 (2.26) 可知,$\langle \tilde{y}_k, \tilde{y}_j \rangle = 0$ 当且仅当 $y_k \perp y_j \mid \check{Y}_{kj}$. □

在 y 的特定分量对中加上条件 (2.67) , 在分量中规定了一个交互结构. 被称为贝叶斯网络的交互模型, 本质上是基于在上述类型的变量对中指定或从数据中识别出条件正交性的模式.

设 $\mathcal{I}$ 是索引对 (i, j) 的子集, 其中 $1 \leqslant i \leqslant j \leqslant m$ 包含完整的对角线 (i, i), $i = 1, \cdots, m$, 设 $\mathcal{J}$ 是索引集的补子集; 它们一起表示了 Σ 的上三角部分, 包括主对角线. 下面是 Dempster 的协方差选择问题 的表述.

问题 2.6.10 给定元素 $\{\sigma_{ij} \mid (i, j) \in \mathcal{I}\}$, 按照如下方式完成矩阵 Σ.

(i) $\mathcal{J}$ 表示了逆 Σ^{-1} 的子索引元是零; 即

$$c_{ij} = 0, \quad 对\ (i, j) \in \mathcal{J}\ ; \tag{2.70}$$

(ii) 最后完成的对称矩阵 Σ 是正定的.

基本的结论如下.

定理 2.6.11 (Dempster) 如果存在一个基于指定协方差值 $\{\sigma_{i,j},\ (i, j) \in \mathcal{I}\}$ 的对称正定矩阵扩张, 则恰好存在一个这样的扩张满足条件正交性 (2.70). 这个唯一的扩张的熵为

$$H(p) = \frac{1}{2}\log(\det \Sigma) + \frac{1}{2}n\,(1 + \log(2\pi))\ , \tag{2.71}$$

在指定矩阵元 $\{\sigma_{i,j},\ (i, j) \in \mathcal{I}\}$ 对称正定 $m \times m$ 矩阵 Σ 中, 这一扩张的熵是最大的.

我们在这里不会证明这个定理, 但是建议读者参考 [72, 陈述 (a) 和 (b)] 中的证明. 我们只要回顾 (2.71) 事实上是一个零均值带有协方差矩阵 Σ 的高斯分布 p 的相对熵

$$H(p) = -\int_{\mathbb{R}^m} \log(p(x))p(x)\mathrm{d}x. \tag{2.72}$$

协方差选择问题出现在各种不同的协方差扩张 问题以及涉及有限区间内倒数过程 建模和辨识的问题中. 一般地, 当涉及平稳数据时, 分配的协方差数据有 Toeplitz 结构. 带有这种结构的问题是很有意思的, 并且仍然处于进一步研究中.

2.6.5 因果关系以及自由反馈过程

在 20 世纪 60 年代, 计量经济学文献中就时间序列的因果关系 的概念进行了长期的讨论. 主要的话题是如何针对一个随机过程何时“导致”另一个发生制定一个“内蕴的”(并且可试验的) 可以用数学语言精确表达的定义. 更详细地, 给定两个随机过程 y 和 u, 想要知道什么时候 u 引起 y. 条件正交性以及更一般情形的条件独立性, 在因果性的定义和刻画中起到重要的作用. 这个概念和平稳过程的反馈 将这一相关概念在第 17 章带输入的随机系统中进行详细的讨论.

当

$$\mathrm{H}_t^+(u) \perp \mathrm{H}_t^-(y) \mid \mathrm{H}_t^-(u), \tag{2.73}$$

我们说从 y 到 u 没有反馈. 即如果给定 u 的过去, u 的未来与 y 的过去条件无关. 这个表达了一旦 u 的过去是已知的, 则过程 u 的未来时间演化不被 y 的过去影响, 在坐标无关的形式下表示为 y 到 u 的反馈的缺失. 特别地, 正如第 17.1 节说的, 这隐含了

$$\mathrm{E}[y(t) \mid \mathrm{H}(u)] = \mathrm{E}[y(t) \mid \mathrm{H}_{t+1}^-(u)], \quad \text{对于所有的 } t \in \mathbb{Z}, \tag{2.74}$$

即给定 u 的所有历史信息, $y(t)$ 的非因果估计仅仅依赖于 u 的过去和现在, 而不是将来的历史. 这可以被看做是因果关系 的定义.

§ 2.7 倾斜投影

在第 14 章和第 17 章中, 倾斜投影 的概念起到了一个重要的作用. 给定外围 Hilbert 空间 $\mathbb{H}$ 的两个 (闭的) 子空间 A 和 B, 满足 $\mathrm{A} \cap \mathrm{B} = 0$, 设 $\mathrm{A} \dotplus \mathrm{B}$ 是它们的直和. 那么任意的 $\lambda \in \mathrm{A} \dotplus \mathrm{B}$ 有一个唯一的分解

$$\lambda = \alpha + \beta, \quad \alpha \in \mathrm{A},\ \beta \in \mathrm{B},$$

并且我们定义作用到 A 上平行于 B 的倾斜投影

$$\mathrm{E}_{\parallel \mathrm{B}}^{\mathrm{A}} : \mathrm{A} \dotplus \mathrm{B} \to \mathrm{A} \tag{2.75a}$$

为将入映到 α 的线性算子, 也就是

$$\mathrm{E}_{\parallel \mathrm{B}}^{\mathrm{A}} \lambda = \alpha. \tag{2.75b}$$

然而, 直和 $A \dotplus B$ 可能不是 $\mathbb{H}$ 的一个 (闭的) 子空间. 为此定义在第 2.3 节中 A 和 B 之间的角度 $\gamma(A, B)$ 必须是正的. 如果 $\gamma(A, B) > 0$, 我们将写成

$$A \wedge B = 0 . \tag{2.76}$$

很明显, 如果两个子空间中至少一个是有限维的, (2.76) 就等价于 $A \cap B = 0$.

定理 2.7.1 直和 $A \dotplus B$ 在 $\mathbb{H}$ 中是闭的的充要条件是条件 (2.76) 满足. 当且仅当这种情况下, 倾斜投影 (2.75) 是一个有界的线性算子, 其范数是

$$\left\|E^{A}_{\|B}\right\|^2 = \frac{1}{1-\gamma(A,B)^2}. \tag{2.77}$$

对于定理 2.7.1 和其他在 Hilbert 空间中的关于倾斜映射的其他结果的证明, 我们建议读者参考 [286].

下面我们将倾斜映射 (2.75) 的定义域进行扩展, 以涵盖 $\lambda \notin A \dotplus B$ 的情形, 将 $E^{A}_{\|B} : \mathbb{H} \to A$ 定义为

$$E^{A}_{\|B}\, \lambda = E^{A}_{\|B}\, E^{A \dotplus B}\, \lambda, \tag{2.78}$$

使得

$$E^{A \dotplus B}\lambda = E^{A}_{\|B}\, \lambda + E^{B}_{\|A}\, \lambda. \tag{2.79}$$

一个子空间的倾斜投影作用到另一个子空间上可以定义为

$$E^{A}_{\|B}C := \text{closure}\{E^{A}_{\|B}\lambda \mid \lambda \in C\} . \tag{2.80}$$

下面的引理将会在第 17 章中重复用到.

引理 2.7.2 设 A, B, C 和 D 是 $\mathbb{H}$ 的子空间, 满足 $B \subset C$. 假设

$$C \wedge D = 0, \tag{2.81}$$

以及

$$E^{C \vee D}\, A = E^{B \vee D}\, A. \tag{2.82}$$

那么

$$E^{C}_{\|D}A = E^{B}_{\|D}A, \tag{2.83a}$$

$$E^{D}_{\|C}A = E^{D}_{\|B}A. \tag{2.83b}$$

证 通过 (2.79),

$$\mathrm{E}^{\mathrm{C}\vee\mathrm{D}}\,\alpha = \mathrm{E}^{\mathrm{C}\dotplus\mathrm{D}}\,\alpha = \mathrm{E}^{\mathrm{C}}_{\|\mathrm{D}}\,\alpha + \mathrm{E}^{\mathrm{D}}_{\|\mathrm{C}}\,\alpha, \tag{2.84a}$$

以及

$$\mathrm{E}^{\mathrm{B}\vee\mathrm{D}}\,\alpha = \mathrm{E}^{\mathrm{B}\dotplus\mathrm{D}}\,\alpha = \mathrm{E}^{\mathrm{B}}_{\|\mathrm{D}}\,\alpha + \mathrm{E}^{\mathrm{D}}_{\|\mathrm{B}}\,\alpha \tag{2.84b}$$

对于 $\alpha \in \mathrm{A}$ 成立. 然而, 由 (2.82), 这些投影是相等的, 因此由直和分解的唯一性, 我们一定有

$$\mathrm{E}^{\mathrm{C}}_{\|\mathrm{D}}\,\alpha = \mathrm{E}^{\mathrm{B}}_{\|\mathrm{D}}\,\alpha \quad 和 \quad \mathrm{E}^{\mathrm{D}}_{\|\mathrm{C}}\,\alpha = \mathrm{E}^{\mathrm{D}}_{\|\mathrm{B}}\,\alpha$$

对于所有的 $\alpha \in \mathrm{A}$ 成立. 这个等式显然对 A 中元素的任意有限线性组合都成立. 只需要关于 $\mathbb{H}$ 中的内积取闭包即可完成证明. □

引理 2.7.3 设 A, B, C 和 D 是子空间, 满足 $\mathrm{C} \wedge \mathrm{D} = 0$. 如果 $\mathrm{B} \subset \mathrm{C}$, 那么下面的条件是等价的

(i) $\mathrm{E}^{\mathrm{C}\vee\mathrm{D}}\,\mathrm{A} = \mathrm{E}^{\mathrm{B}\vee\mathrm{D}}\,\mathrm{A}$;

(ii) $\mathrm{E}^{\mathrm{C}}_{\|\mathrm{D}}\,\mathrm{A} = \mathrm{E}^{\mathrm{B}}_{\|\mathrm{D}}\,\mathrm{A}$.

证 只需要再证明 (ii) 可以推出 (i). 为此, 令 $\alpha \in \mathrm{A}, \gamma := \mathrm{E}^{\mathrm{C}}_{\|\mathrm{D}}\,\alpha$ 以及 $\delta := \mathrm{E}^{\mathrm{D}}_{\|\mathrm{B}}\,\alpha$. 那么 $\mathrm{E}^{\mathrm{C}\vee\mathrm{D}}\,\alpha = \gamma + \delta$. 考虑到条件 (ii), $\gamma \in \mathrm{B}$, 因此由于 $\mathrm{B} \vee \mathrm{D} \subset \mathrm{C} \vee \mathrm{D}$, 则由引理 2.2.8 可得

$$\mathrm{E}^{\mathrm{B}\vee\mathrm{D}}\,\alpha = \mathrm{E}^{\mathrm{B}\vee\mathrm{D}}\,\mathrm{E}^{\mathrm{C}\vee\mathrm{D}}\,\alpha = \gamma + \delta = E^{\mathrm{C}\vee\mathrm{D}}\alpha.$$

取闭包可得 (i). □

然而, 注意 (2.83b) 并不能推出 (2.82). 事实上, 利用引理 2.7.3 证明的符号,

$$\delta = \mathrm{E}^{\mathrm{D}}_{\|\mathrm{B}}\,\mathrm{E}^{\mathrm{C}\vee\mathrm{D}}\,\alpha = \mathrm{E}^{\mathrm{D}}_{\|\mathrm{B}}\,\gamma + \delta,$$

也就是说 $\mathrm{E}^{\mathrm{D}}_{\|\mathrm{B}}\,\gamma = 0$. 然而, 这并不意味着 $\gamma \in \mathrm{B}$ 像对于 (2.82) 一样满足.

引理 2.7.4 设 $\mathcal{U}$ 是 $\mathbb{H}$ 上的一个酉算子, 设 A 和 B 是子空间, 满足 $\mathrm{A} \wedge \mathrm{B} = 0$. 那么, 对于任意的 $\lambda \in \mathbb{H}$,

$$\mathcal{U}\,\mathrm{E}^{\mathrm{A}}_{\|\mathrm{B}}\,\lambda = \mathrm{E}^{\mathcal{U}\mathrm{A}}_{\|\mathcal{U}\mathrm{B}}\,\mathcal{U}\lambda.$$

证 很明显 $\mathcal{U}\mathrm{A} \wedge \mathcal{U}\mathrm{B} = 0$. 因此, 由引理 2.2.9 可得

$$\mathrm{E}^{\mathrm{A}\vee\mathrm{B}}\,\lambda = \mathcal{U}^*\,\mathrm{E}^{\mathcal{U}\mathrm{A}\vee\mathcal{U}\mathrm{B}}\,\mathcal{U}\lambda = \mathcal{U}^*\,\mathrm{E}^{\mathcal{U}\mathrm{A}}_{\|\mathcal{U}\mathrm{B}}\,\mathcal{U}\lambda + \mathcal{U}^*\,\mathrm{E}^{\mathcal{U}\mathrm{B}}_{\|\mathcal{U}\mathrm{A}}\,\mathcal{U}\lambda,$$

其中第一个元素属于 A, 第二个属于 B, 因此引理由 (2.79) 可证. □

引理 2.7.5 设 A 和 B 是 $\mathbb{H}$ 的两个子空间, 满足 $\mathrm{A} \perp \mathrm{B}$, 那么

$$\mathrm{E}^{\mathrm{A}}_{\|\mathrm{B}}\,\lambda = \mathrm{E}^{\mathrm{A}}\,\lambda$$

对于任意的 $\lambda \in \mathbb{H}$ 成立.

证 引理由 $\mathrm{E}^{\mathrm{A}\oplus\mathrm{B}}\,\lambda = \mathrm{E}^{\mathrm{A}}\,\lambda$ 立刻得证. □

2.7.1 有限维情况下倾斜投影的计算

设 x 和 u 是两个分别带有在子空间 X 和 U 中形成基的线性独立分量的有限维随机向量. 因此,$\Sigma_x := \mathrm{E}\{xx'\}$ 和 $\Sigma_u := \mathrm{E}\{uu'\}$ 是正定矩阵. 正如第 2.2 节, 我们也将使用符号 $\Sigma_{xu} := \mathrm{E}\{xu'\}$ 表示 x 和 u 的协方差矩阵. 假设 $\mathrm{X} \cap \mathrm{U} = 0$, 那么, 对于任意 n 维带有 Hilbert 空间 $\mathbb{H}$ 中分量的随机向量 v,

$$\mathrm{E}^{\mathrm{X}\dotplus\mathrm{U}}\,a'v = \mathrm{E}^{\mathrm{X}}_{\|\mathrm{U}}\,a'v + \mathrm{E}^{\mathrm{U}}_{\|\mathrm{X}}\,a'v = a'Ax + a'Bu, \quad \text{对所有的 } a \in \mathbb{R}^n\ , \tag{2.85}$$

其中 A 和 B 是两个待定的矩阵.

首先需要说明的是, 如果 $\mathrm{X} \perp \mathrm{U}$ 使得在 (2.85) 的投影是正交的, 矩阵能够由结论 2.2.3 直接决定. 例如 $A = \mathrm{E}\{vx'\}\,\mathrm{E}\{xx\}^{-1} = \Sigma_{vx}\Sigma_x^{-1}$. 然而, 对于倾斜投影我们需要使用条件协方差

$$\Sigma_{vx|u} := \mathrm{E}\left\{(v - \mathrm{E}\{v \mid u\})\,(x - \mathrm{E}\{x \mid u\})'\right\}$$

和

$$\Sigma_{x|u} := \mathrm{E}\left\{(x - \mathrm{E}\{x \mid u\})\,(x - \mathrm{E}\{x \mid u\})'\right\},$$

利用结论 2.2.3, 可以分别得到

$$\Sigma_{vx|u} = \Sigma_{vx} - \Sigma_{vu}\Sigma_u^{-1}\Sigma_{ux} \quad \text{和} \quad \Sigma_{x|u} = \Sigma_x - \Sigma_{xu}\Sigma_u^{-1}\Sigma_{ux}. \tag{2.86}$$

定理 2.7.6 设 X 和 U 分别是基为 x 和 u 的有限维子空间, 满足 $\mathrm{X} \cap \mathrm{U} = 0$. 设 v 是一个分量在 $\mathbb{H}$ 中的 n 维随机向量. 分解 (2.85) 成立是由于

$$A = \Sigma_{vx|u}\Sigma_{x|u}^{-1} \quad \text{和} \quad B = \Sigma_{vu|x}\Sigma_{u|x}^{-1}, \tag{2.87}$$

其中 $\Sigma_{vx|u}$, $\Sigma_{x|u}$, $\Sigma_{vu|x}$ 和 $\Sigma_{u|x}$ 是条件协方差.

证 倾斜投影 $\mathrm{E}^{\mathrm{X}}_{\|\mathrm{U}}$ 能够通过, 首先在 $\mathrm{X} \dotplus \mathrm{U}$ 上正交投影, 再令 $u = 0$ 得到. 因此由结论 2.2.3,

$$\mathrm{E}^{\mathrm{X}}_{\|\mathrm{U}}\,a'v = a'\begin{bmatrix}\Sigma_{vx} & \Sigma_{vu}\end{bmatrix}\begin{bmatrix}\Sigma_x & \Sigma_{xu}\\ \Sigma_{ux} & \Sigma_u\end{bmatrix}^{-1}\begin{bmatrix}x\\ 0\end{bmatrix},$$

解如下线性方程组

$$\begin{bmatrix}\Sigma_x & \Sigma_{xu}\\ \Sigma_{ux} & \Sigma_u\end{bmatrix}\begin{bmatrix}z_1\\ z_2\end{bmatrix}=\begin{bmatrix}x\\ 0\end{bmatrix},$$

直接得到 $z_2=-\Sigma_u^{-1}\Sigma_{ux}z_1$ 和 $z_1=(\Sigma_x-\Sigma_{xu}\Sigma_u^{-1}\Sigma_{ux})^{-1}x$, 因此 A 在 (2.87) 中的表达式由 (2.86) 可得.B 在 (2.87) 中的表达式的推导也是类似的. □

基于这个原因, 倾斜投影有时被称作*条件投影*.

§ 2.8 连续时间平稳增量过程

在之前的几节中, 针对平稳的离散时间过程所引入的所有概念都有明显的连续时间过程相对应. 然而, 在连续时间中, 平稳过程的概念从应用的角度来看也许不是最令人感兴趣的概念. 在工程中大部分令人感兴趣的连续时间信号被建模成了“宽带”信号, 经常数学上最简单的描述是一个叠加白噪声元素的过程. 基于这个原因, 我们现在将要引入*平稳增量* 过程的概念, 将使我们更加自然地处理这类问题.

设 $z:=\{z(t);t\in\mathbb{R}\}$ 是一个定义在某个概率空间 $\{\Omega,\mathcal{F},P\}$ 上的 m 维连续时间过程, 我们将假设增量 $\{z_k(t)-z_k(s)\,;\,t,s\in\mathbb{R},\,k=1,2,\cdots,m\}$ 有零均值和有限二阶矩. 如果所有的协方差阵

$$\mathrm{E}\left\{(z_k(t+h)-z_k(t))(z_j(s+h)-z_j(s))\right\};\quad t,s\in\mathbb{R},\,k,j=1,2,\cdots,m \tag{2.88}$$

仅仅依赖于差 $t-s$, 我们说 z 有*平稳增量*.

考虑由 z 的增量线性产生的 $L^2\{\Omega,\mathcal{F},P\}$ 的 Hilbert 子空间

$$\mathrm{H}(\mathrm{d}z):=\overline{\mathrm{span}}\{z_k(t)-z_k(s)\,;\,t,s\in\mathbb{R},\,k=1,2,\cdots,m\} \tag{2.89}$$

很清楚, 如果 z 有平稳增量, 则对于任意 $h\in\mathbb{R}$ 在稠密子集 H(dz) 上定义的算子 $\mathcal{U}_h$, 由下式

$$\mathcal{U}_h(z_k(t)-z_k(s))=z_k(t+h)-z_k(s+h);\quad t,s\in\mathbb{R},\,k=1,2,\cdots,m \tag{2.90}$$

是等距的, 并且能够被扩展到整个 H(dz) 形成一个单参数*酉群* $\{\mathcal{U}_t\,;\,,t\in\mathbb{R}\}$.

在接下来遇到的所有带有平稳增量的过程都有*均方连续的增量*; 也就是当 $h\to 0, z_k(t+h)-z_k(s+h)\to z_k(t)-z_k(s)$, 对于所有的 $t,s\in\mathbb{R},\,k=1,2,\cdots,m$ 都成立. 在这种情况下, 酉群 $\{\mathcal{U}_t\,;\,,t\in\mathbb{R}\}$ 将是强连续的.

一般来说, 带有平稳增量的过程是正在建模的随机信号的可积版本, 并且唯一感兴趣的是增量. 基于这个原因, 这样的过程 $\{z(t)\}$ 被看成了定义到一个可加常值随机向量 z_0 的等价类. 这个等价类由符号 $\mathrm{d}z$ 表示. 显而易见, 假设 $\{z(t)\}$ 是均方可微的, 则存在一个 (均方) 可导过程 $\{\dot{s}(t)\}$, 对此我们可以写成 $z(t)-z(s)=\int_s^t s(\tau)\mathrm{d}\tau$, 或者以符号 $\mathrm{d}z(t)=s(t)\mathrm{d}t$ 表示, 很容易检验导数一定是平稳的. 也就是说 $s(t+h)=U_h s(t)$. 然而, 一般来说, 这并不是很多应用里关心的情况. 一般地, 在一个非常弱的条件化的 Lipschitz 条件下(第 5 章中有更加细致的讨论), 一个带有平稳增量的过程允许一个 (宽的) 半鞅表示, 形式如

$$\mathrm{d}z(t)=s(t)\mathrm{d}t+D\mathrm{d}w(t), \tag{2.91}$$

其中 $\{s(t)\}$ 是平稳的,D 是常值的 $m\times p$ 矩阵, 并且 $\mathrm{d}w$ 是一个 p 维的正则化 Wiener 过程, 也就是是一个带有平稳正交增量的过程, 起到可积白噪声的作用. 这些过程将在下一章中给出细致的研究.

§ 2.9 相关文献

第 2.2 节中的材料是标准的. 正交投影引理的证明能够在教材 [133, 315] 中找到. 条件期望的现代定义是由 Kolmogorov 在 [173] 中给出的, 也可以看 [77]. 在 L^2 空间中的正交投影算子的解读可以在 [233] 中的第一节中找到. (条件) 高斯随机向量的条件期望的表达式中 Moore-Penrose 伪逆的作用 (例如可以参考 [121, p.139]) 已经被 [211] 强调了.

第 2.3 节. 对于紧空间的奇异值分解已经在诸如 [76, p. 333] 中进行了讨论; 算子 $\mathrm{E}^{\mathrm{B}}|_{\mathrm{A}}$ 的紧条件在 [244] 中进行了讨论. 定理 2.3.1 的证明可以在 [31, 321] 中找到. 产生了欧氏空间中所谓的 Rayleigh 商迭代的奇异值优化描述在 [321, p.204] 中进行了细致的讨论. 对于有限维算子的奇异值分解现在是线性代数中的一个标准的策略. 例如可以参考 [121] 和参考文献部分. 典型相关分析是统计中的一个旧的概念, 一个经典的文献是 [146]. Hilbert 空间中的典型相关理论及其和泛函分析的关系首先清晰地由 Gelfand 和 Yaglom 在 [108] 中以及 Hannan 在 [135] 中给出. 对于这个问题的其他的贡献, 可参考 [147, 150, 151, 241].

第 2.4 节. 条件不相关和条件独立性是概率论中的标准概念. 这些概念在随机系统的建模和实现中起到了很重要的作用. 基于这个原因, 它们已经在以回答诸如随机极小化等系统理论问题的随机实现文献中以各种等价的方式进行了挖掘和调整. 结论 2.4.2 也在 [205] 中进行了阐述.

第 2.5 节. 除了 Kolmogorov 的原始论文 [170, 172], 针对这里讨论的问题的经典文献是Cramèr的 [64, 66], 其特别强调了重数的概念以及它和平稳性 [69, 70] 的关系, 还有 Karhunen 的 [165] 和 Wold 的 [314]. 一个对于平稳随机过程的线性理论的基本文献是 Rozanov 的著作 [270].

第 2.6 节. 在本节中讨论的 Markov 性质的算子理论的创立似乎最开始是由 [271, 272, 276] 以及 [195–197, 199, 200] 独立进行的. 它在本书的剩余部分中起到了重要的作用. 定理 2.6.4 及其证明是由 [210] 给出的. 因子分析 (和 EIV) 建模是统计学和计量经济学中的一个旧的问题, 其在近些年因为 Kalman的 [160–162] 再次引起重视. 我们在此的讨论是基于 [27, 28, 181, 182, 250].A.P. Dempster 的原创性论文 [72] 的重要性只是在最近才被重视. 例如它和最近关于正矩阵扩张和倒数过程开展的工作是相关的. 例如可以参考 [52, 90, 209].J. von Neumann 选择投影定理在 [298] 中. 因果性的概念及其与随机过程之间的 (无) 反馈已经由 Granger 在 [123] 中介绍了.

连续时间的平稳增量过程在 [117] 中的第一章中讨论了.

第 3 章

平稳过程的谱表示

我们将在本章回顾平稳过程的谱表示. 谱表示理论的重要性至少体现在两个方面. 其一, 应用该理论可以得到白噪声过程的表示. 这个结果无论是在滤波、预测, 还是在随机信号状态空间的建模中, 都起着基础性的作用. 其次, 它为复变量函数的随机变量及随机过程提供了一种泛函演算, 其思想与确定性信号的 Fourier 变换非常相似. 尽管对于平稳过程,Fourier 变换不能对各轨道明确地定义. 例如, 独立随机变量的离散时间平稳高斯过程 (离散时间白噪声过程) 既不是 ℓ^2 也不是概率 1 一致有界的, 因此作为时间的函数, 它不存在 Fourier 变换 [129].

然而平稳过程的 Fourier 变换却可以由均方的方式来定义, 但这样的变换并不能得到一个传统意义上的随机过程, 而是得到在正交增量下, 在文献中通常被称为正交随机测度的随机过程的等价类.

§ 3.1 正交增量随机过程及 Wiener 积分

令 $\mathbb{T}$ 为实轴 $\mathbb{R}$ 上的一个子区间 (可能是无穷区间). 一个标量连续时间随机过程 $x = \{x(t);\ t \in \mathbb{T}\}$ 如果满足对 $s_1 < t_1 \leqslant s_2 < t_2$, 总有

$$\mathrm{E}\{(x(t_2) - x(s_2))\overline{(x(t_1) - x(s_1))}\} = 0, \tag{3.1}$$

则将其称为正交增量过程. 此处上划线表示复共轭. 为了这一要求, 我们也应加上零均值条件

$$\mathrm{E}(x(t) - x(s)) = 0, \quad t, s \in \mathbb{T}. \tag{3.2}$$

我们提醒读者注意, 在虚轴上定义的复正交增量过程将在第 3.3 节的谱表示理论中发挥重要作用.

命题 3.1.1 令 x 为正交增量过程, 那么存在一个由 x 再附加一个常数的意义下唯一确定的实值单调不减函数 F, 满足

$$\mathrm{E}\{|x(t)-x(s)|^2\}=F(t)-F(s), \quad t \geqslant s. \tag{3.3}$$

证 固定任意 t_0, 定义

$$F_0(t):=\begin{cases} \mathrm{E}\{|x(t)-x(t_0)|^2\}, & t \geqslant t_0, \\ -\mathrm{E}\{|x(t)-x(t_0)|^2\}, & t<t_0, \end{cases}$$

那么, 应用性质 (3.1), 我们立即可验证 F_0 是单调的且满足 (3.3). F_0 显然是唯一满足 (3.3) 且在 t_0 规范化使得 $F_0(t_0)=0$ 的函数. 因此任意函数 $F(t):=F_0(t)+$ 任意常数也满足 (3.3) 且与 t_0 独立. □

式 (3.3) 通常记为

$$\mathrm{E}\{|\mathrm{d}x(t)|^2\}=\mathrm{d}F(t).$$

从 (3.3) 可知, 一个正交增量过程与单调递增函数 F 有相同的连续性性质 (在均方意义下). 特别地,x 在每一点 t 都有左极限和右极限, 并有至多可数个间断点, 而且只能是跳跃间断点. 不失一般性, 在间断点处可令 $x(t+)=x(t)$ 及 $F(t+)=F(t)$, 对任意 $t\in\mathbb{T}$. 若 $\mathbb{T}=(a,b]$, 则通过这种方式该过程自动延伸至其闭包 $[a,b]$.

一个均方连续过程 $w:=\{w(t),\ t\in\mathbb{R}\}$, 若是平稳 正交增量过程, 则被称为 (广义)Wiener 过程. 注意到由增量的平稳性, 对任意 t, 有 $F(t+h)-F(t)=F(h)-F(0)$, 因此对于 Wiener 过程, 导数 $F'(t)$ (可知其几乎处处存在) 与 t 独立. 由连续性, 可找到唯一一个如下形式的单调不减的解,

$$F(t)=\sigma^2 t+\text{常值}.$$

此处 σ^2 为正常数,C 为常数. 因此对于一个 Wiener 过程, 我们有 $E\{|\mathrm{d}w(t)|^2\}=\sigma^2\mathrm{d}t$. 换句话说, 该过程的方差随时间线性增长. 若 $\sigma^2=1$, 该 Wiener 过程被称为标准的.

在数学上 Wiener 过程相较“连续时间平稳白噪声 过程”的概念更易处理. 直观上说, 后者是一列完全互相无关的随机变量组成的过程, 且应符合于导数

$$n(t)=\frac{\mathrm{d}w(t)}{\mathrm{d}t}.$$

易于发现该导数在均方意义下不存在. 已有很多方式可以说明, 不可能将 n 精确表示为我们所理解的概率论意义下的随机过程, 例如可参见 [315]. 另一方面, 白噪

声及白噪声的泛函的多种随机变量的表示构成了一种在平稳过程分析中极其有用的工具. 因此我们有理由需要一种关于白噪声表示及关于 Wiener 过程积分的严格理论, 我们接下来将给出定义.

定义 3.1.2 令 $\{\Omega, \mathcal{A}, \mu\}$ 为概率空间,$\mathcal{R}^1$ 为实轴上一族有界半开半闭区间 $(a, b]$. 一个 $\mathbb{R}$ 上的正交随机测度 是一族随机变量 $\{\zeta(\Delta);\ \Delta \in \mathcal{R}\}$,$\zeta(\Delta) : \{\Omega, \mathcal{A}, \mu\} \to \mathbb{C}$ 满足

(i) 对于每个区间 $\Delta \in \mathcal{R}$, $\zeta(\Delta)$ 是均值为 0 有限方差的随机变量

$$m(\Delta) = \mathrm{E}\{|\zeta(\Delta)|^2\} < \infty, \quad \Delta \in \mathcal{R}. \tag{3.4}$$

(ii) 对于每一对不相交的区间 Δ_1, Δ_2 且 $\Delta_1 \cap \Delta_2 = \varnothing$,

$$\mathrm{E}\{\zeta(\Delta_1)\overline{\zeta(\Delta_2)}\} = 0. \tag{3.5}$$

(iii) ζ 为 σ-可加, 即对任意可数多个不相交集合 $\Delta_k \in \mathcal{R}$ 的并 $\Delta \in \mathcal{R}$,

$$\zeta(\Delta) = \sum_{k=1}^{\infty} \zeta(\Delta_k), \ \ a.s. \tag{3.6}$$

这里右式级数的收敛指均方意义下.

注意到, 由附录中的引理 B.2.1, 正交随机变量的级数 (3.6) 收敛当且仅当

$$m(\Delta) = \sum_{k=1}^{\infty} \mathrm{E}\{|\zeta(\Delta_k)|^2\} = \sum_{k=1}^{\infty} m(\Delta_k) < \infty,$$

因此 m 为非负 σ-可加集函数, 且可扩张为由 $\mathcal{R}$ 生成的 Borel σ 代数的 σ 有限测度, 可参考 [117, 130]. 反之,m 为 $\mathcal{R}$ 上 σ-可加可推出 ζ 为 (3.6) 意义下的 σ-可加. 在此意义下, 我们就可能将 ζ 扩张至由 $\mathcal{R}$ 生成的 σ- 环上, 这里 $m(\Delta) < \infty$, 参见 [270, p. 5]. 注意 ζ 可能无法被扩张至无界集.

测度 ζ 若 $\mathrm{E}\,|\zeta(\mathbb{R})|^2 < \infty$, 则被称为有限. 很明显此情形等价于 m 为有限 Borel 测度.

正交随机测度的概念是讨论随机积分的自然的出发点. 在着手于此之前, 我们提示任意正交增量过程 x 定义一个正交随机测度, 我们记为 $\mathrm{d}x$, 并有

$$\mathrm{d}x((a, b]) := x(b) - x(a), \quad a < b.$$

[1]族 $\mathcal{R}$ 是一个集合的半环 , 参见 [130, p. 22]. 半环有时被称作集合的可分解类 . 一般来说, 一个随机正交测度可以被定义在任意一个集合的半环上.

与 dx 有关联的方差测度 m 由该过程的变异函数 F 唯一决定：

$$m((a,b]) := F(b) - F(a), \quad a < b.$$

反之, 任意正交随机测度 ζ 确定一个正交增量过程 z

$$z(t) := \begin{cases} \zeta((t_0,t]), & t \geqslant t_0, \\ -\zeta((t,t_0]), & t < t_0, \end{cases}$$

t_0 为任意固定时刻. 该正交增量过程是标准的, 故 $z(t_0) = 0$; 事实上,ζ 确定了一个正交增量过程的等价类, 它们之间在加法下可相差任意一个随机变量.

特别地, 对于相关于标准 Wiener 过程 w 的随机正交测度, 其变异测度 m 为 Lebesgue 测度. 因为 w 的增量是本书中唯一重要的, 故为了方便我们将确定一个相关于正交随机测度 dw 的 Wiener 过程. 因此, 在这之后, 当我们讨论一个 Wiener 过程时, 我们总是指一整个模去任意一个可加随机变量的等价过程类. 注意到随机测度 dw 不是有限的.

我们现在将定义关于一个正交随机测度 ζ 的随机积分. 令 I_Δ 表示集合 Δ 的示性函数, 即 $I_\Delta(t) = 1$ 若 $t \in \Delta$, 其他时为 0. 对于一个标量简单函数

$$f(t) = \sum_{k=1}^{N} c_k I_{\Delta_k}(t), \quad \Delta_k \in \mathcal{R},\ \Delta_k \cap \Delta_j = \varnothing,\ k \neq j,$$

f 关于 ζ 的积分由下式定义,

$$\int_{\mathbb{R}} f(t)\mathrm{d}\zeta(t) := \sum_{k=1}^{N} c_k \zeta(\Delta_k). \tag{3.7}$$

注意到简单函数的积分即是由增量 ζ 生成的线性向量空间

$$\mathrm{L}(\zeta) := \mathrm{span}\{\zeta(\Delta) \mid \Delta \in \mathcal{R}\} = \mathrm{span}\{\zeta((a,b]) \mid -\infty < a < b < +\infty\} \tag{3.8}$$

中的 (0 均值) 随机变量.

简单函数的随机积分有如下基本性质

$$\mathrm{E}\left\{\left|\int_{\mathbb{R}} f(t)\mathrm{d}\zeta(t)\right|^2\right\} = \sum_{k=1}^{N} |c_k|^2 m(\Delta_k) = \int_{\mathbb{R}} |f(t)|^2 \mathrm{d}m, \tag{3.9}$$

它说明该积分是一个等距映射, 将 Lebesgue 空间 $L^2(\mathbb{R}, \mathrm{d}m)$ 中简单函数的稠密线性流形映到 $\mathrm{L}(\zeta)$ 上. 我们将此映射记为 $\mathcal{I}_\zeta$. 使用上述记号可将公式 (3.9) 表示为

$$\|\mathcal{I}_\zeta(f)\| = \|f\|_{L^2(\mathbb{R},\mathrm{d}m)},$$

第一项范数表示线性流形 L(ζ) 中的方差范数.

我们现在取任意函数 $f \in L^2(\mathbb{R}, \mathrm{d}m)$, 则 f 是一列平方可积函数 f_n 在均方意义下的极限,

$$\int_{\mathbb{R}} |f(t) - f_n(t)|^2 \mathrm{d}m \to 0, \quad n \to \infty,$$

因此由积分的等距性, 可得当 $n, k \to \infty$ 时,

$$\|\mathcal{I}_\zeta(f_n) - \mathcal{I}_\zeta(f_k)\| = \|f_n - f_k\|_{L^2(\mathbb{R},\mathrm{d}m)} \to 0$$

因此 $\{\mathcal{I}_\zeta(f_n)\}$ 是 $L^2(\Omega, \mathcal{A}, \mu)$ 中的基本列, 且收敛于一个有有限方差的随机变量, 我们可将这个随机变量定义为 f 在随机测度 ζ 下的积分. 换句话说, 对于任意 $f \in L^2(\mathbb{R}, \mathrm{d}m)$,$f$ 关于 ζ 的随机积分是如下均方极限

$$\mathcal{I}_\zeta(f) = \int_{\mathbb{R}} f(t)\mathrm{d}\zeta(t) := \lim_{n\to\infty} \int_{\mathbb{R}} f_n(t)\, \mathrm{d}\zeta(t). \tag{3.10}$$

易于验证该极限与前文中简单函数序列是独立的. 下面的定理表述了该积分的基本性质, 它的证明可参考定理 B.2.7.

定理 3.1.3　随机积分 $\mathcal{I}_\zeta$ 是一个从 $L^2(\mathbb{R}, \mathrm{d}m)$ 到 Hilbert 空间 $\mathrm{H}(\zeta) = \mathrm{closure}\mathrm{L}(\zeta)$ 的线性双射, 且它保持内积

$$\mathrm{E}\left\{\int_{\mathbb{R}} f(t)\mathrm{d}\zeta(t)\overline{\int_{\mathbb{R}} g(t)\mathrm{d}\zeta(t)}\right\} = \int_{\mathbb{R}} f(t)\bar{g}(t)\, \mathrm{d}m. \tag{3.11}$$

即 $\mathcal{I}_\zeta$ 是 $L^2(\mathbb{R}, \mathrm{d}m) \to \mathrm{H}(\zeta)$ 的酉映射.

我们省略下面定理 3.1.3 的直接推论的证明.

推论 3.1.4　对于任意 Borel 集 $\Delta \subset \mathbb{R}$, 随机变量

$$\eta(\Delta) := \int_\Delta f(t)\mathrm{d}\zeta(t) = \int_{\mathbb{R}} I_\Delta(t) f(t)\mathrm{d}\zeta(t) \tag{3.12}$$

是一个有限随机正交测度当且仅当 $f \in L^2(\mathbb{R}, \mathrm{d}m)$.

我们把这个测度记作 $\mathrm{d}\eta = f\mathrm{d}\zeta$.

§ 3.2　平稳过程的调和分析

我们下面的结果是分析中的一个基本结果, 它给出了平稳过程协方差函数的调和表示. 这个结果在离散情形下被称为 Herglotz 定理, 在连续情形下被称为 Bochner 定理, 我们不给出证明.

令 $\tau \to \Lambda(\tau)$ 为标量平稳过程 [2] y 的协方差函数,$\tau \in \mathbb{Z}$ 是离散时间情形,$\tau \in \mathbb{R}$ 是连续时间情形. 在连续时间情形, 假定 Λ 为 $\tau \in R$ 的连续函数. [3]

定理 3.2.1 (Herglotz, Bochner) 令 I 在离散时间情形与连续时间情形分别表示区间 $[-\pi, \pi]$ 及 $(-\infty, +\infty)$. 那么对于一个给定的协方差函数 Λ, 都存在一个在区间 I 的 Borel 子集上的有限正测度 $\mathrm{d}F$, 使得

$$\Lambda(\tau) = \int_I \mathrm{e}^{\mathrm{i}\theta\tau} \mathrm{d}F(\theta). \tag{3.13}$$

这里测度 $\mathrm{d}F$ 是由 Λ 唯一确定的.

这个结果的一个等价的表述 (尽管更繁琐) 是说存在一个实值右连续单调非减函数 F, 它在离散时间情形下定义在区间 $[-\pi, \pi]$ 上, 在连续时间情形下定义在 $(-\infty, +\infty)$ 上, 且使得 (3.13) 成立. 该单调函数 F 在模去任意一个可加常量的意义下, 由 Λ 唯一确定, 并被称为过程 y 的谱分布函数. 总可以通过要求 $F(-\pi) = 0$ 来使 F 唯一 (此时 $\mathrm{d}F$ 在 $\theta = -\pi$ 处无质量). 因为

$$\infty > \mathrm{E}\{|y(t)|^2\} = \Lambda(0) = \int_{-\pi}^{\pi} \mathrm{d}F(\theta) = F(\pi),$$

故 F 一定是有界的. 该谱分布函数描述了过程 y 的“统计能量”$E\{|y(t)|^2\} = \Lambda(0)$ 是如何在频率上分布的. 因此在工程方面的文献中, 它被称为能量谱分布函数.

例 3.2.2 考虑一列简谐振动的随机和

$$y(t) = \sum_{k=-N}^{N} y_k \mathrm{e}^{\mathrm{i}\theta_k t},$$

这里 $-\pi < \theta_k \leqslant \pi$ 为确定的频率,y_k 为方差为 σ_k^2 互相无关的 0 均值随机变量且方差为 σ_k^2. 这个过程是平稳的且有一个准周期协方差函数

$$\Lambda(\tau) = \sum_{k=-N}^{N} \sigma_k^2 \mathrm{e}^{\mathrm{i}\theta_k \tau}.$$

因此我们可正式将 $\Lambda(\tau)$ 记作 (3.13) 中的形式, 其中单调函数 F 是

$$F(\theta) := \sum_{k=-N}^{N} \sigma_k^2 1(\theta - \theta_k), \quad -\pi \leqslant \theta \leqslant \pi,$$

[2]注意到本书中讨论的平稳过程都有有限的二阶矩.

[3]这等价于假设 y 是均方意义下连续的.

此处 $1(\theta)$ 表示 $\{\theta \geqslant 0\}$ 上的示性函数, 从而 F 是过程的分布函数. 在这个简单的例子中, 能量谱分布函数仅在 F 的跳跃点递增且过程 $\Lambda(0) = \sum_{k=-N}^{N} \sigma_k^2$ 的统计能量全都聚集于离散频率 θ_k. 在更一般的情形下, 过程的能量也将连续分布于区间 $-\pi < \theta \leqslant \pi$ 上.

像每一个实值递增函数一样, 谱分布函数 F 能被分为两个部分

$$F = F_1 + F_2, \tag{3.14}$$

F_1 是绝对连续部分,

$$F_1(\theta) = \int_{-\pi}^{\theta} \Phi(\lambda) \frac{\mathrm{d}\lambda}{2\pi},$$

且 F_2 是 F 的奇异部分, 它的递增点是 Lebesgue 零测集. 奇异部分 F_2 包含了 F 的所有不连续点 (有限跳跃). 非负函数 Φ 被称为过程的谱密度函数 .

若 Λ 是可加函数, 即 $\sum_{\tau=-\infty}^{+\infty} |\Lambda(\tau)| < \infty$, 那么级数

$$\sum_{\tau=-\infty}^{+\infty} \mathrm{e}^{-\mathrm{i}\theta\tau} \Lambda(\tau) \tag{3.15}$$

在区间 $[-\pi, \pi]$ 上逐点一致收敛于周期函数 $\hat{\Lambda}(\theta)$, 且系数 $\{\Lambda(\tau)\}$ 为 $\hat{\Lambda}(\theta)$ 的 Fourier 级数系数, 即

$$\Lambda(\tau) = \int_{-\pi}^{+\pi} \mathrm{e}^{\mathrm{i}\theta\tau} \hat{\Lambda}(\theta) \frac{\mathrm{d}\theta}{2\pi}. \tag{3.16}$$

从而在这种情形下分布函数是绝对连续的且谱密度函数恰好是 $\hat{\Lambda}(\theta)$, 即

$$\Phi(\theta) = \hat{\Lambda}(\theta).$$

注 3.2.3 为了与普通函数的 Fourier 变换建立联系 (我们稍后将这么做), 我们发现将 Herglotz 表示中的周期的分布函数延伸至整个实轴将非常方便. 等价地说, 我们总可以认为 F 是一个定义在复平面上的单位圆 $\mathbb{T} := \{z = \mathrm{e}^{\mathrm{i}\theta}; -\pi < \theta \leqslant \pi\}$ 上的函数. 因此将密度 Φ 定义为单位圆上的函数以及关于为 $\mathrm{e}^{\mathrm{i}\theta}$ 的函数将非常方便. 为了表示出这一点, 我们稍稍滥用如下记号, 为了方便将不加说明地把 $F(\theta)$ 及 $\Phi(\theta)$ 记作 $F(\mathrm{e}^{\mathrm{i}\theta})$ 及 $\Phi(\mathrm{e}^{\mathrm{i}\theta})$. 在连续时间情形下也类似, 为了方便可将谱分布函数 F 与 Φ 看作虚轴 $\mathbb{I}$ 上的函数, 即关于 $\mathrm{i}\omega$ 的函数.

§ 3.3 谱表示定理

由 Herglotz 定理给出的平稳过程的协方差函数的 Fourier 形式表示是随机过程 y 的随机 Fourier 形式表示的基础. 这个表示定理非常重要, 因为它提供了 $H(y)$

元素结构的准确描述.

我们将定义一个线性映射, 暂时记作 $\mathcal{I}$(更精确的定义将在后面给出), 它将关于谱分布 $\mathrm{d}F$ 平方可积的函数 $\hat{f} \in L^2\{[-\pi,\pi],\mathrm{d}F\}$ 映为 $\mathrm{H}(y)$ 中的随机变量. 这个映射将首先定义在函数空间中的稠密集中, 再通过连续性扩张.

令 $\mathcal{I}$ 将基本三角函数 $\theta \to e_k(\theta) := \mathrm{e}^{\mathrm{i}\theta k}$ 映到随机变量 $y(k)$; $k \in \mathbb{Z}$. 我们将 $\mathcal{I}$ 线性地扩张, 使得对于所有有限线性组合 $\sum_k c_k e_k$, 有

$$\mathcal{I}\left(\sum_k c_k e_k\right) := \sum_k c_k y(k), \quad k \in \zeta,\ c_k \in \mathbb{C}, \tag{3.17}$$

将其记为三角多项式. 通过这种方式, $\mathcal{I}$将所有三角多项式的线性流形$\mathcal{E} \subset L^2\{[-\pi,\pi],\mathrm{d}F\}$映到稠密线性流形 $\mathrm{L}(y) \subset \mathrm{H}(y)$, 且 $\mathrm{L}(y)$ 由过程中的随机变量张成

$$\mathrm{L}(y) := \mathrm{span}\{y(t)\,;\, t \in \mathbb{Z}\}. \tag{3.18}$$

现在, 通过 Weierstrass 逼近定理可得, 流形 $\mathcal{E}$ 在 $L^2\{[-\pi,\pi],\mathrm{d}F\}$ 中是稠密的, 这一证明可在 [231, 232] 中找到. 故通过简单地应用 Herglotz 定理, 我们可看出映射 $\mathcal{I}$ 是等距的, 即

$$\langle e_k, e_j\rangle_{L^2\{[-\pi,\pi],\mathrm{d}F\}} = \Lambda(k-j) = \langle y(k), y(j)\rangle_{\mathrm{H}(y)}, \tag{3.19}$$

从而, 因为对任意 $\hat{f} \in L^2\{[-\pi,\pi],\mathrm{d}F\}$ 是一列三角多项式 $(\hat{f}_k)$ 的均方极限, 故 $\mathcal{I}$ 可以通过连续性被扩张至整个 $L^2\{[-\pi,\pi],\mathrm{d}F\}$. 事实上, 通过 (3.19), $\mathcal{I}(\hat{f}_k)$ 也在均方意义下收敛于 $\mathrm{H}(y)$ 中的某随机变量. 我们将 $\mathcal{I}(\hat{f})$ 定义为 $L^2(\Omega,\mathcal{A},\mu)$ 中的极限

$$\mathcal{I}(\hat{f}) := \lim_{k\to\infty} \mathcal{I}(\hat{f}_k).$$

通过这种方式, 扩张的映射 $\mathcal{I}$ 称为从 $L^2\{[-\pi,\pi],\mathrm{d}F\}$ 到 $\mathrm{H}(y)$ 的酉映射 (定理 B.2.7). 由此得出了如下基本结果.

定理 3.3.1 在区间 $-\pi < \theta \leqslant \pi$ (中的 Borel 集) 上存在有限正交随机测度 $\mathrm{d}\hat{y}$, 使得

$$\mathcal{I}(\hat{f}) = \int_{-\pi}^{+\pi} \hat{f}(\theta)\mathrm{d}\hat{y}(\theta), \quad \hat{f} \in L^2\{[-\pi,\pi],\mathrm{d}F\}, \tag{3.20}$$

且特别地, 有

$$y(t) = \int_{-\pi}^{\pi} \mathrm{e}^{\mathrm{i}\theta t}\mathrm{d}\hat{y}(\theta), \quad t \in \mathbb{Z}. \tag{3.21}$$

该正交测度由过程 y 唯一确定, 且满足

$$\mathrm{E}\{\mathrm{d}\hat{y}(\theta)\} = 0, \quad \mathrm{E}\{|\mathrm{d}\hat{y}(\theta)|^2\} = \mathrm{d}F(\theta), \tag{3.22}$$

此处 F 是 y 的谱分布函数.

定理也暗示了每个离散时间平稳过程都有一个形如 (3.21) 的积分表示. 公式 (3.21) 一般被称作离散时间平稳过程 y 的谱表示. 而在本书中随机测度 $\mathrm{d}\hat{y}$ 将被称作过程 y 的 Fourier 变换. 下文中将与过程 y 对应的映射 $\mathcal{I}$ 记为 $\mathcal{I}_{\hat{y}}$.

证　令 $\Delta := (\theta_1, \theta_2]$ 为 $[-\pi, \pi]$ 的一个子区间, 令 I_Δ 表示 Δ 的示性函数, 并定义

$$\hat{y}(\Delta) := \mathcal{I}(I_\Delta). \tag{3.23}$$

因此由 $\mathcal{I}$ 的等距特性, 我们有 $\mathrm{E}\{|\hat{y}(\Delta)|^2\} = \|I_\Delta\|^2_{L^2\{[-\pi,\pi],\mathrm{d}F\}} = F(\Delta)$. 这里我们也将由谱分布函数 F 诱导的 Borel 测度记为 F. 同时, 对于任意一对区间 Δ_1, Δ_2, 我们有

$$\mathrm{E}\{\hat{y}(\Delta_1)\overline{\hat{y}(\Delta_2)}\} = \langle I_{\Delta_1}, I_{\Delta_2}\rangle_{L^2\{[-\pi,\pi],\mathrm{d}F\}} = F(\Delta_1 \cap \Delta_2),$$

上式中, 我们取 $\Delta_1 \cap \Delta_2 = \varnothing$, 易于看出 $\hat{y}$ 是一个随机正交测度, 它定义在 $[-\pi, \pi]$ 中满足 (3.23) 的半开区间中. 因 $\mathrm{E}\{|\hat{y}((-\pi,\pi])|^2\} = F((-\pi,\pi]) < \infty$, 故明显可知该测度是有限的, 且可被扩张至 $[-\pi, \pi]$ 中的 Borel 集.

下面我们说明 (3.20) 对所有 $\hat{f} \in L^2\{[-\pi,\pi],\mathrm{d}F\}$ 成立. 由下式及随机积分的定义可知它对简单函数是成立的:

$$\mathcal{I}(\hat{f}) = \sum_{k=1}^{N} c_k \mathcal{I}(I_{\Delta_k}) = \sum_{k=1}^{N} c_k \hat{y}(\Delta_k) = \int_{-\pi}^{\pi} \hat{f}(\theta)\mathrm{d}\hat{y}(\theta).$$

又因简单函数在 $L^2\{[-\pi,\pi],\mathrm{d}F\}$ 中是稠密的, 由等距性可知随机变量族 $\{\mathcal{I}(\hat{f}) | \hat{f}$ 为简单函数 $\}$ 在 $\mathrm{H}(y)$ 中稠密. 因此对任意随机变量 $\xi \in \mathrm{H}(y)$, 它都是一列 $\mathcal{I}(\hat{f}_k)$ 的均方极限, 其中 $\hat{f}_k$ 是简单函数同时也是一列简单函数随机积分 $\mathcal{I}_{\hat{y}}(\hat{f}_k)$ 的极限. 因此 $\mathrm{H}(y)$ 中的每个随机变量都是某个函数 $\hat{f} \in L^2\{[-\pi,\pi],\mathrm{d}F\}$ 关于随机测度 $\hat{y}$ 的随机积分.

注意命题之逆显然也成立, 因为由定义所有 $\hat{y}(\Delta)$ 都是 $\mathrm{H}(y)$ 中的随机变量, 从而所有函数 $\hat{f} \in L^2\{[-\pi,\pi],\mathrm{d}F\}$ 也在 $\mathrm{H}(y)$ 中. □

3.3.1　与随机 Fourier 变换的经典定义的联系

考察本章介绍的谱表示与早先随机 Fourier 变换的经典定义的联系是有益的. 我们下面将分几步来进行考察. 该过程的细节可以参考早期的文献, 也可在 [270, p. 26–27] 找到简缩的版本.

(1) 令 t 为离散时间参数. 我们首先可以尝试对一个平稳二阶过程 y 定义 Fourier 变换, 它是如下 (均方意义下的) 极限

$$Y(\theta)=\lim_{N\to\infty}\sum_{t=-N}^{+N}\mathrm{e}^{-\mathrm{i}\theta t}y(t), \tag{3.24}$$

但对于一个平稳过程, 这样的均方极限并不存在.(y 为白噪声时尤其明显.)

(2) 之后我们可以正式地将 (3.24) 在区间 $\Delta:=[\theta_1,\theta_2]\subset[-\pi,\pi]$ 上关于 θ 积分. 令

$$\chi_t(\Delta)=\begin{cases}\frac{\mathrm{e}^{-\mathrm{i}\theta_2 t}-\mathrm{e}^{-\mathrm{i}\theta_1 t}}{-2\pi\mathrm{i}t}, & t\neq 0,\\ \frac{\theta_2-\theta_1}{2\pi}, & t=0,\end{cases}$$

则 Fourier 级数和

$$\lim_{N\to\infty}\sum_{t=-N}^{+N}\chi_t(\Delta)y(t) \tag{3.25}$$

在均方意义下收敛, 且收敛于随机正交测度 $\hat{y}(\Delta)$(我们定义为 y 的 Fourier 变换). 因此 $\hat{y}(\Delta)$ 是正式 Fourier 变换的积分形式, 我们记为

$$\hat{y}(\Delta):=\int_{\theta_1}^{\theta_2}Y(\lambda)\frac{\mathrm{d}\lambda}{2\pi}.$$

可以通过如下步骤说明收敛性.

a) 确定性 Fourier 级数

$$S_N(\theta):=\sum_{t=-N}^{+N}\chi_t(\Delta)\mathrm{e}^{\mathrm{i}\theta t} \tag{3.26}$$

在当 $N\to\infty$ 时逐点收敛于区间 $\Delta:=[\theta_1,\theta_2]$ 的示性函数 $I_\Delta(\theta)$. 事实上, 为了让这一点严格正确, 我们需要在区间上一些特别点上修改 I_Δ 的定义, 来保证在 θ_1, θ_2 上也能逐点收敛.

b) 因为 $S_N(\theta)$ 有界地逐点收敛于 $I_\Delta(\theta)$, 我们也有

$$S_N\to I_\Delta,\qquad L^2([-\pi,\pi],\mathrm{d}F)\text{上成立},$$

此处 F 为过程 y 的谱分布. 因此由随机积分著名的等距性质,

$$\hat{y}(\Delta)=\int_{-\pi}^{\pi}I_\Delta(\theta)\mathrm{d}\hat{y}(\theta)=\lim_{N\to\infty}\int_{-\pi}^{\pi}S_N(\theta)\mathrm{d}\hat{y}(\theta).$$

c) 上面方程中最后的积分恰好是 Fourier 级数和 (3.25).

(3) 在这种意义下我们可以说当 $N\to\infty$ 时, 在 $[-\pi,\pi]$ 上 Fourier 级数 (3.24) 会收敛于 $Y(\theta)$.

3.3.2 连续时间谱表示

连续时间情形下的定理 3.3.1 叙述如下.

定理 3.3.2 对于每个在均方意义下连续的平稳过程 $y := \{y(t)\,;\, t \in \mathbb{R}\}$, 都有如下表示

$$y(t) = \int_{-\infty}^{+\infty} \mathrm{e}^{\mathrm{i}\omega t} \mathrm{d}\hat{y}(\mathrm{i}\omega), \quad t \in \mathbb{R}, \tag{3.27}$$

此处 $\mathrm{d}\hat{y}$ 是由上述过程唯一确定的有限正交随机测度, 且满足

$$\mathrm{E}\{\mathrm{d}\hat{y}(\mathrm{i}\omega)\} = 0, \qquad \mathrm{E}\{|\mathrm{d}\hat{y}(\mathrm{i}\omega)|^2\} = \mathrm{d}F(\mathrm{i}\omega), \tag{3.28}$$

此处 F 是 y 的谱分布函数. 由下面随机积分定义的映射 $\mathcal{I}_{\hat{y}}$ 是从 $L^2\{(-\infty, +\infty), \mathrm{d}F\}$ 到 $\mathrm{H}(y)$ 的等距映射

$$\mathcal{I}_{\hat{y}}(\hat{f}) = \int_{-\infty}^{+\infty} \hat{f}(\mathrm{i}\omega)\mathrm{d}\hat{y}(\mathrm{i}\omega), \quad \hat{f} \in L^2\{(-\infty, +\infty), \mathrm{d}F\}, \tag{3.29}$$

正交随机测度 $\hat{y}$(在后面一般记作 $\mathrm{d}\hat{y}$) 被称为平稳过程 y 的 Fourier 变换.

下面的引理确切描述了 $\mathrm{H}(y)$ 中元素与空间 $L^2\{[-\pi, \pi], \mathrm{d}F\}$ 中元素之间的同构及相关的移位作用.

推论 3.3.3 (谱同构定理) 令 y 为离散时间平稳过程. 那么任意元素 $\xi \in \mathrm{H}(y)$ 都可唯一表示为一个函数 $\hat{f} \in L^2\{[-\pi, \pi], \mathrm{d}F\}$ 关于过程 y 的 Fourier 变换 $\hat{y}$ 的随机积分 $\mathcal{I}_{\hat{y}}(\hat{f})$. 且映射 $\mathcal{I}_{\hat{y}} : L^2\{[-\pi, \pi], \mathrm{d}F\} \to \mathrm{H}(y)$ 是一个等距双射, 即是酉映射. 同时, 它将移位算子 $\mathcal{U}$ 转换成为作用在 $L^2\{[-\pi, \pi], \mathrm{d}F\}$ 上的指数函数 $e(\theta) : \theta \to \mathrm{e}^{\mathrm{i}\theta}$ 的乘法算子, 即

$$\mathcal{U}\xi = \mathcal{I}_{\hat{y}}(e\hat{f}), \quad \xi = \mathcal{I}_{\hat{y}}(\hat{f}). \tag{3.30}$$

对于连续时间情形, 只需将上述结论中的 $[-\pi, \pi]$ 替换为 $(-\infty, +\infty)$, 并将移位算子 $\mathcal{U}$ 替换为移位群 $\{\mathcal{U}_t\,; t \in \mathbb{R}\}$, 同时把 $\mathrm{e}^{\mathrm{i}\theta}$ 替换为 $\mathrm{e}^{\mathrm{i}\omega t}$, $t \in \mathbb{R}$.

下面几节将给出上面定理在向量过程下的一般化.

3.3.3 关于离散时间白噪声的注

一类非常简单但又非常重要的离散时间平稳过程是广义平稳白噪声. $w = \{w(t), t \in \mathbb{Z}\}$ 是一个互不相关 (即正交) 的平稳过程. 这个过程的协方差函数是 δ 函数的纯量倍数, 即 $\Lambda(\tau) = \sigma^2\delta(\tau)$, 其中当 $\tau = 0$ 时,$\delta(\tau) = 1$, 其他时候 $\delta(\tau) = 0$. 因为 Λ 是一个平凡的可加函数, 故此过程有一个绝对连续的谱分布函数, 且 (谱)

密度为常值函数 $\Phi(\theta)=\sigma^2$, $\theta\in[-\pi,\pi]$. 这个“平”的谱密度即是白噪声得名的由来.

由此白噪声过程的谱测度 $\mathrm{d}\hat{w}$ 有如下特性

$$\mathrm{E}\{\mathrm{d}\hat{w}(\theta)\mathrm{d}\hat{w}(\theta)^*\}=\sigma^2\frac{\mathrm{d}\theta}{2\pi},$$

即 $\hat{w}$ 是一个 $[-\pi,\pi]$ 上的 Wiener 过程. 反之, 易见每一个有 Wiener 型谱测度的过程 w,

$$w(t)=\int_{-\pi}^{\pi}\mathrm{e}^{\mathrm{i}\theta t}\mathrm{d}\hat{w}(\theta),\quad t\in\mathbb{Z},$$

都是白噪声.

3.3.4 实值过程

如果过程 y 是实值过程, 它的谱测度有一些特殊的对称性质.

命题 3.3.4 如果 y 是一个实值平稳过程, 它的谱过程 $\hat{y}$ 满足

$$\overline{\hat{y}(\Delta)}=\hat{y}(-\Delta) \tag{3.31}$$

对区间 $[-\pi,\pi]$ 上的任意 Borel 集 Δ 成立, 此处 $-\Delta=\{\theta|-\theta\in\Delta\}$. 并且 $\hat{y}(\Delta)=\hat{r}(\Delta)+\mathrm{i}\hat{s}(\Delta)$ 的实部和虚部是互相正交的随机测度, 即

$$\mathrm{E}\{\hat{r}(\Delta_1)\hat{s}(\Delta_2)\}=0 \tag{3.32}$$

对任意 Borel 集 Δ_1,Δ_2 成立.

证 尽管已知 $y(t)$ 为实值随机变量, 我们仍在复 Hilbert 空间 $\mathrm{H}(y)$ 上考察. 易知若 $\hat{f}(\theta)$ 在 $\mathfrak{I}_{\hat{y}}$ 下与随机变量 η 相关, 则复共轭 $\bar{\eta}$ 一定与 $\overline{\hat{f}}(-\theta)$ 相关. 它对所有在 $\mathfrak{I}_{\hat{y}}$ 下与有限线性组合 $\eta:=\sum_k c_k y(k)$, $c_k\in\mathbb{C}$ 相关的三角多项式 $\hat{f}(\theta)=\sum_k c_k e_k(\theta)$ 成立, 因为很明显复共轭 $\bar{\eta}=\sum_k \bar{c}_k y(k)$ 与 $\sum_k \bar{c}_k e_k(\theta)=\overline{\hat{f}}(-\theta)$ 相关. 那么, 因为 $\mathfrak{I}_{\hat{y}}:I_\Delta\to\hat{y}(\Delta)$, 我们总有 $\mathfrak{I}_{\hat{y}}:\bar{I}_{-\Delta}\to\overline{\hat{y}}(\Delta)$, 且 $\bar{I}_{-\Delta}=I_{-\Delta}$, 因示性函数是实值函数, 故得到 (3.31). 为证明余下部分, 我们首先注意到 $\hat{r}$ 与 $\hat{s}$ 都是 σ-可加实值随机测度, 且由 (3.31) 我们有

$$\hat{r}(\Delta)=\hat{r}(-\Delta),\quad \hat{s}(\Delta)=-\hat{s}(-\Delta) \tag{3.33}$$

对任意 Borel 集 Δ 成立. 另外, 因 $\mathrm{E}\{\hat{y}(\Delta_1)\overline{\hat{y}}(\Delta_2)\}=\mathrm{E}\,|\hat{y}(\Delta_1\cap\Delta_2)|^2\geqslant 0$, 所以有 $\mathbb{Im}\ \mathrm{E}\{\hat{y}(\Delta_1)\overline{\hat{y}}(\Delta_2)\}=0$, 即

$$\mathrm{E}[\hat{s}(\Delta_1)\hat{r}(\Delta_2)-\hat{r}(\Delta_1)\hat{s}(\Delta_2)]=0.$$

将上式中 Δ_1 替换为 $-\Delta_1$, 并应用 (3.33), 我们得到正交关系 (3.32). 因此 $\mathrm{E}\{\hat{y}(\Delta_1)\overline{\hat{y}(\Delta_2)}\} = \mathrm{E}\{\hat{r}(\Delta_1 \cap \Delta_2)^2 + \hat{s}(\Delta_1 \cap \Delta_2)^2\}$. 然而由 $\Delta_1 \cap \Delta_2 = \varnothing$ 可得 $\mathrm{E}\{\hat{r}(\Delta_1 \cap \Delta_2)\} = \mathrm{E}\{\hat{s}(\Delta_1 \cap \Delta_2)\} = 0$. 这说明 $\hat{r}$ 与 $\hat{s}$ 也是正交测度, 证毕. □

实值过程的谱表示 (3.21) 仅含有实数部分, 从 (3.3.17) 容易得到

$$y(t) = \int_{-\pi}^{\pi} \cos\theta t \,\mathrm{d}\hat{r}(\theta) - \int_{-\pi}^{\pi} \sin\theta t \,\mathrm{d}\hat{s}(\theta), \quad t \in \mathbb{Z}.$$

§ 3.4 向量过程

如果我们将 m 维平稳过程 y 第 k 个分量对应的谱测度记为 $\mathrm{d}\hat{y}_k$, $k = 1, 2, \cdots, m$, 那么我们可以将 m 维向量过程的谱表示写为如下形式,

$$y(t) = \int \mathrm{e}^{\mathrm{i}\theta t} \mathrm{d}\hat{y}(\theta), \quad t \in \mathbb{Z},$$

$\hat{y}$ 在这里是一个向量 随机正交测度.

$$\hat{y}(\Delta) = \begin{bmatrix} \hat{y}_1(\Delta) \\ \hat{y}_2(\Delta) \\ \vdots \\ \hat{y}_m(\Delta) \end{bmatrix}. \tag{3.34}$$

积分区间在离散时间情形下是 $(-\pi, \pi)$, 连续时间情形是 $(-\infty, +\infty)$. 为了使形式简单, 我们引入矩阵的记号. 引入 $m \times m$ 矩阵

$$F(\Delta) := \left[\mathrm{E}\{\hat{y}_k(\Delta)\overline{\hat{y}_j(\Delta)}\}\right]_{k,j=1}^{m}, \tag{3.35}$$

这里 Δ 是一个 $[-\pi, \pi]$ 中的 Borel 集. 则 $F(\Delta)^* = F(\Delta)$, 即 $F(\Delta)$ 是 Hermite 阵. 且由 Schwartz 不等式,

$$|F_{kj}(\Delta)| \leqslant \|\hat{y}_k(\Delta)\|\|\hat{y}_j(\Delta)\| = \Lambda_{kk}(0)^{1/2}\Lambda_{jj}(0)^{1/2},$$

从而 $F(\Delta)$ 对所有 Borel 子集 Δ 都是有界的.

因为对于任意 $a \in \mathbb{C}^m$, $a^* F a$ 是标量过程 $a^* y(t)$ 的谱测度, 则立即可知 F 是一个关于 Δ 的半正定 σ-可加函数, 即一个矩阵测度. 我们将 F (或 $\mathrm{d}F$) 称为过程 y 的谱矩阵测度. 自然地, 矩阵测度 F 对应一个取值为 Hermite 矩阵函数 $\theta \to F(\theta)$ 的等价类, 它们在加法意义下相差任意一个常数矩阵. 该矩阵函数是单

调不减的, 即当 $\theta_2 \geqslant \theta_1$ 时,$F(\theta_2) - F(\theta_1) \geqslant 0$(半正定). 对于向量过程情形, 我们给出了协方差矩阵的 Fourier 积分形式的谱表示

$$\Lambda(\tau) = \int_{-\pi}^{\pi} \mathrm{e}^{\mathrm{i}\theta\tau}\mathrm{d}F(\theta), \quad \tau \in \mathbb{Z}; \qquad \Lambda(\tau) = \int_{-\infty}^{\infty} \mathrm{e}^{\mathrm{i}\omega\tau}\mathrm{d}F(\omega), \quad \tau \in \mathbb{R},$$

这里无论是离散情形或是连续时间情形, 我们都用相同的符号 $\mathrm{d}F$ 来表示这两种明显不同的矩阵测度. 这便是矩阵情形的 Herglotz 与 Bochner 定理.

如同标量情形, 对于矩阵测度也有典则分解

$$F = F_1 + F_2,$$

这里 F_1 是 F 的绝对连续部分而 F_2 是奇异部分.

绝对连续部分是谱密度矩阵 Φ 的不定积分. 谱密度矩阵是 Hermitian 且是半正定的 ($\Phi(\theta) \geqslant 0, \theta \in [-\pi, \pi]$). 对于取值于 $\mathbb{R}^m$ 的过程, 对称关系 (3.31) 则转化为 $F_{kj}(\Delta) = F_{jk}(-\Delta), k, j = 1, 2, \cdots, m$, 对于谱密度即是 $\Phi(\theta)^* = \Phi(-\theta)'$, 或等价地有, $\Phi(-\theta)' = \Phi(\theta)$. 由注 3.2.3 中的说明, 可将上面关系写为

$$\Phi(\mathrm{e}^{-\mathrm{i}\theta})' = \Phi(\mathrm{e}^{\mathrm{i}\theta}). \tag{3.36}$$

我们有时将该性质称为 parahermitian 对称性.

下面我们将介绍向量情形的谱同构定理, 在这之前需要一些关于矩阵测度 F 积分的简单准备. 后文中确定向量值函数将写作行向量. 正如标量情形一样, 我们先定义 m 维简单函数 f

$$f(\theta) = \sum_{k=1}^{N} c_k I_{\Delta_k}(\theta), \quad \Delta_k \subset [-\pi, \pi], \, \Delta_k \cap \Delta_j = \varnothing \,, k \neq j,$$

(这里 c_k 是 $\mathbb{C}^m$ 中的行向量) 关于 F 的积分为

$$\int_{-\pi}^{\pi} f(\theta)\mathrm{d}F(\theta) := \sum_{k=1}^{N} c_k F(\Delta_k),$$

之后再通过极限过程将定义扩张至所有 $m-$ 维可测函数. 这个方法也用于定义矩阵值函数的积分. 双线性 (或者二次) 形式的积分

$$\int_{-\pi}^{\pi} f(\theta)\mathrm{d}F(\theta)g(\theta)^*$$

也可以通过逼近 f 和 g 的向量值简单函数列 (f_k) 及 (g_j) 的极限定义 (此时 $(f_k g_j^*)$ 是逼近 f_j^* 的简单矩阵函数列)

$$\int_{-\pi}^{\pi} f(\theta)\mathrm{d}F(\theta)g(\theta)^* := \lim_{k,j\to\infty} \operatorname{trace} \int_{-\pi}^{\pi} g_j(\theta)^* f_k(\theta)\mathrm{d}F(\theta).$$

我们将关于 F 平方可积的 m 维函数空间记为 $L_m^2([-\pi,\pi],\mathrm{d}F)$. [79, p. 1349] 说明了这个空间是完备的, 且是关于如下形式内积的 Hilbert 空间,

$$\langle f,g\rangle := \int_{-\pi}^{\pi} f(\theta)\mathrm{d}F(\theta)g(\theta)^*, \tag{3.37}$$

函数 f_1, f_2 如果满足 $\|f_1-f_2\|=0$, 则称其为 F-几乎处处相等. 如果 F 恰好在非平凡子集上奇异, 那么 f_1 与 f_2 有可能 F-几乎处处相等但却在相当大范围内逐点不等.

现在我们可将关于向量随机测度的随机积分的基本等距性质表述如下,

$$\begin{aligned}\mathrm{E}\{\mathcal{I}_{\hat{y}}(f)\mathcal{I}_{\hat{y}}(g)^*\} = \mathrm{E}\left\{\int_{-\pi}^{\pi} f(\theta)\,\mathrm{d}\hat{y}(\theta)\left[\int_{-\pi}^{\pi} g(\theta)\,\mathrm{d}\hat{y}(\theta)\right]^*\right\} = \\ \int_{-\pi}^{\pi} f(\theta)\mathrm{d}F(\theta)g(\theta)^* = \langle f,g\rangle_{L_m^2([-\pi,\pi],\mathrm{d}F)},\end{aligned} \tag{3.38}$$

这里 f 与 g 都是 $L_m^2([-\pi,\pi],\mathrm{d}F)$ 中的函数. 且 F 是 $\hat{y}$ 的谱测度.

下面给出向量情形的谱同构定理.

定理 3.4.1 (谱同构定理) *令 y 为 m 维平稳过程,$\hat{y}$ 是其随机 Fourier 变换. 那么任意元素 $\xi \in \mathrm{H}(y)$ 都可唯一表示为一个函数 $\hat{f} \in L^2\{[-\pi,\pi],\mathrm{d}F\}$ 关于 $\hat{y}$ 的随机积分 $\mathcal{I}_{\hat{y}}(\hat{f})$. 且映射 $\mathcal{I}_{\hat{y}} : L^2\{[-\pi,\pi],\mathrm{d}F\} \to \mathrm{H}(y)$ 是一个酉映射. 同时, 对于 $k=1,2,\cdots,m$, 它将基本指数函数 $[0,\cdots,e_t,\cdots,0]$ ($e_t(\theta)=\mathrm{e}^{\mathrm{i}\theta t}$ 映为随机变量 $y_k(t)$, 并且将过程 y 的移位算子 $\mathcal{U}$ 转换成为作用在 $L^2\{[-\pi,\pi],\mathrm{d}F\}$ 上的乘指数函数 $e(\theta):\theta\to\mathrm{e}^{\mathrm{i}\theta}$ 的乘法算子 M_e, 即有*

$$\begin{array}{ccc} \mathrm{H}(y) & \xrightarrow{\ \mathcal{U}\ } & \mathrm{H}(y) \\ \uparrow{\scriptstyle \mathcal{I}_{\hat{y}}} & & \uparrow{\scriptstyle \mathcal{I}_{\hat{y}}} \\ L_m^2\{[-\pi,\pi],\mathrm{d}F\} & \xrightarrow[M_e]{} & L_m^2\{[-\pi,\pi],\mathrm{d}F\} \end{array}$$

对于连续时间情形, 只需将上述结论中的 $[-\pi,\pi]$ 替换为 $(-\infty,+\infty)$, 并将移位算子 $\mathcal{U}$ 替换为移位群 $\{\mathcal{U}_t\,;t\in\mathbb{R}\}$, 同时把 $\mathrm{e}^{\mathrm{i}\theta}$ 替换为 $\mathrm{e}^{\mathrm{i}\omega t}$, $t\in\mathbb{R}$.

§ 3.5 白噪声泛函

令 $\ell_m^2 \equiv \ell_m^2(\mathbb{Z})$ 为平方可加 m-维函数 $f:\mathbb{Z}\to\mathbb{C}^m$ 的 Hilbert 空间, 且具有如下形式的内积

$$\langle f,g\rangle := \sum_{-\infty}^{+\infty} f(t)g(t)^*.$$

在工程领域, 常将 ℓ_m^2 称为有限能量信号的空间, 其中能量即是指范数

$$\|f\|^2 = \sum_{-\infty}^{+\infty} |f(t)|^2,$$

这里 $|\cdot|$ 表示欧氏范数. $m = 1$ 时忽略下标.

如果函数 f 满足 $f(t) = 0, t < 0\,[t > 0]$, 则称其为因果的 [反因果的]. 如果 $f(t) = 0, t \leqslant 0, [t \geqslant 0]$, 则称 f 为严格因果的 [严格反因果的]. 将 $\ell_m^2(\mathbb{Z})$ 中因果函数及反因果函数的空间分别记作 ℓ_m^{2+} 和 ℓ_m^{2-}. 它们显然分别同构于 $\ell_m^2(\mathbb{Z}_+)$ 及 $\ell_m^2(\mathbb{Z}_-)$.

一个 m 维过程 w, 若它是平稳向量过程且分量间两两不相关, 即

$$E\{w(t)w(s)^*\} = Q\delta(t-s), \tag{3.39}$$

(这里方差矩阵 Q 是 Hermite 矩阵), 则称其为白噪声过程 . 之后我们都假定 Q 非奇异, 且 $AA' = Q(A$ 是方阵, 并记 $Q^{1/2} = A)$. 因此我们也可考察标准白噪声 过程 $\tilde{w} := Q^{-1/2}w$, 它的协方差矩阵为单位阵且张成同样的 Hilbert 空间 $\mathrm{H}(w)$.

若 w 的协方差矩阵是奇异的, 则有列满秩的矩阵 A 满足 $AA' = Q$, 即它是 Q 的秩分解. 这时令 $u := A^{-L}w$ ($^{-L}$ 表示左逆), 令 $\tilde{w} := Au$, 则 u 的维数等于 Q 的秩. 因为 $(I - AA^{-L})Q = (I - AA^{-L})AA' = 0$, $w - \tilde{w} = (I - AA^{-L})w$ 的协方差矩阵为 0, 故几乎处处 $\tilde{w} = w = Au$. 因此 $\mathrm{H}(w) = \mathrm{H}(u)$, 即该空间可由更少维数的标准白噪声张成.

白噪声过程张成的 Hilbert 空间 $\mathrm{H}(w)$ 中的元素 (线性泛函) 有明确且简单的形式. 下面定理将描述其结构. 这个结论尽管基础, 但却非常重要.

定理 3.5.1 设 w 为一个 m 维标准白噪声, 则线性泛函 $\eta \in \mathrm{H}(w)$ 有如下形式

$$\eta = \sum_{s=-\infty}^{+\infty} f(-s)w(s), \quad f \in \ell_m^2, \tag{3.40}$$

其中 f 由 η 唯一确定. 由 (3.40) 所定义的线性映射 $\mathcal{I}_w : \ell_m^2 \to \mathrm{H}(w)$ 是酉映射, 且将 ℓ_m^2 中算子 T 转化为作用于 $\mathrm{H}(w)$ 中随机变量的移位算子 $\mathcal{U}$, 即若 $[T^t f](s) = f(t+s)$, 那么

$$\eta(t) := \mathcal{U}^t\eta = \sum_{s=-\infty}^{+\infty} f(t-s)w(s) = \mathcal{I}_w(T^t f). \tag{3.41}$$

注意到我们已经用符号 $\mathcal{I}_w$ 来表示一个转换, 严格地来讲, 这并不是一个随机积分 (而是其中一个离散时间的类比).

证　标量形式的证明非常简单, 因为随机变量 $\{w(s) \mid s \in \mathbb{Z}\}$ 构成了 Hilbert 空间 $\mathrm{H}(w)$ 的一组正交基, 故易得到 (3.40) 中的表示公式. 实际上

$$f(-s) = E\{\eta\overline{w(s)}\}$$

是 η 关于这组基的第 s 个 Fourier 系数. 容易证明, 这些系数是唯一确定的, 且构成一列平方可加列. 定理中后半部分是因 $\mathcal{U}^{-t}w(s) = w(s-t)$, 且

$$E\{\eta(t)\overline{w(s)}\} = \langle \mathcal{U}^t\eta, w(s)\rangle = \langle \eta, \mathcal{U}^{-t}w(s)\rangle = f(t-s).$$

我们将向量情形的证明细节留给读者. □

注意到定理 3.1.3 包含了定理 3.5.1 的连续情形, 我们只需取由 m 维标准 Wiener 过程 w 决定的正交随机测度 ζ. 下面结论正是它的直接推论.

推论 3.5.2　令 w 为 m-维标准 Wiener 过程. 线性泛函 $\eta \in \mathrm{H}(\mathrm{d}w)$ 有如下形式

$$\eta = \int_{-\infty}^{+\infty} f(-s)\mathrm{d}w(s), \quad f \in L_m^2(\mathbb{R}), \tag{3.42}$$

这里 f 由 η 唯一确定. 由等式 (3.42) 确定的线性映射 $\mathcal{I}_w : L_m^2(\mathbb{R}) \to \mathrm{H}(\mathrm{d}w)$ 是酉映射, 且将 L_m^2 中算子 T 转化为作用于 $\mathrm{H}(\mathrm{d}w)$ 中随机变量的移位算子 $\mathcal{U}$, 即若 $[T^t f](s) = f(t+s)$, 那么

$$\eta(t) := \mathcal{U}^t\eta = \int_{-\infty}^{+\infty} f(t-s)\mathrm{d}w(s) = \mathcal{I}_w(T_t f). \tag{3.43}$$

对于白噪声过程, 我们有两个 $\mathrm{H}(w)$ 的表示定理: 一般谱表示定理 3.4.1及上面所说的时间域表示定理. 在频域与时间域的两种表示都与 Fourier 变换有关.

3.5.1　Fourier 变换

下面将介绍调和分析中的一个基本结论 (即所谓 Fourier - Plancherel 定理). 在那之前, 我们回顾一个显然事实, 即三角函数

$$e_t(\theta) := \mathrm{e}^{\mathrm{i}\theta t}, \quad t \in \mathbb{Z}$$

是 $L^2([-\pi, \pi], \frac{\mathrm{d}\theta}{2\pi})$ 中的一组标准正交基.

定理 3.5.3　Fourier 变换

$$\mathfrak{F} : \ell_m^2 \to L_m^2([-\pi,\pi], \frac{\mathrm{d}\theta}{2\pi}), \quad \mathfrak{F}(f) := \sum_{t=-\infty}^{+\infty} \mathrm{e}^{-\mathrm{i}\theta t} f(t),$$

(这里级数对于所有 $f \in \ell_m^2$ 在 $L_m^2([-\pi,\pi],\frac{d\theta}{2\pi})$ 的拓扑下收敛) 是一个保范的满射，即是一个酉映射.

我们把保范性

$$\sum_{t=-\infty}^{+\infty} |f(t)|^2 = \int_{-\pi}^{\pi} |\hat{f}(\theta)|^2 \frac{d\theta}{2\pi}, \quad 其中\ \hat{f} = \mathfrak{F}(f)$$

称为 Parseval 等式. 易于验证此性质对于有紧支撑的函数 (序列) 成立. 又因为该序列在 ℓ_m^2 中稠密, 故由定理 B.2.7, 应用前文中定义随机积分时所用的等距扩张方法可证明上面的定理.

研究时间序列的动态模型时,Fourier 变换非常重要, 原因之一是 ℓ_m^2 上的转移算子 T

$$T(f)(t) := f(t+1)$$

对应于频域上作用在 $L_m^2([-\pi,\pi],\frac{d\theta}{2\pi})$ 上的标量指数函数 $e(\theta):\theta \to e^{i\theta}$ 的乘法代数运算. 也就是说 $\mathfrak{F}(Tf) = M_e\mathfrak{F}(f)$, 这里 M_e 是由 e 确定的乘法算子; 即 $(M_e\hat{f})(\theta) = e^{i\theta}\hat{f}(\theta)$. 这个性质非常重要, 在确定性信号与系统的研究中应用该性质得到了大量的结论.

连续时间情形也有类似定理 3.5.3 的结论, 我们称之为 Fourier-Plancherel 定理.

定理 3.5.4 令 $\mathbb{I}$ 表示虚轴.Fourier 变换

$$\mathfrak{F}: L_m^2(\mathbb{R}) \to L_m^2(\mathbb{I}, \frac{d\omega}{2\pi}), \quad \mathfrak{F}(f) := \int_{-\infty}^{+\infty} e^{-i\omega t} f(t)\, dt,$$

(这里积分在空间 $L_m^2(\mathbb{I},\frac{d\omega}{2\pi})$ 的拓扑下, 通过前文中取极限的方式定义) 对于所有 $f \in L_m^2(\mathbb{R})$ 都是良定义的, 且是保范的满射, 即是酉映射.

这里的保范性

$$\int_{-\infty}^{+\infty} |f(t)|^2\, dt = \int_{-\infty}^{+\infty} |\hat{f}(i\omega)|^2 \frac{d\omega}{2\pi}, \quad 其中\ \hat{f} = \mathfrak{F}(f),$$

也被称为 Parseval 等式. 作用在 $L_m^2(\mathbb{R})$ 上的转移算子 T_t, $t \in \mathbb{R}$, 定义如下

$$T_t(f)(s) := f(t+s), \quad s \in \mathbb{R},$$

它对应于频域上作用在 $L_m^2([-\pi,\pi],\frac{d\theta}{2\pi})$ 上的标量指数函数 $e(\theta):\theta \to e^{i\theta}$ 的乘法代数运算. 也就是说 $\mathfrak{F}(T_tf) = M_{e_t}\mathfrak{F}(f)$, 这里 M_{e_t} 是由 e_t 确定的乘法算子; 即 $(M_{e_t}\hat{f})(i\omega) = e^{i\omega t}\hat{f}(i\omega)$. 转移算子族 $\{T_t, t \in R\}$ 构成了 $L_m^2(\mathbb{R})$ 上的一个酉算子群.

且它通过 Fourier 变换与作用在 $L_m^2(\mathbb{I}, \frac{\mathrm{d}\omega}{2\pi})$ 上的乘 $\mathrm{e}^{\mathrm{i}\omega t}$ 的乘法算子构成的酉群相对应.

下面的基本表示定理, 将 H(w) 中白噪声的随机函数的谱表示与 Fourier-Plancherel 变换相联系.

定理 3.5.5　令 w 为一个 m 维标准白噪声过程. 由等式 (3.40) 所定义的酉表示映射 $\mathcal{I}_w : \ell_m^2 \to \mathrm{H}(w)$ 可分解为如下形式的复合映射

$$\mathcal{I}_w = \mathcal{I}_{\hat{w}}\mathfrak{F}, \tag{3.44}$$

即 H(w) 中任意线性泛函的频域表示函数都是 (3.40) 中时间域函数 f 的 Fourier 变换. 换句话说 $\eta = \mathcal{I}_{\hat{w}}(\hat{f}) = \mathcal{I}_w(f)$ 当且仅当 $\hat{f} = \mathfrak{F}f$. 这两个酉表示映射 $\mathcal{I}_{\hat{w}}$ 与 $\mathcal{I}_w$ 之间的关系由下列交换图所示.

$$
\begin{array}{ccc}
\mathrm{H}(w) & \xrightarrow{\ \mathcal{U}\ } & \mathrm{H}(w) \\[4pt]
{\scriptstyle \mathcal{I}_{\hat{w}}}\uparrow & & \uparrow{\scriptstyle \mathcal{I}_{\hat{w}}} \\[4pt]
L_m^2([-\pi,\pi], \frac{\mathrm{d}\theta}{2\pi}) & \xrightarrow[M_{\mathrm{e}^{\mathrm{i}\theta}}]{} & L_m^2([-\pi,\pi], \frac{\mathrm{d}\theta}{2\pi}) \\[4pt]
{\scriptstyle \mathfrak{F}}\uparrow & \cdot & \uparrow{\scriptstyle \mathfrak{F}} \\[4pt]
\ell_m^2(\mathbb{Z}) & \xrightarrow[\ T\ ]{} & \ell_m^2(\mathbb{Z})
\end{array}
$$

证　频域同构映射 $\mathcal{I}_{\hat{w}}$ 将三角多项式 $p(\theta) = \sum_{-N}^{M} f(-k)\mathrm{e}^{\mathrm{i}\theta k}$ 映到有限线性组合 $\eta = \sum_{-N}^{M} f(-k)w(k) = \mathcal{I}_w(f)$, 这里 f 是 ℓ^2 中有紧支撑的函数. 很明显 $p(\theta) = \sum_{-M}^{N} f(k)\mathrm{e}^{-\mathrm{i}\theta k}$ 是 f 的 Fourier 变换, 即 $p = \hat{f}$. 因此我们可得, 对于有限支撑函数 f 的稠密线性流形, 总有

$$\mathcal{I}_w(f) = \mathcal{I}_{\hat{w}}(\hat{f}) = \mathcal{I}_{\hat{w}}(\mathfrak{F}f).$$

因为映射 $\mathcal{I}_w$ 与映射 $\mathcal{I}_{\hat{w}}\mathfrak{F}$ 都是酉映射, 故得到 (3.44). 剩下部分可由我们所熟悉的 Fourier 变换的性质得到.　□

下面立即给出连续时间情形下的定理, 我们省略其证明.

定理 3.5.6　令 w 为 m 维标准 Wiener 过程. 推论 3.5.2 中定义的酉表示映射 $\mathcal{I}_w : L_m^2(\mathbb{R}) \to \mathrm{H}(\mathrm{d}w)$ 可分解为定理 3.5.5 中的复合映射 (3.44). 换句话说, H($\mathrm{d}w$) 中任意线性泛函的频域表示函数都是 (3.42) 中时间域函数 f 的 Fourier 变换. 因此 $\eta = \mathcal{I}_{\hat{w}}(\hat{f}) = \mathcal{I}_w(f)$ 当且仅当 $\hat{f} = \mathfrak{F}f$. 两个表示映射 $\mathcal{I}_{\hat{w}}$ 与 $\mathcal{I}_w$ 的关系如下列交

换图所示.

$$
\begin{array}{ccc}
\mathrm{H}(\mathrm{d}w) & \xrightarrow{\ \mathcal{U}_t\ } & \mathrm{H}(\mathrm{d}w) \\
\Big\uparrow{\scriptstyle \mathcal{I}_{\hat{w}}} & & \Big\uparrow{\scriptstyle \mathcal{I}_{\hat{w}}} \\
L_m^2(\mathbb{I}, \frac{\mathrm{d}\omega}{2\pi}) & \xrightarrow[M_{\mathrm{e}^{\mathrm{i}\omega t}}]{} & L_m^2(\mathbb{I}, \frac{\mathrm{d}\omega}{2\pi}) \\
\Big\uparrow{\scriptstyle \mathfrak{F}} & & \Big\uparrow{\scriptstyle \mathfrak{F}} \\
L_m^2(\mathbb{R}) & \xrightarrow[T_t]{} & L_m^2(\mathbb{R})
\end{array}
$$

§ 3.6　平稳增量过程的谱表示

令 $I_{[\omega_1,\omega_2]}(\mathrm{i}\omega)$ 为虚轴上有限子区间 $[\mathrm{i}\omega_1, \mathrm{i}\omega_2]$ 的示性函数. 考虑下面等式

$$\frac{\mathrm{e}^{-\mathrm{i}\omega_2 t}-\mathrm{e}^{-\mathrm{i}\omega_1 t}}{-2\pi \mathrm{i}t} = (\mathfrak{F}^{-1} I_{[\omega_1,\omega_2]})(-t)\,. \tag{3.45}$$

因为上式都是平方可积的函数, 故任给一个 p 维 Wiener 过程 $\mathrm{d}w$, 总可以通过增量方式定义在虚轴 $\mathbb{I}$ 上的过程 $\hat{w}$:

$$\hat{w}(\mathrm{i}\omega_2)-\hat{w}(\mathrm{i}\omega_1) = \int_{-\infty}^{\infty} \frac{\mathrm{e}^{-\mathrm{i}\omega_2 t}-\mathrm{e}^{-\mathrm{i}\omega_1 t}}{-2\pi \mathrm{i}t}\mathrm{d}w(t). \tag{3.46}$$

那么 $\mathfrak{F}^{-1}$ 是酉映射 (定理 3.5.4), 且 $\langle \mathfrak{F}^{-1}\hat{f}, \mathfrak{F}^{-1}\hat{g}\rangle_1 = \langle \hat{f}, \hat{g}\rangle_2$, 这里 $\langle\cdot,\cdot\rangle_1$ 与 $\langle\cdot,\cdot\rangle_2$ 分别是 $L_p^2(\mathbb{R})$ 与 $L_p^2(\mathbb{I}, \frac{\mathrm{d}\omega}{2\pi})$ 上的内积. 由 (3.45) 与 (3.46) 可推出

$$\mathrm{E}\{[\hat{w}(\mathrm{i}\omega_2)-\hat{w}(\mathrm{i}\omega_1)][\hat{w}(\mathrm{i}\omega_4)-\hat{w}(\mathrm{i}\omega_3)]^*\} = I_p \int_{-\infty}^{\infty} I_{[\omega_1,\omega_2]}(\mathrm{i}\omega) I_{[\omega_3,\omega_4]}(\mathrm{i}\omega)\frac{\mathrm{d}\omega}{2\pi},$$

因此过程 $\hat{w}$ 是正交增量的. 事实上

$$\mathrm{E}\{\mathrm{d}\hat{w}\mathrm{d}\hat{w}^*\} = I_p\frac{\mathrm{d}\omega}{2\pi}. \tag{3.47}$$

因此 $\mathrm{d}\hat{w}$ 是一个虚轴上的 p 维 Wiener 过程. (3.46) 此时可写为

$$\int_{-\infty}^{\infty} I_{[\omega_1,\omega_2]}(\mathrm{i}\omega)\mathrm{d}\hat{w}(\mathrm{i}\omega) = \int_{-\infty}^{\infty} (\mathfrak{F}^{-1} I_{[\omega_1,\omega_2]})(-t)\mathrm{d}w(t),$$

又因为示性函数在 L^2 中稠密, 故对所有 $f \in L^2(\mathbb{R})$, 都有

$$\int_{-\infty}^{\infty} \hat{f}(\mathrm{i}\omega)\mathrm{d}\hat{w} = \int_{-\infty}^{\infty} f(-t)\mathrm{d}w\,, \tag{3.48}$$

此处 $\hat{f}$ 是 f 的 Fourier-Plancherel 变换. 恰好我们刚刚也在定理 3.5.6 中证明了由

$$\mathcal{I}_{\hat{w}}\hat{f} = \int_{-\infty}^{\infty} \hat{f}(\mathrm{i}\omega)\mathrm{d}\hat{w}(\mathrm{i}\omega)$$

定义的谱表示映射 $\mathcal{I}_{\hat{w}} : L_p^2(\mathbb{I}, \frac{\mathrm{d}\omega}{2\pi}) \to \mathrm{H}(\mathrm{d}w)$ 可分解为 (3.44) 的形式. 再通过选取 f 为 $[t_1, t_2]$ 上的示性函数, 由 (3.48) 可得

$$w(t_2) - w(t_1) = \int_{-\infty}^{\infty} \frac{\mathrm{e}^{\mathrm{i}\omega t_2} - \mathrm{e}^{\mathrm{i}\omega t_1}}{\mathrm{i}\omega} \mathrm{d}\hat{w}(\mathrm{i}\omega). \tag{3.49}$$

这是平稳增量过程的谱表示 的一个特例; 事实上这也是平稳增量 (Wiener) 过程 $\mathrm{d}w$ 的一个特例 [77]. 注意到 $\mathrm{d}w$ 的谱测度 也是 Wiener 型的, 且恰好是 (3.46) 中定义的随机测度 $\mathrm{d}\hat{w}$.

更一般地, 我们可证明下面的结论.

定理 3.6.1 每个 $\mathbb{R}^m$-取值的有限二阶矩且连续平稳增量过程 $\mathrm{d}z$ 都有谱表示

$$z(t) - z(s) = \int_{-\infty}^{+\infty} \frac{\mathrm{e}^{\mathrm{i}\omega t} - \mathrm{e}^{\mathrm{i}\omega s}}{\mathrm{i}\omega} \mathrm{d}\hat{z}(\mathrm{i}\omega), \quad t, s \in \mathbb{R}, \tag{3.50}$$

这里 $\mathrm{d}\hat{z}$ 是虚轴 $\mathbb{I}$ 上由 $\mathrm{d}z$ 唯一确定的 m 维正交随机测度 (或正交增量过程).$\mathrm{d}z$ 的矩阵谱分布 由下式定义

$$\mathrm{E}\{\mathrm{d}\hat{z}(\mathrm{i}\omega)\mathrm{d}\hat{z}(\mathrm{i}\omega)^*\} = \mathrm{d}Z(\mathrm{i}\omega), \tag{3.51}$$

且它是虚轴的 Borel 集上的非负定 Hermite 矩阵测度不一定有限.

正交随机测度 $\mathrm{d}\hat{z}$ 也被称为$\mathrm{d}z$ 的 Fourier 变换.

例 3.6.2 在这个例子中, $\mathrm{d}z$ 定义为下面随机系统的输出

$$\begin{cases} \mathrm{d}x = Ax\mathrm{d}t + B\mathrm{d}w, \\ \mathrm{d}z = Cx\mathrm{d}t + D\mathrm{d}w, \end{cases} \tag{3.52}$$

这里矩阵 A 所有特征根都有非负实部. 在时间域上 (3.52) 有如下形式的解

$$x(t) = \int_{-\infty}^{t} \mathrm{e}^{A(t-\tau)} B\mathrm{d}w, \tag{3.53a}$$

$$z(t) - z(s) = \int_{s}^{t} Cx(\tau)\mathrm{d}\tau + D[w(t) - w(s)]. \tag{3.53b}$$

在第一个等式中应用 (3.48), 我们得到

$$x(t) = \int_{-\infty}^{\infty} \mathrm{e}^{\mathrm{i}\omega t}(\mathrm{i}\omega I - A)^{-1} B\mathrm{d}\hat{w}, \tag{3.54}$$

再联合 (3.53b) 及 (3.49), 可得到谱表示

$$z(t) - z(s) = \int_{-\infty}^{\infty} \frac{e^{i\omega t} - e^{i\omega s}}{i\omega} d\hat{z}(i\omega), \tag{3.55}$$

这里 $d\hat{z} = W(i\omega)d\hat{w}(i\omega)$, 矩阵函数 W 是系统 (3.52) 的传递函数, 即

$$W(s) = C(sI - A)^{-1}B + D, \tag{3.56}$$

是系统 (3.52) 脉冲响应的 Laplace 变换. 这个例子中 dz 有绝对连续的谱分布

$$E\{d\hat{z}d\hat{z}^*\} = \Phi(i\omega)\frac{d\omega}{2\pi},$$

其谱密度 Φ 定义为 $\Phi(s) = W(s)W(-s)'$. 注意到如果 $D \neq 0$, 则谱分布不是有限测度, 因此 $\int_{-\infty}^{\infty} e^{i\omega t}d\hat{z}$ 这样的式子没有意义.

命题 3.6.3 如果定理 3.6.1 中的谱测度 $d\hat{z}$ 有限, 那么过程 dz 在均方的意义下有 (平稳) 的导数, 即 $dz(t) = y(t)dt$ 满足

$$y(t) = \int_{-\infty}^{+\infty} e^{i\omega t}d\hat{z}, \tag{3.57}$$

这里 $d\hat{y} = d\hat{z}$.

证 令 $y(t)$ 由 (3.57) 定义, 那么

$$\frac{z(t+h) - z(t)}{h} - y(t) = \int_{-\infty}^{+\infty} \Delta_h(i\omega)e^{i\omega t}\, d\hat{z}(i\omega)\,,$$

这里函数

$$\Delta_h(i\omega) := \frac{e^{i\omega h} - 1}{i\omega h} - 1 = e^{i\omega h/2}\frac{\sin(\omega h/2)}{\omega h/2} - 1,$$

它在 $h \to 0$ 时逐点收敛于 0. □

§ 3.7 重数与 H(y) 的模块结构

早在 20 世纪 60 年代初人们就有兴趣研究将一个过程 y 表示为最简单的随机过程的线性组合, 即白噪声过程的线性组合

$$y(t) = \sum_{k=1}^{N} \sum_{s=-\infty}^{+\infty} h_k(t, s)w_k(s), \tag{3.58}$$

这里 $h_k(t,\cdot)$ 是确定性函数, 而 w_k 一般是非平稳且互不相关的白噪声过程 (即对任意 k,j 及 $t \neq s$, 总有 $\mathrm{E}\{w_k(t)w_j(s)\}=0$), 且级数是在均方意义下收敛. 这类核函数是因果函数 (即对于 $t>s$ 有 $h_k(t,s)=0$) 的特殊表示有特别的重要性.H. Wold 发现了一种形如 (3.58) 的因果表示, 即所谓的 Wold 分解. 这种表示对于*纯非确定性* 平稳过程非常有用. 我们将在第 4 章具体定义并研究这种表示.

我们通常把使 (3.58) 成立的最小整数 N(即最少的独立白噪声个数) 称为过程 y 的重数. 我们将在本章说明, 这个定义与82 页给出的定义相一致. 通过应用 Hilbert 空间上线性算子的谱理论, 我们可知在非常宽泛的条件下, 二阶过程的形如 (3.58) 的表示都存在. 但是即便对于标量过程 y, 整数 N 都有可能是无穷大. 而且每个白噪声 w_k 的支撑 $T_k \subset \mathbb{Z}$ (即使得方差函数 $\lambda_k(t)=\mathrm{E}\,w_k(t)^2$ 非零的 $\mathbb{Z}$ 的子集) 并非所有整数, 而是与 k 有关的, 因此 w_k 项的个数一般会随着 t 而变化. 但我们总可以适当安排使得 $T_1 \supseteq T_2 \supseteq \cdots \supseteq T_N$, 从而就可将 (3.58) 写为矩阵形式

$$y(t)=\sum_{s=-\infty}^{+\infty} H(t,s)w(s), \tag{3.59}$$

这里 w 是 N 维非平稳白噪声过程. 若

$$\mathrm{H}(y)=\bigoplus_{k=1}^{N}\mathrm{H}(w_k)=\mathrm{H}(w), \tag{3.60}$$

则该过程称为*可正交化*. 这表示 $w_k(t),\ k=1,2,\cdots,N,\ t\in\mathbb{Z}$ 构成了 $\mathrm{H}(y)$ 的一组正交基.

可以看出若 y 是广义平稳的且有形如 (3.58) 的表示, 则重数 N 总是有限的, 且小于或等于 $y(t)$ 的维数 m. 白噪声 w_k 也可取为平稳的, 则所有支撑 T_k 恰好为整个时间轴 $\mathbb{Z}$. 这是因为 $y(t)$ 在酉算子 $\mathcal{U}$ 作用下随时间适时传播. 我们可以通过酉算子的传统谱理论验证它, 例如 [270], 但同时也需要考察在算子 $\mathcal{U}$ 作用下 $\mathrm{H}(y)$ 空间诱导出的基本代数结构. 这个代数结构实际上就是*模块结构*, 它是由 Kalman 提出的, 且是很多线性系统理论的基础结构.

一个*模块* 是一种代数结构, 它是向量空间的一般化. 它是一个赋有两种二元运算的集合：加法 (在这个意义下是一个传统的 Abel 群) 及数乘. 最大的差别是数乘所乘的数取自一个*环* R, 而不是诸如 $\mathbb{R}$ 或 $\mathbb{C}$ 之类的域. 读者可在 Fuhrmann 的著作 [104] 的第一章中找到关于模块理论应用于系统理论的详细综述.

在本节中, 我们将在模块理论的观点下讨论平稳过程重数的概念. 这将让我们揭示出这个概念的本质, 同时也希望能帮我们理清文献中经常会混淆的一些概念, 尤其是平稳过程中*秩* 及谱分解概念.

3.7.1 重数及 H(y) 模块结构的定义

平稳随机过程 y 生成的 Hilbert 空间 H(y) 的一个重要特性就是它可由移位算子 $\mathcal{U}$ 在如下意义下有限生成：存在有限个生成元 $y_1, y_2, \cdots, y_m \in \mathrm{H}(y)$, 它们在移位算子下是“循环”的, 即有

$$\overline{\mathrm{span}}\{\mathcal{U}^t y_k \mid k = 1, 2, \cdots, m,\ t \in \mathbb{Z}\} = \mathrm{H}(y), \tag{3.61}$$

这里 $\overline{\mathrm{span}}$ 表示闭线性凸包. 我们把最小生成元集的基数称为在 Hilbert 空间 H(y) 上算子 $\mathcal{U}$ 的重数, 可参考 [133], [104, p.105]. 我们也可将这个数称为过程 y 的重数. 注意到 H(y) 中有 m 个自然生成元, 即 $y_k = y_k(0)$, $k = 1, 2, \cdots, m$, 因此 m 维过程总有有限的重数, 且不超过 m.

这里最重要的一点是作用在 Hilbert 空间 H(y) 上的移位算子在这个空间中诱导了一个自然的模块结构. 重数的概念与模块理论中基 的概念有关.

我们首先观察到三角多项式

$$p(\mathrm{e}^{\mathrm{i}\theta}) := \sum_{k=k_0}^{k_1} p_k \mathrm{e}^{\mathrm{i}k\theta}, \quad k_0 \leqslant k_1, \in \mathbb{Z},$$

与元素 $\eta \in \mathrm{H}(y)$ 之间有自然的乘法, 定义为

$$p \cdot \eta := p(\mathcal{U}) \cdot \eta = \left[\sum_{k=k_0}^{k_1} p_k \mathcal{U}^k\right] \eta. \tag{3.62}$$

易于验证三角多项式构成一个环, 且前文所述模块公理都满足. 自然地, 我们应当扩张三角多项式的环, 从而使 H(y) 上的数乘运算成为一个连续算子. 这样就得到了一个 Hilbert 模块 . 为达到这个目标, 我们进行下面的过程. 每个元素 $\eta \in \mathrm{H}(y)$ 都有谱表示

$$\eta = \int_{-\pi}^{\pi} \hat{f}(\mathrm{e}^{\mathrm{i}\theta})\, \mathrm{d}\hat{y}(\mathrm{e}^{\mathrm{i}\theta}),$$

这里 $\hat{f} \in L_m^2\{[-\pi, \pi], \mathrm{d}F\}$ 是 η 关于 $\mathrm{d}\hat{y}$ (在 $\mathrm{d}F$ 几乎处处的意义下唯一) 的谱表示 (定理 3.3.3). 通过这个表示我们可将 (3.62) 在谱域中写为

$$p \cdot \eta = \int_{-\pi}^{\pi} p(\mathrm{e}^{\mathrm{i}\theta}) \hat{f}(\mathrm{e}^{\mathrm{i}\theta})\, \mathrm{d}\hat{y}(\mathrm{e}^{\mathrm{i}\theta}).$$

谱表示映射 $\mathcal{I}_{\hat{y}} : L_m^2\{[-\pi, \pi], \mathrm{d}F\} \to \mathrm{H}(y)$ 是酉映射, 且满足缠绕关系

$$\mathcal{I}_{\hat{y}} M_{\mathrm{e}^{\mathrm{i}\theta}} = \mathcal{U} \mathcal{I}_{\hat{y}},$$

这里 $M_{e^{i\theta}}$ 是关于函数 $\theta \to e^{i\theta}$ 的乘法算子. 且通过这个映射, 每个函数 $\hat{f} \in L^2_m\{[-\pi,\pi],dF\}$ 都被映为 Wiener 积分 $\int_{-\pi}^{\pi}\hat{f}(e^{i\theta})\,d\hat{y}(e^{i\theta})$. 因此 $\mathcal{I}_{\hat{y}}$ 是模块 $H(y)$ 与 $L^2_m\{[-\pi,\pi],dF\}$ 之间的代数酉同构, 其中数乘环是三角多项式环.

现在由著名的 Weierstrass 逼近定理, 可知三角多项式在区间 $[-\pi,\pi]$ 上连续函数空间中在 sup 范数下是稠密的. 因此, 由 Lusin 定理 (可参考 [280, p 56-57]), 可得任意函数 $\varphi \in L^\infty[-\pi,\pi]$ 都是 L^∞ 中一列三角多项式 (p_k) 的极限, 又因当 $k \to \infty$ 时,

$$\left\|\int_{-\pi}^{\pi}[\varphi(e^{i\theta}) - p_k(e^{i\theta})]\hat{f}(e^{i\theta})\,d\hat{y}(e^{i\theta})\right\| \leqslant \|\varphi - p_k\|_{L^\infty}\|\hat{f}\|_{L^2_m\{[-\pi,\pi],dF\}} \to 0$$

对于 $L^\infty[-\pi,\pi]$ 中每个 φ, 我们将乘积定义为 $H(y)$ 中极限

$$\varphi(\mathcal{U})\cdot\eta := \lim_{k\to\infty} p_k(\mathcal{U})\cdot\eta, \quad \eta \in H(y).$$

从而 $H(y)$ 中元素数乘的标量环扩张为 $L^\infty[-\pi,\pi]$. 我们立即可验证这一数乘运算是连续的, 故 $H(y)$ 是*良定义* 的 Hilbert 模块.

命题 3.7.1 *在 (3.62) 所定义的数乘下,* $H(y)$ *是一个 Hilbert 模块, 且在谱表示映射* $\mathcal{I}_{\hat{y}}$ *下酉同构于* $L^\infty[-\pi,\pi]$*-模块* $L^2_m\{[-\pi,\pi],dF\}$.

由 (3.61) 可知模块 $H(y)$ 实际上是*自由的*, 因为它有 m 个生成元 $y_1(0), y_2(0), \cdots, y_m(0)$. 这些生成元在同构下对应于 $L^2_m\{[-\pi,\pi],dF\}$ 中的 m 个单位向量函数 $e_1, e_2, \cdots, e_m$. 这里 e_k 是第 k 个分量恒等于 1 而其他分量几乎处处等于 0 的单位向量.

R-模块 M 的一个*子模块* 是子集 $M' \subset M$, 且在数乘 R 中元素下是不变集, 即 $M' = RM'$. 因此子空间 $H \subset H(y)$ 如果满足在数乘 $L^\infty[-\pi,\pi]$ 中所有元素下是不变集, 那么它是子模块. 由连续性, 这等价于

$$\overline{\text{span}}\{\mathcal{U}^k\eta,\ \eta \in H,\ k \in \mathbb{Z}\} = H.$$

因此 $H(y)$ 也被称为*双不变子空间* (关于移位算子 $\mathcal{U}$). 模块理论中的*基* 与最小基数生成器有关. 因此平稳过程的重数与 Hilbert 模块 $H(y)$ 的基的维数相等.

有些读者可能想要验证生成元 $y_1(0), y_2(0), \cdots, y_m(0)$ 是否构成了一组基. 这是个好问题, 因为模块相比于向量空间要微妙得多, 比如一个一维的模块有可能有无穷多个仍是一维的真子模块. 考虑一个标量平稳白噪声过程 w, 它的谱测度是 $d\hat{w}$. 显然 $w(0)$ 是 $H(w)$ 的生成元, 即是 Hilbert 模块 $H(w)$ 的一组基. 由谱测度

$$d\hat{y} := I_\Delta d\hat{w},$$

定义平稳过程 y. 这里 I_Δ 是 Borel 集 $\Delta \subset [-\pi,\pi]$. 现在的问题是 $y(0)$ 是否是 $\mathrm{H}(w)$ 的基. 对于向量空间, 这是显然正确的. 但对于目前的条件, 答案基本是否.

命题 3.7.2 若 Δ 不是 Lebesgue 满测度的, 则 $\mathrm{H}(y)$ 都是 $\mathrm{H}(w)$ 中双不变子空间. 实际上, 对任意 $\varphi \in L^\infty[-\pi,\pi]$, 对应于谱测度 $\mathrm{d}\hat{y} := \varphi \mathrm{d}\hat{w}$ 的平稳过程 y 生成整个空间 (即 $\mathrm{H}(y) = \mathrm{H}(w)$) 当且仅当 φ 在 $[-\pi,\pi]$ 中是几乎处处不为 0 的.

证 这个结论来自于 Wiener 提出的一个 $L^2[-\pi,\pi]$ 双不变子空间的经典特性, 参考 Helson 的著作 [138, p. 7, 定理 2]. 根据这个特性, 所有双不变子空间都有如下形式 $I_\Delta L^2[-\pi,\pi]$. 因此双不变子空间是整个 $L^2[-\pi,\pi]$ 当且仅当 Δ 是 Lebesgue 满测度的 (即几乎处处不为 0). 因为任意 $\varphi \in L^\infty[-\pi,\pi]$ 都可写为乘积 $\varphi I_{\Delta(\varphi)}$ (这里 $\Delta(\varphi)$ 是 φ 的支撑), 故结论对任意 φ 都适用. □

在系统理论的语言下, 上面结论可表述为：一个白噪声 w 通过滤波器 φ 滤波得到的随机过程不能张成整个空间 $\mathrm{H}(w)$, 除非滤波器 φ 在单位圆 $[-\pi,\pi]$ 上几乎处处等于 1.

3.7.2 基与谱因子分解

如果联合平稳过程 u 与 y 张成同样的 Hilbert 空间, 则我们称其为等价的. 为了描述等价过程, 我们引入一个概念, 它将绝对连续概念推广到矩阵测度上.

定义 3.7.3 令 $\mathrm{d}F_1$ 与 $\mathrm{d}F_2$ 分别是 $[-\pi,\pi]$ 上 $m\times m$ 及 $p\times p$ 的正矩阵测度. 如果有可测 $m \times p$ 矩阵 M, 它的行向量是 M_k, $k = 1, 2, \cdots, m$, 且在 $L^2_p\{[-\pi,\pi], \mathrm{d}F_2\}$ 中, 并满足

$$\mathrm{d}F_1 = M(\mathrm{e}^{\mathrm{i}\theta})\mathrm{d}F_2 M(\mathrm{e}^{\mathrm{i}\theta})^* . \tag{3.63}$$

则我们称 $\mathrm{d}F_1$ 关于 $\mathrm{d}F_2$ 绝对连续 (记为 $\mathrm{d}F_1 << \mathrm{d}F_2$). 如果 $\mathrm{d}F_1 << \mathrm{d}F_2$ 且 $\mathrm{d}F_2 << \mathrm{d}F_1$, 那么我们称这两个测度是等价的 , 并记为 $\mathrm{d}F_1 \simeq \mathrm{d}F_2$. 这时也存在一个可测矩阵函数 N, 它的行向量是 N_j, $j = 1, 2, \cdots, p$, 且在 $L^2_m\{[-\pi,\pi], \mathrm{d}F_1\}$ 中, 并满足

$$\mathrm{d}F_2 = N(\mathrm{e}^{\mathrm{i}\theta})\mathrm{d}F_1 N(\mathrm{e}^{\mathrm{i}\theta})^* . \tag{3.64}$$

注意到有可能存在非平凡矩阵函数 Q 满足 $\mathrm{d}F_2 = Q(\mathrm{e}^{\mathrm{i}\theta})\mathrm{d}F_2 Q(\mathrm{e}^{\mathrm{i}\theta})^*$, 从而 $\hat{M} := MQ$ 也满足因子分解式 (3.63). 因此, (3.63) 中的 M 称为 ($\mathrm{d}F_1$ 关于 $\mathrm{d}F_2$ 的) 谱因子, (3.64) 中的 N 称为 ($\mathrm{d}F_2$ 关于 $\mathrm{d}F_1$ 的) 谱因子, 且这个因子不是唯一的.

引理 3.7.4 令 u 为 p 维平稳过程, 它的谱分布测度是 $\mathrm{d}F_u$. 那么, 若 $\mathrm{H}(y)$ 是 $\mathrm{H}(u)$ 的一个子模块 (双不变子空间), 它有生成元 $y_1(0), y_2(0), \cdots, y_m(0) \in \mathrm{H}(u)$, 过

程 $y(t)=\mathfrak{U}^t y(0)$ 的矩阵谱分布测度 $\mathrm{d}F_y$ 是关于 $\mathrm{d}F_u$ 绝对连续的. 反之, 如果某 $m\times m$ 谱分布矩阵 $\mathrm{d}F$ 满足 $\mathrm{d}F<<\mathrm{d}F_u$, 那么存在 m-维过程 y, 它与 u 联合平稳且满足 $\mathrm{d}F_y=\mathrm{d}F$, 同时 $\mathrm{H}(y)\subset\mathrm{H}(u)$ 是双不变子空间. 如果两个平稳过程 y 与 u 是等价的, 即 $\mathrm{H}(y)=\mathrm{H}(u)$, 那么它们的谱分布测度 $\mathrm{d}F_y$ 与 $\mathrm{d}F_u$ 也是等价的.

证　如果 $\mathrm{H}(y)=\overline{\mathrm{span}}\{y_k(t)\,;\,k=1,\cdots,m,\,t\in\mathbb{Z}\}\subset\mathrm{H}(u)$ 是一个不变子空间, 那么 $\mathrm{H}(y)$ 生成元 $y(0)=[\,y_1(0),\,y_2(0),\cdots,\,y_m(0)\,]'$ 的随机向量可写为 $y(0)=\int_{-\pi}^{\pi}M(\mathrm{e}^{\mathrm{i}\theta})\mathrm{d}\hat{u}$, 其中矩阵函数 M 的行向量属于 $L_p^2\{[-\pi,\pi],\mathrm{d}F_u\}$. 因此可得 $\mathrm{d}\hat{y}=M(\mathrm{e}^{\mathrm{i}\theta})\mathrm{d}\hat{u}$ 及 $\mathrm{d}F_y<<\mathrm{d}F_u$.

类似地, 若 $\mathrm{H}(u)=\overline{\mathrm{span}}\{u_k(t)\,;\,k=1,\cdots,p,\,t\in\mathbb{Z}\}\subset\mathrm{H}(y)$, 那么每个随机变量 $u(t)$ 都有谱表示 $u(t)=\int_{-\pi}^{\pi}\mathrm{e}^{\mathrm{i}\theta t}N(\mathrm{e}^{\mathrm{i}\theta})\mathrm{d}\hat{y}$, 其中矩阵函数 N 的行向量属于 $L_p^2\{[-\pi,\pi],\mathrm{d}F_y\}$, 故因此 $\mathrm{d}F_u<<\mathrm{d}F_y$. 因此 $\mathrm{H}(y)=\mathrm{H}(u)$ 能推出 $\mathrm{d}F_y\simeq\mathrm{d}F_u$. 反之, 假设 $m\times p$ 矩阵函数 M 的行向量 M_k, $k=1,2,\cdots,m$ 属于 $L_p^2\{[-\pi,\pi],\mathrm{d}F_u\}$, 且满足

$$\mathrm{d}F=M(\mathrm{e}^{\mathrm{i}\theta})\mathrm{d}F_uM(\mathrm{e}^{\mathrm{i}\theta})^*,$$

并定义随机谱测度 $\mathrm{d}\hat{y}:=M(\mathrm{e}^{\mathrm{i}\theta})\mathrm{d}\hat{u}$. 那么对应的平稳过程 y 生成一个 $\mathrm{H}(u)$ 的不变子空间, 且有谱分布测度 $\mathrm{d}F$. □

下面定理说明了通过左可逆谱因子可得到等价过程.

定理 3.7.5　令 $\mathrm{d}F_y$ 表示过程 y 的谱分布测度, 假设 $\mathrm{d}F_u$ 是 $[-\pi,\pi]$ 上 $p\times p$ 正矩阵测度, 且满足 $\mathrm{d}F_y<<\mathrm{d}F_u$, 即存在 $m\times p$ 矩阵函数 M, 它的行向量 M_k, $k=1,2,\cdots,m$ 属于 $L_p^2\{[-\pi,\pi],\mathrm{d}F_u\}$, 且满足

$$\mathrm{d}F_y=M(\mathrm{e}^{\mathrm{i}\theta})\mathrm{d}F_uM(\mathrm{e}^{\mathrm{i}\theta})^*\,. \tag{3.65}$$

假设 M 是左可逆的, 即存在 $p\times m$ 矩阵函数 N, 它的行向量 N_k, $k=1,2,\cdots,p$ 属于 $L_p^2\{[-\pi,\pi],\mathrm{d}F_y\}$, 且满足

$$N(\mathrm{e}^{\mathrm{i}\theta})M(\mathrm{e}^{\mathrm{i}\theta})=I_p,\quad \mathrm{d}F_u\text{-a.e.} \tag{3.66}$$

那么对应于随机谱测度 $\mathrm{d}\hat{u}:=N(\mathrm{e}^{\mathrm{i}\theta})\mathrm{d}\hat{y}$ 的平稳过程 $u(t)=\int_{-\pi}^{\pi}\mathrm{e}^{\mathrm{i}\theta t}\mathrm{d}\hat{u}$ 与 y 是联合平稳的, 且有谱分布测度 $\mathrm{d}F_u$, 并与 y 等价, 即 $\mathrm{H}(y)=\mathrm{H}(u)$. 上述结论对函数 N 所在等价类 (模 $\mathrm{d}F_y$)[4] 中的所有函数 $\hat{N}$ 成立.

证　因 $\mathrm{E}\{\mathrm{d}\hat{u}\mathrm{d}\hat{u}^*\}=N\mathrm{d}F_yN^*=NM\mathrm{d}F_uM^*N^*=\mathrm{d}F_u$, 故 u 的谱分布测度恰好是 $\mathrm{d}F_u$. 因为每个随机向量 $u(t)$ 都有谱表示 $u(t)=\int_{-\pi}^{\pi}\mathrm{e}^{\mathrm{i}\theta t}N(\mathrm{e}^{\mathrm{i}\theta})\mathrm{d}\hat{y}$, 它的分量属

[4] 即 $\int_{-\pi}^{\pi}[\hat{N}(\mathrm{e}^{\mathrm{i}\theta})-N(\mathrm{e}^{\mathrm{i}\theta})]\mathrm{d}F_y(\mathrm{e}^{\mathrm{i}\theta})[\hat{N}(\mathrm{e}^{\mathrm{i}\theta})-N(\mathrm{e}^{\mathrm{i}\theta})]^*=0$.

于 $\mathrm{H}(y)$ 且显然 y 上的移位算子也作用在过程 u 上. 故 $\mathrm{H}(u) = \overline{\operatorname{span}}\{u_k(t)\,;\, k = 1,\cdots,p,\, t \in \mathbb{Z}\} \subset \mathrm{H}(y)$. 因此我们只需证明反之也成立. 我们要说明对于任意满足 (3.66) 的函数 N, $I_m - MN$ (I_m 是 $m \times m$ 单位矩阵) 都 $\mathrm{d}F_y$-几乎处处等于 0. 如果这成立, 那么 $\mathrm{d}\hat{y} = MN\mathrm{d}\hat{y} = M\mathrm{d}\hat{u}$, 且由上面的讨论可得到 $\mathrm{H}(y) \subset \mathrm{H}(u)$. 由 (3.65) 及 (3.66) 我们可得在 $\mathrm{d}F_u$-几乎处处下,

$$(I_m - MN)\mathrm{d}F_y(I_m - MN)^* = (I_m - MN)M\mathrm{d}F_u M^*(I_m - N^*M^*) = 0,$$

因此在 $\mathrm{d}F_y$-几乎处处下,$MN = I_m$. 证毕. □

在线性代数中, 矩阵的左可逆需要它是列满秩的. 为了达到这个要求, 我们需要取特殊的测度.

引理 3.7.6 令过程 u 的谱测度 $\mathrm{d}F_u$ 是对角型的, 即 $\mathrm{d}F_u = \operatorname{diag}\{\mathrm{d}\mu_1, \mathrm{d}\mu_2, \cdots, \mathrm{d}\mu_p\}$, 其中 μ_k, $k = 1, 2, \cdots, p$, 是 $[-\pi, \pi]$ 上正的 Borel 测度. 那么 $\{u_1(0), u_2(0), \cdots, u_p(0)\}$ 是 $\mathrm{H}(u)$ 的最小生成元集, 即是模块 $\mathrm{H}(u)$ 的一组基.

证 根据假设, $\mathrm{E}\{\mathrm{d}\hat{u}\mathrm{d}\hat{u}^*\} = \mathrm{d}F_u$ 满足

$$\mathrm{E}\{\mathrm{d}\hat{u}_k \mathrm{d}\hat{u}_j^*\} = 0, \qquad \text{对 } k \neq j\ ,$$

因此对于 $k \neq j$, $u_k(t) = \mathfrak{U}^t u_k(0)$ 与 $u_j(s) = \mathfrak{U}^s u_j(0)$ 对于所有 $t, s \in \mathbb{Z}$ 都是正交的. 任何 $\{u_k(0), k = 1, 2, \cdots, p\}$ 真子集生成的模块都有非 0 的正交补, 且一定是 $\mathrm{H}(u)$ 的真子模块. 因此随机变量 $u_1(0), u_2(0), \cdots, u_p(0)$ 是最小生成元集. □

引理显然也对标量型 测度 (形如 $\mathrm{d}F_u = I_p\mathrm{d}\mu$) 成立.

注意到每个矩阵测度 $\mathrm{d}F_y$ 中的元素都是关于标量 Borel 测度绝对连续的. 也有很多矩阵测度 $\mathrm{d}F_y$, 它的元素和或者迹是简单的例子. 下面小节中我们将考虑 μ 取 Lebesgue 测度的特殊情形. 无论在哪种情形下, 对任意标量测度, 总可说明 $\mathrm{d}F_y << \mathrm{d}F_u = I_m\mathrm{d}\mu$, 因此我们也有 $\mathrm{d}F_y = M(\mathrm{e}^{\mathrm{i}\theta})M(\mathrm{e}^{\mathrm{i}\theta})^*\mathrm{d}\mu$, 这里 M 是可测矩阵函数; 对比 (3.65). 矩阵函数 $\Phi(\mathrm{e}^{\mathrm{i}\theta}) := M(\mathrm{e}^{\mathrm{i}\theta})M(\mathrm{e}^{\mathrm{i}\theta})^*$ 若满足

$$\mathrm{d}F_y = \Phi\mathrm{d}\mu, \tag{3.67}$$

则被称为 $\mathrm{d}F_y$ 的关于标量测度 μ 的谱密度矩阵. 它是定义在 $[-\pi, \pi]$ 上可测的, μ-a.e. Hermite 半正定 $m \times m$ 矩阵函数.

下面给出有限维情形下,Hilbert 空间线性算子谱理论的一个基本结论, 记作 Hellinger-Hahn 定理. 我们可在 [104, Chapter 6] 中找到其证明.

定理 3.7.7　令 μ 为标量 Borel 测度, 且满足 $\mathrm{d}F_y << I_m \mathrm{d}\mu$, 则存在一个对角型矩阵测度 $\mathrm{d}M$, 它有非零对角元 $\mu_1, \cdots, \mu_p$, 且满足 $\mathrm{d}\mu_k = m_k(\mathrm{e}^{\mathrm{i}\theta})\,\mathrm{d}\mu$, 并且有如下命题成立

(i) $\mu_1 >> \mu_2 >> \cdots >> \mu_p$,

(ii) 存在可测 $m \times p$ 矩阵函数 $H(\mathrm{e}^{\mathrm{i}\theta})$ 使得

$$H(\mathrm{e}^{\mathrm{i}\theta})^* H(\mathrm{e}^{\mathrm{i}\theta}) = I_p, \quad \mu\text{-a.e. 在 } [-\pi, \pi], \tag{3.68}$$

成立, 且 $\mathrm{d}F_y = H(\mathrm{e}^{\mathrm{i}\theta})\mathrm{d}MH(\mathrm{e}^{\mathrm{i}\theta})^*$.

对角矩阵测度 $\mathrm{d}M = \mathrm{diag}\{m_1(\mathrm{e}^{\mathrm{i}\theta}), \cdots, m_p(\mathrm{e}^{\mathrm{i}\theta})\}\mathrm{d}\mu$ 如果满足性质 (i) 和 (ii), 则关于标量测度, 它在模去等价类的意义下是唯一的. 特别地, 整数 p 由 $\mathrm{d}F_y$ 唯一确定.

显然在 (3.68) 中, 矩阵 $H(\mathrm{e}^{\mathrm{i}\theta})$ 一定是 μ-a.e 左可逆的. 令 H^{-L} 为任意左逆, 定义随机 p-维向量测度 $\mathrm{d}\hat{u} := H^{-L}\mathrm{d}\hat{y}$. 可知 $\mathrm{d}\hat{u}$ 有对角型谱分布 $\mathrm{d}M$, 且由定理 3.7.5 及引理 3.7.6 可知, 对应的随机向量 $u(0) := \int H^{-L}(\mathrm{e}^{\mathrm{i}\theta})\mathrm{d}\hat{y}$ 的分量构成了 $\mathrm{H}(y)$ 的最小生成元集. 因此 p 是 y 的重数.

定义 3.7.8　称 y 有一致重数 p, 如果测度 $\mu_1, \cdots, \mu_p$ 都是互相绝对连续的. 即等价于 $m_k(\mathrm{e}^{\mathrm{i}\theta})$, $k = 1, \cdots, p$ 都有相同的支撑.

下面定理给出了一致重数在线性代数中的一个特性.

定理 3.7.9　令 Φ 为 $\mathrm{d}F_y$ 关于标量测度 μ 的一个谱密度. 则平稳过程 y 有一致重数 p 当且仅当

$$\mathrm{rank}\,\Phi(\mathrm{e}^{\mathrm{i}\theta}) = p, \quad \mu\text{-a.e. 在 } [-\pi, \pi]. \tag{3.69}$$

特别地, 分量 $y_1(0), y_2(0), \cdots, y_m(0)$ 构成模块 $\mathrm{H}(y)$ 的一组基, 当且仅当 F_y 关于任意标量测度 μ 的谱密度都在 μ-几乎处处的意义下有常秩 m.

证　必要性: 假设过程有一致重数, 并令 $\Delta(\mathrm{e}^{\mathrm{i}\theta}) := \mathrm{diag}\{m_1(\mathrm{e}^{\mathrm{i}\theta}), \cdots, m_p(\mathrm{e}^{\mathrm{i}\theta})\}$. 那么 $\Phi(\mathrm{e}^{\mathrm{i}\theta}) = H(\mathrm{e}^{\mathrm{i}\theta})\Delta(\mathrm{e}^{\mathrm{i}\theta})H(\mathrm{e}^{\mathrm{i}\theta})^*$ 有 μ-a.e. 常数秩且等于 p. 充分性: 由 (3.68), $H(\mathrm{e}^{\mathrm{i}\theta})$ 一定是常值, 且等于 p μ-a.e.. 因此 $\Delta(\mathrm{e}^{\mathrm{i}\theta})$ 每个点的秩都与 $\Phi(\mathrm{e}^{\mathrm{i}\theta})$ 相同, 即 μ-a.e. 是常值且等于 p. 因此有一致重数, 证毕. □

3.7.3　绝对连续分布矩阵过程

当 μ 是 $[-\pi, \pi]$ 上标准 Lebesgue 测度时, 上面的分析中会出现一个很重要的特例. 注意到 p 维 (标准正交) 白噪声过程 w 满足 $\mathrm{d}F_w(\theta) = I_p \frac{\mathrm{d}\theta}{2\pi}$.

定义 3.7.10 如果对于过程 y, 存在白噪声过程 w, 它与 y 是联合平稳的, 且满足 $\mathrm{H}(y)=\mathrm{H}(w)$, 则称 y 是 (平稳) 可标准正交化的.

显然我们可将可标准正交化过程 y 的每个分量用标准正交基 $\{w(t);\ t\in\mathbb{Z}\}$ 表示, 从而得到下面形式的表示

$$y(t)=\sum_{k=1}^{p}\sum_{s=-\infty}^{+\infty}h_k(t-s)w_k(s), \tag{3.70}$$

这里由平稳性可推出 h 依赖于 $t-s$. 事实上, 因为 w 的 p 个分量是正交的, 故 y 的重数恰好是 $p=\dim[w(t)]$. 可标准正交化过程恰好是一类重数 (在 Lebesgue 几乎处处的意义下) 可由一个确定矩阵函数的秩来计算的二阶过程. 因此我们得到如下特性.

推论 3.7.11 一个平稳过程是可标准正交化的, 当且仅当它的谱分布 $\mathrm{d}F_y$ 是关于 Lebesgue 测度绝对连续的, 即 $\mathrm{d}F_y=\Phi\,\mathrm{d}\theta/2\pi$, 这里谱密度 Φ 在 $[-\pi,\pi]$ 上几乎处处有常秩 p.y 的重数等于 $\Phi(\mathrm{e}^{\mathrm{i}\theta})$ 的秩,a.e. 于 $[-\pi,\pi]$. 秩为 p 的可标准正交化过程的谱密度 Φ 有 $m\times p$ 的谱因子 W, 且满足

$$\Phi(\mathrm{e}^{\mathrm{i}\theta})=W(\mathrm{e}^{\mathrm{i}\theta})W(\mathrm{e}^{\mathrm{i}\theta})^*, \tag{3.71}$$

且它们 (是左可逆的) 几乎处处都有常秩 p.

当一个平稳过程关于 Lebesgue 测度有谱密度时 (特别是对于可标准正交化的过程),Φ 几乎处处的秩通常被称为该过程的秩, 此时 y 的秩与其重数相等.

可标准正交化过程中有一类特殊的过程被称为因果可标准正交化过程, 因为它们因果地等价于白噪声, 即

$$\mathrm{H}_t^-(y)=\mathrm{H}_t^-(w),\quad t\in\mathbb{Z}, \tag{3.72}$$

这里 $\mathrm{H}_t^-(y)$ 表示过程在时间 t, $\{y_k(s)\,;\ s<t,k=1,\cdots,m\}$ 的随机变量张成的 Hilbert 空间. 这些过程及对应的谱分解问题将在预测理论中具体讨论, 且在俄罗斯的文献中一般被称为纯非确定性 或线性正则 的. 我们提前给出一个结论, 由 Paley 及 Wiener 的一个基本结论可推出, 纯非确定性过程的谱密度 (在 H^2 中) 一定有解析 的谱因子. 我们现在暂不深入这个问题, 只是提醒读者注意纯非确定性与解析谱因子的存在性有关系, 但本质上与秩或重数无关.

特别地, "满秩过程" 及纯非确定性 (或正则) 过程在一些文献中经常被混淆, 但实际上它们之间没有太多联系. 实际上, 秩的概念及定理 3.7.9 中的条件可以应用于很大一类平稳过程. 例如一个满秩过程可能是纯确定性的, 而一个纯非确定性过程也可能是秩亏的.

§ 3.8 相关文献

本章中引用的大部分内容都是经典文献. 谱表示定理参考 Cramèr [64–66]；也可参考他的学生 K. Karhunen [164, 165] 及 Kolmogorov [171]. 这里的证明引自 [117, p. 203]. [270] 给出了更直接的方法, 充分利用了 Hilbert 空间酉群的谱表示. 与之相关的是, J.L. Doob [77, p. 635-636] 指出 Wiener 在 [304] 中最早给出的随机积分定义, 与 Hilbert 空间自伴算子谱理论中谱积分的方式相同. 因此本书中大多数关于 $(\mathrm{H}(y), \mathcal{U})$ 的抽象性质也适用于任何 $(\mathrm{H}, \mathcal{U})$, 这里 H 仅是 (可分)Hilbert 空间, 而 $\mathcal{U}$ 是 H 上一个有限重数的谱算子.

重数的概念可以对比平稳更一般的一类过程定义, 可参考 [69], [142]. 随机过程的重数理论有较长历史, 可以追溯到 Levy [184], Cramèr [67–70], Hida [142] 等. 这些文献考察了连续时间过程. 本章为简单起见只分析了离散时间情形, 但它们都可轻易转化为连续时间的情形. 第 3.7 节中的模块理论引自 [253], 且受到 Fuhrmann 著作 [104] 的启发. 在这本书里, 它是为了自伴算子而引入的；参考第 II 章,p. 101-102. 定理 3.7.6 的秩条件特别解释了纯非确定性平稳过程的谱因子分解一定是“常秩的”的原因. 而在引入这个概念的文献中, 这一点却是相当不易看出的.

第 4 章

新息、Wold 分解及谱因子分解

在本章开始我们先回顾经典的 Wiener 及 Kolmogorov 的动态估计理论中的一些基本概念. 这个理论自然地引向观测过程的白噪声表示, 而它是用输入输出形式描述的随机动态系统的原型. 这种表示最早由 H. Wold 在其关于平稳过程及预测理论中用几何方式给出.Wold 的想法在很多方向都得到了推广. 我们将在本章讨论其中一个推广, 它构成了贯穿本书的表示理论的基础.Wold 分解的推广已经成为泛函分析的一部分, 且由此得出了算子理论及 Hardy 空间中基本问题的一个统一的视角. 由此观点得出的算子理论 (及 Hardy 空间) 中的结果可看作平稳过程及预测理论中的结论在泛函分析中的对应结论. 在第 4.6 节中, 我们利用这些概念上的联系, 通过简单又实质自洽的方式, 来回顾一些本书中多处将会用到的 Hardy 空间理论的基本内容.

§ 4.1 Wiener-Kolmogorov 滤波及预测理论

从现在起我们仅讨论实值 (向量值) 平稳过程. 令 x 为不能被直接观测的 n 维随机信号,y 为 m 维过程, 且被看作 x 的一个*观测* 或*测量*. 我们想通过观测随机过程 y 在时间区间 $\mathbb{T}$ 内的样本轨迹, 来找到信号 x 在某个时刻 t 的随机值 $x(t)$ 的最好估计 (在方差最小的意义下). 在这类问题中一些特殊类型的线性估计问题已经得到了大量的研究. 特别地, *滤波问题* , 即通过截至 t 时刻的观测值 y 得到 $x(t)$ 的最好线性估计, 及 k 步向前*预测问题* , 即满足 $x(t) = y(t+k)$, $k > 0$ 的一类特殊滤波问题, 首先在 20 世纪 40 年代由 A.N. Kolmogorov 及 N. Wiener 提出并研究.

滤波问题及预测问题都是*因果* 问题, 因为它只允许使用在过去观测中蕴含的信息. 这类问题通常出现在通信及系统控制的应用中. 在这些应用中, 估计值需要被实时 (或“线上”) 计算. 这要求计算策略是简单的更新, 即在 $t+1$ 时刻的估计值可由 t 时刻的估计值及新的观测值 $y(t+1)$(在应用中更多是 $y(t)$) 计算得出.

与此不同的是*平滑*及*插值*问题, 它们是通过给定的观测记录 (有限窗口的数据) 来“线下”地计算得到估计值. 在本章的背景下, 这类问题从概念上来说更易处理.

4.1.1 Fourier 变换与谱表示的作用

Wiener 及 Kolmogorov 理论讨论了平稳过程, 且其导出的线性最小方差估计也随时间演变为平稳过程, 因此这相当于*稳定状态估计*. 对于确定性系统, 这种过程最适合用 Fourier 分析的方法处理, 因此在本章中, 我们将大量应用在第 3 章中介绍的平稳过程的调和分析作为工具.

我们在此强调, 随机 Fourier 变换 (通常被称为平稳过程的*谱表示*) 与确定性信号系统下定义的 Fourier 变换有相同的性质及完全一致的目的. 在随机情形下, 我们将确定性情形的转移算子替换为随机移位算子 $\mathcal{U}$. 我们需要接受 Fourier 变换变为频率的随机函数带来的额外复杂性, 但也需要注意这个频率的随机函数相当特殊且易于处理. 对于确定性信号, 平稳输入过程上的线性时不变算子一般是卷积算子, 一个典型的例子是

$$y(t)=\sum_{t=-\infty}^{\infty}F(t-s)w(s),$$

这里 w 是一个 p 维白噪声过程且 F 的行向量 F_k, $k=1,2,\cdots,m$ 有 Fourier 变换 $\hat{F}_k$ 且都是平方可加的. 它在频域上可表示为随机测度 $\mathrm{d}\hat{w}$(它是 w 的 Fourier 变换) 与传递函数 $\hat{F}$ 的乘积, 即

$$\mathrm{d}\hat{y}(\mathrm{e}^{\mathrm{i}\theta})=\hat{F}(\mathrm{e}^{\mathrm{i}\theta})\mathrm{d}\hat{w}(\mathrm{e}^{\mathrm{i}\theta}).$$

4.1.2 非因果与因果 Wiener 滤波器

为了保证估计的平稳性, 我们需要下面两个对问题数据的假设:

(1) 二阶过程 x 和 y 是联合平稳的. 它们的联合谱分布函数是绝对连续的, 且有谱密度矩阵

$$\Phi(\mathrm{e}^{\mathrm{i}\theta})=\begin{bmatrix}\Phi_x(\mathrm{e}^{\mathrm{i}\theta}) & \Phi_{xy}(\mathrm{e}^{\mathrm{i}\theta})\\ \Phi_{yx}(\mathrm{e}^{\mathrm{i}\theta}) & \Phi_y(\mathrm{e}^{\mathrm{i}\theta})\end{bmatrix},\qquad -\pi\leqslant\theta\leqslant\pi, \tag{4.1}$$

(2) 观测区间在负方向是无界的, 即测量是从 $t_0 = -\infty$ 开始的.

在这样的假设下, 我们考虑两类典型的估计问题, 即

- 基于 y 在所有时间的观测计算非因果 线性估计 $\hat{x}(t) = \mathrm{E}[\, x(t) \,|\, \mathrm{H}(y)]$;
- 基于 y 在 t 时刻以前的观测计算因果 线性估计 $\hat{x}_-(t) := \mathrm{E}[\, x(t) \,|\, \mathrm{H}_t^-(y)]$.

注意到, $\mathrm{H}_t^-(y)$ 并不包含目前时刻, 故 $\hat{x}_-(t)$ 实质是 $x(t)$ 的“一步预测”.

定义完这些问题后, 我们需要声明本章并非具体回顾 Wiener-Kolmogorov 滤波理论. 我们介绍这两个问题主要是为了引出平稳过程理论的一些基本概念, 例如白噪声等价类及谱因子分解.

由引理 2.2.9 立即可得, 在这两条假设下, 在由联合过程 (x, y) 生成的 Hilbert 空间 $\mathrm{H}(x, y) := \mathrm{H}(x) \vee \mathrm{H}(y)$ 上的移位作用 $\mathcal{U}$ 下, 两个估计都是平稳的. 同时也要注意到, 从 $t_0 = -\infty$ 开始观测在此处非常重要, 因为它保证了

$$\mathcal{U}^s \mathrm{H}(y) = \mathrm{H}(y), \quad \mathcal{U}^s \mathrm{H}_t^-(y) = \mathrm{H}_{t+s}^-(y),$$

因而

$$a'\hat{x}(t+s) = \mathcal{U}^s a'\hat{x}(t), \quad a'\hat{x}_-(t+s) = \mathcal{U}^s a'\hat{x}_-(t), \quad \text{对所有 } a \in \mathbb{R}^n \;.$$

自然地, 对无穷观测区间的假设是为了数学上的方便. 在适当的正则性条件下, 有无穷观测区间的平稳因果或非因果问题都可以看作是有限数据集的更现实的平滑、插值、滤波问题在观测区间长度趋于无穷时的 (平稳状态) 的极限解.

引理 4.1.1 假设观测过程是标准白噪声过程, 为了后面方便我们将其记为 w 而非 y, 则在 w 的全部观测历史下 $x(t)$ 的最优线性估计有如下结构

$$\hat{x}(t) = \mathrm{E}[x(t) \mid \mathrm{H}(w)] := \sum_{s=-\infty}^{\infty} F(t-s)w(s), \tag{4.2}$$

这里矩阵函数 F 由下式给出

$$F(t) = \Lambda_{xw}(t), \quad t \in \mathbb{Z}, \tag{4.3}$$

这里 $\Lambda_{xw}(t) := \mathrm{E}\{x(t)w(0)'\}$ 是过程 x 与 w 的互协方差矩阵.

证 由平稳性及定理 3.5.1, 可知此估计有形如 (4.2) 的卷积结构, 且正交条件保证了

$$\mathrm{E}\left\{\left[x(t) - \sum_{s=-\infty}^{\infty} F(t-s)w(s) \right] w(\tau)' \right\} = 0, \quad \tau \in \mathbb{Z}$$

可记为

$$\Lambda_{xw}(t-\tau)=\sum_{s=-\infty}^{\infty}F(t-s)\delta(s-\tau),\quad \tau\in\mathbb{Z}$$

在变量替换后, 立即可得到 (4.3). 注意到 Λ_{xw} 的第 k 行是 $x_k(t)$ 关于标准正交列 $\{w(s);\ -\infty<s<+\infty\}$ 的 Fourier 系数, 即

$$\Lambda_{x_kw}(t-s)=\mathrm{E}\{x_k(s+t)w(s)'\},\quad t\in\mathbb{Z}.$$

由此可得 Λ_{x_kw} 是平方可加的. □

由此引理可看出, 如果观测是白噪声, 则非因果 Wiener 滤波问题是相当平凡的问题. 实质上, 这个问题之后变为将 y 转换为白噪声的问题. 我们将看到这个转换对相当大一类平稳过程都是可行的. 回顾定义 3.7.10, 对一个平稳过程 y, 如果能找到一个标准向量白噪声过程 w, 与 y 联合平稳, 且满足

$$\mathrm{H}(y)=\mathrm{H}(w),\tag{4.4}$$

则称它是*可标准正交化* 的, 此处 w(一般也取向量值) 是 p 维的. 注意到如果这是可行的, 那么对于 $\mathrm{H}(y)$ 中的元素, 总有表示公式将其表示为 w 的随机线性泛函, 参考定理 3.5.1. 特别地, 如果 (4.4) 成立, 则随机变量 $y_k(0)$, $k=1,2,\cdots,m$ 有表示

$$y_k(0)=\sum_{s=-\infty}^{\infty}\check{W}_k(-s)\,w(s),\quad k=1,2,\cdots,m,\tag{4.5}$$

这里 $\check{W}_k$, $k=1,\cdots,m$ 是 ℓ_p^2 中平方可加的行向量函数. 同时也注意到, 作用在 $\mathrm{H}(w)$ 上随机变量的移位算子 $\mathcal{U}$ 对应于作用在谱表示函数上的转移算子 T(定理 3.5.1). 因此, 在 (3.41) 中令 $\eta=y_k(0)$, 我们可得到 $y_k(t)=\mathcal{U}^ty_k(0)$, $t\in\mathbb{Z}$ 对应的表示. 令 $\check{W}$ 为 $m\times p$ 矩阵函数, 它的行是 $\check{W}_k$, $k=1,2,\cdots,m$, 则可得到

$$y(t)=\sum_{s=-\infty}^{\infty}\check{W}(t-s)\,w(s),\tag{4.6}$$

我们可将其看作*由白噪声驱动的线性时不变滤波的输出* 过程 y 的表示. 在工程文献中, 通常也将其称为*整式滤波器*. 而且该滤波器有平方可加的脉冲响应矩阵 $\check{W}$.

我们可以看出, 将可标准正交化过程转换为白噪声过程需要有一个*谱因子分解* 问题的解.

我们先提前一些介绍本章下一节的内容, 非因果 Wiener 滤波 (它由可标准正交化观测过程 y 计算估计 $\hat{x}(t)$), 可以被分解为两个算子的串联, 如图 4.1 所示.

(1) 一个白化滤波器，它将过程 y 标准正交化, 即它是一个将 y 转化为标准白噪声过程 w 的线性时不变算子. 为了确定传递函数, 需要计算 y 的谱密度矩阵 Φ_y 的 (满秩) 谱因子 W. 通过一个对 y 的 Fourier 变换的简单正则化 (应用 W 的左逆), 可得到噪声过程 w 的 Fourier 变换. 参见下面的 (4.18).

(2) 一个线性滤波器 (估计), 它作用于白化过程 w. 这个线性滤波器可以由卷积作用在时间域内实现, 参考引理 4.1.1. 两种作用一般都是非因果的.

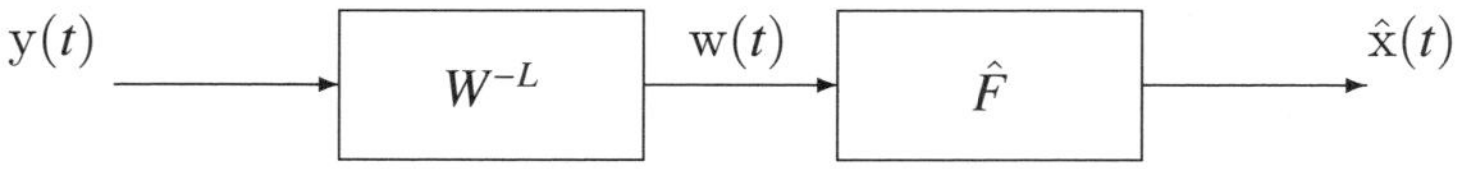

图 4.1 Wiener 滤波器的串联结构

4.1.3 因果 Wiener 滤波

在因果 Wiener 滤波问题中, 需要通过观测 y 在 t 时刻前的轨迹计算 $x(t)$ 的最好的线性估计, 因此需要计算 $\hat{x}_-(t) = \mathrm{E}[x(t) \mid \mathrm{H}_t^-(y)]$ 在过去空间 $\mathrm{H}_t^-(y)$ 上的正交投影. 为此, 我们需要使用非常类似于解决非因果问题的方法. 尽管核心思想仍然是白化, 但此时 (4.4) 必须被替换为因果等价类条件. 因此找到一个 (与 y 联合平稳的) 标准白噪声过程, 且满足

$$\mathrm{H}_t^-(w) = \mathrm{H}_t^-(y), \quad t \in \mathbb{Z} \tag{4.7}$$

将是十分必要的. 一个过程 w 若与 y 联合平稳且满足 (4.7), 则称它是与 y 因果等价 的.

定义 4.1.2 一个过程 y 如果与白噪声过程因果等价, 则称其为 (向前) 纯非确定性过程. [1]

下面我们将“纯非确定性”(“purely nondeterministic”) 缩写为 p.n.d., 实际上条件 p.n.d. 强于可标准正交化.

在第 4.5 节与第 4.6 节中, 我们将研究 p.n.d. 过程的特性, 且将了解到, 在关于谱密度矩阵特定的正则条件下, 存在一个标准白噪声因果等价于 y(将其记为 w_-), 且这个白噪声是本质上唯一的. 引用 Wiener 及 Masani [307] 中的术语, 称其为过程 y 的向前新息 过程.

[1] 在这里应被称作因果可标准正交化. 读者之后将理解使用新术语的原因. 在俄罗斯的文献中, 纯非确定性过程被称为线性正则 的.

定理 3.5.1 的特殊化描述了白噪声因果函数的结构.

引理 4.1.3 令 w 为 p 维标准白噪声过程.w 的截至时刻 $t=0$ (包含 $t=0$) 的所有过去及现在的线性泛函, 即 $\eta \in \mathrm{H}_1^-(w)$ 中的所有随机变量, 都有形如 (3.40) 的表示 $\eta = \mathcal{I}_w(f)$, 这里 f 是因果 的, 即它属于 ℓ_p^{2+}. 事实上, 线性映射 $\mathcal{I}_w$ 是从 ℓ_p^{2+} 到 $\mathrm{H}_1^-(w)$ 的酉映射. 等价地说, 所有 $\mathrm{H}_{t+1}^-(w)$ 中的随机泛函 $\eta(t)$ 有如下形式的因果卷积表示

$$\eta(t) = \sum_{s=-\infty}^{t} f(t-s)w(s), \tag{4.8}$$

其中 $f \in \ell_p^{2+}$ 是唯一的.

证 该结论是定理 3.5.1 的推论. 实际上,$\eta = \mathcal{I}_w(f)$ 属于 $\mathrm{H}_1^-(w)$ 当且仅当 $\eta \perp \{w(t), t > 0\}$. 而它成立当且仅当 f 是因果的, 因为 $f(-t) = \langle \eta, w(t) \rangle = 0$ 对所有 $t > 0$ 成立. 引理中最后一部分是因为所有随机泛函 $\eta(t) \in \mathrm{H}_{t+1}^-(w)$ 都是 $\eta \in \mathrm{H}_1^-(w)$ 由移位得到的, 即 $\eta(t) := \mathcal{U}^t \eta = \sum_{s=-\infty}^{\infty} f(t-s)w(s)$. □

因果情形的引理 4.1.1 如下.

引理 4.1.4 假设观测过程是标准白噪声过程, 记为 w, 那么在给定 w 截至时刻 t(包含 t) 的过去历史下,$x(t+1)$ 的最优线性因果估计是

$$\hat{x}_-(t+1) = \mathrm{E}[x(t+1) \mid \mathrm{H}_{t+1}^-(w)] = \sum_{s=-\infty}^{\infty} F(t-s)w(s), \tag{4.9}$$

而其中的矩阵函数 F 由下式给出

$$F(t) = \begin{cases} \Lambda_{xw}(t), & t \geqslant 0, \\ 0, & t < 0, \end{cases} \tag{4.10}$$

这里 Λ_{xw} 是过程 x 与 w 的互协方差矩阵.

证 因为 $\hat{x}_-(t+1)$ 的分量属于 $\mathrm{H}(w)$, 所以估计与公式 (4.2) 有同样的卷积结构. 正交条件满足

$$\mathrm{E}\left\{\left[x(t) - \sum_{s=-\infty}^{\infty} F(t-s)w(s)\right] w(\tau)'\right\} = 0, \quad \tau \leqslant t,$$

且可写为

$$\Lambda_{xw}(t-\tau) = \sum_{s=-\infty}^{\infty} F(t-s)\delta(s-\tau), \quad \tau \leqslant t,$$

之后通过变量替换, 得到

$$\Lambda_{xw}(t) = F(t), \quad t \geqslant 0,$$

即它与滤波器在正向时间轴 $\{t \geqslant 0\}$ 上与矩阵权重函数 F 相同. 但同时,F 的每一行都对应于 $\hat{x}_-(t+1)$ 的一个分量, 也就是 $\mathrm{H}_{t+1}^-(w)$ 中的因果随机泛函. 因此由引理 4.1.3, 可得 $F_k(t) = 0$ 对 $t < 0$, $k = 1, 2, \cdots, n$ 成立, 从而 (4.10) 成立. □

对于一般因果滤波问题, 观测过程 y 是非白噪声, 此时可通过假设 y 是向前 p.n.d. 的来解决. 在这种情况下, w_- 满足 (4.7), 而 y 有下面形式的卷积表示

$$y(t) = \sum_{s=-\infty}^{t} \check{W}_-(t-s)\, w_-(s), \tag{4.11}$$

这里 $m \times p$ 矩阵函数 $\check{W}_-$ 的行向量属于 ℓ_p^{2+}. 之后恰如非因果问题那样, 因果 Wiener 滤波 (通过观测过程 y 的过去计算估计 $\hat{x}_-(t)$) 可以被分解为下面两个作用的串联：

(1) 一个白化滤波器 , 它将 y 标准正交化, 并得到新息过程 w_-. 这是一个因果等价于 y 的特殊标准白噪声过程. 在特定的情况下, 白化滤波器可由卷积算子实现. 它需要计算 w_- 的谱密度 Φ_y 的特殊满秩谱因子 W_-.W_- 的特性将在第 4.2 节中介绍.

(2) 一个因果线性估计, 它作用于白化过程 w_-. 这个线性滤波器可以由矩阵函数 F(它的行向量属于 ℓ_p^{2+}) 的卷积作用在时间域内实现, 参考引理 4.1.4.

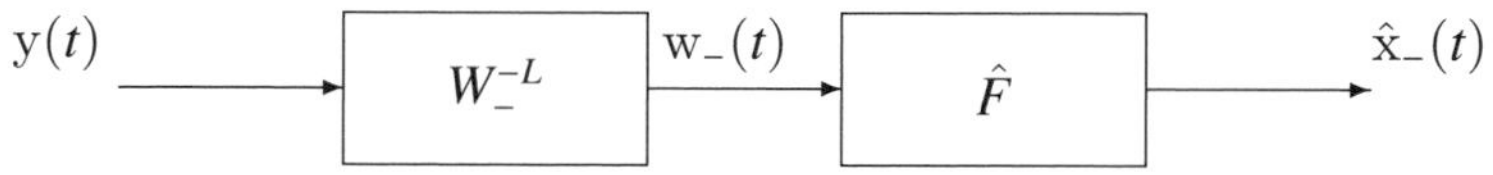

图 4.2 因果 Wiener 滤波器的串联结构

§ 4.2 可正交化过程与谱因子分解

如上节所述, 我们将寻找一个标准白噪声过程 w, 它与 y 联合平稳, 且满足 (4.4). 下面的定理包含了可标准正交化过程的基本结果.

定理 4.2.1 (**谱因子分解**) 一个 m 维平稳过程 y 是可标准正交化的 (即存在 p 维标准白噪声 w, 它与 y 联合平稳且满足 (4.4)), 当且仅当

- 它的谱分布函数是绝对连续的, 且对应的谱密度矩阵 Φ 在 $[-\pi, \pi]$ 上几乎处处有常秩 p.

- 存在 $m\times p$ 矩阵函数 W 满足谱因子分解 等式

$$\Phi(\mathrm{e}^{\mathrm{i}\theta}) = W(\mathrm{e}^{\mathrm{i}\theta})W(\mathrm{e}^{\mathrm{i}\theta})^* \tag{4.12}$$

在 $[-\pi,\pi]$ 上几乎处处成立.

定义 4.2.2 矩阵函数 W 若满足 (4.12)，则被称为 Φ 的谱因子. 满足定理中两个条件的谱密度矩阵被称为可因子分解.

注 4.2.3 由 Sylvester 不等式 (命题 B.1.5), $\operatorname{rank}\Phi(\mathrm{e}^{\mathrm{i}\theta}) = \operatorname{rank} W(\mathrm{e}^{\mathrm{i}\theta})$ 几乎处处成立. 因此 $\operatorname{rank} W(\mathrm{e}^{\mathrm{i}\theta}) = p$ 几乎处处成立, 即 W 的列向量几乎处处线性独立.[2] 这样的谱因子通常被称为满秩谱因子. 满秩谱因子是相当特殊的, 也就是大多数谱因子不需要有满秩 (或常数秩). 实际上, 任取 $[-\pi,\pi]$ 上 $p\times r$ $(r\geqslant p)$ 可测矩阵函数 $Q(\mathrm{e}^{\mathrm{i}\theta})$ 满足条件

$$Q(\mathrm{e}^{\mathrm{i}\theta})Q(\mathrm{e}^{\mathrm{i}\theta})^* = I_p \quad \text{a.e.}, \tag{4.13}$$

这里 I_p 是 $p\times p$ 单位矩阵. 立即可验证, 对于任意满足 (4.12) 的 $m\times p$ 矩阵函数 W, 总有 $W(\mathrm{e}^{\mathrm{i}\theta})Q(\mathrm{e}^{\mathrm{i}\theta})$ 是一个 $m\times r$ 谱因子, 且通常不是满秩的.

定理 4.2.1 的必要性证明将在下面的引理中给出. 充分性证明将需要一系列的构造性步骤, 我们将在引理后给出.

引理 4.2.4 假设有 p 维标准白噪声过程 w, 与 y 联合平稳, 且满足 (4.4). 那么 y 的谱分布是绝对连续的, 且有几乎处处秩为 p 的可因子分解的谱密度矩阵 Φ. 同时存在满秩的谱因子 W, 满足 $\mathrm{d}\hat{y} = W\mathrm{d}\hat{w}$. 换句话说, 任何满足等式 (4.4) 的标准白噪声 w 都有满秩谱因子, 特别地, 所有这样的 w 都有相同的维数 p.

证 如果我们令 μ 取为 Lebesgue 测度, 则这个引理是引理 3.7.6 及第 3.7 节后续讨论的直接推论. □

Φ 的秩 (a.e.) 通常被称为过程 y 的秩, 且若 $p=m$, 则称其为满秩过程. 我们可看出平稳可标准正交化过程的秩与其多样性是一致的.

注 4.2.5 如果我们不要求 (4.4), 仅假设 $\mathrm{H}(y)\subset\mathrm{H}(w)$ (一个双不变子空间), 这里 w 是 r 维标准白噪声过程, 那么易于看出 $\mathrm{d}F_y$ 仍是绝对连续函数, 且谱密度有形如 (4.12) 的因子分解. 实际上, 如果 $\mathrm{H}(y)\subset\mathrm{H}(w)$, 那么 y 关于 w 有形如 (4.6) 的表示. 记 w_k 为 $\check{W}_k\in l_r^2$ 的 Fourier 变换, 通过同构定理 3.5.5, 我们可得

$$\begin{aligned}\Lambda_{kj}(\tau) &= \mathrm{E}\{y_k(\tau)\overline{y_j(0)}\} = \langle \mathcal{I}_w(\check{W}_k(\tau+\cdot)), \mathcal{I}_w(\check{W}_j)\rangle = \\ &= \langle \mathcal{I}_{\hat{w}}(\mathrm{e}^{\mathrm{i}\theta\tau}W_k), \mathcal{I}_{\hat{w}}(W_j)\rangle = \langle \mathrm{e}^{\mathrm{i}\theta\tau}W_k, W_j\rangle_{L_r^2([-\pi,\pi],\frac{\mathrm{d}\theta}{2\pi})}\end{aligned}$$

[2] 这样的矩阵通常被称为列满秩.

$$= \int_{-\pi}^{\pi} e^{i\theta\tau} W_k(e^{i\theta}) W_j(e^{i\theta})^* \frac{d\theta}{2\pi}. \tag{4.14}$$

由 Herglotz 定理 (定理 3.2.1) 中谱测度的唯一性, 显然可知 y 的谱分布函数是绝对连续的, 且有形如 $\Phi(e^{i\theta}) = W(e^{i\theta})W(e^{i\theta})^*$ 的谱密度. 然而在这种情况下, 我们一般不再称 W 是几乎处处常值的.

现在假设 y 有绝对连续的谱分布, 且谱密度是像 (4.12) 中可因子分解的. 我们可以选一个满秩谱因子 W, 使得 $W(e^{i\theta})$(几乎处处) 有 $p\times m$ 左逆 [3] $W^{-L}(e^{i\theta})$, 且

$$W^{-L}(e^{i\theta})W(e^{i\theta}) = I_p, \quad \theta \in [-\pi, \pi] \quad \text{(a.e.)}. \tag{4.15}$$

下面构造过程的基本思想是将随机测度 $d\hat{y}$"标准化", 使其成为一个白噪声的谱测度. 对每个 Borel 集 $\Delta \subset [-\pi, \pi]$, 定义 p 维随机向量

$$\hat{w}(\Delta) := \int_{\Delta} W^{-L}(e^{i\theta})\, d\hat{y}(e^{i\theta}). \tag{4.16}$$

因为 W^{-L} 的行是关于矩阵测度 $dF = \Phi\frac{d\theta}{2\pi}$ 平方可积的, 所以积分是良定义的. 实际上, 由 (4.15) 和 (4.12), 我们可得

$$\mathrm{E}\{\hat{w}(\Delta_1)\hat{w}(\Delta_2)^*\} = \int_{\Delta_1\cap\Delta_2} W^{-L}(e^{i\theta})\Phi(e^{i\theta})(W^{-L}(e^{i\theta}))^* \frac{d\theta}{2\pi} =$$
$$\int_{\Delta_1\cap\Delta_2} I_p \frac{d\theta}{2\pi} = \frac{I_p}{2\pi}|\Delta_1 \cap \Delta_2|. \tag{4.17}$$

这里 $\frac{1}{2\pi}|\Delta|$ 是集合 $\Delta \subset [-\pi, \pi]$ 上的标准 Lebesgue 测度. 我们可看出在 (4.16) 中定义的 $\hat{w}$ 不仅仅是良定义 的谱测度, 也是 p 维白噪声过程 w 的谱测度. 等式 (4.16) 可形式地写为

$$d\hat{w}(e^{i\theta}) := W^{-L}(e^{i\theta})\, d\hat{y}(e^{i\theta}). \tag{4.18}$$

若 Φ 的秩是 m, 那么 W 是方阵且有唯一左逆, 即是 W^{-1}. 这时上面的公式可重新写为

$$d\hat{y}(e^{i\theta}) = W(e^{i\theta})d\hat{w}(e^{i\theta}),$$

并由此可立即得到如下 $y(t)$ 的谱表示

$$y(t) = \int_{-\pi}^{\pi} e^{i\theta t} W(e^{i\theta})d\hat{w}(e^{i\theta}). \tag{4.19}$$

这便是在频域上的等式 (4.6). 实际上, 根据定理 3.5.5,W 就是滤波器 (4.6) 在时间域上脉冲响应函数的 Fourier 变换.

---

[3]注意到左逆一般是不唯一的.

若 Φ 的秩 (几乎处处) $p < m$, 则仍有同样的结论. 但是这种情况下, 我们需要担心由左逆不唯一带来的一些技术性问题.

引理 4.2.6　令 W 为满秩谱因子. 则无论左逆 W^{-L} 怎么选取, 总有

$$\mathrm{d}\hat{y}(\mathrm{e}^{\mathrm{i}\theta}) = W(\mathrm{e}^{\mathrm{i}\theta})W^{-L}(\mathrm{e}^{\mathrm{i}\theta})\mathrm{d}\hat{y}(\mathrm{e}^{\mathrm{i}\theta}) = W(\mathrm{e}^{\mathrm{i}\theta})\mathrm{d}\hat{w}(\mathrm{e}^{\mathrm{i}\theta})$$

概率 1 成立, 此处 $\mathrm{d}\hat{w}$ 是对应的随机测度. 实际上, 对任何其他 (不需要是满秩的) 谱因子 $\hat{G}$, 都有

$$\hat{G}(\mathrm{e}^{\mathrm{i}\theta}) = W(\mathrm{e}^{\mathrm{i}\theta})W^{-L}(\mathrm{e}^{\mathrm{i}\theta})\hat{G}(e^{i\theta})$$

几乎处处成立.

证　下面我们说明矩阵函数 I_m 与 WW^{-L} 是 F 几乎处处相等的, 这里 $\mathrm{d}F = \Phi\mathrm{d}\theta/2\pi$ 是过程 y 的谱分布. 实际上, 由 $W^{-L}(\mathrm{e}^{\mathrm{i}\theta})W(\mathrm{e}^{\mathrm{i}\theta}) = I_p$ 可知

$$(I - WW^{-L})\Phi(I - WW^{-L})^* = (I - WW^{-L})WW^*(I - WW^{-L})^* = 0$$

在 $[-\pi, \pi]$ 上几乎处处成立. 显然我们将上面的 Φ 替换为 $\hat{G}\hat{G}^*$ 后结论仍成立. 这说明 $(I - WW^{-L})\hat{G}$ 一定是几乎处处为 0 的, 即满足引理中的第二个关系. □

总之, 对任意满秩谱因子 W, 总存在白噪声过程 w, 它是形如 (4.6) (或等价于 (4.19)) 的 y 的整形滤波表示. 这个白噪声 w 是由过程 y “白化” 得到的, 即由 (4.16) 或者更具体地说是由下面形式得到的

$$w(t) = \int_{-\pi}^{\pi} \mathrm{e}^{\mathrm{i}\theta t} W^{-L}(\mathrm{e}^{\mathrm{i}\theta})\mathrm{d}\hat{y}(\mathrm{e}^{\mathrm{i}\theta}). \tag{4.20}$$

显然 w 与 y 是联合平稳的, 且 $w(t)$ 的分量对于所有 $t \in \mathbb{Z}$ 都属于 $\mathrm{H}(y)$, 及 $\mathrm{H}(w) \subset \mathrm{H}(y)$. 另一方面, 由 (4.19),$y(t)$ 的分量属于 $\mathrm{H}(w)$, 因此反之也成立. 故 y 是可正规正交化的. 定理 4.2.1 证毕.

如上面所述, 每个白噪声过程 w, 若与 y 生成相同的 Hilbert 空间, 则都对应于一个满秩谱因子 (引理 4.2.4), 反之, 对于每个满秩谱因子 W, 我们总能找到对应的白噪声 w, 使得它与 y 生成相同的 Hilbert 空间. 我们下面将检验对应关系 $w \leftrightarrow W$ 的唯一性.

记 $\mathcal{O}(p)$ 为 $p \times p$ 正交矩阵 (即 $T \in \mathcal{O}(p)$ 当且仅当 $TT' = T'T = I_p$) 的正交群. w_1 与 w_2 为两个 p 维标准白噪声, 且定义在同一个概率空间上. 如果有正交矩阵 $T \in \mathcal{O}(p)$ 满足: 对任意 $t \in \mathbb{Z}$, 都有 $w_1(t) = Tw_2(t)$, 那么我们称 w_1 与 w_2 模 $\mathcal{O}(p)$ 相等, 或它们 mod $\mathcal{O}$ 相等 . 显然两个 mod $\mathcal{O}$ 相等的标准白噪声有相同的协方差函数, 且生成同样的子空间, 即 $\mathrm{H}_t^{\pm}(w_1) = \mathrm{H}_t^{\pm}(w_2)$ (特别地 $\mathrm{H}(w_1) = \mathrm{H}(w_2)$),

因此无法在二阶统计量的基下区分, 也无法在线性泛函的基下区分. 例如, 在标量情形, 我们无法区分平稳标准白噪声 w 及 $-w$. 因此在之后, 我们将不再区分模 $\mathcal{O}$ 相等的标准白噪声, 且将把它们看作同一过程.

定义 4.2.7 令 $W_1(\mathrm{e}^{\mathrm{i}\theta})$ 与 $W_2(\mathrm{e}^{\mathrm{i}\theta})$ 为两个定义在 $[-\pi,\pi]$ 上的 $m\times p$ 矩阵函数. 如果有正交矩阵 $T\in\mathcal{O}$ 使得 $W_1(\mathrm{e}^{\mathrm{i}\theta})=W_2(\mathrm{e}^{\mathrm{i}\theta})T$ 对几乎所有 $\theta\in[-\pi,\pi]$ 成立, 则我们称 W_1 与 W_2 模 $\mathcal{O}$ 相等.

如果 W_1 是谱密度 Φ 的满秩谱因子, 那么所有 mod $\mathcal{O}$ 相等于 W_1 的 W 都是满秩谱因子. 但显然,$W_1(\mathrm{e}^{\mathrm{i}\theta})$ 和 $W_2(\mathrm{e}^{\mathrm{i}\theta})$ 都是满秩谱因子并不一定能推出它们也是 mod $\mathcal{O}$ 相等的.

命题 4.2.8 任意与 y 联合平稳且满足 (4.4) 的标准白噪声 w, 都在模 $\mathcal{O}$ 的意义下唯一地对应于一类满秩谱因子 W, 且使表示 (4.19) 成立. 因此在生成 $\mathrm{H}(y)$ 的标准白噪声过程与满秩谱因子模 $\mathcal{O}$ 的等价类之间有一个一一对应的关系.

证 在谱域中我们已经由等式 $\mathrm{d}\hat{y}=W\mathrm{d}\hat{w}$ 定义了满秩 W 等价类与给定的 p 维白噪声 $\mathrm{d}\hat{w}$ 之间的对应关系, 但同时对任意 $T\in\mathcal{O}$, 我们有 $W\mathrm{d}\hat{w}=WTT'\mathrm{d}\hat{w}$, 并且 $T'\mathrm{d}\hat{w}$ 与 $\mathrm{d}\hat{w}$ 相同. □

§ 4.3 Hardy 空间

第 3 章中, $\mathrm{H}(w)$ 中随机变量的谱表示由 Fourier 变换刻画, 即由 $L^2([-\pi,\pi],\mathrm{d}\theta/2\pi)$ 中的 (可能是向量值或矩阵值的) 函数刻画. 在一些特殊情形下, 这些函数可以扩张至复平面中单位圆之外的解析函数. 这个扩张可以*形式地* 通过将下式中 $\mathrm{e}^{\mathrm{i}\theta}$ 替换为 z 来得到

$$\hat{f}(\theta)=\sum_{t=-\infty}^{\infty}f(t)\mathrm{e}^{-\mathrm{i}\theta t}\Rightarrow F(z)=\sum_{t=-\infty}^{\infty}f(t)z^{-t}$$

我们将 Laurent 展式形式的第二项记为 $F(z)$. 在工程文献中, 这被称作信号 f 的 (双边)Z-变换.

然而, 尽管 $(f(t))$ 的系数构成一个平方可加列, 但 $F(z)$ 作为一个复函数仍有可能没有意义, 因为 Laurent 级数仅在单位圆内能保证收敛 (L^2 意义下), 在 z 上可能都不逐点收敛. 我们下面将看到, 这是引入分析结构的因果性质. 为了叙述明确, 我们回顾解析函数理论中的一些事实.

定义 4.3.1 p 维向量值函数 F, 在复平面上区域 $\{z:|z|>1\}$ 内解析, 且关于

∞ 的 Laurent 展式中系数 $f(k)$ 的序列是平方可加的, 即

$$F(z) = \sum_{k=0}^{\infty} f(k) z^{-k}, \quad |z| > 1, \quad \sum_{k=0}^{\infty} |f(k)|^2 < \infty \tag{4.21}$$

由这样的函数构成的空间记为 $H_p^2(\mathbb{D})$, 或在不致混淆时简记为 H_p^2, 并称为 p 维向量的单位圆盘上的 Hardy 空间. 这个空间里的函数被称为是解析的.[4]

p 维向量值函数 F, 在复平面上区域 $\{z : |z| < 1\}$ 内解析, 且关于 0 的 Taylor 展式中系数 $f(k)$ 的序列是平方可加的, 即

$$F(z) = \sum_{k=0}^{\infty} f(k) z^{k}, \quad |z| < 1, \quad \sum_{k=0}^{\infty} |f(k)|^2 < \infty, \tag{4.22}$$

由这样的函数构成的空间记为 $\bar{H}_p^2(\mathbb{D})$, 或在不致混淆时简记为 $\bar{H}_p^2$, 并称为 p 维向量的单位圆盘上的共轭 Hardy 空间. 这个空间中的函数被称为是共轭解析的.

空间 H_p^2 及 $\bar{H}_p^2$ 中的函数, 若满足其 Laurent 系数为 $\mathbb{R}^p$ 值序列, 则称其为实的.

注意到 H_p^2 及 $\bar{H}_p^2$ 是线性向量空间. 我们可用如下方式在 H_p^2 中引入范数. 令 $z = \rho e^{i\theta}$, 并对 $\rho > 1$, 考虑函数 $F_\rho : \theta \mapsto F(\rho e^{i\theta})$ 的 L^2-范数. 我们有

$$\begin{aligned} \|F_\rho\|^2 := \int_{-\pi}^{\pi} |F(\rho e^{i\theta})|^2 d\theta/2\pi &= \int_{-\pi}^{\pi} F(\rho e^{i\theta}) F(\rho e^{i\theta})^* d\theta/2\pi \\ &= \sum_{k=0}^{\infty} |f(k)|^2 \rho^{-2k}, \end{aligned}$$

其中第一项显然是 ρ 的单调不增函数, 向上不超过系数序列 $f = (f(k))$ 的 ℓ^2-范数. 从而有

$$\|F\|^2 := \lim_{\rho \downarrow 1} \|F_\rho\|^2$$

存在, 且易于验证该极限等于 $\|f\|_{\ell_p^2}^2$. 通过这个定义, 我们可在 H_p^2 上定义内积, 从而使这个空间等距于相关函数的 Laurent 系数 $f = (f(k))$ 的空间, 实际上等距于因果平方可加序列空间 ℓ_p^{2+}. 通过这种方式,H_p^2 称赋予 Hilbert 空间结构, 该映射把 F 映为其 Laurent 系数 $F \mapsto f$, 且这个映射是从 H_p^2 到 ℓ_p^{2+} 的等距映射. 注意到, 可以完全类似地处理共轭空间 $\bar{H}_p^2$ 及反因果函数空间 ℓ_p^{2-}.

Hardy 函数有重要的解析性质并得到了大量的研究. 它在很多领域的重要性, 尤其是在系统控制、工程领域, 来自于由 Paley 和 Wiener 提出的基本定理. 这个

[4] 我们在这里沿用工程中的惯例, 即认为单位闭圆盘的补是解析区域的.

定理将 Hardy 函数与因果函数的 Fourier 变换联系了起来. 下面给出离散时间下的 Paley-Wiener 定理[5], 它的证明可以参考 [145, p. 131] 或 [104, p. 172].

定理 4.3.2　令 $F \in H_p^2$ 有 Laurent 系数 $f = (f(k))$, 且令 $\hat{f}$ 为 f 的 Fourier 变换, 那么 $\hat{f}$ 是 F 在单位圆上的边界, 即

$$\lim_{\rho \downarrow 1} F_\rho = \hat{f} \tag{4.23}$$

在 $L_p^2([-\pi,\pi], d\theta/2\pi)$ 意义下以及对于几乎所有 θ 逐点的意义下成立. 实际上, 当 $z \to e^{i\theta}$ 是沿着 $\{z : |z| > 1\}$ 的非切向时, 都有 $F(z) \to \hat{f}(\theta)$ a.e.. 反之,ℓ^2 中因果序列的 Fourier 变换 $\hat{f}$ 通过 Cauchy 积分公式可以被扩张至 H_p^2 中的解析函数, 且保持范数, 即 $\|F\| = \|\hat{f}\|$, 因此映射 $F \leftrightarrow \hat{f}$ 是酉映射. 在这种意义下两个空间可以被认为是相同的, 且可写出

$$\mathfrak{F}(\ell_p^{2+}) = H_p^2(\mathbb{D}). \tag{4.24}$$

对称地看,$\bar{H}_p^2$ 中每个函数 G 在单位圆上都有边界 $\hat{g}$(无论是在 L^2 意义下, 还是在沿着非切向路径几乎处处的意义下), 且 $\hat{g}$ 是其 Taylor 系数 $g = (g(-k)) \in \ell_p^{2-}$ 的 Fourier 变换. 函数 G 在 $\{z : |z| < 1\}$ 上的值由其边界值 $\hat{g}$ 唯一确定, 且对应关系是保范的, 所以总有

$$\mathfrak{F}(\ell_p^{2-}) = \bar{H}_p^2(\mathbb{D}). \tag{4.25}$$

因为因果 ℓ^2 信号的 Fourier 变换总可以由它在类 H^2 上的解析扩张刻画对反因果序列也有对称的结论, 故我们通常将这两个概念 (即 Fourier 变换及解析扩张) 看作一样. 在这个意义下, 空间 H_p^2 通常可由 $L_p^2([-\pi,\pi], d\theta/2\pi)$ 中 Fourier 负指标系数为 0 的那些函数构成的子空间来刻画, 即

$$H_p^2 = \left\{ \hat{f} \in L_p^2([-\pi,\pi], d\theta/2\pi) \mid \int_{-\pi}^{\pi} e^{i\theta t} \hat{f}(e^{i\theta}) \frac{d\theta}{2\pi} = 0,\ t < 0 \right\}. \tag{4.26}$$

显然共轭空间 $\bar{H}_p^2$ 可由类似的方式定义. 下面我们将更自然地将 ℓ^2 信号的 Fourier 变换看作定义在复平面单位圆上的函数, 并将其记为 $\hat{f}(e^{i\theta})$, 则解析扩张 (只要存在) 就是函数 $\hat{f}(z)$, $z \in \mathbb{C}$.

我们用 $H_{m\times p}^\infty(\mathbb{D})$ (或 $H_{m\times p}^\infty$) 表示一致有界且在 $\{z : |z| > 1\}$ 上解析的矩阵函数空间, 用 $\bar{H}_{m\times p}^\infty(\mathbb{D})$ (或 $\bar{H}_{m\times p}^\infty$) 表示一致有界且在 $\{z : |z| < 1\}$ 上解析的矩阵函数空间. 因为在 $[-\pi,\pi]$ 上有界的向量函数的 L^2-范数是显然有界的, 故 $H_{m\times p}^\infty$ 中函数的行属于 H_p^2. 因此对于任意 $F \in H_{m\times p}^\infty$(对应地对于共轭空间),$\{z : |z| > 1\}$(对应地对于

[5] 需要注意的是, 这个定理只是经典 Paley-Wiener 定理的一个推论, 原定理的结果范围更广, 远超此处我们所需的结果.

$\{z : |z| < 1\}$) 上的曲线沿着非切向方向有 $z \to \mathrm{e}^{\mathrm{i}\theta}$ 时, 总能几乎处处达到其极限. 边界值极限构成了两个本质有界函数 Banach 空间 $L^{\infty}_{m\times p}([-\pi,\pi], \mathrm{d}\theta/2\pi)$(该空间上负指标 (对应地正指标)Fourier 系数是 0) 的闭子空间.

如果 $\hat{f} \in H^2_m$ 且 $\hat{A} \in H^{\infty}_{m\times p}$, 则明显有 $\hat{f}\hat{A} \in H^2_p$. 空间 $H^{\infty}_{m\times p}$ 起到了线性因果算子空间 $A : H^2_m \to H^2_p$ 的作用. 注意到由函数 $e : \theta \mapsto \mathrm{e}^{-\mathrm{i}\theta}$ 确定的乘法算子后向移位的 Fourier 形式将空间 H^2_p 映到自身. 其逆命题, 可见下面定理, 其证明并不困难, 可参考 [104, p. 115].

定理 4.3.3 (Bochner-Chandrasekharan)　*一个线性有界映射 $A : H^2_m \to H^2_p$, 若它与函数 $e : \theta \mapsto \mathrm{e}^{-\mathrm{i}\theta}$ 确定的乘法算子可交换, 则它是由 $H^{\infty}_{m\times p}$ 中 $m \times p$ 矩阵函数 $\hat{A}$ 确定的乘法算子.*

注意到与 $\mathrm{e}^{-\mathrm{i}\theta}$ 交换的性质是时不变的. 在时间域上, 上面结论说明了因果序列上最一般的线性时不变作用就是与因果矩阵核 (它的 Fourier 变换属于 $H^{\infty}_{m\times p}$) 的卷积.

§ 4.4　解析谱因子分解

本节要讨论的最主要问题是: 在什么条件下, 一个 m 维平稳过程因果等价于标准白噪声. 确切地说, 对于过程的二阶描述给定什么条件, 可以使得存在一个标准白噪声过程 w_- 满足 (4.7). 等价地说, 一个平稳过程 y 何时可表示为 (4.11), 即可由以标准白噪声过程 w_- 为输入的因果时不变线性滤波器的输出而生成？这样的过程称为 (向前)p.n.d. 过程 (定义 4.1.2).

因 (4.7) 明显可知 $\mathrm{H}(w_-) = \mathrm{H}(y)$, 故 p.n.d. 过程一定是可标准正交化的. 因此我们假设y *有绝对连续的谱分布, 其谱密度矩阵是可因子分解的, 且有常秩* $p \leqslant m$. 我们下面将看到, 由 p.n.d. 的这个性质可得到, 谱因子分解问题存在很强解析性质的解 W.

下文中, 我们将把平稳过程的谱密度矩阵写为定义在复平面单位圆上复变量 z 的函数. 因为 $\Phi(\mathrm{e}^{\mathrm{i}\theta})$ 是实函数, $\Phi(\mathrm{e}^{\mathrm{i}\theta})^* = \Phi(\mathrm{e}^{-\mathrm{i}\theta})'$, 从而由 $z = \mathrm{e}^{\mathrm{i}\theta}$, 谱的 Hermite 对称性 (对比 (3.36)) 变为

$$\Phi(z^{-1})' = \Phi(z), \tag{4.27}$$

自然地可称其为仿 Hermite 对称性.

定理 4.4.1　*一个 m 维平稳过程 y 可以表示为 r 维 ($r \geqslant p$) 标准白噪声过程 w*

的一个因果函数, 或等价地, 存在一个标准 r 维白噪声 w 使得

$$\mathrm{H}_t^-(y) \subset \mathrm{H}_t^-(w), \quad t \in \mathbb{Z}, \tag{4.28}$$

仅当 Φ 有 $m \times r$ 阶的解析谱因子时成立, 即仅当谱因子分解方程

$$\Phi(z) = W(z)W(z^{-1})', \quad |z| = 1, \tag{4.29}$$

有解 W, 且其行向量属于 Hardy 空间 H_r^2 时成立.

反之, 如果 Φ 有解析谱因子, 那么 y 是 p.n.d., 即存在一个谱因子 W_- 及标准白噪声 w_- 使得 $\mathrm{d}\hat{y} = W_-\mathrm{d}\hat{w}_-$, 且 (4.28) 取等号成立. 解析谱因子 W_- 是 a.e. p 满秩的.

必要性的证明相对直接, 我们立刻给出.

证 根据引理 4.1.3, 可由 (4.28) 得到 Φ 的 $m \times r$ 阶谱因子的存在性. 类似 (4.14) 及 Paley-Wiener 定理 4.3.2 中的计算说明任何因果整形滤波器的传递函数的行向量一定属于 H^2(即是解析的). 因实 谱因子有 $W(\mathrm{e}^{\mathrm{i}\theta})^* = W(\mathrm{e}^{-\mathrm{i}\theta})'$, 故可得到 (4.29) 形式的谱因子分解. □

充分性的证明将在之后给出 (参考注 4.6.9), 我们将由解析谱因子的存在性得到一种特别的满秩解析谱因子 W_- 的存在性. 这种谱因子称为外谱因子, 它在某种意义下 (后文中会说明) 有一个解析的左逆, 且因此可以看作在 (4.28) 取等号时, 由标准白噪声 w_- 生成的因果白化滤波器的传递函数. 为了刻画外谱因子 W_- 及满足因果等价性质 (4.7) 的特殊白噪声过程 w_-, 我们将离题一段时间, 并介绍一些事实. 首先第一步便是介绍 Wold 分解.

§ 4.5 Wold 分解

有一种关于二阶过程的基本分类方式, 是通过其一步向前预测的某些特性进行分类. 我们首先定义一类过程, 它们在给定无穷过去下是可精确预测的.

定义 4.5.1 我们称二阶过程 y 是纯确定性的 (后面简称为 p.d.), 如果一步预测误差

$$e(t) := y(t) - \hat{y}_-(t) = y(t) - \mathrm{E}[y(t) \mid \mathrm{H}_t^-(y)] \tag{4.30}$$

对任意 $t \in \mathbb{Z}$ 都是几乎处处为 0 的.

显然 y 是 p.d. 当且仅当 $y(t)$ 的分量属于 t 时刻的过去空间, 即 $\mathrm{H}_{t+1}^-(y) = \mathrm{H}_t^-(y)$. 实际上, 这对任意时刻都成立, 因而 p.d. 性质等价于

$$\mathrm{H}_t^-(y) = \mathrm{H}(y), \quad t \in \mathbb{Z}. \tag{4.31}$$

例 4.5.2 考虑过程

$$y(t)=\sum_{k=-N}^{+N} y_k \mathrm{e}^{\mathrm{i}\theta_k t},\quad t\in\mathbb{Z}.$$

这里 $\theta_{-k}=-\theta_k$ $(\theta_0=0)$ 是确定性频率,$\{y_k\}$ 均值为零互不相关的随机变量且有有限方差 $\mathrm{var}\ y_{-k}=\mathrm{var}\ y_k=\sigma_k^2$. 这是一个实平稳过程, 它是一个固定的随机变量 y_0 与 N 个互不相关的随机振幅的简谐振动之和. 这是纯确定性平稳过程最简单的一个例子.

为了验证上面的论述, 我们引用系统理论中的讨论. 线性系统状态变量 $x(t)$ 满足 $2N+1$ 维向量差分方程

$$x(t+1)=\Omega x(t),\quad \Omega=\mathrm{diag}\{\mathrm{e}^{-\mathrm{i}\theta_N},\mathrm{e}^{-\mathrm{i}\theta_{N-1}},\cdots,\mathrm{e}^{\mathrm{i}\theta_{N-1}},\mathrm{e}^{\mathrm{i}\theta_N}\}$$

初始状态 $x_k(0)=y_k,k=-N,\cdots,N$,$y(t)$ 是该线性系统的输出. 实际上 $y(t)=\sum_{k=-N}^{N}x_k(t)$ 或从向量的角度有

$$y(t)=cx(t),\quad c=[1,\cdots,1]'\in\mathbb{R}^{2N+1}.$$

因为 $\Omega^*\Omega=I$, 故可以在系统中使时间的方向反转, 得到

$$x(t-1)=\Omega^* x(t),\quad y(t)=cx(t).$$

特别地, 我们有 $y(t_0-k)=c(\Omega^*)^k x(t_0)$, 即

$$\begin{bmatrix} y(t_0-1)\\ y(t_0-2)\\ \vdots\\ y(t_0-2N-2)\end{bmatrix}=\begin{bmatrix} c\Omega^*\\ c(\Omega^*)^2\\ \vdots\\ c(\Omega^*)^{2n+2}\end{bmatrix}x(t_0),$$

这里右边项的矩阵是非奇异的, 从而

$$y(t_0)=cx(t_0)\in\mathrm{span}\{\mathrm{y}(t_0-1),\cdots,\mathrm{y}(t_0-2N-2)\}\subset\mathrm{H}_{t_0}^-(\mathrm{y})$$

对所有 t_0 成立. 因此 $y(t_0)$ 的预测可由过去精确给出, 即 y 是 p.d. .

在级数 $\sum_{-\infty}^{\infty}\sigma_k^2$ 收敛的假设下 (保证了简谐振动无穷级数的收敛), 同样的结论也适用于无穷级数

$$y(t)=\sum_{-\infty}^{\infty} y_k \mathrm{e}^{\mathrm{i}\theta_k t},\qquad y_k\perp y_j,\ k\neq j,$$

我们把过程 y 的遥远过去 和遥远未来 分别定义为子空间

$$\mathrm{H}_{-\infty}(y) = \cap_{t\leqslant t_0} \mathrm{H}_t^-(y) \quad \text{和} \quad \mathrm{H}_{+\infty}(y) = \cap_{t\geqslant t_0} \mathrm{H}_t^+(y). \tag{4.32}$$

因为 $\mathrm{H}_t^-(y)$ 是关于 t 非减的, 且 $\mathrm{H}_t^+(y)$ 是关于 t 非增的, 故二者与初始时刻 t_0 的选择是无关的. 显然 y 是 p.d. 当且仅当

$$\mathrm{H}_{-\infty}(y) = \mathrm{H}_t^-(y) = \mathrm{H}(y), \quad t \in \mathbb{Z}. \tag{4.33}$$

这一点与过程 y 的因果 预测问题有关, 且关于时间是不对称的. 我们引入概念倒向 p.d. 过程, 它的倒向预测误差

$$\bar{e}(t) := y(t) - \hat{y}_+(t) = y(t) - \mathrm{E}[y(t) \mid \mathrm{H}_{t+1}^+(y)] \tag{4.34}$$

对所有 $t \in \mathbb{Z}$ 都是 0 a.e.. 对于倒向 p.d. 过程, 我们有

$$\mathrm{H}_{+\infty}(y) = \mathrm{H}_t^+(y) = \mathrm{H}(y), \quad t \in \mathbb{Z}. \tag{4.35}$$

本节稍后我们将看到, 对于一大类所谓的可反转过程, 遥远过去与遥远未来是相同的, 即

$$\mathrm{H}_{-\infty}(y) = \mathrm{H}_{+\infty}(y), \tag{4.36}$$

因此正向与倒向的 p.d. 性质也是相同的.

由定义 (4.32) 立即可验证性质

$$\mathcal{U}^t\mathrm{H}_{-\infty}(y) = \mathrm{H}_{-\infty}(y) \quad \text{和} \quad \mathcal{U}^t\mathrm{H}_{+\infty}(y) = \mathrm{H}_{+\infty}(y), \quad t \in \mathbb{Z},$$

对正负时间 t 都成立. 这等价于说子空间 $\mathrm{H}_{-\infty}(y)$ 与 $\mathrm{H}_{+\infty}(y)$ 在移位算子 $\mathcal{U}$ 及其伴随算子 $\mathcal{U}^*$ 下都是不变的. 因此在 39 页定义的意义下是双不变的.

这里不变子空间有两种形式.$\mathcal{U}$ 被称为正向移位 算子, 其伴随算子 $\mathcal{U}^* = \mathcal{U}^{-1}$ 被称为倒向移位 算子.

定义 4.5.3 子空间 $\mathrm{Y} \subset \mathrm{H}$ 如果满足

$$\mathcal{U}^*\mathrm{Y} \subset \mathrm{Y}, \tag{4.37}$$

则称其为倒向移位 不变的 (或简称 $\mathcal{U}^*$-不变的)；若满足

$$\mathcal{U}\mathrm{Y} \subset \mathrm{Y}, \tag{4.38}$$

则称其为正向移位 不变的 (或简称 $\mathcal{U}$-不变的)；若 (4.37) 与 (4.38) 都满足, 则称其为双向不变的.

$H^-(y)$ 与 $H^+(y)$ 分别是倒向移位不变与正向移位不变子空间的例子. 我们已知 $\{Y_t := \mathcal{U}^t Y \mid t \in \mathbb{Z}\}$ 中的平稳族对于倒向移位不变子空间 Y 是非减的, 对于正向移位不变子空间 Y 是非增的.

推广 (4.32) 中的定义, 对子空间中任意非减或非增的平稳族, *遥远过去* 与*遥远未来* 分别定义为

$$Y_{-\infty} = \cap_t Y_t \quad \text{和} \quad Y_{+\infty} = \cap_t Y_t. \tag{4.39}$$

如果 $Y_{-\infty} = 0$, 则称倒向移位不变子空间 Y 为*纯非确定性* 的 (下文简称为 p.n.d.). 如果 $Y_{+\infty} = 0$, 则对偶地称正向移位不变子空间 Y 是*纯非确定性* 的. 易于发现对于纯非确定性子空间, (4.37) 与 (4.38) 中的包含关系是严格的.

可将倒向移位不变子空间 Y 的*重数* 定义为 Y 的最少生成元数目, 即最小的整数 m 使得 Y 中的随机变量 $y_1, \cdots, y_m$ 满足

$$\overline{\text{span}}\{\mathcal{U}^t y_k \mid k = 1, \cdots, m,\ t \leqslant 0\} = Y.$$

令 H(Y) 为包含 Y 的最小双向不变子空间. 因为

$$H(Y) := \vee_{t\in\mathbb{Z}} \mathcal{U}^t Y = \overline{\text{span}}\{\mathcal{U}^t y_k \,|\, k = 1, \cdots, m,\ t \in \mathbb{Z}\},$$

H(Y) 的重数与 Y 一样, 且与82 页所定义的概念是一样的. 自然地, 只要 Y 是一个更大一些的有限重数的 Hilbert 空间的子空间, 那么它的重数也是有限的.

下面的定理和推论是 H. Wold 在其 1938 年发表的影响深远的博士论文中结果的小幅推广.

定理 4.5.4 (Wold)　*令 H 为有限重数 Hilbert 空间. 一个倒向移位不变子空间 $Y \subset H$ 是 p.n.d 当且仅当它是某向量值平稳白噪声过程在 0 时刻的过去空间. 实际上有唯一 (模去乘一个常值正交矩阵) 的标准白噪声 w 使得*

$$Y = H^-(w), \tag{4.40}$$

且 w 的重数与 Y 相同.

对偶地正向移位不变子空间 $\bar{Y} \subset H$ 是 p.n.d. 当且仅当它是某平稳向量值白噪声过程在 0 时刻的未来空间. 且有唯一 (模去乘一个常值正交矩阵) 的标准白噪声 $\bar{w}$ 满足

$$\bar{Y} = H^+(\bar{w}), \tag{4.41}$$

且 $\bar{w}$ 的维数与 $\bar{Y}$ 的重数相同. 白噪声 w 与 $\bar{w}$ 被称为不变子空间 Y 与 $\bar{Y}$ 的生成过程.

证 只需证明第一部分. 定义子空间

$$\mathrm{W} := \mathcal{U}\mathrm{Y} \ominus \mathrm{Y}, \tag{4.42}$$

并令 $\mathrm{W}_t := \mathcal{U}^t\mathrm{W}$ 及 $\mathrm{Y}_t := \mathcal{U}^t\mathrm{Y}$. 通过对 $k = t-1, t-2, \cdots, s$ 迭代正交分解,$\mathrm{Y}_{k+1} = \mathrm{Y}_k \oplus \mathrm{W}_k$, 我们得到

$$\mathrm{Y}_t = \mathrm{W}_{t-1} \oplus \mathrm{W}_{t-2} \oplus \cdots \oplus \mathrm{W}_s \oplus \mathrm{Y}_s, \qquad s < t. \tag{4.43}$$

有这些性质的子空间 W 被称为移位算子 $\mathcal{U}$ 的徘徊子空间. 那么对于固定的 t, 任何元素 $\eta \in \mathrm{Y}_t$ 都有唯一的正交分解

$$\eta = \hat{\eta}(s) + \tilde{\eta}(s),$$

这里 $\hat{\eta}(s) \in \mathrm{Y}_s$ 且 $\tilde{\eta}(s) \in \oplus_{k=s}^{t-1}\mathrm{W}_k$. 因为 $\hat{\eta}(s)$ 是正交项的和, 它的范数不超过 $\|\eta(t)\|$, 且当 $s \to -\infty$ 时, $\hat{\eta}(s) \to 0$(引理 B.2.1). 因此 $\tilde{\eta}(s)$ 也收敛于极限 $\tilde{\eta}_\infty$, 且一定属于遥远过去 $\mathrm{Y}_{-\infty}$. 然而, 由 p.n.d. 性质, $\mathrm{Y}_{-\infty} = 0$, 故 $\tilde{\eta}_\infty = 0$. 因此

$$\mathrm{Y}_t = \oplus_{s=-\infty}^{t-1}\mathrm{W}_s. \tag{4.44}$$

所以有 $\mathrm{Y} = \overline{\mathrm{span}}\{\mathcal{U}^t\mathrm{W} \mid t < 0\}$, 且因为有有限重数,$p := \dim \mathrm{W} < \infty$. 因此我们可以选择 W 中一组正交基 $w_1, w_2, \cdots, w_p$. 定义 p 维过程 w, 使得其分量 $w_k(t) := \mathcal{U}^t w_k$, $k = 1, 2, \cdots, p$, 那么由 (4.44) 立即可得 (4.40). 由 (4.44) 也能得到 w 是一个标准白噪声过程. 且有 $\mathrm{H}(w) = \mathrm{H}(\mathrm{Y})$ 是包含 Y 的最小双不变子空间. 因此 w 的维数 p 等于 Y 的重数.

后面部分的证明叙述在下面引理中. □

引理 4.5.5 白噪声过程的遥远过去与遥远未来是平凡的.

证 令 $u = \{u(t)\}$ 二阶过程满足 $\mathrm{E}\{u(t)u(s)'\} = 0$ 对所有 $s \geqslant t$ 成立. 那么任意随机变量 $\eta \in \mathrm{H}_t^-(u)$ 都对 $s \geqslant t$ 正交于 $u(s)$ 的分量. 特别地, 若 $\eta \in \mathrm{H}_{-\infty}(u)$, 则有 η 与所有 $u(t)$ 在 $t \in \mathbb{Z}$ 上正交. 因此, 由连续性,η 与 $\mathrm{H}(u)$ 中所有元素正交, 因此它是 0. □

正向 p.n.d. 过程在因果等价于白噪声观点下的定义 4.1.2 现在在过程的遥远过去的观点下有一个对应的几何解释.

推论 4.5.6 平稳过程 y 是正向 p.n.d. 当且仅当 $\mathrm{H}^-(y)$ 是 p.n.d. 子空间, 即 $\cap_t \mathrm{H}_t^-(y) = 0$. 标准新息过程 $w_-(t)$ 是 $\mathrm{H}^-(y)$ 的徘徊子空间 $\mathrm{H}_{t+1}^-(y) \ominus \mathrm{H}_t^-(y)$ 在 t 时刻的一组标准正交基.

证　必要性是引理 4.5.5 的立即推论. 反之, 若 $H^-(y)$ 是 p.n.d. 子空间, 那么由 Wold 定理 4.5.4, 有标准白噪声 w_- 因果等价于 y. □

令 $e(t) = y(t) - \hat{y}_-(t)$ 为一步预测误差. 那么满秩过程 $e(0)$ 是徘徊 (或新息) 子空间 W_- 的一组基. 因此, 我们有 $y(t)$ 在过去预测误差下的因果表示

$$y(t) = \sum_{-\infty}^{t} V_-(t-s)e(s), \tag{4.45}$$

这里由命题 2.2.3,

$$V_-(t-s)e(s) := \mathrm{E}[y(t) \mid e(s)] = \mathrm{E}[y(t)\, e(s)']\{\mathrm{E}[e(s)\, e(s)']\}^{-1}e(s).$$

因为 $e(s)$ 在 $s > t$ 时与 $y(t)$ 无关, 可见 V_- 是因果函数, 且其行向量属于 ℓ_m^2. 同时注意到

$$V_-(0) = I.$$

预测误差过程 $\{e(t)\}$ 有时也称为 y 的正向非标准 新息过程, 称 (4.45) 为 y 的非标准新息谱表示. 易见这个表示是满秩的. 一般来说, 对于秩 $p < m$ 的过程, 我们记

$$e(t) = D_- w_-(t), \tag{4.46}$$

这里 D_- 是新息方差 $\Lambda := \mathrm{E}\{e(t)e(t)'\}$ 的 $m \times p$ 矩阵因子 (非唯一), 即

$$\Lambda = D_- D_-'.$$

下面我们总结上面的内容.

命题 4.5.7　对于 p.n.d. 过程, 非标准新息方差矩阵的秩与过程本身的秩和重数相同, 即

$$p = \operatorname{rank} y = \operatorname{rank} \mathrm{E}\{e(t)e(t)'\}. \tag{4.47}$$

自然地, 到目前为止所说的一切都可以在细节上作必要的修改后应用于倒向预测误差 $\bar{e}(t)$, 及 y 的反因果 (或倒向) 非标准新息表示.

上面所说 p.n.d. 性质在特殊情况下才成立, 我们下面给出一般情形的理论.

定理 4.5.8 (Wold)　令 H 是有限重数的 Hilbert 空间. 那么, 每个倒向移位不变子空间 $Y \subset H$ 有一个由双向不变及纯非确定性子空间构成的直和分解. 实际上,

$$Y = Y_{-\infty} \oplus Z, \tag{4.48}$$

这里 Z 是倒向移位不变的, 且是 p.n.d. . 同时, 每个正向移位不变子空间 $\bar{\mathrm{Y}} \subset \mathrm{H}$ 也有正交直和分解

$$\bar{\mathrm{Y}} = \bar{\mathrm{Y}}_{+\infty} \oplus \bar{\mathrm{Z}}, \tag{4.49}$$

这里 $\bar{\mathrm{Z}}$ 是正向移位不变的, 且是 p.n.d. . 两个分解都是唯一的.

证 令 $\mathrm{Y}_{-\infty} = \cap_t \mathcal{U}^t \mathrm{Y}$ 为 Y 的 p.d. 子空间, 定义 $\mathrm{Z} := \mathrm{Y} \cap (\mathrm{Y}_{-\infty})^{\perp}$, 那么 (4.48) 成立. 只需证明 Z 是倒向移位不变的, 且是 p.n.d. . 现有 $\mathrm{Y}_{-\infty}$ 是双向不变的, 且因此由引理 B.2.8, $(\mathrm{Y}_{-\infty})^{\perp}$ 是倒向移位不变的. 然而由假设,Y 也是倒向移位不变的, 故 Z 也一样. 为证 Z 是 p.n.d. 的, 注意到因为 $\mathrm{Z} \subset \mathrm{Y}$,

$$\cap_t \mathcal{U}^t \mathrm{Z} \subset \cap_t \mathcal{U}^t \mathrm{Y} = \mathrm{Y}_{-\infty},$$

但由定义,$\mathrm{Z} \perp \mathrm{Y}_{-\infty}$, 故 $\cap_t \mathcal{U}^t \mathrm{Z} = 0$. 为证明唯一性, 令 $\mathrm{Y} = \mathrm{U} \oplus \mathrm{V}$ 为任意正交分解, 同时 U p.n.d. 且 V 双向不变. 那么由命题 B.3.5,

$$\mathrm{Y}_{-\infty} = \cap_t \mathcal{U}^t \mathrm{Y} = \cap_t \mathcal{U}^t \mathrm{U} \oplus \cap_t \mathcal{U}^t \mathrm{V} = \mathrm{V},$$

因此我们也有 $\mathrm{U} = \mathrm{Z}$. 对偶命题也用相同方法可证. □

推论 4.5.9 每个平稳向量过程 y 都有分解

$$y(t) = u(t) + v(t), \quad t \in \mathbb{Z}, \tag{4.50}$$

这里过程 u 与 v 是完全不相关的, 即 $\mathrm{E}\{u(t)v(s)'\} = 0$, $t, s \in \mathbb{Z}$, u 是正向 p.n.d. 且 v 是正向 p.d.. 有一个分解 (4.50) 满足这些条件, 且使 $\mathrm{H}_t^-(u) \subset \mathrm{H}_t^-(y)$, $t \in \mathbb{Z}$. 在这种情况下

$$\mathrm{H}_t^-(y) = \mathrm{H}_{-\infty}(y) \oplus \mathrm{H}_t^-(u), \quad t \in \mathbb{Z}, \tag{4.51}$$

v 与 y 有同样的遥远过去, 即

$$\mathrm{H}(v) = \mathrm{H}_{-\infty}(v) = \mathrm{H}_{-\infty}(y), \quad 和 \quad \mathrm{H}_{-\infty}(u) = 0. \tag{4.52}$$

过程 u 与 v 被称为 y 的 (正向)p.n.d 及 p.d. 分量.

同时有类似的正交分解

$$y(t) = \bar{u}(t) + \bar{v}(t), \quad t \in \mathbb{Z}, \tag{4.53}$$

$\bar{u}(t)$ 是倒向 p.n.d. , 且 $\bar{v}(t)$ 是倒向 p.d. . 只有一个 (倒向) p.n.d. 过程 $\bar{u}$ 满足 $\mathrm{H}_t^+(\bar{u}) \subset \mathrm{H}_t^+(y)$, $t \in \mathbb{Z}$, 也满足上面的条件, 且

$$\mathrm{H}_t^+(y) = \mathrm{H}_{+\infty}(y) \oplus \mathrm{H}_t^+(\bar{u}), \quad t \in \mathbb{Z}. \tag{4.54}$$

过程 $\bar{u}$ 与 $\bar{v}$ 称为 y 的 (倒向) p.n.d. 及 p.d. 分量.

证　考虑倒向移位不变子空间 $\mathrm{H}_{t+1}^{-}(y)$ 关于双不变且 (正向)p.n.d. 子空间的唯一分解 (定理 4.5.8) 即,

$$\mathrm{H}_{t+1}^{-}(y)=\mathrm{H}_{-\infty}(y)\oplus\tilde{\mathrm{H}}_{t+1}^{-}(y),\qquad t\in\mathbb{Z}. \tag{4.55}$$

那么, 因为 $y_k(t)\in\mathrm{H}_{t+1}^{-}(y)$, 我们有 $y_k(t)=u_k(t)+v_k(t)$, $k=1,\cdots,m$, 这里

$$v_k(t)=\mathrm{E}^{\mathrm{H}_{-\infty}(y)}y_k(t),\quad u_k(t)=\mathrm{E}^{\tilde{\mathrm{H}}_{t+1}^{-}(y)}y_k(t)$$

(引理 2.2.5). 得到分解 (4.50). 因 $\mathrm{H}_{-\infty}(y)\subset\mathrm{H}_t^{-}(y)$,

$$\mathrm{H}_{-\infty}(y)=\mathrm{E}^{\mathrm{H}_{-\infty}(y)}\mathrm{H}_t^{-}(y)=\mathrm{H}_t^{-}(v)$$

(引理 2.2.8), 故 $\mathrm{H}(v)=\mathrm{H}_{-\infty}(y)$. 因为 $u_k(s)\in\tilde{\mathrm{H}}_{s+1}^{-}(y)\subset\tilde{\mathrm{H}}_t^{-}(y)$ 对于 $s<t$ 及 $k=1,\cdots,m$ 成立, 故 $\mathrm{H}_t^{-}(u)\subset\tilde{\mathrm{H}}_t^{-}(y)$. 因此由 (4.50) 可得

$$\mathrm{H}_t^{-}(y)\subset\mathrm{H}_{-\infty}(y)\oplus\mathrm{H}_t^{-}(u)\subset\mathrm{H}_{-\infty}(y)\oplus\tilde{\mathrm{H}}_t^{-}(y)=\mathrm{H}_t^{-}(y),$$

从而 (4.51) 成立; 特别地 $\mathrm{H}_t^{-}(u)=\tilde{\mathrm{H}}_t^{-}(y)$. 同时由 $\tilde{\mathrm{H}}_t^{-}(y)$ 的 p.n.d. 可知 $\mathrm{H}_{-\infty}(u)=0$. 因为分解 (4.55) 是唯一的, 故可得唯一性. 对偶命题的证明应用反向分解完全类似. □

注意到 p.n.d. 分量 u 的重数通常要小于 y 的重数.

4.5.1　可反转性

在推论 4.5.9 中, 对 (4.51) 令 $t\to+\infty$, 对 (4.54) 令 $t\to-\infty$, 那么

$$\mathrm{H}(y)=\mathrm{H}_{-\infty}(y)\oplus\mathrm{H}(u), \tag{4.56a}$$

$$\mathrm{H}(y)=\mathrm{H}_{+\infty}(y)\oplus\mathrm{H}(\bar{u}). \tag{4.56b}$$

我们称平稳过程 y 是可反转的, 如果其遥远过去与遥远未来相同, 即

$$\mathrm{H}_{-\infty}(y)=\mathrm{H}_{+\infty}(y). \tag{4.57}$$

如果 y 是可反转的, 那么两个分解 (4.56) 是一样的. 特别地

$$\mathrm{H}(u)=\mathrm{H}(\bar{u}). \tag{4.58}$$

因此, 一个纯非确定性过程如果是可反转的, 那么它也是倒向纯非确定性的. 一个 p.d. 过程总是可反转的.

为了理解可反转性, 我们引入时间反转过程 $\bar{y}(t) := y(-t)$, 它的协方差函数记为 $\bar{\Lambda}(\tau)$. 因为

$$\bar{\Lambda}(\tau) = \mathrm{E}\{\bar{y}(t+\tau)\bar{y}(t)'\} = (\mathrm{E}\{y(-t)y(-t-\tau)'\})' = \Lambda(\tau)',$$

$\bar{y}$ 的谱分布是 y 谱分布的转置. 因此两个过程的谱密度只能同时存在且一定互为转置, 即 $\bar{\Phi}(\mathrm{e}^{\mathrm{i}\theta}) = \Phi(\mathrm{e}^{\mathrm{i}\theta})'$. 因为

$$\begin{aligned}
\mathrm{H}_t^-(\bar{y}) &= \overline{\mathrm{span}}\{\bar{y}_k(s);\ k=1,\cdots,m, s<t\} \\
&= \overline{\mathrm{span}}\{y_k(-s);\ k=1,\cdots,m, s<t\} \\
&= \overline{\mathrm{span}}\{y_k(\tau);\ k=1,\cdots,m, \tau \geqslant 1-t\} = \mathrm{H}_{1-t}^+(y),
\end{aligned}$$

故对任意 $t_0 \in \mathbb{Z}$, 总有

$$\mathrm{H}_{-\infty}(\bar{y}) = \cap_{t\leqslant t_0}\mathrm{H}_t^-(\bar{y}) = \cap_{t\leqslant t_0}\mathrm{H}_{1-t}^+(y) = \cap_{\tau>t_0}\mathrm{H}_\tau^+(y) = \mathrm{H}_{+\infty}(y),$$

因此 y 是倒向 p.n.d. 当且仅当 $\bar{y}$ 是正向 p.n.d..

命题 4.5.10　*正向 p.n.d. 过程是可反转的当且仅当它的谱密度矩阵的转置也有解析谱因子.*

证　因为 y 是正向 p.n.d., 故它有谱密度 $\Phi(z)$ (定理 4.2.1). 仍需证明 $\bar{y}$ 是正向 p.n.d. 当且仅当 $\Phi(z)'$ 有解析谱因子. 这由定理 4.4.1 立即可得. □

下面我们给出一个不可反转过程例子.

例 4.5.11　*考虑一个二维随机过程 y , 有谱密度*

$$\Phi = \begin{pmatrix} 1 & g^* \\ g & gg^* \end{pmatrix} = \begin{pmatrix} 1 \\ g \end{pmatrix}\begin{pmatrix} 1 & g^* \end{pmatrix}, \tag{4.59}$$

这里 g 是

$$\sqrt{1+\cos\theta} = g(\mathrm{e}^{\mathrm{i}\theta})g(\mathrm{e}^{\mathrm{i}\theta})^* \tag{4.60}$$

的外谱因子. 谱密度为 (4.60) 的过程 (我们也将在例 8.1.5 中遇到), 不是在定义 9.2.6 下严格非循环的. 我们假设有稳定谱因子 G 满足

$$\Phi(z)' = G(z)G(z^{-1})', \quad G = \begin{pmatrix} a \\ b \end{pmatrix}. \tag{4.61}$$

那么

$$\begin{pmatrix} aa^* & ab^* \\ ba^* & bb^* \end{pmatrix} = \begin{pmatrix} 1 & g \\ g^* & gg^* \end{pmatrix}.$$

因此 a 是内函数, 即满足 $aa^* = 1$ 的解析函数. 又 $bb^* = gg^*$, 故有内函数 φ 满足 $b = g\varphi$. 故 $g^* = g\varphi a^*$, 或等价地,$g^* a = g\varphi$, 因而 $g/g^* = a/\varphi$. 然而 g/g^* 不是严格非循环函数, 所以不能表示为内函数的商 [82, p. 99]. (这也可参考定理 9.2.11.) 故不存在因子分解 (4.61), 且谱密度为 (4.59) 的过程不是可反转的 (命题 4.5.10).

在这个反例中谱密度的一个特性是它没有满秩. 下面的命题说明这是不可反转过程的一个决定性的性质.

命题 4.5.12　每个满秩 p.n.d. 过程都是可反转的.

证　由定理 4.7.5 (我们将在第 4.7 节证明), 满秩平稳过程是 p.n.d. 当且仅当

$$\int_{-\pi}^{\pi} \log\det\Phi(\mathrm{e}^{\mathrm{i}\theta})\,\mathrm{d}\theta > -\infty.$$

因为 $\det\Phi(\mathrm{e}^{\mathrm{i}\theta}) = \det\Phi(\mathrm{e}^{\mathrm{i}\theta})'$, 故命题成立 (命题 4.5.10). □

下面给出一个针对标量过程的非常简单的几何证明. 在集合 $Y := \{y(t) \mid t \in \mathbb{Z}\}$ 上定义反射算子 R: $Ry(t) := y(-t)$. 如同第 4.5 节中扩张移位算子 $\mathcal{U}$ 一样, 我们可以发现 R 是等距的也是线性的, 同时可被扩张至由 Y 生成的向量空间, 且 $R\sum\alpha_k y(t_k) := \sum\alpha_k y(-t_k)$. 因为 R 是等距的, 它可像酉算子一样被扩张至 $\mathrm{H}(y)$ 的闭包 (定理 B.2.7). 在这个空间上,R 是一个酉新息 的, 即 $R^2 = I$. 由连续性, 我们有 $R\mathrm{H}_{-\infty}(y) = \mathrm{H}_{+\infty}(y)$, 因此这两个空间中某一个为 0 当且仅当另一个也是 0. 不幸的是向量形式的算子 R 不是等距的 (读者可自行验证这一点).

§ 4.6　外谱因子

现在我们将证明定理 4.4.1 的后半部分. 给定 (W, w),W 为 $m \times p$ 谱因子,w 为 p 维标准白噪声过程, 满足 $\mathrm{d}\hat{y} = W\mathrm{d}\hat{w}$. 我们的第一个目标是研究,$(W, w)$ 需要满足什么性质才能满足因果等价条件 (4.7). 而该条件由平稳性, 等价于

$$\mathrm{H}^-(w) = \mathrm{H}^-(y). \tag{4.62}$$

由 (4.26) 及定理 3.5.5,

$$\mathrm{H}^-(w) = \mathcal{I}_{\hat{w}} H_p^2 = \int_{-\pi}^{\pi} \mathrm{e}^{-\mathrm{i}\theta} H_p^2 \mathrm{d}\hat{w}, \tag{4.63}$$

这里 H_p^2 是定义在第 4.3 节中的 Hardy 空间. 再根据引理 4.2.6,

$$\mathrm{H}^-(y) = \mathcal{I}_{\hat{w}}\ \overline{\mathrm{span}}\{\mathrm{e}^{\mathrm{i}t\theta} W_k \mid k = 1, 2, \cdots, m,\ t < 0\}.$$

因而, 条件 (4.62) 等价于

$$\overline{\text{span}}\{e^{it\theta}W_k \mid k = 1, 2, \cdots, m,\ t \leqslant 0\} = H_p^2. \tag{4.64}$$

这是谱因子 W 的特性, 它使因果等价条件成立. 实际上, (4.64) 说明任何谱因子一定是H_p^2 中的外函数 (也称为最小相位). 正式的定义如下.

定义 4.6.1 一个 $m \times p$ 矩阵值函数 F, 若其行向量属于 H_p^2, 且 $\overline{\text{span}}\{z^t F_k \mid k = 1, \cdots, m,\ t \leqslant 0\} = H_p^2$, 则称它是外的. 对称地, 一个 $m \times p$ 矩阵值函数 G, 若其行向量属于 $\bar{H}_p^2$, 且 $\overline{\text{span}}\{z^t G_k \mid k = 1, \cdots, m,\ t \geqslant 0\} = \bar{H}_p^2$, 则称它是共轭外的. 一个 $p \times p$ 矩阵函数 $Q \in H_{p\times p}^\infty$, 如果在单位圆上有酉边界,

$$Q(e^{i\theta})Q(e^{i\theta})^* = I, \tag{4.65}$$

则称其为内的. 一个共轭内 函数仍满足 (4.65), 但在 $\{z : |z| < 1\}$ 上有界解析.

注意到 (4.64) 式左作用于 H_p^2 上倒向转移算子 z^{-1} 的最小不变子空间, 它包含了矩阵 W 的行向量. 因此一个矩阵函数是外的当且仅当它包含其行向量的最小不变子空间是最大的, 即是 H_p^2.

注 4.6.2 对于任意函数 $F \in H_p^2$, 不变子空间 $\overline{\text{span}}\{z^t F \mid t \leqslant 0\}$ 是 L_p^2 中 F 与标量解析三角多项式

$$p(z^{-1}) := \sum_{k=0}^{N} p_k z^{-k}$$

乘积的闭包. 由 Weierstrass 逼近定理, 这些多项式 (在 sup 范数下) 稠密于单位圆 $\{z : |z| = 1\}$ 上负指标 Fourier 系数为 0 的连续函数的子空间. 因而解析三角多项式稠密于标量 H^∞ 空间. 考虑一列解析多项式 (p_n), 它们在 sup 范数下满足 $p_n \to \varphi \in H^\infty$. 因为当 $n \to \infty$ 时,

$$\|p_n F - \varphi F\|_{L_p^2} \leqslant \|p_n - \varphi\|_\infty \|F\|_{L_p^2} \to 0$$

线性流形 $\text{span}\{\varphi F \mid \varphi \in H^\infty\}$ 包含 F 的最小不变子空间的一个稠密向量子空间. 换句话说

$$\overline{\text{span}}\{z^t F \mid t \leqslant 0\} = \overline{\text{span}}\{\varphi F \mid \varphi \in H^\infty\}. \tag{4.66}$$

由此可得到

命题 4.6.3 一个外矩阵函数 F 一定是几乎处处列满秩的.

证 通过取其行向量线性组合的极限 $\sum_1^m \varphi_k F_k,\ \varphi_k \in H^\infty$, 可生成 H_p^2 中的单位向量函数 $\{e_k,\ k=1,\cdots,p\}$. 因此存在一列矩阵 $H_k \in H_{p\times m}^\infty$, 使得在 L^2 中当 $k\to\infty$ 时

$$H_k F \to I$$

但此时一定有子列 (H_{n_k}) 使得 $H_{n_k}F$ 几乎处处收敛于单位矩阵. 若 $\operatorname{rank} F < p$, 则它可能在一正测度集上不成立. □

因此若一个外谱因子有秩为 p 的密度 Φ, 那它一定有 $m\times p$ 的满秩谱因子 [6]. 因而满足因果等价条件 (4.7) 的白噪声过程由外谱因子 $\mathrm{d}\hat{w} = W^{-L}\mathrm{d}\hat{y}$ 唯一确定.

4.6.1　不变子空间与因子分解定理

式 (4.64) 中左边的子空间恰是空间 L_p^2 中右转移算子 (即乘 $z^{-1}=\mathrm{e}^{-\mathrm{i}\theta}$) 不变子空间的一个特殊例子.20 世纪 60 年代, 人们对一般转移不变子空间的结构与不变子空间的表示进行了大量研究. 这些结果现在构成了算子理论的基础, 本书中将多次用到其中的部分内容.

一般来说, 一个 L_p^2 中的不变子空间 $\mathcal{Y}$ 总可以被视作 Hilbert 空间 $\mathrm{H}(w)$(它由一些标准 p 维白噪声过程 w 生成) 中二阶随机变量的不变子空间上的频域表示. 这是因为对任意白噪声过程,$\mathcal{I}_{\hat{w}}$ 都是酉算子, 且我们有

$$\mathrm{Y} := \mathcal{I}_{\hat{w}}(\mathcal{Y}) \subset \mathcal{I}_{\hat{w}}(L_p^2) = \mathrm{H}(w)$$

(引理 B.3.5). 因此 $\mathcal{Y}$ 的转移不变量与 Y 关于 w 的倒向移位的不变量是一样的, 即

$$\mathcal{U}^*\mathrm{Y} \subset \mathrm{Y}.$$

因此研究 L_p^2 的不变子空间的结构与研究 Hilbert 空间 $\mathrm{H}(w)$ 的移位不变子空间的结构是一样的. 因此我们现在将这个问题与第 4.5 节中所讨论的内容相联系. 实际上, 在前面的章节中 Wold 的两个定理 (定理 4.5.4 与定理 4.5.8) 已经完整描述了转移不变子空间的结构.

沿用第 4.5 节中的术语, 我们将满足 $z^{-1}\mathcal{Y}=\mathcal{Y}$ 的不变子空间 $\mathcal{Y}\subset L_p^2$ 称为*双不变* (或*纯确定性*). 在这种情形下 $\mathcal{Y}_t := z^{-t}\mathcal{Y}$ 实际上是随时间不变的. 若子空间 $\mathcal{Y}$ 满足 $\cap_t \mathcal{Y}_t = 0$, 则称其为*纯非确定性* 的 (简称 p.n.d.). 若不变子空间满足

$$\vee_{t\in\mathbb{Z}}\, z^t\mathcal{Y} = L_p^2,$$

[6] 很快我们将证明这个因子是本质上唯一的, 且记为 W_-.

则称其为全域 的. 等价地, 一个子空间 $\mathcal{Y}$ 的正交补若是 p.n.d. 的, 则称其为全域的.

下面的结论称为 Beurling-Lax 定理, 它是定理 4.5.4 的直接推论.

定理 4.6.4 每个全域 p.n.d. 不变子空间 $\mathcal{Y} \subset L_p^2$ 都有如下形式

$$\mathcal{Y} = \{fQ \mid f \in H_p^2\} := H_p^2 Q, \tag{4.67}$$

这里 Q 是 $p \times p$ 矩阵函数且在单位圆上取单位值, 即

$$Q(\mathrm{e}^{\mathrm{i}\theta})Q(\mathrm{e}^{\mathrm{i}\theta})^* = I. \tag{4.68}$$

若 $\mathcal{Y} \subset H_p^2$, 那么 Q 是内的. 此时 Q 是由 $\mathcal{Y}$ 唯一确定的 (模任意常酉因子).

证 根据定理 4.5.4, 每个 $\mathrm{H}(w)$ 中 p.n.d. 倒向移位不变子空间 Y 都形如 $\mathrm{H}^-(u)$, 其中 u 是标准白噪声. 若 $\mathrm{Y} = \mathrm{H}^-(u)$ 是全域的, 那么 w 与 u 的维数一定相同 (等于重数 p), 而且我们有

$$\mathrm{H}(u) = \mathrm{H}(w).$$

因为 $\mathrm{H}_t^-(u) \subset \mathrm{H}(w)$ 对所有 t 成立, 所以 $u(t)$ 可以表示为白噪声 w 的线性 (不必是因果) 泛函. 由定理 3.5.1 及引理 4.2.4 立即可得,u 与 w 的 Fourier 变换是由一个 (几乎处处) 可逆的 $p \times p$ 矩阵函数 $Q = Q(\mathrm{e}^{\mathrm{i}\theta})$(它的行向量在 L_p^2 中) 相互联系, 即

$$\mathrm{d}\hat{u} = Q\mathrm{d}\hat{w}.$$

同时, 因为 w 的谱密度矩阵是单位矩阵, 则由谱因子分解条件 (4.12) 可知,Q 在单位圆上是酉的. 因此通过在积分中替换随机测度, 可得 $\mathrm{H}^-(u) = \mathcal{I}_{\hat{u}}(H_p^2) = \mathcal{I}_{\hat{w}}(H_p^2 Q)$, 即 $\mathcal{Y} = H_p^2 Q$. 由此可证明表示公式 (4.67).

接下来, 我们有 $\mathcal{Y} \subset H_p^2$ 当且仅当 $\mathrm{H}^-(u) \subset \mathrm{H}^-(w)$, 且由前面定理 4.4.1 的证明, 可推出 Q 是单位矩阵的解析谱因子, 即是一个内函数.Q 的唯一性 (模去乘一个常酉 (即正交) 矩阵的意义下) 来自于标准白噪声过程, 仅在模去这种等价类下是可区分的. □

H_p^2 中满秩函数的内外因子分解定理 可由不变子空间定理立即得到.

定理 4.6.5 每个矩阵函数 $F \in H_{m\times p}^2$ 是列满秩的, 即有因子分解 $F = F_- Q$, 这里 F_- 是 $p \times p$ 外函数,Q 是 $p \times p$ 内函数.

这个因子分解中, F_- 与 Q 是在相差 $p \times p$ 常值正交因子下唯一的.

证 令 $\mathcal{Y}_F$ 为 H_p^2 中由 F 的行向量生成的不变子空间. 因为 F 是满秩的, 且有 p 个线性无关的生成元, 因此它是全域的. 故 $\mathcal{Y}_F = H_p^2 Q$, 这里 Q 是唯一确定的内

函数. 因为 F 的行向量属于 $\mathcal{Y}_F$, 我们有 $F=F_-Q$, 这里 F_- 是 H^2 中 $m\times p$ 矩阵. 因为乘内矩阵函数是一个酉算子, 易知, 通过这个因子分解, 由 F 生成的不变子空间有如下形式

$$\mathcal{Y}_F=\mathcal{Y}_{F_-}Q.$$

由不变子空间 $\mathcal{Y}_F$ 表示的唯一性, 有 $\mathcal{Y}_{F_-}=H^2_p$, 即 F_- 是外的. 若 $F=GQ_1$ 是另一个分解, 那么 $\mathcal{Y}_F=H^2_pQ_1$, 故 Q 与 Q_1 在相差一个常酉矩阵因子的意义下相等. 且 F_- 与 G 在相差一个常酉右矩阵因子下相等. □

我们也需要将定理 4.6.5 推广至非满秩矩阵函数情形.

定义 4.6.6　*函数 $R\in H^\infty_{p\times r}$, $r\geqslant p$, 若满足*

$$R(\mathrm{e}^{\mathrm{i}\theta})R(\mathrm{e}^{\mathrm{i}\theta})^*=I_p, \tag{4.69}$$

则被称为单边内 函数[7].

定理 4.6.7　*每个秩为 $p\leqslant r$ a.e. 的矩阵函数 $F\in H^2_{m\times r}$ 都有因子分解 $F=F_-R$, 这里 F_- 是 $m\times p$ 外函数,R 是 $p\times r$ 单边内函数. 在这个分解中,F_- 在相差 $p\times p$ 右常酉因子下是唯一的. 因子 R 在模去乘正交矩阵下是唯一的, 只要满足 $p=m$(这时 F_- 是方阵).*

证　取一个 r 维标准白噪声 w, 考虑 m 维平稳过程 y, 它与 w 定义在同一概率空间中, 且满足 $\mathrm{d}\hat{y}=F\mathrm{d}\hat{w}$. 因为 F 是解析的, 由 Paley-Wiener 定理 4.3.2,$y(t)$ 是 w 的一个因果函数, 从而

$$\mathrm{H}^-(y)\subset\mathrm{H}^-(w),$$

即 y 的过去是 $\mathrm{H}^-(w)$ 的一个移位不变子空间, 因此也是一个重数为 p 的 p.n.d. 子空间. 由定理 4.5.4, 它等价于存在一个 p 维标准白噪声过程 u 使得 $\mathrm{H}^-(y)=\mathrm{H}^-(u)$. 故存在一个 $\Phi_w=I_r$ 的 $p\times r$ 解析谱因子 R(即一个 $p\times r$ 单边内函数) 满足 $\mathrm{d}\hat{u}=R\mathrm{d}\hat{w}$. 由子空间的包含关系, 我们有

$$\mathrm{H}^-(y)=\mathcal{I}_{\hat{w}}\left(\overline{\mathrm{span}}\{\mathrm{e}^{\mathrm{i}\theta t}F_k\,|\,k=1,\cdots,m,\ t\leqslant 0\}\right)=\mathcal{I}_{\hat{w}}(H^2_pR),$$

又因为 F 的行都属于子空间 H^2_pR, 故在 H^2_p 中有 m 个行函数 $\{G_k\,|\,k=1,\cdots,m\}$, 满足 $F=GR$. 另一方面, 我们有 $\overline{\mathrm{span}}\{\mathrm{e}^{\mathrm{i}\theta t}G_k\,|\,k=1,\cdots,m,\ t\leqslant 0\}=H^2_p$, 因此 G 是外函数. 其余内容易证. □

此时我们可以用这些技巧来分析解析谱因子分解问题 (4.29) 的解了. 下面的定理给出了主要的结果.

[7]这并非标准的记法. 这样的函数在 [104] 中被称为严格的.

定理 4.6.8 假设 $\Phi(z)$ 是一个 $m\times m$ 秩为 p a.e. 的谱密度矩阵, 它有解析谱因子. 那么 $\Phi(z)$ 有 $m\times p$ 维的外谱因子 W_-. 它是 $\Phi(z)$ 唯一的外谱因子, 模右乘一个常值 $p\times p$ 酉矩阵.

每个满秩解析谱因子 W 都可写为

$$W(z)=W_-(z)Q(z), \tag{4.70}$$

这里 $Q(z)$ 是由 W 模 $\mathcal{O}$ 唯一确定的内函数.

所有其他 $m\times r$ 维解析谱因子 $(r\geqslant p)$ 都有如下形式

$$W(z)=W_-(z)R(z), \tag{4.71}$$

这里 $R(z)$ 是 $p\times r$ 单边内函数.

对于上解析谱因子分解定理 $\Phi(z)=\bar{W}(z)\bar{W}(z^{-1})'$,$\bar{W}_k\in\bar{H}_p^2$, $k=1,\cdots,m$, 也有完全对称的结论.

证 因为分解 (4.70) 与 (4.71) 可由内外分解定理 4.6.5 和 4.6.7 立刻得到, 我们只需证明外因子的唯一性. 为此, 令 W_1 与 W_2 都是外函数. 那么由谱因子分解方程 $W_1W_1^*=W_2W_2^*$, 函数

$$Q:=W_1^{-L}W_2=W_1^*(W_2^*)^{-R}=(W_2^{-L}W_1)^*$$

是单位圆上的一个 $p\times p$ 酉矩阵函数, 它与左逆的选取无关. 它由引理 4.2.6 中第二个等式可得. 由这个等式也可得到 $QW_2^{-L}W_1=W_1^{-L}W_1=I$ 与 $W_2^{-L}W_1Q=W_2^{-L}W_2=I$, 从而 $W_2^{-L}W_1$ 实际上是 Q 的逆.

再次应用引理 4.2.6, 我们有 $W_1Q:=W_1W_1^{-L}W_2=W_2$, 因为 W_1 与 W_2 都是外函数,Q 是常酉矩阵. 证毕. □

注 4.6.9 定理 4.6.8 给出了定理 4.4.1 的充分性证明. 实际上, 假设存在一个解析谱因子, 那么由 (4.71) 我们可知 W_- 也是一个谱因子且是 (唯一) 外因子, 从而这个因子的左逆提供了一个可生成因果等价于 y 的新息过程 w_- 的白化滤波器.

我们该如何识别外函数？换句话说, 它们的解析特性是什么？对于标量情形, 有许多关于外函数精细的刻画 (例如见 [145]). 但这些公式不能简单地推广到向量形式, 我们也不会在这里介绍. 下面我们将会看到一些外函数重要的解析性质, 它们可由其几何定义直接得出而不用过于深究复变量理论.

4.6.2 内函数

文献 [30, 145] 已经对标量内函数进行了描述和完全的分类. 我们可知一个实标量函数 $Q(\overline{Q(z)} = Q(z^{-1}))$ 是内函数当且仅当它形如 $Q(z) = cB(z)S(z)$,c 是一个模为 1 的常数, 即 $c = \pm 1$,$B(z)$ 是一个 Blaschke 乘积, 即 [8]

$$B(z) = \prod_{k=1}^{\infty} \frac{1 - \alpha_k z}{z - \bar{\alpha}_k}, \quad |\alpha_k| < 1, \tag{4.72}$$

且 $S(z)$ 是一个奇异内函数, 并有一般形式

$$S(z) = \exp\left\{-\int_{-\pi}^{\pi} \frac{z + \mathrm{e}^{\mathrm{i}\theta}}{z - \mathrm{e}^{\mathrm{i}\theta}} \mathrm{d}\mu(\mathrm{e}^{\mathrm{i}\theta})\right\}, \tag{4.73}$$

这里 μ 是单位圆上的一个有限正测度, 它的支撑的 Lebesgue 测度是 0; 换句话说, 它是一个有限正奇异 测度.

在 (4.72) 中零点 $\{1/\alpha_k\}$ 都是在 $\{z : |z| > 1\}$ 中解析的, 在无穷远点也可能解析, 且假定其根据重数而重复列出. 极点分布在单位圆内倒数 (以及共轭倒数) 的位置. 共轭函数 $B(z^{-1})$ 的对称性与文献介绍 Blaschke 函数的标准方式相对应, 这里开单位圆盘是解析区域 (与本书中相反).

无穷乘积 (4.72) 在 $\{z : |z| > 1\}$ 中收敛的充分必要条件是乘积 $\prod_{k=1}^{\infty} |\alpha_k|$(或等价地 $\prod_{k=1}^{\infty} 1/|\alpha_k|$) 收敛. 这等价于 $\sum_{k=1}^{\infty}(1 - |\alpha_k|) < \infty$ (或 $\sum_{k=1}^{\infty}(1 - |1/\alpha_k|) < \infty$)(例如,[143, p. 223] 规定了函数 $B(z)$ 零点 (或极点) 可能的聚集速率). 实际上, 由于仅当 $1 - |\alpha_k| \to 0$ 时第一个级数收敛, 故聚点仅可能在单位圆上.

有限 Blaschke 乘积是标量有理内函数. 注意到, 除了位于单位圆上的奇异点, 上面给出的 Blaschke 函数的解析表示也在复平面中 $\{z : |z| < 1\}$ 内有意义. 我们可看出, 所有内函数都在单位圆上 (除了其中奇异部分 $S(z)$ 被支撑的点或零点的聚点) 有一个解析开拓. 特别地, 当没有奇异部分时, 我们可认为一个标量内函数是一个在复平面上几乎处处有定义且解析的解析函数, 且由其分布于 $\{z : |z| > 1\}$ 中的零点所确定 (模一个常值酉因子). 从上面的表示中可看出 (但这里不深入阐述), 在 $\{z : |z| > 1\}$ 中配置一个满足 Blaschke 乘积的收敛约束条件的可数集使其为函数的零点集, 可由模为 1 的常因子唯一地确定内函数.

在矩阵情形, 没有这类一般简单表示. 然而, 通过 Binet 定理易于看出, 一个矩阵内函数的行列式一定是内函数, 且我们可基于行列式的结构对矩阵内函数进行分类. 细节可参考 [138, p. 80-89].

[8] 一个实解析函数的极点与零点总是以共轭对的形式出现; 即 α_k 是一个极点 (或零点) 当且仅当其共轭 $\bar{\alpha}_k$ 也是一个极点 (或零点). 因此, (4.72) 中无论是分子还是分母,α_k 都可由共轭 $\bar{\alpha}_k$ 代替. 而且在这种情形下, 我们不需引入收敛因子 $\bar{\alpha}_k/|\alpha_k|$, 它在 [145, p. 64] 的一般情况中总是必需的.

4.6.3 外函数的零点

我们现在介绍一个外函数关于零点的准则.

定义 4.6.10 令矩阵函数 $F \in H^2_{m\times p}$ 几乎处处列满秩. 那么对于解析区域 $\{z : |z| > 1\}$ 中的一个复数 α , 如果存在非零向量 $v \in \mathbb{C}^p$, 称为 α 的 (右) 零方向, 满足

$$F(\alpha)v = 0, \tag{4.74}$$

则称其为 F 的 (右) 零点.

同时, 若 $F \in H^2_{m\times p}$ 几乎处处行满秩, 那么对于解析区域 $\{z : |z| > 1\}$ 中的一个复数 α , 如果存在非零向量 $v \in \mathbb{C}^p$, 称为 α 的 (左) 零方向, 满足

$$w'F(\alpha) = 0, \tag{4.75}$$

则称其为 F 的 (左) 零点.

我们将在第 14 章中对有理矩阵函数的零点进行更多详尽的探讨. 这里我们仅说明, 定义是将零点看作区域 $\{z : |z| > 1\}$ 中唯一使 F 的秩低于其一般值 (在两种情况中分别是 p 与 m) 的点. 上文中所定义的左零点与右零点是将在第 14 章中介绍的不变零点. 注意到 H^2 函数的零点一般仅能在解析区域 $\{z : |z| > 1\}$ 定义, 因为 F 在单位圆盘 $\{z : |z| < 1\}$ 的内部没有解析开拓. 然而对于特殊有解析开拓的子类型 (例如有理函数), 同样的定义便可应用于任意复数.

外函数有列满秩. 它们不需 (右) 零点, 便可由解析函数刻画.

定理 4.6.11 外函数在 $\{z : |z| > 1\}$ 中 (包含无穷远点) 没有零点. 特别地, 一个 H^2 中的有理函数是外函数当且仅当它在 $\{z : |z| \geqslant 1\}$ 中没有极点, 在 $\{z : |z| > 1\}$ 中 (包含无穷远点) 没有零点.

证 我们要说明, 若 F 有一个零点, 即存在位于闭圆盘外的点 α 满足 (4.74), 那么不变子空间

$$\mathcal{F} := \overline{\text{span}}\{e^{i\theta t}F_k \,|\, k = 1, \cdots, m,\ t \leqslant 0\}$$

就不是整个 H^2_p, 即 F 不是外函数.

因为对于任意非奇异 $m\times m$ 与 $p\times p$ 常值矩阵 T 和 S, 函数 TFS 张成同样的不变子空间 $\mathcal{F}$, 不失一般性可以假设 v 是 $\mathbb{C}^p$ 的典则基中的第一个向量 $e_1 := [1, 0, \cdots, 0]'$. 因此我们可对 F_{1j}, $j = 1, \cdots, p$ 都假设有零点为 α, 即 $F_{1j}(\alpha) = 0$. 因为 H^2 中函数的零点是孤立点, 且有有限的重数 [145], 所有 F_{1j} 都可写为

$$F_{1j}(z) = \hat{F}_{1j}(z)\left(\frac{z-\alpha}{1-\bar{\alpha}z}\right)^{k_j},$$

这里 $\hat{F}_{1j}(z) \in H^2$, $k_j \geqslant 1$ 是零点的重数, 且 $\hat{F}_{1j}(z)(\alpha) \neq 0$. 由此, $\mathcal{F}$ 中任意函数的第一个分量一定有一个零点 α, 它的重数 (至少) 为 $\{k_j\}$ 的最大公因子. 令 $Q(z)$ 为所有基本 Blaschke 因子的最大公因子, 所有这样的第一分量可写为

$$f_1(z) = h(z)Q(z), \quad h \in H^2 .$$

现在, 对任意非平凡内函数 Q, 都有函数 $g \in H^2$ 满足 $\bar{g}(z) := Q^*(z)g(z)$ 在 $\bar{H}^2$ 中. 这些函数实际上填满了 H^2 中的正交补空间 $(H^2Q)^\perp$. 例如

$$g(z) = \frac{1}{(1-\bar{\alpha}z)^k}$$

是其中的一个函数. 现在考虑由形如 $[g, 0, \cdots, 0]$ 且 $g \in (H^2Q)^\perp$ 的向量函数构成的 H_p^2 中的子空间 $\mathcal{G}$. 因为对任意 $f = [f_1, f_2, \cdots, f_p] \in \mathcal{F}$, 我们有 $\langle f_1, g\rangle_{H^2} = \langle h, Q^*g\rangle_{H^2} = 0, j = 1, \cdots, m$, 故有 $\mathcal{G} \perp \mathcal{F}$. □

因此一个标量有理外函数在 $\{z : |z| \geqslant 1\}$ 中没有极点, 在 $\{z : |z| > 1\}$ 中没有零点, 且分子分母多项式的阶数相同. 在工程文献中, 这种函数被称为最小相位.

§ 4.7 Toeplitz 矩阵与 Szegö 公式

在本节中, 我们将通过 y 的协方差函数

$$\tau \to \Lambda(\tau) := \mathrm{E}\{y(t+\tau)y(t)'\}$$

来刻画目前为止我们所遇到的概念.$m(N+1)$ 维随机向量

$$\mathrm{y}^N := \begin{bmatrix} y(t)' & y(t-1)' & \cdots & y(t-N)' \end{bmatrix}' \tag{4.76}$$

表示过程 y 在长度为 $N+1$ 的有限时间窗口上的历史.$m(N+1) \times m(N+1)$ 协方差矩阵

$$T_N := \mathrm{Var}\{\mathrm{y}^N\} = [\Lambda(i-j)]_{i,j=0}^N$$

是对称半正定的, 且有分块 Toeplitz 结构. 我们将其称为过程 y 的N 阶 协方差矩阵. 下面的定理是对平稳过程的一列有限阶协方差矩阵的第一个刻画.

定理 4.7.1 假设 y 为满秩过程. 若对某个 N, T_N 是奇异的, 那么 y 是纯确定性的.

证 若 T_N 是奇异的，则有 $r := \dim\ker T_N$ 个线性无关的向量 $a_1, a_2, \cdots, a_r$，满足 $a_k = \begin{bmatrix} a'_{k0} & a'_{k1} & \cdots & a'_{kN} \end{bmatrix}' \in \mathbb{R}^{m(N+1)}$ 及 $T_N a_k = 0$, $k = 0, 1, \cdots, r$, 同时

$$a'_k T_N a_k = \mathrm{E}\{a'_k \mathrm{y}^N\}^2 = 0, \quad k = 1, 2, \cdots, r,$$

故 y 概率 1 满足差分方程系统 $\sum_{j=0}^{N} a_{kj} y(t-j) = 0$, $k = 1, 2, \cdots, r$. 换句话说，存在 $r \times m$ 阶矩阵多项式 $A(z)$ 满足

$$A(\mathrm{e}^{-\mathrm{i}\theta})\mathrm{d}\hat{y} = 0\,.$$

A 的行向量是线性无关向量多项式，因为系数向量都是线性无关的. 因此 $r \leqslant m$, 若不然，方程唯一可能的解是 $\mathrm{d}\hat{y} = 0$. 我们现在说明 $r = m$, 不然 y 不可能是满秩的.

实际上，若 $r < m$, 我们可以将 $A(z)$ 左乘一个幺模多项式矩阵 [9] $U(z)$，使得 A 形如 $A(z) = [P(z)\ Q(z)]$，这里 $P(z)$ 是 $r \times r$ 阶非奇异多项式矩阵 (即 $\det P(z)$ 不恒为 0)[257, 定理 3.3.22]. 因此，将过程 y 的前 r 个与后 $m-r$ 个分量的过程分别记为 y^r 与 y^{m-r}, 我们有

$$P(\mathrm{e}^{-\mathrm{i}\theta})\mathrm{d}\hat{y}^r + Q(\mathrm{e}^{-\mathrm{i}\theta})\mathrm{d}\hat{y}^{m-r} = 0 \qquad \text{a.e.},$$

显然可得 $\mathrm{H}(y^r) \subset \mathrm{H}(y^{m-r})$. 这与满秩的假设矛盾. 因此 $A(z)$ 是方阵 $(r = m)$ 且是非奇异的多项式矩阵. 我们可知在这种情况下可以将 $A(z)$ 左乘一个幺模多项式矩阵 $U(z)$, 从而使 $R(z) = U(z)A(z)$ 的 0 次项系数 R_0 非奇异，并使方程 $A(\mathrm{e}^{-\mathrm{i}\theta})\mathrm{d}\hat{y} = 0$ 的解集不变，例如 [257]. 总之 y 一定满足差分方程

$$\sum_{k=0}^{N} R_k y(t-k) = 0, \quad t \in \mathbb{Z}, \quad \det R_0 \neq 0\,, \tag{4.77}$$

它也可写为

$$y(t) = \sum_{k=1}^{N} \hat{R}_k y(t-k)\,, \qquad \hat{R}_k := R_0^{-1} R_k\,.$$

这显然可得到 $\mathrm{H}(y(t)) \subset \mathrm{H}(y(t-1), \cdots, y(t-N))$ 对所有 $t \in \mathbb{Z}$ 成立，因此也有 $\mathrm{H}_t^-(y) \subset \mathrm{H}_{t-1}^-(y)$. 随时间反向迭代，可得对所有 t, 都有 $\mathrm{H}_t^-(y) \subset \mathrm{H}_{-\infty}(y)$. 故 y 一定是纯确定性的. □

注意到 N 阶差分方程 (4.77) 有一个解，它是 $v_k p(t)\lambda_i^t$ 的线性组合，其中 v_k 是随机向量，而 $p(t)$ 是一个多项式，每个指数项都与其复共轭成对出现. 每个这样的

[9] 注意一个多项式方阵是幺模的，如果它的逆也是多项式矩阵.

项都对应于特征多项式 $\det R(z) = 0$ 的一个零点. 容易发现这样的线性组合可得到一个平稳过程当且仅当这些零点位于复平面单位圆 $\{z : |z| = 1\}$ 上, 且有简单特征 (Jordan 块维数是 1) 使得多项式 $p(t)$ 为常数. 不难验证这些零点恰在该过程 (奇异) 谱分布矩阵谱线的位置.

同时注意到 T_N 可由 T_{N-1} 通过

$$T_N = \begin{bmatrix} \Lambda(0) & B \\ B' & T_{N-1} \end{bmatrix} \tag{4.78}$$

得到, 这里 $B = \begin{bmatrix} \Lambda(1) & \Lambda(2) & \cdots & \Lambda(N) \end{bmatrix}$. 通过分块对角化可使这个递推关系更明显. 它可由 $y(t)$ 的记忆为 N 的有限记忆预测

$$\hat{y}_N(t) := \mathrm{E}[y(t) \mid y(t-1), y(t-2), \cdots, y(t-N)] \tag{4.79}$$

得到, 同时观察到一步预测误差向量 $e_N(t) := y(t) - \hat{y}_N(t)$(也被称为$y$ 的记忆为 N 的新息) 是与子空间 $\mathrm{H}(y(t-1), \cdots, y(t-N))$ 正交的, 从而

$$\mathrm{Var}\left\{\begin{bmatrix} e_N(t) \\ \mathrm{y}^{N-1} \end{bmatrix}\right\} = \begin{bmatrix} \Sigma_N & 0 \\ 0 & T_{N-1} \end{bmatrix},$$

这里 $\Sigma_N := \mathrm{Var}\, e_N(t)$. 因为由 (2.5) 可得 $e_N(t) = y(t) - BT_{N-1}^{\dagger}\mathrm{y}^{N-1}$, 从而

$$\begin{aligned} \begin{bmatrix} \Sigma_N & 0 \\ 0 & T_{N-1} \end{bmatrix} &= \begin{bmatrix} I_m & -BT_{N-1}^{\dagger} \\ 0 & I_{mN} \end{bmatrix} \begin{bmatrix} \Lambda(0) & B \\ B' & T_{N-1} \end{bmatrix} \begin{bmatrix} I_m & 0 \\ -T_{N-1}^{\dagger}B' & I_{mN} \end{bmatrix} \\ &= U_N T_N U_N', \end{aligned} \tag{4.80}$$

这里矩阵 U_N 为上三角矩阵且行列式为 1. 现在, 等式 (4.80) 可等价地写为

$$T_N = U_N^{-1} \begin{bmatrix} \Sigma_N & 0 \\ 0 & T_{N-1} \end{bmatrix} (U_N')^{-1},$$

由此, 我们可得到行列式的递推式, 即

$$\det T_N = \det \Sigma_N \det T_{N-1}\,, \qquad N = 1, 2, \cdots.$$

通过递推式可得公式

$$\det T_N = \prod_{k=1}^{N} \det \Sigma_k \,\det \Sigma_0\,, \qquad N = 1, 2, \cdots, \tag{4.81}$$

这里初始误差的方差 Σ_0 可取 $\Lambda(0)$. 由行列式递推式, 我们立即可得下面推论.

命题 4.7.2 若对某 N, T_N 是奇异的, 那么对所有 $M > N$ 它都是奇异的. 类似地, 若 Σ_N 是奇异的, 那么对所有 $M \geqslant N$, Σ_M 都是奇异的.

这是由公式 (4.81) 得到的重要结论. 下面的定理也将介绍这一点.

定理 4.7.3 假设过程 y 为满秩 m. 那么有限记忆预测误差 e_N 在 $N \to \infty$ 时收敛于平稳过程 e , 其方差为 $\Sigma = \mathrm{E}\{e(t)e(t)'\}$, 由下式给出

$$\Sigma = \lim_{N\to\infty} \Sigma_N\,. \tag{4.82}$$

同时,

$$\lim_{N\to\infty} \frac{1}{N} \log\det T_N = \log\det \Sigma, \tag{4.83}$$

若 T_N 为奇异的, 那么 (4.83) 中的两项都等于-∞. 过程 y 是纯非确定性的当且仅当 Σ 是非奇异的.

证 将广义鞅收敛定理 [77, 定理 7.4, p. 167] 应用于有限记忆预测 (4.79), 可得 $e_N(t)$ 当 $N \to \infty$ 时在均方意义下收敛于有限方差随机变量 $e(t)$. 由

$$\lim_{N\to\infty} \hat{y}_N(t) = \mathrm{E}[y(t) \mid \mathrm{H}_t^-(y)]$$

是一个平稳过程, 故 e 是平稳的. 极限关系 (4.82) 可由 e_N 到 e 的均方收敛得到. 且 (4.83) 可由对数的连续性得到, 因为

$$\frac{1}{N} \log\det T_N = \frac{1}{N} \sum_{k=1}^{N} \log\det \Sigma_k + \frac{1}{N} \Lambda(0),$$

并且序列的普通收敛可推出在 Cesàro 意义下的收敛.

极限矩阵 Σ 可为非奇异或奇异的. 在非奇异情形, 极限预测误差 $e(t)$ 的分量构成了徘徊子空间 $\mathrm{H}_{t+1}^-(y) \ominus \mathrm{H}_t^-(y)$ 的一组基, 因此 e 是满秩白噪声, 满足

$$\mathrm{H}_t^-(y) = \mathrm{H}_t^-(e)$$

(参考第 4.5 节), 所以在这种情况下 y 是纯非确定性的. 若 Σ 是奇异的, 秩为 $p, 0 \leqslant p < m$, 那么存在矩阵 $S \in \mathbb{R}^{p\times m}$ 满足 $S\Sigma S' = I_p$, 从而 $\hat{e}(t) := Se(t)$ 是一个标准化白噪声过程. 实际上过程 e 的分量至多有 p 个线性组合可为标准白噪声, 故 p 是 e 的秩. 因此, 因为 y 为满秩 m, 空间 $\mathrm{H}(y)$ 一定有分解 $\mathrm{H}(y) = \mathrm{H}(e) \oplus \tilde{\mathrm{H}}, \tilde{\mathrm{H}}$ 为 $\mathrm{H}(y)$ 的双不变子空间, 有 $m - p$ 个生成元. 通过构造, 这个分解在如下意义下是最大的, 即不存在其他 $\mathrm{H}(y)$ 的分解包含一个更大的 p.n.d. 不变子空间 $\mathrm{H}(\hat{e}) \supset \mathrm{H}(e)$, $\hat{e}$ 是满秩且维数高于 $p = \dim e$ 的白噪声过程.

易知若 v 是推论 4.5.9 中所定义的 y 的纯确定性分量, 则 $\tilde{\mathrm{H}} = \mathrm{H}(v)$. 令 $\tilde{\mathrm{H}}$ 由秩为 $m-p$ 的平稳过程 v 生成, 并且 v 正交于 e, 即对所有 $t,s \in \mathbb{Z}$, 都有 $\mathrm{E}\{v(t)e(s)'\} = 0$. 我们说 v 一定是纯确定性的. 否则同样由上面的讨论, 我们可构造一个 v 的有限记忆预测误差,$\tilde{v}_N \to \tilde{v}$ 有非零极限协方差阵 Δ 且有正秩, 因而我们有 $\mathrm{H}(y)$ 的一个分解, 它有纯非确定性分量 $\mathrm{H}(e) \oplus \mathrm{H}(\tilde{v})$ 严格大于 $\mathrm{H}(e)$. 但 $\mathrm{H}(e)$ 由构造可知是 $s(y)$ 的最大 p.n.d. 子空间. □

我们现在假设过程 y 有绝对连续的谱分布, 其谱密度为 Φ. 这时 Herglotz 表示定理 (定理 3.2.1) 可写为

$$\Lambda(\tau) = \int_{-\pi}^{\pi} \mathrm{e}^{\mathrm{i}\theta\tau}\Phi(\mathrm{e}^{\mathrm{i}\theta})\frac{\mathrm{d}\theta}{2\pi}, \quad \tau \in \mathbb{Z}, \tag{4.84}$$

这里谱密度 Φ 是 Hermitian, 且几乎处处正定的矩阵函数, 在 $[-\pi,\pi]$ 上可积, 记为 $\Phi \in L^1([-\pi,\pi])$.

我们的目标是研究过程 y 的 N 阶协方差矩阵的谱 $\sigma(T_N)$ 与谱密度 Φ 的关系. 为此, 我们考虑矩阵 $\Phi(\mathrm{e}^{\mathrm{i}\theta})$ 的特征根 $\lambda_1(\theta),\cdots,\lambda_m(\theta)$, 其中每个特征根都是 $\theta \in [-\pi,\pi]$ 的函数, 按其重数重复列出. 特征根定义为行列式方程 $\det[\Phi(\mathrm{e}^{\mathrm{i}\theta})-\lambda I]=0$ 的根 (几乎处处意义下). 因为 $\Phi(\mathrm{e}^{\mathrm{i}\theta})$ 是几乎处处半正定矩阵, 特征根 $\lambda_k(\theta)$ 几乎处处是非负实数, 对每个 θ 都可按递减顺序排序. 通过这种方式, 特征根 λ_k 为 θ 的可测函数, 且在 $[-\pi, \pi]$ 上几乎处处为正.

显然谱 $\sigma(T_N)$ 是正实轴的子集. 注意到方阵的迹与行列式都是特征根的函数, 特别地,

$$\operatorname{trace}\Phi(\mathrm{e}^{\mathrm{i}\theta}) = \sum_{k=1}^{m}\lambda_k(\theta), \qquad \det\Phi(\mathrm{e}^{\mathrm{i}\theta}) = \prod_{k=1}^{m}\lambda_k(\theta)\,.$$

由 $\frac{1}{N}\operatorname{trace}T_N$ 可得 $\sigma(T_N)$ 与 $\sigma\{\Phi(\mathrm{e}^{\mathrm{i}\theta})\}$ 的一个简单关系. 通过观察 T_N 的结构, 即所有对角块都等于 $\Lambda(0)$, 通过表示 (4.84) 并在积分下取迹, 我们可得

$$\frac{1}{N}\operatorname{trace}T_N = \operatorname{trace}\Lambda(0) = \int_{-\pi}^{\pi}\operatorname{trace}\Phi(\mathrm{e}^{\mathrm{i}\theta})\,\frac{\mathrm{d}\theta}{2\pi}, \tag{4.85}$$

两项同时除以 m 可得

$$\frac{1}{mN}\sum_{k=1}^{mN}\lambda_k(T_N) = \int_{-\pi}^{\pi}\frac{1}{m}\sum_{k=1}^{m}\lambda_k(\theta)\,\frac{\mathrm{d}\theta}{2\pi}.$$

这个关系可解释为：T_N 特征根的算术平均是 $\Phi(\mathrm{e}^{\mathrm{i}\theta})$ 特征根的与 θ 相关的算术平均 $\frac{1}{m}\sum_k\lambda_k(\theta)$ 在单位圆上的平均. 下面的定理对于标量情形给出了更一般的结论, 它来自 G. Szegö, 参考 [127, p. 112-114].

定理 4.7.4 假设过程 y 是满秩的, 且有绝对连续谱分布, 谱密度为 Φ, 令 $\lambda_1(\theta), \cdots, \lambda_m(\theta)$ 表示矩阵 $\Phi(e^{i\theta})$ 的特征根. 那么

$$\lim_{N\to\infty}\frac{1}{N}\sum_{\lambda\in\sigma(T_N)}F(\lambda)=\int_{-\pi}^{\pi}\sum_{k=1}^{m}F(\lambda_k(\theta))\,\frac{d\theta}{2\pi} \tag{4.86}$$

对任意在正常轴 $[0,+\infty)$ 上有紧支撑的连续实值函数 F 成立. 若 Φ 是本质有界的, 不需是正定 Hermite 矩阵函数, 那么公式 (4.86) 也对任意连续函数 F 成立.

这个定理的证明很长且很有技巧性, 我们不再在此讨论. 感兴趣的读者可以参考本章最后所提到的参考文献.

对于矩阵情形的 Szegö 定理, 我们可得到一个关于预测误差方差行列式及纯非确定性谱域条件的著名公式. 在标量情形这公式也被称为 Szegö-Kolmogorov-Krein 公式; 参看 Jensen 公式 [4, p. 184]. 在矩阵情形的推广首先是由 Wiener 与 Masani 提出的.

定理 4.7.5 (Wiener-Masani) 假设过程 y 是满秩的, 且有绝对连续的谱分布, 谱密度为 Φ, 那么

$$\lim_{N\to\infty}\frac{1}{N}\log\det T_N=\int_{-\pi}^{\pi}\log\det\Phi(e^{i\theta})\,\frac{d\theta}{2\pi}, \tag{4.87}$$

故

$$\log\det\Sigma=\int_{-\pi}^{\pi}\log\det\Phi(e^{i\theta})\,\frac{d\theta}{2\pi}, \tag{4.88}$$

因此 y 是 p.n.d. 当且仅当

$$\int_{-\pi}^{\pi}\log\det\Phi(e^{i\theta})\,\frac{d\theta}{2\pi}>-\infty\,. \tag{4.89}$$

证 我们给出一个启发式的推导, 通过在 (4.86) 中令 $F(\lambda)=\log\lambda$, 从而有

$$\frac{1}{N}\sum_{\lambda\in\sigma(T_N)}\log\lambda=\frac{1}{N}\log\prod_{\lambda\in\sigma(T_N)}\lambda=\frac{1}{N}\log\det T_N$$

以及

$$\sum_{\lambda(\theta)\in\sigma(\Phi(e^{i\theta}))}\log\lambda(\theta)=\log\prod_{\lambda(\theta)\in\sigma(\Phi(e^{i\theta}))}\lambda(\theta)=\log\det\Phi(e^{i\theta})\,.$$

不幸的是 $\log\lambda$ 没有紧支撑, 也不在 $\lambda=0$ 处连续. 因此我们需要推广 (4.86) 使其包含这种情形.

引理 4.7.6　令 F 为一个 $[0, +\infty)$ 上的连续函数,$\{F_\alpha\}$ 为支撑在 $[0,\alpha]$ 中的一族连续函数, 它们在 $\alpha \to \infty$ 时收敛于 F. 假设

$$\lim_{\alpha\to\infty}\int_{-\pi}^{\pi}\sum_k F_\alpha(\lambda_k[\Phi(\mathrm{e}^{\mathrm{i}\theta})])\,\frac{\mathrm{d}\theta}{2\pi}=\int_{-\pi}^{\pi}\sum_k F(\lambda_k[\Phi(\mathrm{e}^{\mathrm{i}\theta})])\,\frac{\mathrm{d}\theta}{2\pi},\tag{4.90}$$

这里右边可能等于 $\pm\infty$. 则 (4.86) 对函数 F 成立.

同样, 令 F 为 $(0,a]$ $(a>0)$ 上的连续函数, 令 $\{F_\beta\}$ 为支撑在 $[\beta,a]$ 上的一族连续函数, 它们在 $\beta\to 0$ 时收敛于 F. 假设

$$\lim_{\beta\to 0}\int_{-\pi}^{\pi}\sum_k F_\beta(\lambda_k[\Phi(\mathrm{e}^{\mathrm{i}\theta})])\,\frac{\mathrm{d}\theta}{2\pi}=\int_{-\pi}^{\pi}\sum_k F(\lambda_k[\Phi(\mathrm{e}^{\mathrm{i}\theta})])\,\frac{\mathrm{d}\theta}{2\pi},\tag{4.91}$$

这里右边可能等于 $\pm\infty$. 则 (4.86) 对函数 F 成立.

证　在 (4.86) 中令 $F := F_\alpha$. 对两边取 $\alpha\to\infty$ 的极限, 我们有

$$\begin{aligned}\lim_{\alpha\to\infty}\lim_{N\to\infty}\frac{1}{N}\sum_k F_\alpha(\lambda_k[T_N]) &= \lim_{\alpha\to\infty}\int_{-\pi}^{\pi}\sum_k F_\alpha(\lambda_k[\Phi(\mathrm{e}^{\mathrm{i}\theta})])\,\frac{\mathrm{d}\theta}{2\pi}\\ &= \int_{-\pi}^{\pi}\sum_k F(\lambda_k[\Phi(\mathrm{e}^{\mathrm{i}\theta})])\,\frac{\mathrm{d}\theta}{2\pi}.\end{aligned}$$

我们可看出左边的极限也存在, 又因

$$\lim_{\alpha\to\infty}\frac{1}{N}\sum_k F_\alpha(\lambda_k[T_N])=\frac{1}{N}\sum_k F(\lambda_k[T_N])$$

对 N 一致, 故它等于 $\lim_{N\to\infty}\dfrac{1}{N}\sum_k F(\lambda_k[T_N])$. 故 (4.86) 对 F 成立. 另一部分也可类似地证明. □

现在令 $\log\lambda=\log^+\lambda-\log^-\lambda$, 这里 $\log^+\lambda=\log\lambda I_{[1,+\infty)}(\lambda)$ 且 $\log^-\lambda=-\log\lambda I_{(0,1]}(\lambda)$,$I_E$ 表示集合 E 的示性函数. 若我们用一列满足 $\log^+_\alpha(\lambda)=\log^+(\lambda)$ 的非负连续函数 $\left(\log^+_\alpha\right)$ 逼近 $\log^+$, 则条件 (4.90) 一定满足, 其中 $\lambda\in[1,\alpha]$ 且对 $\lambda>\alpha+\epsilon$ 等于 0,ϵ 可取任意小. 若 $\alpha_2>\alpha_1$, 我们有

$$\int_{-\pi}^{\pi}\sum_k \log^+_{\alpha_1}(\lambda_k[\Phi(\mathrm{e}^{\mathrm{i}\theta})])\,\frac{\mathrm{d}\theta}{2\pi}\leqslant\int_{-\pi}^{\pi}\sum_k \log^+_{\alpha_2}(\lambda_k[\Phi(\mathrm{e}^{\mathrm{i}\theta})])\,\frac{\mathrm{d}\theta}{2\pi},$$

因为被积函数是非负的, 故 $\alpha\to\infty$ 时积分的极限存在. 实际上, 极限是有限的, 这是因为 $\log^+$ 是凹函数, 并且由 Jensen 不等式,

$$\int_{-\pi}^{\pi}\sum_k \log^+(\lambda_k[\Phi(\mathrm{e}^{\mathrm{i}\theta})])\,\frac{\mathrm{d}\theta}{2\pi}\leqslant\log^+\int_{-\pi}^{\pi}\mathrm{trace}[\Phi(\mathrm{e}^{\mathrm{i}\theta})]\,\frac{\mathrm{d}\theta}{2\pi}<\infty.$$

我们可对有紧支撑且在 $[\beta, 1]$ 上等于 $\log^-(\lambda)$ 的一列合适的非负函数 ($\log_\beta^-$) 进行类似的讨论, 故 $\log_\beta^-$ 当 $\beta \downarrow 0$ 时逐点收敛于 $\log^-$. 积分

$$\int_{-\pi}^{\pi} \sum_k \log_\beta^-(\lambda_k[\Phi(e^{i\theta})]) \frac{d\theta}{2\pi}$$

也构成了在 $\beta \downarrow 0$ 时的一个单调不减列, 因此有极限 (可能为 $+\infty$). 因为引理 4.7.6 的条件对函数 $\log^+$ 与 $\log^-$ 都成立, 故可知 (4.86) 对它们也分别成立, 因此对其差也成立. 注意到,$\sum_k \log^-(\lambda_k[\Phi(e^{i\theta})])$ 的积分有可能为 $+\infty$, 这恰在函数 $\log\det\Phi$ 的积分等于 $-\infty$ 时一定成立. 证毕. □

Wiener-Masani 的原始文献 [307] 或 [270, p. 85] 中可找到另一种证明.

4.7.1 Toeplitz 矩阵的代数性质

在本小节我们考虑对应于 $m\times m$ 矩阵值函数 $\theta \mapsto F(e^{i\theta})$ 的无限分块 Toeplitz 矩阵, 它不需要是一个谱密度, 即不需要为 Hermite 正定的. 然而, 通过下文可自然地假设 F 在单位圆上是本质有界的, 即属于空间 $L^\infty_{m\times m}([-\pi,\pi])$(在附录 B.2 中定义). 令 $F(z) := \sum_{-\infty}^{\infty} F_k z^{-k}$ 表示此函数的 Fourier 展开 (当然也在 $L^2_{m\times m}([-\pi,\pi])$ 上收敛), 定义一个半无限分块 Toeplitz 矩阵 $T(F)$, 它的 (i,j)-块为

$$T(F)_{ij} = F_{i-j}, \qquad 0 \leqslant i,j < \infty. \tag{4.92}$$

函数 F 被称为 $T(F)$ 记号 . 我们有兴趣研究映射 $F \mapsto T(F)$ 的性质.

易知矩阵函数 $F \in L^\infty_{m\times m}([-\pi,\pi])$ 在矩阵加法和乘法下构成一个代数 (实际上是在无穷范数下的 Banach 代数). 不难验证半无限分块 Toeplitz 矩阵 (4.92) 满足 $F_1 + F_2 \mapsto T(F_1) + T(F_2)$, 从而映射 $F \mapsto T(F)$ 是线性的. 问题是它关于矩阵乘法有何表现, 特别是是否有形如 $T(F_1F_2) = T(F_1)T(F_2)$ 的关系成立, 以及映射是否保持代数结构.

令 $F, G \in L^\infty_{m\times m}([-\pi,\pi])$. 由直接计算可知半无限矩阵 $T(FG)$ 与 $T(F)T(G)$ 的 (i,j) 处分量等于

$$T(FG)_{ij} = \sum_{k=-\infty}^{\infty} F_{i-k}G_{k-j}, \qquad [T(F)T(G)]_{ij} = \sum_{k=0}^{\infty} F_{i-k}G_{k-j}. \tag{4.93}$$

因此

$$T(FG) - T(F)T(G) = \left[\sum_{k=1}^{\infty} F_{i+k}G_{-k-j}\right]_{i,j\geqslant 0}, \tag{4.94}$$

由此可得

命题 4.7.7 两个分块 Toeplitz 矩阵的乘积 $T(F)T(G)$ 是分块 Toeplitz 的充要条件是 $F \in \bar{H}^{\infty}_{m\times m}$ 与 $G \in H^{\infty}_{m\times m}$ 之一成立. 若此条件满足, 那么 $T(FG) = T(F)T(G)$.

证 由 (4.93) 我们有

$$[T(F)T(G)]_{i+1,j+1} = \sum_{k=0}^{\infty} F_{i+1-k}G_{k-j-1} = F_{i+1}G_{-j-1} + \sum_{k=0}^{\infty} F_{i-k}G_{k-j},$$

故 $[T(F)T(G)]_{i+1,j+1} = [T(F)T(G)]_{ij}$ 当且仅当乘积 $F_{i+1}G_{-j-1}$ 对所有 $i, j > 0$ 都是 0. 此时由 (4.94) 可得 $T(F)T(G)$ 等于 $T(FG)$. □

若 $F \in L^{\infty}_{m\times m}$, 半无限矩阵 $T(F)$ 可被视为一个良定义 的有界 Toeplitz 算子 $\mathcal{T}(F) : H^2_m \to H^2_m$ 的矩阵表示, 这个算子定义为

$$\mathcal{T}(F) : f \mapsto P^{H^2_m} M_F f, \qquad f \in H^2_m, \tag{4.95}$$

其范数恰为 $\|F\|_\infty$; 参考 [132, p.196, Corollary 1].

若 F 是解析的,$T(F)$ 是分块下三角 Toeplitz 矩阵, 也是一个解析 (或因果) Toeplitz 算子 的矩阵表示. 这时映射 $F \mapsto T(F)$ 是一个从 $H^{\infty}_{m\times m}$ 到 H^2_m 上解析 Toeplitz 算子代数的代数同态, 或等价地, 是到块维数为 $m \times m$ 的下三角分块 Toeplitz 矩阵代数的代数同态. 同样, 若 G 属于本质有界函数 (其严格正指标项的 Fourier 系数为 0) 共轭 Hardy 空间 $\bar{H}^{\infty}_{m\times m}$, 映射 $F \mapsto T(F)$ 是一个从 $\bar{H}^{\infty}_{m\times m}$ 到块维数为 $m \times m$ 的上三角分块 Toeplitz 矩阵代数的代数同态.

特别地, 因 $T(I_m) = I$ (半无限恒等矩阵), 我们有 $T(F^{-1}) = T(F)^{-1}$ 当且仅当 F 是 $H^{\infty}_{m\times m}$ 或 $\bar{H}^{\infty}_{m\times m}$ 中的可逆元; 本质上是一个在单位圆上无零点的外或共轭外矩阵函数.

不幸的是, 命题 4.7.7 中的条件在平稳过程研究中的很多情况下都无法满足. 例如它不能应用于谱因子分解. 令 $T(\Phi)$ 与 $T(W)$ 表示对应于有界 $m \times m$ 可分解谱密度矩阵 Φ 及其解析最小相位谱因子 W 的半无限分块 Toeplitz 矩阵, 其中 $\Phi(z) = W(z)W(z)^*$, 熟知

$$T(\Phi) \neq T(W)T(W^*).$$

这既可由命题 4.7.7 立即得到, 也可直接验证. 实际上, 因为 $W \in H^{\infty}_{m\times m}$, 它的负 Fourier 系数消失, 因此对 $j > i$ 有 $T(W)_{ij} = 0$, 故 $T(W)$ 是分块下三角矩阵, 其对角块都等于某新息方差矩阵的平方根 W_0, 且该新息方差矩阵是对称正定的. 不失一般性,W_0 可选为下三角矩阵且对角元为正值. 因此若等式 $T(\Phi) = T(W)T(W^*)$ 成立, 则 $T(W)$ 是 $T(\Phi)$ 的下三角 Toeplitz 因子且对角元为正值. 它与 $T(\Phi)$ 的下三角 Cholesky 因子相同, 而后者是唯一的 (定理 B.1.4). 然而, 立即可验证一个正

定分块 Toeplitz 矩阵的 Cholesky 因子不是分块 Toeplitz 的且有时变的结构. 仅当 $i \to +\infty$ 渐进情形下时, Cholesky 因子的第 i 块行收敛于对应的 Toeplitz 矩阵 $T(W)$ 的块行[24, 267].

我们用此例子引入映射 $F \mapsto T(F)$ 弱于乘法同态的一个性质, 可看出, 它在很一般的情况下也成立且在应用中一样有用.

定义 4.7.8 令 (A_N) 与 (B_N) 为两列均为 $mN \times mN$ 维的实矩阵. 若范数序列 $(\|A_N\|)$ 与 $(\|B_N\|)$ 都有界, 且满足

$$\lim_{N\to\infty} \frac{1}{N}\|A_N - B_N\|_F^2 = 0, \tag{4.96}$$

(这里 $\|\cdot\|_F$ 为 Frobenius 范数), 则称这两列为渐近等价的, 记为 $A_N \sim B_N$.

因为一个有本质有界标记的无限分块 Toeplitz 矩阵的范数是有限的, 从而任意有限子矩阵 $T_N(F)$ 的范数也是有限的；实际上, 一致有界于 $T(F)$ 的范数. 因此范数有界性条件自然满足.

一般来说, 尽管 $T(FG)$ 与 $T(F)T(G)$ 的所有有限子矩阵 $T_N(FG)$ 与 $T_N(F)T_N(G)$ 可能都不同, 但它们经常都是渐近等价的.

定理 4.7.9 若 $F, G \in L^\infty_{m\times m}([-\pi, \pi])$, 那么 $T_N(FG)$ 与 $T_N(F)T_N(G)$ 是渐近等价的.

证 令 $F_+(z) := \sum_{k=1}^{\infty} F_k z^{-k} \in H^\infty_{m\times m}$ 为 $F(z)$ 的严格因果部分, 而 $G_-(z) = \sum_{k=-\infty}^{-1} G_k z^{-k}$ 为 $G(z)$ 的严格反因果部分. 注意到

$$\bar{G}^j(z) := \sum_{k=-\infty}^{-1} \bar{G}^j_k z^{-k} = \sum_{h=1}^{\infty} G_{-h-j} z^h$$

对任意 $j \geqslant 0$ 都是严格反因果的. 将 (4.94) 右式的误差项写为分块半无限矩阵 H, 记为列块形式：$H := [H_0\, H_1\, \cdots H_j \cdots]$, 这里每一列块的第 i 个块行都等于

$$H_{ij} = \sum_{k=-\infty}^{-1} F_{i-k}\bar{G}^j_k, \qquad \bar{G}^j_k := G_{k-j},$$

因此每个块列的元素 H_{ij}, $i = 0, 1, \cdots$ 都是函数 $F_+(z)\bar{G}^j(z)$ 的非负 (矩阵)Fourier 系数. 实际上, 考虑到 $\bar{H}^\infty_{m\times m} \subset \bar{H}^2_{m\times m}$, 我们可将 $\hat{H}_j(z) := \sum_{i=0}^{\infty} H_{ij} z^{-i}$ 写为

$$\hat{H}_j(z) = P^{\bar{H}^2_{m\times m}} F_+(z)\, \bar{G}^j(z),$$

这里 $\bar{G}^j$ 是函数 G 的严格非因果部分的压缩右移位, 即

$$\bar{G}^j(z) = P^{\bar{H}^2_{m\times m}} z^{-j} G_-(z).$$

由前面的表示我们可找到 $\hat{H}_j(z)$ 的 2 范数上界

$$\|\hat{H}_j\|_2^2 \leqslant \|F_+\|_\infty^2 \|\bar{G}^j\|_2^2 = \|F\|_\infty^2 \|\bar{G}^j\|_2^2.$$

因此, 应用在附录 B 中的描述,$H_N := [H_0\, H_1\, \cdots H_N]$ 的 Frobenius 范数的上界是

$$\begin{aligned} \frac{1}{N}\|H_N\|_F^2 &= \frac{1}{N}\left\{\|H_0\|_2^2 + \|H_1\|_2^2 + \ldots + \|H_N\|_2^2\right\} \\ &\leqslant \frac{1}{N}\|F\|_\infty^2 \sum_{j=0}^{N} \|\bar{G}^j\|_2^2 \\ &= \|F\|_\infty^2 \frac{1}{N}\sum_{j=0}^{N} \|P^{\bar{H}^2_{m\times m}} z^{-j} G_-\|_2^2 . \end{aligned}$$

现在我们可知压缩至 $\bar{H}_m^2$ 的右移位的幂强趋于 0, 即当 $j \to +\infty$ 时,

$$\|P^{\bar{H}_m^2} z^{-j} g\|_2 \to 0$$

对任意 m 维函数 $g \in \bar{H}_m^2$ 成立; 参考 [104]. 从而有 Cesàro 均值

$$\frac{1}{N}\sum_{j=0}^{N} \|P^{\bar{H}^2_{m\times m}} z^{-j} G_-\|_2^2$$

也在 $N \to \infty$ 时趋于 0. 因此 $\frac{1}{N}\|H_N\|_F^2 \to 0$, 这足以推出 $T_N(FG) \sim T_N(F)T_N(G)$. □

我们在本节最后给出一个推论, 它将应用于第 11 章.

推论 4.7.10　*在定理 4.7.9 的假设下, 有*

$$\begin{aligned} \lim_{N\to\infty} \frac{1}{N} \operatorname{trace}\{T_N(F)T_N(G)\} &= \lim_{N\to\infty} \frac{1}{N} \operatorname{trace} T_N(FG) \\ &= \int_{-\pi}^{\pi} \operatorname{trace}\{F(\mathrm{e}^{\mathrm{i}\theta})G(\mathrm{e}^{\mathrm{i}\theta})\}\frac{\mathrm{d}\theta}{2\pi} \end{aligned} \tag{4.97}$$

成立.

证　因为 FG 是有界的, 定理 4.7.4 的第二部分可推出

$$\begin{aligned} \lim_{N\to\infty} \frac{1}{N} \operatorname{trace} T_N(FG) &= \lim_{N\to\infty} \frac{1}{N} \sum_k \lambda_k \left[T_N(FG)\right] \\ &= \int_{-\pi}^{\pi} \sum_k \lambda_k\{F(\mathrm{e}^{\mathrm{i}\theta})G(\mathrm{e}^{\mathrm{i}\theta})\}\frac{\mathrm{d}\theta}{2\pi} \\ &= \int_{-\pi}^{\pi} \operatorname{trace}\{F(\mathrm{e}^{\mathrm{i}\theta})G(\mathrm{e}^{\mathrm{i}\theta})\}\frac{\mathrm{d}\theta}{2\pi} . \end{aligned}$$

另一方面, 因为对任意 $K\times K$ 方阵 A,$|\operatorname{trace}A|\leqslant\sqrt{K}\|A\|_F$, 即

$$\frac{1}{K}|\operatorname{trace}A|\leqslant\left[\frac{1}{K}\|A\|_F^2\right]^{1/2},$$

从而由 $T_N(FG)\sim T_N(F)T_N(G)$ 可得

$$\lim_{N\to\infty}\frac{1}{N}\operatorname{trace}\{T_N(F)T_N(G)\}=\lim_{N\to\infty}\frac{1}{N}\operatorname{trace}T_N(FG)$$

(定理 4.7.9), 从而可得结论. □

§ 4.8 相关文献

关于预测理论的早期文献有 [171] [306]. 白化滤波器及滤波器的串联结构的想法来自于 [34].Wiener[306–308] 引入了谱因子分解, 并将其作为解决滤波与预测问题的工具.

在 [270] 中可标准正交化过程被称为常秩过程. 因为每个 Hermite 半正定矩阵 H 都有一个平方根, 即一个矩阵 W 满足 $H=WW^*$, 有时在文献中称 y 为可标准正交化 (在我们的术语下) 当且仅当它的谱分布函数是绝对连续的, 且对应的谱密度矩阵 Φ 在 $[-\pi,\pi]$ 上几乎处处有常秩. 这个在某种程度上更简单的论断需要一个证明, 即 Φ 的平方根因子 (不幸的是无法对其逐点定义) 对任意 θ 都可适当选取, 并合在一起形成一个可测矩阵函数 W. 相比之下我们定理 4.2.1 中看起来更严格的可因子分解性条件避免了这些麻烦的技术问题.

徘徊子空间下的Wold表示定理最初是在H. Wold的[314]关于平稳过程以及预测理论的重要工作中介绍的.Wold 的想法在很多方向都得到了推广. 从 [131, 218] 开始, Wold 分解理论的推广已经成为泛函分析的一部分, 并使得我们可以用统一的观点去看待算子理论及 Hardy 空间中的一些基本问题 [138]. 由此观点 (第 3.5 节) 衍生的基本的算子理论 (及 Hardy 空间) 结果可被看作几何 Hilbert 空间 (第 3.4 节) 同构函数的解析对应部分内容. 有一些经典的 Hardy 空间的著作 [81, 107, 138, 145].Paley-Wiener 定理可在 [238] 中找到.

过程的可反转性将在后面发挥重要作用. 其反例 (例 4.5.11) 是由 T. T. Georgiou 建议给我们的.

不变子空间上的 Beurling-Lax 定理最早出现在 [30] 中 (标量情形), 并在 [179] 中被推广为向量函数情形. 标量情形的定理 4.7.4 最早由 G. Szegö 在 1920 年对有界谱发现. 在 [127] (以及 [215]) 中可找到这一结果直到 20 世纪 50 年代后期

的各种版本的历史. 我们建议读者参考 [292], 可得到对于标量情形的现代推广, 参考 [226, 236] 可得到分块 Toeplitz 矩阵推广的情形.

20 世纪五六十年代的很多工作都致力于理解那些刻画了向量 p.n.d. 过程的谱密度矩阵的函数理论性质, 以及相关“因果”谱因子分解问题. 在这些基础文献中我们引用了 [139, 174, 270, 307]. 定理 4.7.5 是这一脉络中的一个基本结果.Szegö 的标量情形的早期证明由 Wiener-Masani [307] 推广至 (满秩) 向量情形. 这些证明建立在非概率技术上, 即复分析及单位圆盘上调和函数的表示. 但我们沿用了一个更“概率化”的推导.[127] 中概述了标量情形下的这一思想. Rozanov[270] 将定理 4.7.5 推广至非满秩过程.

Toeplitz 算子的代数性质最早在 [37] 中讨论, 其基本结论也可在Halmos的著作 [132, 第 20 章] 中找到. 定理 4.7.9 的证明也可以像 [215] 中对标量情形那样应用循环逼近的技巧进行证明. 这里给出的证明似乎更原始且更简单.

第 5 章

连续时间情形的谱因子分解

在本章我们将介绍前一章中的思想和表示结果在连续时间情形下的对应结论. 正如在第 2.8 节中所提的那样, 将离散时间情形推广至连续时间平稳增量过程 是很有趣的. 因此我们将主要讨论这一类情况.

§ 5.1 连续时间 Wold 分解

令 $\{y(t); t \in \mathbb{R}\}$ 为一个 m 维均方连续的平稳增量过程,$\mathrm{H}(\mathrm{d}y)$ 为由这些增量的分量生成的 Hilbert 空间,$\{\mathcal{U}_t\}$ 为 $\mathrm{H}(\mathrm{d}y)$ 中对应的强连续酉群；参考第 2.8 节.

一般来说, 任给 $\mathrm{H}(\mathrm{d}y)$ 的子空间 L , 我们像之前一样, 通过令 $\mathrm{L}_t := \mathcal{U}_t\mathrm{L}, t \in \mathbb{R}$ 来定义 L 的转移 $\{\mathrm{L}_t\}$ 的平稳族. 并通过

$$\mathrm{L}^- := \vee_{t\leqslant 0}\mathrm{L}_t \quad 和 \quad \mathrm{L}^+ := \vee_{t\geqslant 0}\mathrm{L}_t \tag{5.1}$$

来引入 $\{\mathrm{L}_t\}$ 的过去 与未来 (在 0 时刻). 显然, $\mathrm{L}_t^- := \mathcal{U}_t\mathrm{L}^-$ 和 $\mathrm{L}_t^+ := \mathcal{U}_t\mathrm{L}^+$ 分别构成非递减与非递增的 $\mathrm{H}(\mathrm{d}y)$ 子空间族.

引入作用在 $\mathrm{H}(\mathrm{d}y)$ 上的正向 与倒向移位半群 $\{\mathcal{U}_t;\ t \geqslant 0\}$ 与 $\{\mathcal{U}_t^*;\ t \geqslant 0\}$, 这里 $\mathcal{U}_t$ 是由 $\mathrm{d}y$ 诱导的移位, 定义如 (2.90). 易于验证子空间 L 生成转移 $\{\mathrm{L}_t\}$ 的非递减平稳族当且仅当它是倒向移位不变 的；即

$$\mathcal{U}_t^*\mathrm{L} \subset \mathrm{L} \quad 对所有\ t \geqslant 0\ 成立. \tag{5.2}$$

类似地,L 生成转移 $\{\mathrm{L}_t\}$ 的非递增族当且仅当

$$\mathcal{U}_t\mathrm{L} \subset \mathrm{L} \quad 对所有\ t \geqslant 0\ 成立, \tag{5.3}$$

即 L 是正向移位不变 子空间. 像之前一样, 我们将同时满足 (5.2) 与 (5.3) 的子空间称为双不变的.

类似于离散情形, 我们称一个非递减族 $\{L_t\}$ 是纯非确定的 (p.n.d.), 若其遥远过去 $L_{-\infty} := \cap_{t\in\mathbb{R}} L_t$ 仅包含零随机变量.p.n.d. 的性质仅依赖于倒向移位不变子空间 L 的结构. 同时, 对于 H(dy) 中非递增族 $\{\bar{L}_t\}$, 定义遥远未来 $\bar{L}_{+\infty} := \cap_{t\in\mathbb{R}} \bar{L}_t$. 若 $\bar{L}_{+\infty}$ 是平凡的, 则我们称 $\{\bar{L}_t\}$ 是 p.n.d. 的或 $\bar{L}$ 是 p.n.d.(正向移位) 不变子空间. 一个平稳增量过程 dy 若满足 $H^-(dy)$ 是 p.n.d. 则被称为 (正向)p.n.d.; 若满足 $H^+(dy)$ 是 p.n.d. 则被称为 (倒向)p.n.d..

下面的表示定理是 Wold 表示定理 (定理 4.5.4) 的连续时间版本.

定理 5.1.1　子空间 $S \subset H(dy)$ 是倒向移位不变子空间且 p.n.d. 的充要条件是存在一个向量 Wiener 过程 dw 满足

$$S = H^-(dw). \tag{5.4}$$

类似地, 子空间 $\bar{S} \subset H(dy)$ 是正向移位不变子空间且 p.n.d. 的充要条件是在一个向量 Wiener 过程 $d\bar{w}$ 满足

$$\bar{S} = H^+(d\bar{w}). \tag{5.5}$$

dw 与 $d\bar{w}$ 均由 S 与 $\bar{S}$ 唯一确定 (模乘一个常值正交矩阵).dw 的维数被称为 S 或 $H(dw)$ 的重数, $d\bar{w}$ 的维数被称为 $\bar{S}$ 或 $H(d\bar{w})$ 的重数.

证明可通过 Cayley 变换由离散情形的结果得到, 细节可参考 [180, 219].

注意到只要有 $\vee_{t\in\mathbb{R}} S_t = H(dy)$(此时称 S 是全域 的), 我们就有空间 H(dy) 的一个表示:

$$H(dy) = H(dw). \tag{5.6}$$

H(dy) 的类似表示也可在 $\bar{S}$ 是全域时得到.

§ 5.2 半平面的 Hardy 空间

类似于第 4.3 节中所描述的结构, 但这里我们从实轴上的平方可积函数等价类的 Lebesgue 空间 $L_p^2(\mathbb{R})$ 开始引出半平面的 Hardy 空间.

定义 5.2.1 半平面的 Hardy 空间 (记为 $H_p^2(\mathbb{C}_+)$ 或在不引起混淆时简记为 H_p^2) 由在右半复平面上解析的 p 维向量函数构成, 且有映射族 $\{i\omega \to f(\sigma + i\omega); \sigma > 0\}$ 在 $L_p^2(\mathbb{I})$ 范数下一致有界. 同时, 半平面的共轭 Hardy 空间 (记为 $\bar{H}_p^2(\mathbb{C}_+)$ 或简记为 $\bar{H}_p^2$) 由在左半复平面上解析的 p 维向量函数构成, 且有映射族 $\{i\omega \to f(\sigma + i\omega); \sigma < 0\}$ 在 $L_p^2(\mathbb{I})$ 范数下一致有界.

可看出 (参考 [145, p.128])$H_p^2(\mathbb{C}_+)$ ($\bar{H}_p^2(\mathbb{C}_+)$) 中函数在复平面虚轴上有不相切的边界值, 且在 $L_p^2(\mathbb{I})$ 范数和几乎处处意义下收敛. 同时它们可唯一地由其边界值 (在 $L_p^2(\mathbb{I})$ 中) 还原. 通过引入合适的范数定义, 解析函数与它们边界值的对应关系可以是一一对应的, 所以不必区分这两类. 本书我们也沿用这一惯例, 所以虚轴上的函数 (同时也是 Hardy 空间 $H_p^2(\mathbb{C}_+)$ 或 $\bar{H}_p^2(\mathbb{C}_+)$ 中函数的边界值) 被称为*解析* 或*共轭解析* 的.

(连续时间)Paley-Wiener 定理明确说明了虚轴上的哪些函数是 Hardy 空间 $H_p^2(\mathbb{C}_+)$(或 $\bar{H}_p^2(\mathbb{C}_+)$) 中函数的边界值. 前文中我们将在负半轴 (正半轴) 上为 0 的函数 $f \in L_p^2(\mathbb{R})$ 称为*因果* (*反因果*). 因果与反因果函数构成了 $L_p^2(\mathbb{R})$ 中互补的 Hilbert 子空间, 分别记为 $L_p^{2+}(\mathbb{R})$ 和 $L_p^{2-}(\mathbb{R})$. 如第 3.6 节所讨论,Fourier 算子 $\mathfrak{F}$ 是 $L_p^2(\mathbb{R})$ 到 $L_p^2(\mathbb{I}, \frac{d\omega}{2\pi})$ 的酉算子.

定理 5.2.2 (Paley-Wiener) *Hardy 空间 $H_p^2(\mathbb{C}_+)$ 是 p 维因果函数的子空间 $L_p^{2+}(\mathbb{R})$ 在 Fourier 映射*

$$\mathfrak{F}(L_p^{2+}) = H_p^2(\mathbb{C}_+) \tag{5.7}$$

下的像. 共轭 Hardy 空间 $\bar{H}_p^2(\mathbb{C}_+)$ 是 p 维反因果函数的子空间 $L_p^{2-}(\mathbb{R})$ 在 Fourier 映射

$$\mathfrak{F}(L_p^{2-}) = \bar{H}_p^2(\mathbb{C}_+) \tag{5.8}$$

下的像.$H_p^2(\mathbb{C}_+)$ 与 $\bar{H}_p^2(\mathbb{C}_+)$ 是 $L_p^2(\mathbb{I})$ 中正交互补的子空间.

圆盘上的 Hardy 空间与半平面上的 Hardy 空间一般被认为是同构的. 然而这并不十分正确. 在我们后面定义的非常精确的意义下, 平面上的解析函数与圆盘上的连续时间 Hardy 类在连续时间相似. 这类函数与平稳增量过程的谱表示相关联, 因此我们需要细致地研究它们的性质. 它们由如下形式构造.

共形变换

$$s = \rho(z) := \frac{z+1}{z-1} \tag{5.9}$$

将单位圆盘 $\mathbb{D}$ 的外部映到右半平面 $\mathbb{C}_+$ (因此把单位圆盘的内部映到左半平面), 定义作用于函数上的对应映射 T_ρ 为

$$T_\rho f(s) = f(z)_{|z=\rho^{-1}(s)} = f\left(\frac{s+1}{s-1}\right), \tag{5.10}$$

那么 $H_p^2(\mathbb{D})$ 被映到右半平面 $\mathbb{C}_+$ 的解析函数空间上, 记为 $\mathcal{W}_p^2$. 类似地, 变换 T_ρ 将函数 $f \in \bar{H}_p^2(\mathbb{D})$ 映到在 $\mathbb{C}_- = \{s : \operatorname{Re} s < 0\}$ 上解析的函数共轭空间 $\bar{\mathcal{W}}_p^2$ 上. 下面关于 $\mathcal{W}_p^2$ 与 $\bar{\mathcal{W}}_p^2$ 的刻画可由 [145, p.128-130] 中标量情形的结论简单推广得到.

定理 5.2.3　空间 $\mathcal{W}_p^2$ 与 $\bar{\mathcal{W}}_p^2$ 有

$$\mathcal{W}_p^2 = \{f : f = (1+s)\hat{f} \mid \hat{f} \in H_p^2(\mathbb{C}_+)\} \equiv (1+s)H_p^2(\mathbb{C}_+), \tag{5.11}$$

$$\bar{\mathcal{W}}_p^2 = \{f : f = (1-s)\hat{f} \mid \hat{f} \in \bar{H}_p^2(\mathbb{C}_+)\} \equiv (1-s)\bar{H}_p^2(\mathbb{C}_+), \tag{5.12}$$

$\mathcal{W}_p^2$ ($\bar{\mathcal{W}}_p^2$) 中每个函数在虚轴上都几乎处处有属于空间

$$\mathcal{L}_p^2 := L_p^2\left[\mathbb{I}, \frac{\mathrm{d}\omega}{\pi(1+\omega^2)}\right] \tag{5.13}$$

的非切向边界值, 且通过它们可唯一地还原这些函数. (5.10) 中定义的映射 T_ρ 是一个从单位圆到 $\mathcal{L}_p^2$ 的等距映射 (在 L_p^2 下), 且这个映射将 $H_p^2(\mathbb{D})$ 映到 $\mathcal{W}_p^2$, 并将 $\bar{H}_p^2(\mathbb{D})$ 映到 $\bar{\mathcal{W}}_p^2$.

半平面的 Hardy 空间 $H_p^2(\mathbb{C}_+)$ 与 $\bar{H}_p^2(\mathbb{C}_+)$ 分别真包含于 $\mathcal{W}_p^2$ 与 $\bar{\mathcal{W}}_p^2$, 且在 T_ρ^{-1} 作用下对应于子空间

$$T_\rho^{-1}H_p^2(\mathbb{C}_+) = \{f : f \in H_p^2(\mathbb{D}) \mid \frac{z}{z-1}f(z) \in H_p^2(\mathbb{D})\}, \tag{5.14}$$

$$T_\rho^{-1}\bar{H}_p^2(\mathbb{C}_+) = \{f : f \in \bar{H}_p^2(\mathbb{D}) \mid \frac{1}{z-1}f(z) \in \bar{H}_p^2(\mathbb{D})\}. \tag{5.15}$$

我们介绍 $\mathcal{L}_p^2$ 上宽度 $h>0$ 的正向与倒向差分算子, 它们分别是由函数 $\chi_h(\mathrm{i}\omega) := \frac{\mathrm{e}^{\mathrm{i}\omega h}-1}{\mathrm{i}\omega}$ 与 $\bar{\chi}_h(\mathrm{i}\omega) := \chi_h(-\mathrm{i}\omega)$ 确定的乘法算子. 注意到, 因为 χ_h 是反因果示性函数 $I_{[-h,0]}$ 的 Fourier 变换, $\bar{\chi}_h$ 是因果示性函数 $I_{[0,h]}$ 的 Fourier 变换, 它们分别在 $\mathbb{C}_-$ 与 $\mathbb{C}_+$ 上有有界的解析延拓. 实际上, $\bar{\chi}_h$ 属于 $\mathbb{C}_+$ 上一致有界解析函数的标量 Hardy 空间 H^∞, 而 χ_h 属于共轭 Hardy 空间 $\bar{H}^\infty$.

引理 5.2.4　$\mathcal{W}_p^2$ 与 $\bar{\mathcal{W}}_p^2$ 有下面性质成立.

- $f \in \mathcal{L}_p^2$ 属于 $\mathcal{W}_p^2$ 当且仅当 $\bar{\chi}_h f$ 属于 $H_p^2(\mathbb{C}_+)$ 对所有 $h>0$ 成立.
- $f \in \mathcal{L}_p^2$ 属于 $\bar{\mathcal{W}}_p^2$ 当且仅当 $\chi_h f$ 属于共轭 Hardy 空间 $\bar{H}_p^2(\mathbb{C}_+)$ 对所有 $h>0$ 成立.

证　我们只证明第一条, 后面的可由对称性得到. 将 $f \in \mathcal{W}_p^2$ 写为 $f(\mathrm{i}\omega) = (1+\mathrm{i}\omega)g(\mathrm{i}\omega)$, 其中 $g \in H_p^2(\mathbb{C}_+)$; 由上面 (5.11). 因为 $\bar{\chi}_h \in H^\infty$ 对所有 $h>0$ 成立, 且

$$\bar{\chi}_h f = \bar{\chi}_h g - \mathrm{e}^{-\mathrm{i}\omega h}g + g$$

中右边所有项都属于 $H_p^2(\mathbb{C}_+)$, 所以我们有 $\bar{\chi}_h f \in H_p^2(\mathbb{C}_+)$ 对所有 $h>0$ 成立.

反之, 假设 $\bar{\chi}_h f \in H_p^2(\mathbb{C}_+)$ 对所有 $h>0$ 成立. 这可推得 $f(s)/(1+s) \in H_p^2$(等价地, 对某些 $g \in H_p^2$ 有 $f(s) = (1+s)g(s)$), 从而可通过定理 5.2.3 中 (5.11) 得到

结论. 为此, 我们应用 Laplace 变换公式

$$\frac{1}{1+s}=-\int_0^{\infty}\frac{\mathrm{e}^{-st}-1}{s}\mathrm{e}^{-t}\mathrm{d}t,\quad \operatorname{Re}s>-1,$$

在两边同乘 f 并由 $\mathbb{R}_+$ 上的 Borel 测度 $\mathrm{d}m(t):=\mathrm{e}^{-t}\mathrm{d}t$ 可得

$$\frac{1}{1+\mathrm{i}\omega}f(\mathrm{i}\omega)=-\int_0^{\infty}\bar{\chi}_t(\mathrm{i}\omega)f(\mathrm{i}\omega)\mathrm{d}m(t)\,.$$

由假设可知, 映射 $\gamma_t: t\to\bar{\chi}_t f$ 取值于 H_p^2. 若我们可使右边的积分有意义, 即看作 H_p^2 中向量值积分 ([319, p. 132]), 则自然可知左边的项也在 H_p^2 中, 从而可证引理. 为此的一个充分条件是 γ_t 为 (强) 连续的, 且

$$\int_0^{\infty}\|\gamma_t\|^2\mathrm{d}m(t)<\infty,$$

此处为 H_p^2 中范数. 现在令 $\mathrm{d}\mu(\omega):=\mathrm{d}\omega/(1+\omega^2)$, 并考虑等式

$$\|\gamma_t\|^2=\int_{-\infty}^{+\infty}|\bar{\chi}_t(\mathrm{i}\omega)|^2|f(\mathrm{i}\omega)|^2\mathrm{d}\omega=\int_{-\infty}^{+\infty}\frac{\sin^2(\omega t/2)}{(\omega/2)^2}(1+\omega^2)|f(\mathrm{i}\omega)|^2\mathrm{d}\mu(\omega),$$

这里 $|f(\mathrm{i}\omega)|^2$ 是向量 $f(\mathrm{i}\omega)$ 的欧氏范数. 由不等式

$$\frac{\sin^2(\omega t/2)}{(\omega/2)^2}(1+\omega^2)=\frac{\sin^2(\omega t/2)}{(\omega t/2)^2}t^2+4\sin^2(\omega t/2)\leqslant t^2+4\,,$$

以及 $f\in\mathcal{L}_p^2$, 我们根据控制收敛性有, 在 $t\downarrow 0$ 时,$\|\gamma_t\|^2\to 0$. 然而, 注意到对于 $t_1\geqslant t_2$, 我们有 $\|\gamma_{t_1}-\gamma_{t_2}\|^2=\|\bar{\chi}_{t_1-t_2}f\|^2=\|\gamma_{t_1-t_2}\|^2$. 易于验证对于 $0\leqslant t_1<t_2$ 同样成立, 所以 $t_1\to t_2$ 时 $\gamma_{t_1}\to\gamma_{t_2}$. 这证明了连续性. 为说明平方范数的积分是有限的, 只需注意我们有上界

$$\|\gamma_t\|^2\leqslant(t^2+4)\|f\|_{\mathcal{L}_p^2}\,.$$

证毕. □

通过这个引理, 不难将 Paley-Wiener 定理推广至 $\mathcal{W}_p^2$ 与 $\bar{\mathcal{W}}_p^2$.

定理 5.2.5 空间 $\mathcal{W}_p^2$ 恰好是由 $\mathcal{L}_p^2$ 中满足

$$\int_{-\infty}^{+\infty}\frac{\mathrm{e}^{\mathrm{i}\omega t}-\mathrm{e}^{\mathrm{i}\omega s}}{\mathrm{i}\omega}f(\mathrm{i}\omega)\mathrm{d}\omega=0\quad 对所有\ t,s<0\ 成立 \tag{5.16}$$

的函数构成. 同样地, 空间 $\bar{\mathcal{W}}_p^2$ 恰好是由 $\mathcal{L}_p^2$ 中满足

$$\int_{-\infty}^{+\infty}\frac{\mathrm{e}^{\mathrm{i}\omega t}-\mathrm{e}^{\mathrm{i}\omega s}}{\mathrm{i}\omega}f(\mathrm{i}\omega)\mathrm{d}\omega=0\quad 对所有\ t,s>0\ 成立 \tag{5.17}$$

的函数构成. $\mathcal{W}_p^2\cap\bar{\mathcal{W}}_p^2$ 仅包含常值向量函数, 且同构于 $\mathbb{R}^p$.

证　因为 $f \in \mathcal{W}_p^2$ 当且仅当 $\bar{\chi}_h f$ 属于 $H_p^2(\mathbb{C}_+)$ 对所有 $h > 0$ 成立 (引理 5.2.4), 因此它成立 (由 Paley Wiener 定理) 当且仅当

$$\int_{-\infty}^{+\infty} \mathrm{e}^{\mathrm{i}\omega t} \bar{\chi}_h(\mathrm{i}\omega) f(\mathrm{i}\omega) \mathrm{d}\omega = 0 \quad 对所有\ t < 0,$$

即当且仅当

$$\int_{-\infty}^{+\infty} \frac{\mathrm{e}^{\mathrm{i}\omega(t-h)} - \mathrm{e}^{\mathrm{i}\omega t}}{\mathrm{i}\omega} f(\mathrm{i}\omega) \mathrm{d}\omega = 0 \quad 对所有\ t < 0,\ h > 0,$$

我们可看出 (5.16) 等价于 $f \in \mathcal{W}_p^2$. $\mathcal{W}_p^2 \cap \bar{\mathcal{W}}_p^2 = \mathbb{R}^p$ 可由 5.2.3 中所述的同构于单位圆盘 H^2 空间得到. □

§ 5.3　连续时间下的解析谱因子分解

由 (5.4) 与 (5.5) 定义的子空间 S 与 $\bar{\mathrm{S}}$ 中的随机变量的随机积分表示形如 (3.42), 在 S 中, f 是一个 $L_p^2(\mathbb{R})$ 中的*因果* 函数, 即对所有 $t < 0, f(t)$ 几乎处处为 0; 在 $\bar{\mathrm{S}}$ 中, 它是*反因果* 函数, 即对所有 $t > 0, f(t)$ 几乎处处为 0. 因果函数与反因果函数构成了 L_p^2 中正交互补的子空间. 由此可知 (5.4) 与 (5.5) 中的子空间 S 与 $\bar{\mathrm{S}}$ 在适当的表示映射下分别对应于半平面 Hardy 空间 H_p^2 与 $\bar{H}_p^2$, 即

$$\mathrm{S} = \mathrm{H}^-(\mathrm{d}w) = \mathcal{I}_{\hat{w}} H_p^2, \qquad \bar{\mathrm{S}} = \mathrm{H}^+(\mathrm{d}\bar{w}) = \mathcal{I}_{\hat{\bar{w}}} H_{\bar{p}}^2, \tag{5.18}$$

这里 p 与 $\bar{p}$ 是各自的重数.

现在假设平稳增量过程 $\mathrm{d}y$ 在正向与倒向都是纯非确定性的, 参见第 5.1 节. 那么通过将定理 5.1.1 应用于子空间 $\mathrm{S} = \mathrm{H}^-(\mathrm{d}y)$ 及 $\bar{\mathrm{S}} = \mathrm{H}^+(\mathrm{d}y)$, 那么由两个 Wiener 过程 (本书中分别记作 $\mathrm{d}w_-, \mathrm{d}\bar{w}_+$, 称为 $\mathrm{d}y$ 的*正向及倒向* 新息过程) 使得 $\mathrm{H}^-(\mathrm{d}y) = \mathrm{H}^-(\mathrm{d}w_-)$ 且 $\mathrm{H}^+(\mathrm{d}y) = \mathrm{H}^+(\mathrm{d}\bar{w}_+)$. 由此可知

$$\mathrm{H}(\mathrm{d}w_-) = \mathrm{H}(\mathrm{d}y) = \mathrm{H}(\mathrm{d}\bar{w}_+),$$

故这两个 Wiener 过程有相同的维数 p, 称其为过程 $\mathrm{d}y$ 的*重数* 或*秩*. (一个平稳增量过程是*满秩的* 当且仅当它的重数等于它的维数.)

现在, 对任意 $h > 0, y(-h) - y(0) \in \mathrm{H}^-(\mathrm{d}w_-)$ 及 $y(h) - y(0) \in \mathrm{H}^+(\mathrm{d}\bar{w}_+)$, 所以有 $m \times p$ *解析* 及*共轭解析* 矩阵函数 W_h 及 $\bar{W}_h$(行向量分别属于 H_p^2 及 $\bar{H}_p^2$) 使得

$$y(-h) - y(0) = \int_{-\infty}^{+\infty} W_h(\mathrm{i}\omega) \mathrm{d}\hat{w}_-(\mathrm{i}\omega), \tag{5.19}$$

且

$$y(h) - y(0) = \int_{-\infty}^{+\infty} \bar{W}_h(\mathrm{i}\omega)\mathrm{d}\hat{\bar{w}}_+(\mathrm{i}\omega), \tag{5.20}$$

这里 $\mathrm{d}\hat{w}_-$ 与 $\mathrm{d}\hat{\bar{w}}_+$ 分别是 $\mathrm{d}w_-$ 与 $\mathrm{d}\bar{w}_+$ 的谱测度；参见 (3.46). 应用差分算子 χ_h 与 $\bar{\chi}_h$ 我们可将 (5.19) 与 (5.20) 写为

$$W_- := \bar{\chi}_h^{-1} W_h, \tag{5.21}$$

$$\bar{W}_+ := \chi_h^{-1} \bar{W}_h, \tag{5.22}$$

在积分表示 (5.19) 与 (5.20) 中替换 (5.21) 与 (5.22)，通过与谱表示 (3.50) 对比，得到

$$\mathrm{d}\hat{y} = W_-\mathrm{d}\hat{w}_- = \bar{W}_+\mathrm{d}\hat{\bar{w}}_+, \tag{5.23}$$

由谱测度 $\mathrm{d}\hat{y}$ 的唯一性可知关系成立. 易知 W_- 与 $\bar{W}_+$ 不依赖于 h 且由引理 5.2.4,

$$a'W_- \in \mathcal{W}_p^2, \quad 和 \quad a'\bar{W}_+ \in \bar{\mathcal{W}}_p^2 \quad 对所有\ a \in \mathbb{R}^m\ 成立. \tag{5.24}$$

从而我们证明了下面的结论.

命题 5.3.1 纯非确定性 (同时在正向与倒向意义下) 平稳增量过程的谱分布 $\mathrm{d}F$ 是绝对连续的, 且有 (矩阵) 谱密度 $\Phi := \mathrm{d}F/(\mathrm{d}\omega/2\pi)$ 在虚轴上几乎处处满足

$$\Phi(\mathrm{i}\omega) = W_-(\mathrm{i}\omega)W_-(\mathrm{i}\omega)^* = \bar{W}_+(\mathrm{i}\omega)\bar{W}_+(\mathrm{i}\omega)^* \tag{5.25}$$

矩阵函数 W_- 与 $\bar{W}_+$ 的行向量分别属于 $\mathcal{W}_p^2$ 与 $\bar{\mathcal{W}}_p^2$, 且分别是 Φ 的解析与共轭解析满秩谱因子.

5.3.1 $\mathcal{W}^2$ 中的外谱因子

$m \times p$ 阶函数 W_- 与 $\bar{W}_+$ 是谱因子分解方程

$$\Phi(\mathrm{i}\omega) = W(\mathrm{i}\omega)W(\mathrm{i}\omega)^* \tag{5.26}$$

的相当特殊的解. 实际上, 我们可看出 W_- 与 $\bar{W}_+$ 分别为 Φ 的唯一 (mod $\mathcal{O}$) 外及共轭外 谱因子.W_- 与 $\bar{W}_+$ 有理由分别被称为外 与共轭外, 这是因为 $\mathrm{H}^-(\mathrm{d}y) = \mathrm{H}^-(\mathrm{d}w_-)$ 以及 $\mathrm{H}^+(\mathrm{d}y) = \mathrm{H}^+(\mathrm{d}\bar{w}_+)$, 谱表示 (5.19) 与 (5.20) 及定义 (5.21) (5.22), 也可推出

$$\overline{\mathrm{span}}\{\bar{\chi}_h a'W_- \mid a \in \mathbb{R}^m,\ h > 0\} = H_p^2, \tag{5.27a}$$

$$\overline{\text{span}}\{\chi_h a'\bar{W}_+ \mid a \in \mathbb{R}^m,\ h > 0\} = \bar{H}_p^2 . \tag{5.27b}$$

我们可将 (5.27) 视作 $\mathcal{W}_p^2$ 与 $\bar{\mathcal{W}}_p^2$ 外与共轭外函数的定义性质.

下面的定理将内外因子分解定理 4.6.5 推广至 $\mathcal{W}^2$ 空间.$m\times p$ 维矩阵函数, 若其行向量属于 $\mathcal{W}_p^2$ 或 $\bar{\mathcal{W}}_p^2$, 则分别记为 $\mathcal{W}_{m\times p}^2$ 与 $\bar{\mathcal{W}}_{m\times p}^2$.

定理 5.3.2　每个几乎处处列满秩矩阵函数 $F \in \mathcal{W}_{m\times p}^2$ 都有分解 $F = F_- Q$, 这里 F_- 是 $\mathcal{W}_{m\times p}^2$ 中外函数,Q 是 $p\times p$ 内函数. 在此分解中 F_- 与 Q 在相差一个 $p\times p$ 常正交因子下是唯一的.

证　立即可验证 $\overline{\text{span}}\{\bar{\chi}_h F_k \mid h > 0,\ k = 1,2,\cdots,m\}$ 是 H_p^2 的子空间, 它在由 $\mathrm{i}\omega \mapsto \mathrm{e}^{\mathrm{i}\omega t}; t \leqslant 0$ 确定的乘法算子下是不变的. 因此存在一个 (本质唯一) 的内函数 Q 使得

$$\overline{\text{span}}\{\bar{\chi}_h F_k \mid h > 0,\ k = 1,2,\cdots,m\} = H_p^2 Q . \tag{5.28}$$

因此每个函数 $\bar{\chi}_h F_k , h > 0$ 都有表示 $\bar{\chi}_h F_k = G_{k,h} Q$, 其中 $G_{k,h} \in H_p^2$. 现在 $\bar{\chi}_h^{-1} G_{k,h}$ 在 $\mathcal{W}_p^2$ 中且与 h 无关 (因为它等于 $F_k Q^*$), 所以我们将其重新记为 G_k. 现在, 我们说明上面所构造的行向量为 G_k 的矩阵 G 一定是外的, 即一定有

$$\overline{\text{span}}\{\bar{\chi}_h G_k \mid h > 0 , k = 1,2,\cdots,m\} = H_p^2 .$$

不然, 则它是一个形如 $H_p^2 R$ 的不变真子空间, 其中 R 是非平凡内函数. 但此时有

$$\begin{aligned}&\overline{\text{span}}\{\bar{\chi}_h F_k \mid h > 0,\ k = 1,2,\cdots,m\}\\ &\quad = \overline{\text{span}}\{\bar{\chi}_h G_k Q \mid h > 0,\ k = 1,2,\cdots,m\} = H_p^2 R Q,\end{aligned}$$

它与表示 (5.28) 的唯一性矛盾.　□

下面我们给出在非满秩函数情形下的因子分解定理在 $\mathcal{W}^2$ 空间中的推广, 但省略证明.

定理 5.3.3　每个秩为 $p \leqslant r$a.e. 的矩阵函数 $F \in \mathcal{W}_{m\times r}^2$ 都有因子分解 $F = F_- R$, 其中 F_- 是 $m\times p$ 维外函数,R 是 $p\times r$ 维单边内函数. 在这个分解中, F_- 在相差一个 $p\times p$ 右常酉因子下是唯一的. 因子 R 仅在 $p = m$ 时 (此时 F_- 是方阵), 在模乘正交矩阵下是唯一的. 对于共轭解析矩阵函数 $\bar{F} \in \bar{\mathcal{W}}_{m\times r}^2$, 完全类似的分解也成立.

完全类似于第 4.6 节, 由这些分解定理可得到平稳增量过程谱因子分解问题的解的一个完全分类.

定理 5.3.4　假设 Φ 是秩为 p 的平稳增量过程的 $m\times m$ 谱密度矩阵, 有解析谱因子. 那么 Φ 在 $\mathcal{W}_{m\times p}^2$ 中有外谱因子 W_-. 这是 Φ 的唯一外谱因子, 模右乘常值

$p\times p$ 酉矩阵. 每个满秩解析谱因子都可写为

$$W = W_{-}Q, \tag{5.29}$$

这里 Q 是一个内函数, 由 W 唯一确定 (mod $\mathcal{O}$). 所有其他 $m\times r$ 维解析谱因子 $(r\geqslant p)$ 都形如

$$W = W_{-}R, \tag{5.30}$$

这里 R 是一个 $p\times r$ 单边内函数. 对于共轭谱因子分解问题 $\Phi(z)=\bar{W}(z)\bar{W}(z^{-1})'$, 其中 $\bar{W}_k\in\bar{\mathcal{W}}_p^2, k=1,\cdots,m$, 一个完全对称的结论成立.

这个定理的证明完全类似于定理 4.6.8 中的证明, 因而我们在此省略. 现在我们终于要叙述并证明连续时间情形的基本表示定理 4.4.1.

定理 5.3.5 令 dy 为一个均方连续的 m 维平稳增量过程. 则 dy 可以表示为标准化 r 维 $(r\geqslant p)$Wiener 过程 dw 的因果泛函, 或等价地, 存在一个标准化 r 维 Wiener 过程 dw 使得

$$\mathrm{H}_t^-(\mathrm{d}y)\subset\mathrm{H}_t^-(\mathrm{d}w),\quad t\in\mathbb{Z}, \tag{5.31}$$

仅在该过程的谱分布函数为绝对连续且谱密度 Φ 为 $m\times r$ 解析谱因子时成立, 即仅在谱因子分解方程

$$\Phi(z) = W(z)W(z^{-1})' \tag{5.32}$$

有解 $W\in\mathcal{W}_{m\times r}^2$ 时成立. 反之, 若 Φ 有解析谱因子, 则 dy 是 p.n.d., 即存在一个解析谱因子 W_{-} 以及一个标准化 Wiener 过程 dw_{-}(正向新息过程), 使得 $\mathrm{d}\hat{y}=W_{-}\mathrm{d}\hat{w}_{-}$ 成立, 且包含关系 (5.31) 取等号. 解析谱因子 W_{-} 是 Φ 的唯一 (mod $\mathcal{O}$) 外谱因子.

完全对称的结论对 dy 的反因果表示成立. 特别地, 包含关系

$$\mathrm{H}_t^+(\mathrm{d}y)\subset\mathrm{H}_t^+(\mathrm{d}\bar{w}),\quad t\in\mathbb{Z} \tag{5.33}$$

仅在该过程的谱分布函数是绝对连续时, 且谱密度 Φ 有 $m\times r$ 共轭解析谱因子时成立, 即仅在谱因子分解方程 (5.32) 有解 $\bar{W}\in\bar{\mathcal{W}}_{m\times r}^2$ 时成立. 若 Φ 有共轭解析谱因子, 则 dy 是 p.n.d., 即存在一个共轭解析谱因子 $\bar{W}_{+}$ 以及一个标准化 Wiener 过程 d$\bar{w}_{+}$(倒向革新过程), 使得 $\mathrm{d}\hat{y}=\bar{W}_{+}\mathrm{d}\hat{\bar{w}}_{+}$ 成立, 且包含关系 (5.33) 取等号. 共轭解析谱因子 $\bar{W}_{+}$ 是 Φ 的唯一 (mod $\mathcal{O}$) 外谱因子.

证 "仅当"部分可由类似于 5.3.1 的讨论作一点推广得到. 只需要将过去空间 $\mathrm{H}^-(\mathrm{d}y)$ 替换为任意 p.n.d.$\mathrm{S}\supset\mathrm{H}^-(\mathrm{d}y)$, 并将 $\mathrm{H}^+(\mathrm{d}y)$ 替换为任意 $\bar{\mathrm{S}}\supset\mathrm{H}^+(\mathrm{d}y)$. "当"部分可直接由谱因子分解定理 5.3.4 得到. □

在 dy 有有理谱密度 Φ 时, 可因子分解条件自动满足 [320].

将定理应用于均方可微过程, 我们可得到一个推论, 即对于平稳过程的经典谱因子分解定理.

推论 5.3.6 一个连续平稳过程 $\{y(t); t \in \mathbb{R}\}$ 是 (正向) 纯非确定性的当且仅当它的谱分布 $\mathrm{d}F$ 是绝对连续的, 且谱密度矩阵 Φ 有解析 (行向量在 H_p^2 中) 谱因子. 类似地, 它是倒向纯非确定的当且仅当它的谱分布 $\mathrm{d}F$ 是绝对连续的, 且谱密度矩阵 Φ 有共轭解析 (行向量在 $\bar{H}_p^2$ 中) 谱因子.

§ 5.4 广义半鞅

本节我们将讨论平稳增量过程的结构. 正如我们之前所看到的一个平稳增量过程的特例, 它是一个平稳过程的不定积分. 在另一个极端, 有一些过程有平稳正交增量, 但它们非常奇怪且不是任何过程的积分. 我们将说明, 在一个宽泛的正则行条件下, 所有均方连续平稳增量过程都可分解为一个可积平稳过程与一个有平稳正交增量过程的和. 这样的分解是*半鞅分解*的一个特例. 概率论文献中已经深入研究了半鞅, 例如 [148]. 在这里, 我们仅需要一些对于简单均方情形的在轨道观点下的一般理论的概念. 因为这些概念与平稳性无关, 所以我们一开始不讨论平稳过程, 而仅假设过程是有限二阶矩的.

我们称一个 m 维连续时间过程 $z(t)$ 有*有限均值方差* (或简称*有限方差*), 若对所有有界区间 I 以及有限子分划 $\pi := \{t_0 \leqslant t_1 \leqslant \cdots \leqslant t_N;\ t_k \in I\}$, 上确界

$$\mu(I) := \sup_{\pi} \Big\{ \sum_k \|z(t_{k+1}) - z(t_k)\| \Big\} \tag{5.34}$$

是有限的. 注意到这个条件仅与增量 $z(t) - z(s)$ 有关, 且 $\{z(t)\}$ 加任意固定随机向量也不影响. 若 $\{z(t)\}$ 有有限方差, 那么在形如 $(a, b]$ 区间上的上确界 (5.34) 是一个有限可加集函数, 且可扩张至实轴上唯一的 Borel 测度. 正如实函数情形, 可以看出测度 μ 下没有有正测度的点当且仅当 $\{z(t)\}$ 是均方连续的. 这个证明与 [280, 定理 8.14(c), p. 173] 中的证明本质是一样的, 故在此省略.

下面的引理给出了刻画有限方差均方 (m.s.) 连续过程的一个重要事实.

引理 5.4.1 令 $\{z(t)\}$ 为 m.s. 连续且有有限方差, I 为实轴上任意有界区间, $\{\pi_n\}$ 为 I 的任意有限子分划序列, 满足 $\Delta(\pi_n) := \max_k |t_{k+1}^n - t_k^n|$ 在 $n \to \infty$ 时趋于 0. 则

$$\lim_{\Delta(\pi_n) \to 0} \sum_k \|z(t_{k+1}) - z(t_k)\|^2 = 0\,. \tag{5.35}$$

证　因为 $\|z(t_{k+1})-z(t_k)\| \leqslant \mu((t_k,t_{k+1}])$，我们有

$$\sum_k \|z(t_{k+1})-z(t_k)\|^2 \leqslant \sum_k \mu((t_k,t_{k+1}])^2 = \sum_{k=1}^{N}(\mu\otimes\mu)((t_k,t_{k+1}]\times(t_k,t_{k+1}]),$$

这里 $\mu\otimes\mu$ 是 $I\times I$ 上的乘积测度. 当 $\Delta(\pi_n)\to 0$ 时, 最后一项的和收敛于 $I\times I$ 对角线 D 的乘积测度. 但由 μ 无点质量知,$(\mu\otimes\mu)(D)=0$. □

令 $\{\mathrm{S}_t\}$ 为一个赋以通常内积的零均值随机变量的 Hilbert 空间的递增子空间族. 假设 m 维过程 $\{y(t)\}$ 对所有 t,s 可写为

$$y(t)-y(s)=z(t)-z(s)+m(t)-m(s), \tag{5.36}$$

这里

(i)　$z(t)-z(s)\in\mathrm{S}_t$ 对所有 $t\geqslant s$ 成立, 且 $\{z(t)\}$ 是一个有限平均变差过程.

(ii)　$m(t)-m(s)\in\mathrm{S}_t$ 对所有 $t\geqslant s$ 成立, 且 $m(t+h)-m(t)\perp\mathrm{S}_t$ 对所有 $h\geqslant 0$ 成立, 即 $\{m(t)\}$ 是一个 S_t-鞅.

那么我们说 $\{y(t)\}$ 有关于子空间族 $\{\mathrm{S}_t\}$ 的一个半鞅表示.

命题 5.4.2　给定一个递增的子空间族 $\{\mathrm{S}_t\}$, 则它的形如 (5.36) 的表示是唯一的.

证　假设 $\{z_1(t)\}$ 与 $\{z_2(t)\}$ 均满足 (i), 并且 $\{m_1(t)\}$ 与 $\{m_2(t)\}$ 是 S_t-鞅且有

$$y(t)-y(s)=z_i(t)-z_i(s)+m_i(t)-m_i(s), \quad i=1,2,$$

那么令 $\tilde{z}(t):=z_1(t)-z_2(t)$,$\tilde{m}(t):=m_1(t)-m_2(t)$, 我们有 $\tilde{z}(t)-\tilde{z}(s)=-[\tilde{m}(t)-\tilde{m}(s)]$, 其中 $\tilde{z}(t)$ 是 S_t 适应、连续且有有限方差, 并且 $\tilde{m}(t)$ 是一个 S_t 鞅. 由引理 5.4.1 可得, 对任意区间 $[a,b]$ 以及任意子分划 $\pi=\{a=t_0<t_1<\cdots<t_N=b\}$, 都有

$$\sum_k \|\tilde{z}(t_{k+1})-\tilde{z}(t_k)\|^2=\sum_k \|\tilde{m}(t_{k+1})-\tilde{m}(t_k)\|^2$$

在 $\Delta(\pi)\to 0$ 时趋于 0. 但因为任意的鞅都有正交增量, 右侧的和实际等于 $\|\tilde{m}(b)-\tilde{m}(a)\|^2$，所以 $\tilde{m}(b)=\tilde{m}(a)$ 对所有 $a,b\in\mathbb{R}$ 成立. 这可得出 $m_1(t)-m_1(s)$ 与 $m_2(t)-m_2(s)$ 对所有的 t,s 都是相同的. 因此 $z_1(t)-z_1(s)$ 与 $z_2(t)-z_2(s)$ 也是相同的. □

一个 m 维过程 $\{y(t)\}$ 在区间 $[s,t]$ 上的*平均二次变差*是一个 $m\times m$ 矩阵 $Q(t,s)$, 它由下式定义

$$Q_{i,j}(t,s):=\lim_{\Delta(\pi_n)\to 0}\sum_k\langle y_i(t_{k+1})-y_i(t_k),\, y_j(t_{k+1})-y_j(t_k)\rangle, \tag{5.37}$$

这里 $\{\pi_n\}$ 是区间 $[s,t]$ 上的一列有限子分划. 每个鞅在有界区间上都有有限二次变差. 实际上, 因为每个分量 $\{m_i(t)\}$ 都有正交增量, 故

$$\begin{aligned}&\sum_k \langle m_i(t_{k+1})-m_i(t_k),\, m_j(t_{k+1})-m_j(t_k)\rangle\\&\quad=\sum_k\sum_\ell \langle m_i(t_{k+1})-m_i(t_k),\, m_j(t_{\ell+1})-m_j(t_\ell)\rangle\\&\quad=\langle m_i(t)-m_i(s),\, m_j(t)-m_j(s)\rangle\,.\end{aligned}$$

因此对于一个鞅, 我们有

$$Q(t,s)=\mathrm{E}\{[m(t)-m(s)]\,[m(t)-m(s)]'\}\,. \tag{5.38}$$

命题 5.4.3　一个 S_t 半鞅的平均二次变差与其鞅部分的平均二次变差相同.

证　为了简单我们将 $z_i(t_{k+1})-z_i(t_k)$ 记为 $\Delta z_i(k)$. 半鞅 (5.36) 的平均二次变差是

$$\begin{aligned}\sum_k\langle \Delta y_i(k),\Delta y_j(k)\rangle&=\sum_k\langle \Delta z_i(k),\Delta z_j(k)\rangle+\sum_k\langle \Delta z_i(k),\Delta m_j(k)\rangle\\&\quad+\sum_k\langle \Delta m_i(k),\Delta z_j(k)\rangle+\sum_k\langle \Delta m_i(k),\Delta m_j(k)\rangle,\end{aligned}$$

首先注意到

$$\begin{aligned}\sum_k\langle \Delta z_i(k),\Delta z_j(k)\rangle&\leqslant\sum_k\|\Delta z_i(k)\|\|\Delta z_j(k)\|\\&\leqslant\frac{1}{2}\sum_k(\|\Delta z_i(k)\|^2+\|\Delta z_j(k)\|^2),\end{aligned}$$

根据引理 5.4.1, 在 $\Delta(\pi_n)\to 0$ 时趋于 0. 同时, 因为所有和都是有限的,

$$\begin{aligned}\sum_k\langle \Delta z_i(k),\Delta m_j(k)\rangle&\leqslant\Big(\sum_k(\|\Delta z_i(k)\|^2\Big)^{1/2}\Big(\sum_k(\|\Delta m_j(k)\|^2)\Big)^{1/2}\\&=\Big(\sum_k(\|\Delta z_i(k)\|^2\Big)^{1/2}\|m_j(t)-m_j(s)\|,\end{aligned}$$

在 $\Delta(\pi_n)\to 0$ 时趋于 0, 因为同样的结论在指标 i 与 j 交换后也成立, 故结论得证. □

这个性质可用如下方式解释: 一个 S_t 半鞅的二次变差与递增子空间族 $\{\mathrm{S}_t\}$ 是无关的. 因为根据定义公式, 一个鞅的平均二次变差不依赖于 $\{\mathrm{S}_t\}$. 实际上, 如果 $\{y(t)\}$ 也有关于某递减子空间族 $\{\bar{\mathrm{S}}_t\}$ 的半鞅表示, 那么 $\{y(t)\}$ 的平均二次变差与 $\{y(t)\}$ 的任意 (正向) 鞅部分的平均二次变差相同.

5.4.1　平稳增量半鞅

我们将假设 $\{y(t)\}$ 是定义在实轴上、有连续平稳增量的过程. 我们将关注下面的问题.

问题 1: 令 $\{\mathrm{S}_t\}$ 是一个平稳 p.n.d. 递增子空间, 且 $\mathrm{S}_t \supset \mathrm{H}_t(\mathrm{d}y)$. 在什么条件下 d$y$ 有如下形式的半鞅表示?

$$y(t) - y(s) = \int_s^t z(\sigma)\,\mathrm{d}\sigma + m(t) - m(s), \tag{5.39}$$

这里 $\{z(t)\}$ 是适应于 $\{\mathrm{S}_t\}$ 的过程, 即 $z(t)$ 的分量对所有 $t \in \mathbb{R}$, 都属于 S_t, 且 $\{m(t)\}$ 是一个 S_t- 鞅.

同样, 令 $\{\bar{\mathrm{S}}_t\}$ 是一个平稳 p.n.d. 递减子空间, 且 $\bar{\mathrm{S}}_t \supset \mathrm{H}_t^+(\mathrm{d}y)$. 在什么条件下 d$y$ 有如下形式的倒向 半鞅表示?

$$y(t) - y(s) = \int_s^t \bar{z}(\sigma)\,\mathrm{d}\sigma + \bar{m}(t) - \bar{m}(s), \tag{5.40}$$

这里 $\{\bar{z}(t)\}$ 是适应于 $\{\bar{\mathrm{S}}_t\}$ 的过程, 且 $\{\bar{m}(t)\}$ 是一个倒向 $\bar{\mathrm{S}}_t$-鞅. 这里, 倒向 $\bar{\mathrm{S}}_t$-鞅 是一个过程, 满足对所有 $s \geqslant t$ 都有 $\bar{m}(t) - \bar{m}(s) \in \bar{\mathrm{S}}_t$, 对所有 $h \geqslant 0$ 都有 $\bar{m}(t-h) - \bar{m}(t) \perp \bar{\mathrm{S}}_t$.

下面定理回答了问题 1.

定理 5.4.4　令 dy 及 $\{\mathrm{S}_t\}$ 如上所述. 则 dy 有关于 $\{\mathrm{S}_t\}$ 形如 (5.39) 的半鞅表示的充要条件是存在与 h 无关的常数 k, 使得

$$\| \mathrm{E}^{\mathrm{S}}[y(h) - y(0)] \| \leqslant kh \quad \text{对所有 } h \geqslant 0 \text{ 成立}. \tag{5.41}$$

在表示 (5.39) 中,$\{z(t)\}$ 可选为平稳且均方连续的,$\{m(t)\}$ 有平稳 (正交) 增量. 该积分可看作均方 Riemann 积分.

同时, 令 $\{\bar{\mathrm{S}}_t\}$ 如问题 1 所述, 则 dy 有形如 (5.40) 的表示的充要条件是

$$\| \mathrm{E}^{\bar{\mathrm{S}}}[y(-h) - y(0)] \| \leqslant \bar{k}h, \quad \text{对所有 } h \geqslant 0 \text{ 成立}, \tag{5.42}$$

这里常数 $\bar{k}$ 与 h 无关. 同样 $\{\bar{z}(t)\}$ 可选为平稳均方连续过程, $\{\bar{m}(t)\}$ 为平稳 (正交) 增量过程, 且积分可看作均方 Riemann 积分.

一个过程若满足条件 (5.41) (或 (5.42)), 则我们称其为关于 $\{\mathrm{S}_t\}$(或 $\{\bar{\mathrm{S}}_t\}$) 条件 Lipschitz 的. 注意到一个 m 维鞅若有平稳 (正交) 增量, 则一定是一个向量 Wiener 过程乘一个常数 (矩阵)；参见第 3 章. 从而, 一个平稳增量过程若满足关

于某递增族 $\{S_t\}$ 的条件 Lipschitz 条件, 则它有唯一的分解, 即分解为一个 $\{S_t\}$ 适应均方可微平稳过程与一个乘矩阵的 Wiener 过程之和. 不难验证该平稳过程就是 $\{S_t\}$ 的生成过程. 平稳过程 $\{z(t)\}$ 被称为dy 关于递增族 $\{S_t\}$ 的条件导数.

对于倒向情形也有完全对偶的结论.

§ 5.5 谱域中的平稳增量半鞅

本节我们将通过谱域技术证明定理 5.4.4, 这是我们的主要表示结果. 我们同时也将给出一些关于平稳增量过程的谱域刻画, 相信其他方向上也有人对此感兴趣.

引理 5.5.1 令 $f \in \mathcal{L}_p^2$, 同时令 $P^{H_p^2}$ 表示从 $\mathcal{L}_p^2$ 到 H_p^2 的正交投影, 则条件

$$\|P^{H_p^2}\chi_h f\|_{\mathcal{L}_p^2} \leqslant kh, \quad h \geqslant 0 \tag{5.43}$$

是使 f 有如下形式分解的充要条件:

$$f = g + \bar{g}, \tag{5.44}$$

这里 $g \in H_p^2$ 且 $\bar{g} \in \bar{\mathcal{W}}_p^2$. 同时

$$\|P^{\bar{H}_p^2}\bar{\chi}_h f\|_{\mathcal{L}_p^2} \leqslant \bar{k}h, \quad h \geqslant 0 \tag{5.45}$$

是使 f 有形如 (5.44) (但此时有 $g \in \mathcal{W}_p^2$ 及 $\bar{g} \in \bar{H}_p^2$) 分解的充要条件. 分解 (5.44) 是唯一的.

证 (必要性) 令 (5.44) 成立且 $g \in H_p^2$, $\bar{g} \in \bar{\mathcal{W}}_p^2$, 则 $\chi_h\bar{g}$ 是正交于 H_p^2 的, 故

$$\|P^{H_p^2}\chi_h f\|_{\mathcal{L}_p^2} = \|P^{H_p^2}\chi_h g\|_{\mathcal{L}_p^2} \leqslant \|\chi_h g\|_{\mathcal{L}_p^2} \leqslant \sup_{\omega} |\chi_h(\omega)| \, \|g\|_{\mathcal{L}_p^2},$$

又因为 $\sup_{\omega} |\chi_h(\omega)| = h$, 我们有 (5.43).

(充分性) 定义取值于 H_p^2 的映射 $h \mapsto z_h$

$$z_h := P^{H_p^2}\chi_h f, \quad h \geqslant 0.$$

显然 $z_0 = 0$. 我们可看出, 若 (5.43) 成立, 则极限

$$\lim_{h\downarrow 0} \frac{1}{h}(z_h - z_0) = \lim_{h\downarrow 0} \frac{1}{h} P^{H_p^2}\chi_h f = g$$

在 H_p^2 中存在. 为此, 我们引入 H_p^2 中的受限右移位半群 $\{\Sigma_t: f \mapsto P^{H_p^2} e^{i\omega t} f;\ t \geqslant 0\}$; 参考 [138]. 注意到 Σ_t 对任意 $f \in L^2(\mathbb{I})$ 消去了其反因果部分, 故 $\Sigma_t f = \Sigma_t P^{H_p^2} f$ 对所有 $t \geqslant 0$ 成立, 则显然有

$$z_{t+h} - z_t = P^{H_p^2} e^{i\omega t} \frac{e^{i\omega h} - 1}{i\omega} f = \Sigma_t (P^{H_p^2} \chi_h f) = \Sigma_t (z_h - z_0)$$

对所有 $t \geqslant 0$ 及 $h \geqslant 0$ 成立, 因此, 任取 $\varphi \in H_p^2$, 我们由 (5.43),

$$|\langle \varphi,\ z_{t+h} - z_t \rangle| \leqslant \|\Sigma_t^* \varphi\| \, \|z_h - z_0\| \leqslant \|\varphi\| \, kh\,,$$

这里 Σ_t^* 是乘 $e^{i\omega t}$ 的乘法算子, 是 H_p^2 中 Σ_t 的伴随算子. 由这个不等式, 我们可看出 $f_\varphi(t) := \langle \varphi, f \rangle$ 是 t 在 $\mathbb{R}_+$ 中的一个 Lipschitz 函数, 因此除了在一个 Lebesgue 零测集 N_φ 上以外都有导数. 换句话说, 极限

$$\lim_{h \downarrow 0} \langle \varphi, \frac{1}{h}(z_{t+h} - z_t) \rangle = \lim_{h \downarrow 0} \langle \Sigma_t^* \varphi,\ \frac{1}{h}(z_h - z_0) \rangle$$

对所有 $t \in \mathbb{R}_+ \backslash N_\varphi$ 都存在. 现在 Σ_t^* 是一个强连续半群, 且 $\{\Sigma_t^* \varphi;\ t \in \mathbb{R}_+ \backslash N_\varphi, \varphi \in H_p^2\}$ 一定包含一个 H_p^2 中的稠密集. 另一方面由条件 (5.43), $\frac{1}{h}(z_h - z_0)$ 对所有 $h \geqslant 0$ 都在范数下有界. 因此, 由一个著名的弱收敛刻画 (参考 [9, p. 47]),$\frac{1}{h}(z_h - z_0)$ 弱收敛于 H_p^2 中的一个元素 g. 但极限

$$\lim_{h \downarrow 0} \frac{1}{h}(z_{t+h} - z_t) = \lim_{h \downarrow 0} \Sigma_t \frac{1}{h}(z_h - z_0)$$

对所有 $t \geqslant 0$ 存在且等于 $\Sigma_t g$(弱收敛下). 左 (弱) 导数对任意 $t > 0$ 也存在, 因为 $\frac{1}{h}(z_t - z_{t-h}) = \Sigma_{t-h} \frac{1}{h}(z_h - z_0)$, 并且对所有满足 $t - h > 0$ 的 $h > 0$, 我们有

$$\begin{aligned}\langle \varphi, \frac{1}{h}(z_t - z_{t-h}) \rangle &= \langle \Sigma_{t-h}^* \varphi, \frac{1}{h}(z_h - z_0) \rangle \\ &= \langle (\Sigma_{t-h}^* - \Sigma_t^*) \varphi, \frac{1}{h}(z_h - z_0) \rangle + \langle \Sigma_t^* \varphi, \frac{1}{h}(z_h - z_0) \rangle,\end{aligned}$$

这里第一项在 $h \downarrow 0$ 时趋于 0, 因为 Σ_t^* 是强连续的, 且 $\frac{1}{h}(z_h - z_0)$ 在范数下是有界的. 因此 $\langle \varphi, h^{-1}(z_t - z_{t-h}) \rangle \to \langle \Sigma_t^* \varphi, g \rangle = \langle \varphi, \Sigma_t g \rangle$ 对所有 $\varphi \in H_p^2$ 成立, 所以我们有 $f_\varphi(t) = \langle \varphi, z_t \rangle$ 是可微的, 且在每一点 $t \geqslant 0$, 有连续导数 $\dot{f}_\varphi(t) = \langle \varphi, \Sigma_t g \rangle$. 因此

$$\langle \varphi,\ z_h - z_0 \rangle = \int_0^h \langle \varphi,\ \Sigma_t g \rangle \, dt, \quad h \geqslant 0$$

对任意 $\varphi \in H_p^2$ 成立. 现在注意到积分 $\int_0^h \Sigma_t g \, dt$ 在 H_p^2 中存在 (强意义下), 因为 $t \mapsto \Sigma_t g$ 是连续的. 因此我们有 (参考 [318])

$$\int_0^h \langle \varphi,\ \Sigma_t g \rangle \, dt = \langle \varphi,\ \int_0^h \Sigma_t g \, dt \rangle,$$

由前面不等式可得

$$z_h - z_0 = \int_0^h \Sigma_t g \, \mathrm{d}t , \quad h \geqslant 0 .$$

我们恰好证明了 z_t 是强可微的. 由 z_h 与 Σ_t 的定义, 我们有

$$P^{H_p^2} \chi_h f = P^{H_p^2} \int_0^h \mathrm{e}^{\mathrm{i}\omega t} g \, \mathrm{d}t = P^{H_p^2} \chi_h g .$$

现在定义 $\bar{g} := f - g$. 则 $\bar{g}$ 是一个 $\mathcal{L}_p^2$ 函数, 且由上面的等式, 它满足

$$P^{H_p^2} \chi_h \bar{g} = 0 , \quad \forall h \geqslant 0,$$

即 $\chi_h \bar{g} \in \bar{H}_p^2$, $\forall h \geqslant 0$. 则由引理 5.2.4, 可得 $\bar{g} \in \bar{\mathcal{W}}_p^2$. 对偶命题同理可证. □

该引理的一个重要的特殊情形是在函数 f 属于 $\mathcal{L}_p^2$ 的子空间 $\mathcal{W}_p^2$ 或 $\bar{\mathcal{W}}_p^2$ 时.

我们称 $f \in \mathcal{W}_p^2$ 是可分解的, 若它可写为 $f = g + c$ 的形式, 且 $g \in H_p^2$,c 是常向量. 对于 $\bar{f} \in \bar{\mathcal{W}}_p^2$ 也可类似地定义可分解性. 行向量在 $\mathcal{W}_p^2$(或 $\bar{\mathcal{W}}_p^2$) 中的矩阵函数是可分解的, 若它们可分解为行在 $H_p^2(\bar{H}_p^2)$ 中的矩阵函数与一个常值矩阵的和. 注意到这种分解是唯一的.[1]

推论 5.5.2 令 S 为包含 $\mathrm{H}^-(\mathrm{d}y)$ 的倒向移位不变 p.n.d. 子空间, 令 $W \in \mathcal{W}_{m\times p}^2$ 为对应的因果满秩谱因子. 则 $\mathrm{d}y$ 是关于 $\{\mathrm{S}_t\}$ 条件 Lipschitz 的当且仅当 W 是可分解的, 即存在常值 $m \times p$ 矩阵 D 以及矩阵函数 $G \in H_{m\times p}^2$, 使得

$$W(\mathrm{i}\omega) = G(\mathrm{i}\omega) + D. \tag{5.46}$$

令 $\bar{\mathrm{S}}$ 为包含 $\mathrm{H}^+(\mathrm{d}y)$ 的正向移位不变 p.n.d. 子空间, 令 $\bar{W} \in \bar{\mathcal{W}}_{m\times p}^2$ 为对应的因果满秩谱因子. 则 $\mathrm{d}y$ 是关于 $\{\bar{\mathrm{S}}_t\}$ 条件 Lipschitz 的当且仅当 $\bar{W}$ 是可分解的, 即存在常值 $m \times p$ 矩阵 $\bar{D}$ 及矩阵函数 $\bar{G} \in \bar{H}_{m\times p}^2$ 使得

$$\bar{W}(\mathrm{i}\omega) = \bar{G}(\mathrm{i}\omega) + \bar{D}. \tag{5.47}$$

证 令 $\mathrm{d}w$ 为 S 的生成 Wiener 过程, 且 $\mathrm{d}\hat{w}$ 为它的 Fourier 变换. 由 $\mathrm{d}y$ 的谱表示, 随机变量 $\mathrm{E}^{\mathrm{S}}[y_k(h) - y_k(0)]$, $k = 1, \cdots, m$ 在同构 $\mathcal{I}_{\hat{w}}$ 下对应于 $P^{H_p^2} \chi_h W_k$, $k = 1, \cdots, m$, 其中 W_k 为 W 的第 k 行. 因为 $\mathcal{I}_{\hat{w}}$ 是一个酉映射,$\mathrm{d}y$ 是条件 Lipschitz 的当且仅当 $\|P^{H_p^2} \chi_h W_k\| = O(h)$ 对 $k = 1, \cdots, m$ 成立. 因此情况下 $\bar{g}$ 都是常值, 则分解 (5.46) 可由 (5.44) 得到. □

下面给出用于证明定理 5.4.4 的工具.

[1]这也是因为半平面上的 H_p^2 函数在解析区域内当 $s \to \infty$ 时一致趋于 0; 参考 [145].

5.5.1 定理 5.4.4 的证明

充分性几乎是显然的. 实际上, 令 $\mathrm{d}w$ 为 Wiener 过程 S 的生成过程, 令 W 为对应的因果谱因子. 因为条件 Lipschitz 条件等价于可分解性 (5.46), 我们有

$$\begin{aligned} y(h)-y(0) &= \int_{-\infty}^{+\infty} \chi_h(\mathrm{i}\omega)W(\mathrm{i}\omega)\mathrm{d}\hat{w} \\ &= \int_{-\infty}^{+\infty} \chi_h(\mathrm{i}\omega)G(\mathrm{i}\omega)\,\mathrm{d}\hat{w} + \int_{-\infty}^{+\infty} \chi_h(\mathrm{i}\omega)D\,\mathrm{d}\hat{w} \\ &= \int_0^h z(t)\,\mathrm{d}t + D[w(h)-w(0)], \end{aligned}$$

这里 $\{z(t)\}$ 是平稳过程

$$z(t) = \int_{-\infty}^{+\infty} \mathrm{e}^{\mathrm{i}\omega t} G(\mathrm{i}\omega)\,\mathrm{d}\hat{w},$$

且它适应于 $\{\mathrm{S}_t\}$ (因 $G \in H^2_{m\times p}$), 并且是均方连续的.

为证明必要性, 我们首先说明表示 (5.39) 中的过程 $\{z(t)\}$ 总可选为平稳且均方连续的. 为使 (5.39) 有意义, 我们至少要假设 $\{z(t)\}$ 是可测的, 且有局部平方可积的范数. 注意到 $y(t+h)-y(t) = \mathcal{U}_t[y(h)-y(0)]$ 可写为

$$y(t+h)-y(t) = \int_t^{t+h} z(s)\,\mathrm{d}s + m(t+h) - m(t),$$

或

$$y(t+h)-y(t) = \int_0^h \mathcal{U}_t z(s)\,\mathrm{d}s + \mathcal{U}_t[m(h)-m(0)]\,.$$

令 t 保持不变, 令 h 在 $\mathbb{R}_+$ 中变化, 上式第二项定义了关于递增族 $\tilde{\mathrm{S}}_h := \mathrm{S}_{t+h}$ 的鞅. 这同样对 $m(t+h)-m(t)$ 也成立. 另一方面, 上面两式中的第一项都在 $\tilde{\mathrm{S}}_h$ 中, 且有有界均值方差是 h 的函数. 由命题 5.4.2, 它们是相同的, 即

$$\int_0^h [z(t+s) - \mathcal{U}_t z(s)]\,\mathrm{d}s = 0, \quad 对所有\ h \geqslant 0$$

几乎处处成立, 因此 $\{z(t+s)\}$ 与 $\{\mathcal{U}_t z(s)\}$ 对所有 t 是等价过程. 我们因此可以选择 $\{z(t)\}$, 它是由移位生成的, 即 $z(t) = \mathcal{U}_t z(0)$, 因此是平稳且均方连续的 (因为 $\mathcal{U}_t$ 是一个强连续半群). (5.39) 中积分可因此被理解为一个均方 Riemann 积分.

我们现在说明条件 Lipschitz 条件是使 $\mathrm{d}y$ 有形如 (5.39) 表示的必要条件. 因为 $z(t) = \mathcal{U}_t z(0)$, 我们有 $\|z(t)\| = \|z(0)\|$, 且由 (5.39) 可得

$$\|\,\mathrm{E}^{\mathrm{S}}[y(h)-y(0)]\,\| \leqslant \int_0^h \|\,\mathrm{E}^{\mathrm{S}}\, z(t)\|\,\mathrm{d}t \leqslant \|z(0)\|\,h,$$

因此条件 (5.41) 可由 (5.39) 得到, 证毕.

5.5.2 退化平稳增量过程

注意到分解 (5.46) 可推出 dy 关于平稳族 $\mathrm{S}_t = \mathrm{H}_t^-(\mathrm{d}w)$ 的半鞅表示可在频域上写为

$$\mathrm{d}\hat{y} = G\mathrm{d}\hat{w} + D\mathrm{d}\hat{w}, \tag{5.48}$$

右边第一项 (即 $\mathrm{d}\hat{z} := G\mathrm{d}\hat{w}$) 为 dy 的平稳部分. 我们应该指出, 矩阵 DD' 对所有 dy 的半鞅表示是不变的. 实际上,$DD'h$ 是该过程在区间 $[0,h]$ 的二次变差, 且这个量与半鞅表示所涉及的特定的 S (或 $\bar{\mathrm{S}}$) 无关. 我们可看出在有理情形, 我们有 $DD' = \lim_{s\to\infty}\Phi(s)$.

我们称一个平稳增量过程是*非退化的*，若有 $\operatorname{rank} DD' = \operatorname{rank}\Phi(\mathrm{i}\omega)$ a.e., 且 DD' 的秩等于该过程的重数 p, 不然则称其为*退化的*.

命题 5.5.3 *假设 dy 有关于某递增族 $\mathrm{S}_t = \mathrm{H}_t^-(\mathrm{d}w)$ 的半鞅表示 (5.48), 令 $\operatorname{rank} DD' = r < p$, 即过程是退化的, 则存在一个生成过程 dw 的常值正交变换, 且能保证 dy 分解为两个不相关半鞅 $\mathrm{d}y_1$ 与 $\mathrm{d}y_2$ 的和, 第一个是重数为 r 非退化的, 第二个没有鞅部分, 即完全退化.*

证 矩阵 DD' 可因子分解为 $\tilde{D}\tilde{D}'$, 其中 $\tilde{D}$ 是 $m\times r$ 的, 且有列满秩 (r), 因此 $\tilde{D}$ 有一个左逆, 即 $\tilde{D}^{-L} = (\tilde{D}'\tilde{D})^{-1}\tilde{D}'$. 定义 r 维 Wiener 过程 $\mathrm{d}u$:

$$\mathrm{d}u := \tilde{D}^{-L}D\mathrm{d}w = N\mathrm{d}w\,.$$

注意到 N 是一个正交 $r\times p$ 矩阵, 即 $NN' = I_r$, 故 $\mathrm{E}\{\mathrm{d}u\mathrm{d}u'\} = I_r\mathrm{d}t$. 同时, 由正交性, NN' 与 $I_p - NN'$ 都是投影矩阵. 实际上, 它们是 $\mathbb{R}^p$ 中的互补投影. 因为 $\operatorname{rank}(I_p - NN') = p - r$, 我们可找到一个因子分解 $I_p - NN' = MM'$, 其中 M 是 $(p-r)\times p$ 维满秩矩阵, 从而也是正交的, 即 $MM' = I_{p-r}$. 现在定义标准 Wiener 过程 $\mathrm{d}v := M\mathrm{d}w$. 易于验证 $\mathrm{d}u$ 与 $\mathrm{d}v$ 的增量是正交的, 因

$$\mathrm{E}\{\mathrm{d}u\mathrm{d}v'\} = NM' = NN'NM'MM' = N[N'N(I - N'N)]M' = 0\,,$$

因此由正交分解

$$\mathrm{d}w = N'N\mathrm{d}w + (I_p - N'N)\mathrm{d}w = [N'\ M']\begin{bmatrix}\mathrm{d}u\\ \mathrm{d}v\end{bmatrix} \tag{5.49}$$

可得 $\mathrm{S}_t = \mathrm{H}_t^-(\mathrm{d}w)$ 可分解为正交直和 $\mathrm{S}_t = \mathrm{H}_t^-(\mathrm{d}u)\oplus\mathrm{H}_t^-(\mathrm{d}v)$. 实际上, 通过令 $G\,[N'\ M'] := [G_1\ G_2]$, 在 (5.48) 中减去 (5.49) 的 Fourier 变换, 并由 $DN' = \tilde{D}$ 与 $\mathrm{D}M' = \tilde{D}NM' = 0$, 我们得到

$$\mathrm{d}\hat{y} = (G_1\mathrm{d}\hat{u} + \tilde{D}\mathrm{d}\hat{u}) + G_2\mathrm{d}\hat{v} := \mathrm{d}\hat{y}_1 + \mathrm{d}\hat{y}_2,$$

这里 $d\hat{y}_1$ 与 $d\hat{y}_2$ 是不相关的. 同时 $\tilde{D}$ 的秩为 r, 故 dy_1 是非退化的. □

§ 5.6 相关文献

本章对平稳增量过程的谱因子分解定理的推广是参考 [204]. 半鞅 (早期文献中称为准鞅) 由 Fisk [95] 引入, 且在连续时间随机过程中起到了突出的作用. 本章所讨论的广义情形仅需要最少的测度论技术. 在 [204] 之前似乎没有文献讨论过它. 形如 (5.41) 的条件可用于刻画条件移位半群 $E^{S}\mathcal{U}_t\,; t \geqslant 0$, 且在 Rishel [266] 的工作中经常出现; 参考 [289] 等. 我们的条件显然比严格意义下理论所需的条件要弱得多.

第 6 章

有限维线性随机系统

本章是研究二阶广义平稳随机向量过程线性状态空间建模的引言. 特别地, 在本章我们将讨论具有有理谱矩阵的离散时间纯非确定性过程. 这种过程可以由白噪声输入 $\{w(t)\}$ 驱动的有限维线性系统的输出 y 描述.

$$\begin{cases} x(t+1) = Ax(t) + Bw(t), \\ y(t) = Cx(t) + Dw(t). \end{cases}$$

其中 A, B, C 和 D 是适当维数的常矩阵. 这种状态空间描述刻画了一类自然而有用的参数化的随机模型, 它可以形成简单的递推估计算法, 在控制和信号处理中都有广泛应用. 随机实现理论包括刻画特征和确定上述状态空间模型, 这相应地就与谱分解有关. 这种随机模型的结构是由几何术语刻画的, 而这是基于不依赖于坐标选取的表示和初等 Hilbert 空间概念的.

§ 6.1 随机状态空间模型

我们考虑具有有理谱矩阵的纯非确定 (p.n.d.) 平稳过程. 可以证明这种过程 y 可以表示为一个有限维 Markov 过程 x 的线性函数, 称 Markov 过程 x 为过程 y 的状态, 它具有"充分统计"性质, 而这种性质是确定性系统中状态变量"动态记忆"性质的推广. 实际上, 可以形成有限维递推滤波 (和辨识) 算法的本质结构性质就是这种过程可以表示为一个 Markov 过程的函数. 很多现代统计信号过程是基于这种性质将使过程具有常值参数 (或随机实现) 的有限维状态空间描述. 特别地, 我们证明具有有理谱密度矩阵的 p.n.d. 过程可以表示为如下线性状态空间

模型

$$
\begin{cases}
x(t+1) = Ax(t) + Bw(t), \\
y(t) = Cx(t) + Dw(t),
\end{cases}
\tag{6.1}
$$

其中 A 是稳定矩阵 (即 A 的所有特征值都在开单位圆盘内), $\{w(t)\}$ 是 p 维标准白噪声, 即满足

$$
\mathrm{E}\{w(t)w(s)'\} = I\delta_{ts}, \quad \mathrm{E}\{w(t)\} = 0,
$$

$\{x(t)\}$ 是 n 维状态过程, $\{y(t)\}$ 是将要被表示的 m 维平稳过程. 在这个模型中 x 和 w 是表示的一部分而且都是隐藏变量, 即它们不可观测并且可以通过不同的方式选择. 这与确定性系统中的设定是非常不同的, 在这里我们假设读者已经比较熟悉[1], 这一点会在接下来的阐述中进一步明确.

我们首先分析形如 (6.1) 的线性状态空间模型, 把它表示为不依赖坐标选取的形式. 由于 A 是稳定矩阵, 模型 (6.1) 是有因果性的, 即可以把状态 $x(t)$ 和输出 $y(t)$ 表示为截止到时刻 t 的过去输入历史 (w) 的线性泛函, 我们称这种模型是随时间向前演化的. 但是一个随机过程内部关于时间没有特定方向, 并且有很多其他表示是不具有因果性的. 特别地, Markov 过程的概念是关于过去和未来对称的, 因此我们可以得到对称的状态空间模型随时间向后演化. 这就形成向前和向后 Kalman 滤波, 我们将认识到：它们的稳态版本是具有特别重要性的状态空间模型.

给定具有因果性的模型 (6.1), 过程 y 可以被看作是白噪声信号 w 穿过一个带有理稳定 (即所有极点在单位圆内) 传递函数

$$
W(z) = C(zI - A)^{-1}B + D \tag{6.2}
$$

的线性时不变滤波, 经过无穷长时间使系统达到统计稳态后得到的输出.

$$
\text{白噪声} \xrightarrow{w} \boxed{W(z)} \xrightarrow{y}
$$

那么由于 A 是稳定矩阵, 有

$$
x(t) = \sum_{j=-\infty}^{t-1} A^{t-1-j}Bw(j),
$$

且

$$
y(t) = \sum_{j=-\infty}^{t-1} CA^{t-1-j}Bw(j) + Dw(t).
$$

[1]附录 A 列出了一些关于确定性状态空间建模的背景知识.

特别地,x 和 y 是联合平稳的.

系统 (6.1) 可以看作线性映射, 它定义 x 和 y 为输入噪声 w 的线性泛函. 实际上, 由于 A 是稳定的, 所以这个映射是具有因果性的. 为了精确地描述这个性质, 需要对所有 t 考察 $x(t)$ 和 $y(t)$(的分量), 把它们看作二阶随机变量形成的无穷维 Hilbert 空间

$$\mathrm{H}(w) = \overline{\mathrm{span}}\{w_i(t) \mid t \in \mathbb{Z};\ i = 1, 2, \cdots, p\} \tag{6.3}$$

中的元素, 其中内积定义为 $\langle \xi, \eta \rangle = \mathrm{E}\{\xi\eta\}$. 为了避免 Hilbert 空间 $\mathrm{H}(w)$ 比所需要的空间大, 我们假设矩阵

$$\begin{bmatrix} B \\ D \end{bmatrix}$$

列满秩.

根据因果性质, x 和 y 的过去子空间

$$\mathrm{H}_t^-(x) = \overline{\mathrm{span}}\{x_i(s) \mid s < t;\ i = 1, 2, \cdots, n\}, \tag{6.4a}$$

$$\mathrm{H}_t^-(y) = \overline{\mathrm{span}}\{y_i(s) \mid s < t;\ i = 1, 2, \cdots, m\} \tag{6.4b}$$

都包含在 $\mathrm{H}_t^-(w)$ 中, 因此 w 的未来空间

$$\mathrm{H}_t^+(w) = \overline{\mathrm{span}}\{w_i(s) \mid s \geqslant t; i = 1, 2, \cdots, p\} \tag{6.5}$$

与 $\mathrm{H}_{t+1}^-(x)$ 和 $\mathrm{H}_t^-(y)$ 正交.

这样因果性可以由如下正交性刻画:

$$\mathrm{H}_t^+(w) \perp \left(\mathrm{H}_{t+1}^-(x) \vee \mathrm{H}_t^-(y)\right), \quad \text{对所有的 } t \in \mathbb{Z} \text{ 成立}. \tag{6.6}$$

这等价于说 (6.1) 是向前 表示或它是随时间向前演化的. 特别地, 对所有的 $t \in \mathbb{Z}$, $\mathrm{E}\{x(t)w(t)'\} = 0$.

定义

$$\mathrm{X}_t = \mathrm{span}\{x_1(t), x_2(t), \cdots, x_n(t)\} \subset \mathrm{H}(w), \quad t \in \mathbb{Z}, \tag{6.7}$$

有限维子空间族 $\{\mathrm{X}_t\}$ 是本书中的重要概念, 称子空间 X_t 为系统 (6.1) 时刻 t 的状态空间 . 显然根据平稳性 $\dim \mathrm{X}_t$ 是常数, 并且 $\dim \mathrm{X}_t \leqslant n$ 当且仅当 $\{x_1(t), x_2(t), \cdots, x_n(t)\}$ 是 X_t 的一组基时等号成立. 这可以由状态协方差 矩阵

$$P = \mathrm{E}\{x(0)x(0)'\} \tag{6.8}$$

刻画. 根据平稳性, 对所有 t, $P = \mathrm{E}\{x(t)x(t)'\}$, 因此由 (6.1) 可得 Lyapunov 方程

$$P = APA' + BB'. \tag{6.9}$$

(见附录 B.1.) 因为矩阵 A 的所有特征值都在开单位圆盘内, 由命题 B.1.20, 可得

$$P = \sum_{j=1}^{\infty} A^{j-1}BB'(A')^{j-1} = \mathcal{R}\mathcal{R}',$$

其中 $\mathcal{R}$ 由 (A.9) 定义; 即 P 是 (6.1) 的 Gram 可达性矩阵, 它是正定的当且仅当 (A, B) 是可达的.

命题 6.1.1 n 个随机变量 $\{x_1(t), x_2(t), \cdots, x_n(t)\}$ 形成 X_t 的一组基当且仅当 $P > 0$; 即当且仅当 (A, B) 是可达的.

证 因为对所有 $a \in \mathbb{R}^n$ 有

$$\|a'x(t)\|^2 = a'Pa.$$

当 $P > 0$ 时, 不存在非零的 a 满足 $a'x(t) = 0$ 恒成立. □

在本章, 不特殊说明的情况下一直假设 (A, B) 是可达的.

假设 6.1.2 系统 (6.1) 中的矩阵对 (A, B) 是可达的.

上述子空间的表明, 线性子空间描述完全可以用 Hilbert 空间几何术语表达. 实际上, 线性子空间表示 (6.1) 随时间向前演化的性质可以由正交性 (6.6) 刻画, 即

$$\mathrm{S}_t \perp \mathrm{H}_t^+(w), \quad \text{其中 } \mathrm{S}_t := \mathrm{H}_{t+1}^-(x) \vee \mathrm{H}_t^-(y). \tag{6.10}$$

因此, 根据

$$x(s) = A^{s-t}x(t) + \sum_{j=t}^{s-1} A^{s-1-j}Bw(j),$$

$$y(s) = CA^{s-t}x(t) + \sum_{j=t}^{s-1} CA^{s-1-j}Bw(j) + Dw(s), \text{ 对所有的 } s \geqslant t \text{ 成立},$$

$$\mathrm{E}^{\mathrm{S}_t} b' \begin{bmatrix} x(s) \\ y(s) \end{bmatrix} = b' \begin{bmatrix} A^{s-t} \\ CA^{s-t} \end{bmatrix} x(t) = \mathrm{E}^{\mathrm{X}_t} b' \begin{bmatrix} x(s) \\ y(s) \end{bmatrix}, \text{ 对所有的 } b \in \mathbb{R}^{n+m} \text{ 成立},$$

从上式可得

$$\mathrm{E}^{\mathrm{S}_t}\lambda = \mathrm{E}^{\mathrm{X}_t}\lambda \quad \text{对所有的 } t \in \mathbb{Z} \text{ 且 } \lambda \in \bar{\mathrm{S}}_t := \mathrm{H}_t^+(x) \vee \mathrm{H}_t^+(y) \text{ 成立}, \tag{6.11}$$

其中 X_t 是状态空间 (6.7).

接着, 对比第 2 章中命题 2.4.2 的条件 (i) 和 (iv), 并注意到 $X_t \subset H_{t+1}^-(x)$, 可得 (6.11) 与

$$S_t \perp \bar{S}_t \mid X_t \quad 对所有的\ t \in \mathbb{Z}\ 成立 \tag{6.12}$$

是等价的, 即我们有如下重要的结论.

命题 6.1.3 给定 X_t, 对每个 $t \in \mathbb{Z}$, 空间 $S_t := H_{t+1}^-(x) \vee H_t^-(y)$ 和 $\bar{S}_t := H_t^+(x) \vee H_t^+(y)$ 是条件正交的.

§ 6.2 反因果状态空间模型

值得注意的是条件正交 (6.12) 是关于反序时间完全对称的, 因此正如从第 2 章中命题 2.4.2 看到的, (6.12) 不仅等价于 (6.11), 而且等价于

$$E^{\bar{S}_t}\lambda = E^{X_t}\lambda \quad 对所有的\ \lambda \in S_t\ 且\ t \in \mathbb{Z}\ 成立. \tag{6.13}$$

根据此结论我们可以得到一个与 (6.1) 不同的、随时间向后演化的随机系统. 为了此目的, 首先记

$$S_t = H_t^-(z), \quad 其中\ z(t) := \begin{bmatrix} x(t+1) \\ y(t) \end{bmatrix}, \tag{6.14}$$

且 (6.1) 与

$$z(t) = \hat{z}(t) + v(t) \tag{6.15}$$

等价, 其中 $\hat{z}(t)$ 是分量为

$$\hat{z}_i(t) := E^{H_{t-1}^-(z)} z_i(t), \quad i = 1, 2, \cdots, n+m$$

的一步预测, 而 $v(t) := z(t) - \hat{z}(t)$ 是对应的更新过程.

接着, 我们利用对称自变量得到以

$$\bar{x}(t) := P^{-1} x(t+1) \tag{6.16}$$

为状态过程的向后系统. 实际上, 立即有

$$\bar{S}_t = H_t^+(\bar{z}), \quad 其中\ \bar{z}(t) := \begin{bmatrix} \bar{x}(t-1) \\ y(t) \end{bmatrix}. \tag{6.17}$$

另外, 类似于 (6.15), 我们有正交分解

$$\bar{z}(t) = \hat{\bar{z}}(t) + \bar{v}(t), \tag{6.18}$$

其中 $\hat{\bar{z}}(t)$ 是分量为

$$\hat{\bar{z}}_i(t) := \mathrm{E}^{\mathrm{H}^+_{t+1}(\bar{z})}\bar{z}_i(t), \quad i = 1, 2, \cdots, n+m$$

的后向一步预测, 而 $\bar{v}(t) := \bar{z}(t) - \hat{\bar{z}}(t)$ 是向后更新过程, 它显然一定是白噪声, 即

$$\mathrm{E}\{\bar{v}(t)\bar{v}(s)'\} = \bar{V}\delta_{ts},$$

其中 $\bar{V}$ 是待确定的 $(n+m)\times(n+m)$ 矩阵权重.

我们首先确定 $\hat{\bar{z}}$, 为此注意到对所有 $b \in \mathbb{R}^{n+m}$, $b'\bar{z}(t) \in \mathrm{S}_{t+1}$, 因此由 (6.13) 可得

$$\begin{aligned} b'\hat{\bar{z}}(t) &= \mathrm{E}^{\bar{\mathrm{S}}_{t+1}}b'\bar{z}(t) = \mathrm{E}^{\mathrm{X}_{t+1}}b'\bar{z}(t) \\ &= b'\mathrm{E}\{\bar{z}(t)x(t+1)'\}\mathrm{E}\{x(t+1)x(t+1)'\}^{-1}x(t+1) \\ &= b'\begin{bmatrix} A' \\ CPA' + DB' \end{bmatrix} P^{-1}x(t+1), \end{aligned}$$

其中我们应用了命题 2.2.3 中的投影公式和事实 $\mathrm{E}\{x(t)x(t+1)'\} = PA'$ 与 $\mathrm{E}\{y(t)x(t+1)'\} = CPA' + DB'$. 因此,

$$\hat{\bar{z}}(t) = \begin{bmatrix} A' \\ \bar{C} \end{bmatrix} \bar{x}(t), \tag{6.19}$$

其中

$$\bar{C} := CPA' + DB'. \tag{6.20}$$

定理 6.2.1 考虑以

$$P := \mathrm{E}\{x(t)x(t)'\} \tag{6.21}$$

为状态协方差矩阵的向前状态空间模型 (6.1), 且设 $\Lambda_0 := \mathrm{E}\{y(t)y(t)'\}$. 那么 (6.16) 是向后系统

$$\begin{cases} \bar{x}(t-1) = A'\bar{x}(t) + \bar{B}\bar{w}(t), \\ y(t) = \bar{C}\bar{x}(t) + \bar{D}\bar{w}(t) \end{cases} \tag{6.22}$$

的状态过程, 其状态协方差矩阵为

$$\bar{P} := \mathrm{E}\{\bar{x}(t)\bar{x}(t)'\} = P^{-1}. \tag{6.23}$$

这里 $\bar{C}$ 由 (6.20) 给出, $\bar{B}$ 和 $\bar{D}$ 是通过 (最小) 秩分解

$$\begin{bmatrix}\bar{B}\\ \bar{D}\end{bmatrix}\begin{bmatrix}\bar{B}\\ \bar{D}\end{bmatrix}' = \begin{bmatrix}\bar{P}-A'\bar{P}A & C'-A'\bar{P}\bar{C}'\\ C-\bar{C}\bar{P}A & \Lambda_0-\bar{C}\bar{P}\bar{C}'\end{bmatrix} \tag{6.24}$$

模去正交变换后唯一定义的矩阵, 而 $\bar{w}$ 是中心化的标准白噪声. 线性随机系统 (6.22) 在

$$\mathrm{H}_t^-(\bar{w}) \perp \left(\mathrm{H}_t^+(x) \vee \mathrm{H}_t^+(y)\right) \quad \text{对所有的 } t\in\mathbb{Z} \text{ 成立} \tag{6.25}$$

的意义下是向后状态空间模型, 它与向前系统中性质 (6.6) 对应.

证 注意 (6.19), 正交分解 (6.18) 可以写作

$$\begin{bmatrix}\bar{x}(t-1)\\ y(t)\end{bmatrix} = \begin{bmatrix}A'\\ \bar{C}\end{bmatrix}\bar{x}(t)+\bar{v}(t), \tag{6.26}$$

所以为了得到 (6.22) 只需要证明对某标准白噪声 $\bar{w}$, 存在矩阵 $\bar{B}$, $\bar{D}$ 满足 (6.24) 和

$$\bar{v}(t) = \begin{bmatrix}\bar{B}\\ \bar{D}\end{bmatrix}\bar{w}(t). \tag{6.27}$$

事实上, 根据正交分解 (6.26), 我们有

$$\mathrm{E}\{\begin{bmatrix}\bar{x}(t-1)\\ y(t)\end{bmatrix}\begin{bmatrix}\bar{x}(t-1)' & y(t)\end{bmatrix}'\} = \begin{bmatrix}A'\\ \bar{C}\end{bmatrix}\bar{P}\begin{bmatrix}A & \bar{C}'\end{bmatrix} + \mathrm{E}\{\bar{v}(t)\bar{v}(t)'\},$$

因此注意到 (6.24), 可得

$$\mathrm{E}\{\bar{v}(t)\bar{v}(s)'\} = \begin{bmatrix}\bar{B}\\ \bar{D}\end{bmatrix}\begin{bmatrix}\bar{B}\\ \bar{D}\end{bmatrix}'\delta_{ts}. \tag{6.28}$$

因为根据假设, 矩阵因子满秩, 我们求解 (6.27) 可唯一地得到 $\bar{w}$. 事实上,

$$\bar{B}'\bar{B}+\bar{D}'\bar{D} = \begin{bmatrix}\bar{B}\\ \bar{D}\end{bmatrix}'\begin{bmatrix}\bar{B}\\ \bar{D}\end{bmatrix}$$

是非奇异的, 所以

$$\bar{w}(t) = (\bar{B}'\bar{B}+\bar{D}'\bar{D})^{-1}\begin{bmatrix}\bar{B}\\ \bar{D}\end{bmatrix}'\bar{v}(t), \tag{6.29}$$

显然满足 $\mathrm{E}\{\bar{w}(t)\bar{w}(s)'\} = I\delta_{ts}$. 另外, $\mathrm{H}_t^-(\bar{w}) = \mathrm{H}_t^-(\bar{v})$, 它与 $\bar{\mathrm{S}}_t = \mathrm{H}_t^+(\bar{v})$ 正交. 这就证明了 (6.22) 的向后性质. □

定理 6.2.1 表明过程 y 可以被看作将一白噪声信号 $\bar{w}$ 从 $t=+\infty$ 开始, 随时间向后 通过

$$\bar{W}(z)=\bar{C}(z^{-1}I-A')^{-1}\bar{B}+\bar{D} \tag{6.30}$$

的线性时不变滤波[2] 得到

$$\xleftarrow{y} \boxed{\bar{W}(z)} \xleftarrow{\bar{w}} \text{白噪声}.$$

因为 W 的所有极点都在开单位圆盘内, 并且在无穷远是有限的, 我们称它为一个 稳定的 或解析的 谱因子, 而 $\bar{W}$ 的所有极点都严格在单位圆外, 我们称它是反稳定的或上解析的.

我们分别称白噪声 w 和 $\bar{w}$ 为对应于状态空间 $\{X_t\}$ 的向前和向后生成过程 .

§ 6.3 生成过程和结构函数

我们已经知道对每个以 w 为生成过程的向前模型 (6.1), 通过状态变换 (6.16) 对应地有以 $\bar{w}$ 为生成过程的向后模型 (6.22). 反过来, 根据对称的描述, 可知对每个向后模型 (6.22), 存在向前模型 (6.1), 它们通过状态变换

$$x(t)=\bar{P}^{-1}\bar{x}(t-1) \tag{6.31}$$

相联系, 其中 $\bar{P}=P^{-1}$. 我们将考察生成过程 w 和 $\bar{w}$ 的关系.

定理 6.3.1 设 $(w,\bar{w})$ 分别为 (6.1) 和 (6.22) 组成的生成过程对, 那么相关矩阵

$$V:=\mathrm{E}\{\bar{w}(t)w(t)'\} \tag{6.32}$$

满足关系

$$VV'=I-\bar{B}'P\bar{B}, \tag{6.33a}$$

$$V'V=I-B'\bar{P}B, \tag{6.33b}$$

进而,

$$\bar{w}(t)=\bar{B}'x(t)+Vw(t), \tag{6.34a}$$

$$w(t)=B'\bar{x}(t)+V'\bar{w}(t). \tag{6.34b}$$

[2] 箭头的方程反映了反因果性, 即将 $\bar{w}$ 的未来映射到 y 的过去.

最后,

$$\mathrm{H}(\bar{w}) = \mathrm{H}(w). \tag{6.35}$$

由最后一式, 我们可以定义模型对 (6.1), (6.22) 的环绕空间 $\mathbb{H}$,

$$\mathrm{H}(\bar{w}) = \mathbb{H} = \mathrm{H}(w). \tag{6.36}$$

证 由 (6.16) 和 (6.1), (6.26) 可以写作

$$\begin{bmatrix} \bar{P}x(t) \\ y(t) \end{bmatrix} = \begin{bmatrix} A' \\ \bar{C} \end{bmatrix} \bar{P}\big(Ax(t) + Bw(t)\big) + \bar{v}(t),$$

从而

$$\bar{v}(t) = \begin{bmatrix} \bar{P} - A'\bar{P}A \\ C - \bar{C}\bar{P}A \end{bmatrix} x(t) + \begin{bmatrix} -A'\bar{P}B \\ D - \bar{C}\bar{P}B \end{bmatrix} w(t).$$

由 (6.24) 知这等价于

$$\bar{v}(t) = \begin{bmatrix} \bar{B} \\ \bar{D} \end{bmatrix} \bar{B}'x(t) + \begin{bmatrix} -A'\bar{P}B \\ D - \bar{C}\bar{P}B \end{bmatrix} w(t). \tag{6.37}$$

因此, 将 (6.37) 代入 (6.29) 得, 对某个矩阵 V 有 (6.34a). 从 (6.34a) 得到 $\mathrm{E}\{\bar{w}(t)w(t)'\}$ 并且注意到 $\mathrm{E}\{x(t)w(t)'\} = 0$, 我们就得到 (6.32). 用同样的方式, 得 $\mathrm{E}\{\bar{w}(t)\bar{w}(t)'\}$, 有

$$I = \bar{B}'P\bar{B} + VV',$$

它与 (6.33a) 相同. 根据系统 (6.1) 和 (6.22) 的对称性, 由 (6.32) 可得 (6.33b) 和 (6.34b). 因此由 (6.16), (6.1) 和 (6.22), 得 $\mathrm{H}(\bar{w}) = \mathrm{H}(w)$. □

推论 6.3.2 系统 (6.1) 和 (6.22) 中的矩阵有如下关系

$$AP\bar{B} + BV' = 0, \tag{6.38a}$$

$$CP\bar{B} + DV' = \bar{D}. \tag{6.38b}$$

证 将 (6.34b) 代入 (6.1) 得

$$\begin{aligned} 0 &= AP[\bar{x}(t-1) - A'\bar{x}(t)] + BV'\bar{w}(t), \\ y(t) &= CP[\bar{x}(t-1) - A'\bar{x}(t)] + [CPA' + DB']\bar{x}(t) + DV'\bar{w}(t), \end{aligned}$$

其中我们用 (6.9) 和 (6.16) 得到替换 $BB' = P - APA'$, $x(t+1) = P\bar{x}(t)$ 和 $x(t) = P\bar{x}(t-1)$. 由 (6.22) 和 (6.20), 我们可以用 $\bar{B}\bar{w}(t)$ 代替 $\bar{x}(t-1) - A'\bar{x}(t)$, 用 $\bar{C}$ 代替 $CPA' + DB$, 得

$$\begin{aligned} 0 &= [AP\bar{B} + BV']\bar{w}(t), \\ y(t) &= \bar{C}\bar{x}(t) + [CP\bar{B} + DV']\bar{w}(t). \end{aligned}$$

对第一式右乘 $\bar{w}(t)'$ 取期望得 (6.38a). 对比第二式与 (6.22) 得 (6.38b). □

从 (6.34a) 和 (6.1), 可知 $\bar{w}$ 是由 w 驱动的线性系统

$$\text{白噪声} \xrightarrow{w} \boxed{K(z)} \xrightarrow{\bar{w}} \text{白噪声}$$

的输出, 其传递函数为

$$K(z) = \bar{B}'(zI - A)^{-1}B + V, \tag{6.39}$$

它被称为系统对 (6.1) 和 (6.22) 的*结构函数*. 称将白噪声变换为白噪声的系统为全通滤波, 特别地, K 是内函数. 事实上, 由 (6.34b) 我们也可得传递函数

$$K(z)^* = B'(z^{-1}I - A')^{-1}\bar{B} + V', \tag{6.40}$$

将 $\bar{w}$ 变换为 w, 所以 $K^{-1} = K^*$.

定理 6.3.3 *设 K 是系统对 (6.1) 和 (6.22) 的结构函数, 并且设 W 和 $\bar{W}$ 为对应的传递函数, 分别由 (6.2) 和 (6.30) 给定, 那么*

$$W = \bar{W}K. \tag{6.41}$$

证 注意到 (6.2) 和 (6.40),

$$\begin{aligned} (zI - A)^{-1}BK(z)^* &= (zI - A)^{-1}BB'(z^{-1}I - A')^{-1}\bar{B} + (zI - A)^{-1}BV' \\ &= P\bar{B} + PA'(z^{-1}I - A')^{-1}\bar{B} + (zI - A)^{-1}(AP\bar{B} + BV'), \end{aligned}$$

其中我们用到替换 $BB' = P - APA'$, 与 (6.9) 一致, 并且用到等式

$$P - APA' = (zI - A)P(z^{-1}I - A') + (zI - A)PA' + AP(z^{-1}I - A'), \tag{6.42}$$

它对所有对称矩阵 P 成立. 注意到 (6.38 a),

$$(zI - A)^{-1}BK(z)^* = P\bar{B} + PA'(z^{-1}I - A')^{-1}\bar{B} \tag{6.43a}$$

$$= z^{-1}P(z^{-1}I - A')^{-1}\bar{B}, \tag{6.43b}$$

其中第二个等式由

$$z^{-1}(z^{-1}I-A')^{-1}=I+A'(z^{-1}I-A')^{-1}$$

可得. 因此由 (6.40),

$$\begin{aligned}W(z)K(z)^* &= CP\bar{B}+CPA'(z^{-1}I-A')^{-1}\bar{B}+DB'(z^{-1}I-A')^{-1}\bar{B}+DV'\\ &=(CPA'+DB')(z^{-1}I-A')^{-1}\bar{B}+CP\bar{B}+DV',\end{aligned}$$

由 (6.20) 和 (6.38 b), 上式与 $\bar{C}(z^{-1}I-A')^{-1}\bar{B}+\bar{D}$ 相同. 那么, 注意到 (6.30) 和 $K^*=K^{-1}$, 可得 $W=\bar{W}K$. □

因为结构函数 K 是有理和内的 (全通的), 它有矩阵分解式

$$K(z)=\bar{M}(z)M(z)^{-1}, \tag{6.44}$$

其中 M 和 $\bar{M}$ 是 $p\times p$ 矩阵多项式, 并且 $\det M$ 的所有根都在开单位圆盘内而 $\det \bar{M}$ 的所有根都在闭单位圆盘的补集内. 由 $K^*=K^{-1}$, 得

$$M(z^{-1})'M(z)=\bar{M}(z^{-1})'\bar{M}(z). \tag{6.45}$$

推论 6.3.4 设 K, W 和 $\bar{W}$ 由定理 6.3.3 给出, 且设 K 的矩阵分解式为 (6.44), 那么存在 $m\times p$ 矩阵多项式 N 满足

$$W(z)=N(z)M(z)^{-1}, \tag{6.46a}$$

$$\bar{W}(z)=N(z)\bar{M}(z)^{-1}. \tag{6.46b}$$

证 由 (6.41) 和 (6.44) 可得

$$WM=\bar{W}\bar{M},$$

它是 $m\times p$ 有理矩阵函数, 我们称其为 N. 而 $\bar{W}\bar{M}$ 在闭单位圆盘内解析, WM 在开单位圆盘的补集内解析. 因此 N 一定是矩阵多项式, 且 (6.46) 成立. □

§ 6.4 状态空间和不依赖坐标选取的表示

注意到 (6.36), 我们知道向前系统 (6.1) 和对应的向后系统 (6.22) 都可以由相同的基本 Hilbert 空间 $\mathbb{H}$ 表示, 我们称其为环绕空间. 另外,

$$\{a'x(t)\mid a\in\mathbb{R}^n\}=\mathrm{X}_t=\{a'\bar{x}(t-1)\mid a\in\mathbb{R}^n\}, \tag{6.47}$$

所以这两个系统具有相同的状态空间族.

因为所有涉及的随机过程都是联合平稳的, 所以我们仅需要考虑一个时刻, 如 $t=0$. 事实上, 正如第 2 章中解释的, Hilbert 空间 $\mathbb{H} := \mathrm{H}(w)$ 具有一个移位 $\mathcal{U}$ 满足

$$\mathcal{U}w_i(t) = w_i(t+1), \tag{6.48}$$

它被其他过程继承. 显然, 因为 $\mathrm{H}(x)=\mathrm{H}(\bar{x})\subset\mathbb{H}$ 和 $\mathrm{H}(y)\subset\mathbb{H}$, 所以过程 x, $\bar{x}$ 和 y 以同样的方式被 $\mathcal{U}$ 移位, 如

$$\mathrm{X}_t = \mathcal{U}^t\mathrm{X}, \quad 其中\ \mathrm{X}=\mathrm{X}_0. \tag{6.49}$$

在随机实现理论中输出过程 y 是给定的, 因此我们对 $\mathrm{H}(y)$ 和它的过去与未来空间引入简化记号, 即

$$\mathrm{H} := \mathrm{H}(y), \quad \mathrm{H}^- := \mathrm{H}_0^-(y), \quad \mathrm{H}^+ := \mathrm{H}_0^+(y), \tag{6.50}$$

根据上述记号有

$$\mathrm{H}_t^-(y) = \mathcal{U}^t\mathrm{H}^- \quad 和 \quad \mathrm{H}_t^+(y) = \mathcal{U}^t\mathrm{H}^+. \tag{6.51}$$

显然,

$$\mathrm{H} = \mathrm{H}^- \vee \mathrm{H}^+ \subset \mathbb{H}, \tag{6.52}$$

且

$$\mathcal{U}^{-1}\mathrm{H}^- \subset \mathrm{H}^- \quad 和 \quad \mathcal{U}\mathrm{H}^+ \subset \mathrm{H}^+. \tag{6.53}$$

类似地, 在 $t=0$ 给定状态空间 $\mathrm{X}=\mathrm{X}_0$, 我们记

$$\mathrm{X}^- := \bigvee_{t=-\infty}^{0} \mathrm{X}_t = \bigvee_{t=-\infty}^{0} \mathcal{U}^t\mathrm{X} = \mathcal{U}\mathrm{H}_0^-(x), \tag{6.54a}$$

$$\mathrm{X}^+ := \bigvee_{t=0}^{\infty} \mathrm{X}_t = \bigvee_{t=0}^{\infty} \mathcal{U}^t\mathrm{X} = \mathrm{H}_0^+(x). \tag{6.54b}$$

因此, 条件正交 (6.12) 可以写作如下等价形式

$$(\mathrm{H}^- \vee \mathrm{X}^-) \perp (\mathrm{H}^+ \vee \mathrm{X}^+) \mid \mathrm{X}. \tag{6.55}$$

由引理 2.4.1 可知上式意味着过程 y 的过去与未来空间正交于 $t=0$ 时的状态空间 X, 即

$$\mathrm{H}^- \perp \mathrm{H}^+ \mid \mathrm{X}. \tag{6.56}$$

称任意满足 (6.56) 的子空间 X 为 y 的分裂子空间，并且称满足 (6.55) 的子空间 X 为 y 的 Markov 分裂子空间. 因此, 任意输出为 y 的线性随机系统的状态空间 X 是 y 的 Markov 分裂子空间, 这一概念将在下一章深入研究, 我们将证明确定输出为 y 的模型 (6.1) 等价于确定 y 的 Markov 子分裂空间 X.

注意到命题 2.4.2, 随机模型的状态空间 X 是 $\mathbb{H}$ 的子空间, 它具有性质

$$E^{H^- \vee X}\lambda = E^X \lambda \quad \text{对所有的 } \lambda \in H^+ \text{ 成立;}$$

即 X 是“记忆的”或“充分统计的”, 它包含预测未来时所需的所有过去信息. 因此为了得到真实数据还原, 我们感兴趣的是在最小维数意义下具有最小 状态空间 X 的模型.

我们已经证明, 线性随机系统 (6.1) 的很多重要性质可以通过状态空间族

$$\mathcal{U}^t X = \{a' x(t) \mid a \in \mathbb{R}^n\}, \tag{6.57}$$

以一种不依赖坐标选取的方式得到. 如果 $\mathbb{H} = H$, 即如果 $X \subset H$, 称状态空间 X 是内部的，其中 H 是输出过程生成的 Hilbert 空间.

§ 6.5 可观性, 可构造性和最小性

Kalman 在确定性实现理论中引入四个与最小性有关的基本系统论概念: *可达性, 可观性, 可控性和可 (重) 构造性*. 可达性和可观性的定义见附录 A. 可控性和可构造性是对应反序时间的概念, 这里它们对应的是后向动态系统 (6.22).

线性系统 (6.1) 和 (6.22) 可以看作是具有相同状态空间 X 的过程 y 的两种表示, 前者是随时间向前的而后者是向后的. 正如在第 6.1 节指出的, (6.1) 是可达的当且仅当 $P > 0$, 即当且仅当 $x(0)$ 是 X 的一组基 (命题 6.1.1). 在我们现在的假设下, $x(0)$ 总是一组基, 因此可达性总是满足的. 同样地, (6.22) 总是可控的, 即在向后的意义下是可达的. 在第 8 章这些假设将被放宽为也适用于纯确定状态分量, 而现在只需要可观性和可构造性.

我们首先讨论一几何特征, 设 X 为线性随机系统的状态空间. 称元素 $\xi \in X$ 是*不可观的*, 如果它不能通过观测未来的 y 而与零区分, 更精确地说, 如果 $\xi \perp H^+$. 类似地, $\xi \in X$ 是*不可构造的*, 如果 $\xi \perp H^-$, 即它不能通过观测过去的 y 而与零区分. 因此 $X \cap (H^+)^\perp$ 和 $X \cap (H^-)^\perp$ 分别是 X 的不可观与不可构造子空间.

定义 6.5.1 *线性随机系统的状态空间 X 是可观的, 如果 $X \cap (H^+)^\perp = 0$; X 是可构造的, 如果 $X \cap (H^-)^\perp = 0$.*

定理 6.5.2 设 (6.1) 和 (6.22) 是状态空间模型对, 分别代表随时间是向前和向后的, 且设 X 是对应的状态空间, 那么 X 是可观的当且仅当

$$\bigcap_{t=0}^{\infty} \ker CA^t = 0, \tag{6.58}$$

是可构造的当且仅当

$$\bigcap_{t=0}^{\infty} \ker \bar{C}(A')^t = 0. \tag{6.59}$$

证 首先注意到对每个 $\xi \in \mathrm{X}$ 对应地存在 $a \in \mathbb{R}^n$ 满足 $\xi = a'x(0)$. 在这种对应关系下, $\xi \in \mathrm{X} \cap (\mathrm{H}^+)^\perp$ 当且仅当

$$a'x(0) \perp b'y(t) \quad \text{对所有 } b \in \mathbb{R}^m \text{ 且 } t = 0, 1, 2, \cdots \text{ 成立},$$

即

$$\mathrm{E}\{y(t)x(0)'\}a = 0 \quad \text{对 } t = 0, 1, 2, \cdots \text{ 成立}.$$

而因为 $\mathrm{E}\{y(t)x(0)'\}a = CA^tPa$, 上式等价于

$$Pa \in \bigcap_{t=0}^{\infty} \ker CA^t,$$

因此由于 P 非奇异, 得

$$\mathrm{X} \cap (\mathrm{H}^+)^\perp = 0 \quad \Longleftrightarrow \quad \bigcap_{t=0}^{\infty} \ker CA^t = 0.$$

X 是可构造的当且仅当 (6.59) 成立的证明类似可得. □

推论 6.5.3 设 (6.1) 和 (6.22) 是状态空间模型对, 其状态空间为 X, 且设 W 和 $\bar{W}$ 是对应的传递函数, 它们的矩阵分解式由推论 6.3.4 给出. 那么 X 是可观的当且仅当表示

$$W(z) = N(z)M(z)^{-1}$$

互质, 是可构造的当且仅当表示

$$\bar{W}(z) = N(z)\bar{M}(z)^{-1}$$

互质.

推论 6.5.3 的第一个结论是定理 6.5.2 和 [104, p. 41] 或 [153, p. 439] 的直接结果, 第二个结论由对称性可得.

称线性随机系统 (6.1) 是 y 的 (向前) 随机实现. 随机实现不是像确定性实现那样的输入输出映射 (见附录 A), 而是一随机过程的表示. 类似地, 向后线性随机系统 (6.22) 是向后随机实现. 这一对对应状态空间为 X 的 y 的随机实现, 在模 X 基上选定的一组基是唯一的, 且它们有关系 (6.23).

我们称一个随机实现是最小的 , 如果它在 y 的所有实现中具有最小的维数. 向前随机实现 (6.1) 是最小的当且仅当向后随机实现 (6.22) 是最小的.

为了弄清最小性与可观性和可构造性的关系, 我们定义与协方差序列

$$\Lambda_t := \mathrm{E}\{y(t+k)y(k)'\} = \mathrm{E}\{y(t)y(0)'\}$$

对应的 (分块)Hankel 矩阵. 事实上, 给定 (6.1) 和 (6.22), 直接计算可得 y 的协方差序列为

$$\Lambda_t = \begin{cases} CA^{t-1}\bar{C}' & t>0, \\ CPC' + DD' & t=0, \\ \bar{C}(A')^{|t|-1}C' & t<0. \end{cases} \tag{6.60}$$

因此, 无穷分块 Hankel 矩阵为

$$H_\infty := \begin{bmatrix} \Lambda_1 & \Lambda_2 & \Lambda_3 & \cdots \\ \Lambda_2 & \Lambda_3 & \Lambda_4 & \cdots \\ \Lambda_3 & \Lambda_4 & \Lambda_5 & \cdots \\ \vdots & \vdots & \vdots & \ddots \end{bmatrix},$$

满足因子分解

$$H_\infty = \begin{bmatrix} C \\ CA \\ CA^2 \\ \vdots \end{bmatrix} \begin{bmatrix} \bar{C} \\ \bar{C}A' \\ \bar{C}(A')^2 \\ \vdots \end{bmatrix}'. \tag{6.61}$$

显然, 系统 (6.1) 和 (6.22) 的维数 n 满足

$$n \geqslant \operatorname{rank} H_\infty \tag{6.62}$$

等号成立当且仅当 (6.58) 和 (6.59) 成立, 即当且仅当 X 是可观和可构造的. 因为 (A,B) 和 $(A',\bar{B})$ 都是可达的, 上述结论成立当且仅当 (6.2) 是 W 的极小实现, 且

(6.30) 是 $\bar{W}$ 的极小实现, 它们都是在确定的意义下, 注意我们上述两个条件. 因此, 我们需要已经证明了的下面定理:

定理 6.5.4 随机实现 (6.1) 是最小的当且仅当它的状态空间 X 是可观和可构造的.

注意到定理 6.5.2 和 (6.20), 我们有下面有用的推论, 它说明可观和可达性不足以保证随机实现的最小性.

推论 6.5.5 随机实现 (6.1) 是最小的当且仅当

(i) (C, A) 是可观的,

(ii) (A, B) 是可达的,

(iii) $(CPA' + DB', A')$ 是可观的, 其中 P 是 Lyapunov 方程 $P = APA' + BB'$ 的解.

显然, 随机实现是最小的当且仅当它的状态具有最小维数. 在第 7 章, 我们证明最小性概念与子空间包含是等价的. 我们称随机实现是内部的, 如果它的状态空间是内部的, 即 $\mathrm{X} \subset \mathrm{H}$.

§ 6.6 向前和向后预测空间

接下来我们给出两个最小随机实现的例子, 它们也恰是内部的. 设 y 是纯非确定平稳向量过程, 它具有二阶统计量 (6.60), 其中 (C, A) 和 $(\bar{C}, A')$ 是可观的, 且 A 是稳定矩阵.

定理 6.6.1 设 y 和 $(A, C, \bar{C})$ 如上给出. 预测空间

$$\mathrm{X}_- = \mathrm{E}^{\mathrm{H}^-}\mathrm{H}^+ \tag{6.63}$$

和向后预测空间

$$\mathrm{X}_+ = \mathrm{E}^{\mathrm{H}^+}\mathrm{H}^- \tag{6.64}$$

都是 y 极小随机实现的状态空间. 事实上, y 有以 X_- 为状态空间的随机实现

$$(\mathcal{S}_-) \quad \begin{cases} x_-(t+1) = Ax_-(t) + B_-w_-(t), \\ y(t) = Cx_-(t) + D_-w_-(t), \end{cases} \tag{6.65}$$

其中标准白噪声 w_- 是 y 的向前更新过程, 即

$$\mathrm{H}^-(w_-) = \mathrm{H}^-. \tag{6.66}$$

类似地, y 有以 X_+ 为状态空间的向后随机实现

$$(\bar{\mathbb{S}}_+)\qquad \begin{cases}\bar{x}_+(t-1) = A'\bar{x}_+(t) + \bar{B}_+\bar{w}_+(t),\\ y(t) = \bar{C}\bar{x}_+(t) + \bar{D}_+\bar{w}_+(t),\end{cases} \tag{6.67}$$

其中标准白噪声 $\bar{w}_+$ 是 y 的向后更新过程, 即

$$\mathrm{H}^+(\bar{w}_+) = \mathrm{H}^+. \tag{6.68}$$

如果 p 是过程 y 的秩, 那么 D_- 和 $\bar{D}_+$ 是 $m\times p$ 列满秩矩阵, 特别地, 如果 y 是满秩过程, 那么它们是非奇异的方阵.

通过在 $\mathcal{U}^t\mathrm{X}_-$ 中选择一组基 $x(t)$ 并说明此过程是 Markov 的, 可以构造出这一定理的证明, 第 8 章我们将给出这样的证明. 这里给出一个不同的证明.

证 设

$$\hat{y}_k(t) := \mathrm{E}^{\mathrm{H}_t^-} y_k(t), \quad k = 1, 2, \cdots, m, \tag{6.69}$$

且设 w_- 是标准化的向前更新过程, 由 (4.7) 给出, 即由 (6.66) 给出. 那么, 由 (4.46) 得

$$D_-w_-(t) = y(t) - \hat{y}(t), \tag{6.70}$$

其中 D_- 是更新方差

$$D_-D_-' = \mathrm{E}\{[y(0) - \hat{y}(0)][y(0) - \hat{y}(0)]'\}.$$

的满秩矩阵因子. 由命题 4.5.7, D_- 列的数量 p 等于过程 y 的秩, 并且 $w_-(t)$ 的分量张成 $\mathrm{H}_{t+1}^- \ominus \mathrm{H}_t^-$.

现在假设 A 是 $n\times n$ 矩阵, 我们首先通过证明存在随机向量 $\xi := [\xi_1, \xi_2, \cdots, \xi_n]'$ 满足

$$\mathrm{E}\{\xi\, y(-t)'\} = A^{t-1}\bar{C}', \quad t = 1, 2, 3, \cdots,$$

或等价地, 对 $k = 1, 2, \cdots, n$ 有

$$\langle \xi_k, \eta\rangle = c_k(\eta), \quad 对所有的\ \eta \in \mathrm{H}^-\ 成立,$$

其中 $c_k(\eta)$ 是由 $A^{t-1}\bar{C}', t = 1, 2, 3, \cdots$ 的第 k 行形成的实数. 形成方式为: η 由 $y(-t)$, $t = 1, 2, 3, \cdots$ 形成. 现在考虑有界的线性函数 $L_k : \mathrm{H}^- \to \mathbb{R}$, 它把 η 映射为 $c_k(\eta)$. 那么, 由 Riesz 表示定理, 存在 $\xi_k \in \mathrm{H}^-$ 满足 $L_k(\eta) = \langle \xi_k, \eta\rangle$, 因此存在 ξ 具

有之前所述的性质. 定义 $x_-(t)$ 是以 $\mathcal{U}^t\xi_k,\ k=1,2,\cdots,n$ 为分量的向量过程, 那么我们就有

$$\mathrm{E}\{x_-(0)y(-t)'\} = A^{t-1}\bar{C}', \quad t=1,2,3,\cdots. \tag{6.71}$$

由 (6.60) 和 (6.71) 可得

$$\mathrm{E}\{[y(0)-Cx_-(0)]y(-t)'\} = 0, \quad t=1,2,3,\cdots,$$

即

$$\hat{y}(0) = Cx_-(0), \tag{6.72}$$

因此由 (6.70) 得

$$y(t) = Cx_-(t) + D_-w_-(t).$$

类似地,

$$\mathrm{E}\{[x_-(1)-Ax_-(0)]y(-t)'\} = 0, \quad t=1,2,3,\cdots,$$

所以 $x_-(1)-Ax_-(0)$ 的分量属于 $\mathcal{U}\mathrm{H}^- \ominus \mathrm{H}^-$. 因此对某个 $n\times m$ 矩阵 B_- 有

$$x_-(1) - Ax_-(0) = B_-w_-(0).$$

将移位 $\mathcal{U}^t$ 逐个作用到各分量后, 由上式就可得 (6.65) 中的第一式. 一般地, 由 (6.60) 和 (6.71) 得对 $\tau=0,1,2,\cdots$ 有

$$\mathrm{E}\{[y(\tau)-CA^\tau x_-(0)]y(-t)'\} = 0, \quad t=1,2,3,\cdots,$$

因此

$$[CA^\tau x_-(0)]_k = \mathrm{E}^{\mathrm{H}^-}y_k(\tau) \in \mathrm{E}^{\mathrm{H}^-}\mathrm{H}^+ = \mathrm{X}_-. \tag{6.73}$$

因为 (C,A) 可观, 这意味着 $x_-(0)$ 的分量属于 X_-. 因此,

$$\mathrm{X}_1 := \{a'x_-(0) \mid a\in\mathbb{R}\} \subset \mathrm{X}_-.$$

而由于 X_1 是随机实现 (6.65) 的状态空间, 由第 6.4 节和 (6.56) 知 X_- 是分裂子空间, 即 $\mathrm{H}^- \perp \mathrm{H}^+ \mid \mathrm{X}_1$. 但是 $\mathrm{X}_1 \subset \mathrm{H}^-$, 因此由定理 2.4.3 知, $\mathrm{X}_1 \supset \mathrm{X}_-$, 所以 $\mathrm{X}_1 = \mathrm{X}_-$, 得证.

由定理 6.5.2, X_- 是可观的. 因此, 由定理 6.5.4, 为了证明 (6.65) 是 y 的最小实现, 只需要证明 X_- 是可构造的. 为此, 由引理 2.2.6 知 X_- 和 $\mathrm{H}^-\cap(\mathrm{H}^+)^\perp$ 相互正交, 就有

$$\mathrm{X}_-\cap(\mathrm{H}^+)^\perp = \mathrm{X}_-\cap\mathrm{H}^-\cap(\mathrm{H}^+)^\perp = 0.$$

定理的第二部分由对称性可得. □

为了避免繁复技巧, 从此以后我们总是做如下假设.

假设 6.6.2 输出过程 y 满秩.

推论 6.6.3 $\mathcal{S}_-$ 的传递函数

$$W_-(z) = C(zI - A)^{-1}B_- + D_- \tag{6.74}$$

是最小相位的, 即 $W_-(z)$ 的所有极点都在开单位圆盘内, 所有零点都在闭单位圆盘内. 对称地, $\bar{\mathcal{S}}_+$ 的传递函数

$$\bar{W}_+(z) = \bar{C}(z^{-1}I - A)^{-1}\bar{B}_+ + \bar{D}_+ \tag{6.75}$$

是共轭最小相位的, 即 $\bar{W}_+(z)$ 的所有极点都在闭单位圆盘的补集内, 它的所有零点都在开单位圆盘的补集内.

证 随机系统 $\mathcal{S}_-$ 是 (标准化的) 新息表示 (4.11) 的状态空间实现. 因此 $W_-(z)$ 是外谱因子, 它的零点都不在闭单位圆盘外. 关于 $\bar{W}_+(z)$ 的结论, 完全可以对称得到. □

随机实现 $\mathcal{S}_-$ 也可写作

$$x_-(t+1) = Ax_-(t) + B_-D_-^{-1}[y(t) - Cx_-(t)]. \tag{6.76}$$

正如我们将在第 6.9 节看到的, $\mathcal{S}_-$ 可以被解释为稳定状态 Kalman 滤波, 我们将指出这是 Wiener 滤波的递推形式, 见第 4.1 节. 由 (6.76) 和 (6.65) 的第二个方程, 我们就得到 $\mathcal{S}_-$ 的逆, 即

$$\begin{cases} x_-(t+1) = \Gamma_- x_-(t) + B_-D_-^{-1}y(t), \\ w_-(t) = -D_-^{-1}Cx_-(t) + D_-^{-1}y(t), \end{cases} \tag{6.77}$$

其中矩阵

$$\Gamma_- = A - B_-D_-^{-1}C \tag{6.78}$$

的特征值 (计重数) 是传递函数 W_- 的零点. 因此, 由推论 6.6.3, 知 Γ_- 的所有特征值都在闭单位圆盘内.

类似地, $\bar{\mathcal{S}}_+$ 可以写作向后稳定状态 Kalman 滤波

$$\bar{x}_+(t-1) = A'\bar{x}_+(t) + \bar{B}_+\bar{D}_+^{-1}[y(t) - \bar{C}\bar{x}_+(t)], \tag{6.79}$$

并且我们有 $\bar{\mathcal{S}}_+$ 的逆为

$$\begin{cases} \bar{x}_+(t-1) = \bar{\Gamma}_+\bar{x}_+(t) + \bar{B}_+\bar{D}_+^{-1}y(t), \\ \bar{w}_+(t) = -\bar{D}_+^{-1}\bar{C}x_-(t) + \bar{D}_+^{-1}y(t), \end{cases} \tag{6.80}$$

其中

$$\bar{\Gamma}_+ = A' - \bar{B}_+\bar{D}_+^{-1}\bar{C} \tag{6.81}$$

的所有特征值都在开单位圆盘的补集内.

向前随机实现 $\mathcal{S}_-$ 和向后随机实现 $\bar{\mathcal{S}}_+$ 都是最小随机实现, 但是它们具有不同的状态空间. 预测空间 X_- 也有向后实现

$$(\bar{\mathcal{S}}_-) \quad \begin{cases} \bar{x}_-(t-1) = A'\bar{x}_-(t) + \bar{B}_-\bar{w}_-(t), \\ y(t) = \bar{C}\bar{x}_-(t) + \bar{D}_-\bar{w}_-(t), \end{cases} \tag{6.82}$$

它的传递函数

$$\bar{W}_-(z) = \bar{C}(z^{-1}I - A')^{-1}\bar{B}_- + \bar{D}_- \tag{6.83}$$

的所有极点都在闭单位圆盘外, 但是其零点仍然在内. 事实上, 注意到推论 6.3.4, 知 $\bar{W}_-$ 与 W_- 有相同的零点. 同样, 向后预测空间 X_+ 有向前实现

$$(\mathcal{S}_+) \quad \begin{cases} x_+(t+1) = Ax_+(t) + B_+w_+(t), \\ y(t) = Cx_+(t) + D_+w_+(t), \end{cases} \tag{6.84}$$

它的传递函数为

$$W_+(z) = C(zI - A)^{-1}B_+ + D_+. \tag{6.85}$$

推论 6.6.4 *$\mathcal{S}_+$ 的传递函数 (6.85) 是最大相位的, 即 $W_+(z)$ 的所有极点都在开单位圆盘内, 它的所有零点都在开单位圆盘的补集内. 对称地, $\bar{\mathcal{S}}_-$ 的传递函数是共轭最大相位的, 即 $\bar{W}_-(z)$ 的所有极点都在闭单位圆盘的补集内, 它的所有零点都在闭单位圆盘内.*

证 关于极点的结论是显然的, 因为极点的位置由 A 的特征值决定. 由推论 6.3.4, $W_+(z)$ 和 $\bar{W}_+(z)$ 具有相同的零点, 并且 $\bar{W}_-(z)$ 和 $W_-(z)$ 具有相同的零点. 因此由推论 6.6.3 知关于零点的结论成立. □

这样我们就构造了向前和向后预测空间对应的随机实现, 在第 8 章, 我们将以更加系统的方式构造任意 Markov 分裂子空间的随机实现.

§ 6.7 谱密度和解析谱因子

显然, (6.62) 等号成立当且仅当

$$\Phi_+(z) = C(zI - A)^{-1}\bar{C}' + \frac{1}{2}\Lambda_0 \tag{6.86}$$

是由 Laurent 展开

$$\Phi_+(z) = \frac{1}{2}\Lambda_0 + \Lambda_1 z^{-1} + \Lambda_2 z^{-2} + \cdots \tag{6.87}$$

定义的有理函数 Φ_+ 的最小 (确定性) 实现, 此级数 (由于 A 稳定) 在包含单位开圆盘补集的开邻域内收敛. 这个函数是谱密度

$$\Phi(z) = \Phi_+(z) + \Phi_+(z^{-1})' \tag{6.88}$$

的"因果尾", 此谱密度由 Laurent 级数

$$\Phi(z) = \sum_{t=-\infty}^{\infty} \Lambda_t z^{-t} \tag{6.89}$$

定义, 它在包含单位圆的开环内收敛. 因此 $\Phi(e^{i\theta})$ 是协方差序列 (Λ_t) 的 Fourier 变换. 因为谱密度在单位圆上一定非负定, 所以 Φ_+ 一定满足正性条件

$$\Phi_+(e^{i\theta}) + \Phi_+(e^{-i\theta})' \geqslant 0, \quad \theta \in [-\pi, \pi], \tag{6.90}$$

并且由于 A 是稳定矩阵, Φ_+ 的所有极点都在开单位圆盘内, 称满足这些条件的函数为正实的. 因此, 我们称 Φ_+ 是 Φ 的正实部分.

命题 6.7.1 (6.1) 和 (6.22) 所分别对应的传递函数 (6.2) 和 (6.30) 是 Φ 的谱因子, 即

$$W(z)W(z^{-1})' = \Phi(z), \tag{6.91}$$

且

$$\bar{W}(z)\bar{W}(z^{-1})' = \Phi(z). \tag{6.92}$$

证 向前和向后之间是完全对称的, 因此我们仅考虑 W. 我们给出一个纯代数的推导, 这不需要 A 的稳定性条件. (当然在这种情况下, "谱"$\Phi(z)$ 可能没有先验的概率意义). 命题本身仅需要 Lyapunov 方程 $P = APA' + BB'$ 的解存在, 而这可以由 A 的稳定性保证. 然而, 证明也适用于第 16 章研究的非因果系统, 在那里 A 不稳定.

我们用基于等式 (6.42) 代数分解, 即

$$P - APA' = (zI - A)P(z^{-1}I - A') + (zI - A)PA' + AP(z^{-1}I - A')$$

来计算乘积 $W(z)W(z^{-1})'$, 这是 Kalman-Yakubovich 理论[156, 317]中的一著名技巧. 事实上, 直接计算表明

$$W(z)W(z^{-1})' = [C(zI - A)^{-1}B + D][B'(z^{-1}I - A')^{-1}C' + D']$$

$$= C(zI - A)^{-1}BB'(z^{-1}I - A')^{-1}C'$$
$$+ C(zI - A)^{-1}BD' + DB'(z^{-1}I - A)^{-1}C' + DD'.$$

因此, 由 (6.9) 和 (6.42), 得

$$\begin{aligned} W(z)W(z^{-1})' &= CPC' + DD' + \\ &+ C(zI - A)^{-1}(APC' + BD') + (CPA' + DB')(z^{-1}I - A')^{-1}C' \\ &= \Phi_+(z) + \Phi_+(z^{-1})', \end{aligned} \tag{6.93}$$

其中最后一等式是根据 (6.20) 和 (6.60) 中 Λ_0 的展开, 这样就证明了 (6.91). □

命题 6.7.2 设 W 为 Φ 的任意有理解析谱因子, 那么

$$\deg W \geqslant \deg \Phi_+, \tag{6.94}$$

其中 deg 表示 McMillan 度.

证 设 (A, B, C, D) 是 W 的最小实现 (6.2). 如果 A 是 $n \times n$ 的, 那么 $\deg W = n$. 进而, 正如 (6.93) 表明的, Φ 的正实部具有形式

$$\Phi_+(z) = C(zI - A)^{-1}\bar{C}' + \frac{1}{2}\Lambda_0,$$

显然它的度小于或等于 n. □

因为在此证明中, 假设 (C, A) 是可观的, 所以 (6.94) 取严格不等号仅当 $(A, \bar{C}')$ 不是可达的.

定义 6.7.3 Φ 的谱因子 W 是最小的, 如果

$$\deg W = \deg \Phi_+.$$

如我们所见, 最小谱因子总是存在的. 著名的最小谱因子例子是*最小相位* 和*最大相位* 谱因子, 分别记为 W_- 和 W_+. W_- 和 W_+ 都是解析的, 但是如我们已经知道的, 前者在闭单位圆盘外没有零点, 而后者在开单位圆盘内没有零点. 由定理 4.6.8 知所有解析 (稳定) 有理谱因子可以通过将一个有理矩阵内函数 $Q(z)$ 右乘最小相位因子 W_- 得到, 这里的解析有理矩阵函数满足

$$Q(z)Q(z^{-1})' = I.$$

更一般地, 如果 $W(z)$ 是谱因子且 $Q(z)$ 是内的, 则

$$W_1(z) = W(z)Q(z)$$

也是谱因子. 如果没有极点和零点相消, 则 $\deg W_1 > \deg W$, 即 W_1 不是最小的.

6.7.1　反问题

我们考虑反问题, 给定有理谱密度 Φ, 即给定仿 Hermite 的 $m \times m$ 有理矩阵函数, 即满足

$$\Phi(z^{-1}) = \Phi(z)',$$

它在单位圆上半正定, 考虑寻找所有最小解析谱因子 W 和对应的 (最小) 实现

$$W(z) = H(zI - F)^{-1}B + D. \tag{6.95}$$

为了解决这个问题, 首先作分解

$$\Phi(z) = \Phi_+(z) + \Phi_+(z^{-1})', \tag{6.96}$$

其中 Φ_+ 的所有极点都在开单位圆盘内 (因此它是 Φ 的正实部), 然后计算最小实现

$$\Phi_+(z) = C(zI - A)^{-1}\bar{C}' + \frac{1}{2}\Lambda_0. \tag{6.97}$$

则 A 是稳定矩阵, 并且如果 A 是 $n \times n$ 的, 那么 $\deg \Phi_+ = n$. 我们通过解谱因子方程 (6.91), 给出由给定的矩阵 $(A, C, \bar{C}, \Lambda_0)$ 确定 (F, H, B, D) 的过程.

为此首先注意到, 由 (6.96) 和 (6.97), 谱密度 Φ 可以写作

$$\Phi(z) = \begin{bmatrix} C(zI - A)^{-1} & I \end{bmatrix} \begin{bmatrix} 0 & \bar{C}' \\ \bar{C} & \Lambda_0 \end{bmatrix} \begin{bmatrix} (z^{-1}I - A')^{-1}C' \\ I \end{bmatrix}. \tag{6.98}$$

而注意到等式 (6.42), 它对所有对称的 P 和所有 $z \in \mathbb{C}$ 成立, 有

$$\begin{bmatrix} C(zI - A)^{-1} & I \end{bmatrix} \begin{bmatrix} P - APA' & -APC' \\ -CPA' & -CPC' \end{bmatrix} \begin{bmatrix} (z^{-1}I - A')^{-1}C' \\ I \end{bmatrix} \equiv 0, \tag{6.99}$$

把它加到 (6.98) 得

$$\Phi(z) = \begin{bmatrix} C(zI - A)^{-1} & I \end{bmatrix} M(P) \begin{bmatrix} (z^{-1}I - A')^{-1}C' \\ I \end{bmatrix}, \tag{6.100}$$

其中

$$M(P) = \begin{bmatrix} P - APA' & \bar{C}' - APC' \\ \bar{C} - CPA' & \Lambda_0 - CPC' \end{bmatrix}. \tag{6.101}$$

因此, 如果存在对称矩阵 P 满足线性矩阵不等式

$$M(P) \geqslant 0, \tag{6.102}$$

那么 $M(P)$ 可以因子分解为

$$M(P) = \begin{bmatrix} B \\ D \end{bmatrix} [B'D'], \tag{6.103}$$

把它代入 (6.100), 意味着有理函数

$$W(z) := C(zI - A)^{-1}B + D \tag{6.104}$$

满足谱因子方程

$$W(z)W(z^{-1})' = \Phi(z). \tag{6.105}$$

因此特别地, 我们可以在 (6.95) 中取 $F = A$ 和 $H = C$. 因为 $\deg W \leqslant n$, 等号成立当且仅当 (A, B) 是可达的, 有 $\deg W \leqslant \deg \Phi_+$. 但是由 (6.94), 这意味着 $\deg W = \deg \Phi_+$, 所以 W 是最小谱因子.

设 $\mathcal{P}$ 是使 (6.102) 的所有对称矩阵所有 P 构成的集合. 最小谱因子的存在性问题与集合 $\mathcal{P}$ 是否非空有关. 下面的基本结果说明了这一点, 它是重要的 Kalman-Yakubovich-Popov 引理的一个推论.

定理 6.7.4 (正实引理) 设 Φ_+ 是稳定的 $m \times m$ 传递函数, 其最小实现为

$$\Phi_+(z) = C(zI - A)^{-1}\bar{C}' + \frac{1}{2}\Lambda_0. \tag{6.106}$$

更精确地说, 设 A 是稳定 $n \times n$ 矩阵, 并且假设 (C, A) 和 $(\bar{C}, A')$ 都是可观的. 另外, 设 $M : \mathbb{R}^{n\times n} \to \mathbb{R}^{(n+m)\times(n+m)}$ 是由 (6.101) 定义的线性映射, 那么所有对称矩阵 P 构成的集合 $\mathcal{P}$ 非空当且仅当 Φ_+ 是正实的, 其中 P 满足线性矩阵不等式

$$M(P) \geqslant 0, \tag{6.107}$$

并且任意 $P \in \mathcal{P}$ 是正定的.

因此我们经常称 (6.103), 即

$$P = APA' + BB', \tag{6.108a}$$

$$\bar{C} = CPA' + DB', \tag{6.108b}$$

$$\Lambda_0 = CPC' + DD' \tag{6.108c}$$

为正实引理方程. 注意 (6.108a) 是 Lyapunov 方程 (6.9), 且 (6.108b) 是 $\bar{C}$ 的定义 (6.20).

证　若 $\mathcal{P}$ 非空, 则存在 P 满足 $M(P) \geqslant 0$, 由 (6.96) 和 (6.100) 得

$$\Phi_+(e^{i\theta}) + \Phi_+(e^{-i\theta}) \geqslant 0, \quad \text{对所有的 } \theta \text{ 成立},$$

所以 Φ_+ 正实. 反之, 假设 Φ_+ 正实, 则存在随机实现 (6.65) 具有协方差结构 (6.60), 对应的协方差矩阵

$$P_- := \mathrm{E}\{x_-(0)x_-(0)'\}$$

显然满足 (6.102), 因此 $\mathcal{P}$ 非空.

如上述所证, 任意 $P \in \mathcal{P}$ 一定满足 Lyapunov 方程 (6.108a), 其中 B 满足 (A, B) 可达. 所以由于 A 稳定, 知任意 $P \in \mathcal{P}$ 正定. □

因为可以选择状态空间的基使得 $H = C$ 和 $F = A$ 满足, 所以确定最小谱因子的问题可以归结为找 $P \in \mathcal{P}$ 将 $M(P)$ 因子分解为 (6.103), 然后得到 B 和 D. 为了避免冗长, 我们需要 $\begin{bmatrix} B \\ D \end{bmatrix}$ 列满秩. 那么对每个 $P \in \mathcal{P}$, 因子分解问题 (6.103) 产生矩阵对 (B, D), 它在模去正交变换后是唯一的.

定理 6.7.5　设 Φ 是满秩的谱密度, 并且设矩阵 $A, C, \bar{C}, \Lambda_0$ 使得 (6.97) 是 Φ_+ 的最小实现 (Φ 的正实补). 那么 Φ 的最小解析谱因子与 $n \times n$ 对称矩阵 P 之间存在一一对应, 其中 P 是线性矩阵不等式 (6.102) 的解. 一一对应是在如下意义下考虑的, (6.102) 的每个解 $P = P'$(它是正定的) 对应一个最小解析谱因子 (6.104), 其中 A 和 C 如上定义, 并且 $\begin{bmatrix} B \\ D \end{bmatrix}$ 是 $M(P)$ 的唯一 (模去正交变换) 满秩因子 (6.103). 反之, 对 $\Phi(z)$ 的每个解析最小谱因子 (6.95), 存在 $P \in \mathcal{P}$ 满足 (B, D) 由 (6.103) 得到, 且 $F = A$, $H = C$.

证　只需要证明逆命题, 即每个极小解析谱因子 W 对应地有 $P \in \mathcal{P}$ 满足上述性质. 设 W 有最小实现 (6.95), 且 P 是 Lyapunov 方程

$$P = FPF' + BB'$$

的唯一对称解. 由于 W 最小, A 和 F 有相同维数. 如 (6.93) 计算可得

$$\Phi_+(z) = H(zI - F)^{-1}G + \frac{1}{2}\Lambda_0,$$

其中 $G = FPH' + BD'$, $\Lambda_0 = HPH' + DD'$. 因此, 由 (6.97), 存在非奇异 $n \times n$ 矩阵 T 满足

$$(H, F, G) = (CT^{-1}, TAT^{-1}, T\bar{C}').$$

这里显然我们可以取状态空间的基满足 $T = I$, 由此结论得证. □

例 6.7.6 考虑谱密度 $\Phi(z)$, 它的正实部为

$$\Phi_+(z) = \frac{\frac{5}{3}}{z - \frac{1}{2}} + \frac{7}{6}.$$

则 $A = \frac{1}{2}$, $\bar{C} = \frac{5}{3}$, $C = 1$, $\Lambda_0 = \frac{7}{3}$, 因此线性矩阵不等式 (6.102) 变为

$$M(P) = \begin{bmatrix} \frac{3}{4}P & \frac{5}{3} - \frac{1}{2}P \\ \frac{5}{3} - \frac{1}{2}P & \frac{7}{3} - P \end{bmatrix} \geqslant 0,$$

当且仅当 $P > 0$, $\frac{7}{3} - P > 0$, 且

$$\det M(P) = -P^2 + \frac{41}{12}P - \frac{25}{9} = -(P - \frac{4}{3})(P - \frac{25}{12}) \geqslant 0$$

时成立, 这些不等式对 $P \in [\frac{4}{3}, \frac{25}{12}]$ 精确成立不等号, 因此 $\mathcal{P}$ 是区间 $[P_-, P_+]$, 其中 $P_- = \frac{4}{3}$, $P_+ = \frac{25}{12}$.

因为

$$M(P_-) = \begin{bmatrix} 1 & 1 \\ 1 & 1 \end{bmatrix},$$

由 $P = P_-$ 得 $B = 1$, $D = 1$, 且最小谱因子

$$W_-(z) = \frac{1}{z - \frac{1}{2}} + 1 = \frac{z + \frac{1}{2}}{z - \frac{1}{2}},$$

显然是最小相位的. 另一方面,

$$M(P_+) = \begin{bmatrix} 25/16 & 5/8 \\ 5/8 & 1/4 \end{bmatrix},$$

得 $B = \frac{5}{4}$, $D = \frac{1}{2}$ 和最大相位谱因子

$$W_+(z) = \frac{\frac{5}{4}}{z - \frac{1}{2}} + \frac{1}{2} = \frac{1 + \frac{1}{2}z}{z - \frac{1}{2}}.$$

最后, 我们取 P 为 $\mathcal{P}$ 的内点, 由 $P = 2 \in [\frac{4}{3}, \frac{25}{12}]$ 得

$$M(P) = \begin{bmatrix} 3/2 & 2/3 \\ 2/3 & 1/3 \end{bmatrix}.$$

去掉限制我们可取

$$\begin{bmatrix} B \\ D \end{bmatrix} = \begin{bmatrix} b_1 & b_2 \\ d & 0 \end{bmatrix},$$

则

$$\begin{bmatrix} B \\ D \end{bmatrix}\begin{bmatrix} B \\ D \end{bmatrix}' = \begin{bmatrix} b_1^2 + b_2^2 & b_1 d \\ b_1 d & d^2 \end{bmatrix} = \begin{bmatrix} 3/2 & 2/3 \\ 2/3 & 1/3 \end{bmatrix},$$

可以解得 $d = \frac{1}{\sqrt{3}}$, $b_1 = \frac{2}{\sqrt{3}}$, 并且取一个根 $b_2 = \frac{1}{\sqrt{6}}$, 这样我们就定义了一个矩形谱因子

$$W(z) = \left(\frac{\frac{2}{\sqrt{3}}}{z - \frac{1}{2}} + \frac{1}{\sqrt{3}}, \frac{\frac{1}{\sqrt{6}}}{z - \frac{1}{2}} \right).$$

在这个例子中除了标量 W_- 和 W_+, 其他最小谱因子都是 1×2 矩阵.

显然, 对应于向后随机实现的补解析谱因子 $\bar{W}$ 存在完全对称的因子分解理论. 这种对称性可以通过将线性矩阵不等式 (6.102) 写作

$$\begin{bmatrix} P & \bar{C}' \\ \bar{C} & \Lambda_0 \end{bmatrix} - \begin{bmatrix} A \\ C \end{bmatrix} P \begin{bmatrix} A' & C' \end{bmatrix} \geqslant 0, \tag{6.109}$$

而看出来, 因为 P 正定, 上式又等价于

$$\begin{bmatrix} P & \bar{C}' & A \\ \bar{C} & \Lambda_0 & C \\ A' & C' & P^{-1} \end{bmatrix} \geqslant 0. \tag{6.110}$$

事实上, (6.109) 是 (6.110) 的 Schur 补 (附录 B.1). 取下 Schur 补且注意到 $\bar{P} := P^{-1}$, 可知 (6.110) 也与

$$\bar{M}(\bar{P}) := \begin{bmatrix} \bar{P} - A'\bar{P}A & C' - A'\bar{P}\bar{C}' \\ C - \bar{C}\bar{P}A & \Lambda_0 - \bar{C}\bar{P}\bar{C}' \end{bmatrix} \geqslant 0 \tag{6.111}$$

等价. 由此线性矩阵不等式, 其中 $\bar{B}$ 和 $\bar{D}$ 由 (6.24) 的因子分解确定, 可得补解析谱因子

$$\bar{W}(z) = \bar{C}(z^{-1}I - A')^{-1}\bar{B} + \bar{D}. \tag{6.112}$$

§ 6.8 正则性

假设 y 是满秩的 p.n.d. 过程, 其有理谱密度矩阵为 Φ, 则由定理 6.6.1, 知 D_-(预测空间的 D-矩阵) 是 $m \times m$ 满秩矩阵, 即 $D_-D_-' > 0$. 但是这一性质不能被其他对应矩阵为 $P \in \mathcal{P}$ 的最小实现保证. 事实上, 因为 $P \geqslant P_-$, 由 (6.108c) 可得

$$DD' = \Lambda_0 - CPC' \leqslant \Lambda_0 - CP_-C' = D_-D_-',$$

所以 DD' 可能奇异. 我们称随机实现是正则的, 如果 $DD' > 0$. 所有最小实现都是正则的性质, 是过程 y 的固有性质.

定义 6.8.1 过程 y 是正则的, 如果它的最小实现都具有右可逆 D 矩阵, 即 $DD' > 0$, 否则是奇异的.

因此, y 正则, 如果

$$\Delta(P) := \Lambda_0 - CPC' > 0 \quad \text{对所有的 } P \in \mathcal{P} \text{ 成立.} \tag{6.113}$$

显然, 正则过程一定满秩, 但是反之不成立. 事实上, 对所有 $P \in \mathcal{P}$ 有 $\Delta(P) \leqslant \Delta(P_-)$, 而满秩性质仅保证 $\Delta(P_-) > 0$.

下面的定理收集了正则性的一些等价特征.

定理 6.8.2 设 y 是平稳过程, 它具有满秩有理谱密度矩阵 $\Phi(z)$, 则下面的条件等价

(i) 过程 y 是正则的.

(ii) 对所有 (6.102) 的对称解 P, 即所有 $P \in \mathcal{P}$, 有 $\Lambda_0 - CPC' > 0$.

(iii) $\Lambda_0 - CP_+C' > 0$, 其中 P_+ 是 (6.102) 的最大解, 或者等价地, $D_+ = W_+(\infty)$ 非奇异.

(iv) 最小相位谱因子 $W_-(z)$ 的分子矩阵 $\Gamma_- = A - B_-D_-^{-1}C$ 非奇异, 或者等价地, $\lim_{z\to 0} W_-(z)^{-1}$ 有限.

(v) 谱密度 $\Phi(z)$ 的零点既不在 $z = 0$ 也不在无穷远. 更准确地说, $\lim_{z\to 0} \Phi(z)^{-1}$ 有限, 或者等价地, $\lim_{z\to\infty} \Phi(z)^{-1}$ 有限.

(vi) $\Phi(z)$ 的最小方谱因子的零点都不在 $z = 0$.

条件 (v) 说明满秩正则过程的谱密度的逆 $\Phi(z)^{-1}$ 是真有理函数, 即极点不在 $z = \infty$(也不在 $z = 0$).

证 条件 (i) 和 (ii) 的等价性, 显然可以由 (6.108c) 得到. 因为对所有 $P \in \mathcal{P}$, $\Delta(P_+) \leqslant \Delta(P)$, 由 (6.113) 知 (iii) 与 (i) 等价. 接下来我们证明 (iii) 和 (iv) 的等价性, 即 D_+ 非奇异当且仅当 Γ_- 非奇异. 为此, 首先回顾定理 6.6.1, 因为 Φ 满秩, 所以 $D_- := W_-(\infty)$ 非奇异, 那么根据矩阵逆引理 (B.20), 可得

$$W_-^{-1}(z) = D_-^{-1} - D_-^{-1}C(zI - \Gamma_-)^{-1}B_-D_-^{-1}. \tag{6.114}$$

现在我们假设 Γ_- 非奇异, 则由 $\Phi(z)^{-1} = W_-^{-1}(z^{-1})'W_-^{-1}(z)$, 得

$$\Phi^{-1}(0) = (D_-')^{-1}(D_-^{-1} + D_-^{-1}C\Gamma_-^{-1}B_-D_-^{-1}) \tag{6.115}$$

是有限的, 因此

$$\Phi^{-1}(z) = W_+^{-1}(z^{-1})' W_+^{-1}(z) \tag{6.116}$$

的极点不在 $z = 0$. 因此, 若 $D_+ := W_+(\infty)$ 奇异使得 $W_+^{-1}(z^{-1})'$ 有一个极点在 $z = 0$, 则在 (6.116) 中一定存在零极相消, 而这与谱因子 W_+ 的最小性矛盾. 这样我们就证明了如果 Γ_- 非奇异, 那么 D_+ 非奇异. 反之, 假设 D_+ 非奇异, 则因为 $W_+^{-1}(z)$ 的所有极点都在开单位圆盘外 (推论 6.6.4), 由 (6.116) 知 $\Phi(0)^{-1}$ 有限. 因为 $W_-^{-1}(z) = W_-(z^{-1})'\Phi(z)^{-1}$ 和 $D_- := W_-(\infty)$ 非奇异, 所以 $W_-^{-1}(0) = D_-'\Phi(0)^{-1}$ 有限, 因此 $W_-^{-1}(z)$ 的极点不在 $z = 0$. 从而, 由 (6.114) 是最小实现, 知 Γ_- 一定非奇异. 因此条件 (iii) 和 (iv) 等价.

接着我们证明条件 (iv) 和 (v) 等价. 若 Γ_- 非奇异, 则由 (6.115) 知 $\Phi(0)^{-1}$ 有限. 因此 $\Phi(z)$ 不可能有零点在 $z = 0$. 由 Φ 的仿 Hermite 对称性, 它也不可能有零点在无穷远. 反之, 设 Γ_- 奇异. 由 W_- 的最小性, $W_-^{-1}(z)$ 的极点 (由 (6.114) 给定) 恰好是 Γ_- 的特征值, 所以 $W_-^{-1}(z)$ 一定有极点在 $z = 0$. 然而, 因为 $\Phi^{-1}(z) = W_-^{-1}(z^{-1})'W_-^{-1}(z)$ 和 $W_-(\infty) = D_-$ 非奇异, 所以 $\Phi^{-1}(z)$ 一定有极点在 $z = 0$, 而这与条件 (v) 矛盾.

最后, 我们证明 (vi) 成立当且仅当 y 是正则的. 设对某个非平凡的 $a \in \mathbb{R}^n$ 和某个最小方谱因子 W 满足 $a'W(0) = 0$, 则因为 $a'W(0)D' = a'\Phi(0)$, 所以 $a'\Phi(0) = 0$, 而这违背条件 (v). 反之, 若 $a'\Phi(0) = 0$, 则 $a'W(0) = 0$ 或方阵 D 奇异, 而这两个结论分别违背条件 (vi) 和 y 的正则性. □

因此, 过程 y 奇异当且仅当矩阵 Γ_- 奇异, 即当且仅当 (6.114) 有极点在 $z = 0$, 或等价地

$$W_-(z) = C(zI - A)^{-1}B_- + D_-$$

有零点在 $z = 0$. 在第 9.3 节, 我们将与奇异性一起在更一般的几何设定下分析 y 的一个相关的性质. 我们称过程 y 是亏损的 , 如果 $W_-(z)$ 有极点在 $z = 0$, 即 A 是奇异的. 由定理 6.8.2, 知 y 奇异当且仅当存在 $a \in \mathbb{R}^n$ 满足

$$a'\Phi(0) = a'W_-(0)D_-' = 0, \tag{6.117}$$

其中 $a'\Phi(0) = \lim_{z\to 0} a'\Phi(z)$. 类似地, y 是亏损的当且仅当存在 $a \in \mathbb{R}^n$ 满足

$$\Phi^{-1}(0)a = (D_-')^{-1}W_-^{-1}(0)a = 0. \tag{6.118}$$

显然, 若 Φ^{-1} 有零点在 $z = 0$, 则它也有零点在 $z = \infty$.

命题 6.8.3 设 y 是平稳过程, 具有满秩有理谱密度矩阵 $\Phi(z)$, 则 y 是亏损的当且仅当 $\Phi^{-1}(z)$ 在 $z = 0$, 或者等价地在 $z = \infty$ 有零点.

注意取值为向量的 y 可以同时是奇异和亏损的. 第 299 页例 9.2.18 给出的一个简单例子可以说明这一点, 其中

$$W_{-}(z)=\begin{bmatrix}\frac{(z-\frac{1}{2})(z-\frac{1}{3})}{z(z-\frac{2}{3})} & 1\\ 0 & \frac{z}{z-\frac{1}{4}}\end{bmatrix}$$

对 $a=\begin{bmatrix}0\\1\end{bmatrix}$ 满足 (6.117), 且对 $a=\begin{bmatrix}1\\0\end{bmatrix}$ 满足 (6.118).

值得强调的是正则性和亏损性仅在离散时间情形出现, 正如我们将在第 10 章看到的, 连续时间情形的满秩过程总是正则的, 其中 D 对所有最小实现相同. 另外, 在连续时间情形 A^t 被 e^{At} 代替, 而 e^{At} 不可能奇异. 因此, 非正则是离散时间情形特有的病态性质, 在接下来的章节中也将多次遇到, 但是这种性质在连续时间情形中是没有的. 我们还要指出, 因为过程的正则性仅是其谱密度零点上的条件, 定理 6.8.2 对矩阵 A 不稳定时的最小实现也成立, 这将在第 16 章研究.

最后, 我们指出正则性是很强的限制. 如满足自回归 (AR) 表示的标量过程

$$y(t)+\sum_{k=1}^{n}a_k y(t-k)=b_0 w(t),$$

其中 w 是标准白噪声, 且 $a_n\neq 0$, 它在 $n>0$ 时不可能是正则的. 而如下形式的滑动平均 (MA) 模型

$$y(t)=\sum_{k=0}^{n}b_k w(t-k),\quad b_0\neq 0$$

是正则的. 事实上, 前者的谱密度是

$$\Phi(z)=b_0^2\left(1+\sum_{k=1}^{n}a_k z^{-k}\right)^{-1}\left(1+\sum_{k=1}^{n}a_k z^{k}\right)^{-1},$$

其零点在 $z=\infty$, 重数为 n, 而后者

$$\Phi(z)=\left(\sum_{k=0}^{n}b_k z^{-k}\right)\left(\sum_{k=0}^{n}b_k z^{k}\right),$$

它的逆在 $z\to\infty$ 时有界. 但是, MA 过程的谱密度有 n 重极点 $z=0$ 或等价地 $z=\infty$, 所以这两个过程都是亏损的.

§ 6.9 Riccati 方程和 Kalman 滤波

我们已经证明最小谱因子族可以被线性矩阵不等式 (6.102) 的解参数化. 接着, 我们想证明在某些条件下存在对集合 $\mathcal{P}$ 更紧的刻画, 即利用 Riccati 不等式, 它是 n 维的而不像线性矩阵不等式中是 $n+m$ 维的.

回顾在刻画谱因子的解析性时, 我们保持极点不变, 因此谱因子可以根据零点的不同而不同, 而为了得到新的谱因子, 零点可以被翻转到复平面其倒数位置. 零点位于 $z=0$ 或 $z=\infty$ 时, 可以通过线性矩阵不等式操作, 但利用 Riccati 不等式作参数化时就不能这么处理了. 事实上, Riccati 不等式是仅可以把有限的零点翻转为其有限的倒数的工具. 因此为了按这个思路继续分析, 我们需要排除谱因子中在 $z=0$ 或 $z=\infty$ 的零点. 第 6.8 节中讨论的正则性是保证前述排除的条件. 实际上, 对正则的 y,

$$\Delta(P) := \Lambda_0 - CPC' > 0 \quad \text{对所有的 } P \in \mathcal{P} \text{ 成立}, \tag{6.119}$$

而满秩性质仅能保证 $\Delta(P_-) > 0$.

例 6.7.6 说明谱因子 $W(z)$ 的列数随 $P \in \mathcal{P}$ 变化. 事实上, 若我们使 $\begin{bmatrix} B' & D' \end{bmatrix}$ 满秩, 则 $W(z)$ 是 $m \times p$ 的, 其中 $p := \operatorname{rank} M(P)$. 接着如果 $T := -(\bar{C}' - APC')\Delta(P)^{-1}$, 直接计算可得

$$\begin{bmatrix} I & T \\ 0 & I \end{bmatrix} M(P) \begin{bmatrix} I & 0 \\ T' & I \end{bmatrix} = \begin{bmatrix} R(P) & 0 \\ 0 & \Delta(P) \end{bmatrix},$$

其中

$$R(P) = P - APA' - (\bar{C}' - APC')\Delta(P)^{-1}(\bar{C}' - APC')'. \tag{6.120}$$

因此, $P \in \mathcal{P}$ 当且仅当它满足 Riccati 不等式

$$R(P) \geqslant 0. \tag{6.121}$$

而且

$$p = \operatorname{rank} M(P) = m + \operatorname{rank} R(P) \geqslant m.$$

若 P 满足代数 Riccati 等式 $R(P) = 0$, 即

$$P = APA' + (\bar{C}' - APC')\Delta(P)^{-1}(\bar{C}' - APC')', \tag{6.122}$$

则 $\operatorname{rank} M(P) = m$, 谱因子 W 是 $m \times m$ 的. 对应方谱因子的 P 族构成 $\mathcal{P}$ 的子族 $\mathcal{P}_0$. 若 $P \notin \mathcal{P}_0$, 则 W 是矩形的. 在第 8 章, 我们证明 $\mathcal{P}_0$ 与内部状态空间对应, 显然 $\mathcal{P}$ 是闭凸集, 下面我们将证明它也是有界的且具有最大和最小元.

现在我们证明任意最小 (向前) 随机实现 (6.1) 的稳态 Kalman 滤波本身实际上就是最小实现, 即对应于预测空间 X_- 的向前系统. 为此, 给定 (6.1) 定义的最小随机实现 Σ, 我们考虑初始时刻为 τ(而不是零) 的 Kalman 滤波, 并且定义

$$\mathrm{H}_{[\tau,t]}(y) = \mathrm{span}\{a'y(k) \mid a \in \mathbb{R}^m, k = \tau, \tau+1, \cdots, t\} \tag{6.123}$$

和状态估计

$$\hat{x}_k(t) = \mathrm{E}^{\mathrm{H}_{[\tau,t-1]}(y)} x_k(t), \quad k = 1, 2, \cdots, n.$$

则由引理 2.2.4, 我们可得正交分解

$$\hat{x}(t+1) = A\hat{x}(t) + \mathrm{E}\{x(t+1)\tilde{y}(t)'\}(\mathrm{E}\{\tilde{y}(t)\tilde{y}(t)'\})^{-1}\tilde{y}(t),$$

其中 $\tilde{y}$ 是革新过程

$$\tilde{y}(t) = y(t) - C\hat{x}(t).$$

因此, 回顾滤波初始时刻为 $t = \tau$, 我们有 Kalman 滤波

$$\hat{x}(t+1) = A\hat{x}(t) + K(t-\tau)[y(t) - C\hat{x}(t)]; \quad \hat{x}(\tau) = 0, \tag{6.124}$$

其中

$$K(t-\tau) = \mathrm{E}\{x(t+1)\tilde{y}(t)'\}(\mathrm{E}\{\tilde{y}(t)\tilde{y}(t)'\})^{-1}. \tag{6.125}$$

命题 6.9.1 Kalman 滤波 (6.124) 中的增益函数 K 由下式给定

$$K(t) = (\bar{C}' - A\Pi(t)C')\Delta(\Pi(t))^{-1}, \tag{6.126}$$

其中 $P \mapsto \Delta(P)$ 是矩阵函数 (6.119), 且 $\Pi(t)$ 是矩阵 Riccati 方程

$$\Pi(t+1) = \Pi(t) - R(\Pi(t)), \quad \Pi(0) = 0 \tag{6.127}$$

的解, 其中矩阵函数 $P \mapsto R(P)$ 由 (6.120) 给出.

证 由常用的正交性论断得

$$\mathrm{E}\{\tilde{y}(t)\tilde{y}(t)'\} = \mathrm{E}\{y(t)[y(t) - \hat{y}(t)]'\} = \Lambda_0 - C\Pi(t-\tau)C',$$

其中

$$\Pi(t) := \mathrm{E}\{\hat{x}(t+\tau)\hat{x}(t+\tau)'\}. \tag{6.128}$$

用同样的方式得

$$\mathrm{E}\{x(t+1)\tilde{y}(t)'\} = A\mathrm{E}\{x(t)[x(t) - \hat{x}(t)]'\}C' + BD' = \bar{C}' - A\Pi(t-\tau)C',$$

其中我们也用到 (6.20). 因此 (6.126) 是 (6.125) 的直接结论, 而且由 (6.124), 我们有

$$\Pi(t+1) = A\Pi(t)A' + K(t)\Delta(\Pi(t))K(t)',$$

再注意到 (6.126) 得 (6.127). □

有意思且重要的是我们看到滤波方程仅依赖于 y 的谱密度的正实部 (6.87) 有关的量, 而与系统 (6.1) 的特定选择无关. 事实上, 所有 $\Pi(t)$ 是任意 $P \in \mathcal{P}$ 的下界.

引理 6.9.2　设 $\{\Pi(t)\}_{t\in\mathbb{Z}_+}$ 是矩阵 Riccati 方程 (6.127) 的解, 则

$$P \geqslant \Pi(t+1) \geqslant \Pi(t) \geqslant 0 \quad \text{对所有的 } P \in \mathcal{P} \text{ 和 } t = 0, 1, 2, \cdots \text{ 成立.}$$

证　直接计算表明

$$P - \Pi(t) = \mathrm{E}\{[x(t+\tau) - \hat{x}(t+\tau)][x(t+\tau) - \hat{x}(t+\tau)]'\} \geqslant 0,$$

这证明了对所有 $t \geqslant 0$ 有 $P \geqslant \Pi(t)$. 为了证明 $\Pi(t+1) \geqslant \Pi(t)$, 首先由联合平稳性, 知以

$$z_k(t) := \mathrm{E}^{\mathrm{H}_{[\tau-1,t+\tau-1]}(y)} x_k(t+\tau), \quad k = 1, 2, \cdots, n$$

为分量的随机向量 $z(t)$ 与 $\hat{x}(t+\tau+1)$ 具有相同的协方差矩阵, 即 $\mathrm{E}\{z(t)z(t)'\} = \Pi(t+1)$. 然而, 因为 $\mathrm{H}_{[\tau,t+\tau-1]} \subset \mathrm{H}_{[\tau-1,t+\tau-1]}$, 所以

$$\hat{x}_k(t+\tau) = \mathrm{E}^{\mathrm{H}_{[\tau-1,t+\tau-1]}(y)} z_k(t), \quad k = 1, 2, \cdots, n,$$

因此, $\Pi(t) \leqslant \Pi(t+1)$. □

这个引理说明 $\{\Pi(t)\}_{t\in\mathbb{Z}_+}$ 单调不减有上界, 因此 $\Pi(t)$ 当 $t \to \infty$ 时趋于极限 P_-. 注意到 (6.127), P_- 是代数 Riccati 方程 (6.122) 的解, 即 $R(P_-) = 0$. 因此 $P_- \in \mathcal{P}_0$, 且它一定对应于 y 的实现 (6.1).

定理 6.9.3　矩阵 Riccati 方程 (6.127) 的解 $\Pi(t)$ 当 $t \to \infty$ 时单调地趋于极限 $P_- \in \mathcal{P}_0$, 它是随机实现 (6.65) 的状态协方差

$$P_- := \mathrm{E}\{x_-(0)x_-(0)'\}, \tag{6.129}$$

这里随机实现 (6.65) 的状态空间为由 (6.63) 定义的预测空间 X_-. (6.65) 中的矩阵 B_- 和 D_- 由下式给出

$$B_- = (\bar{C}' - AP_-C')\Delta(P_-)^{-\frac{1}{2}} \quad \text{且} \quad D_- = \Delta(P_-)^{\frac{1}{2}}. \tag{6.130}$$

另外，

$$a'x_-(t) = \mathrm{E}^{\mathrm{H}_t^-}a'x(t) \quad \text{对所有的 } a \in \mathbb{R}^n \text{ 成立}, \tag{6.131}$$

且 P_- 在

$$P \geqslant P_- \quad \text{对所有的 } P \in \mathcal{P} \text{ 成立} \tag{6.132}$$

的意义下是族 $\mathcal{P}$ 的最小元.

证 在 Kalman 滤波

$$\hat{x}(t+1) = A\hat{x}(t) + K(t-\tau)[y(t) - C\hat{x}(t)]$$

中设 t 固定且让 τ 趋于 $-\infty$. 上面我们已经证明当 $\tau \to -\infty$ 时 $\Pi(t-\tau) \to P_- \in \mathcal{P}_0$, 因此注意到 (6.126), 得 $K(t-\tau) \to B_-D_-^{-1}$, 其中 B_-, D_- 由 (6.130) 给出. 所以若我们能证明对所有 $a \in \mathbb{R}^n$, 当 $\tau \to \infty$ 时成立

$$\mathrm{E}^{\mathrm{H}_{[\tau,t-1]}(y)}a'x(t) \to a'x_-(t) := \mathrm{E}^{\mathrm{H}_t^-}a'x(t), \tag{6.133}$$

则我们可得极限稳态 Kalman 滤波

$$x_-(t+1) = Ax_-(t) + B_-D_-^{-1}[y(t) - Cx_-(t)].$$

为了证明 (6.133), 我们需要如下引理.

引理 6.9.4 设 $\mathrm{A}_1 \subset \mathrm{A}_2 \subset \mathrm{A}_3 \subset \cdots$ 是 Hilbert 空间 H 中的一列无穷子空间序列, 且设 $\xi \in \mathrm{H}$. 则记 $\mathrm{A}_\infty := \vee_{j=0}^n \mathrm{A}_j$, 当 $j \to \infty$ 时有强收敛序列

$$\xi_j := \mathrm{E}^{\mathrm{A}_j}\xi \to \mathrm{E}^{\mathrm{A}_\infty}\xi.$$

证 因为

$$\|\xi_1\| \leqslant \|\xi_2\| \leqslant \|\xi_3\| \leqslant \cdots \leqslant \|\xi\|,$$

所以当 $j \to \infty$ 时 $\|\xi_j\|$ 收敛. 现在对 $i < j$, 有 $\xi_i = \mathrm{E}^{\mathrm{A}_i}\xi_j$, 因此

$$\|\xi_j - \xi_i\|^2 = \|\xi_j\|^2 - \|\xi_i\|^2 \to 0, \quad \text{当 } i, j \to \infty \text{ 时}.$$

所以 ξ_j 是 Cauchy 列, 且强收敛于 H 中的极限, 它一定是 $\mathrm{E}^{\mathrm{A}_\infty}\xi$. □

现在, 在这个引理中取 $\mathrm{A}_j := \mathrm{H}_{[-j,t-1]}(y)$ 立即可得 (6.133), 其中 $\mathrm{A}_\infty = \mathrm{H}_t^-$. 另外, $\tilde{y}(t) \to \nu_\infty(t)$, 其中 $\nu_\infty := y - Cx_-$ 是白噪声使得

$$\mathrm{E}\{\nu_\infty(t)\nu_\infty(s)'\} = \Delta(P_-)\delta_{ts} = D_-D_-'\delta_{ts},$$

因此定义 $w_-(t) := D_-^{-\frac{1}{2}}\nu_\infty(t)$, 我们就得到 (6.65), 由定理 6.6.1 知它的状态空间是 X_-.

最后, 由引理 6.9.2, 得 $P \geqslant P_-$, 这就证明了 (6.132). □

我们也可以证明 $\mathcal{P}$ 有最大元 $P_+ \in \mathcal{P}_0$, 它与后向预测空间 X_+ 有关. 为此基于后向模型 (6.22) 构造后向 Kalman 滤波, 把它投影到未来, 和上面给出的完全对称的分析, 可得到向后稳态 Kalman 滤波 (6.79), 它可以写作倒向随机实现 (6.67), 其 Markov 分裂子空间为 X_+ 且状态协方差 $\bar{P}_+$ 满足

$$\bar{P} \geqslant \bar{P}_+.$$

就对应的向前系统 (6.1) 和 (6.84) 而言, 这还可以写作

$$P^{-1} \geqslant P_+^{-1}$$

(见定理 6.2.1). 换言之, 存在 $P_+ \in \mathcal{P}_0$ 满足

$$P \leqslant P_+ \quad \text{对所有的 } P \in \mathcal{P} \text{ 成立}. \tag{6.134}$$

事实上,

$$P_+ := \mathrm{E}\{x_+(0)x_+(0)'\}, \tag{6.135}$$

其中 x_+ 是 (6.84) 的状态过程, 它是 X_+ 的向前随机实现.

综上, 我们已经证明了在 $\mathcal{P}_0$ 中两个元素 P_- 和 P_+ 的存在性, 它们满足

$$P_- \leqslant P \leqslant P_+ \quad \text{对所有的 } P \in \mathcal{P} \text{ 成立}. \tag{6.136}$$

这也说明了集合 $\mathcal{P}$ 的有界性.

由引理 6.9.2, $\Pi(t)$ 由 $\Pi(0) = 0$ 开始从 $\mathcal{P}$ 外部靠近 P_-. 可以证明 $\mathcal{P}_0$ 中的所有元素是 $\mathcal{P}$ 的极值点, 反之经常也是对的, 但有时不成立. 在例 6.7.6 中, 我们现在有 $P_- = \frac{4}{3}$, $P_+ = \frac{25}{12}$ 和 $\mathcal{P}_0 = \{\frac{4}{3}, \frac{25}{12}\}$.

§ 6.10　相关文献

第 6.2 节中构造 (强意义下) 反因果模型的方式, 首先在 [198] 中给出了连续时间情形的结果, 接着在 [239] 中给出了离散时间情形的结果.

最小分裂子空间概念是 [221] 引入的一个概念的推广, 它首先在 [248] 中被应用于随机实现问题, 其中考虑了预测空间 X_-, 接着 [195–197, 199, 200] 研究

一般化情形. G. Ruckebusch 独立地发展了 Markov 表示的一种几何理论，见 [271–273, 275, 276]. 这一研究致使联合论文 [210] 的出现.

第 6.5 节中可观性和可构造性定义, 在 Ruckebusch [276] 对 Markov 表示的讨论中引入.

向前和向后预测空间由 Akaike 在 [6] 中讨论典型相关分析时引入. 在定理 6.6.1 的证明中利用 Rieze 表示定理的想法由 Gy. Michaletzky 建议, 这证明了最小谱因子的存在性. 有理谱密度的唯一最小相位谱因子的存在性, 是 Youla 于 1961 年的经典论文 [320] 中的重要结果之一.

特别地, 关于有理谱因子分解的文献有很多, 特别地可参考优秀的著作 [88]. 正实引理是 Kalman-Yakubovich-Popov 引理[156, 258, 317]的一个版本. 定理 6.7.5 归功于 Anderson [10].

文献 [88] 更广泛地研究了集合 $\mathcal{P}$, 其中用代数方法刻画了 $M(P) \geqslant 0$ 的可解性 [88, 定理 3.1], 并且给出了确定 P_+ 的算法. 通过 Kalman 滤波如何在 $\mathcal{P}$ 中建立偏序的问题, 在 [198] 中给出了连续时间情形的结果, 接着 [239] 给出了离散时间情形的结果. 正则性定义 6.8.1 在 [86] 引入. 定理 6.8.2 的一个版本在 [93] 中出现. 关于条件 (iii) 和 (iv) 等价性的简单证明由 A. Ferrante 向我们建议.

第 7 章

分裂子空间的几何性质

本章的目的是通过从基本的规则中构造状态空间, 引入平稳过程 y 的不依赖于坐标选取的表示. 特别地, 这将同时适用于有限和无穷维的随机系统.

更精确地说, 我们以一种更抽象的 Hilbert 空间设定下, 引入线性随机系统蕴含的几何, 这种设定可以应用于一类更广的问题. 本章的基本设定是一固定的实 Hilbert 空间 $\mathbb{H}$, 其内积为 $\langle\cdot,\cdot\rangle$, 其上面有单位移位 $\mathcal{U}:\mathbb{H}\to\mathbb{H}$ 作用, 并且子空间 H^- 和 H^+ 分别表示 过去和未来子空间, 它们具有不变性质

$$\mathcal{U}^*\mathrm{H}^-\subset\mathrm{H}^- \quad 和 \quad \mathcal{U}\mathrm{H}^+\subset\mathrm{H}^+$$

和如下性质, 子空间

$$\mathrm{H}:=\mathrm{H}^-\vee\mathrm{H}^+$$

是双不变的, 即它在 $\mathcal{U}$ 和伴随移位 $\mathcal{U}^*$ 都是不变的. $\eta\in\mathbb{H}$ 到子空间 X 上的正交投影记为 $\mathrm{E}^X\eta$, 而 $\mathrm{E}^X\mathrm{Y}$ 记作 $\{\mathrm{E}^X\eta\mid\eta\in\mathrm{Y}\}$ 的闭包.

§ 7.1 确定性实现理论回顾: 状态空间构造的抽象想法

确定性实现理论在附录 A 中介绍. 这里所描述的确定性状态空间构造服从一种抽象形式, 正如下面将要解释的, 在一定程度上这种抽象形式可以应用于随机的情况. 给定 Hankel 映射 $\mathcal{H}:\mathcal{U}\to\mathcal{Y}$, 它的定义在附录 A, 构造因子分解

$$\begin{array}{ccc}\mathcal{U} & \xrightarrow{\mathcal{H}} & \mathcal{Y}\\ \text{满射}\searrow & & \nearrow\text{1-1}\\ & X & \end{array}$$

它在映射 $\mathcal{U} \to X$ 是满的, 映射 $X \to \mathcal{Y}$ 是一一对应, 且 X 的维数等于 $\operatorname{rank}\mathcal{H}$ 的意义下是规范的 . 这等价于因子分解出了 $\mathcal{H}$ 的核.

事实上, 称两个输入 $u_1, u_2 \in \mathcal{U}$ 是 (Nerode) 等价的 ($u_1 \sim u_2$), 如果$\mathcal{H}u_1 = \mathcal{H}u_2$, 即 $u_1 - u_2 \in \ker\mathcal{H}$. 接着, 定义规范映射

$$\pi_{\mathcal{H}}u = \{v \in \mathcal{U} \mid v \sim u\},$$

它把每个 $u \in \mathcal{U}$ 指定到相应的等价类中, 且设

$$\mathcal{U}/\ker\mathcal{H} := \{\pi_{\mathcal{H}}u \mid u \in \mathcal{U}\}$$

是所有等价类的商空间. 设 $X = \mathcal{U}/\ker\mathcal{H}$ 得因子分解

$$\begin{array}{ccc} \mathcal{U} & \xrightarrow{\mathcal{H}} & \mathcal{Y} \\ \pi_{\mathcal{H}} \searrow & & \nearrow \varphi \\ & X & \end{array}$$

其中 φ 指定公共 $\mathcal{H}$-值到等价类中, 即 $\varphi(\pi_{\mathcal{H}}u) = \mathcal{H}u$. 显然 $\pi_{\mathcal{H}}$ 是满射且 φ 是一一对应, 所以因子分解是规范的.

接着, 我们考虑空间 $\mathcal{Y}$, 它的定义在第 656 页, 它在移位 $\sigma_t y(\tau) = y(\tau+t), t \geqslant 0$ 下是不变的

$$\sigma_t\mathcal{Y} \subset \mathcal{Y}, \quad t = 0, 1, 2, \cdots .$$

我们找 X 上的限制移位, 即算子 $\sigma_t(\mathrm{X}) : \mathrm{X} \to \mathrm{X}$, 它生成如下交换图

$$\begin{array}{ccc} \mathrm{X} & \xrightarrow{\mathcal{O}} & \mathcal{Y} \\ {\scriptstyle \sigma_t(\mathrm{X})}\big\downarrow & & \big\downarrow{\scriptstyle \sigma_t} \\ \mathrm{X} & \xrightarrow[\mathcal{O}]{} & \mathcal{Y} \end{array}$$

这里 $\mathcal{O}$ 是观测性算子, 其定义在附录 A. 与定理 A.1.3 和它的证明比较, 我们看到在此定理中, 矩阵 A 是一步限制移位 $\sigma(\mathrm{X}) := \sigma_1(\mathrm{X})$ 的矩阵表示, 并且半群性质

$$\sigma_s(\mathrm{X})\sigma_t(\mathrm{X}) = \sigma_{s+t}(\mathrm{X})$$

成立. 事实上, 对 $t = 0, 1, 2, \cdots$ 有 $\sigma_t(\mathrm{X}) := \sigma(\mathrm{X})^t$.

当对随机过程 y 建模时, 没有外部输入, 并且状态空间的构造必须基于某种不同的规则. 这里的主要想法是 Markov 分裂子空间和分散对表示的概念, 这将导致特定 (白噪声) 生成过程的出现, 此生成过程可以作为 y 的因果和反因果表示对的输入, 正如在第 6 章讨论的一样. 在分析这种输入/输出映射中, 将用到抽象确定性实现理论.

§ 7.2 垂直相交

设 A, B 和 X 是实 Hilbert 空间 $\mathbb{H}$ 的子空间. 我们回顾第 2 章可知, 给定 X, A 和 B 是条件正交的 , 如果

$$\langle \alpha - \mathrm{E}^{\mathrm{X}} \alpha, \beta - \mathrm{E}^{\mathrm{X}} \beta \rangle = 0 \quad \text{对} \alpha \in \mathrm{A}, \beta \in \mathrm{B}, \tag{7.1}$$

且记为 $\mathrm{A} \perp \mathrm{B} \mid \mathrm{X}$. 当 $\mathrm{X} = 0$ 时, 这就归结为一般的正交性 $\mathrm{A} \perp \mathrm{B}$. (关于条件正交性的另一种刻画见第 2.4 节.)

若将 A 和 B 分别用 A 和 B 的任意子空间替换, 则可以平凡地验证条件正交性 $\mathrm{A} \perp \mathrm{B} \mid \mathrm{X}$ 仍然成立. 如下所述, 关于 A 和 B 究竟能扩大多少的问题是非平凡和基本的, 如下所述

引理 7.2.1 设 $\mathrm{A} \perp \mathrm{B} \mid \mathrm{X}$, 则

(i) $\mathrm{A} \cap \mathrm{B} \subset \mathrm{X}$;

(ii) $(\mathrm{A} \vee \mathrm{X}) \perp (\mathrm{B} \vee \mathrm{X}) \mid \mathrm{X}$;

(iii) $\mathrm{X} = (\mathrm{A} \vee \mathrm{X}) \cap (\mathrm{B} \vee \mathrm{X})$.

证 为了证明 (i), 设 $\lambda \in \mathrm{A} \cap \mathrm{B}$, 则因为 $\mathrm{A} \perp \mathrm{B} \mid \mathrm{X}$, 有

$$\langle \lambda - \mathrm{E}^{\mathrm{X}} \lambda, \lambda - \mathrm{E}^{\mathrm{X}} \lambda \rangle = 0,$$

即 $\|\lambda - \mathrm{E}^{\mathrm{X}} \lambda\| = 0$, 因此 $\mathrm{E}^{\mathrm{X}} \lambda = \lambda$, 即 $\lambda \in \mathrm{X}$. 结论 (ii) 由第 2 章中的命题 2.4.2 (i)–(iii) 可得. 最后, 为了证明 (iii), 注意到将性质 (i) 应用于 (ii) 可得 $(\mathrm{A} \vee \mathrm{X}) \cap (\mathrm{B} \vee \mathrm{X}) \subset \mathrm{X}$, 而 $\mathrm{X} \subset (\mathrm{A} \vee \mathrm{X}) \cap (\mathrm{B} \vee \mathrm{X})$ 的证明是平凡的. □

设 $\mathrm{S} := \mathrm{A} \vee \mathrm{X}$ 和 $\bar{\mathrm{S}} := \mathrm{B} \vee \mathrm{X}$, 由引理 7.2.1 得 $\mathrm{A} \perp \mathrm{B} \mid \mathrm{X}$ 意味着

$$\mathrm{S} \perp \bar{\mathrm{S}} \mid \mathrm{S} \cap \bar{\mathrm{S}}.$$

我们给出此性质的另外一些刻画.

命题 7.2.2 (i) $\mathrm{S} \perp \bar{\mathrm{S}} \mid \mathrm{S} \cap \bar{\mathrm{S}}$;

(ii) $\mathrm{E}^{\mathrm{S}} \bar{\mathrm{S}} = \mathrm{S} \cap \bar{\mathrm{S}}$;

(iii) $\mathrm{E}^{\bar{\mathrm{S}}} \mathrm{S} = \mathrm{S} \cap \bar{\mathrm{S}}$;

(iv) $\mathrm{E}^{\bar{\mathrm{S}}} \mathrm{S} = \mathrm{E}^{\mathrm{S}} \bar{\mathrm{S}}$.

证 由命题 2.4.3 得

$$\mathrm{S} \perp \bar{\mathrm{S}} \mid \mathrm{E}^{\mathrm{S}} \bar{\mathrm{S}}, \tag{7.2}$$

因此引理 7.2.1 (i) 意味着

$$\mathrm{S} \cap \bar{\mathrm{S}} \subset \mathrm{E}^{\mathrm{S}} \bar{\mathrm{S}}. \tag{7.3}$$

另外, 由命题 2.4.3 得 $\mathrm{E}^{\mathrm{S}} \bar{\mathrm{S}} \subset \mathrm{X}$, 对任意满足 $\mathrm{S} \perp \bar{\mathrm{S}} \mid \mathrm{X}$ 的 $\mathrm{X} \subset \mathrm{S}$ 成立, 因此 (i) 蕴含 (ii). 对称地可以证明 (i) 也蕴含 (iii), 因此 (i) 也蕴含 (iv). 接下来, 若 (iv) 成立, 则 $\mathrm{E}^{\mathrm{S}} \bar{\mathrm{S}} \subset \mathrm{S} \cap \bar{\mathrm{S}}$, 这与 (7.3) 和 (7.2) 一起可得 (i). □

定义 7.2.3 称满足命题 7.2.2 条件的子空间对 $(\mathrm{S}, \bar{\mathrm{S}})$ 为垂直相交的.

垂直相交性由图 5.1 描述.

定理 7.2.4 设 S 和 $\bar{\mathrm{S}}$ 是子空间满足 $\mathrm{S} \vee \bar{\mathrm{S}} = \mathbb{H}$, 则如下条件等价

(i) S 和 $\bar{\mathrm{S}}$ 垂直相交,

(ii) $\bar{\mathrm{S}}^{\perp} \subset \mathrm{S}$, 或者等价地, $\mathrm{S}^{\perp} \subset \bar{\mathrm{S}}$,

(iii) $\mathbb{H} = \bar{\mathrm{S}}^{\perp} \oplus (\mathrm{S} \cap \bar{\mathrm{S}}) \oplus \mathrm{S}^{\perp}$,

(iv) E^{S} 和 $\mathrm{E}^{\bar{\mathrm{S}}}$ 交换.

证 设 $\mathrm{X} = \mathrm{S} \cap \bar{\mathrm{S}}$. 若 (i) 成立, 则 $\mathrm{X} = \mathrm{E}^{\mathrm{S}} \bar{\mathrm{S}}$, 因此 $\mathrm{S} \ominus \mathrm{X} \perp \bar{\mathrm{S}}$(引理 2.2.6). 然而, 因为 $\mathrm{X} \subset \bar{\mathrm{S}}$ 和 $\mathrm{S} \vee \bar{\mathrm{S}} = \mathbb{H}$, 我们有 $(\mathrm{S} \ominus \mathrm{X}) \oplus \bar{\mathrm{S}} = \mathbb{H}$, 故 $\mathrm{S} \ominus \mathrm{X} = \bar{\mathrm{S}}^{\perp}$; 即 $\mathrm{S} = \mathrm{X} \oplus \bar{\mathrm{S}}^{\perp}$. 因此可得 (ii) 和 (iii). 条件 (ii) 和 (iii) 都意味着存在具有性质 $\mathbb{H} = \bar{\mathrm{S}}^{\perp} \oplus \mathrm{X} \oplus \mathrm{S}^{\perp}$ 的子空间 X, 使得若 $\lambda \in \mathbb{H}$, 则

$$\mathrm{E}^{\mathrm{S}} \mathrm{E}^{\bar{\mathrm{S}}} \lambda = \mathrm{E}^{\mathrm{X}} \mathrm{E}^{\bar{\mathrm{S}}} \lambda + \mathrm{E}^{\bar{\mathrm{S}}^{\perp}} \mathrm{E}^{\bar{\mathrm{S}}} \lambda = \mathrm{E}^{\mathrm{X}} \lambda$$

且

$$\mathrm{E}^{\bar{\mathrm{S}}} \mathrm{E}^{\mathrm{S}} \lambda = \mathrm{E}^{\mathrm{X}} \mathrm{E}^{\mathrm{S}} \lambda + \mathrm{E}^{\mathrm{S}^{\perp}} \mathrm{E}^{\mathrm{S}} \lambda = \mathrm{E}^{\mathrm{X}} \lambda,$$

故可得 (iv). 下面只需要证明 (iv) 蕴含 (i). 而 $\mathrm{E}^{\mathrm{S}} \mathrm{E}^{\bar{\mathrm{S}}} \mathbb{H} = \mathrm{E}^{\bar{\mathrm{S}}} \mathrm{E}^{\mathrm{S}} \mathbb{H}$ 可得 $\mathrm{E}^{\mathrm{S}} \bar{\mathrm{S}} = \mathrm{E}^{\bar{\mathrm{S}}} \mathrm{S}$, 即 S 和 $\bar{\mathrm{S}}$ 垂直相交 (命题 7.2.2). □

推论 7.2.5 设 S 和 $\bar{\mathrm{S}}$ 是 $\mathbb{H}$ 的任意子空间, 若 $\bar{\mathrm{S}}^{\perp} \subset \mathrm{S}$ 或者等价地 $\mathrm{S}^{\perp} \subset \bar{\mathrm{S}}$, 则 S 和 $\bar{\mathrm{S}}$ 垂直相交, 且定理 7.2.4 中的条件 (iii) 和 (iv) 成立.

证 由引理 2.2.6 和 $\bar{\mathrm{S}}^{\perp} \subset \mathrm{S}$, 有

$$\mathrm{S} = \mathrm{E}^{\mathrm{S}} \bar{\mathrm{S}} \oplus \bar{\mathrm{S}}^{\perp},$$

这意味着 $\mathrm{E}^{\mathrm{S}} \bar{\mathrm{S}} \subset \bar{\mathrm{S}}$. 因此

$$\mathrm{S} \cap \bar{\mathrm{S}} = \mathrm{E}^{\mathrm{S}} \bar{\mathrm{S}},$$

故 S 和 $\bar{\mathrm{S}}$ 垂直相交 (命题 7.2.2) 且 (iii) 成立, 所以 (iv) 也成立. □

现在我们回答在保持条件正交性 $\mathrm{A} \perp \mathrm{B} \mid \mathrm{X}$ 的条件下, 子空间 A 和 B 究竟能扩大多少的问题. 对特殊而重要的情形 $\mathrm{A} \vee \mathrm{B} = \mathbb{H}$, 有如下定理.

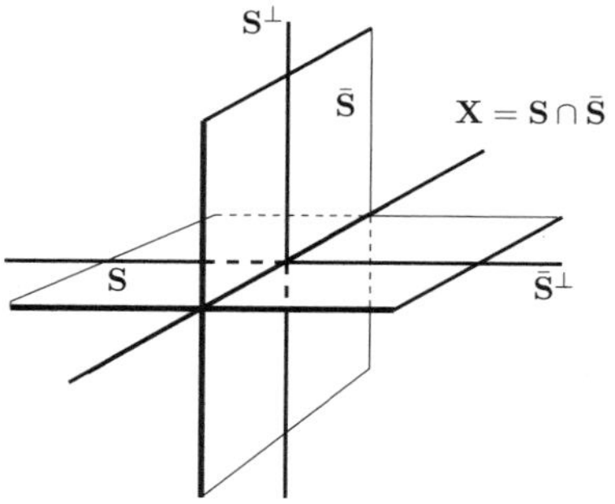

图 7.1 分裂几何.

定理 7.2.6 设 A 和 B 是满足 $A \vee B = \mathbb{H}$ 的子空间, 假设 $A \perp B \mid X$. 设 $S \supset A$ 且 $\bar{S} \supset B$, 则 $S \perp \bar{S} \mid X$ 当且仅当

$$S \subset A \vee X \quad 和 \quad \bar{S} \subset B \vee X. \tag{7.4}$$

若达到 (7.4) 中的上界, 即 $S = A \vee X$ 且 $\bar{S} \subset B \vee X$, 则 $X = S \cap \bar{S}$ 并且 S 和 $\bar{S}$ 垂直相交.

证 显然由引理 7.2.1 和 2.4.1 可得若 (7.4) 成立, 则 $S \perp \bar{S} \mid X$. 反之, 假设 $S \perp \bar{S} \mid X$, 则由第 2 章中的命题 2.4.2 (iii), 得 $(S \vee X) \perp \bar{S} \mid X$, 根据引理 2.4.1, 这意味着

$$Z \perp B \mid X, \tag{7.5}$$

其中 $Z := (S \vee X) \ominus (A \vee X)$. 然而由第 2 章中的命题 2.4.2 (v), (7.5) 等价于

$$Z \perp (B \vee X) \ominus X, \tag{7.6}$$

所以由定义得 $Z \perp (A \vee X)$, 我们有 $Z \perp A \vee B = \mathbb{H}$, 因此 $Z = 0$, 这就证明了 (7.4) 中的第一个包含关系. 对称地可以证明第二个包含关系也成立. 最后的结论由引理 7.2.1 (iii) 和命题 7.2.2 可得. □

§ 7.3 分裂子空间

分裂子空间 是子空间 $X \subset \mathbb{H}$, 具有性质

$$H^{-} \perp H^{+} \mid X, \tag{7.7}$$

即给定 X 时, 过去和未来空间是条件正交的. 由第 2 章的命题 2.4.2, 得 X 是分裂子空间当且仅当

$$E^{H^- \vee X} \lambda = E^X \lambda \quad \text{对所有的 } \lambda \in H^+ \text{ 成立}, \tag{7.8}$$

或者等价地

$$E^{H^+ \vee X} \lambda = E^X \lambda \quad \text{对所有的 } \lambda \in H^- \text{ 成立}. \tag{7.9}$$

因此, X 可以作为一个“记忆”或“充分统计量”, 它包含预测未来所需要的所有过去信息和预测过去所需要的所有未来信息. 显然 $\mathbb{H}$, H, H^- 和 H^+ 是分裂子空间. 因此, 为了得到真实的数据压缩, 我们感兴趣的是最小的 分裂子空间 X, 最小的意义是, 若 X_1 也是分裂子空间且 $X_1 \subset X$, 则 $X_1 = X$.

下面的结果是命题 2.4.3 的一个推论, 它给我们提供了两个最小分裂子空间的例子.

命题 7.3.1 预测空间

$$X_- := E^{H^-} H^+ \quad \text{和} \quad X_+ := E^{H^+} H^-$$

是最小分裂子空间. 事实上, X_- 是 H^- 中的唯一最小分裂子空间, X_+ 是 H^+ 中的唯一最小分裂子空间.

为了揭示分裂子空间的性质, 注意到第 2 章中的命题 2.4.2 (vi),

$$E^{H^+} \lambda = E^{H^+} E^X \lambda \quad \text{对 } \lambda \in H^- \tag{7.10}$$

是分裂子空间 X 的一个等价刻画. 为了更好地理解这一刻画, 我们引入可观测性算子

$$\mathcal{O} := E^{H^+}|_X \tag{7.11}$$

和可构造性算子

$$\mathcal{C} := E^{H^-}|_X. \tag{7.12}$$

则因为

$$\mathcal{O}^* := E^X|_{H^+} \quad \text{和} \quad \mathcal{C}^* := E^X|_{H^-} \tag{7.13}$$

分别是 $\mathcal{O}$ 和 $\mathcal{C}$ 的伴随 (第 2 章中的引理 2.2.7), 所以 (7.10) 可以写作

$$\mathcal{H} = \mathcal{O}\mathcal{C}^*, \tag{7.14}$$

其中 $\mathcal{H}$ 是 Hankel 算子

$$\mathcal{H} := E^{H^+}|_{H^-}. \tag{7.15}$$

等价地, 我们有

$$\mathcal{H}^* = \mathcal{C}\mathcal{O}^*, \tag{7.16}$$

其中

$$\mathcal{H}^* = E^{H^-}|_{H^+}. \tag{7.17}$$

因此, 分裂性质可以刻画为 Hankel 算子在分裂子空间 X 上的因子分解, 使得如下交换图成立

$$\begin{array}{ccc} H^- & \xrightarrow{\mathcal{H}} & H^+ \\ \mathcal{C}^* \searrow & & \nearrow \mathcal{O} \\ & X & \end{array} \qquad \mathcal{H} = \mathcal{O}\mathcal{C}^*.$$

称这种因子分解是规范的 , 如果 $\mathcal{C}^*$ 对 X 的某稠密子集是满射且 $\mathcal{O}$ 是单射, 即 $\ker \mathcal{O} = 0$. 等价地, 相同的分裂性质可以描述为伴随 Hankel 算子 (7.17) 在 X 上的因子分解, 使得对应于因子分解 (7.16) 的对偶图

$$\begin{array}{ccc} H^+ & \xrightarrow{\mathcal{H}^*} & H^- \\ \mathcal{O}^* \searrow & & \nearrow \mathcal{C} \\ & X & \end{array} \qquad \mathcal{H}^* = \mathcal{C}\mathcal{O}^*$$

交换. 同样称因子分解是规范的, 如果值域 $\operatorname{Im} \mathcal{O}^*$ 在 X 中稠密且 $\mathcal{C}$ 是单射, 即 $\ker \mathcal{C} = 0$.

这两种典范公式的等价性是: $\overline{\operatorname{Im} \mathcal{O}^*} = X$ 当且仅当 $\ker \mathcal{O} = 0$ 和 $\overline{\operatorname{Im} \mathcal{C}^*} = X$ 当且仅当 $\ker \mathcal{C} = 0$ 的一个简单推论. 此性质对所有有界算子成立 (附录中定理 B.2.5), 而且在现在的假定下由引理 2.2.6 可将其表述为正交分解

$$X = E^X H^+ \oplus X \cap (H^+)^\perp, \tag{7.18a}$$

$$X = E^X H^- \oplus X \cap (H^-)^\perp, \tag{7.18b}$$

注意

$$\ker \mathcal{O} = X \cap (H^+)^\perp \quad 和 \quad \ker \mathcal{C} = X \cap (H^-)^\perp, \tag{7.19}$$

和

$$\overline{\operatorname{Im} \mathcal{O}^*} = E^X H^+ \quad 和 \quad \overline{\operatorname{Im} \mathcal{C}^*} = E^X H^-, \tag{7.20}$$

可知 (7.18) 是附录中定理 B.2.5 的著名分解.

我们称 $\mathrm{E}^{\mathrm{X}}\mathrm{H}^+$ 为 X 的可观子空间 而 $\mathrm{X}\cap(\mathrm{H}^+)^\perp$ 为 X 的不可观子空间．这与 Kalman 的术语一致, 因为任意 $\xi\in\mathrm{X}\cap(\mathrm{H}^+)^\perp$ 是不可观的, 即它不能通过观测未来输出空间 H^+ 中的元素而与零区分. 类似地, 称 $\mathrm{E}^{\mathrm{X}}\mathrm{H}^-$ 为 X 的可构造子空间 而 $\mathrm{X}\cap(\mathrm{H}^-)^\perp$ 为 X 的不可构造子空间．

我们用分裂子空间的形式重述定义 6.5.1.

定义 7.3.2 称分裂子空间是可观的, 若 $\mathrm{X}\cap(\mathrm{H}^+)^\perp=0$, 称其是可构造的, 若 $\mathrm{X}\cap(\mathrm{H}^-)^\perp=0$.

因此, 因子分解 (7.14) 和 (7.16) 是规范的当且仅当 X 同时可观和可构造. 接着, 我们证明这种规范性与 X 的最小性等价, 为此我们需要如下引理.

引理 7.3.3 设 X 是分裂子空间且假设它有正交分解

$$\mathrm{X}=\mathrm{X}_1\oplus\mathrm{X}_2, \tag{7.21}$$

其中 X_1 和 X_2 是 X 的子空间, 则 X_1 是分裂子空间当且仅当

$$\mathrm{E}^{\mathrm{X}_2}\mathrm{H}^-\perp\mathrm{E}^{\mathrm{X}_2}\mathrm{H}^+. \tag{7.22}$$

证 利用条件正交的另一种定义 (2.26), 分裂性质 $\mathrm{H}^-\perp\mathrm{H}^+\mid\mathrm{X}$ 可以写作

$$\langle\mathrm{E}^{\mathrm{X}}\lambda,\mathrm{E}^{\mathrm{X}}\mu\rangle=\langle\lambda,\mu\rangle\quad\text{对所有的 }\lambda\in\mathrm{H}^-\text{ 和 }\mu\in\mathrm{H}^+\text{ 成立.}$$

所以, 由

$$\langle\mathrm{E}^{\mathrm{X}}\lambda,\mathrm{E}^{\mathrm{X}}\mu\rangle=\langle\mathrm{E}^{\mathrm{X}_1}\lambda,\mathrm{E}^{\mathrm{X}_1}\mu\rangle+\langle\mathrm{E}^{\mathrm{X}_2}\lambda,\mathrm{E}^{\mathrm{X}_2}\mu\rangle,$$

立即可得引理的证明. □

引理 7.3.4 若 X 是分裂子空间, 则 $\mathrm{E}^{\mathrm{X}}\mathrm{H}^+$ 和 $\mathrm{E}^{\mathrm{X}}\mathrm{H}^-$ 也是分裂子空间.

证 这可以从引理 7.3.3 和正交分解 (7.18) 得到. 由 $\mathrm{X}_2:=\mathrm{X}\cap(\mathrm{H}^+)^\perp$, 我们有 $\mathrm{E}^{\mathrm{X}_2}\mathrm{H}^+=0$, 故 $\mathrm{X}_1:=\mathrm{E}^{\mathrm{X}}\mathrm{H}^+$ 是分裂子空间. 类似地, 设 $\mathrm{X}_2:=\mathrm{X}\cap(\mathrm{H}^-)^\perp$, 可知 $\mathrm{X}_1:=\mathrm{E}^{\mathrm{X}}\mathrm{H}^-$ 是分裂子空间. □

定理 7.3.5 分裂子空间是最小的当且仅当它同时是可观和可构造的.

证 假设 X 是最小分裂子空间. 由于 $\mathrm{E}^{\mathrm{X}}\mathrm{H}^-$ 和 $\mathrm{E}^{\mathrm{X}}\mathrm{H}^+$ 也是分裂子空间 (引理 7.3.4), 从分解 (7.18) 可得 $\mathrm{X}\cap(\mathrm{H}^+)^\perp=0$ 和 $\mathrm{X}\cap(\mathrm{H}^-)^\perp=0$, 即 X 同时是可观和可构造的.

反之, 假设 $\mathrm{X}\cap(\mathrm{H}^-)^\perp=0$ 和 $\mathrm{X}\cap(\mathrm{H}^+)^\perp=0$, 且 $\mathrm{X}_1\subset\mathrm{X}$ 是分裂子空间. 我们想要证明 $\mathrm{X}_2:=\mathrm{X}\ominus\mathrm{X}_1$ 是零空间, 以此得 $\mathrm{X}_1=\mathrm{X}$. 由 (7.18 a) 得 $\mathrm{X}=\mathrm{E}^{\mathrm{X}}\mathrm{H}^+$, 应

用 E^{X_2} 且注意到 $E^{X_2}E^{X} = E^{X_2}$, 我们得到

$$E^{X_2} H^+ = X_2. \tag{7.23}$$

对称地, 利用 (7.18 b) 得

$$E^{X_2} H^- = X_2. \tag{7.24}$$

因为 X_1 是分裂子空间, 引理 7.3.3 意味着 (7.23) 和 (7.24) 正交, 而这仅当 $X_2 = 0$ 时成立. 得证. □

分裂性质也可以通过垂直相交子空间的术语刻画.

定理 7.3.6 子空间 $X \subset \mathbb{H}$ 是分裂子空间当且仅当

$$X = S \cap \bar{S} \tag{7.25}$$

对某个垂直相交子空间对 $(S, \bar{S})$ 成立, 它们满足 $S \supset H^-$ 和 $\bar{S} \supset H^+$, 则

$$X = E^S \bar{S} = E^{\bar{S}} S. \tag{7.26}$$

特别地

$$E^S \lambda = E^X \lambda, \quad 对所有的\ \lambda \in \bar{S}\ 成立, \tag{7.27}$$

且

$$E^{\bar{S}} \lambda = E^X \lambda, \quad 对所有的\ \lambda \in S\ 成立. \tag{7.28}$$

证 (充分性): 假设 S 和 $\bar{S}$ 垂直相交, 则由命题 7.2.2, 得 $S \perp \bar{S} \mid X$, 其中 $X = S \cap \bar{S}$. 然而, 由于 $S \supset H^-$ 和 $\bar{S} \supset H^+$, 这意味着 $H^- \perp H^+ \mid X$, 即 X 是分裂子空间. 因此 (7.26) 由命题 7.2.2 直接可得, 并且由命题 2.4.2, (7.27) 和 (7.28) 等价于 $S \perp \bar{S} \mid X$.

(必要性): 假设 $H^- \perp H^+ \mid X$ 且设 $S := H^- \vee X$ 和 $\bar{S} := H^+ \vee X$, 则由定理 7.2.6, 得 $S \perp \bar{S} \mid X$, 其中 $X = S \cap \bar{S}$. 因此 S 和 $\bar{S}$ 垂直相交 (命题 7.2.2), 且 $S \supset H^-$, $\bar{S} \supset H^+$. □

我们称满足定理 7.3.6 条件的 $(S, \bar{S})$ 对为 X 的分散对 , 这是由于它与 Lax-Philips 分散理论 [180] 中的进入和外出子空间有某些类似性. 正如我们要在接下来的一节要做的, 一旦我们引入关于酉算子 $\mathcal{U}$ 的不变性, 就可得到与 Lax 和 Philips 的分散框架的完全对应.

一般地, X 可能有不止一个分散对. 在下一节进一步加上一些条件可以使我们指定每个 X 的唯一分散对. 然而, 若我们取 $\mathbb{H} = H := H^- \vee H^+$, 则每个分裂子空间具有唯一分散对 $(S, \bar{S})$. 空间 $\mathbb{H}$ 的这种选择, 适用于仅考虑内部的 分裂子空间, 即满足 $X \subset H$ 的分裂子空间.

命题 7.3.7 假设 $\mathbb{H} = \mathrm{H}$, 则每个分裂子空间 X 有唯一分散对 $(\mathrm{S}, \bar{\mathrm{S}})$, 即

$$\mathrm{S} = \mathrm{H}^- \vee \mathrm{X}, \qquad \bar{\mathrm{S}} = \mathrm{H}^+ \vee \mathrm{X}. \tag{7.29}$$

证 由定理 7.3.6 得 $\mathrm{S} \supset \mathrm{H}^- \vee \mathrm{X}$ 和 $\bar{\mathrm{S}} \supset \mathrm{H}^+ \vee \mathrm{X}$. 可是, 由于 $\mathrm{H}^- \vee \mathrm{H}^+ = \mathbb{H}$, 定理 7.2.6 意味着 $\mathrm{S} \subset \mathrm{H}^- \vee \mathrm{X}$ 和 $\bar{\mathrm{S}} \subset \mathrm{H}^+ \vee \mathrm{X}$, 因此 (7.29) 成立. □

命题 7.3.7 使得研究内部的分裂子空间相比一般情况简单很多. 称对应的 $(\mathrm{S}, \bar{\mathrm{S}})$ 对为一个内部分散对.

§ 7.4 Markov 分裂子空间

分裂性质保证了 X 包含作为状态空间的信息, 但是并没有说这种动态记忆是怎么随时间演化的. 因此, 我们需要假设 X 具有下述附加的性质. 它分裂 $\{y(t)\}$ 和 X 的结合过去和结合未来, 即

$$(\mathrm{H}^- \vee \mathrm{X}^-) \perp (\mathrm{H}^+ \vee \mathrm{X}^+) \mid \mathrm{X}, \tag{7.30}$$

其中 $\mathrm{X}^- := \overline{\mathrm{span}}\{\mathcal{U}^t\mathrm{X} \mid t \leqslant 0\}$, $\mathrm{X}^+ := \overline{\mathrm{span}}\{\mathcal{U}^t\mathrm{X} \mid t \geqslant 0\}$. 显然, 分裂性质 $\mathrm{H}^- \perp \mathrm{H}^+ | \mathrm{X}$ 也被 (7.30) 蕴含, 正如 Markov 性质

$$\mathrm{X}^- \perp \mathrm{X}^+ \mid \mathrm{X}. \tag{7.31}$$

另外, 定义 X 的环绕空间 $\mathbb{H}_\mathrm{X}$ 作为 $\mathbb{H}$ 的最小子空间, 它同时包含 H 和 X, 并且它关于向前移位 $\mathcal{U}$ 和向后移位 $\mathcal{U}^*$ 都是不变的, 更精确地,

$$\mathbb{H}_\mathrm{X} = \mathrm{H} \vee \overline{\mathrm{span}}\{\mathcal{U}^t\mathrm{X} \mid t \in \mathbb{Z}\}, \tag{7.32}$$

我们称 X 是 Markov 分裂子空间 , 若其满足 (7.30), 且称三元组 $(\mathbb{H}_\mathrm{X}, \mathcal{U}, \mathrm{X})$ 是 Markov 表示. 若 $\mathbb{H}_\mathrm{X} = \mathrm{H}$, 即 $\mathrm{X} \subset \mathrm{H}$, 我们称这种 Markov 表示是内部的.

定理 7.3.6 中的子空间 S 和 $\bar{\mathrm{S}}$ 分别可以看作是过去空间 H^- 和未来空间 H^+ 的扩展. 因为 H^- 和 H^+ 满足不变性

$$\mathcal{U}^*\mathrm{H}^- \subset \mathrm{H}^- \quad \text{和} \quad \mathcal{U}\mathrm{H}^+ \subset \mathrm{H}^+,$$

下面的定理表明 S 和 $\bar{\mathrm{S}}$ 确实是过去和未来空间的扩展.

定理 7.4.1 分裂子空间 X 是 Markov 分裂子空间, 当且仅当它有分散对 $(\mathrm{S}, \bar{\mathrm{S}})$ 满足

$$\mathcal{U}^*\mathrm{S} \subset \mathrm{S} \quad \text{和} \quad \mathcal{U}\bar{\mathrm{S}} \subset \bar{\mathrm{S}} \tag{7.33}$$

对每个 X, 存在唯一一个这样的包含于环绕空间 $\mathbb{H}_X$ 的分散对, 由

$$S = H^- \vee X^- \quad 和 \quad \bar{S} = H^+ \vee X^+ \tag{7.34}$$

给出. 另外, $S \vee \bar{S} = \mathbb{H}_X$.

证 为了证明必要性, 假设 (7.30) 成立, 即 $S \perp \bar{S} \mid X$, 其中 $S := H^- \vee X^-$ 且 $\bar{S} := H^+ \vee X^+$, 则由引理 7.2.1, 得 $X = S \cap \bar{S}$, 因此 $S \perp \bar{S} \mid S \cap \bar{S}$, 故 S 和 $\bar{S}$ 垂直相交. 所以由 $S \supset H^-$ 和 $\bar{S} \supset H^+$, 可得 $(S, \bar{S})$ 是 X 的一个分散对.

为了证明充分性, 假设 X 是分裂子空间, 具有满足不变性 (7.33) 的分散对 $(S, \bar{S})$. 由于 $X \subset S$, (7.33) 意味着 $\mathcal{U}^{-1}X \subset S$, 因此

$$\mathcal{U}^t X \subset S \quad 对\ t \leqslant 0,$$

故 $X^- \subset S$. 然而 $H^- \subset S$, 所以

$$H^- \vee X^- \subset S. \tag{7.35}$$

对称地, 可得

$$H^+ \vee X^+ \subset \bar{S}. \tag{7.36}$$

故 (7.30) 可由 $S \perp \bar{S} \mid X$ 得到.

最后, 证明唯一性. 若 $(S, \bar{S})$ 是 X 的分散对, 我们有 $S \perp \bar{S} \mid X$, 其中 $X = S \cap \bar{S}$. 因此, 由 (7.30) 和定理 7.2.6 可得

$$S \subset H^- \vee X^- \quad 和 \quad \bar{S} \subset H^+ \vee X^+. \tag{7.37}$$

事实上, 设 $A := H^- \vee X^-$ 和 $B := H^+ \vee X^+$, 注意到 $A \vee B = \mathbb{H}_X$ 和 $A \vee X = H^- \vee X^-$ 与 $B \vee X = H^+ \vee X^+$, 则由 (7.35), (7.36) 和 (7.37) 可得唯一性, 且 $(S, \bar{S})$ 由 (7.34) 给出. □

对任意的 Markov 分裂子空间, 我们用 $X \sim (S, \bar{S})$ 表示 $X = S \cap \bar{S}$ 和包含于 $\mathbb{H}_X$ 的唯一分散对 $(S, \bar{S})$ 的一一对应. 注意到命题 7.3.7, 对内部的分裂子空间我们有 $H^- \vee X^- = H^- \vee X$ 和 $H^+ \vee X^+ = H^+ \vee X$, 可是在一般情况下此等式不成立.

注意到定理 7.2.4, 我们可以通过如下的正交分解来刻画 $X \sim (S, \bar{S})$ 的分裂性质,

$$\mathbb{H}_X = S^\perp \oplus X \oplus \bar{S}^\perp, \tag{7.38}$$

其中 $S^\perp$ 和 $\bar{S}^\perp$ 是 S 和 $\bar{S}$ 在 $\mathbb{H}_X$ 中的正交分量. (这将作为本节剩下内容的约定.) 分解 (7.38) 由图 5.1 刻画, 它也表明 S 和 $\bar{S}$ 垂直相交当且仅当 $\bar{S}^\perp \subset S$, 或者等价

地 $S^\perp \subset \bar{S}$ (定理 7.2.4). 另外, 由于 $S \supset H^-$ 和 $\bar{S} \supset H^+$ (定理 7.3.6), 分裂几何需要

$$\bar{S} \supset H^+ \vee S^\perp \quad 和 \quad S \supset H^- \vee \bar{S}^\perp. \tag{7.39}$$

称一个 Markov 分裂子空间是最小的, 若它没有同为 Markov 分裂子空间的真子空间. 现在我们转向如何用分散对 $(S, \bar{S})$ 的术语刻画最小性的问题. 由于 $X = S \cap \bar{S}$, 我们期望 X 的最小性与 S 和 $\bar{S}$ 的某些最小性条件有关.

引理 7.4.2 设 $X_1 \sim (S_1, \bar{S}_1)$ 和 $X_2 \sim (S_2, \bar{S}_2)$ 是 Markov 分裂子空间, 则 $X_1 \subset X_2$ 当且仅当 $S_1 \subset S_2$ 且 $\bar{S}_1 \subset \bar{S}_2$.

证 充分性由 $X = S \cap \bar{S}$ 对所有的 $X \sim (S, \bar{S})$ 成立可得. 必要性由 (7.34) 可得. □

任意给定一个 Markov 分裂子空间 $X \sim (S, \bar{S})$, 我们如何找到一个包含于它的最小 Markov 分裂子空间? 如果确实能找的话, 引理 7.4.2 表明我们需要尽可能地约化 S 和 $\bar{S}$ 同时保持其分裂几何性, 即满足约束 (7.39) 和不变性条件 (7.33).

定理 7.4.3 设 $X \sim (S, \bar{S})$ 为具有环绕空间 $\mathbb{H}_X$ 的 Markov 分裂子空间, 并且设 $\bar{S}_1 := H^+ \vee S^\perp$ 和 $S_1 = H^- \vee \bar{S}_1^\perp$, 其中 $^\perp$ 表示 $\mathbb{H}_X$ 中的正交分量, 则 $X_1 \sim (S_1, \bar{S}_1)$ 是满足 $X_1 \subset X$ 的最小 Markov 分裂子空间.

证 由于 $\bar{S}_1^\perp \subset S_1$ (推论 7.2.5), 子空间 S_1 和 $\bar{S}_1$ 垂直相交. 因此, 由 $S_1 \supset H^-$ 和 $\bar{S}_1 \supset H^+$, 得 $X_1 = S_1 \cap \bar{S}_1$ 是分裂子空间 (定理 7.3.6). 我们需要证明它是 Markov 的. 因为 $\mathcal{U}^* S \subset S$, 我们有 $\mathcal{U} S^\perp \subset S^\perp$(引理 B.2.8), 结合不变性质 $\mathcal{U} H^+ \subset H^+$ 可得

$$\mathcal{U} \bar{S}_1 \subset \bar{S}_1.$$

所以 $X_1 \sim (S_1, \bar{S}_1)$ 是 Markov 分裂子空间 (定理 7.4.1).

接着, 我们证明 $X_1 \subset X$. 为此首先注意到 $S^\perp \subset \bar{S}_1$, 或者等价地 $\bar{S}_1^\perp \subset S$, 结合 $H^- \subset S$ 可得

$$S_1 \subset S.$$

另外, 由于 $\bar{S}_1 = H^+ \vee S^\perp$, 知 (7.39) 的第一个等式可得

$$\bar{S}_1 \subset \bar{S}.$$

因此, 由引理 7.4.2, 知 $X_1 \subset X$.

最后, 为了证明 X_1 是最小的, 我们假设存在 Markov 分裂子空间 $X_2 \sim (S_2, \bar{S}_2)$ 满足 $X_2 \subset X_1$, 则由引理 7.4.2 和事实 $S_1 \subset S$, 我们有 $S_2 \subset S$ 和 $\bar{S}_2 \subset \bar{S}$ 因此 $S^\perp \subset S_2^\perp$ 和 $\bar{S}^\perp \subset \bar{S}_2^\perp$. 所以, 注意到 X_2 的分裂条件 (7.39),

$$\bar{S}_2 \supset H^+ \vee S_2^\perp \supset H^+ \vee S^\perp = \bar{S}_1$$

和

$$S_2 \supset H^- \vee \bar{S}_2^\perp \supset H^- \vee \bar{S}_1^\perp = S_1,$$

因此由引理 7.4.2, 得 $X_2 \supset X_1$. 所以一定有 $X_2 = X_1$, 这就证明了 $X_1 \sim (S_1, \bar{S}_1)$ 的最小性. □

之后我们要用到如下推论, 它的证明与定理 7.4.3 类似.

推论 7.4.4 设 $X \sim (S, \bar{S})$ 为 Markov 分裂子空间, 并且设 S_1 和 $\bar{S}_1$ 由定理 7.4.3 定义, 则 $X_1' \sim (S, \bar{S}_1)$ 和 $X_1'' \sim (S_1, \bar{S})$ 是包含于 X 的 Markov 分裂子空间.

我们通过几个例子说明定理 7.4.3. 由定理 7.3.6 和 7.4.1 立即可得 $H^- \sim (H^-, H)$ 是具有环绕空间 H 的 Markov 分裂子空间. 应用定理 7.4.3, 我们得 $\bar{S}_1 = H^+ \vee (H^-)^\perp$, 因此 $\bar{S}_1^\perp = N^-$, 其中

$$N^- = H^- \cap (H^+)^\perp, \tag{7.40}$$

故 $S_1 = H^-$. 因此由 (7.26), 得包含于 H^- 的最小 Markov 分裂子空间 $X_1 \sim (S_1, \bar{S}_1)$ 为

$$X_1 = E^{H^-}[H^+ \vee (H^-)^\perp] = E^{H^-} H^+.$$

命题 7.4.5 预测空间

$$X_- := E^{H^-} H^+ \tag{7.41}$$

是最小 Markov 分裂子空间, 且 $X_- \sim (H^-, (N^-)^\perp)$, 其中 N^- 由 (7.40) 给出.

类似地, 应用定理 7.4.3 于 $H^+ \sim (H, H^+)$, 我们得到 $\bar{S}_1 = H^+$ 和 $S_1 = H^- \vee (H^+)^\perp = (N^+)^\perp$, 其中

$$N^+ = H^+ \cap (H^-)^\perp, \tag{7.42}$$

因此, 由 (7.26), 最小 Markov 分裂子空间 $X_1 \sim (S_1, \bar{S}_1)$ 现在由

$$X_1 = E^{H^+}[H^- \vee (H^+)^\perp] = E^{H^+} H^-$$

给出.

命题 7.4.6 倒向预测空间

$$X_+ := E^{H^+} H^- \tag{7.43}$$

是最小 Markov 分裂子空间, 且 $X_+ \sim ((N^+)^\perp, H^+)$, 其中 N^+ 由 (7.42) 给出.

子空间 N^- 包含过去所有与未来正交的信息, 而 N^+ 包含未来所有与过去正交的信息. 不严格地说, N^- 没有提供任何未来信息, 而 N^+ 没有提供任何过去信息, 因此我们可称它们是垃圾空间. 尽管如此, 它们在接下来的内容中仍扮演重要角色.

定理 7.4.3 有一些重要推论. 第一个推论仅当 X 是无穷维时才非平凡, 它说明最小 Markov 分裂子空间的存在性.

推论 7.4.7 每个 Markov 分裂子空间都包含一个最小 Markov 分裂子空间.

推论 7.4.8 Markov 分裂子空间 $\mathrm{X} \sim (\mathrm{S}, \bar{\mathrm{S}})$ 是最小的当且仅当

$$\bar{\mathrm{S}} = \mathrm{H}^+ \vee \mathrm{S}^\perp \quad 且 \quad \mathrm{S} = \mathrm{H}^- \vee \bar{\mathrm{S}}^\perp. \tag{7.44}$$

这个推论说明 $\mathrm{X} \sim (\mathrm{S}, \bar{\mathrm{S}})$ 最小当且仅当在 (7.37) 中的两个包含中存在等式. 接着, 我们说明 $\bar{\mathrm{S}}$ 和 S 的最小性条件分别与可观性和可构造性对应.

定理 7.4.9 Markov 分裂子空间 $\mathrm{X} \sim (\mathrm{S}, \bar{\mathrm{S}})$ 是可观的当且仅当

$$\bar{\mathrm{S}} = \mathrm{H}^+ \vee \mathrm{S}^\perp, \tag{7.45}$$

是可构造的当且仅当

$$\mathrm{S} = \mathrm{H}^- \vee \bar{\mathrm{S}}^\perp. \tag{7.46}$$

证 首先注意若 A 和 B 是任意子空间, 则 $(\mathrm{A} \vee \mathrm{B})^\perp = \mathrm{A}^\perp \cap \mathrm{B}^\perp$. 现在, 条件 (7.45) 等价于

$$[\mathrm{H}^+ \vee \mathrm{S}^\perp] \oplus \bar{\mathrm{S}}^\perp = \mathbb{H}_{\mathrm{X}}, \tag{7.47}$$

这也可以写作

$$\mathrm{H}^+ \vee \mathrm{S}^\perp \vee \bar{\mathrm{S}}^\perp = \mathbb{H}_{\mathrm{X}}. \tag{7.48}$$

显然 (7.47) 蕴含 (7.48). 为了证明反之也成立, 注意到 (7.45) 蕴含 $(\mathrm{H}^+ \vee \mathrm{S}^\perp) \perp \bar{\mathrm{S}}^\perp$. 然而 (7.48) 等价于

$$(\mathrm{H}^+)^\perp \cap \mathrm{S} \cap \bar{\mathrm{S}} = 0.$$

再注意到 $\mathrm{X} = \mathrm{S} \cap \bar{\mathrm{S}}$ 恰好可得可观条件 $\mathrm{X} \cap (\mathrm{H}^+)^\perp = 0$. 对称讨论可得关于可构造性的结论. □

由推论 7.4.8 和定理 7.4.9, 我们有如下推论, 其中第二个推论表明最小性和 Markov 性可以分开研究.

推论 7.4.10 Markov 分裂子空间 $\mathrm{X} \sim (\mathrm{S}, \bar{\mathrm{S}})$ 是最小的当且仅当它同时是可观和可构造的.

推论 7.4.11 最小 Markov 分裂子空间是最小分裂子空间.

推论 7.4.12 子空间 X 是可观 Markov 分裂子空间当且仅当存在子空间 $\mathrm{S} \supset \mathrm{H}^-$, 满足 $\mathcal{U}^*\mathrm{S} \subset \mathrm{S}$, 且

$$\mathrm{X} = \mathrm{E}^{\mathrm{S}}\,\mathrm{H}^+. \tag{7.49}$$

它是可构造的 Markov 分裂子空间当且仅当存在子空间 $\bar{\mathrm{S}} \supset \mathrm{H}^+$, 满足 $\mathcal{U}\bar{\mathrm{S}} \subset \bar{\mathrm{S}}$, 且

$$\mathrm{X} = \mathrm{E}^{\bar{\mathrm{S}}}\,\mathrm{H}^-. \tag{7.50}$$

子空间 S 和 $\bar{\mathrm{S}}$ 在定理 7.4.9 中给出, 即 $\mathrm{X} \sim (\mathrm{S}, \bar{\mathrm{S}})$.

证 假设 $\mathrm{X} \sim (\mathrm{S}, \bar{\mathrm{S}})$ 是可观 Markov 分裂子空间, 则 $\mathrm{X} = \mathrm{E}^{\mathrm{S}}\,\bar{\mathrm{S}}$ (定理 7.3.6), 这与可观性条件 (7.45) 一起, 可得 (7.49). 反之, 假设存在不变 $\mathrm{S} \supset \mathrm{H}^-$ 使 (7.49) 成立. 定义 $\bar{\mathrm{S}} := \mathrm{H}^+ \vee \mathrm{S}^\perp$, 显然在 $\mathcal{U}$ 下它是不变的, 则 $\mathrm{X} = \mathrm{E}^{\mathrm{S}}\,\bar{\mathrm{S}}$, 且 S 和 $\bar{\mathrm{S}}$ 垂直相交 (定理 7.2.4), 因此它们满足命题 7.2.2 的等价条件. 所以, X 是分裂子空间 (定理 7.3.6), 它满足 (7.33) 故是 Markov 的. 因此, $\mathrm{X} \sim (\mathrm{S}, \bar{\mathrm{S}})$. 通过构造, X 满足 (7.45) 故是可观的. 对称讨论可得剩下的结论. □

由引理 2.2.6 或命题 7.4.5 和 7.4.6, 可得

$$\mathrm{H}^- = \mathrm{X}_- \oplus \mathrm{N}^- \quad 和 \quad \mathrm{H}^+ = \mathrm{X}_+ \oplus \mathrm{N}^+, \tag{7.51}$$

因此, 由 $\mathrm{H} = \mathrm{H}^- \vee \mathrm{H}^+$, $\mathrm{X}_- \subset \mathrm{H}^- \perp \mathrm{N}^+$ 和 $\mathrm{X}_+ \subset \mathrm{H}^+ \perp \mathrm{N}^-$, 我们有正交分解

$$\mathrm{H} = \mathrm{N}^- \oplus \mathrm{H}^\square \oplus \mathrm{N}^+, \tag{7.52}$$

其中 $\mathrm{H}^\square$ 是框架空间

$$\mathrm{H}^\square = \mathrm{X}_- \vee \mathrm{X}_+. \tag{7.53}$$

下面的结果不仅对 Markov 分裂空间成立, 而且对一般分裂空间也成立, 它表明了预测空间 X_- 和 X_+ 在 Kalman 滤波 (见第 6.9 节) 中扮演的角色.

命题 7.4.13 设 X 为分裂空间, 且设 N^- 和 N^+ 分别由 (7.40) 和 (7.42) 定义, 则

$$\mathrm{E}^{\mathrm{H}^-}\,\mathrm{X} = \mathrm{X}_- \tag{7.54}$$

当且仅当 $\mathrm{X} \perp \mathrm{N}^-$, 而

$$\mathrm{E}^{\mathrm{H}^+}\,\mathrm{X} = \mathrm{X}_+ \tag{7.55}$$

当且仅当 $\mathrm{X} \perp \mathrm{N}^+$.

证 将映射 E^{H^-} 应用于 $X = E^S \bar{S}$(定理 7.3.6), 且注意到 $H^- \subset S$, 我们得到 $E^{H^-} X = E^{H^-} \bar{S}$. 然而 $\bar{S} \supset H^+$, 因此 $E^{H^-} X \supset X_-$. , 假设 $\xi \in X$, 则由 $H^- = X_- \oplus N^-$, $E^{H^-} \xi = E^{X_-} \xi + E^{N^-} \xi$, 表明 $E^{H^-} X \subset X_-$ 当且仅当 $X \perp N^-$. 这就证明了第一部分, 对称地可证第二部分. □

特别地, 条件 $X \perp N^-$ 和 $X \perp N^+$ 可以分别由更强的条件, 即 X 可观和可构造替换.

推论 7.4.14 设 X 为分裂子空间, 则 X 可观蕴含 $X \perp N^-$, X 可构造蕴含 $X \perp N^+$. 若 X 最小, 则它同时与 N^- 和 N^+ 正交.

证 若 X 可观, 则由 (7.18 a), 得 $X = E^X H^+$. 然而 X 是满足 (7.8) 的分裂子空间, 故 $X = E^{H^- \vee X} H^+$, 因此

$$E^{H^-} X = E^{H^-} E^{H^- \vee X} H^+ = E^{H^-} H^+,$$

这就得到 (7.54). 因此由命题 7.4.13 得 $X \perp N^-$. 类似地, 我们可证由 X 可构造可推得 $X \perp N^+$. 最后的结论由定理 7.3.5 得到. □

现在我们证明框架空间 $H^\square$ 事实上是所有最小分裂子空间的内部 $X \cap H$ 的线性闭包.

命题 7.4.15 框架空间 $H^\square$ 是 Markov 分裂子空间, 且 $H^\square \sim ((N^+)^\perp, (N^-)^\perp)$. 另外,

$$X \cap H \subset H^\square \tag{7.56}$$

对所有最小分裂子空间 X 成立.

证 由 $S := (N^+)^\perp = H^- \vee (H^+)^\perp \supset H^-$ 和 $\bar{S} := (N^-)^\perp = H^+ \vee (H^-)^\perp \supset H^+$, 通过比较分解 (7.52) 和 (7.38) 并且注意到不变性条件 (7.33) 成立, 可得第一个结论. 由 (7.52) 和推论 7.4.14 可得包含关系 (7.56). □

分解 (7.52) 将输出空间 H 分为三部分. 子空间 N^- 是过去 H^- 的部分, 它与未来 H^+ 正交, 而 N^+ 是未来的部分, 它与过去正交. 因此, 包含关系 (7.56) 反映出如下事实, 空间 N^- 和 N^+ 在过去和未来的交集中没有扮演任何角色, 因此也没有在最小状态空间构造中扮演任何角色. 正如我们将在第 13 章看到的, 分解 (7.52) 也提供了一个重要的光滑概念范例. 事实上, 由推论 7.4.14 立即可得

$$E^H X \subset H^\square \tag{7.57}$$

对任意最小 X 成立, 这将光滑估计与前向和后向预测相联系.

§ 7.5　Markov 半群

以第 7.1 节中的方式在分裂子空间 X 上定义一个半群, 需要 X 具有分散对 $(\mathrm{S},\bar{\mathrm{S}})$ 满足不变性 $\mathcal{U}^*\mathrm{S}\subset\mathrm{S}$ 和 $\mathcal{U}\bar{\mathrm{S}}\subset\bar{\mathrm{S}}$; 即 $\mathrm{X}\sim(\mathrm{S},\bar{\mathrm{S}})$ 必须是一个 Markov 分裂子空间. 这样可以定义 X 上的限制移位

$$\mathcal{U}(\mathrm{X})=\mathrm{E}^{\mathrm{X}}\,\mathcal{U}|_{\mathrm{X}},\tag{7.58}$$

或者更一般地

$$\mathcal{U}_t(\mathrm{X})=\mathrm{E}^{\mathrm{X}}\,\mathcal{U}^t|_{\mathrm{X}},\quad t=0,1,2,\cdots,\tag{7.59}$$

我们有如下定理.

定理 7.5.1　设 $\mathrm{X}\sim(\mathrm{S},\bar{\mathrm{S}})$ 为 Markov 分裂子空间, 则对 $t=0,1,2,\cdots$, 图

$$\begin{array}{ccc} \mathrm{H}^+ & \xrightarrow{\mathcal{O}^*} & \mathrm{X} \\ \Big\downarrow{\scriptstyle \mathcal{U}^t} & & \Big\downarrow{\scriptstyle \mathcal{U}_t(\mathrm{X})} \\ \mathrm{H}^+ & \xrightarrow{\mathcal{O}^*} & \mathrm{X} \end{array}\qquad\qquad \begin{array}{ccc} \mathrm{H}^- & \xrightarrow{\mathcal{C}^*} & \mathrm{X} \\ \Big\downarrow{\scriptstyle (\mathcal{U}^*)^t} & & \Big\downarrow{\scriptstyle \mathcal{U}_t(\mathrm{X})^*} \\ \mathrm{H}^- & \xrightarrow{\mathcal{C}^*} & \mathrm{X} \end{array}$$

交换, 其中 $\mathcal{O}$ 是可观测性算子 $\mathrm{E}^{\mathrm{H}^+}|_{\mathrm{X}}$, 而 $\mathcal{C}$ 是可构造性算子 $\mathrm{E}^{\mathrm{H}^-}|_{\mathrm{X}}$. 另外, 限制移位满足半群性质

$$\mathcal{U}_s(\mathrm{X})\mathcal{U}_t(\mathrm{X})=\mathcal{U}_{s+t}(\mathrm{X});\tag{7.60}$$

即特别地,

$$\mathcal{U}_t(\mathrm{X})=\mathcal{U}(\mathrm{X})^t.\tag{7.61}$$

对每个 $\xi\in\mathrm{X}$ 和 $t=0,1,2,\cdots$,

$$\mathrm{E}^{\mathrm{S}}\,\mathcal{U}^t\xi=\mathcal{U}_t(\mathrm{X})\xi,\tag{7.62a}$$

$$\mathrm{E}^{\bar{\mathrm{S}}}\,\mathcal{U}^{-t}\xi=\mathcal{U}_t(\mathrm{X})^*\xi.\tag{7.62b}$$

证　设 $\lambda\in\bar{\mathrm{S}}$, 并且取 $t=0,1,2,\cdots$. 那么由 $\bar{\mathrm{S}}=\mathrm{X}\oplus\mathrm{S}^\perp$ (定理 7.2.4), 得

$$\mathrm{E}^{\mathrm{X}}\,\mathcal{U}^t\lambda=\mathrm{E}^{\mathrm{X}}\,\mathcal{U}^t\,\mathrm{E}^{\mathrm{X}}\,\lambda+\mathrm{E}^{\mathrm{X}}\,\mathcal{U}^t\,\mathrm{E}^{\mathrm{S}^\perp}\,\lambda$$

然而最后一项是零, 这是因为 $\mathcal{U}^t\mathrm{S}^\perp\subset\mathrm{S}^\perp\perp\mathrm{X}$. 因此

$$\mathrm{E}^{\mathrm{X}}\,\mathcal{U}^t\lambda=\mathrm{E}^{\mathrm{X}}\,\mathcal{U}^t\,\mathrm{E}^{\mathrm{X}}\,\lambda.\tag{7.63}$$

所以对任意 $\lambda \in \mathrm{H}^+ \subset \bar{\mathrm{S}}$, 有

$$\mathcal{U}_t(\mathrm{X})\mathcal{O}^*\lambda = \mathrm{E}^{\mathrm{X}}\,\mathcal{U}^t\,\mathrm{E}^{\mathrm{X}}\,\lambda = \mathrm{E}^{\mathrm{X}}\,\mathcal{U}^t\lambda = \mathcal{O}^*\mathcal{U}^t\lambda,$$

由此得第一个图交换. 完全对称的讨论可证第二个图也交换. 由 (7.63) 我们立即可以看出 (7.60) 成立. 另外, 由于 $\mathrm{S} \perp \bar{\mathrm{S}} \mid \mathrm{X}$ 和 $\mathcal{U}\lambda \in \bar{\mathrm{S}}$, (7.63) 的左边项可以与 $\mathrm{E}^{\mathrm{S}}\,\mathcal{U}^t\lambda$ 交换. 因此, 由 $\mathrm{X} \subset \bar{\mathrm{S}}$, 可得 (7.62a), 由对称性可得 (7.62b). □

§ 7.6 最小性和维数

分裂子空间几何理论中, 最小性是用子空间包含的形式定义的. 这是自然的, 因为这个最小性概念对无穷维分裂子空间也是有意义的. 因此关于最小分裂子空间是否都具有相同 (有穷或无穷) 维数的问题也是自然的.

定理 7.6.1 *所有最小 (Markov 或非 Markov) 分裂子空间都具有相同维数.*

作为这个定理证明的预备知识, 我们再次考虑第 7.3 节描述的分裂因子分解

$$\begin{array}{ccc} \mathrm{H}^- & \xrightarrow{\mathcal{H}} & \mathrm{H}^+ \\ \mathcal{C}^* \searrow & & \nearrow \mathcal{O} \\ & \mathrm{X} & \end{array} \qquad \mathcal{H} = \mathcal{O}\mathcal{C}^*.$$

回顾 X 可观当且仅当 $\operatorname{Im}\mathcal{O}^*$ 在 X 中稠密, 可构造当且仅当 $\operatorname{Im}\mathcal{C}^*$ 在 X 中稠密. 我们称 X *完全可观*, 若 $\mathcal{O}^*$ 是满射, 即 $\operatorname{Im}\mathcal{O}^* = \mathrm{X}$; 称 *X 完全可构造*, 若 $\mathcal{C}^*$ 是满射, 即 $\operatorname{Im}\mathcal{C}^* = \mathrm{X}$. 若 X 同时完全可观和完全可构造, 我们称因子分解和 X 是*完全规范的*.

引理 7.6.2 *若 Hankel 算子 $\mathcal{H} := \mathrm{E}^{\mathrm{H}^+}|_{\mathrm{H}^-}$ 具有闭值域, 则所有最小分裂子空间都是完全规范的. 若一个分裂子空间是完全规范的, 则 $\mathcal{H}$ 具有闭值域.*

证 回顾若一个映射具有闭值域, 则它的伴随也具有闭值域 [319, p.205]; 这将在证明中被多次用到. 设 X 为最小分裂子空间, 则 $\mathcal{H} = \mathcal{O}\mathcal{C}^*$ 且 $\mathcal{C}^*\mathrm{H}^-$ 在 X 中稠密. 显然 $\mathcal{H}\mathrm{H}^- = \mathcal{O}\mathcal{C}^*\mathrm{H}^- \subset \mathcal{O}\mathrm{X}$. 我们想要证明, 若 $\mathcal{H}\mathrm{H}^-$ 是闭的, 则 $\mathcal{H}\mathrm{H}^- = \mathcal{O}\mathrm{X}$, 因此 $\mathcal{O}$ 和 $\mathcal{O}^*$ 具有闭值域, 即 X 完全可观. 为此, 设 $\xi \in \mathrm{X}$ 任意, 则在 $\mathcal{C}^*\mathrm{H}^-$ 中存在 $\{\xi_k\}$ 使得当 $k \to \infty$ 时, $\xi_k \to \xi$. 然而 $\mathcal{O}\xi_k \in \mathcal{H}\mathrm{H}^-$, 且由于 $\mathcal{O}$ 连续, 得 $\mathcal{O}\xi_k \to \mathcal{O}\xi \in \mathcal{H}\mathrm{H}^-$, 故 $\mathcal{O}\mathrm{X} \subset \mathcal{H}\mathrm{H}^-$. 因此由平凡结论 $\mathcal{O}\mathrm{X} \supset \mathcal{H}\mathrm{H}^-$, 得 $\mathcal{O}\mathrm{X} = \mathcal{H}\mathrm{H}^-$, 这就是我们需要的. 以同样的方式, 我们可以利用同样规范的伴随因子分解 $\mathcal{H}^* = \mathcal{C}\mathcal{O}^*$, 去证明 X 是完全可构造的. 反之, 假设 X 完全规范, 则 $\mathcal{C}^*\mathrm{H}^- = \mathrm{X}$, 因此由 $\mathcal{O}\mathrm{X}$ 是闭的, 得 $\mathcal{H}\mathrm{H}^- = \mathcal{O}\mathcal{C}^*\mathrm{H}^-$ 是闭的. □

在分裂子空间几何理论中，一些结果对有限维的情形是很容易证明的. 这是因为对这种情况算子 $\mathcal{O}^*$ 和 $\mathcal{C}^*$ 的值域总是闭的. 因此有如下事实，对有限维的情形可观性和可构造性总是完全的，这意味着某些技术困难没有发生.

定理 7.6.1 的证明. 我们首先假设 Hankel 算子 $\mathcal{H}$ 具有闭值域，则对任意最小 X, $\mathcal{C}^*$ 是满射, $\mathcal{O}$ 是单射. 现在假设 X_1 和 X_2 是两个最小分裂子空间，则若对 $i = 1, 2$, $\mathcal{O}_i$ 是 X_i 的可观性算子, $\mathcal{C}_i$ 是 X_i 的可构造性算子，则图

$$
\begin{array}{ccccc}
 & & \mathrm{X}_1 & & \\
 & \mathcal{C}_1^* \nearrow & | & \searrow \mathcal{O}_1 & \\
 & & | & & \\
\mathrm{H}^- & & T| & & \mathrm{H}^+ \\
 & & | & & \\
 & \mathcal{C}_2^* \searrow & \downarrow & \nearrow \mathcal{O}_2 & \\
 & & \mathrm{X}_2 & &
\end{array}
$$

交换. 我们想证明存在双射线性算子 $T : \mathrm{X}_1 \to \mathrm{X}_2$ 使得图补充上虚线箭头后仍然交换.

由于 $\mathcal{C}_1^*$ 是满射，故对每个 $\xi_1 \in \mathrm{X}_1$ 存在 $\lambda \in \mathrm{H}^-$ 满足 $\mathcal{C}_1^*\lambda = \xi_1$. 对任意这样的 $\lambda \in \mathrm{H}^-$ 由交换性得

$$\mathcal{O}_1\mathcal{C}_1^*\lambda = \mu = \mathcal{O}_2\mathcal{C}_2^*\lambda.$$

另外，由于 $\mathcal{O}_2$ 是内射，存在唯一 $\xi_2 \in \mathrm{X}$ 满足 $\mu = \mathcal{O}_2\xi_2$. 定义 $T : \mathrm{X}_1 \to \mathrm{X}_2$ 为将 ξ_1 映射为 ξ_2 的线性映射，那么

$$\mathcal{O}_2T\mathcal{C}_1^*\lambda = \mathcal{O}_2T\xi_1 = \mathcal{O}_2\xi_2 = \mu = \mathcal{O}_2\mathcal{C}_2^*\lambda.$$

由于 $\mathcal{O}_2$ 是单射，这意味着 $T\mathcal{C}_1^* = \mathcal{C}_2^*$, 故图中左边的三角形交换. 为了证明图中右边的三角形也交换，注意到 $\mu = \mathcal{O}_1\xi_1$ 和 $\mu = \mathcal{O}_2\xi_2 = \mathcal{O}_2T\xi_1$, 这意味着 $\mathcal{O}_1 = \mathcal{O}_2T$.

接着，由于 $\mathcal{C}_2^*$ 是满射, $\mathcal{O}_1$ 是单射，完全对称的讨论可以证明存在映射 $\tilde{T} : \mathrm{X}_2 \to \mathrm{X}_1$ 满足图补充此映射后也可交换. 然而，此时 $\tilde{T}T$ 在 X_1 中一定是恒等映射且 $T\tilde{T}$ 在 X_2 中是恒等映射，因此 $\tilde{T} = T^{-1}$. 所以 X_1 和 X_2 作为向量空间是同构的，故它们有相同维数. 只剩下考虑 $\mathcal{H}$ 不具有闭值域的情形. 然而由引理 7.6.2, 不存在最小分裂子空间是完全规范的，所以它们都是无穷维的. 因此，由于 $\mathbb{H}$ 是一个可分 Hilbert 空间，可知所有 X 具有维数 $\aleph_0$.□

推论 7.6.3 有限维分裂子空间是最小的当且仅当它的维数是最小的.

证 设 X 为有限维分裂子空间. 首先假设存在分裂子空间 X_1 比 X 的维数小. 由推论 7.4.7, X_1 包含一个最小分裂子空间 X_2. 由于 $\dim X_2 \leqslant \dim X_1 < \dim X$, 定理 7.6.1 意味着 X 非最小. 反之, 假设 X 非最小, 则它包含一个真最小分裂子空间 (推论 7.4.7), 这样 X 不可能具有最小维数. □

回顾条件 $X \perp N^-$ 和 $X \perp N^+$ 分别比可观性和可构造性条件弱 (推论 7.4.14). 尽管如此, 在 $\mathcal{H}$ 具有闭值域的情形下, 特别地当 X 是有限维时, 我们有下面另一种对最小性的刻画.

定理 7.6.4 假设 Hankel 算子 $\mathcal{H} := E^{H^+}|_{H^-}$ 具有闭值域, 则对分裂子空间 X, 如下条件等价

(i) X 最小;

(ii) X 可观且 $X \perp N^+$;

(iii) X 可构造且 $X \perp N^-$.

证 由推论 7.4.10 和 7.4.14 得 (i) 蕴含 (ii) 和 (iii). 为了证明反之也成立, 首先假设 (ii) 成立, 则注意到命题 7.4.13, 我们有 $E^{H^+} X = X_+$, 因此 $\operatorname{Im} \mathcal{O} = X_+$. 所以我们限制 $\mathcal{O}$ 值域到 X_+, 得

$$\begin{array}{ccc} H^- & \xrightarrow{\mathcal{G}} & X_+ \\ \mathcal{C}^* \searrow & & \nearrow \hat{\mathcal{O}} \\ & X & \end{array}$$

其中 $\hat{\mathcal{O}} := E^{X_+}|_X$ 且 $\mathcal{G} := E^{X_+}|_{H^-}$. 限制可观性算子 $\hat{\mathcal{O}}$ 同时是单射 (可观性) 和满射, 即 $\hat{\mathcal{O}}$ 是双射, 因此逆映射 $\hat{\mathcal{O}}^{-1} : X_+ \to X$ 存在且满. 因此, $\mathcal{C}^* = \hat{\mathcal{O}}^{-1}\mathcal{G}$ 是满射, 即 X 可构造. 因此 X 最小 (推论 7.4.10). 对称讨论可以证明 (iii) 蕴含 (i). □

Markov 分裂子空间定理 7.6.4 的另一个版本, 将在第 9 章 (定理 9.2.19) 给出, 它不需要 $\mathcal{H}$ 具有闭值域的条件.

下一节我们需要如下推论, 由最小分裂子空间正交于 N^- 和 N^+(推论 7.4.14), 分裂条件 $H^- \perp H^+ \mid X$ 等价于

$$X_- \perp X_+ \mid X, \tag{7.64}$$

其中 N^- 和 N^+ 已经从过去和未来删除, 我们对应地限制可观性和可构造性算子.

推论 7.6.5 设 X 为最小分裂子空间, 则 X 的限制可观性和可构造性算子 $\hat{\mathcal{O}} : X \to X_-$ 和 $\hat{\mathcal{C}} : X \to X_+$ 分别由

$$\hat{\mathcal{O}} := E^{X_+}|_X \quad 和 \quad \hat{\mathcal{C}} := E^{X_-}|_X$$

定义, 而且它们的伴随

$$\hat{\mathcal{O}}^* := E^X|_{X_+} \quad 和 \quad \hat{\mathcal{C}}^* := E^X|_{X_-}$$

是准可逆的, 即它是一一对应和稠密满射. 另外,

$$\hat{\mathcal{O}}\hat{\mathcal{C}}^* = \hat{\mathcal{O}}_-, \tag{7.65}$$

其中 $\hat{\mathcal{O}}_-$ 是 X_- 的限制可观性算子.

证　由命题 2.4.2 (vi), 得 (7.65) 等价于限制分裂条件 (7.64). 这就证明了最后一个结论.

注意到推论 7.4.14 和命题 7.4.13, 知 (7.54) 成立, 因此由 $X_+ \subset H^+$, 得

$$E^{X_+} X = E^{X_+} E^{H^+} X = X_+,$$

由此可知 $\operatorname{Im} \hat{\mathcal{O}}$ 在 X_+ 中稠密. 另外, 根据命题 7.4.6, 由 X 的可观性, 有

$$\ker \hat{\mathcal{O}} = X \cap (X_+)^\perp = X \cap (N^+ \oplus (H^+)^\perp) = X \cap (H^+)^\perp = 0,$$

这就证明了 $\hat{\mathcal{O}}$ 是一一对应和稠密满射. 对称讨论可证 $\hat{\mathcal{C}}$ 具有相同的性质. 由定理 B.2.5 可得关于 $\hat{\mathcal{O}}^*$ 和 $\hat{\mathcal{C}}^*$ 的结论. □

正如在证明中看到的, 这个推论可以被加强为将在第 8 章中用到的形式.

推论 7.6.6　推论 7.6.5 中定义的算子 $\hat{\mathcal{O}}$ ($\hat{\mathcal{O}}^*$) 是准可逆的, 当且仅当 X 可观且 $X \perp N^+$. 另外, 对所有的 $t \geqslant 0$ 有

$$\mathcal{U}_t(X)\hat{\mathcal{O}}^* = \hat{\mathcal{O}}^*\mathcal{U}_t(X_+). \tag{7.66}$$

类似地, $\hat{\mathcal{C}}$ ($\hat{\mathcal{C}}^*$) 是准可逆的, 当且仅当 X 可构造且 $X \perp N^+$. 另外, 对所有的 $t \geqslant 0$ 有

$$\mathcal{U}_t(X)\hat{\mathcal{C}}^* = \hat{\mathcal{C}}^*\mathcal{U}_t(X_-). \tag{7.67}$$

证　$\hat{\mathcal{O}}, \hat{\mathcal{O}}^*, \hat{\mathcal{C}}$ 和 $\hat{\mathcal{C}}^*$ 的准可逆性结论, 可由推论 7.6.5 的证明得到. 为了证明 (7.66), 考虑定理 7.5.1 的交换图. 首先取 $\xi \in X_+ \subset H^+$, 则由第一交换图可得

$$\mathcal{U}_t(X)\hat{\mathcal{O}}^*\xi = E^X \mathcal{U}^t\xi = E^X E^{(H^+)^\perp} \mathcal{U}^t\xi + E^X E^{X_+} \mathcal{U}^t\xi + E^X E^{N^+} \mathcal{U}^t\xi,$$

这是因为 $X_+ \sim ((N^+)^\perp, H^+)$, 进而 $H = (H^+)^\perp \oplus X_+ \oplus N^+$. 然而由 $\mathcal{U}^t\xi \in H^+$, 知第一项是零. 另外由 $X \perp N^+$, 知最后一项也是零, 这就证明了 (7.66). 由对称的讨论可得等式 (7.67). □

§ 7.7 最小分裂子空间的偏序

为了研究最小分裂子空间族的结构, 我们对它引入偏序.

定义 7.7.1 给定两个最小分裂子空间 X_1 和 X_2, 令 $X_1 \prec X_2$ 为顺序

$$\|E^{X_1}\lambda\| \leqslant \|E^{X_2}\lambda\| \quad \text{对所有的 } \lambda \in H^+ \text{ 成立}, \tag{7.68}$$

其中 $\|.\|$ 是 Hilbert 空间 $\mathbb{H}$ 中的范数.

这种偏序有如下解释. 若 $X_1 \prec X_2$, 则 X_2 比 X_1 在如下意义下更接近于 H^+ 近 (或者不严格地说, 比 X_1 包含更多未来的信息), 对 H^+ 的每个子空间 A 有

$$\alpha(X_1, A) \geqslant \alpha(X_2, A), \tag{7.69}$$

其中 $\alpha(X, A)$ 是子空间 X 和 A 的夹角, 它的定义在第 2.3 节.

偏序 (7.68) 事实上有关于过去的对称解释.

引理 7.7.2 关系 $X_1 \prec X_2$ 成立当且仅当

$$\|E^{X_2}\lambda\| \leqslant \|E^{X_1}\lambda\| \quad \text{对所有的 } \lambda \in H^- \text{ 成立}. \tag{7.70}$$

证 由于 X_1 和 X_2 最小, 知它们正交于 N^- 和 N^+ (推论 7.4.14), 因此由 (7.51), 条件 (7.68) 等价于

$$\|E^{X_1}\lambda\| \leqslant \|E^{X_2}\lambda\| \quad \text{对所有的 } \lambda \in X_+ \text{ 成立}, \tag{7.71}$$

且条件 (7.70) 等价于

$$\|E^{X_2}\lambda\| \leqslant \|E^{X_1}\lambda\| \quad \text{对所有的 } \lambda \in X_- \text{ 成立}. \tag{7.72}$$

现在, 对 $i = 1, 2$, 设 $\hat{\mathcal{O}}_i$ 和 $\hat{\mathcal{C}}_i$ 分别为由推论 7.6.5 定义的 X_i 的限制可观和可构造性算子, 且设 $\hat{\mathcal{O}}_i^*$ 和 $\hat{\mathcal{C}}_i^*$ 是它们的伴随算子. 由推论 7.6.5, 这些算子是单射并且具有稠密值域. 在这个记号, 这样我们只剩下证明

$$\|\hat{\mathcal{O}}_1^*\lambda\| \leqslant \|\hat{\mathcal{O}}_2^*\lambda\| \quad \text{对所有的 } \lambda \in X_+ \text{ 成立} \tag{7.73}$$

蕴含

$$\|\hat{\mathcal{C}}_2^*\lambda\| \leqslant \|\hat{\mathcal{C}}_1^*\lambda\| \quad \text{对所有的 } \lambda \in X_- \text{ 成立}. \tag{7.74}$$

由对称性可得相反的结论.

由 (7.73) 得

$$\|\hat{\mathcal{O}}_1^*(\hat{\mathcal{O}}_2^*)^{-1}\xi\| \leqslant \|\xi\|$$

对所有在 X_2 的一个稠密子集中的 ξ 成立. 算子 $T := \hat{\mathcal{O}}_1^*(\hat{\mathcal{O}}_2^*)^{-1}$ 可以作为范数 $\|T\| \leqslant 1$ 的有界算子连续地延拓至 X_2 的剩余部分. 事实上, 对任意 $\xi \in X_2$, 存在 Cauchy序列 $\{\xi_k\}$ 满足

$$\|T\xi_k - T\xi_j\| \leqslant \|\xi_k - \xi_j\|,$$

这意味着 $\{T\xi_k\}$ 收敛. 定义 $T\xi := \lim_{k\to\infty} T\xi_k$. 由于

$$\langle \eta, \hat{\mathcal{O}}_1^*(\hat{\mathcal{O}}_2^*)^{-1}\xi\rangle = \langle (\hat{\mathcal{O}}_2)^{-1}\hat{\mathcal{O}}_1\eta, \xi\rangle$$

对所有在 $\hat{\mathcal{O}}_2^*$ 值域中的 ξ 和所有的 η 成立, 可知算子 $T^* := (\hat{\mathcal{O}}_2)^{-1}\hat{\mathcal{O}}_1$ 是 T 的伴随算子. 现在注意到 (7.65), 我们有 $\hat{\mathcal{O}}_2\hat{\mathcal{C}}_2^* = \hat{\mathcal{O}}_1\hat{\mathcal{C}}_1^*$, 因此由 $\|T^*\| = \|T\| \leqslant 1$, 可得

$$\|\hat{\mathcal{C}}_2^*\lambda\| = \|T^*\hat{\mathcal{C}}_1^*\lambda\| \leqslant \|\hat{\mathcal{C}}_1^*\lambda\|$$

对所有的 $\lambda \in X_+$ 成立, 这就得到 (7.74). □

定理 7.7.3 最小分裂子空间族具有唯一的最小元 X_- 和最大元 X_+, 即

$$X_- \prec X \prec X_+ \tag{7.75}$$

对所有最小的 X 成立, 它们恰是命题 7.3.1 定义的预测空间

$$X_- := E^{H^-} H^+, \tag{7.76a}$$

$$X_+ := E^{H^+} H^-. \tag{7.76b}$$

证 由于 E^X 是投影算子, 故

$$\|E^X\lambda\| \leqslant \|\lambda\| \quad 对所有的 \ \lambda \in X_+ \ 成立. \tag{7.77}$$

然而, 对所有的 $\lambda \in X_+$, $\|E^{X_+}\lambda\| = \|\lambda\|$, 因此由 (7.71), 有 $X \prec X_+$. 另外, 对每个 $X \neq X_+$, 在 X_+ 中存在 λ 使得 (7.77) 严格成立不等号, 这就证明了唯一性. 由引理 7.7.2, 对称讨论可得余下的证明. □

当 $X_1 \prec X_2$ 和 $X_2 \prec X_1$ 同时成立时, 我们称 X_1 和 X_2 是等价的, 写作 $X_1 \sim X_2$. 下面我们将看到 (推论 7.7.11), 若 X_1 和 X_2 中至少有一个是内部的, 则 $X_1 \sim X_2$ 蕴含 $X_1 = X_2$. 定义 $\mathcal{X}$ 为最小分裂子空间的所有等价类族, 并且设 $\mathcal{X}_0$ 是 X 的子集, 其中 X 是内部的 ($X \subset H$). 那么顺序关系 (7.68) 使得 $\mathcal{X}$ 是具有最大和最小元 (即分别为 X_+ 和 X_-) 的偏序集中的元. 注意到 $\mathcal{X}_0$ 中的每个等价类都是单元集, 由此得 $\mathcal{X}_0$ 恰是最小 X 的一个族.

7.7.1 基底的一致选择

接下来, 我们对有限维情形, 用协方差矩阵说明上面定义的偏序的意义. 更精确地讲, 我们用一族特定的正定矩阵参数化 $\mathcal{X}$. 为此我们引入$\mathcal{X}$ 上的基的一致选择. 由定理 7.6.1, 我们知道所有的 $\mathrm{X} \in \mathcal{X}$ 具有相同的维数, 记其为 n. 设 $(\xi_{+,1},\xi_{+,2},\cdots,\xi_{+,n})$ 是 X_+ 内的任意一组基, 并对每个最小分裂子空间 X 定义

$$\xi_k = \mathrm{E}^{\mathrm{X}}\,\xi_{+,k}, \quad k=1,2,\cdots,n. \tag{7.78}$$

引理 7.7.4 随机变量 $(\xi_1,\xi_2,\cdots,\xi_n)$ 形成 X 中的一组基.

证 由于 $\hat{\mathcal{O}}^* := \mathrm{E}^{\mathrm{X}}|_{\mathrm{X}_+}$ 是双射 (推论 7.6.5), 所以它把一组基映射为一组基. □

为了记号简洁, 我们引入向量记号

$$x = \begin{bmatrix} \xi_1 \\ \xi_2 \\ \vdots \\ \xi_n \end{bmatrix}, \tag{7.79}$$

且相应地定义 x_+ 为 $(\xi_{+,1},\xi_{+,2},\cdots,\xi_{+,n})$.

现在, 我们对每个基 $(\xi_1,\xi_2,\cdots,\xi_n)$ 有协方差矩阵

$$P = \mathrm{E}\{xx'\}, \tag{7.80}$$

它是对称正定的. 对一个固定选择 $(\xi_{+,1},\xi_{+,2},\cdots,\xi_{+,n})$, 设 $\mathcal{P}$ 为所有协方差矩阵 (7.80) 形成的族, 它是让 X 取遍所有最小分裂子空间得到的, 且设 $\mathcal{P}_0$ 是由内部的 X 生成的子族. 注意到 $\mathcal{P}$ 具有自然偏序: $P_1 \leqslant P_2$ 当且仅当 $P_2 - P_1$ 非负定.

命题 7.7.5 $\mathcal{X}$ 和 $\mathcal{P}$ 之间存在一个保序的一一对应, 即 $P_1 \leqslant P_2$ 当且仅当 $\mathrm{X}_1 \prec \mathrm{X}_2$.

证 每个 $\lambda \in \mathrm{X}_+$ 对应一个唯一的 $a \in \mathbb{R}^n$ 满足 $\lambda = a'x_+$. 由 (7.78), 得 $\mathrm{E}^{\mathrm{X}}\lambda = a'x$, 因此

$$\|\mathrm{E}^{\mathrm{X}}\lambda\|^2 = a'Pa. \tag{7.81}$$

所以注意到偏序条件 (7.71), 可得 $\mathrm{X}_1 \prec \mathrm{X}_2$ 当且仅当 $P_1 \leqslant P_2$. 另外, 由 (7.81) 可以得到两个 X 具有相同的 P 当且仅当它们等价, 这就证明了 $\mathcal{X}$ 和 $\mathcal{P}$ 的一一对应关系. □

注 7.7.6 本节关于分裂子空间的所有结论可以修改为对 Markov 分裂子空间的相应结论, 正如我们将在第 8.7 节对离散时间情形和在第 10.4 节对连续时间情形进行详细讨论. 若我们取 $\mathcal{X}$ 为最小 Markov 分裂子空间族, 则 $\mathcal{P}$ 将恰是第 6 章引入的协方差矩阵集, 即所有使 (6.102) 成立的对称矩阵 P 构成的集合. 这里 P_- 对应于 X_-, 而 P_+ 对应 X_+.

基的一致选择使得我们可以对分裂的偏序得到其他有用的刻画.

命题 7.7.7 设 X_1 和 X_2 为有限维最小分裂子空间, 其中至少有一个是内部的, 那么, $\mathrm{X}_1 \prec \mathrm{X}_2$ 当且仅当

$$a'x_1 = E^{\mathrm{X}_1} a'x_2, \quad \text{对所有的 } a \in \mathbb{R}^n, \tag{7.82}$$

分别对 X_1 和 X_2 中的任意基的一致选择 x_1 和 x_2 成立.

证 由 (7.78) 可知, (7.88) 等价于

$$\mathrm{E}^{\mathrm{X}_1}\lambda = \mathrm{E}^{\mathrm{X}_1}\mathrm{E}^{\mathrm{X}_2}\lambda \quad \text{对所有的 } \lambda \in \mathrm{X}_+, \tag{7.83}$$

而由于 X_1 和 X_2 正交于 $\mathrm{N}_+ := \mathrm{H}^+ \ominus \mathrm{X}_+$ (推论 7.4.14), 它可以延拓至所有 $\lambda \in \mathrm{H}^+$, 这等价于

$$\mathrm{E}^{\mathrm{X}_1}\lambda = \mathrm{E}^{\mathrm{X}_1}\mathrm{E}^{\mathrm{S}_2}\lambda \quad \text{对所有的 } \lambda \in \mathrm{H}^+ \text{ 成立}, \tag{7.84}$$

这是因为 X_2 的分裂性质, 即对 $\mathrm{X}_1 \perp \mathrm{H}^+ \mid \mathrm{S}_2$, 或者等价地对 $\mathrm{S}_1 \perp \bar{\mathrm{S}}_2 \mid \mathrm{S}_2$, 成立当且仅当

$$\mathrm{S}_1 \perp \mathrm{H}_2 \ominus \mathrm{S}_2 \tag{7.85}$$

(命题 2.4.2), 其中 H_2 是 X_2 的环绕空间. 现在首先假设 X_1 是内部的, 则 (7.85) 等价于 $\mathrm{S}_1 \subset \mathrm{S}_2$, 或者 $\mathrm{X}_1 \prec \mathrm{X}_2$ (定理 7.7.12). 接着假设 X_2 是内部的, 则 (7.85) 等价于 $\mathrm{S}_1 \subset \mathrm{S}_2 \oplus \mathrm{H}^\perp$, 或者等价地 $\mathrm{E}^{\mathrm{H}}\mathrm{S}_1 \subset \mathrm{S}_2$, 即 $\mathrm{X}_1 \prec \mathrm{X}_2$ (定理 7.7.12). □

命题 7.7.8 设 X, X_1 和 X_2 为有限维最小分裂子空间且 X_1 和 X_2 是内部的. 那么若 $\mathrm{X}_1 \prec \mathrm{X} \prec \mathrm{X}_2$, 则

$$\mathrm{X}_1 \perp \mathrm{X}_2 \mid \mathrm{X}.$$

证 设 x, x_1 和 x_2 分别为 X, X_1 和 X_2 内的基的一致选择. 那么首先将命题 7.7.7 应用于 $\mathrm{X}_1 \prec \mathrm{X}_2$, 然后应用于 $\mathrm{X}_1 \prec \mathrm{X}$ 和 $\mathrm{X} \prec \mathrm{X}_2$, 我们得到 x_1 的两种表示, 有等式

$$\mathrm{E}^{\mathrm{X}_1} a'x_2 = \mathrm{E}^{\mathrm{X}_1}\mathrm{E}^{\mathrm{X}} a'x_2, \quad \text{对所有的 } a \in \mathbb{R}^n \text{ 成立},$$

它等价于 $\mathrm{X}_1 \perp \mathrm{X}_2 \mid \mathrm{X}$. □

下面的定理将分裂子空间几何与其状态协方差相联系. 在第 14 章中它将非常重要.

定理 7.7.9 设 X_1 和 X_2 为 n 维最小分裂子空间且 $\mathrm{X}_1 \prec \mathrm{X}_2$, 并假设 X_1 和 X_2 中至少有一个是内部的. 那么对任意 $\lambda \in \mathrm{X}_1 \cap \mathrm{X}_2$, 存在唯一的 $a \in \mathbb{R}^n$ 满足 $\lambda = a'x_1 = a'x_2$, 其中 x_1 和 x_2 分别是在 X_1 和 X_2 内的一致选择基. 另外, $\lambda \in \mathrm{X}_1 \cap \mathrm{X}_2$ 当且仅当 $a \in \ker(P_2 - P_1)$, 其中 $P_1 := \mathrm{E}\{x_1x_1'\}$, $P_2 := \mathrm{E}\{x_2x_2'\}$.

证 假设 $\lambda = a_1'x_1 = a_2'x_2$. 那么由命题 7.7.7, 得

$$\mathrm{E}^{\mathrm{X}_-}\lambda = a_1'x_- = a_2'x_-,$$

其中 x_- 是预测空间 X_- 内对应的基. 因此, $a_1'P_- = a_2'P_-$, 因此, 由 $P_- > 0$, 我们一定有 $a_1 = a_2$, 记为 $a(\lambda)$.

设 $\lambda \in \mathrm{X}_1 \cap \mathrm{X}_2$, $a := a(\lambda)$, 则 $a'x_1 = a'x_2$, 这意味着

$$a'(P_2 - P_1)a = 0, \tag{7.86}$$

因此 $a \in \ker(P_2 - P_1)$. 反之, 假设

$$a \in \ker(P_2 - P_1), \tag{7.87}$$

由 $\mathrm{X}_1 \prec \mathrm{X}_2$ 和 X_1, X_2 至少有一个是内部的, 可知

$$a'x_1 = \mathrm{E}^{\mathrm{X}_1} a'x_2$$

(命题 7.7.7). 特别地, $(a'x_2 - a'x_1) \perp a'x_1$. 因此由

$$a'x_2 = (a'x_2 - a'x_1) + a'x_1,$$

我们有 $\mathrm{E}\{(a'x_2)(a'x_1)\} = a'P_1a$, 因此

$$\mathrm{E}\,|a'x_2 - a'x_1|^2 = a'(P_2 - P_1)a.$$

所以由 (7.87), 得 $a'x_2 = a'x_1 \in \mathrm{X}_1 \cap \mathrm{X}_2$. □

7.7.2　排序和分散对

将最小的 $\mathrm{X} \in \mathcal{X}$ 之间的顺序用子空间包含的几何条件表述是很有用的. 为此我们需要如下引理.

引理 7.7.10 设 X_1 和 X_2 为两个最小分裂子空间, 并设 $(S_1, \bar{S}_1)$ 为 X_1 的一个分散对, $(S_2, \bar{S}_2)$ 为 X_2 的一个分散对. 那么 $X_1 \prec X_2$ 当且仅当

$$\| E^{S_1} \lambda \| \leqslant \| E^{S_2} \lambda \|, \quad \text{对所有的 } \lambda \in H \text{ 成立}, \tag{7.88}$$

或者等价地

$$\| E^{\bar{S}_2} \lambda \| \leqslant \| E^{\bar{S}_1} \lambda \|, \quad \text{对所有的 } \lambda \in H \text{ 成立}. \tag{7.89}$$

证 注意到分散性质 (7.27) 和事实 $H^+ \subset S_i$, $i = 1, 2$, 可知 (7.68) 等价于

$$\| E^{S_1} \lambda \| \leqslant \| E^{S_2} \lambda \|, \quad \text{对所有的 } \lambda \in H^+ \text{ 成立}. \tag{7.90}$$

因此, 为了证明条件 (7.88) 等价于 $X_1 \prec X_2$, 由定义 7.7.1, 我们需要证明 (7.90) 蕴含 (7.88)；反之结论是显然的. 对 $i = 1, 2$, 设 Z_i 为 H^- 在 S_i 中的正交分量, 即 $S_i = H^- \oplus Z_i$, 则

$$\| E^{S_i} \lambda \|^2 = \| E^{H^-} \lambda \|^2 + \| E^{Z_i} \lambda \|^2,$$

所以只需证明, 若

$$\| E^{Z_1} \lambda \| \leqslant \| E^{Z_2} \lambda \| \tag{7.91}$$

对所有 $\lambda \in H^+$ 成立, 那么对所有 $\lambda \in H := H^- \vee H^+$ 也成立. 为此假设 (7.91) 对所有 $\lambda \in H^+$ 成立. 由于 $Z_i \subset (H^-)^\perp$, $i = 1, 2$, 可得

$$\| E^{Z_1} E^{(H^-)^\perp} \lambda \| \leqslant \| E^{Z_2} E^{(H^-)^\perp} \lambda \|, \quad \text{对所有的 } \lambda \in H^+. \tag{7.92}$$

然而由引理 2.2.6, 我们有

$$E^{(H^-)^\perp} H^+ = (H^-)^\perp \ominus H^\perp,$$

因此 (7.91) 对所有 $\lambda \in Y := (H^-)^\perp \ominus H^\perp$ 成立. 此时从 Y 到所有 H 的扩展是平凡的. 事实上, $H = H^- \oplus Y$, 所以对任意 $\lambda \in H$, 存在唯一表示 $\lambda = \mu + \eta$, 其中 $\mu \in Y$, $\eta \in H^-$. 另外, $E^{Z_i} \lambda = E^{Z_i} \mu$, $i = 1, 2$, 所以若 (7.91) 对所有 $\mu \in Y$ 成立, 那么它对所有 $\lambda \in H$ 也成立. 这就证明了 (7.88) 等价于 (7.68). 对称地可以证明 (7.89) 等价于 (7.70). 由引理 7.7.2 可得余下的证明. □

推论 7.7.11 设 X_1 和 X_2 为等价的最小分裂子空间, 若其中有一个是内部的, 则 $X_1 = X_2$.

证 若 $X_1 \prec X_2$ 和 $X_2 \prec X_1$ 同时成立, 则由引理 7.7.10 得

$$\| E^{S_1} \lambda \| = \| E^{S_2} \lambda \|, \quad \text{对所有的 } \lambda \in H \text{ 成立}, \tag{7.93}$$

$$\|E^{\bar{S}_2}\lambda\| = \|E^{\bar{S}_1}\lambda\|, \quad \text{对所有的 } \lambda \in H \text{ 成立}. \tag{7.94}$$

现在不妨假设 X_1 是内部的, 即 $X_1 \subset H$. 那么, 对任意 $\lambda \in S_1$, 由 (7.93) 可知 $\|\lambda\| = \|E^{S_2}\lambda\|$, 这意味着 $\lambda \in S_2$, 因此 $S_1 \subset S_2$. 用相同的方式, 我们利用 (7.94) 证明 $\bar{S}_1 \subset \bar{S}_2$. 由定理 7.3.6, 得

$$X_1 = S_1 \cap \bar{S}_1 \subset S_2 \cap \bar{S}_2 = X_2.$$

然而 X_2 是最小的, 因此 $X_1 = X_2$. □

到目前为止, 我们已经对一般的分裂子空间得到了本节所有结论, 这是因为排序不需要 Markov 性质. 事实上, 引理 7.7.10 不要求每个分裂子空间具有唯一分散对. 为了避免这种歧义, 接下来的定理将对 Markov 分裂子空间阐述, 尽管严格地讲这些结论在一般情况下也成立.

定理 7.7.12 设 $X_1 \sim (S_1, \bar{S}_1)$ 和 $X_2 \sim (S_2, \bar{S}_2)$ 为最小分裂子空间. 那么

(i) 若 $X_1, X_2 \in \mathcal{X}_0$, 则 $X_1 \prec X_2 \Leftrightarrow S_1 \subset S_2 \Leftrightarrow \bar{S}_2 \subset \bar{S}_1$.

(ii) 若 $X_1 \in \mathcal{X}_0$, 则 $X_1 \prec X_2 \Leftrightarrow S_1 \subset S_2 \Leftrightarrow E^H \bar{S}_2 \subset \bar{S}_1$.

(iii) 若 $X_2 \in \mathcal{X}_0$, 则 $X_1 \prec X_2 \Leftrightarrow E^H S_1 \subset S_2 \Leftrightarrow \bar{S}_2 \subset \bar{S}_1$.

证 首先, 利用 (7.88) 证明

$$\text{若 } X_1 \in \mathcal{X}_0, \text{ 则 } X_1 \prec X_2 \Leftrightarrow S_1 \subset S_2. \tag{7.95}$$

$S_1 \subset S_2$ 蕴含 $X_1 \prec X_2$ 是平凡的, 为了证明反之也成立, 我们在 (7.88) 内取 $\lambda \in S_1 \subset H$, 由此得 $\|\lambda\| \leqslant \|E^{S_2}\lambda\|$, 这意味着 $\lambda \in S_2$, 因此 $S_1 \subset S_2$. 显然, 由对称性和 (7.89), 得 (7.95) 具有向后版本, 即

$$\text{若 } X_2 \in \mathcal{X}_0, \text{ 则 } X_1 \prec X_2 \Leftrightarrow \bar{S}_2 \subset \bar{S}_1. \tag{7.96}$$

接着, 我们证明

$$\text{若 } X_2 \in \mathcal{X}_0, \text{ 则 } X_1 \prec X_2 \Leftrightarrow E^H S_1 \subset S_2. \tag{7.97}$$

为此利用 (7.96), 且注意到 $\bar{S}_2 \subset \bar{S}_1$ 当且仅当 $\bar{S}_1^{\perp} \subset \bar{S}_2^{\perp} \oplus (H_1 \ominus H)$, 其中 H_1 是 X_1 的环绕空间. 由可构造性条件 (7.46), 这等价于

$$S_1 \subset S_2 \oplus (H_1 \ominus H), \tag{7.98}$$

由此可得

$$E^H S_1 \subset S_2. \tag{7.99}$$

反之, 若 (7.99) 成立, 则

$$S_1 \subset E^{H} S_1 \oplus E^{H_1 \ominus H} S_1 \subset S_2 \oplus (H_1 \ominus H)$$

这就是 (7.98). (7.97) 的向后版本写作

$$若\ X_1 \in \mathcal{X}_0,\ 则\ X_1 \prec X_2 \Leftrightarrow E^{H} \bar{S}_2 \subset \bar{S}_1.$$

现在, 最后的结论结合 (7.95), (7.96) 和 (7.97) 覆盖了定理所有情况. □

推论 7.7.13 设 $X_1 \sim (S_1, \bar{S}_1)$ 和 $X_2 \sim (S_2, \bar{S}_2)$ 为内部的最小 Markov 分裂子空间满足 $X_1 \prec X_2$, 那么 $X_1 \vee X_2$ 是 Markov 分裂子空间, 且

$$X_1 \vee X_2 \sim (S_2, \bar{S}_1). \tag{7.100}$$

证 注意到分解 (7.38), 有 $S_1 = X_1 \oplus \bar{S}_1^{\perp}$ 和 $\bar{S}_2 = X_2 \oplus S_2^{\perp}$. 由 $S_1 \subset S_2$ (定理 7.7.12), 则 $S_1^{\perp} \supset S_2^{\perp}$, 因此由 $X_1 \subset S_1$, 我们有 $X_1 \perp S_2^{\perp}$. 类似地, 对称地讨论可得 $X_2 \perp \bar{S}_1^{\perp}$. 另外, 由 $S_1 \supset H^-$ 和 $\bar{S}_2 \supset H^+$, 我们有 $S_1 \vee \bar{S}_2 = H$, 由此可得

$$H = \bar{S}_1^{\perp} \oplus (X_1 \vee X_2) \oplus S_2^{\perp}.$$

这结合 $S_2 \supset H^-$ 和 $\bar{S}_1 \supset H^+$ 的通常意义下的不变性意味着 $X_1 \vee X_2$ 是 Markov 分裂子空间, 由 (7.100) 表示 (定理 8.1.1). □

7.7.3 最紧的内部界

给定任意最小 Markov 分裂子空间 X, 我们希望用 $\mathcal{X}_0$ 中的元素以最紧的形式给出 X 的上下界.

定理 7.7.14 设 $X \sim (S, \bar{S})$ 为最小 Markov 分裂子空间并定义

$$S_{0-} := S \cap H, \qquad \bar{S}_{0-} := E^{H} \bar{S}, \tag{7.101a}$$

$$S_{0+} := E^{H} S, \qquad \bar{S}_{0+} := \bar{S} \cap H, \tag{7.101b}$$

则 $X_{0-} \sim (S_{0-}, \bar{S}_{0-})$ 和 $X_{0+} \sim (S_{0+}, \bar{S}_{0+})$ 属于 $\mathcal{X}_0$ 且

$$X_{0-} \prec X \prec X_{0+}. \tag{7.102}$$

另外

$$X_{0-} = \sup\{X_0 \in \mathcal{X}_0 \mid X_0 \prec X\}, \tag{7.103a}$$

$$X_{0+} = \inf\{X_0 \in \mathcal{X}_0 \mid X_0 \succ X\}, \tag{7.103b}$$

即对 $\mathcal{X}_0$ 中任意的 X_1 和 X_2, 有 $X_1 \prec X_{0-}$ 和 $X_2 \succ X_{0+}$, 并且满足 $X_1 \prec X \prec X_2$.

证 首先我们证明 $X_{0-} \in \mathcal{X}_0$. 平凡地有 $S_{0-} \supset H^-$ 和 $\bar{S}_{0-} \supset H^+$. S_{0-} 的不变性可由 S 的不变性立即得到. 另外, 由于 H 在移位 $\mathcal{U}$ 下是不变的, 我们有 $\mathcal{U}\bar{S}_{0-} = E^H \mathcal{U}\bar{S}$, 由此 $\bar{S}_{0-}$ 的右移位不变性由 $\bar{S}$ 的右移位不变性可得. 由垂直相交, 得 $\bar{S}^\perp \subset S$ 且

$$\bar{S}_{0-}^\perp = H \ominus E^H \bar{S} = H \cap \bar{S}^\perp \subset H \cap S = S_{0-},$$

因此 $(S_{0-}, \bar{S}_{0-})$ 垂直相交. (这里我们也用到了引理 2.2.6 中的分解公式 (2.11).) 接着我们证明由 X 的可观性可以得到 X_{0-} 的可观性. 事实上, 若 $\bar{S} = H^+ \vee S^\perp$, 或者等价地 $\bar{S}^\perp = S \cap (H^+)^\perp$, 则

$$\bar{S}_{0-}^\perp = H \cap \bar{S}^\perp = H \cap S \cap (H^+)^\perp = S_{0-} \cap (H^+)^\perp,$$

即 X_{0-} 可观 (定理 7.4.9). 另外, 由于 $S \perp N^+$, 我们有 $S_{0-} \perp N^+$, 因此 X_{0-} 是最小的 (定理 9.2.19). 用同样的方式我们证明 $X_{0+} \in \mathcal{X}_0$, 则 (7.102) 由定理 7.7.12 (ii) 和 (iii) 可得. 另外, 若 $X_0 \in \mathcal{X}_0$ 满足 $X_0 \prec X$, 则由定理 7.7.12 知 $S_0 \subset S$, 它蕴含着 $S_0 \subset S_{0-}$, 即 $X_0 \prec X_{0-}$. 类似地, 若 $X \prec X_0 \in \mathcal{X}_0$, 则 $E^H S \subset S_0$, 由此 $S_{0+} \subset S_0$, 即 $X_{0+} \prec X_0$, □

推论 7.7.15 设 X 为最小 Markov 分裂子空间, 并设 X_{0-} 为其最大内部下界, X_{0+} 为其最小内部上界, 如定理 7.7.14 定义. 那么

$$X \cap H = X_{0-} \cap X_{0+}.$$

另外

$$X \cap H^- = X_- \cap X_{0+} \quad 且 \quad X \cap H^+ = X_{0-} \cap X_+,$$

其中 X_- 和 X_+ 分别是预测空间和倒向预测空间.

证 因为 $X_{0-} \prec X_{0+}$, 由定理 7.7.12 (i) 得 $S_{0-} \subset S_{0+}$ 和 $\bar{S}_{0+} \subset \bar{S}_{0-}$. 因此

$$X_{0-} \cap X_{0+} = S_{0-} \cap \bar{S}_{0-} \cap S_{0+} \cap \bar{S}_{0+} = S_{0-} \cap \bar{S}_{0+}.$$

然而, 若 $X \sim (S, \bar{S})$, 则有 $S_{0-} = S \cap H$ 和 $\bar{S}_{0+} = \bar{S} \cap H$ (定理 7.7.14), 因此

$$X_{0-} \cap X_{0+} = S \cap \bar{S} \cap H = X \cap H.$$

类似地, 由 $H^- \subset S_{0+}$, 得 $\bar{S}_{0+} \subset \bar{S}_-$, $\bar{S}_{0+} = \bar{S} \cap H$ 和 $H^- \subset S$, 我们有

$$X_- \cap X_{0+} = H^- \cap \bar{S}_- \cap S_{0+} \cap \bar{S}_{0+} = H^- \cap \bar{S}_{0+} = H^- \cap \bar{S} = X \cap H^-.$$

对称地可得余下的证明. □

推论 7.7.16 设 $\mathrm{X}_1, \mathrm{X}_2 \in \mathcal{X}$, 并设 $\mathrm{X}_1 \prec \mathrm{X}_2$, 那么

$$\mathrm{X}_1 \cap \mathrm{H}^+ \subset \mathrm{X}_2 \cap \mathrm{H}^+ \quad \text{和} \quad \mathrm{X}_2 \cap \mathrm{H}^- \subset \mathrm{X}_1 \cap \mathrm{H}^-.$$

证 若 $\mathrm{X}_1 \prec \mathrm{X}_2$, 则由记号自明性, 有 $(\mathrm{X}_1)_{0-} \prec \mathrm{X}_1 \prec \mathrm{X}_2$, 因此 $(\mathrm{X}_1)_{0-} \prec (\mathrm{X}_2)_{0-}$, 或者等价地 $\mathrm{S}_1 \cap \mathrm{H} \subset \mathrm{S}_2 \cap \mathrm{H}$ (定理 7.7.14), 这意味着 $\mathrm{S}_1 \cap \mathrm{H}^+ \subset \mathrm{S}_2 \cap \mathrm{H}^+$. 然而, 由于 $\mathrm{H}^+ \subset \bar{\mathrm{S}}_k$ 和 $\mathrm{S}_k \cap \bar{\mathrm{S}}_k = \mathrm{X}_k$, $k = 1, 2$, 这等价于 $\mathrm{X}_1 \cap \mathrm{H}^+ \subset \mathrm{X}_2 \cap \mathrm{H}^+$. 对称地讨论可得 $\mathrm{X}_2 \cap \mathrm{H}^- \subset \mathrm{X}_1 \cap \mathrm{H}^-$. □

命题 7.7.17 设 $\mathrm{X}_1, \mathrm{X}_2 \in \mathcal{X}_0$, 则对每个 $\mathrm{X} \in \mathcal{X}$ 有

(i) $\mathrm{X}_1 \prec \mathrm{X} \iff \mathrm{X}_1 \cap \mathrm{H}^+ \subset \mathrm{X} \cap \mathrm{H}^+$,

(ii) $\mathrm{X} \prec \mathrm{X}_2 \iff \mathrm{X}_2 \cap \mathrm{H}^- \subset \mathrm{X} \cap \mathrm{H}^-$.

另外 $\mathrm{X}_1 = \mathrm{X}_{0-}$ 当且仅当 $\mathrm{X}_1 \cap \mathrm{H}^+ = \mathrm{X} \cap \mathrm{H}^+$; $\mathrm{X}_2 = \mathrm{X}_{0+}$ 当且仅当 $\mathrm{X}_2 \cap \mathrm{H}^- = \mathrm{X} \cap \mathrm{H}^-$.

证 我们首先证明 (i). 注意到推论 7.7.16, 只需要证明 $\mathrm{X}_1 \cap \mathrm{H}^+ \subset \mathrm{X} \cap \mathrm{H}^+$ 蕴含 $\mathrm{X}_1 \prec \mathrm{X}$, 这由定理 7.7.12 等价于 $\mathrm{S}_1 \subset \mathrm{S}$. 给定直和分解

$$\mathrm{H} = [\mathrm{H}^- \ominus (\mathrm{H}^- \cap \mathrm{H}^+)] + \mathrm{H}^+,$$

命题 B.3.1 意味着

$$\mathrm{S} \cap \mathrm{H} = [\mathrm{H}^- \ominus (\mathrm{H}^- \cap \mathrm{H}^+)] + \mathrm{X} \cap \mathrm{H}^+ \tag{7.104}$$

对任意 $\mathrm{X} \sim (\mathrm{S}, \bar{\mathrm{S}})$ 成立, 这是因为 $\mathrm{S} \cap \mathrm{H}^+ = \mathrm{S} \cap \bar{\mathrm{S}} \cap \mathrm{H}^+ = \mathrm{X} \cap \mathrm{H}^+$. 那么由 (7.104), 得 $\mathrm{X}_1 \cap \mathrm{H}^+ \subset \mathrm{X} \cap \mathrm{H}^+$ 蕴含 $\mathrm{S}_1 = \mathrm{S}_1 \cap \mathrm{H} \subset \mathrm{S} \cap \mathrm{H} \subset \mathrm{S}$, 这就证明了 (i). 完全对称地讨论可得 (ii).

由定理 7.7.14, $\mathrm{X}_1 = \mathrm{X}_{0-}$ 等价于 $\mathrm{S}_1 = \mathrm{S} \cap \mathrm{H}$. 这意味着 $\mathrm{S}_1 \cap \mathrm{H}^+ = \mathrm{S} \cap \mathrm{H}^+$; 即

$$\mathrm{X}_1 \cap \mathrm{H}^+ = \mathrm{X} \cap \mathrm{H}^+. \tag{7.105}$$

反之, 若 (7.105) 成立, 由 (7.104) 得

$$\mathrm{S}_1 = \mathrm{S}_1 \cap \mathrm{H} = \mathrm{S} \cap \mathrm{H},$$

这等价于 $\mathrm{X}_1 = \mathrm{X}_{0-}$. 用同样的方式我们可以证明 $\mathrm{X}_2 \cap \mathrm{H}^- = \mathrm{X} \cap \mathrm{H}^-$ 等价于 $\mathrm{X}_2 = \mathrm{X}_{0+}$. □

命题 7.7.18 设 $\mathrm{X}_1, \mathrm{X}_2 \in \mathcal{X}_0$ 满足 $\mathrm{X}_1 \prec \mathrm{X}_2$, 那么对每个 $\mathrm{X} \in \mathcal{X}$,

$$\mathrm{X}_1 \prec \mathrm{X} \prec \mathrm{X}_2 \iff \mathrm{X}_1 \cap \mathrm{X}_2 \subset \mathrm{X},$$

另外, $\mathrm{X}_1 = \mathrm{X}_{0-}$ 当且仅当 $\mathrm{X}_1 \cap \mathrm{X}_2 = \mathrm{X} \cap \mathrm{X}_2$; $\mathrm{X}_2 = \mathrm{X}_{0+}$ 当且仅当 $\mathrm{X}_1 \cap \mathrm{X}_2 = \mathrm{X}_1 \cap \mathrm{X}$.

证 (⇒): 设 $X_1 \sim (S_1, \bar{S}_1)$ 和 $X_2 \sim (S_2, \bar{S}_2)$, 那么由 $X_1 \prec X_2$, 得 $S_1 \subset S_2$ 和 $\bar{S}_2 \subset \bar{S}_1$ (定理 7.7.12), 因此由 (7.25), 得

$$X_1 \cap X_2 = S_1 \cap \bar{S}_1 \cap S_2 \cap \bar{S}_2 = S_1 \cap \bar{S}_2. \tag{7.106}$$

因为 X_1 是内部的且 $X_1 \prec X \sim (S, \bar{S})$, 我们也有 $S_1 \subset S_{0-} = S \cap H$, 因此

$$X_1 \cap X_2 \subset S \cap \bar{S}_2 \subset S.$$

类似地

$$X_1 \cap X_2 \subset S_1 \cap \bar{S} \subset \bar{S}.$$

因此 $X_1 \cap X_2 \subset S \cap \bar{S} \subset X$.

(⇐): 接着假设 $X_1 \cap X_2 \subset X$, 则注意到 (7.106), 有

$$S_1 \cap \bar{S}_2 \subset X.$$

因此 $S_1 \cap H^+ \subset X \cap H^+$, 或者等价地 $X_1 \cap H^+ \subset X \cap H^+$, 这由命题 7.7.17, 等价于 $X_1 \prec X$. 用同样的方式我们证明 $X \prec X_2$.

我们转而证明涉及紧内部界的定理第二个结论. 首先假设 $X_1 = X_{0-}$, 那么由定理 7.7.14, 得 $S_1 = S \cap H$, 这结合 (7.106) 意味着

$$X_1 \cap X_2 = S \cap \bar{S}_2,$$

它包含于 X 和 X_2. 因此, 由于 $X \subset S$ 和 $X_2 \subset \bar{S}_2$, 可得

$$X_1 \cap X_2 = X \cap X_2. \tag{7.107}$$

反之, 假设 (7.107) 成立, 那么由 $S \cap H \subset S_2$ 和 $\bar{S}_2 \subset \bar{S}$, 得

$$X_1 \cap X_2 = S \cap \bar{S} \cap S_2 \cap \bar{S}_2 = S \cap \bar{S}_2,$$

这结合 (7.106) 可得 $S_1 \cap \bar{S}_2 = S \cap \bar{S}_2$, 由此可知

$$X_1 \cap H^- = X \cap H^-.$$

然后由命题 7.7.17, 得 $X_1 = X_{0-}$. 对称地讨论可得余下的证明. □

§ 7.8 相关文献

垂直相交的概念由 [200] 引入. 第 7.2 节的处理是参考 [200] 和 [205]. 定理 7.2.4 和 7.2.6 分别对应 [205] 中的定理 2.2 和 2.1.

向前和向后预测空间的几何构造同时由 Akaike [6] 和 Picci [248] 引入. 随机实现更完备的几何理论的一些早期结果由 Ruckebusch [273, 275, 276] 和 Lindquist 与 Picci [195–197] 独立得到, 并且促使了合作论文 [210] 的出现.

第 7.3 节本质上是基于 [199, 200, 205] 中的内容. 可观性和可构性在文章 [276] 中讨论 Markov 表示时引入, 其中也证明了定理 7.3.5. 引理 7.3.3 在 [210] 中作为引理 1 出现. 定理 7.3.6 和命题 7.3.7 可以在 [195, 197] 中找到. 定理 7.4.1 是 [206] 中的定理 4.1. 定理 7.4.3 是 [200] 中对内部分裂子空间的结果的推广 [206, 定理 4.2]. 推论 7.4.8 和定理 7.4.9 可以在 [199] 中找到. 这些结果一起意味着推论 7.4.10 成立, 这归功于 Ruckebusch [276].

关于框架空间 的概念在 [195] 中引入, 而分解 (7.52) 出现在 [200]. 定理 7.6.1 出现在 [205] ; 现在的证明基于 [163] 中的技巧. 引理 7.6.2 可以在 [277] 中找到. 定理 7.6.1 出现在 [205]. 引理 7.6.2 可以在 [277] 中找到, 而定理 7.6.4 在 [199] 中.

第 7.6 节本质上基于 [205]. 定理 7.6.1 的证明基于 [163, 第 10.6 节] 中的想法.

第 7.7 节中的内容出现在 [191, 192, 206]. 这里的偏序是自然的, 比 [277] 中给出的更好. 基的一致选择的想法首先在 [51] 中给出.

第 8 章

Markov 表示

正如我们已经看到的, 任意 m 维平稳向量过程 $\{y(t)\}_{t\in\mathbb{Z}}$ 可以生成一个 Hilbert 空间 $\mathrm{H} := \mathrm{H}(y)$, 它具有子空间 $\mathrm{H}^- := \mathrm{H}^-(y)$ 和 $\mathrm{H}^+ := \mathrm{H}^+(y)$, 分别为 y 的过去空间 和未来空间 , 满足

$$\mathrm{H}^- \vee \mathrm{H}^+ = \mathrm{H}.$$

然而, 对很多以 y 为输出的随机系统, 这种 Hilbert 空间太小以至于不能包含所有定义这个系统的随机变量. 一般地, 我们需要引入额外的随机性来源, 为此下面的概念是有用的.

y 的一个 Markov 表示 是一个三元组 $(\mathbb{H}, \mathcal{U}, \mathrm{X})$, 其中 $\mathbb{H}$ 是 Hilbert 空间, $\mathcal{U}$ 是 $\mathbb{H} \to \mathbb{H}$ 的单位移位算子, X 是一个 Markov 分裂子空间. 它具有下列性质:

(i) $\mathrm{H} \subset \mathbb{H}$ 是一个双不变子空间, 且限制移位 $\mathcal{U}|_{\mathrm{H}}$ 是 H 上的自然移位, 即

$$\mathcal{U}y_k(t) = y_k(t+1) \quad 对\ k = 1, 2, \cdots, m\ 和\ t \in \mathbb{Z}. \tag{8.1}$$

(ii) $\mathbb{H}$ 在意义

$$\mathbb{H} = \mathrm{H} \vee \overline{\operatorname{span}}\{\mathcal{U}^t \mathrm{X} \mid t \in \mathbb{Z}\}$$

下是 X 的环绕空间 , 且在移位 $\mathcal{U}$ 下有有限的重数.

一个 Markov 表示称为内部的 , 若 $\mathbb{H} = \mathrm{H}$; 称为可观, 可构造 或最小 , 若相应的分裂子空间 X 是可观, 可构造 或最小 .

此 Markov 表示的概念动机来自于在第 6 章对下面线性随机系统的研究.

$$\begin{cases} x(t+1) = Ax(t) + Bw(t), \\ y(t) = Cx(t) + Dw(t), \end{cases} \tag{8.2}$$

由白噪声 $\{w(t)\}_{t\in\mathbb{Z}}$ 驱动, 且过程 $\{y(t)\}_{t\in\mathbb{Z}}$ 作为输出. 在这里, $\mathbb{H}$ 是 Hilbert 空间, 由白噪声和状态过程 $\{x(t)\}_{t\in\mathbb{Z}}$ 中的纯确定分量生成, $\mathcal{U}$ 是模型中过程上的自然移位, 且 X 是 $\mathbb{H}$ 中的子空间

$$\mathrm{X} = \{a'x(0) \mid a \in \mathbb{R}^n\},$$

由 $t = 0$ 时刻的状态 $x(0)$ 的分量 $x_1(0), x_2(0), \cdots, x_n(0)$ 产生.

在很多应用中我们想要研究有限维 Markov 表示, 即 Markov 表示 $(\mathbb{H}, \mathcal{U}, \mathrm{X})$ 满足 $\dim \mathrm{X} < \infty$. 尽管如此, 几何理论也包括无穷维 Markov 表示, 但是在这种情况下, 如 (8.2) 的模型必须在某种弱意义下表述. 因此, 只要没有引入进一步的技术困难, 我们允许无穷维 X. 本书主要讨论有限维系统的研究.

§ 8.1 基本表示定理

我们收集第 7 章的关于 Markov 分裂子空间的主要结果, 整理为如下定理.

定理 8.1.1　给定 m 维平稳向量过程 $\{y(t)\}_{t\in\mathbb{Z}}$, 设 $\mathbb{H} \supset \mathrm{H} := \mathrm{H}(y)$ 是一个随机变量 Hilbert 空间具有移位 $\mathcal{U}$ 满足 (8.1), 且设 X 是 $\mathbb{H}$ 的子空间, 满足

$$\mathbb{H} = \mathrm{H} \ \vee \ \overline{\mathrm{span}}\,\{\mathcal{U}^t\mathrm{X} \mid t \in \mathbb{Z}\}, \tag{8.3}$$

则 $(\mathbb{H}, \mathcal{U}, \mathrm{X})$ 是 y 的一个 Markov 表示当且仅当

$$\mathrm{X} = \mathrm{S} \cap \bar{\mathrm{S}} \tag{8.4}$$

对 $\mathbb{H}$ 的子空间中的某个 $(\mathrm{S}, \bar{\mathrm{S}})$ 成立, $(\mathrm{S}, \bar{\mathrm{S}})$ 满足

(i)　$\mathrm{H}^- \subset \mathrm{S}$ 且 $\mathrm{H}^+ \subset \bar{\mathrm{S}}$,

(ii)　$\mathcal{U}^*\mathrm{S} \subset \mathrm{S}$ 且 $\mathcal{U}\bar{\mathrm{S}} \subset \bar{\mathrm{S}}$, 和

(iii)　$\mathbb{H} = \bar{\mathrm{S}}^\perp \oplus (\mathrm{S} \cap \bar{\mathrm{S}}) \oplus \mathrm{S}^\perp$,

其中 $\perp$ 记为 $\mathbb{H}$ 内的正交补. 另外, $\mathrm{X} \leftrightarrow (\mathrm{S}, \bar{\mathrm{S}})$ 是一一对应. 事实上,

$$\mathrm{S} = \mathrm{H}^- \vee \mathrm{X}^- \quad 且 \quad \bar{\mathrm{S}} = \mathrm{H}^+ \vee \mathrm{X}^+. \tag{8.5}$$

最后, $(\mathbb{H}, \mathcal{U}, \mathrm{X})$ 可观当且仅当

$$\bar{\mathrm{S}} = \mathrm{H}^+ \vee \mathrm{S}^\perp, \tag{8.6}$$

可构造当且仅当

$$\mathrm{S} = \mathrm{H}^- \vee \bar{\mathrm{S}}^\perp, \tag{8.7}$$

和最小当且仅当 (8.6) 和 (8.7) 成立.

证 回顾垂直相交性可由性质 (iii) 刻画 (定理 7.2.4), 并且注意到推论 7.4.8 和定理 7.4.9, 由定理 7.3.6 和 7.4.1 即可得证. □

对每个 Markov 表示 $(\mathbb{H}, \mathcal{U}, \mathrm{X})$ 我们希望联系两个动态表示, 一个随时间向前一个向后. 这种构造后面的抽象想法可以由两个交换图表示. 回顾由于对任意 Markov 分裂子空间 $\mathrm{X} \sim (\mathrm{S}, \bar{\mathrm{S}})$ 有 $\mathrm{S} \perp \bar{\mathrm{S}} \mid \mathrm{X}$, 由引理 2.4.1, 我们也有

$$\mathrm{S} \perp \mathrm{H}^+ \mid \mathrm{X} \quad 和 \quad \bar{\mathrm{S}} \perp \mathrm{H}^- \mid \mathrm{X}. \tag{8.8}$$

正如命题 2.4.2 (vi) 中所述, 上述第一个关系等价于因子分解

$$\begin{array}{ccc} \mathrm{S} & \xrightarrow{\mathrm{E}^{\mathrm{H}^+}|\mathrm{S}} & \mathrm{H}^+ \\ \mathrm{E}^{\mathrm{X}}|\mathrm{S} \searrow & & \nearrow \mathcal{O}, \\ & \mathrm{X} & \end{array} \tag{8.9}$$

其中 $\mathcal{O} := \mathrm{E}^{\mathrm{H}^+}|\mathrm{X}$ 是 X 的可观性算子, 而 $\mathrm{E}^{\mathrm{X}}|\mathrm{S}$ 是一个嵌入算子, 由于 $\mathrm{X} \subset \mathrm{S}$ 它总是满的. 注意

$$\mathcal{U}^*\mathrm{S} \subset \mathrm{S}, \tag{8.10}$$

因此, 在我们的构造中 S 可以作为一个过去空间且 $\mathrm{E}^{\mathrm{H}^+}|\mathrm{S}$ 是一个 Hankel 算子. 由不变性质 (8.10), 我们可以得到空间

$$\mathrm{W} = \mathcal{U}\mathrm{S} \ominus \mathrm{S}, \tag{8.11}$$

表示由“下一次输入”带来的新信息. 在上述的情形下, 形如 (8.2) 的模型牵涉 $\mathcal{U}\mathrm{X}$ 的表示且

$$\mathrm{Y} := \{b'y(0) \mid b \in \mathbb{R}^m\}, \tag{8.12}$$

就 X 和 W 而言.

我们考虑向后的设定. 第二个结论 (8.8) 等价于因子分解

$$\begin{array}{ccc} \bar{\mathrm{S}} & \xrightarrow{\mathrm{E}^{\mathrm{H}^-}|\bar{\mathrm{S}}} & \mathrm{H}^- \\ \mathrm{E}^{\mathrm{X}}|\bar{\mathrm{S}} \searrow & & \nearrow \mathcal{C}, \\ & \mathrm{X} & \end{array} \tag{8.13}$$

其中 $\mathcal{C} := \mathrm{E}^{\mathrm{H}^-}|\mathrm{X}$ 是 X 的可构造性算子, 而 $\mathrm{E}^{\mathrm{X}}|\bar{\mathrm{S}}$ 是嵌入映射. 因为, 由定理 7.4.1 可得

$$\mathcal{U}\bar{\mathrm{S}} \subset \bar{\mathrm{S}}, \tag{8.14}$$

故 $\bar{S}$ 可以作为未来空间, 且我们可以得到空间

$$\bar{W} := \bar{S} \ominus \mathcal{U}\bar{S}. \tag{8.15}$$

另外, $E^{H^-}|\bar{S}$ 是一个 Hankel 算子, 它将未来空间 $\bar{S}$ 向后 映射到 H^-. 因此向后模型的构造牵涉 $\mathcal{U}^*X$ 和 $\mathcal{U}^*Y$ 的表示, 就 X 和 $\mathcal{U}^*\bar{W}$ 而言.

定理 8.1.2 设 $X \sim (S, \bar{S})$ 为一个 Markov 分裂子空间, 且设 $W, \bar{W}$ 和 Y 分别由 (8.11), (8.15) 和 (8.12) 定义, 则

$$\begin{cases} \mathcal{U}X \subset X \oplus W, \\ \quad Y \subset X \oplus W, \end{cases} \tag{8.16}$$

且

$$\begin{cases} \mathcal{U}^*X \subset X \oplus (\mathcal{U}^*\bar{W}), \\ \mathcal{U}^*Y \subset X \oplus (\mathcal{U}^*\bar{W}), \end{cases} \tag{8.17}$$

证 为了证明 (8.16), 首先注意由 $X = S \cap \bar{S}$ 和 $\mathcal{U}\bar{S} \subset \bar{S}$ 得

$$\mathcal{U}X \subset (\mathcal{U}S) \cap \bar{S}. \tag{8.18}$$

另外,

$$Y \subset (\mathcal{U}H^-) \cap H^+ \subset (\mathcal{U}S) \cap \bar{S}. \tag{8.19}$$

因此, 若我们能证明

$$(\mathcal{U}S) \cap \bar{S} = X \oplus W, \tag{8.20}$$

则 (8.16) 得证. 为此, 首先注意到 $W = \mathcal{U}S \ominus S \subset S^{\perp} \subset \bar{S}$. 由命题 B.3.1, 我们有

$$(\mathcal{U}S) \cap \bar{S} = (S \oplus W) \cap \bar{S} = (S \cap \bar{S}) \oplus (W \cap \bar{S}) = X \oplus W,$$

得证.

为了证明 (8.17), 我们注意到, 由 $\mathcal{U}^*S \subset S$ 可得

$$\mathcal{U}^*X \subset S \cap (\mathcal{U}^*\bar{S}). \tag{8.21}$$

另外,

$$\mathcal{U}^*Y \subset H^- \cap (\mathcal{U}^*H^+) \subset S \cap (\mathcal{U}^*\bar{S}). \tag{8.22}$$

因此只剩下证明

$$S \cap (\mathcal{U}^*\bar{S}) = X \oplus \mathcal{U}^*\bar{W}. \tag{8.23}$$

其实, 这由上面同样的方式可得, 即首先通过证明

$$\bar{S}^{\perp} = (\mathcal{U}^{*}\bar{S})^{\perp} \oplus \mathcal{U}^{*}\bar{W}, \tag{8.24}$$

接着将它嵌入到 $\mathbb{H} = \bar{S}^{\perp} \oplus X \oplus S^{\perp}$ 中. □

分别由 (8.11) 和 (8.15) 定义的子空间 W 和 $\bar{W}$, 满足正交关系

$$\mathcal{U}^{j}W \perp \mathcal{U}^{k}W \quad 和 \quad \mathcal{U}^{j}\bar{W} \perp \mathcal{U}^{k}\bar{W}, \quad j \neq k. \tag{8.25}$$

这种子空间是徘徊子空间. 事实上, 分解

$$S = \mathcal{U}^{-1}W \oplus \mathcal{U}^{-2}W \oplus \mathcal{U}^{-3}W \oplus \cdots \oplus \mathcal{U}^{-N}W \oplus \mathcal{U}^{-N}S \tag{8.26}$$

和

$$\bar{S} = \bar{W} \oplus \mathcal{U}\bar{W} \oplus \mathcal{U}^{2}\bar{W} \oplus \cdots \oplus \mathcal{U}^{N-1}\bar{W} \oplus \mathcal{U}^{N}\bar{S} \tag{8.27}$$

是第 4 章描述的 Wold 分解 , 被成功地应用于移位子空间, 并且随着 $N \to \infty$, $\mathcal{U}^{-N}S$ 和 $\mathcal{U}^{N}\bar{S}$ 分别趋于双不变子空间 $S_{-\infty}$ 和 $\bar{S}_{\infty}$ (定理 4.5.8).

由定理 4.5.4 我们知道 W 和 $\bar{W}$ 是有限维的, 其维数可由 $(\mathbb{H}, \mathcal{U}, X)$ 的重数界住. 因此通过分别选择正交基 $\{\eta_1, \eta_2, \cdots, \eta_p\}$ 和 $\{\bar{\eta}_1, \bar{\eta}_2, \cdots, \bar{\eta}_{\bar{p}}\}$, 我们由 (8.25) 可得

$$w(t) = \begin{bmatrix} \mathcal{U}^{t}\eta_1 \\ \mathcal{U}^{t}\eta_2 \\ \vdots \\ \mathcal{U}^{t}\eta_p \end{bmatrix} \quad 和 \quad \bar{w}(t) = \begin{bmatrix} \mathcal{U}^{t}\bar{\eta}_1 \\ \mathcal{U}^{t}\bar{\eta}_2 \\ \vdots \\ \mathcal{U}^{t}\bar{\eta}_{\bar{p}} \end{bmatrix}, \tag{8.28}$$

是分别对应于 S 和 $\bar{S}$ 的标准化的白噪声过程.

定理 8.1.3 设 $(\mathbb{H}, \mathcal{U}, X)$ 是 Markov 表示具有重数 μ. 则徘徊子空间 W 和 $\bar{W}$ 具有有限维数满足 $p := \dim W \leqslant \mu$ 和 $\bar{p} := \dim \bar{W} \leqslant \mu$. 另外, 若 $X \sim (S, \bar{S})$, 则

$$S = H^{-}(w) \oplus S_{-\infty}, \tag{8.29}$$

其中 $\{w(t)\}_{t\in\mathbb{Z}}$ 是 p 维标准白噪声过程, 即

$$E\{w(t)\} = 0, \quad E\{w(s)w(t)'\} = I_p\delta_{st}, \tag{8.30}$$

满足

$$W := \{a'w(0) \mid a \in \mathbb{R}^p\}, \tag{8.31}$$

且 $\mathrm{S}_{-\infty}$ 是一个双不变子空间, 即在 $\mathcal{U}$ 和 $\mathcal{U}^*$ 下都是不变的.

类似地,

$$\bar{\mathrm{S}} = \mathrm{H}^+(\bar{w}) \oplus \bar{\mathrm{S}}_\infty, \tag{8.32}$$

其中 $\{\bar{w}(t)\}_{t\in\mathbb{Z}}$ 是一个 $\bar{p}$ 维标准白噪声过程, 满足

$$\bar{\mathrm{W}} := \{a'\bar{w}(0) \mid a \in \mathbb{R}^{\bar{p}}\}, \tag{8.33}$$

且 $\bar{\mathrm{S}}_\infty$ 是双不变的.

最后,

$$\mathbb{H} = \mathrm{H}(w) \oplus \mathrm{S}_{-\infty} = \mathrm{H}(\bar{w}) \oplus \bar{\mathrm{S}}_\infty, \tag{8.34}$$

即特别地,

$$\mathrm{S}^\perp = \mathrm{H}^+(w) \quad \text{和} \quad \bar{\mathrm{S}}^\perp = \mathrm{H}^-(\bar{w}). \tag{8.35}$$

证 注意到定理 4.5.8 和 4.5.4, 仅需要证明 (8.35). 其实, 这由 (8.34) 和 $\mathrm{H}^-(w) \perp \mathrm{H}^+(w)$ 可得, 而后者是 w 为白噪声的一个结论. □

过程 w 和 $\bar{w}$ 分别称为 $(\mathbb{H}, \mathcal{U}, \mathrm{X})$ 的向前和向后生成过程, 并且显然在模线性变换下分别对 W 和 $\bar{\mathrm{W}}$ 是唯一的. 子空间 $\mathrm{S}_{-\infty}$ 和 $\bar{\mathrm{S}}_\infty$ 分别称为遥远过去 和遥远未来 空间.

定义 8.1.4 若$\mathrm{S}_{-\infty} = \bar{\mathrm{S}}_\infty$, 则 Markov 表示 $(\mathbb{H}, \mathcal{U}, \mathrm{X})$ 是正态的; 若 $\mathrm{S}_{-\infty} = \bar{\mathrm{S}}_\infty = 0$, 则 Markov 表示 $(\mathbb{H}, \mathcal{U}, \mathrm{X})$ 是正常的,

显然 y 具有一个正常 Markov 表示仅当它在向前和向后方向都是 p.n.d.. 然而, 正如由 (8.5) 看到的, 正常性是 X 的性质, 在如下意义下, 族 $\{\mathrm{X}_t\}$ 也需要在两个方向上是 p.n.d..

注意到 (8.34), $\bar{p} = p$ 若 $(\mathbb{H}, \mathcal{U}, \mathrm{X})$ 是标准的. 正如我们将在下一节看到的, 所有有限维 Markov 表示都是标准的. 然而在无穷维的情形下, 即使最小 Markov 表示也可能不是标准的, 如下例所示.

例 8.1.5 设 $\{y(t)\}_{t\in\mathbb{Z}}$ 为一个 p.n.d. 过程, 具有谱密度

$$\Phi(\mathrm{e}^{\mathrm{i}\theta}) = \sqrt{1 + \cos\theta}, \tag{8.36}$$

则 $\mathrm{X}_- = \mathrm{H}^- \sim (\mathrm{H}^-, \mathrm{H})$, 而 $\mathrm{S}_{-\infty} = 0$ 和 $\bar{\mathrm{S}}_\infty = \mathrm{H}$. 因此最小 Markov 表示 $(\mathrm{H}, \mathcal{U}, \mathrm{X}_-)$ 不是标准的. (这是在 [82, p.99] 给出一个例子的离散时间版本; 也可见 [78, p.43].)

由此例可知, 我们确实有 $\bar{p} \neq p$ 的情况.

命题 8.1.6 具有 $\mathrm{X} \sim (\mathrm{S}, \bar{\mathrm{S}})$ 的 Markov 表示 $(\mathbb{H}, \mathcal{U}, \mathrm{X})$ 是正常的当且仅当 $\mathrm{S}^\perp$ 和 $\bar{\mathrm{S}}^\perp$ 是满值域.

证 由 $S_{-\infty} = \cap_{t=-\infty}^{0}\mathcal{U}^t S$ 和 $\bar{S}_{\infty} = \cap_0^{\infty}\mathcal{U}^t\bar{S}$, 可得 $X \sim (S, \bar{S})$ 是正常当且仅当 $\vee_{t=-\infty}^{0}\mathcal{U}^t S^{\perp} = \mathbb{H} = \vee_0^{\infty}\mathcal{U}^t\bar{S}^{\perp}$. □

§ 8.2 标准, 正常和 Markov 半群

给定 Markov 表示 $(\mathbb{H}, \mathcal{U}, X)$, 如第 7.5 节一样, 在 Markov 分裂子空间 $X \sim (S, \bar{S})$ 上我们定义限制移位

$$\mathcal{U}(X) = E^X\, \mathcal{U}|_X, \tag{8.37}$$

和 Markov 半群

$$\mathcal{U}_t(X) := E^X\, \mathcal{U}^t|_X = \mathcal{U}(X)^t, \quad t = 0, 1, 2, \cdots ; \tag{8.38}$$

见定理 7.5.1.

定理 8.2.1 当 $t \to \infty$ 时, 半群 $\mathcal{U}_t(X)$ 强趋于零当且仅当

$$S_{-\infty} := \bigcap_{t=-\infty}^{0} \mathcal{U}^t S = 0, \tag{8.39}$$

并且当 $t \to \infty$ 时, $\mathcal{U}_t(X)^*$ 强趋于零当且仅当

$$\bar{S}_{\infty} := \bigcap_{t=0}^{\infty} \mathcal{U}^t \bar{S} = 0. \tag{8.40}$$

证 设 $\xi \in X$. 由引理 2.2.9, 我们有 $E^S\, \mathcal{U}^t = \mathcal{U}^t\, E^{\mathcal{U}^{-t}S}$. 因此, 设

$$\xi_t := \mathcal{U}_t(X)\xi, \quad t = 0, 1, 2, \cdots , \tag{8.41}$$

(7.61) 和 (7.62a) 意味着

$$\mathcal{U}^{-t}\xi_t = \mathcal{U}^{-t}\, E^S\, \mathcal{U}^t\xi = E^{\mathcal{U}^{-t}S}\, \xi = E^{\mathcal{U}^{-t}X}\, \xi. \tag{8.42}$$

因此, 若 $S_{-\infty} = 0$, 则

$$\|\xi_t\| = \|\, E^{\mathcal{U}^{-t}S}\, \xi\| \to 0, \quad t \to \infty.$$

事实上, 由于对 $t > s$, $\mathcal{U}^{-t}S \subset \mathcal{U}^{-s}S$, 可知序列 $(\|\xi_t\|)$ 是单调不增的并且有下界零, 所以 $(\|\xi_t\|)$ 有极限. 因此,

$$\|\xi_t - \xi_s\| \leqslant \|\xi_t\| - \|\xi_s\| \to 0, \quad s, t \to \infty,$$

故 ξ_t 趋于极限 ξ_∞. 显然, 对 $t = 0, 1, 2, \cdots$ 有 $\xi_\infty \in \mathcal{U}^{-t}\mathrm{S}$, 故 $\xi_\infty \in \mathrm{S}_{-\infty}$. 所以若 $\mathrm{S}_{-\infty} = 0$, 则当 $t \to \infty$ 时, $\xi_k \to 0$.

反之, 假设 $\xi_t \to 0$, $t \to \infty$, 我们希望证明 $\mathrm{S}_{-\infty} = 0$. 注意到 (7.61), 得

$$\begin{aligned} \xi - \mathcal{U}^{-t}\xi_t &= \xi - \mathcal{U}^{-t}\mathcal{U}(\mathrm{X})^t\xi \\ &= \sum_{k=0}^{t-1}\left[\mathcal{U}^{-k}\mathcal{U}(\mathrm{X})^k - \mathcal{U}^{-(k+1)}\mathcal{U}(\mathrm{X})^{(k+1)}\right]\xi \\ &= \sum_{k=0}^{t-1}\mathcal{U}^{-(k+1)}\left[\mathcal{U} - \mathcal{U}(\mathrm{X})\right]\xi_k. \end{aligned}$$

然而, $\xi_k \in \mathrm{X} \subset \mathrm{S}$, 因此注意到 (8.42), 可得

$$[\mathcal{U} - \mathcal{U}(\mathrm{X})]\,\xi_k = \mathcal{U}\xi - \mathrm{E}^{\mathrm{S}}\,\mathcal{U}\xi_k \in \mathcal{U}\mathrm{S} \ominus \mathrm{S} = \mathrm{W}, \tag{8.43}$$

其中我们用到 (8.11). 所以对 $t = 0, 1, 2, \cdots$ 和所有的 $\xi \in \mathrm{X}$, 有 $\xi - \mathcal{U}^{-t}\xi_t \in \mathrm{H}^-(w)$, 即 $\mathrm{X} \subset \mathrm{H}^-(w)$. 因此,

$$\bar{\mathrm{S}} = \mathrm{X} \oplus \mathrm{S}^\perp = \mathrm{X} \oplus \mathrm{H}^+(w) \subset \mathrm{H}(w).$$

这样就有

$$\mathbb{H} = \vee_{t=0}^{\infty}\mathcal{U}^{-t}\bar{\mathrm{S}} \subset \mathrm{H}(w),$$

所以由 (8.34), 可得 $\mathrm{S}_{-\infty} = 0$.

对称的讨论可得定理的另外一半. □

由此可知, 当 $t \to \infty$ 时, $\mathcal{U}_t(\mathrm{X})$ 和 $\mathcal{U}_t(\mathrm{X})^*$ 都强趋于零当且仅当 $(\mathbb{H}, \mathcal{U}, \mathrm{X})$ 是正常的.

观察定理 8.2.1 的证明可知, X 不必是一特殊固定过程 y 的分裂子空间. 为了后文需要, 我们重述此定理如下.

推论 8.2.2　当 $\mathrm{X} = \mathrm{S} \cap \bar{\mathrm{S}}$ 时, 定理 8.2.1 的结论仍然成立, 其中 S 和 $\bar{\mathrm{S}}$ 垂直相交且 $\mathcal{U}^*\mathrm{S} \subset \mathrm{S}$ 和 $\mathcal{U}\bar{\mathrm{S}} \subset \bar{\mathrm{S}}$.

确实, 若 S 和 $\bar{\mathrm{S}}$ 垂直相交, 则

$$\mathrm{S} \vee \bar{\mathrm{S}} =: \mathbb{H} = \bar{\mathrm{S}}^\perp \oplus \mathrm{X} \oplus \mathrm{S}^\perp \tag{8.44}$$

(定理 7.2.4), 这结合 S 和 $\bar{\mathrm{S}}$ 的不变性就是定理 8.2.1 的证明中我们需要的所有结论.

定理 8.2.3 Markov 分裂子空间 X 具有唯一正交分解

$$X = X_0 \oplus X_\infty \tag{8.45}$$

满足 $\mathcal{U}(X)_{|X_\infty}$ 是单一的, 且 $\mathcal{U}(X)_{|X_0}$ 是完全非单一的, 即它在任意非平凡子空间上都不是单一的. 另外,

$$X_\infty = S_{-\infty} \cap \bar{S}_\infty, \tag{8.46}$$

其中 $S_{-\infty}$ 和 $\bar{S}_\infty$ 在定理 8.1.3 中已定义, 或者等价地在定理 8.2.1 中定义.

证 由于 $\mathcal{U}(X) : X \to X$ 是一个压缩, 则 $\mathcal{U}(X)_{|X_\infty}$ 单一和 $\mathcal{U}(X)_{|X_0}$ 完全非单一的分解 (8.45) 的存在性可由 [290] 中的定理 3.2 保证, 在那里它证明了

$$X_\infty = \{\xi \in X \mid \|\mathcal{U}_t(X)\xi\| = \|\xi\| = \|\mathcal{U}_t(X)^*\xi\|, \quad t = 0, 1, 2, \cdots\}.$$

现在, 若 $\xi \in X_\infty$, 则根据 (8.42), 可得 $\mathcal{U}^{-t}\mathcal{U}_t(X)\xi = E^{\mathcal{U}^{-t}X}\xi$, 因此, 由于 $\|\mathcal{U}_t(X)\xi\| = \|\xi\|$, 我们有 $\|E^{\mathcal{U}^{-t}X}\xi\| = \|\xi\|$. 所以对所有的 $\xi \in X_\infty$ 和 $t = 0, 1, 2, \cdots$, 有 $\xi = E^{\mathcal{U}^{-t}X}\xi \in \mathcal{U}^{-t}X$. 对称的讨论也可证明, 对所有的 $\xi \in X_\infty$ 和 $t = 0, 1, 2, \cdots$, 有 $\xi \in \mathcal{U}^{t}X$. 因此,

$$X_\infty = \bigcap_{t=-\infty}^{\infty} \mathcal{U}^t X \subset S_{-\infty} \cap \bar{S}_\infty. \tag{8.47}$$

为了证明 $S_{-\infty} \cap \bar{S}_\infty \subset X_\infty$ 和 (8.46) 成立, 我们首先注意到 $H(w) = S_{-\infty}^\perp$ 和 $H(\bar{w}) = \bar{S}_\infty^\perp$, 再由 (8.34), 就有

$$[H(w) \vee H(\bar{w})]^\perp = S_{-\infty} \cap \bar{S}_\infty \subset S \cap \bar{S} \subset X. \tag{8.48}$$

现在假设 $\xi \in S_{-\infty} \cap \bar{S}_\infty$, 则 (8.41) 和 (8.43) 意味着

$$\mathcal{U}^{-k}\mathcal{U}(X)^k\xi - \mathcal{U}^{-(k+1)}\mathcal{U}(X)^{k+1}\xi \in \mathcal{U}^{-k}W, \quad k = 0, 1, 2, \cdots.$$

所以由 $\xi \perp H(w)$, 可得

$$\langle \mathcal{U}^k\xi, \mathcal{U}(X)^k\xi \rangle = \langle \mathcal{U}^{k+1}\xi, \mathcal{U}(X)^{k+1}\xi \rangle, \quad k = 0, 1, 2, \cdots,$$

由此我们有

$$\|\mathcal{U}_k(X)\xi\| = \|\mathcal{U}_{k+1}(X)\xi\|, \quad k = 0, 1, 2, \cdots.$$

类似地, 我们看到 $\xi \perp H(\bar{w})$ 蕴含

$$\|\mathcal{U}_k(X)^*\xi\| = \|\mathcal{U}_{k+1}(X)^*\xi\|, \quad k = 0, 1, 2, \cdots.$$

所以 $S_{-\infty} \cap \bar{S}_\infty \subset X_\infty$. □

下面的推论是定理 8.2.3 的直接结果.

推论 8.2.4 若 $(\mathbb{H},\mathcal{U},\mathrm{X})$ 标准, 则

$$\mathrm{X}_\infty = \mathrm{S}_{-\infty} = \bar{\mathrm{S}}_\infty. \tag{8.49}$$

推论 8.2.5 当 $\mathrm{X} = \mathrm{S}\cap\bar{\mathrm{S}}$ 时, 定理 8.2.3 仍然成立, 其中 S 和 $\bar{\mathrm{S}}$ 垂直相交且 $\mathcal{U}^*\mathrm{S}\subset\mathrm{S}$ 和 $\mathcal{U}\bar{\mathrm{S}}\subset\bar{\mathrm{S}}$. 另外, 若 $\mathrm{S}_0 := \mathrm{S}\ominus\mathrm{X}_\infty$ 和 $\bar{\mathrm{S}}_0 := \bar{\mathrm{S}}\ominus\mathrm{X}_\infty$, 则 $\mathrm{X}_0 = \mathrm{S}_0\cap\bar{\mathrm{S}}_0$, 其中 S_0 和 $\bar{\mathrm{S}}_0$ 垂直相交且 $\mathcal{U}^*\mathrm{S}_0\subset\mathrm{S}_0$ 和 $\mathcal{U}\bar{\mathrm{S}}_0\subset\bar{\mathrm{S}}_0$.

证 由推论 8.2.2 中相同的讨论可得第一个结论. 为了证明第二个, 首先注意到

$$\mathrm{X} = \mathrm{S}\cap\bar{\mathrm{S}} = (\mathrm{S}_0\oplus\mathrm{X}_\infty)\cap(\bar{\mathrm{S}}_0\oplus\mathrm{X}_\infty) = (\mathrm{S}_0\cap\bar{\mathrm{S}}_0)\oplus\mathrm{X}_\infty,$$

这蕴含 $\mathrm{X}_0 = \mathrm{S}_0\cap\bar{\mathrm{S}}_0$. 另外, 若 S 和 $\bar{\mathrm{S}}$ 垂直相交, 则 $\mathrm{S}\perp\bar{\mathrm{S}}\mid\mathrm{X}$, 即

$$\langle\lambda - \mathrm{E}^{\mathrm{X}_0\oplus\mathrm{X}_\infty}\lambda, \mu - \mathrm{E}^{\mathrm{X}_0\oplus\mathrm{X}_\infty}\mu\rangle = 0$$

对 $\lambda\in\mathrm{S}, \mu\in\bar{\mathrm{S}}$ 成立, 因此, 特别地对 $\lambda\in\mathrm{S}_0, \mu\in\bar{\mathrm{S}}_0$ 也成立. 然而, 注意到 $\mathrm{X}_\infty\perp\mathrm{S}_0$ 和 $\mathrm{X}_\infty\perp\bar{\mathrm{S}}_0$, 因此

$$\langle\lambda - \mathrm{E}^{\mathrm{X}_0}\lambda, \mu - \mathrm{E}^{\mathrm{X}_0}\mu\rangle = 0$$

对 $\lambda\in\mathrm{S}_0, \mu\in\bar{\mathrm{S}}_0$ 成立, 即 $\mathrm{S}_0\perp\bar{\mathrm{S}}_0\mid\mathrm{X}_0$. 所以 S_0 和 $\bar{\mathrm{S}}_0$ 垂直相交. 由于 X_∞ 是双不变的, 注意到 (8.47), 则 $\mathcal{U}^*\mathrm{S}\subset\mathrm{S}$ 和 $\mathcal{U}\bar{\mathrm{S}}\subset\bar{\mathrm{S}}$ 分别与 $(\mathcal{U}^*\mathrm{S}_0)\oplus\mathrm{X}_\infty\subset\mathrm{S}_0\oplus\mathrm{X}_\infty$ 和 $(\mathcal{U}\bar{\mathrm{S}}_0)\oplus\mathrm{X}_\infty\subset\bar{\mathrm{S}}_0\oplus\mathrm{X}_\infty$ 相同, 因此有 $\mathcal{U}^*\mathrm{S}_0\subset\mathrm{S}_0$ 和 $\mathcal{U}\bar{\mathrm{S}}_0\subset\bar{\mathrm{S}}_0$. □

推论 8.2.6 有限维 Markov 表示 $(\mathbb{H},\mathcal{U},\mathrm{X})$ 是标准的.

证 设 $\mathrm{X}\sim(\mathrm{S},\bar{\mathrm{S}})$, 并且设 $\mathrm{X} = \mathrm{X}_0\oplus\mathrm{X}_\infty$ 为定理 8.2.3 中的分解, 则由推论 8.2.5, 得 $\mathrm{X}_0 = \mathrm{S}_0\cap\bar{\mathrm{S}}_0$, 其中 S_0 和 $\bar{\mathrm{S}}_0$ 垂直相交, $\mathcal{U}^*\mathrm{S}_0\subset\mathrm{S}_0$, $\mathcal{U}\bar{\mathrm{S}}_0\subset\bar{\mathrm{S}}_0$, 并且

$$\mathcal{U}(\mathrm{X})_{|\mathrm{X}_0} = \mathcal{U}(\mathrm{X}_0)$$

是一个完全非单一压缩. 因此, 由于 X_0 是有限维的, 得 $\mathcal{U}(\mathrm{X}_0)$ (和其伴随 $\mathcal{U}(\mathrm{X}_0)^*$) 的所有特征值都在开单位圆盘内, 所以当 $t\to\infty$ 时, $\mathcal{U}_t(\mathrm{X}_0) := \mathcal{U}(\mathrm{X}_0)^t$ 和 $\mathcal{U}_t(\mathrm{X}_0)^*$ 强趋于零. 因此由推论 8.2.2, 得 S_0 的遥远过去和 $\bar{\mathrm{S}}_0$ 的遥远未来是平凡的, 故 $\mathrm{S}_{-\infty} = \bar{\mathrm{S}}_\infty = \mathrm{X}_\infty$. □

在 X 是无穷维的情况下此证明不适用. 然而, 利用 [290] (第 II 章中的命题 6.7 和第 III 章中的命题 4.2), 我们一般有如下准则.

定理 8.2.7 设 $\mathrm{X} = \mathrm{X}_0\oplus\mathrm{X}_\infty$ 为定理 8.2.3 中的分解, 则下面每一条都是 $(\mathbb{H},\mathcal{U},\mathrm{X})$ 是标准的充分条件

(i) $\mathcal{U}(\mathrm{X})_{|\mathrm{X}_0}$ 的谱与单位圆的交具有 Lebesgue 零测度.

(ii) 存在非平凡的 $\varphi \in H^\infty$ 满足 $\varphi(\mathcal{U}(\mathrm{X})_{|\mathrm{X}_0}) = 0$.

定理 8.2.7 中的第二个条件可以看作是有限维情形下 Cayley-Hamilton 条件的一般化.

§ 8.3 向前和向后系统 (有限维情形)

在这一节我们考虑有限维 Markov 表示 $(\mathbb{H}, \mathcal{U}, \mathrm{X})$, 满足 $n := \dim \mathrm{X} < \infty$. 一般情形将在第 8.10 节研究.

我们希望构造一个随机系统 (8.2), 其中

$$\mathrm{X} = \{a'x(0) \mid a \in \mathbb{R}^n\} \tag{8.50}$$

是给定 Markov 表示 $(\mathbb{H}, \mathcal{U}, \mathrm{X})$ 的 Markov 分裂子空间 $\mathrm{X} \sim (\mathrm{S}, \bar{\mathrm{S}})$. 为此我们将用到定理 8.1.2.

因此, 设 $\{\xi_1, \xi_2, \cdots, \xi_n\}$ 为 X 的一组基, 且定义向量过程 $\{x(t)\}_{t\in\mathbb{Z}}$ 为

$$x(t) = \begin{bmatrix} \mathcal{U}^t\xi_1 \\ \mathcal{U}^t\xi_2 \\ \vdots \\ \mathcal{U}^t\xi_n \end{bmatrix}. \tag{8.51}$$

这是一个平稳向量过程且

$$\mathrm{E}\{x(t)x(t)'\} = P := \mathrm{E}\{\begin{bmatrix} \xi_1 \\ \xi_2 \\ \vdots \\ \xi_n \end{bmatrix}\begin{bmatrix} \xi_1 & \xi_2 & \cdots & \xi_n \end{bmatrix}\} \tag{8.52}$$

对每个 $t \in \mathbb{Z}$ 成立. 由于 $\{\xi_1, \xi_2, \cdots, \xi_n\}$ 是一组基且 $\|a'\xi\|^2 = a'Pa$ 对所有的 $a \in \mathbb{R}^n$ 成立, 我们一定有 $P > 0$.

那么由定理 8.1.2 中的 (8.16), 对某种选择合适的系数 $\{a_{ij}, b_{ij}, c_{ij}, d_{ij}\}$, 我们有

$$\begin{cases} \mathcal{U}\xi_i = \sum_{j=1}^n a_{ij}\xi_j + \sum_{j=1}^p b_{ij}w_j(0), & i = 1, 2, \cdots, n \\ y_i(0) = \sum_{j=1}^n c_{ij}\xi_j + \sum_{j=1}^p d_{ij}w_j(0), & i = 1, 2, \cdots, m \end{cases}$$

作用移位 $\mathcal{U}^t$ 后, 注意到 (8.51), 这可以写作

$$(\mathcal{S})\quad \begin{cases} x(t+1) = Ax(t) + Bw(t), \\ y(t) = Cx(t) + Dw(t), \end{cases} \tag{8.53}$$

其中矩阵 A, B, C 和 D 定义是显然的. 在意义

$$\mathrm{H}^- \vee \mathrm{X}^- \perp \mathrm{H}^+(w) \tag{8.54}$$

下, 这是一个向前随机系统, 满足生成噪声正交于过去输出和过去与现在状态. 事实上, 由定理 7.4.1, 得 $\mathrm{H}^- \vee \mathrm{X}^- = \mathrm{S}$, 它正交于 $\mathrm{S}^\perp = \mathrm{H}^+(w)$ (见定理 8.1.3).

接着, 引入 X 的一个新的基 $\{\bar{\xi}_1, \bar{\xi}_2, \cdots, \bar{\xi}_n\}$, 它们具有性质

$$\langle \bar{\xi}_i, \xi_j \rangle = \delta_{ij}, \tag{8.55}$$

即 $\{\xi_1, \xi_2, \cdots, \xi_n\}$ 的对偶基. 定义平稳向量过程

$$\bar{x}(t) = \begin{bmatrix} \mathcal{U}^{t+1}\bar{\xi}_1 \\ \mathcal{U}^{t+1}\bar{\xi}_2 \\ \vdots \\ \mathcal{U}^{t+1}\bar{\xi}_n \end{bmatrix}, \tag{8.56}$$

此性质可以写作

$$\mathrm{E}\{\bar{x}(t-1)x(t)'\} = I. \tag{8.57}$$

特别地, 由于对某个非奇异 $n \times n$ 矩阵 T 有 $\bar{x}(t-1) = Tx(t)$, 则由 (8.57) 可推出 $T = P^{-1}$ 且

$$\bar{x}(t-1) = P^{-1}x(t). \tag{8.58}$$

因此,

$$\bar{P} := \mathrm{E}\{\bar{x}(t)\bar{x}(t)'\} = P^{-1}. \tag{8.59}$$

注意到 (8.51) 和 (8.56) 显然是不对称的, 这是由于对应的过去和未来空间不对称.

为了构造 y 的一个牵涉向后时间的随机实现, 由定理 8.1.2 中的 (8.17) 我们有表示

$$\begin{cases} \mathcal{U}^*\bar{\xi}_i = \sum_{j=1}^n \bar{a}_{ij}\bar{\xi}_j + \sum_{j=1}^{\bar{p}} \bar{b}_{ij}\bar{w}_j(-1), & i = 1, 2, \cdots, n, \\ y_i(-1) = \sum_{j=1}^n \bar{c}_{ij}\bar{\xi}_j + \sum_{j=1}^{\bar{p}} \bar{d}_{ij}\bar{w}_j(-1), & i = 1, 2, \cdots, m, \end{cases}$$

我们对它左右移位 $\mathcal{U}^{t+1}$ 得到随机系统

$$(\bar{\mathbb{S}}) \quad \begin{cases} \bar{x}(t-1) = \bar{A}\bar{x}(t) + \bar{B}\bar{w}(t), \\ y(t) = \bar{C}\bar{x}(t) + \bar{D}\bar{w}(t), \end{cases} \tag{8.60}$$

在

$$\mathrm{H}^+ \vee \mathrm{X}^+ \perp \mathrm{H}^-(\bar{w}) \tag{8.61}$$

意义下这是一个向后随机系统，它满足过去生成噪声正交于未来和现在的输出和状态. 由 $\bar{\mathrm{S}} = \mathrm{H}^+ \vee \mathrm{X}^+$ (定理 7.4.1) 和 $\bar{\mathrm{S}}^\perp = \mathrm{H}^-(\bar{w})$ (定理 8.1.3) 可得条件 (8.61).

由 X 中的对偶基构造的随机系统对 (8.53) 和 (8.60) 将称为随机实现的对偶对.

定理 8.3.1 设 $(\mathbb{H}, \mathcal{U}, \mathrm{X})$ 为一个有限维 Markov 表示，且设 $n := \dim \mathrm{X}$，则对 X 中的每个对偶基，存在一个对偶随机实现对，由向前系统 (8.53) 和向后系统 (8.60) 组成，而且在模去徘徊子空间 W 和 $\bar{\mathrm{W}}$ 中的基的选择后是唯一的，即模去 $\begin{bmatrix} B \\ D \end{bmatrix}$ 和 $\begin{bmatrix} \bar{B} \\ \bar{D} \end{bmatrix}$ 的右乘正交变换，它具有性质

$$\{a'x(0) \mid a \in \mathbb{R}^n\} = \mathrm{X} = \{a'\bar{x}(-1) \mid a \in \mathbb{R}^n\}. \tag{8.62}$$

向前和向后系统有如下关系：

$$\bar{A} = A', \quad \bar{C} = CPA' + DB', \quad C = \bar{C}\bar{P}A + \bar{D}\bar{B}', \tag{8.63}$$

和

$$x(t) = \bar{P}^{-1}\bar{x}(t-1), \quad \bar{P} = P^{-1}, \tag{8.64}$$

其中

$$P = \mathrm{E}\{x(t)x(t)'\}, \quad \bar{P} = \mathrm{E}\{\bar{x}(t)\bar{x}(t)'\}, \quad t \in \mathbb{Z}. \tag{8.65}$$

另外，分裂子空间 X 可观当且仅当

$$\bigcap_{t=0}^{\infty} \ker CA^t = 0, \tag{8.66}$$

即 (C, A) 是 (完全) 可观的；可构造当且仅当

$$\bigcap_{t=0}^{\infty} \ker \bar{C}(A')^t = 0, \tag{8.67}$$

即 $(\bar{C}, A')$ 是 (完全) 可观的. 最后，此 Markov 表示是最小的当且仅当 (C, A) 和 $(\bar{C}, A')$ 都是可观的.

证 上面已经证了第一个结论. 正交变换是徘徊子空间 (8.11) 和 (8.15) 内的坐标变换, 在这种变换下 w 和 $\bar{w}$ 仍然是标准白噪声. 关系 (8.64) 也已经证明. 为了证明 (8.63), 注意到

$$A = \mathrm{E}\{x(1)x(0)'\}P^{-1}, \quad C = \mathrm{E}\{y(0)x(0)'\}P^{-1}, \tag{8.68}$$

这可以立即由 (8.53) 得到, 注意到 $\mathrm{E}\{w(0)x(0)'\} = 0$. 以相同的方式, 由向后系统 (8.60) 可知

$$\bar{A} = \mathrm{E}\{\bar{x}(-1)\bar{x}(0)'\}\bar{P}^{-1}, \quad \bar{C} = \mathrm{E}\{y(0)\bar{x}(0)'\}\bar{P}^{-1}. \tag{8.69}$$

由 (8.64) 它可以写作

$$\bar{A} = P^{-1}\,\mathrm{E}\{x(0)x(1)'\}, \quad \bar{C} = \mathrm{E}\{y(0)x(1)'\}. \tag{8.70}$$

由 (8.68) 和 (8.70), 我们有 $\bar{A} = A'$, 并且通过将 $y(0) = Cx(0) + Dw(0)$ 和 $x(1) = Ax(0) + Bw(0)$ 嵌入 (8.70) 的第二项且注意到 $\mathrm{E}\{x(0)w(0)'\} = 0$, 我们有 $\bar{C} = CPA' + DB'$. 类似地, 注意到 (8.64) 和 (8.68) 的第二式, 得 $C = \mathrm{E}\{y(0)\bar{x}(-1)'\}$, 将 $y(0) = \bar{C}\bar{x}(0) + \bar{D}\bar{w}(0)$ 和 $\bar{x}(-1) = A'\bar{x}(0) + \bar{B}\bar{w}(0)$ 嵌入其中, 可得 $C = \bar{C}\bar{P}A + \bar{D}\bar{B}'$. 由定理 6.5.2 可得关于可观性和可构造性的结论. □

为了后文参考方便, 我们收集定理 8.3.1 证明中的一些公式作为如下推论.

推论 8.3.2 设 $(x(0), \bar{x}(-1))$ 是 X 内的对偶基, 它们分别由 (8.53) 和 (8.60) 定义, 并且设 P 和 $\bar{P}$ 由 (8.65) 定义, 则

$$A = E\{x(1)x(0)'\}P^{-1} = \bar{P}^{-1}\,\mathrm{E}\{\bar{x}(0)\bar{x}(-1)'\}, \tag{8.71a}$$

$$C = \mathrm{E}\{y(0)x(0)'\}P^{-1}, \tag{8.71b}$$

$$\bar{C} = \mathrm{E}\{y(0)\bar{x}(0)'\}\bar{P}^{-1}. \tag{8.71c}$$

其中 $P := \mathrm{E}\{x(0)x(0)'\}$, $\bar{P} := \mathrm{E}\{\bar{x}(-1)\bar{x}(-1)'\}$.

因此为了使随机实现 (8.53) 是最小的, 仅要求 (C, A) 完全可观是不够的, 即使 (A, B) 完全可达. 事实上, 可达性与最小性无关. 在下一节我们将看到, 可达性成立当且仅当 X 是纯非确定的. 对 (8.53) 和 (8.60) 的输入空间 S 和 $\bar{\mathrm{S}}$, 我们分别有纯确定分量, 它们在初始条件中出现.

命题 8.3.3 一个纯非确定平稳向量过程 $\{y(t)\}_{t\in\mathbb{Z}}$ 具有有理谱密度当且仅当它具有有限维 Markov 表示 $(\mathbb{H}, \mathcal{U}, \mathrm{X})$.

证 若 y 具有有限维 Markov 表示 $(\mathbb{H}, \mathcal{U}, \mathrm{X})$, 由定理 8.3.1 知, 它可以由具有有理传递函数 (6.2) 的向前模型 (8.53) 生成. 因此谱密度 $\Phi(z) := W(z)W(z^{-1})$ 是

有理的. 反之, 若 Φ 是有理的, 它具有一个有理的解析谱因子, 即谱因子 W_-, 并且我们可以按照第 6 章中的方法构造一个有限维 Markov 表示 $(\mathrm{H}, \mathcal{U}, \mathrm{X}_-)$. □

§ 8.4 可达性, 可控性和确定子空间

向前随机系统 (8.53) 的动态对应于交换图

$$\begin{array}{ccc} \mathrm{H}^-(w) & \xrightarrow{\mathcal{H}_-} & \mathrm{H}^+ \\ & \mathcal{R}\searrow \quad \nearrow \mathcal{O} & \\ & \mathrm{X} & \end{array} \qquad \mathcal{H}_- = \mathcal{O}\mathcal{R} \tag{8.72}$$

对 Hankel 映射 $\mathcal{H}_- := \mathrm{E}^{\mathrm{H}^+}|\mathrm{H}^-(w)$ 成立, 其中 $\mathcal{O} := \mathrm{E}^{\mathrm{H}^+}|\mathrm{X}$ 是可观性算子而 $\mathcal{R} := \mathrm{E}^{\mathrm{X}}|\mathrm{H}^-(w)$ 是可达性算子. 事实上, 由命题 2.4.2 (iv), 因子分解 (8.72) 等价于分裂性质 $\mathrm{H}^-(w) \perp \mathrm{H}^+ \mid \mathrm{X}$, 这是由 $\mathrm{S} \perp \bar{\mathrm{S}} \mid \mathrm{X}$ 得到的, 因为 $\mathrm{H}^-(w) \subset \mathrm{S}$ 和 $\mathrm{H}^+ \subset \bar{\mathrm{S}}$ (引理 2.4.1). 因此, (8.72) 对所有 Markov 表示成立, 不管维数有限或无穷 (定理 7.4.1 和定理 8.1.3).

类似地, 由于 $\mathrm{H}^+(\bar{w}) \subset \bar{\mathrm{S}}$ 和 $\mathrm{H}^- \subset \mathrm{S}$, 可得 $\mathrm{S} \perp \bar{\mathrm{S}} \mid \mathrm{X}$ 蕴含 $\mathrm{H}^+(\bar{w}) \perp \mathrm{H}^- \mid \mathrm{X}$, 因此图

$$\begin{array}{ccc} \mathrm{H}^+(\bar{w}) & \xrightarrow{\mathcal{H}_+} & \mathrm{H}^- \\ & \mathcal{K}\searrow \quad \nearrow \mathcal{C}, & \\ & \mathrm{X} & \end{array} \qquad \mathcal{H}_+ = \mathcal{C}\mathcal{K} \tag{8.73}$$

交换, 其中 $\mathcal{H}_+ := \mathrm{E}^{\mathrm{H}^-}|\mathrm{H}^+(\bar{w})$ 是一个 Hankel 算子, $\mathcal{C}$ 是可构造性算子而 $\mathcal{K} := \mathrm{E}^{\mathrm{X}}|\mathrm{H}^+(\bar{w})$ 是可控性算子. 此因子分解表明了向后随机系统 (8.60) 的动态, 但是它对无穷维 Markov 表示也成立.

与 (7.18) 完全类似地, 我们可以用两种方法分解分裂子空间 X, 即

$$\mathrm{X} = \overline{\mathrm{Im}\ \mathcal{R}} \oplus \ker \mathcal{R}^*, \tag{8.74a}$$

$$\mathrm{X} = \overline{\mathrm{Im}\ \mathcal{K}} \oplus \ker \mathcal{K}^*, \tag{8.74b}$$

其中 $\overline{\mathrm{Im}\ \mathcal{R}}$ 和 $\overline{\mathrm{Im}\ \mathcal{K}}$ 分别是可达和可控子空间. 我们称 X 是可达的 , 若 $\ker \mathcal{R}^* = 0$; 可控的, 若 $\ker \mathcal{K}^* = 0$.

命题 8.4.1 设 $(\mathbb{H}, \mathcal{U}, \mathrm{X})$ 是一个 Markov 表示且 $\mathrm{X} \sim (\mathrm{S}, \bar{\mathrm{S}})$, 并且设 $\mathrm{S}_{-\infty}$ 和 $\bar{\mathrm{S}}_{\infty}$ 分别是 S 的遥远过去和 $\bar{\mathrm{S}}$ 的遥远未来, 则 X 可达当且仅当

$$\mathrm{X} \cap \mathrm{S}_{-\infty} = 0; \tag{8.75}$$

可控当且仅当

$$\mathrm{X} \cap \bar{\mathrm{S}}_{\infty} = 0. \tag{8.76}$$

若 $(\mathbb{H}, \mathcal{U}, \mathrm{X})$ 是正常的, 则 X 同时可达和可控.

Markov 表示 $(\mathbb{H}, \mathcal{U}, \mathrm{X})$ 称为纯非确定的, 若 (8.75) 和 (8.76) 同时成立.

证 由定理 8.1.3 得

$$[\mathrm{H}^-(w)]^\perp = \mathrm{H}^+(w) \oplus \mathrm{S}_{-\infty},$$

因此由 $\mathrm{X} \perp \mathrm{S}^\perp = \mathrm{H}^+(w)$, 可得

$$\ker \mathcal{R}^* = \mathrm{X} \cap [\mathrm{H}^-(w)]^\perp = \mathrm{X} \cap \mathrm{S}_{-\infty},$$

见附录中的引理 B.3.4.

$$\ker \mathcal{K}^* = \mathrm{X} \cap \bar{\mathrm{S}}_{\infty}$$

的证明类似. 这样立即可得最后一个结论. □

若 $\dim \mathrm{X} < \infty$, 我们可以适当加强这些结论. 为此我们首先将 X 的可达性和可控性分别与向前和向后系统 (8.53) 和 (8.60) 相联系.

命题 8.4.2 设 $(\mathbb{H}, \mathcal{U}, \mathrm{X})$ 为有限维 Markov 表示, 并且设 (8.53) 和 (8.60) 是对应的一个向前和向后实现对偶对, 则 X 可达当且仅当 (A, B) 可达; 可控当且仅当 $(A', \bar{B})$ 可达.

证 由于 $\ker \mathcal{R}^* = \mathrm{X} \cap [\mathrm{H}^-(w)]^\perp$, 得 X 可达当且仅当不存在非零 $a \in \mathbb{R}^n$ 满足 $a'x(0) \perp \mathrm{H}^-(w)$, 即

$$a' \,\mathrm{E}\{x(0)w(-t)'\}b = 0 \quad 对所有的\ b \in \mathbb{R}^p\ 和\ t = 1, 2, 3, \cdots. \tag{8.77}$$

但是, 注意到 (8.53), 有

$$x(0) = A^N x(-N) + A^{N-1}Bw(-N) + \cdots + Bw(-1)$$

对所有的 $N = 1, 2, 3, \cdots$ 成立, 因此

$$\mathrm{E}\{x(0)w(-t)'\} = A^{t-1}B.$$

所以 (8.77) 等价于

$$a'A^{t-1}B = 0, \quad t = 1, 2, 3, \cdots, \tag{8.78}$$

故 $\ker \mathcal{R}^* = 0$ 当且仅当 (A, B) 可达, 即

$$[B, AB, A^2B, \cdots]$$

满秩而仅当 $a = 0$ 满足 (8.78). 对称的讨论可得 X 可控当且仅当 $(A', \bar{B})$ 可达. □

命题 8.4.3 设 $(\mathbb{H}, \mathcal{U}, \mathrm{X})$ 是 y 的有限维 Markov 表示, 则如下条件等价

(i) X 正常,

(ii) X 可达,

(iii) X 可控,

(iv) A 是稳定矩阵, 即 $|\lambda(A)| < 1$.

此结论成立仅当 y 在两个方向上都是纯非确定的, 即

$$\cap_t \mathcal{U}^t \mathrm{H}^- = \cap_t \mathcal{U}^t \mathrm{H}^+ = 0. \tag{8.79}$$

证 由 (8.53) 得 $P := \mathrm{E}\{x(t)x(t)'\}$ 满足 Lyapunov 方程

$$P = APA' + BB'. \tag{8.80}$$

类似地, 由 (8.60) 可知 $\bar{P} = \mathrm{E}\{\bar{x}(t)\bar{x}(t)'\}$ 满足

$$\bar{P} = A'\bar{P}A + \bar{B}\bar{B}'. \tag{8.81}$$

由命题 8.4.1, 知 (i) 蕴含 (ii) 和 (iii). 若 (ii) 成立, 则 (A, B) 可达 (命题 8.4.2). 因此, 因为 $P > 0$, 由 (8.80) 得 (iv) 成立 (命题 B.1.20). 类似地, 由 (8.81) 和事实 A 和 A' 具有相同的特征值, 可知 (iii) 蕴含 (iv).

这样我们仅剩下证明 (iv) 蕴含 (i). 为此注意到 (8.53) 蕴含

$$x(t) = A^{N+t}x(-N) + \sum_{k=-N}^{t-1} A^{t-k-1}Bw(k)$$

对 $N \geqslant 1 - t$ 成立. 若 A 稳定, 则当 $N \to \infty$ 时, A^{N+t} 以指数速度趋于零. 因此

$$x(t) = \sum_{k=-\infty}^{t-1} A^{t-k-1}Bw(k) \tag{8.82}$$

有定义并且是 (8.53) 的唯一解. 因此, $X \subset H^-(w)$. 类似地, 第二式 (8.53) 表明

$$y(t) = \sum_{k=-\infty}^{t-1} CA^{t-k-1}Bw(k) + Dw(t), \tag{8.83}$$

因此

$$H^- \subset H^-(w). \tag{8.84}$$

所以 $S = H^- \vee X^- \subset H^-(w)$ (定理 7.4.1). 更精确地, $S = H^-(w)$, 因此再根据定理 8.1.3, 有 $S_{-\infty} = 0$. 对称的讨论涉及向后系统 (8.60) 表明 (iv) 也蕴含 $\bar{S}_\infty = 0$, 因此可得 (i). 另外,

$$H^+ \subset H^+(\bar{w}). \tag{8.85}$$

接着由 (8.84) 和 (8.85) 可得最后一个结论. □

命题 8.4.3 的最后一个结论导致, 一个具有有限维 Markov 表示的过程 y 是否可逆的问题, 即它是向后 p.n.d. 是否当且仅当它是向前 p.n.d..

命题 8.4.4　平稳随机过程 y 是可逆的, 若它具有有限维 Markov 表示. 此时 $\cap_t \mathcal{U}^t H^- = \cap_t \mathcal{U}^t H^+$.

证　若 y 具有有限维 Markov 表示, 则预测空间 $X_- \sim (S_-, \bar{S}_-)$ 和 $X_+ \sim (S_+, \bar{S}_+)$ 是有限维的 (定理 7.6.1), 因此框架空间 $H^\square \sim (S_+, \bar{S}_-)$ 也是有限维的. 注意到推论 8.2.6, 得这些表示都是标准的. 因此, S_- 的遥远过去等于 $\bar{S}_-$ 的遥远未来, 这又反过来等于 S_+ 的遥远过去 (通过 $H^\square$), 它又等于 $\bar{S}_+$ 的遥远未来. 然而 $\cap_t \mathcal{U}^t H^-$ 是 S_- 的遥远过去, $\cap_t \mathcal{U}^t H^+$ 是 $\bar{S}_+$ 的遥远未来. □

因此, 若 y 具有有限维 Markov 表示, 由推论 4.5.9, 知它具有唯一分解

$$y(t) = y_0(t) + y_\infty(t), \quad t \in \mathbb{Z}, \tag{8.86}$$

其中 y_0 在向前和向后方向上都是纯非确定的, 且 y_∞ 在两个方向上都是纯确定的, 因此 $\cap_t \mathcal{U}^t H^- = \cap_t \mathcal{U}^t H^+$.

下面的定理表明, 若 $X \sim (S, \bar{S})$ 是有限维的, 则 S 和 $\bar{S}$ 具有相同的重数, 因此向前和向后生成过程具有相同维数.

定理 8.4.5　设 $(\mathbb{H}, \mathcal{U}, X)$ 为 y 的有限维 Markov 表示, $X \sim (S, \bar{S})$ 且生成过程为 w 和 $\bar{w}$, 则 S 的遥远过去 $S_{-\infty}$ 等于 $\bar{S}$ 的遥远未来 $\bar{S}_\infty$, 并且 X 和 $\mathbb{H}$ 分别具有正交分解

$$X = X_0 \oplus X_\infty \tag{8.87}$$

和

$$\mathbb{H} = \mathbb{H}_0 \oplus \mathrm{X}_\infty, \tag{8.88}$$

其中 $\mathrm{X}_0 \subset \mathbb{H}_0$, X_∞ 和 $\mathbb{H}_0$ 分别为双不变子空间

$$\mathrm{X}_\infty = \mathrm{S}_{-\infty} = \bar{\mathrm{S}}_\infty \tag{8.89}$$

和

$$\mathbb{H}_0 = \mathrm{H}(w) = \mathrm{H}(\bar{w}). \tag{8.90}$$

特别地, $\bar{p} = p$, 即 w 和 $\bar{w}$ 具有相同的维数. 另外, 若 $\mathcal{U}_0 := \mathcal{U}|_{\mathbb{H}_0}$, 则 $(\mathbb{H}_0, \mathcal{U}_0, \mathrm{X}_0)$ 是 y 的纯非确定部分 y_0 的一个正常 Markov 表示, 并且它和 $(\mathbb{H}, \mathcal{U}, \mathrm{X})$ 具有相同的生成过程.

证 注意到定理 8.2.3, 得 X 具有正交分解 (8.87), 其中 X_∞ 是双不变的. 因为 X 是有限维的, 由推论 8.2.6 和 8.2.4 得 (8.89) 成立. 由推论 8.2.5, 得 $\mathrm{S}_0 := \mathrm{S} \ominus \mathrm{X}_\infty$ 和 $\bar{\mathrm{S}}_0 := \bar{\mathrm{S}} \ominus \mathrm{X}_\infty$ 垂直相交, $\mathrm{X}_0 = \mathrm{S}_0 \cap \bar{\mathrm{S}}_0$, $\mathcal{U}^*\mathrm{S}_0 \subset \mathrm{S}_0$ 和 $\mathcal{U}\bar{\mathrm{S}}_0 \subset \bar{\mathrm{S}}_0$. 因此注意到 (8.29) 和 (8.32), 有

$$\mathrm{S}_0 = \mathrm{H}^-(w) \quad 和 \quad \bar{\mathrm{S}}_0 = \mathrm{H}^+(\bar{w}). \tag{8.91}$$

另外, $\mathbb{H} = \mathbb{H}_0 \oplus \mathrm{X}_\infty$, 其中 $\mathbb{H}_0$ 由 (8.90) 给出. 因此, 若 μ 是 $\mathbb{H}_0$ 的重数, 则 $\bar{p} = p = \mu$. 因为 $\mathrm{H}_0^- := \mathrm{H}^-(y_0) \subset \mathrm{H}^- \subset \mathrm{S} = \mathrm{S}_0 \oplus \mathrm{X}_\infty$ 和 y_0 是纯非确定的, 我们一定有 $\mathrm{H}_0^- \subset \mathrm{S}_0$. 类似地, $\mathrm{H}_0^+ := \mathrm{H}^+(y_0) \subset \bar{\mathrm{S}}_0$. 因此, $(\mathbb{H}_0, \mathcal{U}_0, \mathrm{X}_0)$ 是 y_0 的一个正常的 Markov 表示, 具有生成过程 w 和 $\bar{w}$. □

在正交分解

$$\mathrm{X} = \mathrm{X}_0 \oplus \mathrm{X}_\infty$$

中, 我们称 X_0 为 X 的正常子空间 , X_∞ 为 X 的确定子空间. 注意到命题 8.4.4, 得

$$\mathrm{Y}_\infty := \cap_t \mathcal{U}^t \mathrm{H}^- = \cap_t \mathcal{U}^t \mathrm{H}^+, \tag{8.92}$$

即 y 的遥远过去和遥远未来相同. 下面的推论刻画了 Y_∞ 和 X 的确定子空间之间的关系.

推论 8.4.6 若过程 y 具有一个有限维 Markov 表示 $(\mathbb{H}, \mathcal{U}, \mathrm{X})$, $\mathrm{Y}_\infty \subset \mathrm{X}_\infty$, 其中 X_∞ 是 X 的确定子空间. 若 X 可观或可构造, 则 $\mathrm{Y}_\infty = \mathrm{X}_\infty$.

证 设 $\mathrm{X} \sim (\mathrm{S}, \bar{\mathrm{S}})$ 为任意一个有限维 Markov 分裂子空间, 则由 $\mathrm{H}^- \subset \mathrm{S}$, 得

$$\mathrm{Y}_\infty := \cap_t \mathcal{U}^t \mathrm{H}^- \subset \cap_t \mathcal{U}^t \mathrm{S} = \mathrm{S}_{-\infty} = \mathrm{X}_\infty,$$

这就证明了第一个结论. 为了证明第二个结论, 考虑由 $\mathcal{O} := E^{H^-}|X$ 定义的可观性算子 $\mathcal{O}: X \to H^-$. 由定理 8.4.5, 式子 (8.88) 和 (8.91), 有 $H_0^+ := H^+(y_0) \subset \bar{S}_0 \perp X_\infty$, 其中 y_0 是 y 的纯非确定部分. 因此, 由 $H^+ = H_0^+ \oplus Y_\infty$, 得

$$\mathcal{O}\lambda = E^{H_0^+}\lambda + E^{Y_\infty}\lambda = E^{Y_\infty}\lambda, \quad \lambda \in X_\infty. \tag{8.93}$$

因此, 由于 $Y_\infty \subset X_\infty$, 得算子 $\mathcal{O}$ 是内射仅当 $Y_\infty = X_\infty$. 这样 X 的可观性蕴含 $Y_\infty = X_\infty$. 以相同的方式我们可以证明可构造性也蕴含 $Y_\infty = X_\infty$. □

现在我们在有限维的情形下, 就定理 8.4.5 中的分解 (8.87) 而言解释分解 (8.74).

推论 8.4.7　设 $(\mathbb{H}, \mathcal{U}, X)$ 为一个有限维 Markov 表示, 则可达性算子 $\mathcal{R}$ 和可控性算子 $\mathcal{K}$ 的值域空间相一致, 并且对 X 的正常子空间 X_0 它们相等, 即

$$\operatorname{Im}\mathcal{R} = X_0 = \operatorname{Im}\mathcal{K}. \tag{8.94}$$

另外, X 的纯确定部分 X_∞ 由

$$\ker\mathcal{R}^* = X_\infty = \ker\mathcal{K}^* \tag{8.95}$$

给出.

证　作为命题 8.4.1 的一个推论, 我们有

$$\ker\mathcal{R}^* = X \cap S_{-\infty} \quad 和 \quad \ker\mathcal{K}^* = X \cap \bar{S}_\infty. \tag{8.96}$$

但是, 在有限维的情形, $(\mathbb{H}, \mathcal{U}, X)$ 是标准的 (推论 8.2.6), 因此 $X_\infty = S_{-\infty} = \bar{S}_\infty$ (推论 8.2.4). 因此, 由 $X_\infty \subset X$, 可得 (8.95). 所以, 注意到 $X_0 = X \ominus X_\infty$, 由式子 (8.74) 以及在有限维的情况下 $\mathcal{R}$ 和 $\mathcal{K}$ 的值域空间是闭的事实, 可得 (8.94). □

只要适当地选择基, Markov 分裂子空间 X 内的一个正常的和纯非确定部分的正交分解 (8.87) 导致分别对应向前和向后随机系统 (8.53) 和 (8.60) 的一种特殊的结构. 事实上, 若 $n := \dim X$ 和 $n_0 := \dim X_0$, 我们取基 $\{\xi_1, \xi_2, \cdots, \xi_n\}$ 适应于分解

$$X = X_0 \oplus X_\infty. \tag{8.97}$$

$\{\xi_1, \xi_2, \cdots, \xi_{n_0}\}$ 是 X_0 的一组基, $\{\xi_{n_0+1}, \cdots, \xi_n\}$ 是 X_∞ 的一组基. 那么对偶基 $\{\bar{\xi}_1, \bar{\xi}_2, \cdots, \bar{\xi}_{n_0}\}$ 也适应于 (8.97), 且协方差矩阵 P 和 $\bar{P}$ 分别具有形式

$$P = \begin{bmatrix} P_0 & 0 \\ 0 & P_\infty \end{bmatrix} \quad 和 \quad \bar{P} = \begin{bmatrix} P_0^{-1} & 0 \\ 0 & P_\infty^{-1} \end{bmatrix}, \tag{8.98}$$

其中 P_0 是 $n_0 \times n_0$ 的.

定理 8.4.8 设 $(\mathbb{H},\mathcal{U},\mathrm{X})$ 为 y 的一个有限维 Markov 表示, 并且设 (8.53) 和 (8.60) 为具有在上面意义下适应于分解 (8.97) 基的随机实现的对偶对, 则向前系统满足形式

$$\begin{cases} \begin{bmatrix} x_0(t+1) \\ x_\infty(t+1) \end{bmatrix} = \begin{bmatrix} A_0 & 0 \\ 0 & A_\infty \end{bmatrix} \begin{bmatrix} x_0(t) \\ x_\infty(t) \end{bmatrix} + \begin{bmatrix} B_0 \\ 0 \end{bmatrix} w(t), \\ y(t) = \begin{bmatrix} C_0 & C_\infty \end{bmatrix} \begin{bmatrix} x_0(t) \\ x_\infty(t) \end{bmatrix} + Dw(t), \end{cases} \tag{8.99}$$

其中

$$|\lambda(A_0)| < 1 \quad 和 \quad |\lambda(A_\infty)| = 1, \tag{8.100}$$

(A_0, B_0) 可达, 且

$$\operatorname{Im} \mathcal{R} = \{a' x_0(0) \mid a \in \mathbb{R}^{n_0}\}, \quad \ker \mathcal{R}^* = \{a' x_\infty(0) \mid a \in \mathbb{R}^{n-n_0}\}. \tag{8.101}$$

另外,

$$y_0(t) = C_0 x_0(t) + Dw(t) \tag{8.102}$$

是 y 的纯非确定部分而

$$y_\infty = C_\infty x_\infty(t) \tag{8.103}$$

是纯确定部分.

对偶地, 向后系统 (8.60) 满足形式

$$\begin{cases} \begin{bmatrix} \bar{x}_0(t-1) \\ \bar{x}_\infty(t-1) \end{bmatrix} = \begin{bmatrix} A_0' & 0 \\ 0 & A_\infty' \end{bmatrix} \begin{bmatrix} \bar{x}_0(t) \\ \bar{x}_\infty(t) \end{bmatrix} + \begin{bmatrix} \bar{B}_0 \\ 0 \end{bmatrix} \bar{w}(t), \\ y(t) = \begin{bmatrix} \bar{C}_0 & \bar{C}_\infty \end{bmatrix} \begin{bmatrix} \bar{x}_0(t) \\ \bar{x}_\infty(t) \end{bmatrix} + \bar{D}\bar{w}(t), \end{cases} \tag{8.104}$$

其中 $\bar{B}_0$ 和 $\bar{D}$ 在定理 6.2.1 中已构造. 这里 $(A_0', \bar{B}_0)$ 可达, 且

$$\operatorname{Im} \mathcal{K} = \{a' \bar{x}_0(-1) \mid a \in \mathbb{R}^{n_0}\}, \quad \ker \mathcal{K}^* = \{a' \bar{x}_\infty(-1) \mid a \in \mathbb{R}^{n-n_0}\}. \tag{8.105}$$

最后,

$$\bar{C}_0 = C_0 P_0 A_0' + DB_0', \quad \bar{C}_\infty = C_\infty P_\infty A_\infty', \tag{8.106}$$

且 $\mathrm{X}_\infty = \mathrm{Y}_\infty$ 当且仅当 (C_∞, A_∞) 可观, 或者等价地当且仅当 $(\bar{C}_\infty, A_\infty')$ 可观.

证　设

$$y(t) = y_0(t) + y_\infty(t) \tag{8.107}$$

为 y 的分解 (4.50), 其中 y_0 是纯非确定的而 y_∞ 是 y 的纯确定分量. 设

$$x(0) = \begin{bmatrix} x_0(0) \\ x_\infty(0) \end{bmatrix} \quad \text{和} \quad \bar{x}(-1) = \begin{bmatrix} \bar{x}_0(-1) \\ \bar{x}_\infty(-1) \end{bmatrix} = P^{-1}x(0)$$

为 X 内基的对偶对, 如第 8.3 节所示, 并且适应于分解 (8.97), 因此 $x_0(0)$ 和 $\bar{x}_0(-1) := P_0^{-1}x_0(0)$ 是 X_0 内的基, 并且 $x_\infty(0)$ 和 $\bar{x}_\infty(-1) := P_\infty^{-1}x_\infty(0)$ 是 X_∞ 内的基, 则由推论 8.4.7 可得 (8.101) 和 (8.105). 由定理 8.4.5, 得 $(\mathbb{H}_0, \mathcal{U}_0, \mathrm{X}_0)$ 是 y_0 的一个正常的 Markov 表示, 具有生成过程 w 和 $\bar{w}$. 所以, 它具有向前系统

$$\begin{cases} x_0(t+1) = A_0x_0(t) + B_0w(t), \\ y_0(t) = C_0x_0(t) + Dw(t), \end{cases} \tag{8.108}$$

其中 $|\lambda(A_0)| < 1$, 且 (A_0, B_0) 可达 (命题 8.4.2 和 8.4.3); 和一个向后系统

$$\begin{cases} \bar{x}_0(t+1) = A_0'\bar{x}_0(t) + \bar{B}_0\bar{w}(t), \\ y_0(t) = \bar{C}_0\bar{x}_0(t) + \bar{D}\bar{w}(t), \end{cases} \tag{8.109}$$

其中 $(A_0', \bar{B}_0)$ 可达.

接着我们推导纯确定部分 y_∞ 的一个表示. 因为 $y_\infty(0)$ 的分量属于 $\mathrm{Y}_\infty \subset \mathrm{X}_\infty$, 所以存在 $m \times (n - n_0)$ 矩阵 C_∞ 满足

$$y_\infty(0) = C_\infty x_\infty(0). \tag{8.110}$$

另外, 由于 X_∞ 在 $\mathcal{U}$ 下是不变的, 知存在 $(n-n_0) \times (n-n_0)$ 矩阵 A_∞ 满足

$$x_\infty(1) = A_\infty x_\infty(0). \tag{8.111}$$

将移位 $\mathcal{U}^t$ 作用的 (8.110) 和 (8.111) 的每个分量, 我们得到

$$\begin{cases} x_\infty(t+1) = A_\infty x_\infty(t), \\ y_\infty(t) = C_\infty x_\infty(t), \end{cases} \tag{8.112}$$

这与 (8.107) 和 (8.108) 一起可得 (8.99). 显然在意义 (8.54) 下 (8.99) 是一个向前随机系统.

对向后方向的类似分析可得

$$\begin{cases} \bar{x}_\infty(t-1) = \bar{A}_\infty \bar{x}_\infty(t), \\ y_\infty(t) = \bar{C}_\infty \bar{x}_\infty(t), \end{cases} \tag{8.113}$$

这与 (8.109) 和 (8.107) 一起可得对应的向后 (8.99). 现在, 注意到由对偶基构造的一个向前系统 (8.53) 和一个向后系统 (8.60) (定理 8.1.3) 的对应关系 $\bar{A} = A'$, 我们一定有

$$\bar{A}_\infty = A'_\infty, \tag{8.114}$$

所以可得 (8.104). 另外, 由 (8.63) 可得 (8.106).

为了证明 $|\lambda(A_\infty)| = 1$, 注意到由 (8.112) 得 $P_\infty := \mathrm{E}\{x_\infty(t)x_\infty(t)'\}$ 满足退化 Lyapunov 方程

$$P_\infty = A_\infty P_\infty A'_\infty, \tag{8.115}$$

因此 A_∞ 的所有特征值都在单位圆上. 事实上, A_∞ 相似于 $Q^* := P_\infty^{-1/2} A_\infty P_\infty^{1/2}$, 因此与 Q 具有相同的特征值. 但是由 (8.115) 可得 $Q^*Q = I$, 因此, 若 $Qv = \lambda v$, 则我们有 $|\lambda|^2 v^* v = v^* v$, 这表明 $|\lambda| = 1$.

最后, 由 (8.93) 得

$$\ker(\mathcal{O}|_{\mathrm{X}_\infty}) = \mathrm{X}_\infty \ominus \mathrm{Y}_\infty.$$

因此 $\mathrm{Y}_\infty = \mathrm{X}_\infty$ 当且仅当 $\mathcal{O}|_{\mathrm{X}_\infty}$ 是内射. 注意到 (8.112) 和定理 8.1.2, 可得这等价于 (C_∞, A_∞) 可观. 由于 A_∞ 没有零特征值, 所以非奇异, 这就又等价于 $(\bar{C}_\infty, A'_\infty)$ 可观. □

推论 8.4.9 *纯确定过程 y 一个随机实现*

$$\begin{cases} x(t+1) = Ax(t), \\ y(t) = Cx(t) \end{cases} \tag{8.116}$$

是最小的当且仅当 (C, A) 可观且 $P := \mathrm{E}\{x(0)x(0)'\} > 0$. 另外, 总可以选择状态过程 x 满足 A 是正交的, 即 $A^{-1} = A'$ 且 $P = I$.

证 因为 $P > 0$, 所以 $x(0)$ 是分裂子空间 $\mathrm{X} := \{a'x(0) \mid a \in \mathbb{R}^n\}$ 内的一组基, 因此 (8.116) 是 X 的向前模型. 所以 (8.116) 最小当且仅当 X 可观和可构造 (定理 6.5.4), 即 (C, A) 和 $(\bar{C}, A')$ 都可观 (定理 6.5.2). 然而, 由定理 8.4.8, 可得在 p.d. 情形下 (C, A) 和 $(\bar{C}, A')$ 的可观性是等价的条件. 这就证明了第一个结论. 为了证明第二个结论, 回到定理 8.4.8 的证明, 并且取 $x(t) := P_\infty^{-1/2} x_\infty$ 和 $A := Q^*$, 它们显然是正交的. □

注 8.4.10　与一般情况不同, 在纯确定情形下可观性和可构造性一致的事实也在 (8.116) 中证明了, 它在产生向后模型时可能不成立. 为此考虑向前模型 (8.116), 其中 A 正交且 $P = I$ (推论 8.4.9). 那么在 (8.116) 的状态方程中前乘 $A^{-1} = A'$ 并如 (8.58) 中设 $x(t) := \bar{x}(t-1)$, 我们得到向后模型

$$\begin{cases} \bar{x}(t-1) = A'\bar{x}(t), \\ y(t) = CA'\bar{x}(t). \end{cases} \tag{8.117}$$

这为下一节提供了背景材料.

§ 8.5　纯确定过程的 Markov 表示

我们将考察具有有限维 Markov 表示的纯确定过程的更细致的结构.

命题 8.5.1　若 y 具有有限维 Markov 表示, 则 y 是纯确定的当且仅当 $\mathrm{H} := \mathrm{H}(y)$ 是有限维的.

证　若 y 是非纯确定的, 则由推论 8.4.6, 得 $\mathrm{H} = \mathrm{Y}_\infty$ 包含于有限维空间 $\mathrm{X} = \mathrm{X}_\infty$, 因此它是有限维的. 反之, 若 y 有一个 p.n.d. 分量 y_0, 由 Wold 分解或直接由定理 8.4.8 得 $\mathrm{H}(y_0)$ 是无穷多个徘徊子空间的直和, 因此它一定是无穷维. □

假设过程 y 生成维数为 $n < \infty$ 的有限维空间 H. 则由命题 8.5.1, 得 y 一定是纯确定的且 $\mathrm{H}^- = \mathrm{H}^+ = \mathrm{H} = \mathrm{Y}_\infty$. 显然 H 可以由过程的至多 n 个连续变量生成, 它们可以形成一个 mn 维向量

$$\mathrm{y} := \begin{bmatrix} y(t) \\ \vdots \\ y(t-n+1) \end{bmatrix}.$$

然而, 移位的向量

$$\begin{bmatrix} y(t+1) \\ \vdots \\ y(t-n) \end{bmatrix}$$

也生成 H, 因此一定存在一个实矩阵 F 满足

$$\mathcal{U}b'\mathrm{y} = b'F\mathrm{y} \tag{8.118}$$

对所有的 $b \in \mathbb{R}^{mn}$ 成立.

我们希望构造 y 的一个最小随机实现 (推论 8.4.9). 由推论 8.4.6, 知 y 具有唯一最小 Markov 表示, 即 $(\mathbb{H},\mathcal{U},\mathrm{X})$, 其中 $\mathrm{X}=\mathrm{H}$. 设 $x(0)=(\xi_1,\cdots,\xi_n)'$ 是 X 内的一组基. 则存在一个列线性独立的矩阵 Ω 满足 $\mathrm{y}=\Omega x(0)$, 这样可以解得 $x(0)$ 为 $x(0)=\Omega^{\dagger}\mathrm{y}$, 其中 $\Omega^{\dagger}:=(\Omega'\Omega)^{-1}\Omega'$ 是 Moore-Penrose 伪逆; 见附录中的命题 B.1.8. 与 (8.118) 一起得

$$\mathcal{U}a'x(0)=\mathcal{U}a'\Omega^{\dagger}\mathrm{y}=a'\Omega^{\dagger}F\Omega x(0),$$

所以设

$$A:=\Omega^{\dagger}F\Omega, \tag{8.119}$$

我们有 $\mathcal{U}a'x(0)=a'Ax(0)$ 对所有的 $a\in\mathbb{R}^n$ 成立. 另外, 定义 C 为 Ω 的第一个 m 行块, $y(0)=Cx(0)$. 所以我们有随机系统

$$\begin{cases}x(t+1)=Ax(t),\\ y(t)=Cx(t).\end{cases} \tag{8.120}$$

这与定理 8.4.8 一致. 事实上, Ω 恰是此系统的观测性矩阵. 正如在第 244 页看到的, 矩阵 A 的所有特征值都在单位圆上, 因此它非奇异.

本节的主要目的是对最小系统 (8.120) 定义特殊的规范型, 它将在研究辨识问题时有用. 我们首先允许 A 和 C 为复值的. 并不限制假设 A 是正交的和 $P=I$ (推论 8.4.9), 因此类似于对角矩阵

$$\operatorname{diag}(\mathrm{e}^{\mathrm{i}\theta_1},\mathrm{e}^{\mathrm{i}\theta_2},\cdots,\mathrm{e}^{\mathrm{i}\theta_n}), \tag{8.121}$$

其特征值在对角线上[1], 所以我们仅取 A 具有此种形式. 假设存在 μ 个不同特征值, 且设 n_k, $k=1,\cdots,\mu$, 分别为它们的重数, 则

$$A=\operatorname{diag}(\mathrm{e}^{\mathrm{i}\theta_1}I_{n_1},\ \mathrm{e}^{\mathrm{i}\theta_2}I_{n_2},\ \cdots,\mathrm{e}^{\mathrm{i}\theta_\mu}I_{n_\mu}), \tag{8.122a}$$

并且矩阵 C 可以一致地分段为

$$C=\begin{bmatrix}C_1 & \cdots & C_\mu\end{bmatrix},\quad C_k\in\mathbb{C}^{m\times n_k}, \tag{8.122b}$$

因此输出过程 y 可以写作形式

$$y(t)=\sum_{k=1}^{\mu}z_k\mathrm{e}^{\mathrm{i}\theta_k t},\quad zb_k:=C_kx_k(0), \tag{8.123}$$

[1] 另一种看待这种情况的方法是, 酉算子 $\mathcal{U}$ 使得 $\mathcal{U}\mathrm{H}=\mathrm{H}$, 其中 H 是有限维的. 这样的算子显然具有由模数 1 的特征值组成的纯点谱, 并且空间 H 由正交特征向量生成.

其中 $x_1(0), x_2(0), \cdots, x_\mu(0)$ 是初始状态对应的 (复值) n_k 维子向量. 这种由基本谐分量的和构成的过程称为几乎周期过程. 由于平稳性, 它的协方差函数

$$\mathrm{E}\{y(t)\overline{y(s)}'\} = \sum_{j=1}^{\mu}\sum_{k=1}^{\mu} \mathrm{E}\{z_j\bar{z}_k{}'\}\mathrm{e}^{\mathrm{i}\theta_j t - \mathrm{i}\theta_k s} \tag{8.124}$$

一定仅依赖于差 $t-s$. 这种情况成立当且仅当 (8.123) 中的随机向量 $\{z_k\}$ 不相关, 这被我们的设定保证, 因为 $P := \mathrm{E}\{x(0)x(0)'\} = I$, 因此当 $j \neq k$ 时, $\mathrm{E}\{x_j(0)\bar{x}_k'(0)\} = 0$.

注意 (C, A) 可观当且仅当 $\operatorname{rank} C_k = n_k$ 对所有的 k 成立. 事实上, 为使 (C, A) 可观, 需要如下条件

$$\operatorname{rank}\begin{bmatrix} C_k \\ \mathrm{e}^{\mathrm{i}\theta_k} I_{n_k} - \lambda I_{n_k}\end{bmatrix} = n_k, \quad \forall \lambda \in \mathbb{C}$$

对 $k = 1, 2, \cdots, \mu$ 成立. 因此 $n_k \leqslant \mu$. 换言之, 输出维数是特征根重数的上界. 特别地, 对标量过程 $(m = 1)$ 的所有特征值都是简单的. 因此注意到 (8.123), 通过重新排列行, 不失一般性, 取 C_k 具有形式

$$C_k = \Pi_k \begin{bmatrix} I_{n_k} \\ \tilde{C}_k \end{bmatrix}, \quad k = 1, 2, \cdots, \mu \tag{8.125}$$

其中 Π_k 是 $m \times m$ 行重排置换矩阵. 事实上, C 中的一个非奇异上方子矩阵可以只作用于 $x_k(0)$.

为了得到一个实值的规范型, 我们首先注意到 z_k 是实的仅当 θ_k 等于 0 或者 $\pm\pi$, 这分别对应于特征值 1 和 -1. (8.123) 中的其他项出现 ν 复共轭对

$$z_k \mathrm{e}^{\mathrm{i}\theta_k t} \quad 和 \quad \bar{z}_k \mathrm{e}^{-\mathrm{i}\theta_k t}$$

其中 $2\nu \leqslant \mu$. 我们可以重写 (8.123) 为实项的和. 为了记号方便, 我们重新编号这些项满足

$$y(t) = \sum_{k=0}^{\nu+1} y_k(t), \tag{8.126}$$

其中 $y_0(t) = z_0$ 和 $y_{\nu+1}(t) = z_{\nu+1}\mathrm{e}^{\mathrm{i}\pi t}$ 分别为对应 $\theta_0 = 0$ 和 $\theta_{\nu+1} = \pi$ 实分量, 并且

$$y_k(t) = \frac{1}{2}(z_k \mathrm{e}^{\mathrm{i}\theta_k t} + \bar{z}_k \mathrm{e}^{-\mathrm{i}\theta_k t}), \quad k = 1, 2, \cdots, \nu \tag{8.127}$$

对应复特征值对. 由于 $z_1, z_2, \cdots, z_\mu$ 不相关, 则 z_0, $z_1, \bar{z}_1$, $z_2, \bar{z}_2, \cdots, z_\nu, \bar{z}_\nu$, $z_{\nu+1}$ 在新编号下也不相关. 当然 z_0 或 $z_{\nu+1}$ 或者同时都为零. 则由 (8.124) 得

$$\mathrm{E}\{y(t)\overline{y'(s)}\} = \sum_{k=0}^{\nu+1} \Sigma_k \mathrm{e}^{\mathrm{i}\theta_k (t-s)}, \quad 其中\ \Sigma_k := \mathrm{E}\{y_k(t)y_k(t)'\}. \tag{8.128}$$

因此, $\{y(t)\}_{t\in\mathbb{Z}}$ 具有点谱

$$\Phi(\mathrm{e}^{\mathrm{i}\theta}) = \sum_{k=-\nu-1}^{\nu+1} \Sigma_k \delta(\theta - \theta_k), \tag{8.129}$$

其中 $\delta(\theta)$ 是 Dirac 分布. 在标量的情形, $\sigma_k^2 := \mathrm{E}\{y_k(t)^2\}$ 称为第 k 个谐分量的统计强度.

设 $z_k = u_k + \mathrm{i}v_k$, 其中 u_k 和 v_k 是实的, 我们注意到

$$\mathrm{E}\{(u_k + \mathrm{i}v_k)(u_k - \mathrm{i}v_k)'\} = \mathrm{E}\{u_k u_k'\} - \mathrm{E}\{v_k v_k'\} + 2\mathrm{i}\,\mathrm{E}\{u_k v_k'\} = 0,.$$

因为 z_k 和 $\bar{z}_k$ 不相关, $k = 1, 2, \cdots, \nu$, 因此

$$\mathrm{E}\{u_k u_k'\} = \mathrm{E}\{v_k v_k'\} = \Sigma_k \ \text{和}\ \ \mathrm{E}\{u_k v_k'\} = 0. \tag{8.130}$$

基本的计算之后, 我们由 (8.127) 发现 $y(t)$ 的每个调和分量 $y_k(t)$, $k = 1, 2, \cdots, \nu$ 都有 $2n_k$ 维的最小状态空间表示具有形式

$$\begin{cases} \begin{bmatrix} u_k(t+1) \\ v_k(t+1) \end{bmatrix} = A_k \begin{bmatrix} u_k(t) \\ v_k(t) \end{bmatrix}, \quad \begin{bmatrix} u_k(0) \\ v_k(0) \end{bmatrix} = \begin{bmatrix} u_k \\ v_k \end{bmatrix}, \\ y_k(t) = C_k \begin{bmatrix} u_k(t) \\ v_k(t) \end{bmatrix}, \end{cases} \tag{8.131}$$

其中

$$A_k = \begin{bmatrix} \cos\theta_k I_{n_k} & -\sin\theta_k I_{n_k} \\ \sin\theta_k I_{n_k} & \cos\theta_k I_{n_k} \end{bmatrix} \quad \text{和} \quad C_k = \Pi_k \begin{bmatrix} I_{n_k} & 0 \\ R_k & -V_k \end{bmatrix}, \tag{8.132}$$

其中 R_k 和 V_k 为 (8.125) 中 $\tilde{C}_k = R_k + \mathrm{i}V_k$ 的实部和虚部. 对 $m = 1$ 这归结为

$$y_k(t) = \begin{bmatrix} 1 & 0 \end{bmatrix} \begin{bmatrix} \cos\theta_k t & -\sin\theta_k t \\ \sin\theta_k t & \cos\theta_k t \end{bmatrix} \begin{bmatrix} u_k \\ v_k \end{bmatrix}. \tag{8.133}$$

实分量需要分别处理. 对 $\theta_0 = 0$ 和 $\theta_{\nu+1} = \pi$, 状态变量 $\mathrm{v}_k(t)$ 不可观, 系统 (8.131) 归结为对角状态空间表示

$$\begin{cases} u_0(t+1) = u_0(t), \quad u_k(0) = u_0, \\ y_0(t) = C_0 u_u(t), \end{cases} \tag{8.134}$$

其中 C_0 以 I_{n_0} 作为第一个 n_0 行块, 而 $\mathrm{E}\{u_0u_0'\} = \Sigma_0$. 类似地,

$$\begin{cases} u_{\nu+1}(t+1) = (-1)^t u_{\nu+1}(t), \quad u_{\nu+1}(0) = u_{\nu+1}, \\ y_{\nu+1}(t) = C_{\nu+1}u_{\nu+1}(t), \end{cases} \tag{8.135}$$

其中 $C_{\nu+1}$ 以 $I_{n_{\nu+1}}$ 作为第一个 $n_{\nu+1}$ 行块, 而 $\mathrm{E}\{u_{\nu+1}u_{\nu+1}'\} = \Sigma_{\nu+1}$. 在电气工程文献中 (8.134) 称为 DC 分量. 因此我们有一个 μ 维最小状态空间表示

$$\begin{cases} x(t+1) = Ax(t), \\ y(t) = Cx(t), \end{cases} \tag{8.136}$$

其中

$$A = \mathrm{diag}\,(I_{n_0}, A_1, \cdots, A_\nu, -I_{n_{\nu+1}}), \tag{8.137a}$$

$$C = \begin{bmatrix} C_0 & C_1 & \cdots & C_\nu & C_{\nu+1} \end{bmatrix}, \tag{8.137b}$$

其中 A_k, C_k, $k = 1, 2, \cdots, \nu$ 与式 (8.132) 中一样. 显然 A 是一个正交矩阵.

因此, 一个 m 维平稳纯确定过程 y 由 ν 个不同频率的向量谱分量 $y_k(t)$ 构成, 包括信号中总共 μ 个频率加上可能的 DC 分量. 因为每个 y_k 具有一个形如 (8.131) 的状态空间表示, 其中 A_k 是 $2n_k \times 2n_k$ 正交矩阵, 对应于共轭复特征值对 $\mathrm{e}^{\pm \mathrm{i}\theta_k}$, 显然在此规范基下, 状态协方差矩阵 P 变成对角矩阵, 具有形式

$$P := \mathrm{E}\{x(t)x(t)'\} = \mathrm{diag}\,(\Sigma_0, P_1, P_2, \cdots, P_\nu, \Sigma_{\nu+1}), \tag{8.138}$$

其中对 $k = 1, \cdots, \nu$,

$$P_k := \mathrm{diag}\,(\Sigma_k, \Sigma_k) \tag{8.139}$$

是 $2n_k \times 2n_k$ 正定矩阵. 状态协方差矩阵 P 满足 Lyapunov 方程

$$P = APA' \tag{8.140}$$

而且因为 A 是正交矩阵, 所以 $A' = A^{-1}$, 因此 $AP = PA$, 即 A 和 P 可交换. 此性质将在第 13 章中用到. y 的协方差函数为

$$\Lambda_t := \mathrm{E}\{y(t+k)y(k)'\} = CA^tPC' = CA^{t-1}\bar{C}', \tag{8.141}$$

其中 $\bar{C} = CPA'$. 显然 $(\bar{C}, A')$ 可观.

§ 8.6 有限维模型的最小性和非最小性

总结我们已经学到的关于任意一个有限维 (向前) 线性随机系统的最小性的内容

$$(\mathcal{S}) \quad \begin{cases} x(t+1) = Ax(t) + Bw(t), \\ y(t) = Cx(t) + Dw(t), \end{cases} \tag{8.142}$$

为此我们需要定理 6.5.2 的如下推论, 它表明为了让 X 的可观性条件等价于 (C, A) 的可观性, $x(0)$ 不必是 X 内的一组基.

推论 8.6.1 给定 (8.142), 设 $\mathrm{X} = \{a'x(0) \mid a \in \mathbb{R}^n\}$, 则 $\mathrm{X} \cap (\mathrm{H}^-)^\perp = 0$ 当且仅当 (C, A) 可观.

证 对每个 $\xi \in \mathrm{X}$, 存在 (不必唯一)$a \in \mathbb{R}^n$ 满足 $\xi = a'x(0)$. 则由定理 6.5.2 的证明, 我们得到 $\xi \in \mathrm{X} \cap (\mathrm{H}^-)^\perp$ 当且仅当 $Pa \in \cap_{t=0}^\infty \ker CA^t$, 其中 $P := \mathrm{E}\{x(0)x(0)'\}$, 或者等价地

$$\mathrm{E}\{x(0)\xi'\} = \bigcap_{t=0}^{\infty} \ker CA^t. \tag{8.143}$$

因此, 若 $\mathrm{X} \cap (\mathrm{H}^-)^\perp = 0$, 则 $\cap_{t=0}^\infty \ker CA^t = 0$, 即 (C, A) 可观. 反之, 若 (C, A) 可观, 则 (8.143) 等于零对所有的 ξ, 且特别地 $\mathrm{E}\{\xi\xi'\} = 0$ 对所有的 $\xi \in \mathrm{X} \cap (\mathrm{H}^-)^\perp$ 成立. 因此 $\mathrm{X} \cap (\mathrm{H}^-)^\perp = 0$. □

在状态空间 X 中作基变换之后, (8.142) 中的系统矩阵满足分解

$$A = \begin{bmatrix} A_0 & 0 \\ 0 & A_\infty \end{bmatrix}, \quad B = \begin{bmatrix} B_0 \\ 0 \end{bmatrix}, \quad C = \begin{bmatrix} C_0 & C_\infty \end{bmatrix}, \tag{8.144}$$

对应于分解 (8.86), 分别将 y 分解为纯非确定分量 y_0 和纯确定分量 y_∞, 这里 $|\lambda(A_0)| < 1$ 和 $|\lambda(A_\infty)| = 1$. y 的谱密度具有对应的分解

$$\Phi(\mathrm{e}^{\mathrm{i}\theta}) = \Phi_0(\mathrm{e}^{\mathrm{i}\theta}) + \sum_{k=-\nu-1}^{\nu+1} \Sigma_k \delta(\theta - \theta_k), \tag{8.145}$$

其中

$$\Phi_0(z) = W(z)W(z^{-1})', \quad W(z) := C_0(zI - A_0)^{-1}B_0 + D \tag{8.146}$$

是 y_0 的谱密度, 而 (8.145) 中的最后一项是 y_∞ 的点谱, 如 (8.129) 中形成的一样, 其中频率 $\mathrm{e}^{\mathrm{i}\theta_k}$, $k = -\nu - 1, \cdots, \nu + 1$ 是 A_∞ 的特征值. 注意 (8.146) 中 $W(z)$ 的实现不必是最小的.

命题 8.6.2　设 $\mathcal{S}$ 为线性随机系统 (8.142), 设

$$\mathrm{X} = \{a'x(0) \mid a \in \mathbb{R}^n\} = \mathrm{X}_0 \oplus \mathrm{X}_\infty,$$

其中 X_∞ 是 X 的确定子空间, 并且设 $\mathrm{Y}_\infty \subset \mathrm{X}_\infty$ 为由 y_∞ 的分量张成的子空间. 则

$$\frac{1}{2}\deg\Phi_0 \leqslant \deg W \leqslant \dim \mathrm{X}_0 \leqslant \dim \mathrm{X} \leqslant \dim \mathcal{S}. \tag{8.147}$$

另外,

(i) $\frac{1}{2}\deg\Phi = \deg W$ 当且仅当 W 最小,

(ii) $\deg W = \dim \mathrm{X}_0$ 当且仅当(C_0, A_0) 可观,

(iii) $\mathrm{X}_\infty = \mathrm{Y}_\infty$ 仅当(C_∞, A_∞) 可观,

(iv) $\dim \mathrm{X}_0 = \dim \mathrm{X}$ 当且仅当 $|\lambda(A)| < 1$, 这里 $\mathrm{X}_0 = \mathrm{X}$,

(v) $\dim \mathrm{X} = \dim \mathcal{S}$ 当且仅当 $x(0)$ 是 X 内的一组基, 或者等价地, $P := \mathrm{E}\{x(0)x(0)'\} > 0$,

(vi) $\dim \mathrm{X}_0 = \dim \mathcal{S}$ 当且仅当(A, B) 可达.

特别地, 若 $y = y_0$, 则 $\mathcal{S}$ 是 y 的一个最小随机实现当且仅当 (i), (ii) 和 (vi) 成立, 而且若 $y = y_\infty$, 则 $\mathcal{S}$ 最小当且仅当 (iii) 和 (v) 成立. 一般地, $\mathcal{S}$ 最小当且仅当 (C, A) 可观且 (i) 和 (v) 成立.

证　条件 (i) 和 $\frac{1}{2}\deg\Phi \leqslant \deg W$ 一起恰是一个定义 (定义 6.7.3). 对谱因子的最小性和对应的结论的一个更宽泛的讨论见第 9.2 节和定义 9.2.22.

对不等式 $\deg W \leqslant \dim \mathrm{X}_0$ 和条件 (ii), 考虑结构函数 (6.39) 对应于 X_0, 它满足 $\deg K = \dim \mathrm{X}_0$ 和它的互质矩阵因子描述 (6.44), 即 $K(z) = \bar{M}(z)M(z)^{-1}$. 则 $W(z) = N(z)M(z)^{-1}$ (推论 6.3.4), 这意味着 $\deg W \leqslant \deg K = \dim \mathrm{X}_0$, 等号成立当且仅当表示 $W(z) = N(z)M(z)^{-1}$ 互质. 但是由推论 6.5.3, 得这种互质条件成立当且仅当 X_0 可观, 这又当且仅当 (C_0, A_0) 可观 (推论 8.6.1).

由定理 8.4.8 可得条件 (iii) 和 (iv), 而由命题 8.4.2 和 8.4.3 可得条件 (vi). 条件 (v) 显然. 由 (8.147) 可得关于最小性的最后一个结论. 更精确地, 若 $y = y_0$, 则 $\mathcal{S}$ 是最小实现当且仅当 $\dim \mathcal{S} = \frac{1}{2}\deg\Phi_0$, 由此可得条件 (i), (ii) 和 (vi) 蕴含最小性. 类似地, 若 $y = y_\infty$, $\mathcal{S}$ 最小当且仅当 $\dim \mathcal{S} = \dim \mathrm{Y}_\infty$, 这由条件 (iii) 和 (v) 可得. 最后, 一般地, $\mathcal{S}$ 当且仅当 $\dim \mathcal{S} = \frac{1}{2}\deg\Phi_0 + \dim \mathrm{Y}_\infty$, 由此可得关于最小性的结论, 注意到由 (C, A) 的可观性可得 (ii) 和 (iii). □

接着, 假设 (C, A) 可观且 A 是稳定矩阵, 即 $|\lambda(A)| < 1$. 则为了保证 $\mathcal{S}$ 是 y 的一个最小实现, 仅有 (A, B) 可达是不够的, 为此我们还需要传递函数 W 是最小谱

因子 (命题 8.6.2). 然而, 要求稳态 Kalman 滤波可达是足够的, 正如下面我们将证明的.

为此, 考虑对模型 $\mathcal{S}$ 应用 Kalman 滤波,

$$\hat{x}(t+1) = A\hat{x}(t) + K(t)[y(t) - C\hat{x}(t)], \quad \hat{x}(\tau) = 0,$$

估计为

$$\hat{x}_i(t) = \mathrm{E}^{\mathrm{H}_{[\tau,t-1]}} x_i(0), \quad i = 1, 2, \cdots, \tilde{n},$$

其中 $\mathrm{H}_{[\tau,t-1]} = \overline{\mathrm{span}}\{a'y(k) \mid a \in \mathbb{R}^m, k = \tau, \tau+1, \cdots, t-1\}$, $\tilde{n} := \dim \mathcal{S}$. 由引理 6.9.4 得, 对每个 $a \in \mathbb{R}^n$ 有

$$a'\hat{x}(t) \to a'\hat{x}_\infty(t) := \mathrm{E}^{\mathrm{H}^-} a'x(t),$$

当 $\tau \to -\infty$ 时上面的极限是强收敛, 因此

$$\{a'\hat{x}_\infty(0) \mid a \in \mathbb{R}^{\tilde{n}}\} = \mathrm{E}^{\mathrm{H}^-} \mathrm{X}, \tag{8.148}$$

其中 X 是 $\mathcal{S}$ 的分裂子空间. 另外, $y(t) - C\hat{x}(t)$ 趋于 $Gv(t)$, 其中 v 是标准白噪声而 G 是一个可逆矩阵 (见第 6.9 节). 因此, 我们有稳态 Kalman 滤波

$$(\hat{\mathcal{S}}) \begin{cases} \hat{x}_\infty(t+1) = A\hat{x}_\infty(t) + K_\infty v(t), \\ y(t) = C\hat{x}_\infty(t) + Gv(t), \end{cases} \tag{8.149}$$

它是 y 的一个随机实现. 注意, 一般地, 我们有 $\hat{x}_\infty \neq x_-$, 其中 x_- 是预测空间 X_- 的状态过程. 的确, 因为没有假设 $\mathcal{S}$ 最小, 所以 $\hat{x}_\infty$ 和 x_- 可能维数不同. 然而, 我们有如下最小性准则.

命题 8.6.3 具有稳定矩阵 A 的可观系统 $\mathcal{S}$ 是 y 的最小实现当且仅当它的稳态 Kalman 滤波 (8.149) 在意义 (A, K_∞) 可达下是完全可达的.

证 由于 X 可观, 因此 $\mathrm{X} \perp \mathrm{N}^-$ (推论 7.4.14), 我们有

$$\mathrm{E}^{\mathrm{H}^-} \mathrm{X} = \mathrm{X}_-$$

(命题 7.4.13), 因此由 (8.148), 得

$$\hat{\mathrm{X}} := \{a'\hat{x}_\infty(0) \mid a \in \mathbb{R}\} = \mathrm{X}_-.$$

所以 $\dim \hat{\mathrm{X}} = n := \dim \mathrm{X}_-$. 因为 X_- 是一个最小分裂子空间, 而一个分裂子空间最小当且仅当它具有维数 n (定理 7.6.1), 因此 $\mathcal{S}$ 是一个最小实现当且仅当 $\dim \mathcal{S} = n$. 然而, 由命题 8.6.2, (iii) 和 (v), 得 (A, K_∞) 可达当且仅当 $\dim \hat{\mathcal{S}} = \dim \hat{\mathrm{X}} = n$, 或者等价地, $\dim \mathcal{S} = n$, 因为 $\dim \mathcal{S} = \dim \hat{\mathcal{S}}$, 所以 $\mathcal{S}$ 最小当且仅当 (A, K_∞) 是可达的. □

§ 8.7 有限维最小 Markov 表示的参数化

假设 y 具有有限维 Markov 表示, 则所有最小 Markov 表示 $(\mathbb{H}, \mathcal{U}, \mathrm{X})$ 具有相同的维数, 即 n (定理 7.6.1). 本节我们证明 (8.53) 和 (8.60) 中的矩阵 $(A, C, \bar{C})$ 可以被选择为对所有最小 Markov 表示相同.

为此我们按第 7.7 节的方式对 Markov 表示引入偏序.

定义 8.7.1 给定 y 的两个 Markov 表示 $M_1 := (\mathbb{H}_1, \mathcal{U}_1, \mathrm{X}_1)$ 和 $M_2 := (\mathbb{H}_2, \mathcal{U}_2, \mathrm{X}_2)$, 设 $M_1 \prec M_2$ 为顺序

$$\| \mathrm{E}^{\mathrm{X}_1} \lambda \| \leqslant \| \mathrm{E}^{\mathrm{X}_2} \lambda \|, \quad \lambda \in \mathrm{H}^+, \tag{8.150}$$

其中范数分别对应环绕空间 $\mathbb{H}_1$ 和 $\mathbb{H}_2$ 的范数. 若 $M_1 \prec M_2$ 和 $M_2 \prec M_1$ 都成立, 则称 M_1 和 M_2 等价 $(M_1 \sim M_2)$.

若 $M_1 \sim M_2$ 且 M_1 或 M_2 有一个是内部的, 则它们都是内部的且 $M_1 = M_2$ (推论 7.7.11). 设 $\mathcal{M}$ 为 y 最小 Markov 表示的所有等价类构成的族, 并且设 $\mathcal{M}_0$ 为所有内部最小 Markov 表示构成的子族. $\mathcal{M}$ 和 $\mathcal{M}_0$ 都是具有最小元和最大元的偏序集, 分别记为 $M_- := (\mathrm{H}, \mathcal{U}, \mathrm{X}_-)$ 和 $M_+ := (\mathrm{H}, \mathcal{U}, \mathrm{X}_+)$ (定理 7.7.3).

设 $(\mathbb{H}, \mathcal{U}, \mathrm{X})$ 为一个最小 Markov 表示. 给定 X_+ 内的任意一组基 $x_+(0)$, 由

$$a' x(0) = E^{\mathrm{X}} a' x_+(0), \quad a \in \mathbb{R}^n \tag{8.151}$$

定义的随机向量 $x(0)$ 构成 X 内的一组基 (引理 7.7.4). 此基的选择称为 $\mathcal{M}$ 内的基的一致选择. 特别地,

$$a' x_-(0) = E^{\mathrm{X}_-} a' x_+(0), \quad a \in \mathbb{R}^n \tag{8.152}$$

定义了 X_- 内的一组基. 现在, 如 (8.58) 中一样, 在 X 内定义对偶基

$$\bar{x}_-(-1) = P_-^{-1} x_-(0), \tag{8.153}$$

其中 $P_- := \mathrm{E}\{x_-(0) x_-(0)'\}$. 则由对称性

$$a' \bar{x}(-1) = E^{\mathrm{X}} a' \bar{x}_-(-1), \quad a \in \mathbb{R}^n \tag{8.154}$$

定义了 X 内的一组基. 这精确地说就是第 8.3 节引入的基对, 正如在下面命题中看到的.

命题 8.7.2 设 $x_+(0)$ 是 X_+ 内的任意一组基, 则由 (8.151) – (8.154) 所构造定义的随机向量对 $x(0)$ 和 $\bar{x}(-1)$ 是 X 内的一组基对, 即

$$\mathrm{E}\{x(0) \bar{x}(-1)'\} = I, \tag{8.155}$$

或者等价地,

$$\bar{x}(-1) = P^{-1}x(0), \quad 其中\ P := \mathrm{E}\{x(0)x(0)'\}. \tag{8.156}$$

证 为了证明 (8.155), 我们构造

$$a'\,\mathrm{E}\{x(0)\bar{x}(-1)'\}b = \langle a'x(0), \mathrm{E}^{\mathrm{X}}\, b'P_-^{-1}x_-(0)\rangle = \langle a'x(0), b'P_-^{-1}x_-(0)\rangle.$$

然而, 由命题 7.7.7, 得

$$a'x_-(0) = E^{\mathrm{X}_-}a'x(0), \quad a \in \mathbb{R}^n,$$

因此

$$a'\big(x(0) - x_-(0)\big) \perp \mathrm{X}_-.$$

所以

$$a'\,\mathrm{E}\{x(0)\bar{x}(-1)'\}b = \langle a'x_-(0), b'P_-^{-1}x_-(0)\rangle = a'\,\mathrm{E}\{x_-(0)x_-(0)\}P_-^{-1}b = a'b$$

对所有 $a, b \in \mathbb{R}^n$ 成立, 这就证明了 (8.155). □

在第 8.3 节我们看到, 给定 X 内的任意基对 $\big(x(0), \bar{x}(-1)\big)$, 存在对应的向前系统 (8.53) 和向后系统 (8.60). 设考虑对应的系统矩阵三元组 $(A, C, \bar{C})$.

定理 8.7.3 对任意基的一致选择, 三元组 $(A, C, \bar{C})$ 在 $\mathcal{M}$ 上是不变的.

证 设 $\mathcal{U}(\mathrm{X})$ 为第 7.5 节定义的算子 (7.58). 由 (8.53) 得

$$\mathcal{U}(\mathrm{X})a'x(0) = a'Ax(0). \tag{8.157}$$

另外, 若 $\mathcal{O}$ 为观测性算子 $\mathrm{E}^{\mathrm{H}^+}|_{\mathrm{X}}$, 则由定理 7.5.1 的第一个交换图得

$$\mathcal{U}(\mathrm{X})\mathcal{O}^*a'x_+(0) = \mathcal{O}^*\mathcal{U}a'x_+(0)$$

对所有的 $a \in \mathbb{R}^n$ 成立, 或者与此相同,

$$\mathcal{U}(\mathrm{X})\,\mathrm{E}^{\mathrm{X}}\,a'x_+(0) = \mathrm{E}^{\mathrm{X}}\,a'x_+(1).$$

注意到 (8.151) 和 (8.157), 这也可以写作

$$a'Ax(0) = \mathrm{E}^{\mathrm{X}}\,a'x_+(1). \tag{8.158}$$

现在,

$$a'x_+(1) = a'A_+x_+(0) + a'B_+w_+(0).$$

我们希望证明最后一项正交于 X, 或者更一般地,

$$b'w_+(0) \perp \mathrm{X}, \quad b \in \mathbb{R}^m. \tag{8.159}$$

为此, 回顾 $b'w_+(0) \perp \mathrm{S}_+ = \mathrm{H}^-(w_+)$, 这样就有 $b'w_+(0) \in \mathrm{N}^+$ (命题 7.4.6). 然而, 因为 X 是一个最小分裂子空间, 所以 $\mathrm{X} \perp \mathrm{N}^+$ (定理 7.6.4), 因此 (8.159) 成立.

所以, 由 (8.158) 可得

$$a'Ax(0) = \mathrm{E}^{\mathrm{X}}\, a'A_+x_+(0) = a'A_+x(0), \quad a \in \mathbb{R}^n,$$

因此 $a'AP = a'A_+P$ 对所有的 $a \in \mathbb{R}^n$ 成立. 所以, 由 $P > 0$ 得 $A = A_+$. 另外, 由 (8.53) 我们有

$$\mathrm{E}^{\mathrm{X}}\, b'y(0) = b'Cx(0).$$

然而, 注意到 (8.159), 我们也有

$$\mathrm{E}^{\mathrm{X}}\, b'y(0) = \mathrm{E}^{\mathrm{X}}\, b'C_+x_+(0) = b'C_+x(0)$$

对所有的 $b \in \mathbb{R}^m$ 成立, 因此 $C = C_+$. 最后, 对称的讨论利用 (8.60), 可得 $\bar{C} = \bar{C}_-$. 然而, 在此推导中取 X 为 X_+, 我们有 $\bar{C}_+ = \bar{C}_-$, 因此 $\bar{C} = \bar{C}_+$. □

注意到推论 8.4.6, 可知任意最小 Markov 分裂子空间具有正交分解

$$\mathrm{X} = \mathrm{X}_0 \oplus \mathrm{X}_\infty, \tag{8.160}$$

其中确定子空间 X_∞ 等于 Y_∞, 它由 (8.92) 定义, 对所有的 X, 而且正常子空间 X_0 发生了变化. 若 y 具有非平凡的确定部分 y_∞, 则 $n_\infty := \dim \mathrm{Y}_\infty \neq 0$. 因此, 为了包括此情形, 我们可以一致地选择基以满足它们适应于分解 (8.160), 正如在第241页那样.

给定 $\mathcal{M}$ 的这种一致选择基, 三元组 $(A, C, \bar{C})$ 是固定的 (定理 8.7.3), 且具有形式

$$A = \begin{bmatrix} A_0 & 0 \\ 0 & A_\infty \end{bmatrix}, \quad \begin{bmatrix} C_0 & C_\infty \end{bmatrix}, \quad \begin{bmatrix} \bar{C}_0 & \bar{C}_\infty \end{bmatrix}, \tag{8.161}$$

其中 $n_0 \times n_0$ 矩阵 A_0 的特征值都在开单位圆盘内, 而 A_∞ 的所有特征值都在单位圆上 (定理 8.4.8). 再给定

$$\Lambda_0 := \mathrm{E}\{x(0)x(0)'\},$$

如第 6 章一样, 定义映射 $M : \mathbb{R}^{n\times n} \to \mathbb{R}^{(n+m)\times(n+m)}$ 为

$$M(P) = \begin{bmatrix} P - APA' & \bar{C}' - APC' \\ \bar{C} - CPA' & \Lambda_0 - CPC' \end{bmatrix}. \tag{8.162}$$

我们现在叙述比第 6 章中的基本结果更一般的版本, 在这里它们是从基本的几何原理中得到的.

定理 8.7.4 设 $\mathcal{M}$ 为对应满秩平稳随机过程 y 的 n 维最小 Markov 表示的等价关系族. 给定 $\mathcal{M}$ 适应于 (8.160) 的一致选择基, 设 $(A, C, \bar{C})$ 为由定理 8.7.3 描述的对应矩阵, 并且设 M 由 (8.162) 定义. 则存在 $\mathcal{M}$ 和集合

$$\mathcal{P} = \{P \in \mathbb{R}^{n \times n} \mid P' = P,\ M(P) \geqslant 0\} \tag{8.163}$$

之间的一一对应, $P_1 \leqslant P_2$ 当且仅当 $M_1 \prec M_2$ 下是保序的. 在此对应关系下

$$P := \mathrm{E}\{x(0)x(0)'\}, \tag{8.164}$$

其中 $x(0)$ 是对应最小 Markov 分裂子空间中一致选择的基.

证 由命题 7.7.5, 对应于最小 Markov 分裂子空间 X 存在协方差 (8.163) 的 $\mathcal{M}$ 和集合 $\widehat{\mathcal{P}}$ 之间的保序的一一对应. 显然, $\widehat{\mathcal{P}} \subset \mathcal{P}$. 事实上, 对任意这种 X, 由定理 8.3.1, 得 $P := \mathrm{E}\{x(0)x(0)'\}$ 满足

$$M(P) = \begin{bmatrix} B \\ D \end{bmatrix} \begin{bmatrix} B \\ D \end{bmatrix}' \geqslant 0 \tag{8.165}$$

对某个 B, D 成立. 只剩下证明 $\mathcal{P} \subset \widehat{\mathcal{P}}$, 即对每个 $P \in \mathcal{P}$ 存在一个 Markov 表示 $(\mathbb{H}, \mathcal{U}, \mathrm{X})$ 满足在给定一致选择基下有 $P := \mathrm{E}\{x(0)x(0)'\}$.

为此, 首先假设 y 是纯非确定的, 即 $n_\infty = 0$, 则对任意的 $P \in \mathcal{P}$, 通过最小因子分解 (8.165) 确定矩阵对 (B, D), 并构造

$$W(z) = C(zI - A)^{-1}B + D.$$

因此若 y 是 m 维的, 则 W 是 $m \times p$ 的, 其中 $p := \operatorname{rank} M(P) \geqslant m$. 另外, 由于 A 的所有特征值都在开单位圆盘 $\mathbb{D}$ 内, 故 W 在 $\mathbb{D}$ 的补内解析. 延续第 4.2 节的记号 (和下一个更详细讨论的构造), 我们定义一个 p 维生成过程 w, 通过

$$\mathrm{d}\hat{w} = W^* \Phi^{-1} \mathrm{d}\hat{y} + \mathrm{d}\hat{z},$$

其中平稳过程 $z(t) := \mathcal{U}_z^t z(0)$ 被称正交于 $\mathrm{H} := \mathrm{H}(y)$ 且满足 $\mathrm{E}\{\mathrm{d}\hat{w}\mathrm{d}\hat{w}^*\} = \mathrm{d}\theta$. 则我们一定有 $\mathrm{E}\{\mathrm{d}\hat{z}\mathrm{d}\hat{z}^*\} = (1 - W^*\Phi^{-1}W)\mathrm{d}\theta$. 现在注意 $WW^* = \Phi$, 我们构造 $W\mathrm{d}\hat{w} = \mathrm{d}\hat{y} + W\mathrm{d}\hat{z}$, 得

$$\mathrm{d}\hat{y} = W\mathrm{d}\hat{w}.$$

事实上,

$$\mathrm{E}\{W\mathrm{d}\hat{z}\mathrm{d}\hat{z}^*W^*\} = W(1 - W^*\Phi^{-1}W)W^*\mathrm{d}\theta = (\Phi - \Phi)\mathrm{d}\theta = 0.$$

则

$$y(t) = \int_{-\pi}^{\pi} W(\mathrm{e}^{\mathrm{i}\theta})\mathrm{d}\hat{w}$$

具有一个实现 (8.53) 满足 $P := \mathrm{E}\{x(0)x(0)'\}$ 具有 Markov 分裂子空间 $\mathrm{X} := \{a'x(0) \mid a \in \mathbb{R}^n\}$. 设 $\mathbb{H} = \mathrm{H} \oplus \mathrm{H}(z)$ 和 $\mathcal{U}_w := \mathcal{U} \times \mathcal{U}_z$, 则 $(\mathbb{H}, \mathcal{U}_w, \mathrm{X})$ 就是需要的 y 的 Markov 表示.

接着, 假设 $n_0 \neq 0$, 则对任意 $P \in \mathcal{P}$, 确定 B_0, B_∞, D 满足

$$M(P) = \begin{bmatrix} B_0 \\ B_\infty \\ D \end{bmatrix}\begin{bmatrix} B_0 \\ B_\infty \\ D \end{bmatrix}' \tag{8.166}$$

时最小因子分解. 由 $|\lambda(A_\infty)| = 1$, 得

$$B_\infty = 0, \quad P = \begin{bmatrix} P_0 & 0 \\ 0 & P_\infty \end{bmatrix}, \tag{8.167}$$

其中 P_∞ 是 $n_\infty \times n_\infty$ 的. 事实上, 假设

$$P = \begin{bmatrix} P_0 & Z' \\ Z & P_\infty \end{bmatrix},$$

由 (8.166) 可得

$$P_\infty = A_\infty P_\infty A'_\infty + B_\infty B'_\infty, \tag{8.168a}$$

$$Z = A_0 Z A'_\infty + B_0 B'_\infty. \tag{8.168b}$$

由于 A_∞ 的特征值都在单位圆上, 则 $G := P_\infty^{1/2} A'_\infty P_\infty^{-1/2}$ 的也是. 因此, 对 G 的任意特征向量 v, 由 (8.168a) 得

$$|B'_\infty P_\infty^{-1/2} v|^2 = |v|^2 - |Gv|^2 = 0,$$

因此 $B_\infty = 0$. 则由 (8.166) 得

$$(1 - \lambda A_0)Zv = 0$$

对所有 A_∞ 的特征向量 v 和对应的特征值 λ 成立. 由 $|\lambda| = 1$ 和 $|\lambda(A_0)| < 1$, 知矩阵 Z 一定为零. 这就证明了 (8.167).

由于 (C_∞, A_∞) 可观 (定理 8.4.8), $x_\infty(0)$ 可以由

$$C_\infty A_\infty^k x_\infty(0) = y_\infty(k), \quad k = 0, 1, \cdots, n_0 - 1$$

唯一确定. 显然 $P := \mathrm{E}\{x_\infty(0)x_\infty(0)'\}$ 满足 (8.168a), 其中 $B_\infty = 0$ 且

$$\begin{cases} x_\infty(t+1) = A_\infty x_\infty(t), \\ y_\infty(t) = C_\infty x_\infty(t) \end{cases}$$

成立. 由 (8.166) 我们也有

$$M_0(P_0) = \begin{bmatrix} B_0 \\ D \end{bmatrix} \begin{bmatrix} B_0 \\ D \end{bmatrix}' \geqslant 0,$$

其中 M_0 如 M 定义, 分别将 A, C, $\bar{C}$ 和 Λ_0 替换为 A_0, C_0, $\bar{C}_0$ 和 $\mathrm{E}\{y_0 y_0'\}$, 则我们可以如在纯非确定情形一样, 精确地定义生成过程 w 和随机系统

$$\begin{cases} x_0(t+1) = A_0 x_0(t) + B_0 w(t), \\ y_0(t) = C_0 x_0(t) + D w(t), \end{cases}$$

其中 $P_0 = \mathrm{E}\{x_0(0)x_0(0)'\}$ 和 $\mathrm{X}_0 = \{a' x_0(0) \mid a \in \mathbb{R}^{n_0}\}$. 因此我们已经构造了一个随机系统 (8.99) 和一个具有 Markov 分裂子空间 $\mathrm{X} = \mathrm{X}_0 \oplus \mathrm{X}_\infty$ 的 Markov 表示. □

§ 8.8 Markov 表示的正规性

在第 6.8 节我们引入了正规性的概念, 它在第 6.9 节表达关于代数 Riccati 方程的一些结果时用到. 下面我们表达 Markov 表示正规性的一般几何条件, 它在无穷维的情形也成立. 关于过程正规性定义 6.8.1 的更一般的重新表达将在第 9.3 节给出.

定义 8.8.1 *具有生成过程 $(w, \bar{w})$ 的 Markov 表示 $(\mathbb{H}, \mathcal{U}, \mathrm{X})$ 正规的, 若 $D := \mathrm{E}\{y(0)w(0)'\}$ 和 $\bar{D} := \mathrm{E}\{y(0)\bar{w}(0)'\}$ 都满秩, 否则是奇异的.*

然而, 为了给出接下来的几何概念, 我们首先保持在有限维的设定下并考虑 Kalman 滤波的稳态估计误差, 即 $z(t) := x(t) - x_-(t)$, 其中 x 和 x_- 分别是 (6.1) 和 (6.65) 的状态过程. 容易看出 z 满足动态方程

$$z(t+1) = \Gamma_- z(t) + (B - B_- D_-^{-1} D) w(t), \tag{8.169}$$

其中 Γ_- 是 (6.78) 中定义的反馈矩阵, 带有谱因子 W_- 的零动态. 对称地, $\bar{z}(t) := \bar{x}(t) - \bar{x}_+(t)$, 其中 $\bar{x}$ 和 $\bar{x}_+$ 由 (6.16) 和 (6.67) 给出, 由向后递归

$$\bar{z}(t-1) = \bar{\Gamma}_+\bar{z}(t) + (\bar{B} - \bar{B}_+\bar{D}_+^{-1}\bar{D})\bar{w}(t) \tag{8.170}$$

给出, 其中 $\bar{\Gamma}_+$ 由 (6.81) 给出. 存在这些误差方程的坐标自由几何版本, 接下来将考察此结论.

给定 Markov 表示 $(\mathbb{H}, \mathcal{U}, \mathrm{X})$, 其中 $\mathrm{X} \sim (\mathrm{S}, \bar{\mathrm{S}})$, 我们引入对应的向前和向后*误差空间* 分别为

$$\mathrm{Z} := \mathrm{S} \ominus \mathrm{H}^- = \mathrm{S} \cap (\mathrm{H}^-)^\perp \quad 和 \quad \bar{\mathrm{Z}} := \bar{\mathrm{S}} \ominus \mathrm{H}^+ = \bar{\mathrm{S}} \cap (\mathrm{H}^+)^\perp, \tag{8.171}$$

其中正交补 $(\mathrm{H}^-)^\perp$ 和 $(\mathrm{H}^+)^\perp$ 对应于环绕空间 $\mathbb{H}$. 子空间 Z 和 $\bar{\mathrm{Z}}$ 不是分裂子空间, 但是由 $\mathrm{H}^- \subset \mathrm{S}$ 和 $\mathrm{H}^+ \subset \bar{\mathrm{S}}$, 知它们是不变子空间垂直相交对的交, 即垂直相交对分别为 $(\mathrm{S}, (\mathrm{H}^-)^\perp)$ 和 $(\bar{\mathrm{S}}, (\mathrm{H}^+)^\perp)$ (定理 7.2.4). 因此, 由命题 7.2.2, 我们有

$$\mathrm{S} \perp (\mathrm{H}^-)^\perp \mid \mathrm{Z} \quad 和 \quad \bar{\mathrm{S}} \perp (\mathrm{H}^+)^\perp \mid \bar{\mathrm{Z}}. \tag{8.172}$$

由于 $\mathrm{Z}^- \subset \mathrm{S}$ 和 $\mathrm{Z}^+ \subset (\mathrm{H}^-)^\perp$, 我们有 $\mathrm{Z}^- \perp \mathrm{Z}^+ \mid \mathrm{Z}$, 即 Z 是 Markov 的. 以相同的方式, 可知 $\bar{\mathrm{Z}}$ 是 Markov 的.

设 $\zeta \in \mathrm{Z}$. 因为 $\mathcal{U}\zeta \subset \mathcal{U}\mathrm{S}$ 和 $\mathcal{U}\mathrm{S} = \mathrm{S} \oplus \mathrm{W}$, 所以由 (8.11), 得

$$\mathcal{U}\zeta = \mathrm{E}^{\mathrm{S}\oplus\mathrm{W}}\,\mathcal{U}\zeta = \mathrm{E}^{\mathrm{S}}\,\mathcal{U}\zeta + \mathrm{E}^{\mathrm{W}}\,\mathcal{U}\zeta,$$

然而, 注意到命题 2.4.2 和事实 $\mathcal{U}\zeta \in (\mathrm{H}^-)^\perp$, 由 (8.172) 得

$$\mathrm{E}^{\mathrm{S}}\,\mathcal{U}\zeta = \mathrm{E}^{\mathrm{Z}}\,\mathcal{U}\zeta = \mathcal{U}(\mathrm{Z})\zeta,$$

因此

$$\mathcal{U}\zeta = \mathcal{U}(\mathrm{Z})\zeta + g'w(t) \tag{8.173}$$

对某个 $g \in \mathbb{R}^p$ 成立, 其中 $\mathcal{U}(\mathrm{Z}) := \mathrm{E}^{\mathrm{Z}}\,\mathcal{U}_{|\mathrm{Z}}$ 而 w 是 $(\mathbb{H}, \mathcal{U}, \mathrm{X})$ 的向前生成过程. 对称的讨论我们可以证明对任意 $\bar{\zeta} \in \bar{\mathrm{Z}}$ 有

$$\mathcal{U}^*\bar{\zeta} = \mathcal{U}(\bar{\mathrm{Z}})^*\bar{\zeta} + \bar{g}'\bar{w}(t) \tag{8.174}$$

对某个 $\bar{g} \in \mathbb{R}^{\bar{p}}$ 成立, 其中 $\mathcal{U}(\bar{\mathrm{Z}}) := \mathrm{E}^{\bar{\mathrm{Z}}}\,\mathcal{U}_{|\bar{\mathrm{Z}}}$ 而 $\bar{w}$ 是 $(\mathbb{H}, \mathcal{U}, \mathrm{X})$ 的向后生成过程.

命题 8.8.2　设 $(\mathbb{H}, \mathcal{U}, \mathrm{X})$ 为具有 $\mathrm{X} := \{a'x(0) \mid a \in \mathbb{R}^n\}$ 的有限维最小 Markov 表示, 其中 x 由 (6.1) 给定, 并设 $\mathrm{X} \sim (\mathrm{S}, \bar{\mathrm{S}})$. 另外, 设 $P := \mathrm{E}\{x(0)x(0)'\}$, 且设 P_-

和 P_+ 为对应的由 (8.163) 定义的集合 $\mathcal{P}$ 中的最小和最大元. 则由 (8.171) 定义的 Z 和 $\bar{Z}$ 具有表示

$$\mathrm{Z} = \{a'z(0) \mid a \in \mathbb{R}^n\} \quad 和 \quad \bar{\mathrm{Z}} = \{a'\bar{z}(0) \mid a \in \mathbb{R}^n\}, \tag{8.175}$$

其中 $z(0)$ 和 $\bar{z}(0)$ 分别是由 (8.169) 和 (8.170) 定义的估计误差. 另外, $\mathcal{U}(\mathrm{Z})$ 和 Γ_- 相似, 若 $P > P_-$, 且 $\mathcal{U}(\bar{\mathrm{Z}})$ 和 $\bar{\Gamma}_+$ 相似, 若 $\bar{P} > \bar{P}_+$, 其中 $\bar{P} := P^{-1}$ 和 $\bar{P}_+ := P_+^{-1}$.

证 由于 $\mathrm{S} = \mathrm{H}^- \vee \mathrm{X}$, 得

$$\mathrm{Z} = \mathrm{E}^{(\mathrm{H}^-)^\perp} \mathrm{S} = \{\xi - \mathrm{E}^{\mathrm{H}^-} \xi \mid \xi \in \mathrm{X}\} = \{a'x(0) - a'x_-(0) \mid a \in \mathbb{R}^n\},$$

这就得到了 (8.175) 中的第一个等式. 由对称性可得第二个等式. 接着假设 $P > P_-$. 则 $\mathrm{E}\{z(0)z(0)'\} > 0$, 因此 $\dim \mathrm{Z} = n$, 故线性映射 $T_z : \mathbb{R}^n \to \mathrm{Z}$, 将 a 映射为 $T_z a = a'z(0)$ 是双射. 由 (8.169) 得 $\mathcal{U}(\mathrm{Z})a'z(0) = \mathrm{E}^{\mathrm{Z}} a'z(1) = a'\Gamma_- z(0)$, 即 $\mathcal{U}(\mathrm{Z})T_z a = T_z \Gamma_-' a$, 对 $a \in \mathbb{R}^n$, 所以我们有 $\mathcal{U}(\mathrm{Z})T_z = T_z\Gamma_-'$, 这表明 $\mathcal{U}(\mathrm{Z})$ 相似于 Γ_-'. 以相同的方式我们可以证明 $\mathcal{U}(\bar{\mathrm{Z}})^*$ 相似于 $\bar{\Gamma}_+'$, 若 $\bar{P} > \bar{P}_+$. □

命题 8.8.3 设 $(\mathbb{H}, \mathcal{U}, \mathrm{X})$ 为一个 Markov 表示, 具有误差空间 Z 和 $\bar{\mathrm{Z}}$, 则 X 可观当且仅当 $\mathrm{X} \cap \bar{\mathrm{Z}} = 0$, 可构造当且仅当 $\mathrm{X} \cap \mathrm{Z} = 0$.

证 注意到 (8.171) 和事实 $\mathrm{X} \subset \mathrm{S}$, 得

$$\mathrm{X} \cap \mathrm{Z} = \mathrm{X} \cap \mathrm{S} \cap (\mathrm{H}^-)^\perp = \mathrm{X} \cap (\mathrm{H}^-)^\perp,$$

根据定义它等于零当且仅当 X 可构造. 关于可观性的部分的证明类似可得. □

接着我们将看到 D 的秩由 $\mathcal{U}(\mathrm{Z})$ 的零空间的维数决定, 它是有限维的, 甚至对一般情形 Z 是无穷维的.

命题 8.8.4 设 $(\mathbb{H}, \mathcal{U}, \mathrm{X})$ 为 Markov 表示, 具有误差空间 Z 和 $\bar{\mathrm{Z}}$, 生成过程 $(w, \bar{w})$. 则 $m \times p$ 矩阵 $D := \mathrm{E}\{y(0)w(0)'\}$ 和 $m \times \bar{p}$ 矩阵 $\bar{D} := \mathrm{E}\{y(0)\bar{w}(0)'\}$ 具有秩

$$\operatorname{rank} D = p - \dim\ker \mathcal{U}(\mathrm{Z}) , \tag{8.176a}$$

$$\operatorname{rank} \bar{D} = \bar{p} - \dim\ker \mathcal{U}(\bar{\mathrm{Z}})^*, \tag{8.176b}$$

其中 $\mathcal{U}(\mathrm{Z}) := \mathrm{E}^{\mathrm{Z}} \mathcal{U}_{|\mathrm{Z}}$ 和 $\mathcal{U}(\bar{\mathrm{Z}})^* := \mathrm{E}^{\bar{\mathrm{Z}}} \mathcal{U}^*_{|\bar{\mathrm{Z}}}$.

证明基于下面的引理, 为了之后的参考, 我们更一般地叙述它.

引理 8.8.5 设 $(\mathrm{S}, \bar{\mathrm{S}})$ 为子空间对 (在某 Hilbert 空间 $\mathbb{H}$ 中) 具有性质 $\mathcal{U}^*\mathrm{S} \subset \mathrm{S}$, $\mathcal{U}\bar{\mathrm{S}} \subset \bar{\mathrm{S}}$ 和 $\bar{\mathrm{S}}^\perp \subset \mathrm{S}$, 并设 $\mathrm{X} := \mathrm{S} \ominus \bar{\mathrm{S}}^\perp$, 则

$$\ker \mathcal{U}(\mathrm{X}) = \mathrm{X} \cap (\mathcal{U}^*\mathrm{W}) = \bar{\mathrm{S}} \cap (\mathcal{U}^*\mathrm{W}), \tag{8.177a}$$

$$\ker \mathcal{U}(X)^* = X \cap \bar{W} = S \cap \bar{W}, \tag{8.177b}$$

其中 $W := \mathcal{U}S \ominus S$ 和 $\bar{W} := \bar{S} \ominus \mathcal{U}\bar{S}$.

注意, 此引理中 S 和 $\bar{S}$ 垂直相交 (推论 7.2.5) 且 $X := S \cap \bar{S}$, 但是 X 不必是一个分裂子空间, 因为条件 $S \supset H^-$ 和 $\bar{S} \supset H^+$ 不必满足.

证 注意 $S \perp \bar{S} \mid X$, 其中 $X = S \cap \bar{S}$ (命题 7.2.2 和定理 7.2.4). 设 $\xi \in X$, 则 $\mathcal{U}\xi \in \mathcal{U}S = S \oplus W$, 因此

$$\mathcal{U}\xi = E^{S\oplus W}\, \mathcal{U}\xi = E^{S}\, \mathcal{U}\xi + E^{W}\, \mathcal{U}\xi .$$

然而, 由命题 2.4.2, 得 $E^S\, \mathcal{U}\xi = E^X\, \mathcal{U}\xi = \mathcal{U}(X)\xi$, 因此

$$\mathcal{U}\xi = \mathcal{U}(X)\xi + b'w(0) \tag{8.178}$$

对某个 $b \in \mathbb{R}^p$ 成立, 其中 w 是 S 的 p 维生成过程. 显然 $\mathcal{U}(X)\xi = 0$ 仅当 $\xi = \mathcal{U}^*b'w(0)$, 也就是仅当 $\xi \in X \cap (\mathcal{U}^*W)$. 反之, 假设 $\xi \in X \cap (\mathcal{U}^*W)$, 则 $\xi = a'w(-1)$ 对某个 $a \in \mathbb{R}^p$ 成立, 因此 $\mathcal{U}\xi = a'w(0)$. (8.178) 意味着 $(a-b)'w(0) = \mathcal{U}(X)\xi \in X \perp W$, 因此 $a = b$, 故 $\xi \in \ker \mathcal{U}(X)$. 这就证明了 (8.177a) 内的第一个等式. 对第二个等式, 注意到 $X \cap (\mathcal{U}^*W) = \bar{S} \cap S \cap (\mathcal{U}^*W) = \bar{S} \cap (\mathcal{U}^*W)$, 因为 $\mathcal{U}^*W \subset S$, 由对称性可以证明 (8.177b). □

推论 8.8.6 命题 8.8.4 中 $\mathcal{U}(Z)$ 和 $\mathcal{U}(\bar{Z})$ 的零空间为

$$\ker \mathcal{U}(Z) = Z \cap (\mathcal{U}^*W), \tag{8.179a}$$

$$\ker \mathcal{U}(\bar{Z})^* = \bar{Z} \cap \bar{W}, \tag{8.179b}$$

其中 W 和 $\bar{W}$ 分别为徘徊子空间 (8.11) 和 (8.15).

证 通过分别取 X 和 $(S, \bar{S})$ 为 Z 和 $(S, (H^-)^\perp)$, 由引理 8.8.5 中的 (8.177a) 直接可得等式 (8.179a), 并且由 (8.177b) 可得 (8.179b), 通过分别设 X 和 $(S, \bar{S})$ 等于 $\bar{Z}$ 和 $((H^+)^\perp, \bar{S})$. □

命题 8.8.4 **的证明**. 首先注意到, 由 $\ker D \oplus \operatorname{Im} D' = \mathbb{R}^p$(定理 B.2.5), 得

$$\operatorname{rank} D = \dim \operatorname{Im} D' = p - \dim \ker D,$$

若我们可以证明 $\ker \mathcal{U}(Z)$ 和 $\ker D$ 具有相同的维数, 就可得等式 (8.176a). 为此注意到, 由 $Z = S \cap (H^-)^\perp$ 和 $\mathcal{U}^*W \subset S$, 知由 (8.179a) 可得 $\ker \mathcal{U}(Z) = (H^-)^\perp \cap (\mathcal{U}^*W)$.

因此, $\dim\ker\mathcal{U}(\mathrm{Z})$ 等于 ν, $a_1, a_2, \cdots, a_\nu \in \mathbb{R}^p$ 线性独立并且满足 $a_k' w(-1) \perp \mathrm{H}^-$, 对 $k = 1, 2, \cdots, \nu$, 或者等价地,

$$\mathrm{E}\{y(t)w(-1)'\}a_k = 0, \quad t < 0,\ k = 1, 2, \cdots, \nu. \tag{8.180}$$

然而, $\mathcal{U}^*\mathrm{H}^- \subset \mathcal{U}^*\mathrm{S} \perp \mathcal{U}^*\mathrm{W}$, 因此对 $t < -1$, $\mathrm{E}\{y(t)w(-1)'\}a_k$ 总是零. 因此, (8.180) 成立当且仅当 $Da_k = \mathrm{E}\{y(-1)w(-1)'\}a_k = 0$, $k = 1, 2, \cdots, \nu$, 这表明 $\ker\mathcal{U}(\mathrm{Z})$ 和 $\ker D$ 具有相同维数. 这就证明了 (8.176a). 利用 (8.179b), (8.176b) 的证明类似可得. □

因为预测空间 X_- 的向前误差空间 Z_- 和 X_+ 的向后误差空间 $\bar{\mathrm{Z}}_+$ 是非平凡的, 所以 D_- 和 $\bar{D}_+$ 总是满秩的.

§ 8.9 无观测噪声模型

我们考虑标准的 Markov 表示构造过程 (不必是最小的), 它满足 $D = 0$ 和 $\bar{D} = 0$. 这涉及通过在状态中加入观测噪声而改良状态过程, 这是有限维情形的一个标准构造.

命题 8.9.1 设 $(\mathbb{H}, \mathcal{U}, \mathrm{X})$ 为一个 Markov 表示满足 $\mathrm{X} \sim (\mathrm{S}, \bar{\mathrm{S}})$, 并设 $\tilde{\mathrm{X}} := (\mathcal{U}\mathrm{S}) \cap \bar{\mathrm{S}}$. 则 $(\tilde{\mathrm{X}}, \mathcal{U}, \mathbb{H})$ 是一个 Markov 表示满足 $\tilde{\mathrm{X}} \sim (\mathcal{U}\mathrm{S}, \bar{\mathrm{S}})$, 且 $y_k(0) \in \tilde{\mathrm{X}}$, $k = 1, 2, \cdots, m$. 另外,

$$\tilde{\mathrm{X}} = \mathrm{X} \oplus \mathrm{W} = (\mathcal{U}\mathrm{X}) \oplus \bar{\mathrm{W}}, \tag{8.181}$$

其中 W 和 $\bar{\mathrm{W}}$ 分别为子空间 (8.11) 和 (8.15).

证 由假设, 知 $(\mathrm{S}, \bar{\mathrm{S}})$ 满足定理 8.1.1 中的条件 (i), (ii) 和 (iii), 故 $(\mathcal{U}\mathrm{S}, \bar{\mathrm{S}})$ 也满足. 事实上, $\mathrm{H}^- \subset \mathrm{S} \subset \mathcal{U}\mathrm{S}$ 和 $\mathcal{U}^*(\mathcal{U}\mathrm{S}) = \mathrm{S} \subset \mathcal{U}\mathrm{S}$ 表明 (i) 和 (ii). 由 (8.11) 得 $\mathcal{U}\mathrm{S} = \mathrm{S} \oplus \mathrm{W}$. 因此, 由 $\mathrm{W} \subset \mathrm{S}^\perp \subset \bar{\mathrm{S}}$, 得

$$(\mathcal{U}\mathrm{S}) \cap \bar{\mathrm{S}} = (\mathrm{S} \cap \bar{\mathrm{S}}) \oplus \mathrm{W}. \tag{8.182}$$

由 (8.11) 我们也有 $(\mathcal{U}\mathrm{S})^\perp = \mathrm{S}^\perp \ominus \mathrm{W}$, 因此

$$((\mathcal{U}\mathrm{S}) \cap \bar{\mathrm{S}}) \oplus (\mathcal{U}\mathrm{S})^\perp = (\mathrm{S} \cap \bar{\mathrm{S}}) \oplus \mathrm{S}^\perp,$$

表明 $(\mathcal{U}\mathrm{S}, \bar{\mathrm{S}})$ 满足 (iii). 因此由定理 8.1.1 知 $(\tilde{\mathrm{X}}, \mathcal{U}, \mathbb{H})$ 是一个 Markov 表示. 另外, (8.182) 恰是 (8.181) 中的第一个等式. 为了证明 (8.181) 的第二个等式, 注意到 (8.15) 蕴含 $\bar{\mathrm{S}} = (\mathcal{U}\bar{\mathrm{S}}) \cap \bar{\mathrm{W}}$, 因此, 由 $\bar{\mathrm{W}} \subset (\mathcal{U}\bar{\mathrm{S}})^\perp \subset \mathcal{U}\mathrm{S}$, 得

$$\tilde{\mathrm{X}} = (\mathcal{U}\mathrm{S}) \cap \bar{\mathrm{S}} = ((\mathcal{U}\mathrm{S}) \cap (\mathcal{U}\bar{\mathrm{S}})) \oplus \bar{\mathrm{W}} = (\mathcal{U}\mathrm{X}) \oplus \bar{\mathrm{W}}.$$

最后,

$$y_k(0) \in (\mathcal{U}\mathrm{H}^-) \cap \mathrm{H}^+ \subset (\mathcal{U}\mathrm{S}) \cap \bar{\mathrm{S}} = \tilde{\mathrm{X}}$$

对 $k = 1, 2, \cdots, m$ 成立. □

通过修改过去空间 H^- 的定义以包含 $y(0)$, 即取

$$\mathrm{H}^- = \overline{\operatorname{span}}\{a'y(t) \mid t \leqslant 0; a \in \mathbb{R}^m\}, \tag{8.183}$$

而保持 H^+ 旧的定义, 我们得到过去和未来完全的对称性. 在此情况下有

$$a'y(0) \in \mathrm{H}^- \cap \mathrm{H}^+ \subset \mathrm{S} \cap \bar{\mathrm{S}} = \mathrm{X}, \quad a \in \mathbb{R}^m$$

对任意 Markov 分裂子空间 $\mathrm{X} \sim (\mathrm{S}, \bar{\mathrm{S}})$ 成立, 这导致无噪声的模型.

在此框架下, 给定一个 Markov 表示 $(\mathbb{H}, \mathcal{U}, \mathrm{X})$, 向前和向后随机系统的构造与本章之前讲的方式类似, 但是需要一些修改以保持向前和向后模型的对称性. 特别地, W 的定义 (8.11) 需要改为 $\mathrm{W} := \mathrm{S} \ominus \mathcal{U}^*\mathrm{S}$, 这导致如下 (8.16) 和 (8.17) 的修改:

$$\begin{cases} \mathcal{U}\mathrm{X} \subset \mathrm{X} \oplus (\mathcal{U}\mathrm{W}), \\ \mathrm{Y} \subset \mathrm{X}, \end{cases} \qquad \begin{cases} \mathcal{U}^*\mathrm{X} \subset \mathrm{X} \oplus (\mathcal{U}^*\bar{\mathrm{W}}), \\ \mathrm{Y} \subset \mathrm{X}, \end{cases} \tag{8.184}$$

在有限维的情形下, X 中的一组基 $x(0)$ 的选择导致一个向前系统

$$\begin{cases} x(t+1) = Ax(t) + Bw(t+1), \\ y(t) = Cx(t), \end{cases} \tag{8.185}$$

和向后系统

$$\begin{cases} \bar{x}(t-1) = A'\bar{x}(t) + \bar{B}\bar{w}(t-1), \\ y(t) = \bar{C}\bar{x}(t), \end{cases} \tag{8.186}$$

其中 $\bar{x}(t) := P^{-1}x(t)$ 满足 $\bar{B}\bar{B}' = P^{-1} - A'P^{-1}A$ 和 $\bar{C} = CP$. 现在我们得到了向前和向后系统的完全对称性, 事实上,

$$\{a'x(0) \mid a \in \mathbb{R}^n\} = \mathrm{X} = \{a'\bar{x}(0) \mid a \in \mathbb{R}^n\} \tag{8.187}$$

也可以反映出来此对称性.

在具有由 (8.183) 给出的 H^- 新的框架下的 Markov 表示族比标准框架下小. 事实上, 新的框架下的任意 Markov 表示显然是标准框架下的 Markov 表示, 但是

反之不对. 然而, 命题 8.9.1 暗示了从一个旧的 Markov 表示生成一个新的 Markov 表示的流程.

为了记号明确, 我们返回 H^- 的标准定义, 参考 (8.183), 并且分别参考两种类型的分裂空间为 (H^-, H^+) 和 $(\mathcal{U}H^-, H^+)$.

推论 8.9.2 设 $(\mathbb{H}, \mathcal{U}, X)$ 为 (H^-, H^+) 框架下的 Markov 表示, 并设 $\tilde{X}$ 由命题 8.9.1 中定义. 则 $(\tilde{X}, \mathcal{U}, \mathbb{H})$ 是 $(\mathcal{U}H^-, H^+)$ 框架下的 Markov 表示.

证 由命题 8.9.1 立即可得此推论, 仅需要注意 $\mathcal{U}H^- \subset \mathcal{U}S$. □

若 W 非平凡, 则推论 8.9.2 中的 Markov 表示 $(\tilde{X}, \mathcal{U}, \mathbb{H})$ 在 (H^-, H^+) 框架下当然不是最小的, 但是它可能在 $(\mathcal{U}H^-, H^+)$ 框架下恰是最小的. 下面的结果表明了何时会有此情况发生.

定理 8.9.3 设 $(\mathbb{H}, \mathcal{U}, X)$ 在 (H^-, H^+) 框架下可观 (可构造), 并设 $\tilde{X}$ 由命题 8.9.1 中定义. 则 $(\tilde{X}, \mathcal{U}, \mathbb{H})$ 在 $(\mathcal{U}H^-, H^+)$ 框架下可观 (可构造) 当且仅当 $\ker \mathcal{U}(\bar{Z}) = 0$ $(\ker \mathcal{U}(Z) = 0)$, 其中 Z 和 $\bar{Z}$ 是 $X \sim (S, \bar{S})$ 的误差空间 (8.171).

证 我们首先证明关于可观性的结论, 这是简单的部分. 由命题 8.8.3 和引理 8.8.6, 知我们需要证明 $\tilde{X} \cap \bar{Z} = 0$ 当且仅当 $\bar{Z} \cap \bar{W} = 0$. 然而, 由于 $\bar{W} \subset \tilde{X}$, 由 (8.181), 知 $\tilde{X} \cap \bar{Z} \supset \bar{Z} \cap \bar{W}$, 所以必要性部分平凡. 为了证明充分性部分, 假设存在非零 $\lambda \in \tilde{X} \cap \bar{Z}$. 则注意到 (8.181), 有 $\lambda = \mathcal{U}\xi + \eta$, 其中 $\xi \in X$, $\eta \in \bar{W}$. 然而, $\lambda \in \bar{Z} \perp H^+ \supset \mathcal{U}H^+$ 和 $\eta \in \bar{W} \perp \mathcal{U}\bar{S} \supset \mathcal{U}H^+$, 因此 $\mathcal{U}\xi \perp \mathcal{U}H^+$, 或者等价地, $\xi \perp H^+$, 即 $\xi \in X \cap (H^+)^\perp$, 由 X 的可观性知它是零. 因此由 $\lambda \in \bar{W}$, 我们有 $\lambda \in \bar{Z} \cap \bar{W}$. 因此 $\bar{Z} \cap \bar{W} = 0$, 这就证明了充分性.

为了证明关于可构造性的结论, 我们需要证明 $\tilde{X} \cap \tilde{Z} = 0$ 当且仅当 $Z \cap (\mathcal{U}^* W) = 0$, 其中 $\tilde{X} = X \oplus W$ 和 $\tilde{Z} = \mathcal{U}Z$. 为此首先假设 $Z \cap (\mathcal{U}^* W) \neq 0$. 则应用单位移位 $\mathcal{U}$, 我们有 $\tilde{Z} \cap W \neq 0$, 再注意到事实 $W \subset \tilde{X}$, 这意味着 $\tilde{X} \cap \tilde{Z} \neq 0$. 反之, 假设存在非零 $\lambda \in \tilde{X} \cap \tilde{Z}$. 则 $\lambda = \xi + \eta$, 其中 $\xi \in X$, $\eta \in W$. 然而, $\lambda \in \mathcal{U}Z \perp \mathcal{U}H^- \supset H^-$ 和 $\eta \in W \perp S \supset H^-$, 因此 $\xi \perp H^-$, 即 $\xi \in X \cap (H^-)^\perp$, 由 X 的可构造性知它为零. 所以 $\lambda \in W$, 即 $\lambda \in \tilde{Z} \cap W$, 因此 $(\mathcal{U}Z) \cap W \neq 0$, 或者等价地, $Z \cap (\mathcal{U}^* W) \neq 0$. 这就证明了可构造性部分. □

推论 8.9.4 设 $(\mathbb{H}, \mathcal{U}, X)$ 为 (H^-, H^+) 框架下的一个最小正常 Markov 表示, 具有生成过程 $(w, \bar{w})$, 并设 $\tilde{X}$ 由命题 8.9.1 中定义. 则 $(\tilde{X}, \mathcal{U}, \mathbb{H})$ 在 $(\mathcal{U}H^-, H^+)$ 框架下最小当且仅当所有条件

(i) X 是内部的, 即 $X \subset H$,

(ii) $D := E\{y(0)w(0)'\}$ 满秩,

(iii)　$\bar{D} := \mathrm{E}\{y(0)\bar{w}(0)'\}$ 满秩

成立.

证　由定理 8.9.3 和推论 7.4.10, 知 $(\tilde{\mathrm{X}}, \mathcal{U}, \mathbb{H})$ 最小当且仅当 $\ker \mathcal{U}(\mathrm{Z}) = 0$ 和 $\ker \mathcal{U}(\bar{\mathrm{Z}}) = 0$. 由于 $(\mathbb{H}, \mathcal{U}, \mathrm{X})$, 故 $p = \bar{p} \geqslant m$. 因此, 由命题 8.8.4, 知 $\ker \mathcal{U}(\mathrm{Z}) = 0$ 和 $\ker \mathcal{U}(\bar{\mathrm{Z}}) = 0$ 当且仅当 D 和 $\bar{D}$ 满秩 (即 rank m) 且 $p = m$ (即 X 是内部的). □

在第 9 章, 引入一些额外的工具后, 我们通过一个简单的例子说明此结果.

§ 8.10　向前和向后系统 (一般情形)

设 $(\mathbb{H}, \mathcal{U}, \mathrm{X})$ 为任意正常的 Markov 表示, 具有一个 (可能无穷维) 的分裂子空间 $\mathrm{X} \sim (\mathrm{S}, \bar{\mathrm{S}})$ 和生成过程 $(w, \bar{w})$. 由定理 8.1.2 和 8.1.3, 得

$$\begin{cases} \mathcal{U}\mathrm{X} \subset \mathrm{X} \oplus \mathrm{W}, \\ \ \mathrm{Y} \subset \mathrm{X} \oplus \mathrm{W}, \end{cases} \tag{8.188}$$

其中 $\mathrm{W} := \mathcal{U}\mathrm{S} \ominus \mathrm{S} = \{a'w(0) \mid a \in \mathbb{R}^p\}$ 和 $\mathrm{Y} := \{a'y(0) \mid a \in \mathbb{R}^m\}$. 我们也有

$$\begin{cases} \mathrm{X} \subset \mathcal{U}\mathrm{X} \oplus \bar{\mathrm{W}}, \\ \mathrm{Y} \subset \mathcal{U}\mathrm{X} \oplus \bar{\mathrm{W}}, \end{cases} \tag{8.189}$$

其中 $\bar{\mathrm{W}} := \bar{\mathrm{S}} \ominus \mathcal{U}^*\bar{\mathrm{S}} := \{a'\bar{w}(0) \mid a \in \mathbb{R}^{\bar{p}}\}$.

设 $\xi \in \mathrm{X} \subset \mathrm{S} = \mathrm{H}^-(w)$, 则

$$\xi = \sum_{k=-\infty}^{-1} \sum_{j=1}^{p} a_{kj} w_j(k)$$

对某序列 $(a_{-1,j}, a_{-2,j}, a_{-3,j}, \cdots) \in \ell_2$, $j = 1, 2, \cdots, p$ 成立, 因此取 $t \geqslant 0$ 得

$$\mathcal{U}^t \xi = \sum_{k=-\infty}^{-1} \sum_{j=1}^{p} a_{kj} w_j(k+t) = \sum_{k=-\infty}^{t-1} \sum_{j=1}^{p} a_{k-t,j} w_j(k). \tag{8.190}$$

因此, 由定理 7.5.1, 得

$$\mathcal{U}(\mathrm{X})^t \xi = \mathrm{E}^{\mathrm{H}^-(w)} \mathcal{U}^t \xi = \sum_{k=-\infty}^{-1} \sum_{j=1}^{p} a_{k-t,j} w_j(k),$$

所以

$$a_{-t,j} = \langle \mathcal{U}(\mathrm{X})^{t-1} \xi, w_j(-1) \rangle = \langle \mathcal{U}(\mathrm{X})^{t-1} \xi, \mathrm{E}^{\mathrm{X}} w_j(-1) \rangle_{\mathrm{X}},$$

或者等价地,

$$a_{-t,j} = \langle \xi, [\mathcal{U}(\mathrm{X})^*]^{t-1} \, \mathrm{E}^{\mathrm{X}} \, w_j(-1) \rangle_{\mathrm{X}}, \tag{8.191}$$

其中 $\langle \cdot, \cdot \rangle_{\mathrm{X}}$ 是 Hilbert 空间 X 中的内积. 则 (8.190) 和 (8.191) 蕴含, 对任意的 $\xi \in \mathrm{X}$ 有

$$\mathcal{U}^t \xi = \sum_{k=-\infty}^{t-1} \sum_{j=1}^{p} \langle \xi, [\mathcal{U}(\mathrm{X})^*]^{t-k-1} \, \mathrm{E}^{\mathrm{X}} \, w_j(-1) \rangle_{\mathrm{X}} \, w_j(k). \tag{8.192}$$

现在注意到 (8.188), 有

$$y_i(0) = \mathrm{E}^{\mathrm{X}} \, y_i(0) + \mathrm{E}^{\mathrm{W}} \, y_i(0)$$

对 $i = 1, 2, \cdots, m$ 成立, 因此由 (8.192) 可得

$$y_i(t) = \sum_{k=-\infty}^{t-1} \sum_{j=1}^{p} \langle \mathrm{E}^{\mathrm{X}} \, y_i(0), [\mathcal{U}(\mathrm{X})^*]^{t-k-1} \, \mathrm{E}^{\mathrm{X}} \, w_j(-1) \rangle_{\mathrm{X}} \, w_j(k) + \sum_{j=1}^{p} d_{ij} w_j(t), \tag{8.193}$$

其中

$$d_{ij} := \langle y_i(0), w_j(0) \rangle. \tag{8.194}$$

由 (8.193) 我们看到分裂子空间 X 也可以作为一个 (可能无穷维) 线性随机系统的状态空间. 为了避免这造成的混淆, 我们引入 X 的一个同构 $\mathfrak{X}$, 通过一个同构映射 $T : \mathrm{X} \to \mathfrak{X}$ 满足 $\langle T\xi, T\eta \rangle_{\mathfrak{X}} = \langle \xi, \eta \rangle_{\mathrm{X}}$. 在下一章我们在 Hardy 空间 H^2 中引入一个合适的候选 $\mathfrak{X}$, 即在那里定义的一个协不变空间 $H(K)$. 若 X 具有有限维数 n, 我们当然可以选择 $\mathfrak{X} := \mathbb{R}^n$. 则注意到 (8.193), 有

$$y(t) = \sum_{k=-\infty}^{t-1} CA^{t-k-1} Bw(k) + Dw(t) \tag{8.195}$$

$$:= \sum_{k=-\infty}^{t-1} \sum_{j=1}^{p} CA^{t-k-1} Be_j w_j(k) + Dw(t), \tag{8.196}$$

其中 $A : \mathfrak{X} \to \mathfrak{X}$, $B : \mathbb{R}^p \to \mathfrak{X}$ 和 $C : \mathfrak{X} \to \mathbb{R}^m$ 是有界线性算子, 由

$$A = T\mathcal{U}(\mathrm{X})^* T^{-1}, \tag{8.197a}$$

$$Ba = \sum_{j=1}^{p} a_j T \, \mathrm{E}^{\mathrm{X}} \, w_j(-1) = T \, \mathrm{E}^{\mathrm{X}} \, a' w(-1), \tag{8.197b}$$

$$(Cx)_i = \langle T \, \mathrm{E}^{\mathrm{X}} \, y_i(0), x \rangle_{\mathfrak{X}} \tag{8.197c}$$

定义, D 是由 (8.194) 定义的矩阵, 而 e_j 是 $\mathbb{R}^p$ 中的第 j 个坐标轴向量. 注意在 (8.197) 中我们已经给出了算子 B 的两个等价表示. 第一个旨在强调事实 B 作用在 (8.199) 中 w 的向量结构上, 而不是 w 作为一个随机向量上. 由定理 7.5.1, 当 $t \to \infty$ 时, A^t 强趋于零, 若 $\cap_{t=0}^{\infty} \mathcal{U}^t \bar{\mathrm{S}} = 0$; 特别地, 若 X 是正常的.

现在, 由 (8.193) 我们也有, 对任意的 $\xi \in \mathrm{X}$ 得

$$\mathcal{U}^t \xi = \langle T\xi, x(t) \rangle_{\mathcal{X}} := \sum_{j=1}^{p} \langle T\xi, \sum_{k=-\infty}^{t-1} A^{t-k-1} B e_j \rangle_{\mathcal{X}}\, w_j(k), \tag{8.198}$$

其中

$$x(t) = \sum_{k=-\infty}^{t-1} A^{t-k-1} B w(k) \tag{8.199}$$

由 $\mathcal{X}$ 的弱拓扑中定义. 这样我们将对象 (8.199) 看作是定义在 [147] 或 [118] 弱意义下的一个取 $\mathcal{X}$ 值的随机向量. 关于深入的无穷维随机过程的理论超出了本书的讨论范围, 所以我们推荐读者参考 [118, 147] 了解 Hilbert 空间取值的随机过程. 这里归结为称 $x(0)$ 是 X 的一个精确生成器, 在意义 $\langle T\xi, x(0) \rangle_{\mathcal{X}} = \xi$ 和

$$\overline{\operatorname{span}}\{\langle f, x(0) \rangle_{\mathcal{X}} \mid f \in \mathcal{X}\} = \mathrm{X}. \tag{8.200}$$

对象 $\{x(t) \mid t \in \mathbb{Z}\}$ 可以赋予一个弱 $\mathcal{X}$ 取值的随机过程 [118, 147] 意义, 因此 (8.195) 可以写作

$$\begin{cases} x(t+1) = Ax(t) + Bw(t), \\ y(t) = Cx(t) + Dw(t). \end{cases} \tag{8.201}$$

注意到 (8.198), 知 $\{x(t) \mid t \in \mathbb{Z}\}$ 在 (弱) 意义

$$\langle T\xi, x(t) \rangle_{\mathcal{X}} = \mathcal{U}^t \langle T\xi, x(0) \rangle_{\mathcal{X}} \tag{8.202}$$

下是平稳的.

定义 $x(0)$ 的协方差算子 $P: \mathcal{X} \to \mathcal{X}$, 通过构造

$$\langle f, Pg \rangle_{\mathcal{X}} = \mathrm{E}\{\langle f, x(0) \rangle_{\mathcal{X}} \langle g, x(0) \rangle_{\mathcal{X}}\}, \tag{8.203}$$

我们得到下面表示.

命题 8.10.1 算子 $P: \mathcal{X} \to \mathcal{X}$ 由

$$P = \sum_{k=0}^{\infty} A^k B B^* (A^*)^k \tag{8.204}$$

给出, 其中 $A: \mathcal{X} \to \mathcal{X}$ 和 $B: \mathbb{R}^p \to \mathcal{X}$ 由 (8.197) 定义而和在弱算子拓扑中定义[2], 即 P 满足 Lyapunov 方程

$$P = APA^* + BB^*. \tag{8.205}$$

另外, (A, B) 精确可达.

证 由 $x(0) = \sum_{k=0}^{\infty} A^k Bw(1-k)$, 我们有

$$\begin{aligned}
\mathrm{E}\{\langle f, x(0)\rangle_{\mathcal{X}} \langle g, x(0)\rangle_{\mathcal{X}}\} &= \sum_{k=0}^{\infty} \sum_{j=1}^{p} \langle B^*(A^*)^k f, e_j\rangle_{\mathcal{X}} \langle B^*(A^*)^k g, e_j\rangle_{\mathcal{X}} \\
&= \sum_{k=0}^{\infty} \langle B^*(A^*)^k f, B^*(A^*)^k g\rangle_{\mathbb{R}^p} \\
&= \sum_{k=0}^{\infty} \langle f, A^k BB^*(A^*)^k g\rangle_{\mathcal{X}},
\end{aligned}$$

这表明了 (8.204), 由此可得 (8.205). 为了得到 (A, B) 精确可达, 注意到 (7.62b) 和 (7.38), 有

$$\begin{aligned}
T^{-1} A^t Ba &= \mathrm{E}^{\bar{\mathrm{S}}}\, \mathcal{U}^{-t}\, \mathrm{E}^{\mathrm{X}}\, a'w(-1) \\
&= \mathrm{E}^{\bar{\mathrm{S}}}\, a'w(-t-1) - \mathrm{E}^{\bar{\mathrm{S}}}\, \mathcal{U}^{-t}\, \mathrm{E}^{\mathrm{S}^\perp}\, a'w(-1) - \mathrm{E}^{\bar{\mathrm{S}}}\, \mathcal{U}^{-t}\, \mathrm{E}^{\bar{\mathrm{S}}^\perp}\, a'w(-1),
\end{aligned}$$

其中最后两项为零, 因为 $a'w(-1) \in \mathrm{S}$ 和 $\mathcal{U}^{-t}\bar{\mathrm{S}}^\perp \subset \bar{\mathrm{S}}^\perp$, 因此, 由 $\vee_{t=0}^{\infty}\{a'w(-1) \mid a \in \mathbb{R}^p\} = \mathrm{H}^-(w) = \mathrm{S}$, 我们有

$$\bigvee_{t=0}^{\infty} \mathrm{span}_{a\in\mathbb{R}^p}\, T^{-1} A^t Ba = \mathrm{E}^{\bar{\mathrm{S}}}\, \mathrm{S} = \mathrm{X}.$$

由分裂性质, 所以

$$\bigvee_{t=0}^{\infty} \mathrm{Im} A^t B = \mathcal{X}.$$

□

以相同的方式, 我们可以利用 (8.189) 构造一个向后系统. 设 $\xi \in \mathcal{U}\mathrm{X} \subset \bar{\mathrm{S}} = \mathcal{U}\mathrm{H}^+(\bar{w})$. 则注意到 (8.189), 在向后的设定下我们有一个完全对称的情形, 除了状态移位. 事实上, 类似于 (8.192), 对任意的 $\xi \in \mathcal{U}\mathrm{X}$, 我们有

$$\mathcal{U}^t \xi = \sum_{k=t+1}^{\infty} \sum_{j=1}^{p} \langle \xi, \mathcal{U}^{-t-1+k}\, \mathrm{E}^{\mathcal{U}\mathrm{X}}\, \bar{w}_j(1)\rangle_{\mathcal{U}\mathrm{X}}\, \bar{w}_j(k) \tag{8.206}$$

[2] 如果对所有的 $f, g \in \mathcal{X}$, $\langle f, P_k g\rangle_{\mathcal{X}} \to \langle f, Pg\rangle_{\mathcal{X}}$ 成立, 那么 $P_k \to P$ 在一个弱算子拓扑中.

$$= \sum_{k=t+1}^{\infty} \sum_{j=1}^{p} \langle \mathcal{U}^* \xi, [\mathcal{U}(\mathrm{X})]^{k-t} \, \mathrm{E}^{\mathrm{X}} \, \bar{w}_j(0) \rangle_{\mathrm{X}} \, \bar{w}_j(k). \tag{8.207}$$

另外,

$$\begin{aligned} y_i(0) &= \mathrm{E}^{\mathcal{U}\mathrm{X}} \, y_i(0) + \mathrm{E}^{\bar{\mathrm{W}}} \, y_i(0) \\ &= \mathcal{U} \, \mathrm{E}^{\mathrm{X}} \, y_i(-1) + \bar{D}\bar{w}(t), \end{aligned}$$

其中 $\bar{D}$ 是由 $\bar{d}_{ij} := \langle y_i(0), \bar{w}_j(0) \rangle$ 定义的矩阵, 因此

$$y(t) = \sum_{k=t+1}^{\infty} \bar{C}\bar{A}^{k-t}\bar{B}\bar{w}(k) + \bar{D}\bar{w}(t), \tag{8.208}$$

其中 $\bar{A} : \mathcal{X} \to \mathcal{X}$, $\bar{B} : \mathbb{R}^p \to \mathcal{X}$ 和 $\bar{C} : \mathcal{X} \to \mathbb{R}^m$ 是有界线性算子, 由

$$\bar{A} = T\mathcal{U}(\mathrm{X})T^{-1}, \tag{8.209a}$$

$$\bar{B}a = \sum_{j=1}^{\bar{p}} a_j T \, \mathrm{E}^{\mathrm{X}} \, \bar{w}_j(0) = T \, \mathrm{E}^{\mathrm{X}} \, a'\bar{w}(0), \tag{8.209b}$$

$$(\bar{C}x)_i = \langle T \, \mathrm{E}^{\mathrm{X}} \, y_i(-1), x \rangle_{\mathcal{X}}, \tag{8.209c}$$

定义. 显然,

$$\bar{A} = A^*. \tag{8.210}$$

另外, 由定理 7.5.1, 知当 $t \to \infty$ 时, $\bar{A}^t$ 强趋于零当且仅当 $\cap_{t=-\infty}^{0} \mathcal{U}^t \mathrm{S} = 0$; 特别地, 若 X 正常. 更精确地, 正如命题 8.10.1 中那样, 我们可以证明 $(A^*, \bar{B})$ 精确可达.

类似于向前设定, (8.208) 可以写作

$$\begin{cases} \bar{x}(t-1) = \bar{A}\bar{x}(t) + \bar{B}\bar{w}(t), \\ y(t) = \bar{C}\bar{x}(t) + \bar{D}\bar{w}(t), \end{cases} \tag{8.211}$$

其中

$$\bar{x}(t) = \sum_{k=t+1}^{\infty} (A^*)^{k-t-1} \bar{B}\bar{w}(k) \tag{8.212}$$

是一个 $\mathcal{X}$ 取值的 (弱) 随机过程具有性质

$$\langle T\xi, \bar{x}(-1) \rangle_{\mathcal{X}} = \xi \tag{8.213}$$

和

$$\overline{\mathrm{span}}\{\langle f, \bar{x}(-1) \rangle_{\mathcal{X}} \mid f \in \mathcal{X}\} = \mathrm{X}. \tag{8.214}$$

另外, 协方差算子 $\bar{P}: \mathcal{X} \to \mathcal{X}$, 由

$$\langle f, \bar{P}g\rangle_{\mathcal{X}} = \mathrm{E}\{\langle f, \bar{x}(-1)\rangle_{\mathcal{X}}\langle g, \bar{x}(-1)\rangle_{\mathcal{X}}\} \tag{8.215}$$

给出, 具有形式

$$\bar{P} = \sum_{k=0}^{\infty}(A^*)^k\bar{B}\bar{B}^*A^k;$$

即 $\bar{P}$ 满足 Lyapunov 方程

$$\bar{P} = A^*\bar{P}A + \bar{B}\bar{B}^*. \tag{8.216}$$

命题 8.10.2 由 (8.203) 和 (8.215) 定义的协方差算子都等于恒等算子, 即 $P = \bar{P} = I$. 另外, $\bar{x}(-1) = x(0)$.

证 由 (8.198), 我们有 $\langle f, x(0)\rangle_{\mathcal{X}} = T^{-1}f$, 因此

$$\mathrm{E}\{\langle f, x(0)\rangle_{\mathcal{X}}\langle g, x(0)\rangle_{\mathcal{X}}\} = \mathrm{E}\{T^{-1}f, T^{-1}g\} = \langle f, g\rangle_{\mathcal{X}},$$

表明 $P = I$. 以相同的方式, 我们看到 $\bar{P} = I$. 由 (8.198) 和 (8.213), 我们有

$$\langle f, x(0)\rangle_{\mathcal{X}} = T^{-1}f = \langle f, \bar{x}(-1)\rangle_{\mathcal{X}}$$

对所有 $f \in \mathcal{X}$ 成立, 因此我们一定有 $\bar{x}(-1) = x(0)$. □

注 8.10.3 命题 8.10.2 中的坐标无关的结果与第 8.3 和 6.2 节中的坐标相关的结果完全一致. 的确, 当 $\dim \mathrm{X} = n < \infty$ 时, 我们可以取 $\mathcal{X} = \mathbb{R}^n$ 和第 8.3 节引入的算子矩阵对应两个基 $(\xi_1, \xi_2, \cdots, \xi_n)$ 和 $(\bar{\xi}_1, \bar{\xi}_2, \cdots, \bar{\xi}_n)$. 更精确地, 取

$$x(0) = \begin{bmatrix}\xi_1\\ \xi_2\\ \vdots\\ \xi_n\end{bmatrix} \quad 和 \quad \bar{x}(-1) = \begin{bmatrix}\bar{\xi}_1\\ \bar{\xi}_2\\ \vdots\\ \bar{\xi}i_n\end{bmatrix}.$$

则现在由 $\langle a, x(0)\rangle_{\mathcal{X}} = a'x(0)$, 我们有

$$\mathrm{E}\{\langle a, x(0)\rangle_{\mathcal{X}}\langle b, x(0)\rangle_{\mathcal{X}}\} = a'\,\mathrm{E}\{x(0)x(0)'\}b = a'Pb$$

其中稍微误用一下记号, 矩阵 P 由 (8.52) 定义并且在适当地基下是算子 P 的矩阵表示. 类似地, 我们可以看到 (8.59) 中第一个等式定义的矩阵 $\bar{P}$, 在适当的基下是算子 $\bar{P}$ 的矩阵表示. 最后, 由 (8.198) 和 (8.213) 得

$$a'x(0) = \xi = b'\bar{x}(-1),$$

对所有的 $\xi \in \mathrm{X}$ 成立, 其中 $a \in \mathcal{X}$ 和 $b \in \mathcal{X}$ 分别对应 ξ, 在 X 中 $x(0)$ 和 $\bar{x}(-1)$ 两个不同的基下, 则由于这两个基是对偶的, 在意义 (8.55), $b = Pa$ 下, 因此可得 (8.58) 和 $\bar{P} = P^{-1}$.

现在我们表达定理 8.3.1 的算子版本.

定理 8.10.4 对每个正常的 Markov 表示 $(\mathbb{H}, \mathcal{U}, \mathrm{X})$, 存在一个对偶随机实现对, 由一个向前系统 (8.201) 和一个向后系统 (8.211) 构成, 具有 $\mathcal{X}$ 取值的状态过程满足性质

$$\overline{\mathrm{span}}\{\langle f, x(0)\rangle_{\mathcal{X}} \mid f \in \mathcal{X}\} = \mathrm{X} = \overline{\mathrm{span}}\{\langle f, \bar{x}(-1)\rangle_{\mathcal{X}} \mid f \in \mathcal{X}\}, \tag{8.217}$$

向前和向后系统通过关系

$$\bar{A} = A^*, \quad \bar{C} = CA^* + DB^* \tag{8.218}$$

和

$$\bar{x}(t-1) = x(t) \tag{8.219}$$

相联系. 另外, 分裂子空间 X 可观当且仅当

$$\bigcap_{t=0}^{\infty} \ker CA^t = 0, \tag{8.220}$$

即 (C, A) 是 (完全) 可观的; 可构造当且仅当

$$\bigcap_{t=0}^{\infty} \ker \bar{C}(A^*)^t = 0, \tag{8.221}$$

即 $(\bar{C}, A^*)$ 是 (完全) 可观的; 最小当且仅当 (C, A) 和 $(\bar{C}, A^*)$ 都可观. 最后,

$$\Lambda_t := \mathrm{E}\{y(t+k)y(t)'\} = \begin{cases} CA^{t-1}\bar{C}^*, & t > 0; \\ CC^* + DD^*, & t = 0; \\ \bar{C}(A')^{|t|-1}C^*, & t < 0. \end{cases} \tag{8.222}$$

证 只需要证明第二个关系 (8.218), 关于可观性和可构造性的结论和 (8.222). 为了证明 $C = CA^* + DB^*$, 回顾由 (8.188) 得 $\mathrm{Y} \subset \mathrm{X} \oplus \mathrm{W}$, 这特别地蕴含

$$y_i(0) = \mathrm{E}^{\mathrm{X}} y_i(0) + [Dw(0)]_i. \tag{8.223}$$

因此, 对任意的 $\xi \in \mathrm{X}$ 有

$$\langle y_i(0), \mathcal{U}\xi\rangle = \langle \mathrm{E}^{\mathrm{X}} y_i(0), \mathcal{U}\xi\rangle + \langle [Dw(0)]_i, \mathcal{U}\xi\rangle,$$

或者等价地,

$$\langle \mathrm{E}^{\mathrm{X}} y_i(-1), \xi\rangle_{\mathrm{X}} = \langle \mathrm{E}^{\mathrm{X}} y_i(0), \mathcal{U}(\mathrm{X})\xi\rangle_{\mathrm{X}} + \langle [Dw(-1)]_i, \xi\rangle;$$

即设 $f := T\xi$, 有

$$\langle T\,\mathrm{E}^{\mathrm{X}} y_i(-1), f\rangle_{\mathcal{X}} = \langle T\,\mathrm{E}^{\mathrm{X}} y_i(0), A^* f\rangle_{\mathcal{X}} + \langle [Dw(-1)]_i, \xi\rangle,$$

这与

$$\bar{C} f = CA^* f + DB^* f$$

相同, 对所有的 $f \in \mathcal{X}$ 成立. 为此注意到

$$\langle f, Ba\rangle_{\mathcal{X}} = \langle \xi, \mathrm{E}^{\mathrm{X}} a' w(-1)\rangle_{\mathrm{X}} = a'\,\mathrm{E}\{\xi w(-1)\},$$

这意味着 $B^* f = \mathrm{E}\{\xi w(-1)\}$. 这表明 $C = CA^* + DB^*$.

可观性结论的证明主要按照有限维情形的结果. 事实上, 由 $y_i(0) \in \mathrm{H}^+ \subset \bar{\mathrm{S}}$ 得

$$[CA^t f]_i = \langle \mathrm{E}^{\mathrm{X}} y_i(0), [\mathcal{U}(\mathrm{X})^*]^t \xi\rangle_{\mathrm{X}} = \langle y_i(0), \mathrm{E}^{\bar{\mathrm{S}}}\,\mathcal{U}^{-t}\xi\rangle_{\mathrm{X}} = \langle y_i(t), \xi\rangle_{\mathrm{X}},$$

它是零, 对 $i = 1, 2, \cdots, m$ 和所有 $t \geqslant 0$ 当且仅当 $\mathrm{X} \cap (\mathrm{H}^+)^\perp = 0$; 即 X 可观. 这就证明了关于可观性的结论. 由对称性可得关于可构造性的结论.

为了证明 (8.222), 首先假设 $t > 0$. 则因为 $a'y(0) \perp \mathrm{H}^+(w)$, 所以由 (8.223) 得

$$\Lambda_t a = \langle \mathrm{E}^{\mathrm{X}} y_i(t), \mathrm{E}^{\mathrm{X}} a'y(0)\rangle_{\mathrm{X}} = \langle \mathcal{U}(\mathrm{X})^t\,\mathrm{E}^{\mathrm{X}} y_i(0), \mathcal{U}(\mathrm{X})\,\mathrm{E}^{\mathrm{X}} a'y(-1)\rangle_{\mathrm{X}}.$$

这里我们用到事实, 注意到定理 7.2.4 有

$$y_i(t) = \mathcal{U}^t\,\mathrm{E}^{\bar{\mathrm{S}}^\perp} y_i(0) + \mathcal{U}^t\,\mathrm{E}^{\mathrm{X}} y_i(0) + \mathcal{U}^t\,\mathrm{E}^{\bar{\mathrm{S}}^\perp} y_i(0),$$

其中第一项为零, 因为 $y_i(0) \in \mathrm{H}^+ \perp (\mathrm{H}^+)^\perp \supset \bar{\mathrm{S}}^\perp$, 而最后一项属于 $\mathrm{S}^\perp \perp \mathrm{X}$; 和对内积中的第二个元素类似的讨论. 因此,

$$\Lambda_t a = \langle \mathcal{U}(\mathrm{X})^{t-1}\,\mathrm{E}^{\mathrm{X}} y_i(0), \mathrm{E}^{\mathrm{X}} a'y(-1)\rangle_{\mathrm{X}} = CA^{t-1}\bar{C}^* a.$$

事实上,

$$\langle \bar{C}^* a, f\rangle_{\mathcal{X}} = a'\bar{C} f = \langle T\,\mathrm{E}^{\mathrm{X}} a'y(-1), f\rangle_{\mathcal{X}}.$$

$t < 0$ 情形的证明类似. 最后由 (8.223) 得

$$\mathrm{E}\{y_i(0)y(0)'\}a \quad = \quad \langle \mathrm{E}^{\mathrm{X}} y_i(0), \mathrm{E}^{\mathrm{X}} a'y(0)\rangle_{\mathrm{X}} + \mathrm{E}\{[Dw(0)]_i y(0)'a\}$$

$$= \quad [CC^*a + DD^*a]_i,$$

完成了 (8.222) 的证明. □

注意到命题 8.10.1 和 8.10.2, 我们有下列等式

$$I = AA^* + BB^*, \tag{8.224a}$$

$$\bar{C} = CA^* + DB^*, \tag{8.224b}$$

$$\Lambda_0 = CC^* + DD^*, \tag{8.224c}$$

它们在 $(\mathbb{H}, \mathcal{U}, \mathrm{X})$ 是最小的情形下, 看起来像正实引理 (6.108) 的无穷维版本, 除了算子 A, C 和 $\bar{C}$ 显然是依赖于 X 的选择, 但是 $P = I$ 不是. 这导致问题能更清楚不同的最小 Markov 表示的三元组 $(A, C, \bar{C})$ 有什么关系.

8.10.1 状态空间同构和无穷维正实引理方程

$\{y(t)\}_{t\in\mathbb{Z}}$ 的协方差由 (8.222) 给出, 其中三元组 $(A, C, \bar{C})$ 对应于 y 的任意 Markov 表示 $(\mathbb{H}, \mathcal{U}, \mathrm{X})$. 特别地, 对 $t > 0$ 有

$$\Lambda_t = CA^t\bar{C}^* = C_+A_+^t\bar{C}_+^*,$$

其中 $(A_+, C_+, \bar{C}_+)$ 对应于 $(\mathrm{X}_+, \mathcal{U}, \mathrm{H})$. 更一般地, 若 $(\mathbb{H}, \mathcal{U}, \mathrm{X})$ 最小, 这些算子以如下方式相联系.

定理 8.10.5　设 $(\mathbb{H}, \mathcal{U}, \mathrm{X})$ 为最小 Markov 表示, $(A, C, \bar{C})$ 由 (8.197) 和 (8.209) 中定义而 $\mathcal{X}$ 如第266 页定义. 设 $(A_+, C_+, \bar{C}_+)$, $\mathcal{X}_+$ 和 $(A_-, C_-, \bar{C}_-)$, $\mathcal{X}_-$ 分别为对应与 $(\mathrm{X}_+, \mathcal{U}, \mathrm{H})$ 和 $(\mathrm{X}_-, \mathcal{U}, \mathrm{H})$ 有关的量. 则存在准可逆算子 $\Omega : \mathcal{X} \to \mathcal{X}_+$ 和 $\bar{\Omega} : \mathcal{X} \to \mathcal{X}_-$ 满足图交换

$$
\begin{array}{ccc}
 & \mathbb{R}^m & \\
\bar{C}^* \swarrow & & \searrow \bar{C}_+^* \\
\mathcal{X} & \xrightarrow{\Omega} & \mathcal{X}_+ \\
A^t \downarrow & & \downarrow A_+^t, \\
\mathcal{X} & \xrightarrow{\Omega} & \mathcal{X}_+ \\
C \searrow & & \swarrow C_+ \\
 & \mathbb{R}^m &
\end{array}
\qquad
\begin{array}{ccc}
 & \mathbb{R}^m & \\
C^* \swarrow & & \searrow C_-^* \\
\mathcal{X} & \xrightarrow{\bar{\Omega}} & \mathcal{X}_- \\
(A^*)^t \downarrow & & \downarrow (A_-^*)^t. \\
\mathcal{X} & \xrightarrow{\bar{\Omega}} & \mathcal{X}_- \\
\bar{C} \searrow & & \swarrow \bar{C}_- \\
 & \mathbb{R}^m &
\end{array}
$$

在第 9.2 节, 我们实际上证明了所有最小 Markov 表示的算子 A 是准等价的 (推论 9.2.16).

证 由推论 7.6.6 得

$$\Omega A^t = A_+^t \Omega,$$

其中 $\Omega := T_+ \hat{\mathcal{O}} T^*$ 准可逆. 这里 T 在第 266 页定义而 T_+ 是对应的由 X_+ 到 $\mathcal{X}_+$ 的同构. 这就表明了第一个交换图中的方形部分. 为了证明底部部分, 对任意 $f \in \mathcal{X}$ 和对应的 $\xi := T^{-1} f \in \mathrm{X}$,

$$(C_+ \Omega f)_i = \langle T_+ \mathrm{E}^{\mathrm{X}_+} y_i(0), T_+ \mathrm{E}^{\mathrm{X}_+} \xi \rangle_{\mathcal{X}} = \langle \mathrm{E}^{\mathrm{X}_+} y_i(0), \mathrm{E}^{\mathrm{X}_+} \xi \rangle_{\mathrm{X}_+} = \langle y_i(0), \mathrm{E}^{\mathrm{X}_+} \xi \rangle.$$

则由 $\mathrm{H} = (\mathrm{H}^+)^\perp \oplus \mathrm{X}_+ \oplus \mathrm{N}^+$, $\mathrm{X} \perp \mathrm{N}^+$ (推论 7.4.14) 和 $y_i(0) \in \mathrm{H}^+ \perp (\mathrm{H}^+)^\perp$, 我们有

$$(C_+ \Omega f)_i = \langle y_i(0), \xi \rangle = \langle \mathrm{E}^{\mathrm{X}} y_i(0), \xi \rangle = (C f)_i.$$

以相同的方式, 由 $\xi \in \mathrm{X}_+$ 和 $f = T_+ \xi$ 得

$$(\bar{C} \Omega^* f)_i = \langle \mathrm{E}^{\mathrm{X}} y_i(-1), \mathrm{E}^{\mathrm{X}} \xi \rangle_{\mathrm{X}} = \langle \mathrm{E}^{\mathrm{X}} y_i(-1), \xi \rangle.$$

因此

$$(\bar{C} \Omega^* f)_i = \langle \mathrm{E}^{\mathrm{X}_+} \mathrm{E}^{\mathrm{X}} y_i(-1), \xi \rangle_{\mathrm{X}_+} = \langle \mathrm{E}^{\mathrm{X}_+} y_i(-1), \xi \rangle_{\mathrm{X}_+} = (\bar{C}_+ f)_i,$$

因为 $\mathrm{H}^- \perp \mathrm{X}_+ \mid \mathrm{X}$ (命题 2.4.2 (vi)); 即 $\bar{C}_+ = \bar{C} \Omega^*$, 或者等价地, $\bar{C}_+^* = \Omega \bar{C}^*$, 这表明图的顶部.

对称的讨论可以证明存在一个准可逆 $\bar{\Omega}$ 满足右边的图交换. □

类似于第 8.3 节和第 6 章中有限维的设定, 现在我们就 $(A_+, C_+, \bar{C}_+)$ 而言, 重述任意最小 Markov 表示的向前系统 (8.201).

推论 8.10.6 设 $(\mathbb{H}, \mathcal{U}, \mathrm{X})$ 为一个最小 Markov 表示, 则存在 $\mathcal{X}_+$ 取值的弱平稳随机过程 $\{x(t)\}_{t \in \mathbb{Z}}$ 满足

$$\overline{\mathrm{span}} \{ \langle f, x(0) \rangle_{\mathcal{X}_+} \mid f \in \mathcal{X}_+ \} = \mathrm{X}.$$

过程 x 由向前系统

$$\begin{cases} x(t+1) = A_+ x(t) + \hat{B} w(t), \\ y(t) = C_+ x(t) + D w(t) \end{cases}$$

生成, 且 $\hat{B} := \Omega B$, 其中 Ω 是定理 8.10.5 中定义的准可逆映射. 协方差算子 $P : \mathcal{X}_+ \to \mathcal{X}_+$, 通过如下双线性形式定义

$$\langle f, P g \rangle_{\mathcal{X}_+} = \mathrm{E} \left\{ \langle f, x(0) \rangle_{\mathcal{X}_+} \langle g, x(0) \rangle_{\mathcal{X}_+} \right\},$$

由

$$P = \Omega\Omega^* \leqslant P_+ = I, \tag{8.225}$$

给出，而且满足算子正实引理方程

$$P = A_+ P A_+^* + \hat{B}\hat{B}^*, \tag{8.226a}$$

$$\bar{C}_+ = C_+ P A_+^* + \mathrm{d}\hat{B}^*, \tag{8.226b}$$

$$\Lambda_0 = C_+ P C_+^* + DD^*. \tag{8.226c}$$

自然地，此推论的版本，可由类似的分析得到.

证　对本节之前得到的方程对应地作用变换 $\Omega A = A_+\Omega$, $C = C_+\Omega$ 和 $\bar{C}\Omega^* = \bar{C}_+$(定理 8.10.5) 就可得到证明. 特别地，由 (8.224) 可得 (8.226). 取 $\xi \in \mathrm{X}_+$ 和 $f = T_+^{-1}\xi$，我们有

$$\langle f, Pf\rangle_{\mathcal{X}_+} = \|\Omega^* f\|^2_{\mathcal{X}_+} = \|\,\mathrm{E}^{\mathrm{X}}\,\xi\|^2_{\mathrm{X}_+} = \|\xi\|^2_{\mathrm{X}_+} = \|f\|^2_{\mathcal{X}_+},$$

这表明 $P \leqslant I$. □

因为 Ω 仅是准可逆的，所以我们只能一般化第 9.2 节有限维的结果. 若 Ω 可逆，我们也能证明 $\bar{P} := P^{-1}$ 是对应的向后系统的协方差算子. 我们把这留给读者作为练习.

8.10.2　更多关于正规性的内容

为了在现在一般的设定下刻画正规性条件 (6.113)，考虑一个最小 Markov 表示 $(\mathbb{H}, \mathcal{U}, \mathrm{X})$ 的向前系统 (8.201). 注意由 (8.226c) 和 (8.225) 得

$$DD^* = \Lambda_0 - CPC^* \geqslant \Lambda_0 - C_+P_+C_+^* = D_+D_+^*. \tag{8.227}$$

特别地，正规条件 (6.113) 成立当且仅当 D_+ 满秩. 我们称向前系统 (8.201) 是正规的，若 D 满秩，否则称为奇异的. 类似地，向后系统 (8.211) 是正规的，若 $\bar{D}$ 满秩. 最后称 Markov 表示 $(\mathbb{H}, \mathcal{U}, \mathrm{X})$ 是正规的，若 D 和 $\bar{D}$ 都满秩.

因为 Z 和 $\bar{\mathrm{Z}}$ 都是 Markov 的，我们可以接着定义一个 $\mathcal{Z}$ 取值的弱平稳随机过程 $\{z(t)\}_{\mathbb{Z}}$ 满足

$$\overline{\mathrm{span}}\{\langle f, z(0)\rangle_{\mathcal{Z}} \mid f \in \mathcal{Z}\} = \mathrm{Z},$$

其中 $\bar{\mathcal{Z}}$ 是 $\bar{\mathrm{Z}}$ 的同构复制. 类似地, 我们定义一个 $\bar{\mathcal{Z}}$ 取值的过程 $\{\bar{z}(t)\}_{\mathbb{Z}}$ 满足

$$\overline{\operatorname{span}}\{\langle f, \bar{z}(-1)\rangle_{\bar{\mathcal{Z}}} \mid f \in \bar{\mathcal{Z}}\} = \bar{\mathrm{Z}}.$$

再按之前讨论的方式, 我们也可以形成一个向前误差递归关系

$$z(t+1) = Fz(t) + Gw(t), \tag{8.228}$$

其中 F 酉等价于 $\mathcal{U}(\mathrm{Z})^*$, 而 w 是 $(\mathbb{H}, \mathcal{U}, \mathrm{X})$ 的向前生成过程; 和一个向后误差递归关系

$$\bar{z}(t-1) = \bar{F}\bar{z}(t) + \bar{G}\bar{w}(t), \tag{8.229}$$

其中 $\bar{F}$ 酉等价于 $\mathcal{U}(\bar{\mathrm{Z}})$, 而 $\bar{w}$ 是 $(\mathbb{H}, \mathcal{U}, \mathrm{X})$ 的向后生成过程.

正如在有限维的情形, 一个向前系统 (8.201) 正规当且仅当 $\operatorname{rank} D = m$, 而向后系统 (8.211) 正规当且仅当 $\operatorname{rank} \bar{D} = m$. 特别地, 最小 Markov 表示的所有向前系统正规, 若 D_+ 满秩. 另外, 注意到因为预测空间 X_- 的向前误差空间 Z_- 和 X_+ 的向后误差空间是平凡的, D_- 和 $\bar{D}_+$ 总是满秩的. 换言之, (向前和向后) 稳态 Kalman 滤波总是正规的.

在第 9.3 节我们提供了正规性的 Hardy 空间刻画.

8.10.3 无观测噪声模型

在此框架下给定一个 Markov 表示 $(\mathbb{H}, \mathcal{U}, \mathrm{X})$, 根据本章之前类似的方式可得向前和向后随机系统的构造, 但是需要一些修改以保持向前和向后模型的对称性. 特别地, W 的定义 (8.11) 需要修改成 $\mathrm{W} := \mathrm{S} \ominus \mathcal{U}^*\mathrm{S}$. 这是为了构造向前系统

$$\begin{cases} x(t+1) = Ax(t) + Bw(t+1), \\ y(t) = Cx(t) \end{cases} \tag{8.230}$$

的起点, 其中算子 $A : \mathcal{X} \to \mathcal{X}$ 和 $C : \mathcal{X} \to \mathbb{R}^m$ 如 (8.197) 中定义, 而 $B : \mathbb{R}^p \to \mathcal{X}$ 将 $a \in \mathbb{R}^p$ 映射为 $T\,\mathrm{E}^{\mathrm{X}}\, a'w(0)$; 也是构造向后系统

$$\begin{cases} \bar{x}(t-1) = A^*\bar{x}(t) + \bar{B}\bar{w}(t-1), \\ y(t) = \bar{C}\bar{x}(t) \end{cases} \tag{8.231}$$

的起点, 其中 $\bar{B} : \mathbb{R}^p \to \mathcal{X}$ 如 (8.209) 中定义, 而 $y(-1)$ 需要在 $\bar{C} : \mathcal{X} \to \mathbb{R}^m$ 的定义下与 $y(0)$ 交换. 这里我们也有向前和向后系统的完全对称性, 这也由事实

$$\overline{\operatorname{span}}\{\langle f, x(0)\rangle_{\mathcal{X}} \mid f \in \mathcal{X}\} = \mathrm{X} = \overline{\operatorname{span}}\{\langle f, \bar{x}(0)\rangle_{\mathcal{X}} \mid f \in \mathcal{X}\} \tag{8.232}$$

反映出. 定理 8.10.4 中的可观和可构造条件保持不变.

§ 8.11 相关文献

随机模型几何结构的研究开始于 [6, 248, 273] ，而被 Ruckebusch [271, 272, 275–279], Lindquist 和 Picci [195–197, 199–202, 205], Lindquist, Picci 和 Ruckebush [210], Lindquist, Pavon 和 Picci [194] 与 Lindquist 和 Pavon [193] 发展为 Markov 表示的理论. 早期的贡献也归功于 Caines 和 Delchamps [51], Frazho [101, 102], Foiaş 和 Frazho [96], 与 Michaletzky [222, 225].

第 8.1 和 8.3 节本质上主要按照[206]的方式. 第8.2节中的结果包括在[290]中: 定理8.2.1是 [290] 中第 II 章的定理 1.2 按照我们的设定所做的修改, 而定理 8.2.3 是命题 1.4. 定理 8.2.7 由 [290] 中第 II 章的命题 6.7 和第 III 章的命题 4.2 可得. 第 8.4 节的内容是在这里第一次出现. 由 [206] 可得第 8.6 节, 其中命题 8.6.3 在连续时间设定下被证明. 第 8.7 节的内容一般化了 [206] 中的结果, 包括有纯确定分量的情况, 而且联系了几何理论和经典随机实现理论 [10, 88, 198]. 在第 8.10 节中对一般动态实现的进展与 Fuhrmann [103], Helton [140], 和 Baras 和 Brockett [20] 的限制移位实现有关. 以此形式第一次研究进展是在 [200, 201], 其中针对连续时间情形, 以及 [193, 194]，其中针对离散时间情形. 状态空间同构的结果见于 [205] ，而且与 [104] 中的结果紧密相关. 最后, 第 8.8 和 8.9 节基于 [193], 但此文献仅建立了内部的 Markov 表示的理论.

最后需要指出, 我们参考了 Caines 的书 [48] (第 4 章) 与 Michaletzky, Bokor 和 Várlaki 的书 [224].

第 9 章

Hardy 空间中的正规 Markov 表示

本章将基于 Hardy 空间中的泛函模型重新回顾分裂几何. 这使我们能够用 Hardy 空间的有力工具证明几个有用的结论和性质. 我们将讨论的内容限制在正规 Markov 表示上, 因此我们将给出描述正规性的若干泛函准则.

在本章我们假设 $\{y(t)\}_{t\in\mathbb{Z}}$ 为纯非确定性、可逆过程, 因此后向过程也为纯非确定性的. 因而有

$$\mathrm{H}^- = \mathrm{H}^-(w_-), \quad \mathrm{H}^+ = \mathrm{H}^+(\bar{w}_+), \tag{9.1}$$

其中白噪声过程 w_- 和 $\bar{w}_+$ 分别是前向、后向新息过程.

§ 9.1 Markov 表示的泛函形式

与有限维情形的结论相对比 (定理 8.4.3 和 8.7.3), 过程 y 为纯非确定性并不能保证所有的 Markov 最小实现具有正规性 (可参考例 8.1.5). 另一方面, 正规性可为下面简单的准则来保证, 我们将在第 9.2 节在更一般的框架下陈述并证明这个结论 (命题 9.2.10 和定理 9.2.12).

命题 9.1.1 *对过程 y 存在正规 Markov 表示的充分必要条件是由 (7.53) 所定义的标架空间 $\mathrm{H}^\square$ 是正规的. 在此情形下, 所有 Markov 最小实现都是正规的.*

易知,$\mathrm{X}_- \sim (\mathrm{H}^-, \bar{\mathrm{S}}_-)$ 为正规仅当 H^- 的无穷远过去为退化,$\mathrm{X}_+ \sim (\mathrm{S}_+, \mathrm{H}^+)$ 为正规仅当 H^+ 的无穷远将来为退化. 因此, 过程 y 的所有 Markov 最小实现为正规的必要条件是 y 为可逆过程从而前向和后向均为纯非确定性过程, 这与假设条件 (9.1) 一致. 另一方面, 可逆性并非充分条件. 例如, 例 8.1.5 所构造的过程为满秩,

因而可逆 (依据命题 4.5.12), 但 X_- 并非正规. 我们将在第294 页给出一个充分条件 (称之为非周期性).

在第 8.1 节我们已经证明以下结论：对满足重数 $p \geqslant m$ 且 $X \sim (S, \bar{S})$ 的每个正规 Markov 表示 $(\mathbb{H}, \mathcal{U}, X)$, 必然对应 p 维白噪声过程 $(w, \bar{w})$ 满足 $H(w) = H(\bar{w}) = \mathbb{H}$ 并且

$$S = H^-(w), \quad \bar{S} = H^+(\bar{w}). \tag{9.2}$$

对应的上述过程称为 Markov 表示的生成过程, 在代数模乘 (modulo multiplication) 一个 $p \times p$ 维常数正交矩阵的意义下生成过程是唯一确定的.

依据命题 9.1.1, 标架空间 $H^\square \sim (S_+, \bar{S}_-)$ 的正规性是存在正规 Markov 表示的必要条件, 依据命题 7.4.15, 即存在唯一的生成过程 w_+ 和 $\bar{w}_-$ 使得

$$S_+ = H^-(w_+), \quad \bar{S}_- = H^+(\bar{w}_-), \tag{9.3}$$

其中

$$S_+ := (N^+)^\perp = H^+ \vee (H^-)^\perp, \quad \bar{S}_- := (N^-)^\perp = H^- \vee (H^+)^\perp. \tag{9.4}$$

在此情形下, 预报空间 X_- 和 X_+ 也为正规的. 事实上, 依据第 7 章的命题 7.4.5 和 7.4.6, 可得

$$X_- \sim (S_-, \bar{S}_-), \quad X_+ \sim (S_+, \bar{S}_+), \tag{9.5}$$

其中 $S_- = H^-, \bar{S}_+ = H^+$. 因此, 预报空间 X_- 和 X_+ 分别有生成过程 (w_-, w_+) 和 $(\bar{w}_-, \bar{w}_+)$, 符号的含义同上.

依据第 3.5 节的结论, 如下的谱表示

$$w(t) = \int_{-\pi}^{\pi} e^{i\theta t} d\hat{w}, \quad \bar{w}(t) = \int_{-\pi}^{\pi} e^{i\theta t} d\hat{\bar{w}} \tag{9.6}$$

定义了两个酉同构：$\mathcal{I}_{\hat{w}}, \mathcal{I}_{\hat{\bar{w}}} : L_p^2 \to \mathbb{H}$

$$\mathcal{I}_{\hat{w}} f = \int_{-\pi}^{\pi} f(e^{i\theta}) d\hat{w}, \quad \mathcal{I}_{\hat{\bar{w}}} f = \int_{-\pi}^{\pi} f(e^{i\theta}) d\hat{\bar{w}}. \tag{9.7}$$

据此可得 S 和 $\bar{S}$ 分别同构于 Hardy 空间 H_p^2 和 $\bar{H}_p^2$, 其中 S 和 $\bar{S}$ 定义如下

$$S := H^-(w) = \mathcal{I}_{\hat{w}} z^{-1} H_p^2, \quad \bar{S} := H^+(\bar{w}) = \mathcal{I}_{\hat{\bar{w}}} \bar{H}_p^2, \tag{9.8}$$

移位算子 $\mathcal{U}$ 成为对 $z = e^{i\theta}$ 的乘积运算, 即

$$\mathcal{U}\mathcal{I}_{\hat{w}} = \mathcal{I}_{\hat{w}} M_z. \tag{9.9}$$

9.1.1 谱因子和结构性泛函

我们将在更一般情形下重新描述第 6.3 节中的一些基本结论. 注意到 $(\mathcal{I}_{\hat{w}})^{-1}\mathcal{I}_{\hat{\bar{w}}}$ 为酉算子、且与 L^2_p 上的移位算子对易, 因而可表示为乘积算子

$$(\mathcal{I}_{\hat{w}})^{-1}\mathcal{I}_{\hat{\bar{w}}} = M_K, \tag{9.10}$$

其中 $M_K f = fK$ 和 K 为 $p\times p$ 的酉矩阵 (定理 4.3.3). 基于定义 4.6.1, 在此稍作推广：称解析函数到解析函数的同构为*内泛函*. 与前文相同, 称满足 $H^2_p V$ 在 H^2_q 中稠密的 $p\times q$ 矩阵泛函 V 为*外泛函*. 在共轭 Hardy 空间中具有相应性质的泛函分别被称为*共轭内泛函* 和*共轭外泛函*.

引理 9.1.2 *设 $(\mathbb{H},\mathcal{U},\mathrm{X})$ 为一个 Markov 正规表式, 相应的生成过程为 w 和 $\bar{w}$. 从而存在唯一一对谱因子 $(W,\bar{W})$, 其中第一项解析、第二项余解析 (coanalytic), 使得*

$$y(t) = \int_{-\pi}^{\pi} e^{i\theta t} W(e^{i\theta}) d\hat{w} = \int_{-\pi}^{\pi} e^{i\theta t} \bar{W}(e^{i\theta}) d\hat{\bar{w}}. \tag{9.11}$$

此外, 由 (9.10) 所定义的矩阵函数 K 为内泛函, 且满足

$$W = \bar{W}K, \tag{9.12}$$

特别地,

$$\bar{w}(t) = \int_{-\pi}^{\pi} e^{i\theta t} K(e^{i\theta}) d\hat{w}. \tag{9.13}$$

证 注意公式 (9.9), 条件 (9.11) 成立的充分必要条件为

$$W = \begin{bmatrix} \mathcal{I}_{\hat{w}}^{-1} y_1(0) \\ \mathcal{I}_{\hat{w}}^{-1} y_2(0) \\ \vdots \\ \mathcal{I}_{\hat{w}}^{-1} y_m(0) \end{bmatrix}, \quad \bar{W} = \begin{bmatrix} \mathcal{I}_{\hat{\bar{w}}}^{-1} y_1(0) \\ \mathcal{I}_{\hat{\bar{w}}}^{-1} y_2(0) \\ \vdots \\ \mathcal{I}_{\hat{\bar{w}}}^{-1} y_m(0) \end{bmatrix}. \tag{9.14}$$

其中 W 和 $\bar{W}$ 为谱因子. 进一步, 对所有的 $a\in\mathbb{R}^m$, 从 $a'y(0)\in\mathcal{U}\mathrm{H}^-\subset\mathcal{U}\mathrm{H}^-(w)$ 可知 $a'W\in H^2_p$, 进而就有 W 为解析的. 利用相同的证明思路, 注意对所有的 $a\in\mathbb{R}^m$, 有 $a'y(0)\in\mathrm{H}^+\subset\mathrm{H}^+(\bar{w})$ 和 $a'\bar{W}\in\bar{H}^2_p$ 成立, 进而就有 $\bar{W}$ 为余解析的. 利用 (9.10), 有下述等式成立

$$\int_{-\pi}^{\pi} f d\hat{\bar{w}} = \int_{-\pi}^{\pi} fK d\hat{w}, \quad \forall f\in H^2_p,$$

进而可知 (9.13) 成立. 进一步, 注意下述等式成立

$$a'y(0) = \mathcal{I}_{\hat{w}} a'W = \mathcal{I}_{\hat{\bar{w}}} a'\bar{W}, \quad \forall a\in\mathbb{R}^m,$$

利用 (9.10) 就可得到 (9.12). 最后, 利用 $\bar{\mathrm{S}}^{\perp} \subset \mathrm{S}$ 的垂直相交性 (定理 7.2.4) 可证 K 为内泛函. 具体而言, 注意到 $\bar{\mathrm{S}}^{\perp} \subset \mathrm{S}$ 可等价改写为 $\mathrm{H}^-(\bar{w}) \subset \mathrm{H}^-(w)$, 而后者在同构映射 $\mathcal{I}_{\hat{w}} z^{-1}$ 下又等价于 $H_p^2 K \subset H_p^2$. 子空间 $\mathrm{H}^-(\bar{w})$ 在后移算子 $\mathcal{U}^{-1}$ 下为不变子空间, 因而 $H_p^2 K$ 在算子 z^{-1} 下也为不变子空间. 因而由定理 4.6.4 可知 K 为内泛函. □

从上述证明可知, 若生成过程 w 和 $\bar{w}$ 一经给定, 谱因子 W 和 $\bar{W}$ 可分别为子空间 S 和 $\bar{\mathrm{S}}$ 唯一确定. 这意味着, 在可右乘 $p \times p$ 常值正交阵的条件下,W 和 $\bar{W}$ 可分别为 S 和 $\bar{\mathrm{S}}$ 唯一确定. 如下定义的 $m \times p$ 维的谱因子构成的等价类记为 $W \bmod \mathcal{O}(p)$

$$[W] := \{WT \mid T{:}p \times p \text{ 正交阵 }\}, \tag{9.15}$$

其中 $\mathcal{O}(p)$ 为 p 维正交群, 当 W 的维数显而易见时, 简记为 $W \bmod \mathcal{O}$.

因此, 给定正规 Markov 表示 $(\mathbb{H}, \mathcal{U}, \mathrm{X})$, 其中 $\mathrm{X} \sim (\mathrm{S}, \bar{\mathrm{S}})$, 我们可唯一确定 (mod $\mathcal{O}$ 意义下) 一对 $m \times p$ 谱因子 $(W, \bar{W})$, 其中一个解析、对应于 S, 另一个余解析、对应于 $\bar{\mathrm{S}}$. 从分裂几何的角度说,W 的解析性反映了条件 $\mathrm{S} \supset \mathrm{H}^-$, 而 $\bar{W}$ 的余解析性反映了 $\bar{\mathrm{S}} \supset \mathrm{H}^+$,$K$ 为内泛函, 且为 S 和 $\bar{\mathrm{S}}$ 的垂直相交. 考察三元组 $(W, \bar{W}, K)$, 其中 W 和 $\bar{W}$ 为 $m \times p$ 谱因子, 维数满足 $p \geqslant m$,K 为 $p \times p$ 矩阵泛函, 满足等式 $W = \bar{W} K$. 若 W 解析、$\bar{W}$ 余解析且 K 为内泛函, 则称 $(W, \bar{W}, K)$ 为 Markov 三元组.

注意 (9.10), 在可以左乘和右乘常值正交阵的意义下,K 可为 Markov 表示 $(\mathbb{H}, \mathcal{U}, \mathrm{X})$ 唯一确定, 我们称之为 $(\mathbb{H}, \mathcal{U}, \mathrm{X})$ 的*结构泛函*. 可知相应于一个 Markov 表示的 Markov 三元组均联系于以下等价关系

$$(W, \bar{W}, K) \sim (WT_1, \bar{W}T_2, T_2^{-1} K T_1), \quad T_1, T_2 \in O(p). \tag{9.16}$$

Markov 三元组的相应等价类记为 $[W, \bar{W}, K]$ 或 $(W, \bar{W}, K) \bmod \mathcal{O}$.

若 Markov 表示 $(\mathbb{H}, \mathcal{U}, \mathrm{X})$ 是内部的, 则重数 p 等于 m. 注意到 Φ 满秩, 从而可得 W 和 $\bar{W}$ 均为可逆方阵. 在此情形下, 由 (9.12) 可解出结构泛函 K

$$K = \bar{W}^{-1} W. \tag{9.17}$$

因此, 预报空间 X_- 和 X_+ 分别有 Markov 三元组 $(W_-, \bar{W}_-, K_-)$ 和 $(W_+, \bar{W}_+, K_+)$, 其中 W_- 为外泛函,$\bar{W}_+$ 为共轭外泛函, 并且 $K_- = \bar{W}_-^{-1} W_-$,$K_+ = \bar{W}_+^{-1} W_+$.

若 K 可为 W 和 $\bar{W}$ 唯一确定, 则称 Markov 三元组为紧致的. 依上述分析可见, 内在 Markov 表示必为紧致 Markov 三元组, 因而 (9.17) 成立. 非紧致性发生于子空间 $\mathrm{X} \cap (\mathrm{H})^{\perp}$ 为非平凡情形, 在此情况下状态过程的一些模态将独立于 y 演

化. 事实上, 可观性或可构造性蕴含紧致性, 通过下述内容可见, 可观性或可构造性分别与 $W = \bar{W}K$ 和 $\bar{W} = WK^*$ 分解的互质性等价 (推论 9.2.3). 这类互质分解在 mod $\mathcal{O}$ 意义下是唯一的. 从而在可观性情形下 $\bar{W}$ 和 K 为 W 唯一决定, 在可构造性情形下 W 和 K 为 $\bar{W}$ 唯一决定.

9.1.2 Markov 表示的内部三元组

在 Markov 三元组 $(W, \bar{W}, K)$ 中, 谱因子 W 和 $\bar{W}$ 有唯一的外部—内部分解

$$W = W_- Q, \quad \bar{W} = \bar{W}_+ \bar{Q}, \tag{9.18}$$

其中 W_- 为外部谱因子,$\bar{W}_+$ 为共轭外部谱因子 (定理 4.6.5),$m \times p$ 的矩阵泛函 Q 和 $\bar{Q}$ 分别为内部及共轭内部谱因子, 并满足

$$QQ^* = I_m, \quad \bar{Q}\bar{Q}^* = I_m. \tag{9.19}$$

因此, 对过程 y 的每个 Markov 表示, 存在内部泛函的唯一一组三元组 $(K, Q, \bar{Q})$, 我们称为内部三元组.

引理 9.1.3 设 $(\mathbb{H}, \mathcal{U}, \mathrm{X})$ 为正规 Markov 表示, 有内部三元组 $(K, Q, \bar{Q})$ 和生成过程 w 和 $\bar{w}$, 则有如下关系成立

$$w(t) = \int_{-\pi}^{\pi} \mathrm{e}^{\mathrm{i}\theta t} Q^*(\mathrm{e}^{\mathrm{i}\theta}) \mathrm{d}\hat{w}_- + z(t), \tag{9.20}$$

其中 w_- 是新息过程,z 为纯非确定性过程并满足 $\mathrm{H}(z) = \mathrm{H}^\perp$、谱密度记为 $\Pi := I - Q^*Q$. 在同构映射 $\mathcal{I}_{\hat{w}}$ 下,E^{H} 到内部子空间 H 的正交投影对应于乘以 Q^*Q, 即

$$\mathrm{E}^{\mathrm{H}} \mathcal{I}_{\hat{w}} = \mathcal{I}_{\hat{w}} M_{Q^*Q}. \tag{9.21}$$

类似可得

$$\bar{w}(t) = \int_{-\pi}^{\pi} \mathrm{e}^{\mathrm{i}\theta t} \bar{Q}^*(\mathrm{e}^{\mathrm{i}\theta}) \mathrm{d}\hat{\bar{w}}_+ + \bar{z}(t), \tag{9.22}$$

其中 $\bar{w}_+$ 为后向新息过程并且

$$\bar{z}(t) = \int_{-\pi}^{\pi} \mathrm{e}^{\mathrm{i}\theta t} K(\mathrm{e}^{\mathrm{i}\theta}) \mathrm{d}\hat{z}. \tag{9.23}$$

进一步, 有 $\mathrm{H}(\bar{z}) = \mathrm{H}^\perp$ 并且

$$\mathrm{E}^{\mathrm{H}} \mathcal{I}_{\hat{\bar{w}}} = \mathcal{I}_{\hat{\bar{w}}} M_{\bar{Q}^*\bar{Q}}. \tag{9.24}$$

此外,

$$K\Pi = \bar{\Pi}K, \tag{9.25}$$

其中 $\bar{\Pi} := I - \bar{Q}^*\bar{Q}$ 为 $\bar{z}$ 的谱密度.

证 注意到

$$\mathrm{d}\hat{y} = W\mathrm{d}\hat{w} = W_-\mathrm{d}\hat{w}_-,$$

从 (9.18) 就得到

$$\mathrm{d}\hat{w}_- = Q\mathrm{d}\hat{w}. \tag{9.26}$$

因而有 $Q^*\mathrm{d}\hat{w}_- = Q^*Q\mathrm{d}\hat{w}$,

$$\mathrm{d}\hat{w} = Q^*\mathrm{d}\hat{w}_- + \mathrm{d}\hat{z}, \tag{9.27}$$

其中 $\mathrm{d}\hat{z} := \Pi\mathrm{d}\hat{w}, \Pi := I - Q^*Q$. 由此就得到 (9.20). 更一般地, 对任意 $f \in L_p^2$ 有下式成立

$$\int f\mathrm{d}\hat{w} = \int fQ^*\mathrm{d}\hat{w}_- + \int f\mathrm{d}\hat{z}. \tag{9.28}$$

注意到 (9.28) 式的最后一项可表示为 $\int f\Pi\mathrm{d}\hat{w}$, 因而与内部子空间 H 正交, 等价地, 与下面子空间正交

$$\int h\mathrm{d}\hat{w}_- = \int hQ\mathrm{d}\hat{w}, \quad \forall\, h \in L_m^2.$$

事实上, 注意到 $QQ^* = I$, 就有 $Q\Pi = 0$. 据此可知 $\Pi^2 = \Pi$, 因此 Π 为 z 的谱密度.

当 f 属于空间 L_p^2 时, 公式 (9.28) 的左端项生成 $\mathbb{H} := \mathrm{H}(w)$; 另一方面, 令 $f = gQ$, 其中 $g \in L_m^2$, 右端第一项张成的闭空间为 H. 因而 $\mathrm{H}(z) = \mathrm{H}^\perp := \mathbb{H} \ominus \mathrm{H}$ 得证. 进一步, 注意到 (9.26), 对任意 $\lambda \in \mathbb{H} = \mathrm{H}(w)$, 存在 $f \in L_p^2$ 使得

$$\mathrm{E}^{\mathrm{H}}\lambda = \int fQ^*\mathrm{d}\hat{w}_- = \int fQ^*Q\mathrm{d}\hat{w},$$

从而 (9.21) 得证. 针对 $\bar{w}$ 的相关结论可以完全相同地证明.

至此, 我们还需证明 (9.23) 和 (9.25). 一方面, 从 (9.21) 和 (9.24) 可得

$$\mathrm{E}^{\mathrm{H}} = \mathcal{I}_{\hat{w}} M_{Q^*Q} \mathcal{I}_{\hat{w}}^{-1} = \mathcal{I}_{\hat{\bar{w}}} M_{\bar{Q}^*\bar{Q}} \mathcal{I}_{\hat{\bar{w}}}^{-1},$$

同时注意 (9.10) 就可证明 $KQ^*Q = \bar{Q}^*\bar{Q}K$. 因此, (9.25) 得证. 最后, 利用 (9.13) 和 (9.25), 就有

$$\mathrm{d}\hat{\bar{z}} = \bar{\Pi}\mathrm{d}\hat{\bar{w}} = \bar{\Pi}K\mathrm{d}\hat{w} = K\Pi\mathrm{d}\hat{w} = K\mathrm{d}\hat{z},$$

这就证明了 (9.23). □

9.1.3 状态空间的构造

在本节, 我们将看到 Markov 三元组 $(W, \bar{W}, K)$ 包含了构造过程 y 的状态空间实现的全部信息. 特别地, 结构化泛函 K 决定状态空间,W 和 $\bar{W}$ 作为有相同状态空间的两个随机实现的传递函数.

下述定理刻画了 Markov 表示和 Markov 三元组 $(W, \bar{W}, K)$ 之间的联系.

定理 9.1.4 考察纯非确定性过程 $\{y(t)\}_{t\in\mathbb{Z}}$, 设其有满秩谱因子, Markov 表示记为 $(\mathbb{H}, \mathcal{U}, \mathrm{X})$. 考察 $([W, \bar{W}, K], z)$, 其中 $[W, \bar{W}, K]$ 为 Markov 三元组的一个等价类, 有谱密度 $\Pi := I - W^{\sharp}W$, 其中 $W^{\sharp} = W^{*}\Phi^{-1}$,$z$ 为向量过程 (mod $\mathcal{O}$) 并满足 $\mathrm{H}(z) \perp \mathrm{H}$. 则在 $(\mathbb{H}, \mathcal{U}, \mathrm{X})$ 和 $([W, \bar{W}, K], z)$ 之间存在一一对应, 在此对应下, 有如下结论成立

$$\mathbb{H} = \mathrm{H} \oplus \mathrm{H}(z), \tag{9.29}$$

$$\mathrm{X} = \mathrm{H}^{-}(w) \cap \mathrm{H}^{+}(\bar{w}), \tag{9.30}$$

其中 $(w, \bar{w})$ 是如下定义的生成过程

$$w(t) = \int_{-\pi}^{\pi} \mathrm{e}^{\mathrm{i}\theta t} W^{\sharp} \mathrm{d}\hat{y} + z(t), \tag{9.31}$$

$$\bar{w}(t) = \int_{-\pi}^{\pi} \mathrm{e}^{\mathrm{i}\theta t} \bar{W}^{\sharp} \mathrm{d}\hat{y} + \int_{-\pi}^{\pi} \mathrm{e}^{\mathrm{i}\theta t} K \mathrm{d}\hat{z}, \tag{9.32}$$

$\bar{W}^{\sharp} := \bar{W}^{*}\Phi^{-1}$.

证 给定生成过程 $(w, \bar{w})$ 及其 Markov 表示 $(\mathbb{H}, \mathcal{U}, \mathrm{X})$, 我们之前已经证明存在 Markov 三元组的唯一一个等价类 $[W, \bar{W}, K]$. 假设 $\Pi := I - W^{\sharp}W$. 注意 $\Phi = W_{-}^{*}W_{-}$, 经过直接计算可知 Π 与引理 9.1.3 所定义的一致, 并且 (9.31) 与 (9.20) 和 (9.23) – (9.24) 等价. 注意 $\mathrm{d}\hat{z} = \Pi \mathrm{d}\hat{w}$, 可知过程 z 唯一确定 (mod $\mathcal{O}$) 且有谱密度 Π, 并且依引理 9.1.3 知 (9.29) 成立. 因为 $(\mathbb{H}, \mathcal{U}, \mathrm{X})$ 为正规的, 利用 $\mathrm{X} = \mathrm{S} \cap \bar{\mathrm{S}}$ (定理 8.1.1) 就得 (9.30).

另一方面, 给定具有题设性质的三元组 $(W, \bar{W}, K)$ 和过程 z, 考察 (9.31) 和 (9.32) 所构造的 $(w, \bar{w})$. 定义 $\mathrm{S} := \mathrm{H}^{-}(w)$ 和 $\bar{\mathrm{S}} := \mathrm{H}^{+}(\bar{w})$. 注意 $(W, \bar{W}, K)$ 为 Markov 三元组, 由 W 的解析性可知 $\mathrm{S} \supset \mathrm{H}^{-}$, $\bar{W}$ 的余解析性可知 $\mathrm{S} \supset \mathrm{H}^{+}$, K 为内泛函等价于垂直相交. 因此, 由定理 8.1.1 可知 $\mathrm{X} = \mathrm{S} \cap \bar{\mathrm{S}}$ 为 Markov 分裂子空间、环绕空间为 $\mathbb{H} = \mathrm{H} \oplus \mathrm{H}(z)$. 移位算子为 $\mathcal{U} := \mathcal{U}_y \times \mathcal{U}_z$,$\mathcal{U}_y$ 和 $\mathcal{U}_z$ 分别是 y 和 z 上定义的移位算子.

□

至此, 我们给出了频率域框架, 该框架同构于 Markov 表示的几何框架；在频率域框架下, 所有随机变量都有在 H_p^2 或 $\bar{H}_p^2$ 特定子空间中的具体泛函表示. 接下来我们将引入 Markov 分裂子空间的一个一般化泛函模型, 这类模型与文献 [180] 和 [104] 所研究的确定性散布理论和 Hilbert 空间中的线性系统理论属于同类. 基于这种表示, Markov 分割子空间的各类结构化条件 (能观性、可构造性、最小实现) 的刻画就能用 Hardy 空间的语言来描述. 下一节将集中研究这些问题.

Markov 分裂子空间的泛函模型基于 H^2 空间理论中的余不变子空间 概念.

定义 9.1.5　设 V 为 H_p^2 中的 $p\times p$ 内部泛函. 下面子空间

$$H(V)=H_p^2\ominus H_p^2V=H_p^2\cap(z\bar{H}_p^2V) \tag{9.33}$$

称为泛函 V 生成的 H_p^2 中的余不变子空间. 对 $\bar{H}_p^2$ 中的余内部泛函 $\bar{V}$, 下面子空间

$$\bar{H}(\bar{V})=\bar{H}_p^2\ominus\bar{H}_p^2\bar{V}=\bar{H}_p^2\cap(z^{-1}H_p^2\bar{V}) \tag{9.34}$$

称为泛函 $\bar{V}$ 生成的 $\bar{H}_p^2$ 中的余不变子空间.

从 $L_p^2=H_p^2\oplus(z\bar{H}_p^2)=H_p^2V\oplus(z\bar{H}_p^2V)$ 可证 $H_p^2=H_p^2V\oplus H_p^2\cap(z\bar{H}_p^2V)$, 进而可证 (9.33) 的第二个等式. (9.34) 的第二个等式可从对偶的角度证明.

依文献 [104, 145], 有如下基本结论成立：$H(V)$ 是压缩于 H_p^2 的伴随右移位算子的不变子空间, 即

$$P^{H(V)}M_z:\ H(V)\to H(V), \tag{9.35}$$

对偶结论可表示为

$$P^{\bar{H}(\bar{V})}M_{z^{-1}}:\ \bar{H}(\bar{V})\to\bar{H}(\bar{V}). \tag{9.36}$$

余不变子空间可以对非方阵形式的内部泛函类似地定义, 例如：对 $H_{m\times p}^2$ 中 $m\times p$ $(m\leqslant p)$ 维的内部泛函 V,

$$H(V)=H_p^2\ominus H_m^2V=H_p^2\cap(z\bar{H}_m^2V), \tag{9.37}$$

从而 $H(V)$ 同样是压缩于 H_p^2 的伴随右移位算子的不变子空间, 定义 (9.35) 和 (9.36) 可以类似地推广到此类情形.

定理 9.1.6　设 $(\mathbb{H},\mathcal{U},\mathrm{X})$ 为正规 Markov 表示, 伴有结构泛函 K 和生成过程 $(w,\bar{w})$. 则若 $z:=\mathrm{e}^{\mathrm{i}\theta}$, 就有

$$\mathrm{X}=\int_{-\pi}^{\pi}z^{-1}H(K)\mathrm{d}\hat{w}=\int_{-\pi}^{\pi}\bar{H}(K^*)\mathrm{d}\hat{\bar{w}}, \tag{9.38}$$

其中

$$H(K) := H_p^2 \ominus H_p^2 K = H_p^2 \cap (z\bar{H}_p^2 K), \tag{9.39}$$

$$\bar{H}(K^*) := \bar{H}_p^2 \ominus \bar{H}_p^2 K^* = \bar{H}_p^2 \cap (z^{-1} H_p^2 K^*). \tag{9.40}$$

此外,X 为有限维的充分必要条件是 K 为有理的, 在此情形下,dim X 等于 K 的麦克米兰(McMillan)度.

证 利用定理 8.1.1 和 $(\mathbb{H}, \mathcal{U}, \mathrm{X})$ 的正规性, 就有

$$\mathrm{X} = \mathrm{S} \ominus \bar{\mathrm{S}}^{\perp} = \mathrm{H}^{-}(w) \ominus \mathrm{H}^{-}(\bar{w}),$$

在同构 $\mathcal{I}_{\hat{w}}$ 下对应于 $z^{-1}H_p^2 \ominus z^{-1}H_p^2 K = z^{-1}H(K)$. 类似地, 由下述关系可得 (9.38) 第二个等式

$$\mathrm{X} = \bar{\mathrm{S}} \ominus \mathrm{S}^{\perp} = \mathrm{H}^{+}(\bar{w}) \ominus \mathrm{H}^{+}(w),$$

在同构 $\mathcal{I}_{\hat{\bar{w}}}$ 下对应于 $\bar{H}_p^2 \ominus \bar{H}_p^2 K^* = \bar{H}(K^*)$. 因此,X 有限维的充分必要条件是 $H(K)$ 为有限维, 并且它们有相同的维数.

注意到 $H(K) = H_p^2 \cap (z\bar{H}_p^2 K)$, 可知 $f \in H(K)$ 的充分必要条件是存在 $\bar{f} \in z\bar{H}_p^2$ 使得 $f = \bar{f}K$. 若 K 为有理, 类似于 (6.44) 可将其表示为 $K = \bar{M}M^{-1}$, 其中 M 和 $\bar{M}$ 为矩阵多项式. 因此,$f \in H(K)$ 的充分必要条件是存在 $g \in z\bar{H}_p^2\bar{M}$ 使得 $f = gM^{-1}$. 易知, 函数 g 可表示为

$$g(z) = \sum_{k=1}^{\infty} a_k z^k.$$

定义 $d := \deg M$, 就有 $z^{-d}g = z^{-d}fM \in H_p^2$. 另一方面, 注意到

$$z^{-d}g(z) = \sum_{k=1}^{\infty} a_k z^{k-d},$$

若 $a_k = 0, \forall k > d$, $z^{-d}g(z)$ 仅属于 H_p^2. 因而 g 为幂次至多为 d 的向量多项式, 进而 $H(K)$ 由形如 $f = gM^{-1}$ 的真有理函数构成. 这个空间必为有限维.

假设 X(进而 $H(K)$) 为有限维. 根据 (6.39),X 具有有理结构函数

$$K(z) = \bar{B}'(zI - A)^{-1}B + V. \tag{9.41}$$

还需证明 $\dim \mathrm{X} = \deg K$. 为此, 假设 $\dim \mathrm{X} = n < \infty$, 从而 Markov 表示 $(\mathbb{H}, \mathcal{U}, \mathrm{X})$ 有 n 维前向系统 (8.53) 和 n 维后向系统 (8.60) (定理 8.3.1), 注意到 $(\mathbb{H}, \mathcal{U}, \mathrm{X})$ 的正规性,(A, B) 和 $(A', \bar{B})$ 均为可达 (定理 8.4.8). 从而依据第 6.3 节的证明, 结构函数 K 由 (9.41) 给出. 注意 $(\bar{B}', A)$ 可观而 (A, B) 可达, 可知 (9.41) 为最小实现, 因而有 $\deg K = n$.

□

推论 9.1.7 若内函数 K 由 (9.41) 式给出, 则 $z(zI-A)^{-1}B$ 的各行构成 $H(K)$ 的一组基底、$(z^{-1}I-A')^{-1}\bar{B}$ 的各行构成 $\bar{H}(K^*)$ 的一组基底.

证 第一个结论可从 $\mathcal{I}_{\hat{w}}((zI-A)^{-1}B)=x(0)$ 立得, 其中 $\mathcal{I}_{\hat{w}}((zI-A)^{-1}B)=x(0)$ 是 X 的一组基底, 第二个结论可由对称性得证.

我们基于 Hardy 空间给出另一种证明, 利用 (6.43b) 可得

$$a'(I-Az^{-1})^{-1}B=a'P(z^{-1}I-A')^{-1}\bar{B}K(z),\quad \forall a\in\mathbb{R}^n.$$

上式左边项属于 H_p^2 而右边项属于 $z\bar{H}_p^2K$, 据 (9.39) 可知它们均属 $H(K)$. 注意到 (A,B) 可达, 因而 $z(zI-A)^{-1}B$ 的 n 行线性独立且构成 n 维空间 $H(K)=z\mathcal{I}_{\hat{w}}^{-1}\mathrm{X}$ 的一组基底. □

9.1.4 受限移位算子

结构函数 K 对应的受限移位算子 (9.35) 是第 7.5 节引入的 Markov 半群在谱上的对应.

命题 9.1.8 设 K 是恰当 Markov 表示 $(\mathbb{H},\mathcal{U},\mathrm{X})$ 的结构函数,$H(K)$ 是 $H(K)=H_p^2\ominus H_p^2K$ 的协不变子空间. 定义受限移位算子

$$S_t(K)f:=P^{H(K)}M_{z^t}f,\quad f\in H(K).\tag{9.42}$$

则在如下图所示的交换意义下

$$\begin{array}{ccc} H(K) & \xrightarrow{\mathcal{I}_{\hat{w}}M_{z^{-1}}} & \mathrm{X} \\ {\scriptstyle S(K)}\big\downarrow & & \big\downarrow{\scriptstyle \mathcal{U}(\mathrm{X}),} \\ H(K) & \xrightarrow[\mathcal{I}_{\hat{w}}M_{z^{-1}}]{} & \mathrm{X} \end{array}\tag{9.43}$$

Markov 半群 $\mathcal{U}_t(\mathrm{X}):=\mathcal{U}(\mathrm{X})^t$ 酉等价于 $S_t(K):=S(K)^t:H(K)\to H(K)$. 对偶地, 定义伴随受限移位算子 $\bar{S}_t(K^*):=\bar{S}(K^*)^t:\bar{H}(K^*)\to\bar{H}(K^*)$

$$\bar{S}_t(K^*)\bar{f}:=P^{\bar{H}(K^*)}M_{z^{-t}}\bar{f},\quad \bar{f}\in\bar{H}(K^*),\tag{9.44}$$

其中 $\bar{H}(K^*)=\bar{H}_p^2\ominus\bar{H}_p^2K^*$. 则在如下图所示的交换意义下

$$\begin{array}{ccc} \bar{H}(K^*) & \xrightarrow{\mathcal{I}_{\hat{\bar{w}}}} & \mathrm{X} \\ {\scriptstyle \bar{S}(K^*)}\big\downarrow & & \big\downarrow{\scriptstyle \mathcal{U}(\mathrm{X})^*,} \\ \bar{H}(K^*) & \xrightarrow[\mathcal{I}_{\hat{\bar{w}}}]{} & \mathrm{X} \end{array}\tag{9.45}$$

伴随 Markov 半群 $\mathcal{U}_t(\mathrm{X})^*$ 酉等价于伴随受限移位算子 $\bar{S}_t(K^*) := \bar{S}(K^*)^t : \bar{H}(K^*) \to \bar{H}(K^*)$. 当 $t \to \infty$ 时, 算子 $S_t(K)$ 和 $\bar{S}_t(K^*)$ 强收敛于零.

证 从 (9.38) 可得 $\mathrm{X} = \mathcal{I}_{\hat{w}} z^{-1} H(K)$, 等价地就有 $\mathcal{U}\mathrm{X} = \mathcal{I}_{\hat{w}} H(K)$, 因此对任意 $\xi \in \mathrm{X}$ 有如下等式成立

$$\mathcal{U}_t(\mathrm{X})\xi = \mathrm{E}^{\mathrm{X}}\, \mathcal{U}^t \xi = \mathcal{U}^*\, \mathrm{E}^{\mathcal{U}\mathrm{X}}\, \mathcal{U}^{t+1}\xi = \mathcal{I}_{\hat{w}} M_{z^{-1}} S_t(K) M_z \mathcal{I}_{\hat{w}}^{-1}\xi,$$

进而就得到 (9.43). 对偶部分的结论可以类似地证明. 最后依正规性并利用定理 8.2.1, 其余结论可得证. □

从下面定理可以看出结构函数 K 可以完全刻画正规 Markov 表示的动态性, 其证明可参考 [104, 定理 13.8].

定理 9.1.9 满足 $\zeta \in \mathbb{D} := \{z : |z| < 1\}$ 且 $K^*(\zeta)$ 非可逆的所有点构成 $S(K)$ 以及 $\mathcal{U}(\mathrm{X})$ 的点谱, 满足 $\zeta \in \mathbb{T} := \{z : |z| = 1\}$ 且 K^* 不具有穿越单位圆周的解析延拓的所有点构成其连续谱. 对偶地, 满足 $\zeta \in \mathbb{D}$ 且 $K(\zeta)$ 非可逆的所有点之共轭倒数构成 $\bar{S}(K^*)$ 及其伴随 $\mathcal{U}(\mathrm{X})^*$ 的点谱, 满足 $\zeta \in \mathbb{T}$ 且 K 不具有穿越单位圆周的解析延拓的所有点构成其连续谱.

特别地, 有理情形时从 (9.41) 可知 $K^*(z)$ 的零点即为 A 的特征值, 且落于单位圆盘 $\mathbb{D}$ 之内. 因此 $\mathcal{U}(\mathrm{X})$ 的特征值即为 A 的特征值.

若存在 ζ 的邻域 V 使得任意 $z \in V \cap \bar{\mathbb{D}}$ 都有 $K(z)$ 可逆且 $|K(z)^{-1}|$ 一致有界, 则内函数 K 在 $\zeta \in \mathbb{T}$ 处有解析延拓. 一般说来, 奇异内函数没有穿越单位圆周的解析延拓, 可见下面例子：奇异函数 $F(\cdot)$ 在 $\mathbb{D}$ 上解析, 若它的逆函数从单位圆环外部取 $z = 1$ 的极限, 则有无界的径向极限,

$$F(z) = \exp\left\{-\frac{z+1}{z-1}\right\},$$

这是因为 $\lim_{x\downarrow 1} F(x)^{-1} = +\infty$, 但是 $\lim_{x\uparrow 1} F(x)^{-1} = 1$, 因此它不可能有穿越点 $z = 1$ 的解析延拓.

命题 9.1.10 设 $(K, Q, \bar{Q})$ 为正规 Markov 表示 $(\mathbb{H}, \mathcal{U}, \mathrm{X})$ 的内三元组,$H(Q)$ 和 $\bar{H}(\bar{Q})$ 分别为协不变子空间 $H(Q) := H_p^2 \ominus H_m^2 Q$ 和 $\bar{H}(\bar{Q}) = \bar{H}_p^2 \ominus \bar{H}_m^2 \bar{Q}$, 定义

$$S(Q)f := P^{H(Q)} M_z f, \quad \bar{S}(\bar{Q})\bar{f} := P^{\bar{H}(\bar{Q})} M_{z^{-1}} \bar{f}, \tag{9.46}$$

其中 $f \in H(Q), \bar{f} \in \bar{H}(\bar{Q})$. 进一步, 设 Z 和 $\bar{\mathrm{Z}}$ 是 (8.171) 所定义的对应于 X 的误

差空间, 则下图可交换.

$$
\begin{array}{ccc}
H(Q) & \xrightarrow{\mathcal{I}_{\hat{w}}M_{z^{-1}}} & \mathrm{Z} \\
{\scriptstyle S(Q)}\downarrow & & \downarrow{\scriptstyle \mathcal{U}(\mathrm{Z}),} \\
H(Q) & \xrightarrow[\mathcal{I}_{\hat{w}}M_{z^{-1}}]{} & \mathrm{Z}
\end{array}
\qquad
\begin{array}{ccc}
\bar{H}(\bar{Q}) & \xrightarrow{\mathcal{I}_{\hat{\bar{w}}}} & \bar{\mathrm{Z}} \\
{\scriptstyle \bar{S}(\bar{Q})}\downarrow & & \downarrow{\scriptstyle \mathcal{U}(\bar{\mathrm{Z}})^*,} \\
\bar{H}(\bar{Q}) & \xrightarrow[\mathcal{I}_{\hat{\bar{w}}}]{} & \bar{\mathrm{Z}}
\end{array}
\tag{9.47}
$$

证　注意到 $\mathrm{Z} = \mathcal{I}_{\hat{w}}M_{z^{-1}}H(Q)$ 以及 $\bar{\mathrm{Z}} = \mathcal{I}_{\hat{\bar{w}}}\bar{H}(\bar{Q})$, 可与命题 9.1.8 类似地证明.

□

我们将在命题 9.3.1 和 9.3.4 刻画内函数 $(K, Q, \bar{Q})$ 的秩与相应受限移位算子 $\mathcal{U}(\mathrm{X})$, $\mathcal{U}(\mathrm{Z})$ 和 $\mathcal{U}(\bar{\mathrm{Z}})$ 零空间之间的联系. 为此, 需要下面引理.

引理 9.1.11　设 W_1 和 W_2 为两个谱因子, 维数分别为 $m \times p_1$ 和 $m \times p_2$, 设 w_1 和 w_2 为向量 Wiener 过程, 维数分别为 p_1 和 p_2, 并且满足

$$
y(t) = \int_{-\pi}^{\pi} \mathrm{e}^{\mathrm{i}\theta t} W_1(\mathrm{e}^{\mathrm{i}\theta})\mathrm{d}\hat{w}_1 = \int_{-\pi}^{\pi} \mathrm{e}^{\mathrm{i}\theta t} W_2(\mathrm{e}^{\mathrm{i}\theta})\mathrm{d}\hat{w}_2. \tag{9.48}
$$

若 $\mathrm{H}^-(w_2) \subset \mathrm{H}^-(w_1)$, 则存在 $p_2 \times p_1$ 的内函数 R 使得 $W_1 = W_2 R$ 并且

$$
\operatorname{rank} R(\infty) = p_2 - \dim\ker \mathcal{U}(\mathrm{Y})^*, \tag{9.49}
$$

其中 $\mathrm{Y} := \mathrm{H}^-(w_1) \ominus \mathrm{H}^-(w_2)$. 类似地, 若 $\mathrm{H}^+(w_1) \subset \mathrm{H}^+(w_2)$, 则存在 $p_1 \times p_2$ 共轭内函数 $\bar{R}$ 使得 $W_2 = W_1 \bar{R}$ 并且

$$
\operatorname{rank} \bar{R}^*(\infty) = p_1 - \dim\ker \mathcal{U}(\bar{\mathrm{Y}}), \tag{9.50}
$$

其中 $\bar{\mathrm{Y}} := \mathrm{H}^+(w_2) \ominus \mathrm{H}^+(w_1)$. 若 $p_1 = p_2$, 则两条件均成立并且 $\bar{R} = R^*$.

证　设 $\mathrm{H}^-(w_2) \subset \mathrm{H}^-(w_1)$, 可知 $p_2 \leqslant p_1$ 并且 $\mathcal{I}_{\hat{w}_1}^{-1}\mathcal{I}_{\hat{w}_2}H^2_{p_2} \subset H^2_{p_1}$. 另一方面, $\mathcal{I}_{\hat{w}_1}^{-1}\mathcal{I}_{\hat{w}_2}$ 为有界线性算子并且与移位算子 z^{-1} 可交换, 依定理 4.3.3 可知必为乘法算子 M_R 将 $f \in H^2_{p_2}$ 映射为 $fR \in H^2_{p_1}$, 因而有 $H^2_{p_2}R \subset H^2_{p_1}$. 注意到 $\mathrm{H}^-(w_2)$ 在移位算子 $\mathcal{U}^{-1}$ 下不变、子空间 $H^2_{p_2}R$ 在移位算子 z^{-1} 下不变, 依定理 4.6.4 可知 R 为内函数. 同时注意 (9.48), 可知对任意 $a \in \mathbb{R}$ 都有 $a'y(0) = \mathcal{I}_{\hat{w}_1}a'W_1 = \mathcal{I}_{\hat{w}_2}a'W_2$, 因此就得到 $W_1 = W_2 R$.

接下来选取环绕空间的正交补, 依推论 7.2.5 可知 $\mathrm{H}^-(w_1)$ 和 $(\mathrm{H}^-(w_2))^\perp$ 垂直相交, 同时注意引理 8.8.5 就有

$$
\ker \mathcal{U}(\mathrm{Y})^* = \mathrm{H}^-(w_1) \cap \mathrm{W}_2,
$$

其中 $\mathrm{W}_2 := \{a'w_2(0) \mid a \in \mathbb{R}^{p_2}\}$. 从而对任意 $\eta \in \ker \mathcal{U}(\mathrm{Y})^*$ 都存在向量 $a \in \mathbb{R}^{p_2}$ 使得 $\eta = a'w_2(0) \in \mathrm{H}^-(w_1)$, 即 $\mathcal{I}_{\hat{w}_1}^{-1}\mathcal{I}_{\hat{w}_2}a' \in z^{-1}H^2_{p_1}$, 或者等价地 $a'R \in z^{-1}H^2_{p_1}$. 注意后者成立的充分必要条件是 $a'R(\infty) = 0$, 从而就证明了 (9.49).

假设 $\mathrm{H}^+(w_1) \subset \mathrm{H}^+(w_2)$, 从而 $p_1 \leqslant p_2$, 并且依上述证明可知存在共轭内函数 $\bar{R}$ 使得 $\bar{H}^2_{p_1}\bar{R} \subset \bar{H}^2_{p_2}$ 和 $W_2 = W_1\bar{R}$ 成立, 据此并利用引理 8.8.5 就证得

$$\ker \mathcal{U}(\bar{\mathrm{Y}}) = \mathrm{H}^+(w_2) \cap (\mathcal{U}^*\mathrm{W}_1),$$

其中 $\mathrm{W}_1 := \{a'w_1(0) \mid a \in \mathbb{R}^{p_1}\}$. 因此对任意 $\eta \in \ker \mathcal{U}(\bar{\mathrm{Y}})$ 都存在 $a \in \mathbb{R}^{p_1}$ 使得 $\eta = a'w_1(-1) \in \mathrm{H}^+(w_2)$, 即 $a'\bar{R} \in z\bar{H}^2_p$, 或等价地 $a'\bar{R}^* \in z^{-1}H^2_p$. 注意后者等价于 $a'\bar{R}^*(\infty) = 0$, 从而 (9.50) 得证. 最后一个结论显而易见, 这就完成了证明. □

§ 9.2 最小 Markov 表示

具有满秩谱密度的纯非确定性过程 $\{y(t)\}_{t\in\mathbb{Z}}$ 过去与未来的相互作用可用“全通滤波器”来刻画：

$$\text{新息过程} \xrightarrow{w_-} \boxed{\ \Theta\ } \xrightarrow{\bar{w}_+} \text{后向新息过程}$$

把前向新息过程 w_- 变为后向 $\bar{w}_+$, 传递函数

$$\Theta := \bar{W}_+^{-1}W_- \tag{9.51}$$

称为相位函数.

引理 9.2.1 设 Θ 由 (9.51) 定义, 则成立

$$\bar{w}_+(t) = \int_{-\pi}^{\pi} \mathrm{e}^{\mathrm{i}\theta t}\Theta(\mathrm{e}^{\mathrm{i}\theta})\mathrm{d}\hat{w}_-.$$

证 注意到

$$\mathrm{d}\hat{y} = W_-\mathrm{d}\hat{w}_- = \bar{W}_+\mathrm{d}\hat{\bar{w}}_+,$$

就有 $\mathrm{d}\hat{\bar{w}}_+ = \Theta\mathrm{d}\hat{w}_-$, 证毕. □

若 $(\mathbb{H}, \mathcal{U}, \mathrm{X})$ 是具有内在三元组 $(K, Q.\bar{Q})$ 和生成函数 $(w, \bar{w})$ 的正规 Markov 表示, 利用 (9.17) 和 (9.18) 就有

$$\Theta = \bar{Q}KQ^*, \tag{9.52}$$

等价表示为

$$\xrightarrow{w_-}\boxed{Q^*}\xrightarrow{w}\boxed{K}\xrightarrow{\bar{w}}\boxed{\bar{Q}}\xrightarrow{\bar{w}_+}$$

Markov 表示为最小的充分必要条件是 (9.52) 所给出的分解不存在因子相消, 这个结论可由定理 7.4.10 和下面结论保证.

定理 9.2.2 设 $(\mathbb{H}, \mathcal{U}, \mathrm{X})$ 是具有内在三元组 $(K, Q.\bar{Q})$ 的正规 Markov 表示, 则 X 可构造的充分必要条件是 K 和 Q 右互质, 即不存在非单位模的公共右因子,X 可观测的充分必要条件是 K^* 和 $\bar{Q}$ 右互质, 即不存在公共的非单位模共轭右因子.

证 利用定理 7.4.9 可知,X 可构造的充分必要条件是 $\mathrm{S} = \mathrm{H}^- \vee \bar{\mathrm{S}}^\perp$, 即 $\mathrm{H}^-(w) = \mathrm{H}^-(w_-) \vee \mathrm{H}^-(\bar{w})$, 若取同构映射 $z\mathcal{I}_{\hat{w}}$ 可表示为

$$H_p^2 = (H_m^2 Q) \vee (H_p^2 K), \tag{9.53}$$

为保证 (9.53) 成立,Q 和 K 显然应右互质. 另一方面, 设 Q 和 K 右互质, 考虑 (9.53) 式右边项. 注意到 $H_p^2 K$ 为 H_p^2 的全范围不变子空间, 进而利用 Beurling-Lax 定理 (定理 4.6.4), (9.53) 式右边项可表示为 $H_p^2 J$, 其中 J 为内函数, 据此可知, (9.53) 式右边项为 H_p^2 的全范围不变子空间. 从而 J 为 Q 和 K 的公共右内因子, 从而得到 $J = I$. 这就完成了可构造性准则的证明. 可观测性部分的证明可以类似得到. □

特别地, 预测空间 X_- 有内三元组 $(K_-, I, \bar{Q}_-)$, 其中 K_- 和 $\bar{Q}_-^*$ 左互质，可由下式的互质分解确定

$$\bar{Q}_- K_- = \Theta. \tag{9.54}$$

同样地,X_+ 有内三元组 (K_+, Q_+, I), 其中 K_+ 和 Q_+ 右互质，可由下式确定：

$$K_+ Q_+^* = \Theta. \tag{9.55}$$

有了定理 9.2.2, 我们就可以从 Θ 由 (9.52) 式所给出的分解来解释 Markov 表示的最小性. 基于定理 7.4.10,X 为最小充分必要条件是基于定理 9.2.2 的分解尽可能减少、没有进一步的因子相消. 定理 7.4.3 给出的减少过程可解释为这种因子相消.

推论 9.2.3 设 $(\mathbb{H}, \mathcal{U}, \mathrm{X})$ 为可观测的正规 Markov 表示, 有解析的谱因子 W, 则其 Markov 三元组 $(W, \bar{W}, K)$ 是紧的, 并且 $\bar{W}$ 和 K 在 mod O 意义下是唯一的互质因子

$$W = \bar{W} K, \tag{9.56}$$

其中 $\bar{W}$ 是 $m\times p$ 维的协解析函数,K 是 $p\times p$ 维的内函数. 相似地, 若 X 为可构造并有协解析谱因子 $\bar{W}$, 它的 Markov 三元组 $(W,\bar{W},K)$ 也是紧的, 并且 W 和 K^* 在 mod O 意义下是唯一的互质因子

$$\bar{W}=WK^*. \tag{9.57}$$

反之,$(\mathbb{H},\mathcal{U},\mathrm{X})$ 为可观测的充分条件是 (9.56) 式给出的分解互质、为可构造的充分条件是 (9.57) 式给出的分解互质.

(9.56) 和 (9.57) 被称为 W 和 $\bar{W}$ 的 Douglas-Shapiro-Shields 分解[78].

9.2.1 Hankel 算子的谱表示

回忆第 6 章和第 7 章的内容, 我们可以发现平稳向量过程 $\{y(t)\}_{t\in\mathbb{Z}}$ 的过去与将来之间的相互作用可用 Hankel 算子来刻画

$$\mathcal{H}=\mathrm{E}^{\mathrm{H}^+}|_{\mathrm{H}^-},\quad \mathcal{H}^*=\mathrm{E}^{\mathrm{H}^-}|_{\mathrm{H}^+}. \tag{9.58}$$

接下来我们将考察这类算子在频率域的表示, 相位函数将在其中发挥重要作用.

命题 9.2.4 设 $\{y(t)\}_{t\in\mathbb{Z}}$ 为纯非确定性的满秩过程,Θ 为相位函数 (9.51), 则在同构映射 $\mathcal{I}_{\hat{w}_-}$ 下,$\mathcal{H}^*$ 对应于

$$\mathcal{H}_\Theta:=P^{z^{-1}H^2_m}M_\Theta|_{\bar{H}^2_m}, \tag{9.59}$$

其中 $P^{z^{-1}H^2_m}$ 是映射到 $z^{-1}H^2_m$ 的正交投影. 对偶地, 在同构映射 $\mathcal{I}_{\hat{\bar{w}}_+}$ 下,$\mathcal{H}$ 对应于

$$\mathcal{H}^*_\Theta=P^{\bar{H}^2_m}M_{\Theta^*}|_{z^{-1}H^2_m}. \tag{9.60}$$

证 利用如下正交分解

$$\left(z^{-1}H^2_m\right)\oplus\bar{H}^2_m=L^2_m \tag{9.61}$$

可知上述分解在同构映射 $\mathcal{I}_{\hat{w}_-}$ 下对应于 $\mathrm{H}^-(w_-)\oplus\mathrm{H}^+(w_-)=\mathrm{H}$. 利用命题 4.5.12 可知过程 y 可逆, 因此 y 在两个方向上都是纯非确定性过程. 设 Θ 为 (9.51) 所定义的相位函数, 同时注意到 $\mathrm{d}\hat{\bar{w}}_+=\Theta\mathrm{d}\hat{w}_-$, 我们就证明了在同构映射 $\mathcal{I}_{\hat{w}_-}$ 下 $\mathrm{H}^+=\mathrm{H}^+(\bar{w}_+)$ 对应于 $\bar{H}^2_m\Theta$. 通过直接计算进而可以证明在同构映射 $\mathcal{I}_{\hat{w}_-}$ 下 $\mathcal{H}^*$ 对应于由 (9.59) 式定义的 $\mathcal{H}_\Theta$. $\mathcal{H}$ 的表示公式可以类似得证. □

算子 $\mathcal{H}_\Theta$ 被称为符号 Θ 下的频域 Hankel 算子. 在这儿可将符号 Θ 下的频域 Hankel 算子与 (10.54) 式定义的连续时间频域 Hankel 算子做对比, 其中 H^2_m 和 $\bar{H}^2_m$ 无重叠且相互正交.

考察 $\Theta \in L^{\infty}_{m\times m}$ 的 Fourier-Plancherel 变换

$$\Theta(z) = \sum_{k=-\infty}^{+\infty} \Theta_k z^{-k},$$

并定义 Θ 的因果部分如下：

$$\Theta_+(z) = \Theta_0 + \Theta_1 z^{-1} + \Theta_2 z^{-2} + \ldots + \Theta_3 z^{-3} + \cdots, \tag{9.62}$$

可以证明

$$\mathcal{H}_\Theta = \mathcal{H}_{\Theta_+} := P^{z^{-1}H^2_m} M_{\Theta_+}|_{\bar{H}^2_m}, \tag{9.63}$$

并且对任意 $\bar{f}(z) = \sum_{k=0}^{+\infty} \bar{f}_{-k} z^k \in \bar{H}^2_m$, 投影 $f := P^{H^2_m}\bar{f}\Theta$ 的 Fourier 系数可表示成矩阵乘积

$$\begin{bmatrix} f_0 & f_1 & f_2 & \ldots \end{bmatrix} = \begin{bmatrix} \bar{f}_0 & \bar{f}_{-1} & \bar{f}_{-2} & \ldots \end{bmatrix} \begin{bmatrix} \Theta_1 & \Theta_2 & \Theta_3 & \ldots \\ \Theta_2 & \Theta_3 & \Theta_4 & \ldots \\ \Theta_3 & \Theta_4 & \Theta_5 & \ldots \\ \vdots & \vdots & \vdots & \ddots \end{bmatrix},$$

也是类似于 Hankel 矩阵的表示形式.

接下来我们给出 Θ_+ 在有限维有理情形下的一个常用表示, 其中 W_- 和 $\bar{W}_+$ 由推论 6.6.3 确定, 即

$$\begin{aligned} W_-(z) &= C(zI - A)^{-1}B_- + D_-, \\ \bar{W}_+(z) &= \bar{C}(z^{-1}I - A')^{-1}\bar{B}_+ + \bar{D}_+. \end{aligned} \tag{9.64}$$

命题 9.2.5 设 Θ_+ 是相位函数的因果部分 (分别由 (9.51) 式和 (9.62) 式定义),W_- 和 $\bar{W}_+$ 由 (9.64) 式给出, 则

$$\Theta_+(z) = \bar{B}'_+(zI - A)^{-1}B_- + \bar{D}_+^{-1}(D_- - \bar{C}\bar{P}_+B_-), \tag{9.65}$$

其中 $\bar{P}_+$ 是 Lyapunov 方程的唯一解

$$\bar{P}_+ = A'\bar{P}_+A + \bar{B}'_+\bar{B}_+. \tag{9.66}$$

证　首先注意到

$$\bar{W}_+(z)^{-1} = \bar{D}_+^{-1}\left[I - \bar{C}(z^{-1}I - \bar{\Gamma}_+)^{-1}\bar{B}_+\bar{D}_+^{-1}\right],$$

其中

$$\bar{\Gamma}_+ = A' - \bar{B}_+\bar{D}_+^{-1}\bar{C}. \tag{9.67}$$

由 (6.24) 可得 $C = \bar{C}\bar{P}_+A + \bar{D}_+\bar{B}'_+$, 从而有

$$W_-(z) = \bar{D}_+\bar{B}'_+(zI - A)^{-1}B_- + \bar{C}\bar{P}_+A(zI - A)^{-1}B_- + D_-.$$

基于上面结论, 我们就证明

$$\Theta(z) = \bar{B}'_+(zI - A)^{-1}B_- + \bar{D}_+^{-1}\bar{C}F(z)B_- + \bar{W}(z)^{-1}D_-,$$

其中

$$F(z) = (z^{-1}I - \bar{\Gamma}_+)^{-1}\left[(z^{-1}I - \bar{\Gamma}_+)\bar{P}_+A - \bar{B}_+\bar{B}'_+ - \bar{B}_+\bar{D}_+^{-1}\bar{C}\bar{P}_+A\right](zI - A)^{-1}.$$

注意到 $\bar{W}$ 为共轭外函数, 可知 $\bar{W}^{-1}D_-$ 为协解析并且对 Θ_+ 仅贡献常数项 $\bar{D}_+^{-1}D_-$. 进一步由 (9.66) 和 (9.67) 就证得

$$F(z) = (z^{-1}I - \bar{\Gamma}_+)^{-1}\left[z^{-1}\bar{P}_+A - \bar{P}_+\right](zI - A)^{-1} = -(I - \bar{\Gamma}_+z)^{-1}\bar{P}_+,$$

上述函数协解析、有常数项 $-\bar{P}_+$, 对 Θ_+ 贡献了 $-\bar{D}_+^{-1}\bar{C}\bar{P}_+B_-$. 综合以上分析, (9.65) 得证. □

9.2.2 严格非循环过程和正规性

我们给出 Markov 表示具正规性的判定准则, 为此, 引入以下概念.

定义 9.2.6 考虑过程 $\{y(t)\}_{t\in\mathbb{Z}}$, 若满足

$$\bigvee_{t=0}^{\infty} \mathcal{U}^t \ker \mathcal{H} = \mathrm{H}, \quad \bigvee_{t=-\infty}^{0} \mathcal{U}^t \ker \mathcal{H}^* = \mathrm{H}, \tag{9.68}$$

即 $\ker \mathcal{H}$ 和 $\ker \mathcal{H}^*$ 都有全值域, 则称 $\{y(t)\}_{t\in\mathbb{Z}}$ 为严格非循环过程.

注意 $\ker \mathcal{H} = \mathrm{N}^-$ 和 $\ker \mathcal{H}^* = \mathrm{N}^+$, 其中

$$\mathrm{N}^- := \mathrm{H}^- \cap (\mathrm{H}^+)^\perp, \quad \mathrm{N}^+ := \mathrm{H}^+ \cap (\mathrm{H}^-)^\perp, \tag{9.69}$$

并利用 $\mathrm{H}^\square \sim ((\mathrm{N}^+)^\perp, (\mathrm{N}^-)^\perp)$, 我们可以得到非循环性的另一种刻画.

命题 9.2.7 过程 $\{y(t)\}_{t\in\mathbb{Z}}$ 是严格非循环的充分必要条件是 (9.69) 式定义的 N^- 和 N^+ 都是全值域的, 即标架空间 $\mathrm{H}^\square$ 是正规的.

引理 9.2.8　设 $\{y(t)\}_{t\in\mathbb{Z}}$ 是纯非确定性的满秩过程, 则 $\ker\mathcal{H}$ 是全值域的充分必要条件是 $\ker\mathcal{H}^*$ 全值域.

证　首先, 可以直接验证 $\mathcal{H}_\Theta^*$ 在共轭和乘 z^{-1} 下同构于 $\mathcal{H}_{\Theta'}$. 另一方面, 根据 [104, p. 256] 推论 3-6(c),$\mathcal{H}_{\Theta'}$ 有全值域核的充分必要条件是 $\mathcal{H}_\Theta$ 也有全值域核, 由此结论立得. □

若引理 9.2.8 的条件满足, 我们就称 Θ 为严格非循环函数. [104] 据此定义, 可直接得到下面命题.

命题 9.2.9　设过程 $\{y(t)\}_{t\in\mathbb{Z}}$ 有满秩谱密度,$\{y(t)\}_{t\in\mathbb{Z}}$ 为严格非循环的充分必要条件是它为纯非确定性过程且 N^- 或 N^+ 在 H 中全值域.

推论 9.2.10　设过程 $\{y(t)\}_{t\in\mathbb{Z}}$ 有满秩谱密度,$\{y(t)\}_{t\in\mathbb{Z}}$ 为严格非循环的充分必要条件是它为纯非确定性过程且 Markov 分裂子空间 X_- 和 X_+ 中任一均是正规的.

证　注意到 $\mathrm{X}_-\sim(\mathrm{H}^-,(\mathrm{N}^-)^\perp)$ 和 $\mathrm{X}_+\sim((\mathrm{N}^+)^\perp,\mathrm{H}^+)$, 利用命题 9.2.9 立得. □

命题 9.2.11　设 $\{y(t)\}_{t\in\mathbb{Z}}$ 为纯非确定性过程, 有满秩谱密度和相位函数 $\Theta:=\bar{W}_+^{-1}W_-$, 则过程 y 为严格非循环的充分必要条件是如下等价条件之一成立

(i)　存在方阵的内函数 J_1 和 J_2 并满足

$$\Theta=J_1J_2^*. \tag{9.70}$$

(ii)　存在方阵的内函数 J_3 和 J_4 并满足

$$\Theta=J_3^*J_4. \tag{9.71}$$

证　若过程 y 是严格非循环, 则据推论 9.2.10 可知 X_- 为正规的, 从而 X_- 有内三元组 $(K_-,I,\bar{Q}_-)$, 因此由 (9.52) 式可得 $\Theta=\bar{Q}_-K_-$. (9.70) 式得证. 另一方面, 假设条件 (i) 成立, 则 $W:=W_-J_2$ 为解析谱因子. 将相应的白噪声过程定义为 $d\hat{w}=W^{-1}d\hat{y}$, 可得 $d\hat{w}_-=J_2d\hat{w}$, 进一步有 $\mathrm{H}(w)=\mathrm{H}$. 此外, 利用 (9.7) 式定义的数学符号可得 $\mathcal{I}_{\hat{w}}^{-1}\mathcal{I}_{\hat{w}_-}=M_{J_2}$. 注意 J_2 为内函数, 就得 $z^{-1}H_m^2J_2\subset z^{-1}H_m^2$, 即 $\mathcal{I}_{\hat{w}}^{-1}\mathcal{I}_{\hat{w}_-}z^{-1}H_m^2\subset z^{-1}H_m^2$, 后者等价于 $\mathrm{H}^-:=\mathcal{I}_{\hat{w}_-}z^{-1}H_m^2\subset\mathcal{I}_{\hat{w}}z^{-1}H_m^2=:\mathrm{H}^-(w)$, 因此就有 $\mathrm{H}^+(w)\subset(\mathrm{H}^-)^\perp$. 同样地, 考虑到 (9.70) 式, 我们就有 $d\hat{w}=J_1^*d\hat{\bar{w}}_+$, 即 $\mathcal{I}_{\bar{w}_+}^{-1}\mathcal{I}_{\hat{w}}=M_{J_1^*}$. 注意 J_1^* 为共轭内函数, 可知 $\bar{H}_m^2J_1^*\subset\bar{H}_m^2$, 即 $\mathcal{I}_{\bar{w}_+}^{-1}\mathcal{I}_{\hat{w}}\bar{H}_m^2\subset\bar{H}_m^2$, 据此可得 $\mathrm{H}^+(w)=\mathcal{I}_{\hat{w}}\bar{H}_m^2\subset\mathcal{I}_{\bar{w}_+}\bar{H}_m^2=\mathrm{H}^+$, 从而有 $\mathrm{H}^+(w)\subset\mathrm{H}^+\cap(\mathrm{H}^-)^\perp=:\mathrm{N}^+$. 另一方面,$\mathrm{H}^+(w)$ 有全值域, 故 N^+ 也有全值域. 通过对 X_+ 以及协解析谱因子 $\bar{W}:=\bar{W}_+J_3^*$ 做类似的分析, 我们就证得过程 y 为严格非循环等价于条件 (ii). □

接下来给出主要结论.

定理 9.2.12 过程 $\{y(t)\}_{t\in\mathbb{Z}}$ 为严格非循环的充分必要条件是所有 Markov 表示为正规的.

利用推论 7.4.14, 上述定理为下面更一般结果的推论.

定理 9.2.13 设过程 $\{y(t)\}_{t\in\mathbb{Z}}$ 严格非循环, $(\mathbb{H},\mathcal{U},\mathrm{X})$ 为 Markov 表示且 $\mathrm{X}\sim(\mathrm{S},\bar{\mathrm{S}})$ 、无穷远过去和无穷远将来分别为 $\mathrm{S}_{-\infty}$ 和 $\bar{\mathrm{S}}_{\infty}$. 若 $\mathrm{X}\perp\mathrm{N}^{+}$ 则有 $\mathrm{S}_{-\infty}=0$, 若 $\mathrm{X}\perp\mathrm{N}^{-}$ 则有 $\bar{\mathrm{S}}_{\infty}=0$.

证 由于 y 为严格非循环, 利用命题 9.2.7 可知 N^{-} 和 N^{+} 均为全值域. 定义 $\mathrm{S}_{+}:=(\mathrm{N}^{+})^{\perp}$, 其中的正交性相对于环绕空间 H. 如果 $\mathrm{X}\perp\mathrm{N}^{+}$, 就有 $\mathrm{X}\subset\mathrm{S}_{+}\oplus\mathrm{H}^{\perp}$, 其中的右边部分包含 H^{-} 且在后移算子 $\mathcal{U}^{-1}$ 下不变. 从而就有 $\mathrm{S}\subset\mathrm{S}_{+}\oplus\mathrm{H}^{\perp}$ 且当 $t\to-\infty$ 时,

$$\mathrm{S}_{-\infty}\subset\mathcal{U}^{t}\mathrm{S}\subset\mathcal{U}^{t}\mathrm{S}_{+}\oplus\mathrm{H}^{\perp}\to\mathrm{H}^{\perp}.$$

事实上, 因为 N^{+} 全值域, 所以当 $t\to-\infty$ 时有 $\mathcal{U}^{t}\mathrm{S}_{+}\to 0$. 因此注意到 $\mathrm{S}_{-\infty}\subset\mathrm{S}$ 并利用 $\mathrm{H}^{\perp}\subset(\mathrm{H}^{+})^{\perp}$, 我们就有

$$\mathrm{S}_{-\infty}\subset\mathrm{S}\cap\mathrm{H}^{\perp}\subset\mathrm{S}\cap(\mathrm{H}^{+})^{\perp}. \tag{9.72}$$

依同样的思路, 从 $\mathrm{X}\perp\mathrm{N}^{-}$,$\bar{\mathrm{S}}_{\infty}\subset\bar{\mathrm{S}}$ 和 $\mathrm{H}^{\perp}\subset(\mathrm{H}^{-})^{\perp}$, 我们可证明

$$\bar{\mathrm{S}}_{\infty}\subset\bar{\mathrm{S}}\cap\mathrm{H}^{\perp}\subset\bar{\mathrm{S}}\cap(\mathrm{H}^{-})^{\perp}. \tag{9.73}$$

接下来, 假设 X 与 N^{+} 正交并且可观测, 利用定理 8.1.1 就得 $\bar{\mathrm{S}}^{\perp}=\mathrm{S}\cap(\mathrm{H}^{+})^{\perp}$. 从而由 (9.72) 式就得 $\mathrm{S}_{-\infty}\subset\bar{\mathrm{S}}^{\perp}$, 且当 $t\to-\infty$ 时有

$$\mathrm{S}_{-\infty}=\mathcal{U}^{t}\mathrm{S}_{-\infty}\subset\mathcal{U}^{t}\bar{\mathrm{S}}^{\perp}\to 0.$$

事实上, 利用定理 8.1.3 就得 $\bar{\mathrm{S}}^{\perp}=\mathrm{H}^{-}(\bar{w})$, 所以 $\mathrm{S}_{-\infty}=0$. 基于对称式的论证, 我们可知 $\mathrm{X}\perp\mathrm{N}^{-}$ 并且由可构造性立得 $\bar{\mathrm{S}}_{\infty}=0$.

另一方面, 利用定理 7.4.3 可知并不需要可观测性和可构造性. 事实上, 若 $\mathrm{X}\perp\mathrm{N}^{-}$ 而 X 非可构造, 定义 $\mathrm{S}_{1}:=\mathrm{H}^{-}\vee\bar{\mathrm{S}}^{\perp}$, 利用推论 7.4.4 可知 $\mathrm{X}_{1}\sim(\mathrm{S}_{1},\bar{\mathrm{S}})$ 为 Markov 分裂子空间. 进一步, 利用 (9.73) 式和定理 8.1.3 可得 $\mathrm{S}_{1}^{\perp}=\mathrm{H}^{+}(w_{1})$, 其中 w_{1} 为 X_{1} 的前向生成过程, 从而当 $t\to\infty$ 时,

$$\bar{\mathrm{S}}_{\infty}=\mathcal{U}^{t}\bar{\mathrm{S}}_{\infty}\subset\mathcal{U}^{t}[\bar{\mathrm{S}}\cap(\mathrm{H}^{-})^{\perp}]=\mathcal{U}^{t}\mathrm{S}_{1}^{\perp}\to 0.$$

因此, 若 $\mathrm{X}\perp\mathrm{N}^{-}$ 就有 $\bar{\mathrm{S}}_{\infty}=0$. 基于对称式的论证我们可知并不需要可观测性, 并且由 $\mathrm{X}\perp\mathrm{N}^{+}$ 可得 $\mathrm{S}_{-\infty}=0$. □

9.2.3　最小 Markov 表示的结构函数

在多变量情形下两个最小且正规 Markov 分裂子空间的结构函数可能完全不同. 事实上, 它们甚至可能不在同一空间取值, 而是不同维数的矩阵. 若它们均为有限维, 依定理 9.1.6 和定理 7.6.1 它们有相同的度. 在一般情形下, 仍然存在一些重要的不变量, 称之为非平凡不变因子. 首先回忆 $p\times p$ 内函数 K 不变因子的定义, 它们是如下定义的 p 个标量内函数 $k_1, k_2, \cdots k_p$: 定义 $\gamma_0 = 1$, 对 $i = 1, 2, \cdots, p$ 定义 γ_i 为 K 所有 $i\times i$ 子式的内在最大公因式, 进一步定义 $k_i := \gamma_i/\gamma_{i-1}, i = 1, 2, \cdots, p$. 注意到 γ_i 除以 γ_{i-1}, 可知这些函数皆为内函数.

定理 9.2.14　设 $\{y(t)\}_{t\in\mathbb{Z}}$ 为严格非循环, 则所有内在的最小 Markov 分裂子空间有共同的不变因子, 将其记为

$$k_1, k_2, k_3, \cdots, k_m. \tag{9.74}$$

进一步, 重数为 p 的 Markov 分裂子空间为最小的充分必要条件是 m 个不变因子由 (9.74) 给出而其余 $p-m$ 个完全相同.

证　设 X 为任意最小 Markov 分裂子空间, 结构函数为 K 且重数为 p. 由定理 9.2.12 可知 X 的正规性, 进而知其有生成过程 $(w, \bar{w})$. 记 X_+ 的结构函数为 K_+, 重数为 m 且为内函数. 依推论 7.4.14 和推论 7.6.6 可知 $\mathcal{U}(\mathrm{X})\hat{\mathcal{O}}^* = \hat{\mathcal{O}}^*\mathcal{U}(\mathrm{X}_+)$, 其中 $\hat{\mathcal{O}}^*$ 伪可逆变换. 同时注意到命题 9.1.8 可知 $\mathcal{U}_t(\mathrm{X})$ 相似于 (9.42) 式定义的 $S_t(K)$. 经由类似的证明可知 $\mathcal{U}_t(\mathrm{X}_+)$ 相似于 $S_t(K_+)$. 另一方面, 经由直接计算可知 $\mathcal{U}_t(\mathrm{X}_+)$ 相似于

$$\hat{K}_+ = \begin{bmatrix} K_+ & 0 \\ 0 & I_{p-m} \end{bmatrix}, \tag{9.75}$$

其中 I_k 为 $k\times k$ 单位阵. 从而可知内函数 $\hat{K}_+$ 和 K 维数均为 $p\times p$, 且存在伪可逆变换 T 使得 $S_t(\hat{K}_+)T = TS_t(K)$. 因此, 利用 [229] 中定理 4 我们就证明了 $\hat{K}_+$ 和 K 伪等价, 再利用 [104] 的结论可知它们有相同的不变因子. 另一方面, 我们要证明结构函数伪等价于 $\hat{K}_+$ 的任意 $\mathrm{X}\sim(\mathrm{S}, \bar{\mathrm{S}})$ 均为最小. 为此, 我们对 X 应用定理 7.4.3 的两步缩减算法. 首先考虑第一步得到的 Markov 分裂子空间 $\mathrm{X}_0\sim(\mathrm{S}, \bar{\mathrm{S}}_1)$, 从而有 $\mathrm{X}_0\subset\mathrm{X}$, 同时注意到它们有相同的 S-空间, 利用定理 9.1.6 可知且 $H(K_0)\subset H(K)$, 其中 K_0 是 X_0 的结构函数. 因此 $H^2_pK\subset H^2_pK_0$, 进而存在内函数 J 使得 $K = JK_0$. 接着, 考虑第二步得到的 $\mathrm{X}_1\sim(\mathrm{S}_1, \bar{\mathrm{S}}_1)$, 它有结构函数为 K_1. 则 X_1 为最小且 $\mathrm{X}_1\subset\mathrm{X}_0$, 同时注意 X_0 和 X_1 有相同 $\bar{\mathrm{S}}$-空间, 从而有 $\bar{H}(K_1^*)\subset\bar{H}(K_0^*)$. 因此,$\bar{H}^2_pK_0^*\subset\bar{H}^2_pK_1^*$, 进而存在共轭内函数 $\bar{J}$ 使得 $K_0^* = \bar{J}K_1^*$, 即

$K_0 = K_1\bar{J}^*$. 将这两个分解相结合就有

$$K = JK_1\bar{J}^*, \tag{9.76}$$

其中 J 和 $\bar{J}^*$ 均为内函数. 特别地,

$$\det K = \det J \cdot \det K_1 \cdot \det \bar{J}^*,$$

即标量内函数的积. 然而 X_1 为最小, 因此利用证明的第一部分可知 K_1 与 $\hat{K}_+$ 有相同的不变因子，利用假设条件知其与 K 的不变因子也相同. 所以就有 $\det K = \det K_1$ 和 $\det J = \det \bar{J}^* = 1$, 进而可得 $J = \bar{J}^* = I$. 这就证明了 $\mathrm{X}_1 = \mathrm{X}_0 = \mathrm{X}$ 且 X 为最小. □

推论 9.2.15 若 $\{y(t)\}_{t\in\mathbb{Z}}$ 为标量、严格非循环过程, 则所有内在的最小 Markov 分裂子空间有相同的结构函数.

接下来我们给出结论, 进一步强化第 8.10 节关于状态空间同构的结果.

推论 9.2.16 设 X_1 和 X_2 均为 Markov 分裂子空间, 则 $\mathcal{U}_t(\mathrm{X}_1)$ 和 $\mathcal{U}_t(\mathrm{X}_2)$ 伪相似, 即存在单射、有稠密值空间的伪可逆线性算子 $P : \mathrm{X}_1 \to \mathrm{X}_2$ 和 $R : \mathrm{X}_2 \to \mathrm{X}_1$ 使得

$$\begin{cases} P\mathcal{U}(\mathrm{X}_1) = \mathcal{U}(\mathrm{X}_2)P, \\ \mathcal{U}(\mathrm{X}_1)R = R\mathcal{U}(\mathrm{X}_2). \end{cases}$$

在无穷维情形下, 它们相似.

例 9.2.17 考虑纯非确定性过程 y, 有例 6.7.6 所给的谱密度. 易知两个内在的最小 Markov 分裂子空间 X_- 和 X_+ 有相同的结构函数

$$K_-(z) = K_+(z) = \frac{1 - \frac{1}{2}z}{z - \frac{1}{2}}.$$

考虑如下解析谱因子

$$W(z) = \left(\frac{\frac{2}{\sqrt{3}}}{z - \frac{1}{2}} + \frac{1}{\sqrt{3}}, \frac{\frac{1}{\sqrt{6}}}{z - \frac{1}{2}} \right),$$

对应于上面解析谱因子的非内在最小 Markov 表示有结构函数

$$K(z) = \frac{\frac{1}{6}}{z - \frac{1}{2}} \begin{bmatrix} \sqrt{3}(3 - 2z) & \sqrt{6}z \\ -\sqrt{6} & \sqrt{3}(3z - 2) \end{bmatrix}.$$

上式的证明首先利用 (6.33) 确定 V 和 $\bar{B}$

$$V = \begin{bmatrix} -1/\sqrt{3} & 1/\sqrt{6} \\ 0 & \sqrt{3}/2 \end{bmatrix}, \quad \bar{B} = \begin{bmatrix} 1/2 & -\sqrt{2}/4 \end{bmatrix},$$

其中的符号选择须符合 (6.38a), 然后利用 (6.39) 就得到上面的结构函数. 结构函数 K 有不变因子

$$k_1 = 1, \quad k_2 = \det K = \frac{1-\frac{1}{2}z}{z-\frac{1}{2}},$$

这与定理 9.2.14 的结论一致.

例 9.2.18 设 y 为纯非确定性向量过程, 有谱密度

$$\Phi(z) = \begin{bmatrix} 1 + \frac{(z-\frac{1}{2})(z-\frac{1}{3})(z^{-1}-\frac{1}{2})(z^{-1}-\frac{1}{3})}{(z-\frac{2}{3})(z^{-1}-\frac{2}{3})} & \frac{1}{1-\frac{1}{4}z} \\ \frac{1}{1-\frac{1}{4}z^{-1}} & \frac{1}{(1-\frac{1}{4}z)(1-\frac{1}{4}z^{-1})} \end{bmatrix}.$$

从而在右模正交变换意义下唯一确定 $W_-(z)$ 和 $\bar{W}_+(z)$, 并且有

$$W_-(z) = \begin{bmatrix} \frac{(z-\frac{1}{2})(z-\frac{1}{3})}{z(z-\frac{2}{3})} & 1 \\ 0 & \frac{z}{z-\frac{1}{4}} \end{bmatrix}$$

为外谱因子,

$$\bar{W}_+(z) = \begin{bmatrix} \frac{-\frac{1}{6}z^3+\frac{13}{6}z^2-\frac{33}{6}z+\frac{17}{4}}{17(1-\frac{2}{3}z)(1-\frac{1}{4}z)} & \frac{-\frac{1}{24}z^2-\frac{55}{24}z+\frac{43}{12}}{17(1-\frac{2}{3}z)(1-\frac{1}{4}z)} \\ \frac{-z}{17(1-\frac{1}{4}z)} & \frac{4}{17(1-\frac{1}{4}z)} \end{bmatrix}$$

为共轭外谱因子, 相位函数 (9.51) 由下式给出

$$\Theta(z) = \frac{1}{17}\begin{bmatrix} \frac{4(z-\frac{1}{2})(z-\frac{1}{3})(1-\frac{2}{3}z)}{z(1-\frac{1}{2}z)(1-\frac{1}{3}z)(z-\frac{2}{3})} & -\frac{1-\frac{1}{4}z}{z-\frac{1}{4}} \\ \frac{(z-\frac{1}{2})(z-\frac{1}{3})(1-\frac{2}{3}z)}{(1-\frac{1}{2}z)(1-\frac{1}{3}z)(z-\frac{2}{3})} & \frac{4z(1-\frac{1}{4}z)}{z-\frac{1}{4}} \end{bmatrix}.$$

由 (9.54) 给出的互质分解 $\bar{Q}_- K_- = \Theta$ 可得

$$\bar{Q}_-(z) = \frac{1}{17}\begin{bmatrix} \frac{4(z-\frac{1}{2})(z-\frac{1}{3})}{(1-\frac{1}{2}z)(1-\frac{1}{3}z)} & -1 \\ \frac{z(z-\frac{1}{2})(z-\frac{1}{3})}{(1-\frac{1}{2}z)(1-\frac{1}{3}z)} & 4z \end{bmatrix}$$

和

$$K_-(z) = \begin{bmatrix} \frac{1-\frac{2}{3}z}{z(z-\frac{2}{3})} & 0 \\ 0 & \frac{1-\frac{1}{4}z}{z-\frac{1}{4}} \end{bmatrix},$$

因此预报空间 X_- 的协解析谱因子为

$$\bar{W}_-(z) := \bar{W}_+(z)\bar{Q}_-(z) = \begin{bmatrix} \frac{(z-\frac{1}{2})(z-\frac{1}{3})}{1-\frac{2}{3}z} & \frac{z-\frac{1}{4}}{1-\frac{1}{4}z} \\ 0 & \frac{z}{1-\frac{1}{4}z} \end{bmatrix}.$$

同样, 由 (9.55) 式给出的互质分解, 即 $K_+Q_+^* = \Theta$, 可得

$$K_+(z) := \bar{W}_+(z)^{-1}W_+(z) = \frac{1}{17}\begin{bmatrix} \frac{4(1-\frac{2}{3}z)}{z(z-\frac{2}{3})} & \frac{-(1-\frac{1}{4}z)}{z(z-\frac{1}{4})} \\ \frac{1-\frac{2}{3}z}{z-\frac{2}{3}} & \frac{4(1-\frac{1}{4}z)}{z-\frac{1}{4}} \end{bmatrix}$$

及

$$Q_+(z) := W_-(z)^{-1}W_+(z) = \begin{bmatrix} \frac{(1-\frac{1}{2}z)(1-\frac{1}{3}z)}{(z-\frac{1}{2})(z-\frac{1}{3})} & 0 \\ 0 & \frac{1}{z} \end{bmatrix},$$

因此就得向后预报空间 X_+ 的解析谱因子

$$W_+(z) := W_-(z)Q_+(z) = \begin{bmatrix} \frac{(1-\frac{1}{2}z)(1-\frac{1}{3}z)}{z(z-\frac{2}{3})} & \frac{1}{z} \\ 0 & \frac{1}{z-\frac{1}{4}} \end{bmatrix}.$$

依定理 9.2.14 知结构函数 K_- 和 K_+ 有相同的不变因子, 即 $k_1 = 1$ 及

$$k_2(z) = \frac{(1-\frac{2}{3}z)(1-\frac{1}{4}z)}{z(z-\frac{2}{3})(z-\frac{1}{4})},$$

即为行列式 $\det K$. 在第 9.3 节我们将重新回顾这个例子, 在第 10 章我们将在连续时间情形下考虑有非平凡不变因子 k_1 的例子 (例 10.2.11).

9.2.4 最小性的一个几何条件

我们下面将给出第 7 章定理 7.6.4 的一个新版本, 其中我们要求 $\mathcal{H}$ 有全值域核、以代替定理 7.6.4 要求的闭值域.

定理 9.2.19 设 y 为严格非循环, 则对任意 Markov 表示 $(\mathbb{H}, \mathcal{U}, \mathrm{X})$, 下面条件等价

(i) X 为最小;

(ii) X 可观测且 $\mathrm{X} \perp \mathrm{N}^+$;

(iii) X 可构造且 $\mathrm{X} \perp \mathrm{N}^-$.

证 从推论 7.4.14 可知由条件 (ii) 和 (iii) 之任一都可得 (i). 因此只需证明由条件 (ii) 或 (iii) 都可得 (i). 假设条件 (ii) 成立, 则据推论 7.6.6 有 $\mathcal{U}(\mathrm{X})\hat{\mathcal{O}}^* = \hat{\mathcal{O}}^*\mathcal{U}(\mathrm{X}_+)$, 其中 $\hat{\mathcal{O}}^*$ 伪可逆. 由推论 7.4.14 知 X 可观测且 $\mathrm{X} \perp \mathrm{N}^-$, 同时利用 $\mathrm{X} \perp \mathrm{N}^+$ 和定理 9.2.13 就可得 X 的正规性. 因而与定理 9.2.14 的证明类似可知, 存在伪可逆变换 T 使得

$$S_t(\hat{K}_+)T = TS_t(K).$$

基于与定理 9.2.14 的证明类似的分析, 我们可知 K 和 $\hat{K}_+$ 有相同不变因子因而 X 为最小. 基于对称式的分析我们可以证明由条件 (iii) 同样可得 (i). □

定理 9.2.2 给出了可观测性和可构造性的 Hardy 空间刻画. 鉴于定理 9.2.19, 可以期许利用内函数来刻画条件 $\mathrm{X} \perp \mathrm{N}^+$ 和 $\mathrm{X} \perp \mathrm{N}^-$, 实际上有下面结论:

命题 9.2.20 设 $(\mathbb{H}, \mathcal{U}, \mathrm{X})$ 为正规 Markov 表示, 有内三元组 $(K, Q, \bar{Q})$. 则 $\mathrm{X} \perp \mathrm{N}^+$ 的充分必要条件是 Q^*Q_+ 为解析,$\mathrm{X} \perp \mathrm{N}^-$ 的充分必要条件是 $\bar{Q}^*Q_-$ 为协解析.

证 若 $\mathrm{X} \sim (\mathrm{S}, \bar{\mathrm{S}})$, 则 $\mathrm{X} \perp \mathrm{N}^+$ 的充分必要条件是 $\mathrm{S} \perp \mathrm{N}^+$, 即 $\mathrm{N}^+ \subset \mathrm{S}^\perp$, 或者等价地

$$\mathrm{H}^+(w_+) \subset \mathrm{H}^+(w). \tag{9.77}$$

然而由 $\mathrm{d}\hat{y} = W_- Q \mathrm{d}\hat{w} = W_- Q_+ \mathrm{d}\hat{w}_+$ 知 $\mathrm{d}\hat{w}_+ = Q_+^* Q \mathrm{d}\hat{w}$, 从而在同构映射 $\mathcal{I}_{\hat{w}}$ 下 (9.77) 式等价于 $\bar{H}_m^2 Q_+^* Q \subset \bar{H}_p^2$, 此结论成立的充分必要条件为 $Q_+^* Q$ 协解析, 即 $Q^* Q_+$ 解析. 基于对称式的分析我们可以证明第二条结论. □

推论 9.2.21 设 $(\mathbb{H}, \mathcal{U}, \mathrm{X})$ 为有限维正规 Markov 表示, 则在定义 6.7.3 意义下 X 的解析谱因子 W 为最小的充分必要条件是 $\mathrm{X} \perp \mathrm{N}^+$, 其协谱因子 $\bar{W}$ 为最小的充分必要条件是 $\mathrm{X} \perp \mathrm{N}^-$.

证 设 $J := Q^* Q_+$ 解析, 因此 J^* 解析、$W = W_+ J^*$ 协解析, 所以 J^* 的全部极点必与 W_+ 的全部零点相消, 进而有 $\deg W \leqslant \deg W_+$. 但 W_+ 为最小, 故 W 也为最小. 另一方面, 假设 $\deg W = \deg W_+$, 则 J^* 必为协解析. 若 J^* 在闭单位圆盘之外存在极点, 则它们必与 W_+ 的某些零点相消以使 $W = W_+ J^*$ 解析. 然而注意 W_+ 为最大相位, 它的所有零点均位于单位开圆盘之内, 因此 J 为解析. 从而利用命题 9.2.20 即可证明结论成立. □

上面结论可视为谱因子的最小性在无穷维情形下的自然推广.

定义 9.2.22 考虑严格非循环过程的解析谱因子, 若它的内因子 Q 满足 Q^*Q_+ 解析, 则称此谱因子为最小. 同样地, 若协谱因子的内因子 $\bar{Q}$ 满足 $\bar{Q}^*Q_-$, 则称此协谱因子为最小.

我们下面给出定理 9.1.4 的一个推论, 并且该推论有“后向”的对应结论.

推论 9.2.23 设 y 为严格非循环过程, 考虑 (W, z), 其中 W 为最小谱因子,z 为平稳过程、具有定理 9.1.4 所述性质. 则在 mod $\mathcal{O}$ 意义下最小 Markov 表示 $(\mathbb{H}, \mathcal{U}, \mathrm{X})$ 和 (W, z) 一一对应.

证 利用定理 9.2.19 知 X 为最小的充分必要条件是 X 可观测且 $\mathrm{S} \perp \mathrm{N}^+$, 即 W 为最小. 从可观测性条件 $\bar{\mathrm{S}} = \mathrm{H}^+ \vee \mathrm{S}^\perp$ (见定理 7.4.9) 并结合推论 9.2.3, 我们可知 W 一经选好则 $\bar{W}$ 唯一确定. □

特别地, 若 W 和 $\bar{W}$ 为方阵, 则 W 为最小的充分必要条件是 Q 为 Q_+ 的左内因子,$\bar{W}$ 为最小的充分必要条件是 $\bar{Q}$ 为 $\bar{Q}_-$ 的左内因子.

从而我们得到了构造最小 Markov 表示内三元组 $(K, Q, \bar{Q})$ 的具体过程：首先选 Q 使 Q^*Q_+ 解析, 然后构造 $T := z^{-1}\Theta Q$ 并确定互质因子 $\bar{Q}$ 和 K 满足如下关系

$$\bar{Q}K = T. \tag{9.78}$$

§ 9.3 退化性

考虑正规 Markov 表示 $(\mathbb{H}, \mathcal{U}, \mathrm{X})$, 若其结构函数在无穷远点奇异, 即 $K(\infty)$ 奇异 (存在非平凡 $a \in \mathbb{R}^n$ 使得 $\lim_{z\to\infty} K(z)a = 0$), 则称此正规 Markov 表示为奇异的.

退化性是离散时间情形下的内在必然, 在下一章我们将看到连续时间情形下并非如此. 另一方面, 在离散框架下退化性发生于一类重要随机系统, 例如滑动平均系统. 简单起见, 设过程 y 有谱密度 $\Phi(z) = 5 + 2(z + z^{-1})$, 它仅有两个内在最小 Markov 分裂子空间, 即对应于 $W_-(z) = z^{-1} + 2$ 和 $\bar{W}_-(z) = 1 + 2z$ 的 X_- 和对应于 $W_+(z) = 1 + 2z^{-1}$ 和 $\bar{W}_+(z) = z + 2$ 的 X_+. 依推论 9.2.15, 它们有相同的结构函数, 即是 $K(z) = z^{-1}$, 并在无穷远点为零, 因此为退化.

命题 9.3.1 正规 Markov 表示 $(\mathbb{H}, \mathcal{U}, \mathrm{X})$ 为退化的充分必要条件是 $\ker \mathcal{U}(\mathrm{X}) \neq 0$, 或等价地,$\ker \mathcal{U}(\mathrm{X})^* \neq 0$, 可精确地表示为

$$\operatorname{rank} K(\infty) = p - \dim \ker \mathcal{U}(\mathrm{X}), \tag{9.79a}$$

$$\operatorname{rank} K^*(\infty) = p - \dim \ker \mathcal{U}(\mathrm{X})^*. \tag{9.79b}$$

证 在引理 9.1.11 中取 $(W_1, W_2) = (W, \bar{W})$ 和 $(w_1, w_2) = (w, \bar{w})$, 我们就有 $p_1 = p_2 = p$,$R = K$ 及 $\bar{R} = K^*$, 从而就证明了结论. □

从定理 9.1.9 可知,$(\mathbb{H}, \mathcal{U}, \mathrm{X})$ 为退化的充分必要条件是 $\mathcal{U}(\mathrm{X})$ 和 $\mathcal{U}(\mathrm{X})^*$ 均有非平凡零空间, 等价条件为二者均在零处有特征值. 相应地, Markov 半群的表示 A 和 $\bar{A}$ (定理 8.10.4 所定义) 有非平凡零空间的充分必要条件是 $(\mathbb{H}, \mathcal{U}, \mathrm{X})$ 为退化. 对无穷维空间的非退化 $(\mathbb{H}, \mathcal{U}, \mathrm{X})$,$A$ 和 $\bar{A}$ 均为伪可逆.

利用引理 8.8.5 可得

$$\ker \mathcal{U}(\mathrm{X}) = \mathrm{X} \cap (\mathcal{U}^*\mathrm{W}), \tag{9.80a}$$

$$\ker \mathcal{U}(\mathrm{X})^* = \mathrm{X} \cap \bar{\mathrm{W}}, \tag{9.80b}$$

据此由命题 9.3.1 可知退化的 X 包含 $w(-1)$ 和 $\bar{w}(0)$ 某些分量的线性组合. 特别地, 状态过程 $x(t)$ 的某些线性泛函为白噪声. 换个角度可以同样得证: 取 $f \in \ker A^*$ 并构造白噪声如下

$$\langle f, x(t+1)\rangle_{\mathcal{X}} = \langle f, Bw(t)\rangle_{\mathcal{X}},$$

利用 (8.201) 式即得结论. 对 $f \in \ker A$ 和 (8.211) 可得类似结论.

命题 9.3.2　若一个最小 Markov 表示为退化, 则所有最小 Markov 表示均为退化.

证　利用定理 9.2.14 知所有最小 Markov 表示的 $\det K$ 均相同, 因此它们在同一时刻退化, 命题得证. □

从上可见, 最小 Markov 表示的退化性为过程 y 本身的性质. 尽管第 6.8 节针对有理谱密度这一特殊情形已引入相关概念, 我们在此赋以此性质唯一的定义. 注意定义 9.3.10 所描述的退化过程是一类更一般的过程性质, 我们保留这个概念. 基于以上考虑, 我们给出如下定义:

定义 9.3.3　若过程 y 的最小 Markov 表示均为退化, 则称其为亏损的.

9.3.1　误差空间的正则性、奇异性和退化性

在第 8.8 节, 我们曾引入正规 Markov 分裂子空间 $\mathrm{X} \sim (\mathrm{S}, \bar{\mathrm{S}})$ 的误差空间如下

$$\mathrm{Z} := \mathrm{S} \ominus \mathrm{H}^- = \mathrm{H}^-(w) \ominus \mathrm{H}^-(w_-), \tag{9.81a}$$

$$\bar{\mathrm{Z}} := \bar{\mathrm{S}} \ominus \mathrm{H}^+ = \mathrm{H}^+(\bar{w}) \ominus \mathrm{H}^-(\bar{w}_+). \tag{9.81b}$$

设 $(W, \bar{W})$ 为相应的谱因子对并考虑 (9.18) 式给出的外部-内部分解, 即

$$W(z) = W_-(z)Q(z), \quad \bar{W}(z) = \bar{W}_+(z)\bar{Q}(z). \tag{9.82}$$

我们可得命题 8.8.4 的另外一个版本.

命题 9.3.4　设 $(\mathbb{H}, \mathcal{U}, \mathrm{X})$ 为正规 Markov 表示并记 $(Q, \bar{Q})$ 为 (9.82) 式给出的两个内函数, 则有

$$\operatorname{rank} Q(\infty) = p - \dim \ker \mathcal{U}(\mathrm{Z}), \tag{9.83a}$$

$$\operatorname{rank} \bar{Q}^*(\infty) = p - \dim\ker \mathcal{U}(\bar{\mathrm{Z}})^*. \tag{9.83b}$$

特别地, 如下关系成立

$$\operatorname{rank} D = \operatorname{rank} Q(\infty), \quad \operatorname{rank} \bar{D} = \bar{Q}^*(\infty). \tag{9.84}$$

证 注意到 $D = W(\infty)$ 和 $\bar{D} = \bar{W}^*(\infty)$, 利用第276 页的分析就有

$$D = D_- Q(\infty), \quad \bar{D} = \bar{D}_+ \bar{Q}^*(\infty), \tag{9.85}$$

其中 D_- 和 $\bar{D}_+$ 满秩. 从而可知 (9.83) 式与命题 8.8.4 中 (8.176) 式等价, 命题得证.

若利用引理 9.1.11 于 (9.82) 式, 我们还可得到本命题的另一个证明. □

推论 9.3.5 设 $(\mathbb{H}, \mathcal{U}, \mathrm{X})$ 为正规 Markov 表示, 有内谱因子 Q 和 $\bar{Q}$. 则标准前向实现 (8.201) 式为正则的充分必要条件是 $Q(\infty)$ 满秩, 标准后向实现 (8.211) 式为正则的充分必要条件是 $\bar{Q}^*(\infty)$ 满秩.

如定义 8.8.1 所示, 若前向实现和后向实现均为正则, 则称 Markov 表示 (Markov 分裂子空间) 为正则的, 否则称为奇异的.

命题 9.3.6 若一个最小 Markov 表示为奇异, 则所有内部最小 Markov 表示均为奇异.

证 对奇异最小 Markov 表示, 可知 DD^* 或 $\bar{D}\bar{D}^*$ 为奇异. 首先假设 DD^* 奇异, 则依 (8.227) 式知 $D_+D_+^*$ 为奇异, 因此有 $Q_+(\infty)$ 奇异. 我们考虑任意给定的内部最小 Markov 表示 $(\mathbb{H}, \mathcal{U}, \mathrm{X})$, 内谱因子为 Q 和 $\bar{Q}$. 依 (9.52) 和 (9.55) 两式, 可知 $QK^*\bar{Q} = Q_+K_+^*$, 进而有

$$\det Q \det K^* \det \bar{Q}^* = \det Q_+ \det K_+^*.$$

另一方面, 依定理 9.2.14 知 $\det K^* = \det K_+^*$, 进而就得

$$\det Q \det \bar{Q}^* = \det Q_+.$$

故若 $Q_+(\infty)$ 奇异,$Q(\infty)$ 或 $\bar{Q}(\infty)$ 也为奇异, 这就证明了 $(\mathbb{H}, \mathcal{U}, \mathrm{X})$ 的奇异性. 经对称式的分析, 我们同样可证明若 $\bar{D}\bar{D}^*$ 奇异则所有内部最小 Markov 表示均为奇异. □

命题 9.3.6 所要求的“内在性”起到了本质作用. 事实上, 我们可以构造反例满足内在最小 Markov 表示为奇异而非内在的表示均为正则：设 y 有谱密度

$\Phi(z)=\frac{1}{(z-\frac{1}{2})(z^{-1}-\frac{1}{2})}$, 则 $Q_-(z)=\bar{Q}_+^*(z)=z^{-1}$, 因而仅有的两个内在最小 Markov 分裂子空间 X_- 和 X_+ 均为奇异. 另一方面, 沿着例 6.7.6 的分析思路, 我们可知所有的非内在最小 Markov 表示为正则.

依命题 9.3.6, 最小 Markov 表示的正则性和奇异性为过程 y 本身的性质. 若过程 y 的内在最小 Markov 表示为正则的, 则称过程 y 正则, 若过程 y 的内在最小 Markov 表示为奇异的, 则称过程 y 奇异. 对比定义 6.8.1, 我们可以发现二者实际上协调一致.

推论 9.3.7 设 y 为严格非循环过程, 预报空间为 X_-、后向预报空间为 X_+, 定义 $D_+:=W_+(\infty)$ 和 $\bar{D}_-:=\bar{W}_-^*(\infty)$, 则 D_+ 满秩的充分必要条件是 $\bar{D}_-$ 满秩, 在此条件下 y 正则.

推论 9.3.8 严格非循环过程 y 为奇异的充分必要条件是 $Q_+(\infty)$ 奇异, 或等价地,$\bar{Q}_-^*(\infty)$ 为奇异.

依上述推论并注意 (9.83), 我们有以下结论:

推论 9.3.9 严格非循环过程 y 为奇异的充分必要条件是 $\ker\mathcal{U}(Z_+)\neq 0$, 或等价地,$\ker\mathcal{U}(\bar{Z}_-)^*\neq 0$.

9.3.2 退化过程

回顾第 7.4 节,

$$H=N^-\oplus H^\square\oplus N^+, \tag{9.86}$$

其中标架空间 $H^\square=X_-\vee X_+$ 是所有内在最小分裂子空间的线性闭包,$N^-:=H^-\cap(H^+)^\perp$ 和 $N^+:=H^+\cap(H^-)^\perp$ 是在最小状态空间构造中舍弃的子空间.

定义 9.3.10 若严格非循环过程 y 的标架空间 $H^\square$ 退化, 则称此过程为退化的.

注意 $H^\square\sim((N^+)^\perp,(N^-)^\perp)$,$H^\square$ 的生成过程为 $(w_+,\bar{w}_-)$. 特别地, 注意到 $W_+\subset N^+$ 和 $\mathcal{U}^*\bar{W}_-\subset N^-$, 由命题 9.3.1 和 (9.80) 可知 y 为退化的充分必要条件是 $(\mathcal{U}H^\square)\cap N^+\neq 0$ 和 $(\mathcal{U}^*H^\square)\cap N^-\neq 0$ 同时成立. 注意到 $H^\square$ 适时地向前或向后一步移位, 因此从 y 的退化性可知被舍弃空间 N^- 和 N^+ 中某些点构成新标架空间的一部分.

定理 9.3.11 严格非循环过程 y 为退化的充分必要条件是它为亏损的或奇异的或二者同时成立, 但若 y 为标量 $(m=1)$, 二者同时只能选其一.

证 由推论 9.2.10 可知, 标架空间 $\mathrm{H}^{\square}$ 为正规且其结构函数为

$$K_{\square} = \bar{W}_{-}^{-1}W_{+} = \bar{W}_{-}^{-1}W_{-}W_{-}^{-1}W_{+} = K_{-}Q_{+}.$$

因此 y 为退化的充分必要条件是 $\det K_{-}(\infty) = 0$ 或 $\det Q_{+}(\infty) = 0$ 或二者同时成立. 另一方面, 由定理 9.2.14 知 $\det K(\infty)$ 对所有最小 Markov 表示均相同, 因此 $\det K_{-}(\infty) = 0$ 的充分必要条件是 y 为亏损的. 进一步由推论 9.3.8 知,$\det Q_{+}(\infty) = 0$ 的充分必要条件是 y 为奇异. 综上, 第一个结论得证.

下面我们证明第二个结论. 利用命题 9.3.1 和命题 (9.80a) 知,y 为亏损的充分必要条件是

$$\ker \mathcal{U}(\mathrm{X}_{+}) = \mathrm{X}_{+} \cap (\mathcal{U}^{*}\mathrm{W}_{+}) \neq 0. \tag{9.87}$$

进一步, 利用推论 9.3.9 和 (8.179a) 式就得 y 为奇异的充分必要条件为

$$\ker \mathcal{U}(\mathrm{Z}_{+}) = \mathrm{Z}_{+} \cap (\mathcal{U}^{*}\mathrm{W}_{+}) \neq 0. \tag{9.88}$$

另一方面, 注意到 $\dim \mathcal{U}^{*}\mathrm{W}_{+} = m = 1$, 因而由 (9.87) 可得 $\mathcal{U}^{*}\mathrm{W}_{+} \subset \mathrm{X}_{+}$、由 (9.88) 可得 $\mathcal{U}^{*}\mathrm{W}_{+} \subset \mathrm{Z}_{+}$, 从而成立 $\mathrm{X}_{+} \cap \mathrm{Z}_{+} \neq 0$. 但据命题 8.8.3 知这与 X_{+} 的可构造性矛盾, 从而第二个结论得证. □

我们可以利用标架空间 $\mathrm{H}^{\square}$ 的前向随机实现来构造定理 9.3.11 的例证, 为此我们首先建立 $\mathrm{H}^{\square}$ 的直和分解.

命题 9.3.12 设 Z_{+} 为后向预报空间 X_{+} 的前向误差空间、$\bar{\mathrm{Z}}_{-}$ 为前向预报空间 X_{-} 的后向误差空间, 则标架空间有如下正交分解

$$\mathrm{H}^{\square} = \mathrm{X}_{-} \oplus \mathrm{Z}_{+} = \mathrm{X}_{+} \oplus \bar{\mathrm{Z}}_{-} \tag{9.89}$$

和直和分解

$$\mathrm{H}^{\square} = \mathrm{X}_{+} \dotplus \mathrm{Z}_{+} = \mathrm{X}_{-} \dotplus \bar{\mathrm{Z}}_{-}. \tag{9.90}$$

证 据引理 2.2.6 可得 $\mathrm{H}^{-} = \mathrm{X}_{-} \oplus \mathrm{N}^{-}$, 进一步有 $\mathrm{Z}_{+} = (\mathrm{N}^{+})^{\perp} \ominus \mathrm{H}^{-}$. 因此有

$$\mathrm{H} = \mathrm{N}^{-} \oplus \mathrm{X}_{-} \oplus \mathrm{Z}_{+} \oplus \mathrm{N}^{+},$$

上式对比 (9.86) 式可得 (9.89) 式的第一项. (9.89) 式第二项经对称式的分析可得. 为证 (9.90) 式第一项成立, 首先我们注意到 $\mathrm{X}_{+} \vee \mathrm{Z}_{+} \subset \mathrm{H}^{\square}$, 设 $\lambda \in \mathrm{H}^{\square}$ 但是 $\lambda \perp \mathrm{X}_{+} \vee \mathrm{Z}_{+}$, 从而利用 $\lambda \perp \mathrm{X}_{+}$ 和 (9.89) 式的第二项可知 $\lambda \in \bar{\mathrm{Z}}_{-}$ 成立. 此外, 从 $\lambda \perp \mathrm{Z}_{+}$ 和 (9.89) 式第一项可得 $\lambda \in \mathrm{X}_{-}$, 因而有 $\lambda \in \bar{\mathrm{Z}}_{-} \cap \mathrm{X}_{-}$. 另一方面, 注意 X_{-} 为可观测, 据命题 8.8.3 可知 $\bar{\mathrm{Z}}_{-} \cap \mathrm{X}_{-} = 0$, 进而有 $\lambda = 0$, 因此可得 $\mathrm{X}_{+} \vee \mathrm{Z}_{+} = \mathrm{H}^{\square}$.

注意 X_+ 为可构造, 据命题 8.8.3 可知 $X_+ \cap Z_+ = 0$. 从而 (9.90) 式第一个分解得证. 第二个分解的证明类似可得. □

标架空间 $H^\square$ 有生成过程 $(w_+, \bar{w}_-)$. 特别地, 它与 X_+ 和 $Z_+ := (N^+)^\perp \cap (H^-)^\perp$ 有相同的前向生成过程, 因此由 (9.90) 式并通过修正对应于 Z_+ 的系统 (8.173) 和对应于 X_+ 的状态方程 (8.201), 可得 $H^\square$ 的前向状态空间方程如下

$$\begin{bmatrix} x_+(t+1) \\ z_+(t+1) \end{bmatrix} = \begin{bmatrix} A_+ & 0 \\ 0 & F_+ \end{bmatrix} \begin{bmatrix} x_+(t) \\ z_+(t) \end{bmatrix} + \begin{bmatrix} B_+ \\ G_+ \end{bmatrix} w_+(t). \tag{9.91}$$

同样地,$H^\square$ 与 X_- 和 $\bar{Z}_- := (N^-)^\perp \cap (H^+)^\perp$ 有相同的后向生成过程. 因此由第二个分解 (9.90) 就得 $H^\square$ 的后向状态方程如下:

$$\begin{bmatrix} \bar{x}_-(t-1) \\ \bar{z}_-(t-1) \end{bmatrix} = \begin{bmatrix} A_-^* & 0 \\ 0 & \bar{F}_- \end{bmatrix} \begin{bmatrix} \bar{x}_-(t) \\ \bar{z}_-(t) \end{bmatrix} + \begin{bmatrix} \bar{B}_- \\ \bar{G}_- \end{bmatrix} \bar{w}_-(t). \tag{9.92}$$

因此, 为使 $H^\square$ 进而 y 为退化, 需 $\ker A_+ \neq 0$ 或 $\ker F_+ \neq 0$ 或二者同时成立, 这与定理 9.3.11 一致. 事实上,A_+ 相似于 $\mathcal{U}(X_+)^*$, F_+ 相似于 $\mathcal{U}(Z_+)^*$, 因此据引理 9.1.11 可知 $\ker A_+ \neq 0$ 的充分必要条件是 $K(\infty)$ 为奇异、$\ker F_+ \neq 0$ 的充分必要条件是 $Q_+(\infty)$ 为奇异, 因此由推论 9.3.8 知定理 9.3.11 的第一条结论成立. 相同的结论也可由 (9.92) 得到.

退化性也可由谱密度在零点和无穷远点的性质来刻画, 可以参考有理情形下定理 6.8.2 和命题 6.8.3. 接下来我们利用退化性的几何理论来给出一个新的证明, 需指出的是这种退化性是在 Φ 为亚纯的更一般情形下.

定理 9.3.13　设 y 为严格非循环并有 $m \times m$ 满秩谱密度 Φ,Φ 为复平面的亚纯函数, 则 y 为亏损的充分必要条件是 $\Phi^{-1}(z)$ 在 $z = 0$ 和 $z = \infty$ 处分别存在一个零点. 此外,y 为奇异的充分必要条件是 $\Phi(z)$ 在 $z = 0$ 和 $z = \infty$ 分别存在一个零点.

证　为陈述简单起见, 我们首先考虑 Φ 为有理的特殊情形. 由于 Φ 为准 Hermitian,$\Phi(z)$ 在 $z = 0$ 处有一个零点的充分必要条件是它在 $z = \infty$ 处有一个零点. 同样的结论对 $\Phi^{-1}(z)$ 也成立. 因此我们只要考虑其中一个情形. 此外, 我们回忆

$$W_-(z) = C(zI - A)^{-1} B_- + D_-,$$
$$W_-^{-1}(z) = D_-^{-1} - D_-^{-1} C (zI - \Gamma_-)^{-1} B_- D_-^{-1},$$

其中 $W_-(\infty) = D_-$ 非奇异 (请见第276 页) 并且 $\Gamma_- := A - B_- D_-^{-1} C$.

设 $\Phi^{-1}(z)$ 在无穷远处有一个零点. 注意

$$K_-(z) W_-^{-1}(z) = \bar{W}_-^{-1}(z) = \bar{W}_-(z^{-1})' \Phi^{-1}(z^{-1})',$$

从而存在 $a \in \mathbb{R}^m$ 使得

$$K_-(\infty)D_-^{-1}a = \bar{W}_-(0)'\Phi^{-1}(0)'a = 0.$$

注意 $\bar{W}_-$ 在单位圆盘无极点, 从而上式中的 $\bar{W}_-(0)$ 定义明确. 因而 $K_-(\infty)$ 为奇异, 进而知 y 为亏损的. 反之, 假设 y 亏损则 $K_-(\infty)$ 奇异, 据命题 9.3.1 知有 $\mathcal{U}(\mathrm{X}_-)$ 有非平凡零空间. 因此 $\mathcal{U}(\mathrm{X}_-)$ 的矩阵表示 A' 奇异并使得 $W_-(z)$ 在 $z=0$ 处有一个零点、$W_-^{-1}(z)$ 在 $z=0$ 处有一个零点. 从而存在非平凡 $a \in \mathbb{R}^m$ 使得 $\Phi^{-1}(0)a = (D_-')^{-1}W_-^{-1}(0)a$, 即 $\Phi^{-1}(z)$ 在 $z=0$ 处有一个零点.

接下来, 假设 $\Phi(z)$ 在无穷远处存在一个零点. 注意到

$$W_-(z)Q_+(z) = W_+(z) = \Phi(z)W_+^{-1}(z^{-1})',$$

可知存在非平凡 $a \in \mathbb{R}^m$ 使得

$$a'D_-Q_+(\infty) = a'\Phi(\infty)W_+^{-1}(0)' = 0.$$

据推论 6.6.4 知其 W_+ 全部零点都在单位圆盘之外, 因而上式中的 $W_+^{-1}(0)'$ 定义明确. 因此有 $Q_+(\infty)a = 0$, 据推论 9.3.8 知 y 奇异. 反之, 假设 y 奇异, 则据推论 9.3.8 知 $Q_+^*(0) = Q_+(\infty)'$ 奇异. 然而 $Q_+^*(z)$ 的零点恰为 $W_-(z)$ 的零点. 事实上,$W_- = W_+Q_+^*$ 中乘以内函数 Q_+^* 的乘法运算把 W_+ 的零点 (包括无穷远处的零点) 移动到它们在单位圆盘内的共轭位置 (后者恰为 W_- 的零点) 而保持极点不变. 所以 $W_-(z)$ 在 $z=0$ 处有一个零点, 进而知存在非平凡 $a \in \mathbb{R}^m$ 使得 $a'\Phi(0) = a'W_-(0)D_-' = 0$, 这就证明了 $\Phi(z)$ 在 $z=0$ 处存在一个零点.

与有理函数类似, 广义亚纯函数存在孤立的零点与极点. 若谱密度函数 Φ 为亚纯函数, 则 Φ^{-1},W_-,$\bar{W}_-$, K_-,W_+,Q_+ 及其倒数函数皆为亚纯. 因此, 鉴于第 8.10 节无穷维实现理论, 上述证明可以完全适用于 Φ 为亚纯谱密度函数的情形. □

注 9.3.14 注意定理 9.3.13 的证明中我们不能用将亏损性的相关论证同样用于奇异性相反陈述的论证上面. 事实上, 以有理情形为例, 鉴于 $\mathcal{U}(\mathrm{X}_-)$ 总是相似于 A,$\mathcal{U}(\mathrm{Z}_+)$ 相似于 Γ_- 的必要条件为 $\dim \mathrm{Z}_+ = n := \dim \mathrm{X}_-$. 从而命题 8.8.2 中的 $P_+ - P_- = \mathrm{E}\{z(0)z(0)'\} > 0$, 因此 Γ_- 是 $\mathcal{U}(\mathrm{Z}_+)^*$ 的矩阵表示. 若 y 奇异则据推论 9.3.9 知 $\mathcal{U}(\mathrm{Z}_+)^*$ 有非平凡零空间. 条件 $\dim \mathrm{Z}_+ = n$ 等价于 y 为强制的, 这是下一节的主题. 相似的考虑在广义亚纯情形下也是必须的.

9.3.3 例子

我们从 [193] 中选取两个例子来说明本节的结论.

例 9.3.15　考虑标量过程 y, 其有理谱密度为

$$\Phi(z) = \frac{(z-\frac{2}{3})(z-\frac{1}{4})(z^{-1}-\frac{2}{3})(z^{-1}-\frac{1}{4})}{(z-\frac{1}{2})^2(z-\frac{1}{3})^2(z^{-1}-\frac{1}{2})^2(z^{-1}-\frac{1}{3})^2}.$$

易知预报空间 X_- 对应于谱因子

$$W_-(z) = \frac{z^2(z-\frac{2}{3})(z-\frac{1}{4})}{(z-\frac{1}{2})^2(z-\frac{1}{3})^2}, \qquad \bar{W}_-(z) = \frac{z^2(z-\frac{2}{3})(z-\frac{1}{4})}{(1-\frac{1}{2}z)^2(1-\frac{1}{3}z)^2}.$$

事实上,W_- 的零点和极点都在单位开圆盘之内, 并且 $D_- = W_-(\infty) \neq 0$. 此外, 如下定义的函数

$$K(z) := \bar{W}_-(z)^{-1}W_-(z) = \frac{(1-\frac{1}{2}z)^2(1-\frac{1}{3}z)^2}{(z-\frac{1}{2})^2(z-\frac{1}{3})^2}$$

为内函数且与 $Q_- = I$ 和

$$\bar{Q}_-^*(z) = \frac{(1-\frac{2}{3}z)(1-\frac{1}{4}z)}{z^2(z-\frac{2}{3})(z-\frac{1}{4})}$$

互素, 依定理 9.2.2 可得最小性. 注意到 y 为标量, 依推论 9.2.15 可知所有内在最小 Markov 表示有相同的结构函数 K. 类似地, 因为 $\bar{W}_+$ 的零点和极点均在单位闭圆盘之外且有 $\bar{D}_+ = \bar{W}_+(0) \neq 0$ 和 $\bar{W}_+^{-1}W_+ = K$, 可知后向预报空间 X_+ 对应于谱因子

$$W_+(z) = \frac{(1-\frac{2}{3}z)(1-\frac{1}{4}z)}{(z-\frac{1}{2})^2(z-\frac{1}{3})^2}, \qquad \bar{W}_+(z) = \frac{(1-\frac{2}{3}z)(1-\frac{1}{4}z)}{(1-\frac{1}{2}z)^2(1-\frac{1}{3}z)^2}.$$

接下来我们确定全部内在最小 Markov 分裂子空间. 为此, 定义 $\psi(z) := (z-\frac{1}{2})^2(z-\frac{1}{3})^2$, 据此就有 $K = \bar{\psi}/\psi$, 同时注意推论 9.1.7 可知

$$H(K) = \left\{ z\frac{\rho}{\psi} \mid \deg\rho < 4 \right\}.$$

因此依定理 9.1.6 可得, 若 X 为内在最小 Markov 分裂子空间, 相应的解析谱因子为 $W = \pi/\psi$, 则

$$\mathrm{X} = \int_{-\pi}^{\pi} z^{-1}H(K)W^{-1}\mathrm{d}\hat{y} = \int_{-\pi}^{\pi} \left\{ \frac{\rho}{\pi} \mid \deg\rho < 4 \right\} \mathrm{d}\hat{y};$$

即 X 为分子多项式 π 和 $\deg\psi$ 唯一确定. 特别地, 有 $\pi_-(z) = z^2(z-\frac{2}{3})(z-\frac{1}{4})$, 进一步利用部分分式展开可知 X_- 为 $\int z^{-1}\mathrm{d}\hat{y}, \int z^{-2}\mathrm{d}\hat{y}, \int (z-\frac{2}{3})^{-1}\mathrm{d}\hat{y}$ 和 $\int (z-\frac{1}{4})^{-1}\mathrm{d}\hat{y}$ 张成的空间, 因此

$$\mathrm{X}_- = \mathrm{span}\,\{y(-1), y(-2), x_1^-, x_2^-\},$$

其中 $x_1^- := \sum_{k=-\infty}^{-1}(2/3)^{-k-1}y(k)$,$x_2^- := \sum_{k=-\infty}^{-1}(1/4)^{-k-1}y(k)$. 类似可得

$$\mathrm{X}_+ = \operatorname{span}\{y(0), y(1), x_1^+, x_2^+\},$$

其中 $x_1^+ := \sum_{k=0}^{\infty}(2/3)^k y(k)$,$x_2^+ := \sum_{k=0}^{\infty}(1/4)^k y(k)$. 因此标架空间, 即所有最小 Markov 分裂子空间的线性闭包, 为如下的八维空间

$$\mathrm{H}^\square = \operatorname{span}\{y(-1), y(-2), y(0), y(1), x_1^-, x_2^-, x_1^+, x_2^+\},$$

每个度至多为 4 且满足如下关系的 π,

$$\pi(z)\pi(z^{-1}) = \pi_-(z)\pi_-(z^{-1}), \tag{9.93}$$

对应于一个最小 Markov 分裂子空间伴有谱因子

$$(W, \bar{W}) = (\pi/\psi, \pi/\bar{\psi}),$$

对应于相应的 π, 我们将其罗列如下:

$$\begin{aligned}
&\mathrm{X}_- = \operatorname{span}\{y(-1), y(-2), x_1^-, x_2^-\}, && \pi_-(z) = z^2(z-\tfrac{2}{3})(z-\tfrac{1}{4}),\\
&\mathrm{X}_2 = \operatorname{span}\{y(0), y(-1), x_1^-, x_2^-\}, && \pi_2(z) = z(z-\tfrac{2}{3})(z-\tfrac{1}{4}),\\
&\mathrm{X}_3 = \operatorname{span}\{y(1), y(0), x_1^-, x_2^-\}, && \pi_3(z) = (z-\tfrac{2}{3})(z-\tfrac{1}{4}),\\
&\mathrm{X}_4 = \operatorname{span}\{y(-1), y(-2), x_1^-, x_2^+\}, && \pi_4(z) = z^2(z-\tfrac{2}{3})(1-\tfrac{1}{4}z),\\
&\mathrm{X}_5 = \operatorname{span}\{y(0), y(-1), x_1^-, x_2^+\}, && \pi_5(z) = z(z-\tfrac{2}{3})(1-\tfrac{1}{4}z),\\
&\mathrm{X}_6 = \operatorname{span}\{y(1), y(0), x_1^-, x_2^+\}, && \pi_6(z) = (z-\tfrac{2}{3})(1-\tfrac{1}{4}z),\\
&\mathrm{X}_7 = \operatorname{span}\{y(-1), y(-2), x_1^+, x_2^-\}, && \pi_7(z) = z^2(1-\tfrac{2}{3}z)(z-\tfrac{1}{4}),\\
&\mathrm{X}_8 = \operatorname{span}\{y(0), y(-1), x_1^+, x_2^-\}, && \pi_8(z) = z(1-\tfrac{2}{3}z)(z-\tfrac{1}{4}),\\
&\mathrm{X}_9 = \operatorname{span}\{y(1), y(0), x_1^+, x_2^-\}, && \pi_9(z) = (1-\tfrac{2}{3}z)(z-\tfrac{1}{4}),\\
&\mathrm{X}_{10} = \operatorname{span}\{y(-1), y(-2), x_1^+, x_2^+\}, && \pi_{10}(z) = z^2(1-\tfrac{2}{3}z)(1-\tfrac{1}{4}z),\\
&\mathrm{X}_{11} = \operatorname{span}\{y(0), y(-1), x_1^+, x_2^+\}, && \pi_{11}(z) = z(1-\tfrac{2}{3}z)(1-\tfrac{1}{4}z),\\
&\mathrm{X}_+ = \operatorname{span}\{y(1), y(0), x_1^+, x_2^+\}, && \pi_+(z) = (1-\tfrac{2}{3}z)(1-\tfrac{1}{4}z),
\end{aligned}$$

注意到这些最小 Markov 分裂子空间中有 8 个包含 $y(0)$, 意味着退化性. 事实上, 注意 $\bar{Q}_-^*(\infty) = 0$, 依推论 9.3.8 可知 y 为奇异. 注意 $\Phi(\infty) = 0$, 这个结论也可以从定理 6.8.2 证得. 另一方面, 注意到 $K(\infty) = 1/36 \neq 0$, 依定理 9.3.11 可知 y 为非亏损的. 我们将在第 9.5 节再次回到这个例子.

例 9.3.16 我们重新考虑例 9.2.18, 这个例子验证了过程 y 可以同时为亏损和奇异. 事实上, 注意到 $k_2(\infty) = 0, K(\infty)$ 对所有最小 Markov 分裂子空间均为奇异, 因此 y 为亏损. 此外, 注意

$$Q_+(\infty) = \begin{bmatrix} 1/6 & 0 \\ 0 & 0 \end{bmatrix},$$

故由推论 9.3.8 知 y 也为奇异.

§ 9.4 强制性再议

设 $\{y(t)\}_{\mathbb{Z}}$ 为 m 维、满秩、纯非确定性平稳随机过程, 有谱密度 Φ. 设 Φ_+ 为严正实, 即

$$\Phi(z) = \Phi_+(z) + \Phi_+(z^{-1})'. \tag{9.94}$$

注意 y 的满秩性, 由定理 6.6.1 可知

$$\Delta(P_-) := \Lambda_0 - CP_-C' > 0. \tag{9.95}$$

事实上, 从严正实公式 (6.108) 可得 $\Delta(P_-) = D_-D_-'$.

定义 9.4.1 设 Φ 为谱密度, 若 $\Phi(e^{i\theta}) > 0, \forall\ \theta \in [-\pi, \pi]$, 则称 Φ 为强制性的 ; 若 Φ 为强制性的, 则称正实部分 Φ_+ 为严正实.

定理 9.4.2 设满秩过程 $\{y(t)\}_{t\in\mathbb{Z}}$ 有 (9.94) 式给出的有理谱密度函数, 其中正实部分 Φ_+ 有度为 n 的最小实现

$$\Phi_+(z) = C(zI - A)^{-1}\bar{C}' + \Lambda_0,$$

定义

$$\Gamma_- := A - (\bar{C}' - AP_-C')(\Lambda_0 - CP_-C')^{-1}C.$$

此外, 设 $\mathcal{P}$ 为线性矩阵不等式 (6.102) 的解集, 设 P_- 和 P_+ 分别为 $\mathcal{P}$ 中的最小和最大元. 则以下各条陈述相互等价

(i) Φ 为强制的,

(ii) Γ_- 所有特征根在单位开圆盘之内,

(iii) $\mathrm{H}^- \cap \mathrm{H}^+ = 0$,

(iv) $\mathrm{X}_- \cap \mathrm{X}_+ = 0$, 其中 X_- 和 X_+ 分别为前向和后向预报空间,

(v) $\dim \mathrm{H}^\square = 2n$, 其中 $\mathrm{H}^\square := \mathrm{X}_- \vee \mathrm{X}_+$ 为标架空间,

(vi) $\dim \mathrm{Z}_+ = n$, 其中 Z_+ 为 X_+ 的误差空间 (9.81a),

(vii) $P_+ > P_-$,

(viii) $\mathrm{H}^- \wedge \mathrm{H}^+ = 0$, 即 $\rho = \cos\gamma(\mathrm{H}^-, \mathrm{H}^+) < 1$, 其中 ρ 为最大标准相关系数,$\mathrm{A}\wedge\mathrm{B}$ 由 (2.76) 给出.

证 由第 7.4 节知 $\mathrm{H}^- = \mathrm{X}_- \oplus \mathrm{N}^-$, 其中 $\mathrm{N}^- \perp \mathrm{H}^+$, 以及 $\mathrm{H}^+ = \mathrm{X}_+ \oplus \mathrm{N}^+$, 其中 $\mathrm{N}^+ \perp \mathrm{H}^-$, 从而 (iii) 和 (iv) 等价. 易见 (iv) 成立的充分必要条件为 (v) 成立. 依命题 9.3.12 知 $\mathrm{H}^\square = \mathrm{X}_+ \dotplus \mathrm{Z}_+$ 为直和分解, 从而 (v) 又等价于 (vi).

接下来, 设 x_- 和 x_+ 分别为 X_- 和 X_+ 中的基底 (第 8.7 节给出的形如 $(A, C, \bar{C})$ 的统一选择), 设 $z_+ := x_+ - x_-$, 则有 $P_- = \mathrm{E}\{x_- x_-'\}$ 和 $P_+ = \mathrm{E}\{x_+ x_+'\}$. 此外对任意 $a \in \mathbb{R}$ 都有 $\mathrm{E}^{\mathrm{X}_-} a' z_+ = \mathrm{E}^{\mathrm{X}_-} a' x_+ - a' x_- = 0$, 从而依命题 9.3.12 可知 $z_+ \in \mathrm{H}^\square \ominus \mathrm{X}_- = \mathrm{Z}_+$. 因此若定义 $Q := \mathrm{E}\{z_+ z_+'\} = P_+ - P_-$, 其为正定的充分必要条件是 z_+ 为 Z_+ 中的一组基, 而后者成立的充分必要条件是 $\dim \mathrm{Z}_+ = n$. 这就证明了 (vi) 和 (vii) 的等价性.

为证条件 (i) 和 (ii) 等价, 首先注意到利用 (6.108) 式,Γ_- 可由 (6.78) 给出, 从而它的特征值为 Φ 外谱因子 $W_-(z)$ 的零点. 因此, 利用 [137] 的主要定理可知 (i) 等价于 $\rho < 1$, 所以 (i) 和 (viii) 等价.

易知从 (viii) 可得到 (iii), 从而我们只要再证从 (vii) 可得 (viii) 即可. 为此, 设 $\sigma_1, \sigma_2, \cdots, \sigma_n$ 为子空间 H^- 和 H^+ 的标准相关系数, 同时注意在 X_- 和 X_+ 中存在基底的统一选择使得 $P_- = \Sigma = \bar{P}_+$, 其中 $\Sigma = \operatorname{diag}(\sigma_1, \sigma_2, \cdots, \sigma_n)$. 这即是第 11.1 节细致讨论过的随机均衡实现, 其中也有完整的证明. 因为 $P_+ = \Sigma^{-1}$ 在此类构造的基底中, 从而条件 (vii) 变为 $\Sigma < \Sigma^{-1}$, 这就证明了所有标准相关系数的模严格小于 1. 特别地有 $\rho < 1$, 从而 (viii) 成立, 定理得证. □

在上面内容下, 很自然地返回到第 6.8 节引入, 第 8.8 节和第 9.3 节加以详细说明的正则性条件

$$\Delta(P) := \Lambda_0 - CPC' > 0, \quad \forall P \in \mathcal{P}, \tag{9.96}$$

其中 $\mathcal{P}$ 为线性矩阵不等式 (6.102) 的解集. 回忆之前结论, 注意对任意 $P \in \mathcal{P}$ 有 $P_- \leqslant P \leqslant P_+$, 可知 $\Delta(P_+) \leqslant \Delta(P) \leqslant \Delta(P_-)$. 利用 (9.95) 可知对 $P = P_-$ 有 $\Delta(P) > 0$, 但对其他的 $P \in \mathcal{P}$ 上述结论并不一定成立.

定理 9.4.2 和命题 8.8.4 的以下推论给出了定理 6.8.2 条件 (iii) 和 (iv) 在强制情形下等价性的另一个证明.

推论 9.4.3 设 y 为强制的, 则正则化条件 (9.96) 成立的充分必要条件是定理 9.4.2 所定义的矩阵 Γ_- 非奇异, 即 Φ 的外谱因子 W_- 在原点处无零点.

证 易知正则化条件 (9.96) 成立的充分必要条件是 $D_+D'_+ = \Delta(P_+) > 0$, 其中 D_+ 是 (6.85) 式中的常数项. 因此我们只要证明矩阵 D_+ 为满秩的充分必要条件是 Γ_- 非奇异即可. 若能够证明 Γ_- 为 $\mathcal{U}(\mathrm{Z}_+)^*$ 的矩阵表示,Γ_- 的非奇异性可从命题 8.8.4 立得. 另一方面, 注意定理 9.4.2 的条件 (vii), 结论可从命题 8.8.2 立得.

□

§ 9.5 无观测噪声模型

我们重新考虑第 8.9 节的框架, 并假设 $t = 0$ 既包含于过去也包含于将来. 具体一点, 考虑正规 Markov 分裂子空间 $\mathrm{X} \sim (\mathrm{S}, \bar{\mathrm{S}})$, 设其对应于

$$\begin{cases} \mathrm{H}^- = \overline{\mathrm{span}}\{a'y(t) \mid t \leqslant 0; a \in \mathbb{R}^m\}, \\ \mathrm{H}^+ = \overline{\mathrm{span}}\{a'y(t) \mid t \geqslant 0; a \in \mathbb{R}^m\}, \end{cases} \tag{9.97}$$

伴有生成过程 $(w, \bar{w})$ 使得

$$\begin{cases} \mathrm{S} = \mathrm{H}^-(w) := \overline{\mathrm{span}}\{a'w(t) \mid t \leqslant 0; a \in \mathbb{R}^p\}, \\ \bar{\mathrm{S}} = \mathrm{H}^+(\bar{w}) := \overline{\mathrm{span}}\{a'\bar{w}(t) \mid t \geqslant 0; a \in \mathbb{R}^p\}. \end{cases} \tag{9.98}$$

基于以上设定有

$$\mathrm{X} = \mathrm{S} \ominus \bar{\mathrm{S}}^\perp = \mathrm{H}^-(w) \ominus [\mathcal{U}^*\mathrm{H}^-(\bar{w})],$$

利用同构性 (9.7) 可得

$$\mathcal{I}_{\hat{w}}^{-1}\mathrm{X} = H_p^2 \ominus [\mathcal{I}_{\hat{w}}^{-1}\mathcal{U}^*\mathcal{I}_{\hat{\bar{w}}}H_p^2] = H_p^2 \ominus [z^{-1}\mathcal{I}_{\hat{w}}^{-1}\mathcal{I}_{\hat{\bar{w}}}H_p^2].$$

与第 9.1 节相同的方式, 我们可以证明存在 $p \times p$ 内函数 K 使得

$$z^{-1}\mathcal{I}_{\hat{w}}^{-1}\mathcal{I}_{\hat{\bar{w}}} = M_K, \tag{9.99}$$

因而就有

$$\mathcal{I}_{\hat{w}}^{-1}\mathrm{X} = H(K) := H_p^2 \ominus H_p^2 K. \tag{9.100}$$

接下来我们利用 (9.14) 式引入对应于 X 的谱因子对 $(W, \bar{W})$, 则对任意 $a \in \mathbb{R}^m$ 有

$$a'W = \mathcal{I}_{\hat{w}}^{-1} a' y(0) = \mathcal{I}_{\hat{w}}^{-1} \mathcal{I}_{\hat{\bar{w}}} a' \bar{W} = z a' \bar{W} K,$$

从而

$$W = z\bar{W}K. \tag{9.101}$$

结合 (9.18) 式定义的内谱因子, 结构函数 K 定义了一个内在三元组 $(K, Q, \bar{Q})$, 其中只有 K 被更改过. 利用下式来替代相位函数 (9.51)

$$\Theta := z^{-1} \bar{W}_+^{-1} W_-, \tag{9.102}$$

(9.52) 所给分解依然有效. 相应地, 将定理 9.1.6 和定理 9.2.2 直接修改可得下面结论.

定理 9.5.1 给定框架 (9.97), 设 $(\mathbb{H}, \mathcal{U}, \mathrm{X})$ 为正规 Markov 表示、有内三元组 $(K, Q.\bar{Q})$ 和生成过程 $(w, \bar{w})$, 则

$$\mathrm{X} = \int_{-\pi}^{\pi} H(K) \mathrm{d}\hat{w} = \int_{-\pi}^{\pi} \bar{H}(K^*) \mathrm{d}\hat{\bar{w}}, \tag{9.103}$$

且 X 为有限维的充分必要条件是 K 为有理, 在此情形下 $\dim \mathrm{X}$ 等于 K 的 McMillan 度. 进一步,X 可构造的充分必要条件是 K 和 Q 右互质、可观测的充分必要条件是 K^* 和 $\bar{Q}$ 右互质. 此外,X 的谱因子对 $(W, \bar{W})$ 满足 (9.101) 式.

本章其他 Hardy 空间的结论在上述假设不做明显修改的情况下仍然成立.

为了如同本节和第 8.9 节那样例证无观测噪声的建模理论, 我们回顾之前的几个例子.

例 9.5.2 考虑过程 y, 设其有例 6.7.6 和例 9.2.17 所分析的谱密度. 易知在通常的条件设置下后向预报空间 X_+ 具有标准前向实现

$$\begin{cases} x_+(t+1) = \frac{1}{2} x_+(t) + \frac{5}{2} w_+(t), \\ y(t) = x_+(t) + \frac{1}{2} w_+(t), \end{cases}$$

并且 $Q_+(z) = (1 + \frac{1}{2}z)/(z - \frac{1}{2})$. 由于 $D = \frac{1}{2}$, 知前向实现为正则的. 此外, 注意 $Q_+(\infty) = \frac{1}{2} \neq 0$, 由命题 9.3.5 知标准后向实现为正则的, 即 $\bar{D} \neq 0$. 从而依推论 8.9.4 可知 $\mathrm{X} := \mathrm{X}_+ \oplus \mathrm{W}_+$ 在 (9.97) 框架下为最小 Markov 分裂子空间, 若定义

$x=(x_+,w_+)'$ 进而可知

$$\begin{cases} x(t+1)=\begin{bmatrix}\frac{1}{2} & \frac{5}{2}\\ 0 & 0\end{bmatrix}x(t)+\begin{bmatrix}0\\1\end{bmatrix}w_+(t),\\ y(t)=\begin{bmatrix}1 & \frac{1}{2}\end{bmatrix}x(t)\end{cases}$$

为在 (9.97) 框架下的最小实现、与预期形式 (8.185) 完全一致.

例 9.5.3 注意 $\bar{Q}_-^*(\infty)=0$, 由推论 9.3.8 知例 9.3.15 中的过程 y 为奇异, 因此沿着例 9.5.2 的思路展开就得非最小表示. 借助与例 9.3.15 中最小分裂子空间的相同标引, 我们可知 $(W_-,\bar{W}_2)$ 满足 (9.101) 、有 $K=\bar{\psi}/\psi$ 且所有的二元对 $(W_k,\bar{W}_{k+1})$ 产生相同的 K. 因此在 (9.97) 的框架下最小 Markov 分裂子空间族是在旧的框架下最小 Markov 分裂子空间族的自子集. 依定理 9.5.1, 这些分裂子空间由下式给出

$$\mathrm{X}=\int_{-\pi}^{\pi}H(K)W^{-1}\mathrm{d}\hat{y}=\int_{-\pi}^{\pi}\left\{z\frac{\rho}{\pi}\mid \deg\rho<4\right\}\mathrm{d}\hat{y},$$

其中多项式 π 为 (9.93) 式的解并使 $\deg z\pi\leqslant 4$. 从而 $\mathrm{X}_2,\mathrm{X}_3$, $\mathrm{X}_5,\mathrm{X}_6,\mathrm{X}_8,\mathrm{X}_9,\mathrm{X}_{11}$ 和 X_+ 为 (9.97) 框架下的最小 Markov 分裂子空间, 这也为 X 包含 $y(0)$ 这个事实所证实, 同时标架空间维数为 7、由下式给出

$$\mathrm{H}^{\square}=\mathrm{span}\{y(-1),y(0),y(1),x_1^-,x_2^-,x_1^+,x_2^+\}.$$

例 9.5.4 从例 9.2.18 和例 9.3.16 中经过常规计算可得 K_- (从而 K_+) 的 McMillan 度为 3, 因此所有标准框架下的最小实现维数为 3. 依推论 8.9.4 的思路推广这些 X 将得到 5 维的 Markov 分裂子空间. 然而由于误差空间退化, 其中没有一个具有在 (9.97) 框架下的最小性. 事实上, 可知最小的表示为 4 维, 这与 $\ker Q_+(\infty)$ 为一维一致.

§ 9.6 相关文献

Markov 表示的 Hardy 空间形式 (截止本章所给出的形式) 由文献 [196] 引入, 这是得到 Hardy 空间实现理论的启发[104], 在文献 [96, 101, 102, 193, 194, 199–202, 205, 206, 274, 278] 中得到进一步发展.

在本章, 第 9.1 节的内容是基于 [206] 、其中的思想脉络和结论与 [206] 联系紧密. 定理 9.1.6 的另一个版本在论文 [199] 中给出. 引理 9.1.11 是在 [138, 定理

13] 基础上的变化. 第 9.2 节基于 [199, 200, 202, 205], 并在 [206] 中推广到了非内在情形.[200] 给出了定理 9.2.2 在内在情形下的结论, 此结论与 [104] 中的相似结论联系密切. [202] 给出了定理 9.2.14 和定理 9.2.19 在内在 Markov 表示下的结论,[206] 将其推广到了非内在 Markov 表示情形. 命题 9.2.20 为 [199, 274] 相关结论的推广.

第 9.3 节与 [193] 联系紧密、推广了相关结论到非内在情形. 相关的例子是从 [193] 选取. 最后, 第 9.5 节的结论是基于 [194].

第 10 章

连续时间情形的随机实现理论

本章致力于第 6 、8 、9 章基本结论在连续时间情形下的版本. 在此背景下, (6.1) 式的线性随机系统对应于增量为向量 Wiener 过程 w 的如下随机微分方程所描述的系统

$$\begin{cases} \mathrm{d}x = Ax\mathrm{d}t + B\mathrm{d}w, \\ \mathrm{d}y = Cx\mathrm{d}t + D\mathrm{d}w, \end{cases}$$

其中状态 x 为平稳过程, 输出 y 为平稳增量. 若 $D = 0$, 我们可考虑如下模型

$$\begin{cases} \mathrm{d}x = Ax\mathrm{d}t + B\mathrm{d}w, \\ y = Cx, \end{cases}$$

其中输出为平稳过程.

§ 10.1 连续时间随机模型

我们的基本研究对象是下面类型的线性随机系统

$$(\mathcal{S})\begin{cases} \mathrm{d}x = Ax\mathrm{d}t + B\mathrm{d}w, \\ \mathrm{d}y = Cx\mathrm{d}t + D\mathrm{d}w, \end{cases} \tag{10.1}$$

其中 $t \in \mathbb{R}$,w 是 p 维向量 Wiener 过程,A, B, C, D 为常数矩阵且 A 为稳定矩阵, 在连续时间情形下即是指其所有特征值均落于复平面的左半开平面. 系统处于统计稳定状态使得 n 维状态 过程 x 和 m 维输出 过程 y 的增量联合平稳. 我们用 $\mathcal{S}$

表示过程 y 的增量，并称之为 $\mathrm{d}y$ 的 (有限维) 随机实现. 状态变量的数目 n 称为 $\mathcal{S}$ 的维数, 记为 $\dim \mathcal{S}$.

这种类型的系统自上世纪 60 年代早期即开始作为随机信号的数学模型而应用于工程领域. 我们接下来可见, 虽非等价但另一种可供选择的表示信号 $\mathrm{d}y$ 的方式为从 (10.1) 中消除状态 x 来得到. 用这种方式, 依第 3.6 节所解释的那样, 我们将白噪声 $\mathrm{d}w$ 通过如下有理传递函数的成型滤波器进而得到 $\mathrm{d}y$,

$$W(s) = C(sI - A)^{-1}B + D. \tag{10.2}$$

这样可得到平稳增量过程 $\mathrm{d}y$, 它的谱表示为

$$y(t) - y(s) = \int_{-\infty}^{\infty} \frac{\mathrm{e}^{\mathrm{i}\omega t} - \mathrm{e}^{\mathrm{i}\omega s}}{\mathrm{i}\omega} W(\mathrm{i}\omega)\mathrm{d}\hat{w} \tag{10.3}$$

并有有理谱密度

$$W(s)W(-s)' = \Phi(s). \tag{10.4}$$

从而 W 为 Φ 的谱因子, 注意到 A 为稳定矩阵可知 W 解析, 即其所有极点均在复平面的左半开平面.

然而与离散时间情形类似, 模型 $\mathcal{S}$ 不仅仅是随机过程在白噪声下的一个表示, 在应用当中更为重要的是模型 (10.1) 包含状态过程 x, 而状态 x 体现了对 $\mathrm{d}y$ 的动态记忆, 这在第 7 章中用分裂几何来刻画. 接下来我们首先给出随机模型的一些预备知识.

10.1.1 模型的最小化和非最小化

与前文相同, 若 $\mathrm{d}y$ 没有维数更小的其他随机实现, 我们就称 $\mathcal{S}$ 为最小. 与非因果估计问题类似, 我们偶尔也会考虑非最小化的 $\mathcal{S}$. 因此, 理解 W 的 McMillan 度 $\deg W$ 与 $\dim \mathcal{S}$ 之间的联系成为首要问题.

在介绍这个问题之前, 我们首先回忆关于状态过程 x 的一些众所周知的事实. 注意 A 为稳定矩阵, 我们有

$$x(t) = \int_{-\infty}^{t} \mathrm{e}^{A(t-\tau)}B\mathrm{d}w(\tau), \tag{10.5}$$

由此可见状态过程为宽平稳 Markov 过程, 有常值的协方差矩阵

$$P := E\{x(t)x(t)'\} = \int_0^{\infty} \mathrm{e}^{A\tau}BB'\mathrm{e}^{A'\tau}\mathrm{d}\tau, \tag{10.6}$$

并满足 Lyapunov 方程

$$AP + PA' + BB' = 0. \tag{10.7}$$

从 (10.6) 式可见 P 为矩阵对 (A, B) 的可达 Gram 矩阵, 因此系统 $\mathcal{S}$ 为可达的充分必要条件是 P 正定 $(P > 0)$, 等价的充分必要条件是 $\{x_1(0), x_2(0), \cdots, x_n(0)\}$ 为下面空间中的一组基

$$\mathrm{X} = \mathrm{span}\{x_1(0), x_2(0), \cdots, x_n(0)\}, \tag{10.8}$$

显然此空间包含了 $x(0)$ 各分量的全部线性组合. 我们接下来可看到,X 为 Markov 分裂子空间, 因此我们可以借助第 7 章的几何理论来考虑本章的问题.

然而与离散情形类似,X 与 $\mathcal{S}$ 并非等价表示, 显而易见的原因是非可达性导致 $\mathcal{S}$ 的冗余性, 而在 X 中并不存在. 下面的命题对这点给出了更清晰的解释, 并对将要在第 10.3 节和第 10.4 节研究的关于 X 和 W 的某些结论做了初步探讨.

命题 10.1.1　设 $\mathrm{d}y$ 为平稳增量过程, 有有理谱密度 Φ 和 (10.1) 所示的有限维随机实现 $\mathcal{S}$, 并有 (10.2) 式定义的谱因子 W. 设 X 为 (10.8) 式定义的状态空间, 则有

$$\frac{1}{2}\deg\Phi \leqslant \deg W \leqslant \dim \mathrm{X} \leqslant \dim \mathcal{S}. \tag{10.9}$$

进一步,$\deg W = \dim \mathrm{X}$ 成立的充分必要条件是 (C, A) 可观测, $\dim \mathrm{X} = \dim \mathcal{S}$ 成立的充分必要条件是 (A, B) 可达.

(10.9) 式的最后一个不等式可从之前的讨论立得, 第二个不等式可从接下来给出的定理 10.3.13 得到, 而第一个不等式可由命题 10.4.2 得证.

由命题 10.1.1 我们可认识到关于 (10.1) 式随机实现的一些内容. 首先, 为保证 $\mathcal{S}$ 为最小的,$\mathcal{S}$ 同时为可观和可达并非充分条件. 为保证 $\mathcal{S}$ 为最小的, 同时一定有

$$\deg W = \frac{1}{2}\deg\Phi. \tag{10.10}$$

满足上式的 W 被称为最小 谱因子. 其次, 若 $\mathrm{d}y$ 为由矩阵 A 为稳定矩阵的随机系统 (10.1) 所生成, 注意到几何理论的主要目标是 X 而非 $\mathcal{S}$, 可达性在几何理论中并没有发挥作用.

另一方面, 若 A 有单位圆周上的特征值, 第 8.4 节引入的可达性的几何概念就变得非常重要, 但本章并不涉猎这些内容, 因为读者沿着第 8.4 节的思路可以很容易做出必要修改来适应 X 中的纯确定性过程.

10.1.2 状态空间和 Markov 表示的基本思想

$\mathrm{d}y$ 的实现在状态空间坐标变换下和输入 Wiener 过程 $\mathrm{d}w$ 常数正交变换下存在显而易见的等价, 这种等价性在研究最小和非最小随机实现之前需加以分析. 等价类由下式定义

$$(A,B,C,D,\mathrm{d}w)\sim(T_1AT_1^{-1},T_1BT_2^{-1},CT_1^{-1},DT_2^{-1},T_2\mathrm{d}w). \tag{10.11}$$

其中 T_1 为 $n\times n$ 非奇异矩阵,T_2 为 $p\times p$ 正交矩阵. 易见, (10.8) 式定义的状态空间 X 在上面的等价性下是不变的, 我们将寻找条件来保证这种不变性在等价类 $[\mathcal{S}]$ 和空间 X 之间存在双射的意义下是完备的. 注意到满足 $\begin{bmatrix}B\\D\end{bmatrix}\mathrm{d}w=\begin{bmatrix}\tilde{B}\\\tilde{D}\end{bmatrix}\mathrm{d}\tilde{w}$ 的实现 $\mathcal{S}$ 和 $\tilde{\mathcal{S}}$ 产生相同的 X, 从而一个明显的必要条件为

$$\operatorname{rank}\begin{bmatrix}B\\D\end{bmatrix}=p. \tag{10.12}$$

此外, 如上面已指出的那样, 有必要只考虑满足如下条件的模型 $\mathcal{S}$

$$(A,B)\ \text{可达}. \tag{10.13}$$

我们将证明在这两个条件下上述一一映射存在.

我们继续刻画这些 X 空间. 给定实现 $\mathcal{S}$, 首先用 $\mathbb{H}$ 和 H 定义第 2.8 节的随机变量空间

$$\mathbb{H}:=\mathrm{H}(\mathrm{d}w),\quad \mathrm{H}:=\mathrm{H}(\mathrm{d}y), \tag{10.14}$$

设 $\{\mathcal{U}_t;\ t\in\mathbb{R}\}$ 为由 $\mathrm{d}w$ 引入的移位, 即 $\mathbb{H}$ 上满足如下条件的酉算子构成的强连续群

$$\mathcal{U}_t[w(\tau)-w(\sigma)]=w(\tau+t)-w(\sigma+t). \tag{10.15}$$

明显地有 X 和 H 为 $\mathbb{H}$ 的子空间,H 使移位算子双不变并满足 $\mathcal{U}_tx(\tau)=x(\tau+t)$ 以及

$$\mathcal{U}_t[y(\tau)-y(\sigma)]=y(\tau+t)-y(\sigma+t). \tag{10.16}$$

我们定义

$$\mathrm{X}^-:=\mathrm{H}^-(x),\quad \mathrm{X}^+:=\mathrm{H}^+(x), \tag{10.17a}$$

$$\mathrm{H}^-:=\mathrm{H}^-(\mathrm{d}y),\quad \mathrm{H}^+:=\mathrm{H}^+(\mathrm{d}y). \tag{10.17b}$$

求解 (10.1) 式我们就有

$$x(t) = \mathrm{e}^{At}x(0) + \int_0^t \mathrm{e}^{A(t-\tau)}B\mathrm{d}w(\tau), \tag{10.18a}$$

$$y(t) - y(0) = \int_0^t C\mathrm{e}^{A\tau}\mathrm{d}\tau x(0) + \int_0^t \left[\int_\tau^t C\mathrm{e}^{A(\tau-\sigma)}B\mathrm{d}\sigma + D\right]\mathrm{d}w(\tau). \tag{10.18b}$$

因此, 注意到 $\mathrm{H}^- \vee \mathrm{X}^- \subset \mathrm{H}^-(\mathrm{d}w) \perp \mathrm{H}^+(\mathrm{d}w)$, 可得

$$\mathrm{E}^{\mathrm{H}^-\vee\mathrm{X}^-}\lambda = \mathrm{E}^{\mathrm{X}}\lambda, \quad \forall\lambda \in \mathrm{H}^+ \vee \mathrm{X}^+. \tag{10.19}$$

依命题 2.4.2, 从上式可得下面的条件正交性

$$\mathrm{H}^- \vee \mathrm{X}^- \perp \mathrm{H}^+ \vee \mathrm{X}^+ \mid \mathrm{X}. \tag{10.20}$$

因此, 注意到

$$\mathrm{X}^- = \vee_{t\leqslant 0}\mathcal{U}_t\mathrm{X}, \quad \mathrm{X}^+ = \vee_{t\geqslant 0}\mathcal{U}_t\mathrm{X}, \tag{10.21}$$

利用第 7.4 节的结论可知 $\mathrm{X} \sim (\mathrm{S}, \bar{\mathrm{S}})$ 为 Markov 分裂子空间且满足 $\mathrm{S} := \mathrm{H}^- \vee \mathrm{X}^-$ 和 $\bar{\mathrm{S}} := \mathrm{H}^+ \vee \mathrm{X}^+$.

进一步有

$$\mathbb{H} = \mathrm{H} \vee \overline{\mathrm{span}}\{\mathcal{U}_t\mathrm{X} \mid t \in \mathbb{R}\}. \tag{10.22}$$

事实上, 假若上式不成立, 从而存在非零 $a \in \mathbb{R}^p$ 使得 $a'[w(\tau) - w(\sigma)] \perp \mathrm{H} \vee \overline{\mathrm{span}}\{\mathcal{U}^t\mathrm{X} \mid t \in \mathbb{R}\}$ 对某些 τ 和 σ 成立 (注意到空间为双不变的,τ 和 σ 实际上可以任意选择), 利用 (10.1) 式的积分定义我们进一步有

$$\mathrm{E}\left\{\begin{bmatrix} x(t) - x(0) \\ y(t) - y(0) \end{bmatrix}[w(\tau) - w(\sigma)]'\right\}a = \begin{bmatrix} B \\ D \end{bmatrix}a = 0,$$

上式与假设条件 (10.12) 矛盾. 因此, 如在下一节我们所做的那样, 通过适当地修正第 8 章离散时间下的定义, 就可得 $(\mathbb{H}, \{\mathcal{U}_t\}, \mathrm{X})$ 为 $\mathrm{d}y$ 的 Markov 表示.

反之, 如同在本章我们证明的那样, 对 $\mathrm{d}y$ 的每个此类 Markov 表示 $(\mathbb{H}, \{\mathcal{U}_t\}, \mathrm{X})$, 存在 (10.1) 式随机实现的等价类 $[\mathbb{S}]$. 更确切地说, 我们证明在条件 (10.12) 和 (10.13) 下 $\mathrm{d}y$ 随机实现的等价类 $[\mathbb{S}]$ 与 $\mathrm{d}y$ 的正规有限维 Markov 表示 $(\mathbb{H}, \{\mathcal{U}_t\}, \mathrm{X})$ 之间存在一一对应, 同时在 $(\mathbb{H}, \{\mathcal{U}_t\}, \mathrm{X})$ 下有 $\mathrm{H}(\mathrm{d}w) = \mathbb{H}$ 且每个 $\mathcal{S} \in [\mathbb{S}]$ 的状态 $x(0) = \{x_1(0), x_2(0), \cdots, x_n(0)\}$ 均为 X 的基底.

10.1.3 平稳过程建模

在继续几何状态空间的构造之前, 我们考虑平稳过程 y 的如下实现

$$\begin{cases} \mathrm{d}x = Ax\mathrm{d}t + B\mathrm{d}w, \\ y = Cx. \end{cases} \tag{10.23}$$

与前文一致, (10.14) 式定义的环绕空间 $\mathbb{H}$ 被赋予移位算子 (10.15), 在此移位算子下有

$$\mathcal{U}_t y_k(0) = y_k(t), \quad k = 1, 2, \cdots, m, \tag{10.24a}$$

$$\mathcal{U}_t x_k(0) = x_k(t), \quad k = 1, 2, \cdots, n. \tag{10.24b}$$

设 H^- 和 H^+ 分别为如下定义的空间

$$\mathrm{H}^- := \mathrm{H}^-(y), \quad \mathrm{H}^+ := \mathrm{H}^+(y), \tag{10.25}$$

并设 $\mathrm{H} := \mathrm{H}(y)$ 为 $\mathbb{H}$ 的双不变子空间. 求解 (10.23) 式就有

$$x(t) = \mathrm{e}^{At}x(0) + \int_0^t \mathrm{e}^{A(t-\tau)}B\mathrm{d}w(\tau). \tag{10.26}$$

因此, 注意 $\mathrm{X}^- \subset \mathrm{H}^-(\mathrm{d}w) \perp \mathrm{H}^+(\mathrm{d}w)$, 其中 X^- 和 X^+ 由 (10.21) 式所定义, 就有

$$\mathrm{E}^{\mathrm{X}^-}\lambda = \mathrm{E}^{\mathrm{X}}\lambda, \quad \forall\lambda \in \mathrm{X}^+, \tag{10.27}$$

由命题 2.4.2 知, 上式具有如下 Markov 性质

$$\mathrm{X}^- \perp \mathrm{X}^+ \mid \mathrm{X}. \tag{10.28}$$

进一步有

$$y(0) = \mathrm{X} \tag{10.29}$$

和

$$\mathbb{H} = \overline{\mathrm{span}}\{\mathcal{U}_t\mathrm{X} \mid t \in \mathbb{R}\}. \tag{10.30}$$

从而由第 7.4 节的结论知, X 为 Markov 分裂子空间且有环绕空间 $\mathbb{H}$.

§ 10.2　Markov 表示

设过去空间 H^- 和将来空间 H^+ 由 (10.17b) 或 (10.25) 定义, 这取决于我们考虑平稳增量 dy 还是平稳过程 y 的表示, 并假设

$$\mathrm{H}^- \vee \mathrm{H}^+ = \mathrm{H}.$$

在本章的接下来部分, 我们假设所考虑的过程 (y 或 dy) 为纯非确定性可逆的, 因此后向过程也是纯非确定性的.

假设 10.2.1　H^- 的无穷远过去和 H^+ 的无穷远将来均为退化, 即 $\cap_{-\infty}^{0}\mathcal{U}^t\mathrm{H}^- = 0$ 和 $\cap_{0}^{\infty}\mathcal{U}^t\mathrm{H}^+ = 0$.

定义 10.2.2　dy [y] 的 Markov 表示 为由随机变量构成的 Hilbert 空间 $\mathbb{H}$、$\mathbb{H}$ 上的 Markov 分裂子空间 X 以及 $\mathbb{H}$ 上的具有如下性质的酉算子 (移位算子) 构成的强连续群组成的三元组 $(\mathbb{H}, \{\mathcal{U}_t\}, \mathrm{X})$

(i) $\mathrm{H} \subset \mathbb{H}$ 为双不变子空间; 受限移位算子 $\mathcal{U}_t|_{\mathrm{H}}$ 为 H 上的移位算子, 满足 (10.16) [(10.24a)] 且有

$$\mathcal{U}_t\mathrm{H}^- \subset \mathrm{H}^-,\ \forall t \leqslant 0, \quad \mathcal{U}_t\mathrm{H}^+ \subset \mathrm{H}^+,\ \forall t \geqslant 0.$$

(ii) 在下面的意义下,$\mathbb{H}$ 为 X 的环绕空间

$$\mathbb{H} = \mathrm{H} \vee \overline{\mathrm{span}}\{\mathcal{U}^t\mathrm{X} \mid t \in \mathbb{R}\}$$

且在移位算子 $\{\mathcal{U}_t\}$ 下有有限的重数.

Markov 表示如果满足 $\mathbb{H} = \mathrm{H}$, 则称此 Markov 表示为内在的 ; 如果分裂子空间 X 为可观 、可构造 或最小, 则相应地称此 Markov 表示为可观、可构造或最小.

借助符号的适当变更, 定理 8.1.1 针对本节考虑的情形逐条成立.

定理 10.2.3　给定平稳增量向量过程 dy (或平稳向量过程 y), $(\mathbb{H}, \{\mathcal{U}_t\}, \mathrm{X})$ 为 dy [y] 的 Markov 表示的充分必要条件是

$$\mathrm{X} = \mathrm{S} \cap \bar{\mathrm{S}}, \tag{10.31}$$

其中 $(\mathrm{S}, \bar{\mathrm{S}})$ 属于 $\mathbb{H}$ 的子空间并满足

(i)　$\mathrm{H}^- \subset \mathrm{S}, \mathrm{H}^+ \subset \bar{\mathrm{S}}$,

(ii)　对任意 $t \geqslant 0$ 有 $\mathcal{U}_{-t}\mathrm{S} \subset \mathrm{S}$ 并且 $\mathcal{U}_t\bar{\mathrm{S}} \subset \bar{\mathrm{S}}$,

(iii)　$\mathbb{H} = \bar{\mathrm{S}}^\perp \oplus (\mathrm{S} \cap \bar{\mathrm{S}}) \oplus \mathrm{S}^\perp$.

此外, 映射 $\mathrm{X} \leftrightarrow (\mathrm{S}, \bar{\mathrm{S}})$ 为一一的. 事实上, 有

$$\mathrm{S} = \mathrm{H}^{-} \vee \mathrm{X}^{-}, \quad \bar{\mathrm{S}} = \mathrm{H}^{+} \vee \mathrm{X}^{+}. \tag{10.32}$$

最后,$(\mathbb{H}, \mathcal{U}, \mathrm{X})$ 可观的充分必要条件是

$$\bar{\mathrm{S}} = \mathrm{H}^{-} \vee \mathrm{S}^{\perp}, \tag{10.33}$$

可构造的充分必要条件是

$$\mathrm{S} = \mathrm{H}^{+} \vee \bar{\mathrm{S}}^{\perp}, \tag{10.34}$$

最小的充分必要条件是 (8.6) 和 (8.7) 同时成立.

给定 Markov 表示 $(\mathbb{H}, \{\mathcal{U}_t\}, \mathrm{X})$, 我们引入 Markov 分裂子空间 $\mathrm{X} \sim (\mathrm{S}, \bar{\mathrm{S}})$ 上的受限移位算子, 即

$$\mathcal{U}_t(\mathrm{X}) = \mathrm{E}^{\mathrm{X}}\, \mathcal{U}_{t|\mathrm{X}}. \tag{10.35}$$

注意 $\{\mathcal{U}_t\}$ 为酉算子构成的强连续群, (10.35) 式定义了一个满足 (7.60) 式的强连续收缩半群 $\{\mathcal{U}_t(\mathrm{X});\ t \geqslant 0\}$ (定理 7.5.1).

定理 10.2.4 半群 $\mathcal{U}_t(\mathrm{X})$ 当 $t \to \infty$ 时强收敛到零的充分必要条件是

$$S_{-\infty} := \bigcap_{t \leq 0} \mathcal{U}_t \mathrm{S} = 0, \tag{10.36}$$

$\mathcal{U}_t(\mathrm{X})^*$ 当 $t \to \infty$ 时强收敛到零的充分必要条件是

$$\bar{S}_{\infty} := \bigcap_{t \geq 0} \mathcal{U}_t \bar{\mathrm{S}} = 0. \tag{10.37}$$

证 若 $S_{-\infty} = 0$, 则 $\mathcal{U}_t(\mathrm{X})$ 强收敛到零可从定理 8.2.1 证明中的相应部分简单修改即可得证. 反过来, 假设 $\mathcal{U}_t(\mathrm{X})$ 强收敛到零, 则当自然数 $k \to \infty$ 时 $\mathcal{U}_1(\mathrm{X})^k$ 强收敛到零, 因而有 $\cap_{k=-\infty}^{0} \mathcal{U}_k \mathrm{S} = 0$. 另一方面, 当 $t > k$ 时有 $\mathcal{U}_t \mathrm{S} \subset \mathcal{U}_k \mathrm{S}$, 因而有 $S_{-\infty} = 0$. 从而第一个结论得证. 经对称式的分析, 第二个结论也可得证. □

定义 10.2.5 若 $\mathrm{S}_{-\infty} = \bar{\mathrm{S}}_{\infty}$, 则称 Markov 表示 $(\mathbb{H}, , \{\mathcal{U}_t\}, \mathrm{X})$ 为正态；若 $\mathrm{S}_{-\infty} = \bar{\mathrm{S}}_{\infty} = 0$, 则称为正规.

经过简单的修正, 第 8.2 节余下的结论就可以推广到连续时间情形. 特别地, 推论 8.2.6 有如下的对应结论.

命题 10.2.6 有限维 Markov 表示 $(\mathbb{H}, \{\mathcal{U}_t\}, \mathrm{X})$ 为正态的.

对第 10.1 节构造的 Markov 表示应用上面的命题, 我们就可知道它们也为正规的. 事实上, 有 $\mathrm{S} \subset \mathrm{H}^{-}(\mathrm{d}w)$, 因而成立 $\mathrm{S}_{-\infty} = 0$, 进而依命题 10.2.6 可知 $\bar{S}_{\infty} = 0$.

10.2.1 状态空间的构造

为构造具有几何性的函数模型, 我们应用第 5.1 节的连续时间 Wold 分解. 给定重数 $p \geqslant m$ 并且满足 $\mathrm{X} \sim (\mathrm{S}, \bar{\mathrm{S}})$ 的正规 Markov 表示 $(\mathbb{H}, \{\mathcal{U}_t\}, \mathrm{X})$, 依定理 5.1.1 可知存在 p 维 Wiener 过程 $(\mathrm{d}w, \mathrm{d}\bar{w})$ 使得 $\mathrm{H}(\mathrm{d}w) = \mathrm{H}(\mathrm{d}\bar{w}) = \mathbb{H}$ 并且

$$\mathrm{S} = \mathrm{H}^-(\mathrm{d}w), \quad \bar{\mathrm{S}} = \mathrm{H}^+(\mathrm{d}\bar{w}). \tag{10.38}$$

上述过程被称为 Markov 表示的生成过程, 在模乘 $p \times p$ 常数正交阵的意义下它们是唯一确定的.

鉴于 (10.38), 每一个随机变量 $\eta \in \mathrm{S}$ 都可表示为一个函数 $f \in L_p^2(\mathbb{R})$ 对 $\mathrm{d}w$ 的随机积分

$$\eta = \int_{-\infty}^{\infty} f(-t)\mathrm{d}w(t) =: \mathcal{I}_w f, \tag{10.39}$$

且 f 在负实轴上退化为零. 特别地, 利用白噪声过程 $\mathrm{d}w$ 驱动的因果输入–输出映射, 可以很自然地导出 $\mathrm{d}y$ (或 y) 的表示. 研究这类表示的最有效方式是利用谱域的技巧. 事实上, 依第 3.3 节所解释的那样, 有

$$\eta = \int_{-\infty}^{\infty} \hat{f}(\mathrm{i}\omega)\mathrm{d}\hat{w} =: \mathcal{I}_{\hat{w}} \hat{f}, \tag{10.40}$$

其中 $\hat{f} \in H_p^2$,H_p^2 为 p 维平方可积且在复平面的右半平面解析的函数构成的 Hardy 空间. 此处 $\hat{f}$ 为 f 的 Fourier 变换,$\mathrm{d}\hat{w}$ 为复平稳增量过程满足性质 (3.47). 依同样的方式, 每一个随机变量 $\bar{\eta} \in \bar{\mathrm{S}}$ 都可表示为函数 $\bar{f} \in L_p^2(\mathbb{R})$ 对 $\mathrm{d}\,\bar{w}$ 的随机积分,

$$\bar{\eta} = \int_{-\infty}^{\infty} \bar{f}(-t)\mathrm{d}\bar{w}(t) =: \mathcal{I}_{\bar{w}} \bar{f}, \tag{10.41}$$

$\bar{f}$ 在负实轴上退化为零, 或者, 等价地有

$$\bar{\eta} = \int_{-\infty}^{\infty} \hat{\bar{f}}(\mathrm{i}\omega)\mathrm{d}\hat{\bar{w}} =: \mathcal{I}_{\hat{\bar{w}}} \hat{\bar{f}}, \tag{10.42}$$

其中 $\hat{\bar{f}} \in \bar{H}_p^2$,$\bar{H}_p^2$ 为 p 维平方可积且在复平面左半平面解析的函数构成的 Hardy 空间. 这就定义了从 $L_p^2(\mathbb{I})$ 到 $\mathbb{H}$ 的两个酉映射 $\mathcal{I}_{\hat{w}}$ 和 $\mathcal{I}_{\hat{\bar{w}}}$, 从而分别建立了 S 与 $\bar{\mathrm{S}}$ 以及 Hardy 空间 H_p^2 和 $\bar{H}_p^2$ 之间的酉同构, 即有

$$\mathcal{I}_{\hat{w}} H_p^2 = \mathrm{H}^-(\mathrm{d}w) = \mathrm{S}, \quad \mathcal{I}_{\hat{\bar{w}}} \bar{H}_p^2 = \mathrm{H}^+(\mathrm{d}\bar{w}) = \bar{\mathrm{S}}. \tag{10.43}$$

(以上结论可参考第 5.3 节.) 在上面每个同构映射下移位算子 $\mathcal{U}_t$ 就变成了乘以 $\mathrm{e}^{\mathrm{i}\omega t}$ 的运算:

$$\mathcal{U}_t \mathcal{I}_{\hat{w}} = \mathcal{I}_{\hat{w}} M_{\mathrm{e}^{\mathrm{i}\omega t}}, \tag{10.44}$$

而正交分解

$$\mathbb{H} = \mathrm{H}^-(\mathrm{d}w) \oplus \mathrm{H}^+(\mathrm{d}\bar{w}) \tag{10.45}$$

就成为

$$L_p^2(\mathbb{I}) = H_p^2 \oplus \bar{H}_p^2.$$

鉴于假设条件 10.2.1, 由定理 5.1.1 知存在 Wiener 过程 $\mathrm{d}w_-$ 和 $\mathrm{d}\bar{w}_+$ 使得下式成立：

$$\mathrm{H}^- = \mathrm{H}^-(\mathrm{d}w_-), \quad \mathrm{H}^+ = \mathrm{H}^-(\mathrm{d}\bar{w}_+). \tag{10.46}$$

这分别是前向和后向新息过程, 它们在模乘一个酉变换意义下是唯一的.

我们回忆之前的内容：考虑函数 $Q \in H^\infty$, 若乘积算子 M_Q 为同构的且将解析函数 (H_p^2 中的解析函数) 映射为解析函数, 则称函数 Q 为内在的. 对应于共轭 Hardy 空间 $\bar{H}_p^2$ 的具有相关性质的函数称为共轭内函数. 一般说来相位函数非内函数, 相位函数为内在的充分必要条件是 H^- 与 H^+ 垂直相交.

引理 10.2.7 设 $(\mathbb{H}, \{\mathcal{U}_t\}, \mathrm{X})$ 为正规 Markov 表示, 有生成过程 $(\mathrm{d}w, \mathrm{d}\bar{w})$, 则存在 $p \times p$ 维内在矩阵函数 K、$m \times p$ 维内在矩阵函数 Q 和 $m \times p$ 维共轭内在矩阵函数 $\bar{Q}$ 使得

$$(\mathcal{I}_{\hat{w}})^{-1}\mathcal{I}_{\hat{\bar{w}}} = M_K, \quad (\mathcal{I}_{\hat{w}})^{-1}\mathcal{I}_{\hat{w}_-} = M_Q, \quad (\mathcal{I}_{\hat{\bar{w}}})^{-1}\mathcal{I}_{\hat{\bar{w}}_+} = M_{\bar{Q}}, \tag{10.47}$$

其中 M_V 为乘积算子, 满足 $M_V f = fV$. 此外, 有

$$(\mathcal{I}_{\hat{w}_-})^{-1}\mathcal{I}_{\hat{\bar{w}}_+} = M_\Theta, \tag{10.48}$$

其中 Θ 为 $\mathbb{I}$ 上的 $m \times m$ 维酉矩阵函数并且满足

$$\Theta = \bar{Q}KQ^*. \tag{10.49}$$

证 鉴于 (10.44) 式, 我们知

$$(\mathcal{I}_{\hat{w}})^{-1}\mathcal{I}_{\hat{\bar{w}}}M_{e^{i\omega t}} = (\mathcal{I}_{\hat{w}})^{-1}\mathcal{U}_t\mathcal{I}_{\hat{\bar{w}}} = M_{e^{i\omega t}}(\mathcal{I}_{\hat{w}})^{-1}\mathcal{I}_{\hat{\bar{w}}}.$$

此外, 从 $\mathrm{X} \sim (\mathrm{S}, \bar{\mathrm{S}})$ 的几何性, 依定理 10.2.3 就有

$$\mathrm{X} = \mathrm{S} \ominus \bar{\mathrm{S}}. \tag{10.50}$$

由此可得 $\bar{\mathrm{S}}^\perp \subset \mathrm{S}$, 或等价地有 $\mathrm{H}^-(\mathrm{d}\bar{w}) \subset \mathrm{H}^-(\mathrm{d}w)$, 也即 $\mathcal{I}_{\hat{\bar{w}}}H_p^2 \subset \mathcal{I}_{\hat{w}}H_p^2$, 进一步有

$$(\mathcal{I}_{\hat{w}})^{-1}\mathcal{I}_{\hat{\bar{w}}}H_p^2 \subset H_p^2.$$

从而可知 $(\mathcal{I}_{\hat{w}})^{-1}\mathcal{I}_{\hat{\bar{w}}}$ 为从 H_p^2 到 H_p^2 的酉映射, 且与移位算子相交换. 因此, 依定理 4.3.3 [104, p. 185] 的连续时间版本, 存在 $p \times p$ 维内在矩阵函数 K 使得 $(\mathcal{I}_{\hat{w}})^{-1}\mathcal{I}_{\hat{\bar{w}}} = M_K$.

用同样的思路, 我们可证明 $(\mathcal{I}_{\hat{w}})^{-1}\mathcal{I}_{\hat{w}_-}$ 与移位算子相交换, 并且由 $\mathrm{H}^- \subset \mathrm{S}$ 可得 $\mathcal{I}_{\hat{w}_-}H_m^2 \subset \mathcal{I}_{\hat{w}}H_p^2$, 即 $(\mathcal{I}_{\hat{w}})^{-1}\mathcal{I}_{\hat{w}_-}H_m^2 \subset H_p^2$. 因此, 依 [104, p. 185] 的结论可知存在 $Q \in H_{m\times p}^{\infty}$ 使得 $(\mathcal{I}_{\hat{w}})^{-1}\mathcal{I}_{\hat{w}_-} = M_Q$. 然而 $(\mathcal{I}_{\hat{w}})^{-1}\mathcal{I}_{\hat{w}_-}$ 为同构, 从而 Q 为内在的. (10.47) 的最后一式可以通过对称式的分析得证.

最后, 引理最后一个结论从 (10.47) 式立得. □

内函数 K 称为结构函数 ,$(K, Q, \bar{Q})$ 称为 Markov 表示 $(\mathbb{H}, \{\mathcal{U}_t\}, \mathrm{X})$ 的内在三元组. 函数 Θ 称为相位函数. 下面我们分析它们与谱因子之间的联系.

这将导出 Markov 分裂子空间的泛函模型, 相同类型在文献 [180] 、[290] 和 [104] 曾有研究, 这将使我们能够用函数的语言来刻画 Markov 分裂子空间的各种系统性质.

定理 10.2.8 设 $(\mathbb{H}, \{\mathcal{U}_t\}, \mathrm{X})$ 为正规 Markov 表示, 有生成过程 $(\mathrm{d}w, \mathrm{d}\bar{w})$ 和内在三元组 $(K, Q, \bar{Q})$, 则

$$\mathrm{X} = \int_{-\infty}^{\infty} H(K)\mathrm{d}\hat{w} = \int_{-\infty}^{\infty} \bar{H}(K^*)\mathrm{d}\hat{\bar{w}}, \tag{10.51}$$

其中 $H(K) := H_p^2 \ominus H_p^2 K, \bar{H}(K^*) := \bar{H}_p^2 \ominus \bar{H}_p^2 K^*$. 此外, X 可构造的充分必要条件是 K 和 Q 右互质, 即它们没有非退化公共右内因子,X 可观的充分必要条件是 K^* 和 $\bar{Q}$ 右互质, 即它们没有非退化的公共右共轭内因子.

证 由 (10.50) 和引理 10.2.7 就有

$$\mathcal{I}_{\hat{w}}^{-1}\mathrm{X} = H_p^2 \ominus (\mathcal{I}_{\hat{w}}^{-1}\mathcal{I}_{\hat{\bar{w}}}H_p^2) = H_p^2 \ominus H_p^2 K,$$

从而可得 (10.51) 的第一式. 依同样的分析, 第二式从 $\mathrm{X} = \bar{\mathrm{S}} \ominus \mathrm{S}^{\perp}$ 立得.

同样地, 从可构造性条件 (10.34) 式可得

$$H_p^2 = \mathcal{I}_{\hat{w}}^{-1}\mathrm{S} = (\mathcal{I}_{\hat{w}}^{-1}\mathcal{I}_{\hat{w}_-}H_m^2) \vee (\mathcal{I}_{\hat{w}}^{-1}\mathcal{I}_{\hat{\bar{w}}}H_p^2);$$

据此, 依引理 10.2.7 可得

$$H_p^2 = (H_m^2 Q) \vee (H_p^2 K). \tag{10.52}$$

为使 (10.52) 成立, 易知 Q 和 K 必为右互质. 反之, 假设 Q 和 K 右互质, 考虑 (10.52) 的右边项. 因为 $H_p^2 K$ 是 H_p^2 的满秩不变子空间, 易见 (10.52) 的右边项也

为 H_p^2 的满秩不变子空间. 因此, 依 Beurling-Lax 定理 ([145, 定理 4.6.4]) 在半平面下的结论, (10.52) 的右边项具有 $H_p^2 J$ 的形式, 其中 J 为内在的. 然而 J 必为 Q 和 K 的公共右内在因子, 因此有 $J = I$, 可构造性准则由此得证. 可观测部分的证明可以经对称式的分析得证. □

在第 10.3 节我们证明了 X 为有限维的充分必要条件是结构函数 K 为有理, 在此情形下 $\dim \mathrm{X}$ 等于 K 的 McMillan 度 (见定理 10.3.8).

鉴于 (10.49), 预报空间 X_- 和后向预报空间 X_+ 分别的内在三元组 $(K, I, \bar{Q}_-)$ 和 (K_+, Q_+, I) 可从相位函数 Θ 经过互质分解得到

$$\Theta = \bar{Q}_- K_- = K_+ Q_+^*. \tag{10.53}$$

为能够从 Θ 得到其他最小 Markov 分裂子空间, 我们假设 dy (y) 为严格非循环, 即算子的核

$$\mathcal{H} := \mathrm{E}^{\mathrm{H}^+}|_{\mathrm{H}^-}, \quad \mathcal{H}^* := \mathrm{E}^{\mathrm{H}^-}|_{\mathrm{H}^+}$$

满值域, 例如定义 9.2.6. 这等价于标架空间 $\mathrm{H}^{\square}$ 的正规性, 例如命题 9.2.7. 针对连续时间情形修改引理 9.2.8 的结论, 此条件可用相位函数 Θ 来表达, 确切地说, 假设 y 为纯非确定性且可逆, dy (y) 为严格非循环的充分必要条件是如下 Hankel 算子有满秩核

$$\mathcal{H}_\Theta := P^{H_p^2} M_\Theta|_{\bar{H}_p^2}, \tag{10.54}$$

即 Θ 为严格非循环函数 [104, p. 253]. 具有有理谱密度的过程 dy (y) 为严格非循环, 这是因为 $\mathcal{H}$ 和 $\mathcal{H}^*$ 以及 X_- 和 X_+ 的值域分别都为有限维, 进而是正规的. 然而, 有谱密度 $\Phi(\mathrm{i}\omega) = (1+\omega^2)^{-3/2}$ 的标量过程并不是严格非循环, 这是因为 $\mathrm{X}_- = \mathrm{H}^-$ 和 $\mathrm{X}_+ = \mathrm{H}^+$ [82, p. 99].

严格非循环是分裂几何决定的 dy (y) 上的几何条件, 因此第 9.2 节的所有结论对连续时间情形直接成立或经适当的修正依然成立. 特别地, 定理 9.2.12 和 9.2.19 有对应的如下结论.

定理 10.2.9 设 dy (y) 为纯非确定性, 则 dy (y) 为严格非循环的充分必要条件是所有最小 Markov 表示为正规的. 在此情形下, 下列条件等价

(i) X 为最小;

(ii) X 可观且 $\mathrm{X} \perp \mathrm{N}^+$;

(iii) X 可构造且 $\mathrm{X} \perp \mathrm{N}^-$.

因此, 由命题 9.2.20 (注意到此命题为完全几何的刻画, 因而不需修正即在本节的假设条件下成立) 和定理 10.2.8, 我们可知具有内三元组 $(K, Q, \bar{Q})$ 的正规

Markov 表示 $(\mathbb{H}, \{\mathcal{U}_t\}, \mathrm{X})$ 为最小的充分必要条件是下面结论之一成立：

(ii)′　K^* 和 $\bar{Q}$ 右互质且 Q^*Q_+ 为解析；

(iii)′　K 和 Q 右互质且 $\bar{Q}^*Q_-$ 协解析.

由此结论即可导出所有最小 Markov 表示的内三元组 $(K, Q, \bar{Q})$ 的具体过程：选择 Q 并满足 Q^*Q_+ 为解析，然后构造 $T := \Theta Q$ 并从 $\bar{Q}K = T$ 中确定互质因子 $\bar{Q}$ 和 K.

定理 9.2.14 和推论 9.2.15 在此也同样成立.

定理 10.2.10　设 dy (y) 为严格非循环，则所有内部的最小 Markov 分裂子空间有相同的不变因子，记为

$$k_1, k_2, k_3, \cdots, k_m. \tag{10.55}$$

此外，重数为 p 的 Markov 分裂子空间为最小的充分必要条件是 m 个不变因子由 (10.55) 式给出而其余 $p-m$ 个都为 1. 若 $m=1$，所有内部的最小 Markov 分裂子空间有相同的结构函数.

例 10.2.11　设 y 为二维过程，具有有理谱密度

$$\Phi(s) := \frac{1}{(s^2-1)(s^2-4)}\begin{bmatrix} 17-2s^2 & -(s+1)(s-2) \\ -(s-1)(s+2) & 4-s^2 \end{bmatrix}.$$

则基于上面的分解过程可知 X_- 的结构函数为

$$K_-(s) = \frac{s-1}{(s+1)(s+2)}\begin{bmatrix} s-1.2 & 1.6 \\ 1.6 & s+1.2 \end{bmatrix},$$

X_+ 的一个结构函数为

$$K_+(s) = \frac{s-1}{(s+1)(s+2)}\begin{bmatrix} s-70/37 & 24/37 \\ 24/37 & s+70/37 \end{bmatrix}.$$

这些函数看起来差别很大，但它们有相同的不变因子，即

$$k_1(s) = \frac{s-1}{s+1}, \quad k_2(s) = \frac{(s-1)(s-2)}{(s+1)(s+2)},$$

因此为伪等价.

10.2.2 谱因子与结构函数

首先考虑 m 维、均方连续、纯非确定性的平稳过程 y, 且有满秩谱密度 Φ. 回忆第 3.3 节内容, 由定理 3.3.2 可知 y 有谱表示

$$y(t) = \int_{-\infty}^{\infty} e^{i\omega t} d\hat{y}, \tag{10.56}$$

其中

$$E\{d\hat{y}d\hat{y}^*\} = \frac{1}{2\pi}\Phi(i\omega)d\omega. \tag{10.57}$$

此外, 由命题 5.3.6 知 Φ 有分解

$$W(s)W(-s)' = \Phi(s), \tag{10.58}$$

其中 W 为 $m \times p$ 维且 $p \geqslant m$. 谱因子 W 称为解析的, 如果它的各行均属于 H_p^2; 称为协解析的；如果它的各行均属于 $\bar{H}_p^2$. 一个 $m \times m$ 维谱因子 W 称为外在的, 如果 $H_m^2 W$ 在 H_m^2 中稠密; 称为共轭外在的, 如果 $\bar{H}_m^2 W$ 在 $\bar{H}_m^2$ 中稠密 (请见第 5.3 节). 外在与共轭外在谱因子在右边模运算一个正交变换的意义下唯一.

命题 10.2.12 设 y 由 (10.56) 式给出. 若 dw 为 Wiener 过程且使 $H^- \subset H^-(dw)$, 则存在唯一的解析谱因子 W 使得

$$d\hat{y} = W d\hat{w}, \tag{10.59}$$

并且 $H^- = H^-(dw)$ 成立的充分必要条件是 W 为外在的. 同样, 若 $d\bar{w}$ 为 Wiener 过程使得 $H^+ \subset H^+(d\bar{w})$, 则存在唯一的协解析谱因子 $\bar{W}$ 使得

$$d\hat{y} = \bar{W} d\hat{\bar{w}}, \tag{10.60}$$

并且 $H^+ = H^+(d\bar{w})$ 的充分必要条件是 $\bar{W}$ 为共轭外在的.

证 设 W 为矩阵函数, 其中 m 行由 $\mathcal{I}_{\hat{w}} y_k(0)$, $k = 1, 2, \cdots, m$ 给出. 从而有

$$y(t) = \int_{-\infty}^{\infty} e^{i\omega t} W d\hat{w},$$

上式对比 (10.56) 式可得 $d\hat{y} = W d\hat{w}$. 现在假设 $H^- \subset H^-(dw)$ 成立, 就有

$$a'W = \mathcal{I}_{\hat{w}}^{-1} a' y(0) \subset \mathcal{I}_{\hat{w}}^{-1} H^-(dw) = H_p^2$$

对任意 $a \in \mathbb{R}^m$ 都成立, 因而知 W 为解析的. 接下来, 注意

$$H^- = \overline{\text{span}}\{a'y(t) \mid t \leqslant 0, a \in \mathbb{R}^m\} = \int_{-\infty}^{\infty} \overline{\text{span}}\{e^{i\omega t} a'W \mid t \leqslant 0, a \in \mathbb{R}^m\} d\hat{w},$$

可知 $\mathrm{H}^- = \mathrm{H}^-(\mathrm{d}w)$ 的充分必要条件是

$$\overline{\mathrm{span}}\{\mathrm{e}^{\mathrm{i}\omega t}a'W \mid t \leqslant 0, a \in \mathbb{R}^m\} = H_m^2;$$

即充分必要条件是 W 为外在的. 经对称式的分析就可证得第二个结论. □

接下来, 考虑 m 维、均方连续的纯非确定性平稳增量过程 $\mathrm{d}y$, 其 (增量) 有满秩谱密度 Φ, 从而由定理 3.6.1 可得

$$y(t) - y(s) = \int_{-\infty}^{\infty} \frac{\mathrm{e}^{\mathrm{i}\omega t} - \mathrm{e}^{\mathrm{i}\omega s}}{\mathrm{i}\omega} \mathrm{d}\hat{y}, \quad t, s \in \mathbb{R}, \tag{10.61}$$

由定理 5.3.5 可知其中的随机测度需满足 (10.57) 、谱密度 Φ 有谱分解 (10.58). 然而谱因子 W 并不必然为平方可积. 事实上, 在第 5.3 节我们曾引入修正的 Hardy 空间 $\mathcal{W}_p^2$ 和 $\bar{\mathcal{W}}_p^2$, 分别由 p 维的行向量函数 g 和 $\bar{g}$ 构成, 并使得 $\bar{\chi}_h g \in H_p^2$ 和 $\chi_h \bar{g} \in \bar{H}_p^2$ 成立, 其中

$$\chi_h(\mathrm{i}\omega) = \frac{\mathrm{e}^{\mathrm{i}\omega h} - 1}{\mathrm{i}\omega}, \tag{10.62}$$

并且 $\bar{\chi}_h(\mathrm{i}\omega) = \chi_h(-\mathrm{i}\omega)$. 注意对 $h > 0$ 有 $\bar{\chi}_h \in H^\infty$ 和 $\chi_h \in \bar{H}^\infty$ 成立. 依第 5.3 节所做解释, 若谱因子 W 的各行属于 $\mathcal{W}_p^2$ 则称为解析的, 若谱因子 $\bar{W}$ 的各行属于 $\bar{\mathcal{W}}^2$ 则称为协解析的.

命题 10.2.13 设 $\mathrm{d}y$ 由 (10.61) 给出. 若 $\mathrm{d}w$ 为 Wiener 过程并使得 $\mathrm{H}^- \subset \mathrm{H}^-(\mathrm{d}w)$, 则存在唯一的解析谱因子 W 使得

$$\mathrm{d}\hat{y} = W\mathrm{d}\hat{w}, \tag{10.63}$$

并且 $\mathrm{H}^- = \mathrm{H}^-(\mathrm{d}w)$ 的充分必要条件是 $\bar{\chi}_h W$ 对 $h > 0$ 均为外在的. 同样地, 若 $\mathrm{d}\bar{w}$ 为 Wiener 过程并使得 $\mathrm{H}^+ \subset \mathrm{H}^+(\mathrm{d}\bar{w})$, 则存在唯一的协解析谱因子 $\bar{W}$ 使得

$$\mathrm{d}\hat{y} = \bar{W}\mathrm{d}\hat{\bar{w}}, \tag{10.64}$$

并且 $\mathrm{H}^+ = \mathrm{H}^+(\mathrm{d}\bar{w})$ 的充分必要条件是 $\chi_h \bar{W}$ 为共轭外在的.

证 固定 $h > 0$, 设 W 为 $m \times p$ 矩阵值的函数, 且各行为 $\bar{\chi}_h^{-1}\mathcal{I}_{\hat{w}}^{-1}[y_k(0) - y_k(-h)], k = 0, 1, \cdots, m$. 从而有

$$y(-h) - y(0) = \int_{-\infty}^{\infty} \frac{\mathrm{e}^{-\mathrm{i}\omega h} - 1}{\mathrm{i}\omega} W(\mathrm{i}\omega)\mathrm{d}\hat{w},$$

上式与 (10.61) 相比就有 $\mathrm{d}\hat{y} = W\mathrm{d}\hat{w}$. 事实上, 依定理 3.6.1 可知谱测度 $\mathrm{d}\hat{y}$ 由 $\mathrm{d}y$ 唯一确定. 易知, W 为谱因子且并不依赖 h 的选取. 假若 $\mathrm{H}^- \subset \mathrm{H}^-(\mathrm{d}w)$, 则有

$$\bar{\chi}_h a'W = \mathcal{I}_{\hat{w}}^{-1} a'[y(0) - y(-h)] \subset \mathcal{I}_{\hat{w}}^{-1}\mathrm{H}^-(\mathrm{d}w) = H_p^2$$

对任意 $a \in \mathbb{R}^m$ 都成立, 因而据上面的定义可知 W 为解析谱因子. 此外, 注意

$$\begin{aligned}\mathrm{H}^- &= \overline{\mathrm{span}}\{a'[y(t)-y(t-h)] \mid t \leqslant 0, a \in \mathbb{R}^m\} \\ &= \int \overline{\mathrm{span}}\{\mathrm{e}^{\mathrm{i}\omega t}\bar{\chi}_h(\mathrm{i}\omega)a'W(\mathrm{i}\omega) \mid t \leqslant 0, a \in \mathbb{R}^m\}\mathrm{d}\hat{w},\end{aligned}$$

可得 $\mathrm{H}^- = \mathrm{H}^-(\mathrm{d}w)$ 的充分必要条件是 $\bar{\chi}_h(\mathrm{i}\omega)a'W \in H^2_m$, 第一个结论得证.

定义 $\bar{W}$ 为 $m\times p$ 维矩阵值的函数, 各行为 $\chi_h^{-1}\mathfrak{I}_{\hat{\bar{w}}}^{-1}[y_k(h)-y_k(0)], k=0,1,\cdots,m$, 依对称式的分析就可证得第二个结论. □

因此, 尽管谱因子可能属于不同的空间, 但在平稳和平稳增量情形下谱表示 (10.57) 和 (10.58) 形式上完全一致, 我们将用这些量来刻画与谱相关的结论. 为了统一符号, 我们称谱因子 W_- 为最小相位, 如果当考虑 y 时它为外在的或当考虑 $\mathrm{d}y$ 时 $\bar{\chi}_h W_-$ 为外在的. 同样地, $\bar{W}_+$ 称为共轭最小相位 , 如果它为共轭外在的或 $\chi_h\bar{W}_+$ 为共轭外在的.

推论 10.2.14 给定 (10.56) 或 (10.61), 设 $\mathrm{d}w_-$ 和 $\mathrm{d}\bar{w}_+$ 分别为前向新息和后向新息, 它们由 (10.46) 式 (在模运算一个正交变换的意义下) 唯一决定. 则存在唯一的最小相位谱因子 W_- 和唯一的共轭最小相位谱因子 $\bar{W}_+$, 使得

$$W_-\mathrm{d}\hat{w}_- = \mathrm{d}\hat{y} = \bar{W}_+\mathrm{d}\hat{\bar{w}}_+. \tag{10.65}$$

此外, 相位函数 (10.48) 可表示为

$$\Theta = \bar{W}_+^{-1}W_-. \tag{10.66}$$

至此, 我们已经确立 Markov 表示的几何性可由一对谱因子 (其一解析、另一协解析) 来刻画.

定理 10.2.15 设 $(\mathbb{H}, \{\mathcal{U}_t\}, \mathrm{X})$ 为 $\mathrm{d}y[y]$ 的正规 Markov 表示, 有内在三元组 $(K, Q, \bar{Q})$ 和生成过程 $(\mathrm{d}w, \mathrm{d}\bar{w})$. 则存在唯一的谱因子对 $(W, \bar{W})$, 第一项解析、第二项协解析, 并使得

$$\mathrm{d}\hat{y} = W\mathrm{d}\hat{w} = \bar{W}\mathrm{d}\hat{\bar{w}}. \tag{10.67}$$

进一步有

$$\mathrm{d}\hat{\bar{w}} = K\mathrm{d}\hat{w} \tag{10.68}$$

和

$$W = \bar{W}K, \tag{10.69a}$$

$$W = W_- Q, \quad \bar{W} = \bar{W}_+ \bar{Q}, \tag{10.69b}$$

其中 W_- 为最小相位谱因子,$\bar{W}_+$ 为共轭最小相位谱因子.

证　由命题 10.2.12 (在 y 由 (10.56) 式给出情形下) 或命题 10.2.13 (在 $\mathrm{d}y$ 由 (10.61) 式给出的情形下), 可知存在唯一的谱因子 W 和 $\bar{W}$ 使 (10.67) 成立. 再利用引理 10.2.7, 对任意 $f \in L_p^2(\mathbb{I})$ 有 $\mathcal{I}_{\hat{\bar{w}}}^{-1}\mathcal{I}_{\hat{w}}f = fK$; i.e.,

$$\int_{-\infty}^{\infty} f \mathrm{d}\hat{\bar{w}} = \int_{-\infty}^{\infty} fK \mathrm{d}\hat{w},$$

(10.68) 得证. 从 (10.67) 和 (10.68) 我们可得 $\mathrm{d}\hat{y} = W\mathrm{d}\hat{w} = \bar{W}K\mathrm{d}\hat{w}$, 据此 (10.69a) 由唯一性 (命题 10.2.12 或 10.2.13) 即可得证.

与上面相同的分析方式, 我们可证

$$\mathrm{d}\hat{w}_- = Q\mathrm{d}\hat{w}, \quad \mathrm{d}\hat{\bar{w}}_+ = \bar{Q}\mathrm{d}\hat{\bar{w}},$$

与 (10.65) 相结合就证得 (10.69b). □

与第 9 章类似, 我们称定理 10.2.15 中的 $(K, W, \bar{W})$ 为 $(\mathbb{H}, \{\mathcal{U}_t\}, \mathrm{X})$ 的 Markov 三元组. 特别地, 有

$$\bar{w}(h) - \bar{w}(0) = \int_{-\infty}^{\infty} \frac{\mathrm{e}^{\mathrm{i}\omega h} - 1}{\mathrm{i}\omega} K(\mathrm{i}\omega)\mathrm{d}\hat{w}. \tag{10.70}$$

易知 (10.69b) 为谱因子 W 和 $\bar{W}$ 的内在–外在分解. 注意到谱因子 W 和 $\bar{W}$ 被生成过程 $(\mathrm{d}w, \mathrm{d}\bar{w})$ 唯一决定, 且如第 9.1 节讨论的那样在模运算正交变换的意义下是唯一的, 从而存在 Markov 三元组的等价类 $[K, W, \bar{W}]$

$$(W, \bar{W}, K) \sim (WT_1, \bar{W}T_2, T_2^{-1}KT_1), \tag{10.71}$$

其中 T_1 和 T_2 可为任意的正交变换.

内部的 Markov 表示重数满足 $p = m$, 因此 W 和 $\bar{W}$ 为方阵、注意 Φ 满秩因而可逆. 在此情形下, 进而可知 (10.68) 可表示为

$$K = \bar{W}^{-1}W.$$

特别地, 预报空间 X_- 和 X_+ 分别由 Markov 三元组 $(W_-, \bar{W}_-, K_-)$ 和 $(W_+, \bar{W}_+, K_+)$, 其中 $K_- := \bar{W}_-^{-1}W_-$,$K_+ := \bar{W}_+^{-1}W_+$.

10.2.3 谱因子到 Markov 表示

接下来, 我们考虑从 Markov 三元组来构造 Markov 表示的逆问题. 为此, 我们首先需要由 $(W, \bar{W}, K)$ 来构造生成过程 $\mathrm{X} \sim (\mathrm{S}, \bar{\mathrm{S}})$ 的步骤. 在内部情形下这很简单, 只要注意在 (10.67) 式中将 W 和 $\bar{W}$ 反转可得唯一的 $\mathrm{d}w$ 和 $\mathrm{d}\bar{w}$. 另一方面, 一般说来系统 (10.67) 是不定的, 从而在相应的生成过程中引入了不唯一性.

引理 10.2.16 设 W 为 $m \times p$ 维谱因子, 有右逆 $W^{\sharp} := W^{*}\Phi^{-1}$, 并假设

$$\Pi := I - W^{\sharp}W. \tag{10.72}$$

则 p 维 Wiener 过程 $\mathrm{d}w$ 满足

$$\mathrm{d}\hat{y} = W\mathrm{d}\hat{w}, \tag{10.73}$$

并由下式给出

$$\mathrm{d}\hat{w} = W^{\sharp}\mathrm{d}\hat{y} + \mathrm{d}\hat{z}, \tag{10.74}$$

其中 $\mathrm{d}z$ 为任意 p 维平稳增量过程, 有增量谱密度 $\frac{1}{2\pi}\Pi$ 并满足 $\mathrm{H}(\mathrm{d}z) \perp \mathrm{H}$. 此外, 对几乎所有的 $\omega \in \mathbb{R}, \Pi(\mathrm{i}\omega)$ 为到 $\mathrm{H}(\mathrm{d}z)$ 上的正交投影, 并满足

$$\mathrm{d}\hat{z} = \Pi\mathrm{d}\hat{w}. \tag{10.75}$$

证 注意 $\Pi(\mathrm{i}\omega)^2 = \Pi(\mathrm{i}\omega)$ 和 $\Pi(\mathrm{i}\omega)^* = \Pi(\mathrm{i}\omega)$, 可知 $\Pi(\mathrm{i}\omega)$ 为正交投影. 对满足 (10.73) 的任意 $\mathrm{d}\hat{w}$, 有 $W^{\sharp}\mathrm{d}\hat{y} = (I - \Pi)\mathrm{d}\hat{w}$, 进而可知 (10.74) 成立, 其中 $\mathrm{d}z$ 由 (10.75) 给出. 所以可得

$$\mathrm{E}\{\mathrm{d}\hat{z}\mathrm{d}\hat{z}^*\} = \frac{1}{2\pi}\Pi^2\mathrm{d}\omega = \frac{1}{2\pi}\Pi\mathrm{d}\omega,$$

进而知 $\frac{1}{2\pi}\Pi$ 为 $\mathrm{d}z$ 的增量谱密度. 此外, $\mathrm{E}\{\mathrm{d}\hat{y}\mathrm{d}\hat{z}^*\} = \frac{1}{2\pi}W\Pi\mathrm{d}\omega = 0$ 成立, 进而可得正交性 $\mathrm{H}(\mathrm{d}z) \perp \mathrm{H}$. 反之, 给定具有 (10.72) 式的谱密度和满足 $\mathrm{H}(\mathrm{d}z) \perp \mathrm{H}$ 的过程 $\mathrm{d}z$, 设 $\mathrm{d}w$ 由 (10.74) 给出, 则

$$\mathrm{E}\{\mathrm{d}\hat{w}\mathrm{d}\hat{w}^*\} = \frac{1}{2\pi}W^{\sharp}\Phi(W^{\sharp})^*\mathrm{d}\omega + \frac{1}{2\pi}\Pi\mathrm{d}\omega = \frac{1}{2\pi}I\mathrm{d}\omega,$$

故 $\mathrm{d}w$ 为 Wiener 过程. 进一步有 $W\mathrm{d}\hat{w} = \mathrm{d}\hat{y} + W\mathrm{d}\hat{z}$. 然而 $W\,\mathrm{E}\{\mathrm{d}\hat{z}\mathrm{d}\hat{z}^*\}W^* = 0$, 因此 (10.73) 成立. □

从而给定 Markov 三元组 $(W, \bar{W}, K)$, 依引理 10.2.16 就可构造生成过程

$$\begin{cases} \mathrm{d}\hat{w} = W^{\sharp}\mathrm{d}\hat{y} + \mathrm{d}\hat{z}, \\ \mathrm{d}\hat{\bar{w}} = \bar{W}^{\sharp}\mathrm{d}\hat{y} + \mathrm{d}\hat{\bar{z}}, \end{cases} \tag{10.76}$$

其中 $\mathrm{d}z$ 的谱密度为 $\frac{1}{2\pi}\Pi$,Π 由 (10.72) 式给出,$\mathrm{d}\bar{z}$ 的谱密度为 $\frac{1}{2\pi}\bar{\Pi}$, 其中

$$\bar{\Pi} := I - \bar{W}^{\sharp}\bar{W}. \tag{10.77}$$

现在我们构造对应于 Markov 表示的空间 $\mathbb{H}$ 使得 $\mathbb{H} = \mathrm{H}(\mathrm{d}w) = \mathrm{H}(\mathrm{d}\bar{w})$ 成立. 为此, 我们要选择 $\mathrm{d}z$ 和 $\mathrm{d}\bar{z}$ 满足

$$\mathrm{H}(\mathrm{d}\bar{z}) = \mathrm{H}(\mathrm{d}z). \tag{10.78}$$

进而乘积算子 M_{Π} 和 $M_{\bar{\Pi}}$ 都表示从 $\mathbb{H}$ 到双不变子空间 $\mathrm{H}^{\perp} = \mathrm{H}(\mathrm{d}\bar{z}) = \mathrm{H}(\mathrm{d}z)$ 的投影 $\mathrm{E}^{\mathrm{H}^{\perp}}$. 事实上, 若 $\lambda \in \mathbb{H}$ 和 $f := \mathcal{I}_{\hat{w}}^{-1}\lambda$ 成立, 则依 (10.76) 式就有

$$\lambda = \int f W^{\sharp}\mathrm{d}\hat{y} + \int f\mathrm{d}\hat{z}.$$

因此, 注意 (10.75) 可得

$$\mathrm{E}^{\mathrm{H}^{\perp}}\lambda = \int f\mathrm{d}\hat{z} = \int f\Pi\mathrm{d}\hat{w} = \mathcal{I}_{\hat{w}} f\Pi,$$

由上式可知在同构映射 $\mathcal{I}_{\hat{w}}$ 下 $\mathrm{E}^{\mathrm{H}^{\perp}}$ 对应于 M_{Π}. 经对称式的分析就可证明在同构映射 $\mathcal{I}_{\hat{\bar{w}}}$ 下 $\mathrm{E}^{\mathrm{H}^{\perp}}$ 对应于 $M_{\bar{\Pi}}$. 更确切地说, 有 $\mathcal{I}_{\hat{w}} M_{\Pi}\mathcal{I}_{\hat{w}}^{-1} = \mathcal{I}_{\hat{\bar{w}}} M_{\bar{\Pi}}\mathcal{I}_{\hat{\bar{w}}}^{-1}$ 成立, 即 $M_{\Pi}\mathcal{I}_{\hat{w}}\mathcal{I}_{\hat{\bar{w}}} = \mathcal{I}_{\hat{w}}^{-1}\mathcal{I}_{\hat{\bar{w}}} M_{\bar{\Pi}}$. 因此, 由引理 10.2.7 可知

$$K\Pi = \bar{\Pi}K, \tag{10.79}$$

据此可得 $\bar{\Pi}\mathrm{d}\hat{\bar{w}} = K\Pi\mathrm{d}\hat{w}$, 即

$$\mathrm{d}\hat{\bar{z}} = K\mathrm{d}\hat{z}. \tag{10.80}$$

下面定理给出了 Markov 表示与 Markov 三元组 $(W, \bar{W}, K)$ 之间关系的描述.

定理 10.2.17　正规 Markov 表示 $(\mathbb{H}, \{\mathcal{U}_t\}, \mathrm{X})$ 和 $([W, \bar{W}, K], \mathrm{d}z)$ 之间存在一一对应, 其中 $[W, \bar{W}, K]$ 为 Markov 三元组的等价类, $\mathrm{d}z$ 为向量值的平稳增量过程 (由 mod $\mathcal{O}$ 来定义)、有谱密度 $\Pi := I - W^{\sharp}W$ 并使得 $\mathrm{H}(\mathrm{d}z) \perp \mathrm{H}$. 在此一一对应下, 有

$$\mathbb{H} = \mathrm{H} \oplus \mathrm{H}(\mathrm{d}z) \tag{10.81}$$

和

$$\mathrm{X} = \mathrm{H}^{-}(\mathrm{d}w) \cap \mathrm{H}^{+}(\mathrm{d}\bar{w}), \tag{10.82}$$

其中 $(\mathrm{d}w, \mathrm{d}\bar{w})$ 为 (10.76) 给出的生成过程.

证 给定 Markov 表示 $(\mathbb{H},\{\mathcal{U}_t\},\mathrm{X})$, 在上面已经证明存在 Markov 三元组的唯一等价类 $[W,\bar{W},K]$ 及相应的一对生成过程 $(dw,d\bar{w})$(由 mod $\mathcal{O}$ 定义, 因而存在唯一的 $d\hat{z}=\Pi d\hat{w}$ 满足所要求的性质). 反之, 给定三元组 $(W,\bar{W},K)$ 和具有题设性质的过程 dz, 依 (10.76) 来定义 $(d\hat{w},d\hat{\bar{w}})$, 并记 $\mathrm{S}:=\mathrm{H}^-(dw)$ 和 $\bar{\mathrm{S}}:=\mathrm{H}^+(d\bar{w})$. 注意 $(W,\bar{W},K)$ 为 Markov 三元组,W 为解析就保证 $\mathrm{S}\supset\mathrm{H}^-$,$\bar{W}$ 为协解析就保证 $\mathrm{S}\supset\mathrm{H}^+$,$K$ 为内在的等价于垂直相交. 因此, 依定理 10.2.3 同时注意不变条件 (ii) 显然成立, 就有 $\mathrm{X}=\mathrm{S}\cap\bar{\mathrm{S}}$ 为 Markov 分裂子空间、有环绕空间 $\mathbb{H}=\mathrm{H}\oplus\mathrm{H}(dz)$. 移位算子由 dy 和 dz 导入. □

设 $(W_-,\bar{W}_-,K_-)$ 和 $(W_+,\bar{W}_+,K_+)$ 分别为 X_- 和 X_+ 的 Markov 三元组. 注意 (10.69b) 和事实 $W^\sharp:=W^*\Phi^{-1}=Q^*W_-^*(W_-W_-^*)^{-1}=Q^*W_-^{-1}$, 我们可以用下面方式重新描述定义 9.2.22.

定义 10.2.18 如果 $W^\sharp W_+$ 为解析的, 则称严格非周期过程的解析谱因子 W 为最小的. 同样, 如果 $\bar{W}^\sharp\bar{W}_-$ 为协解析, 则称协解析谱因子 $\bar{W}$ 为最小的.

利用定理 10.2.9, 可得命题 9.2.23 如下对应的版本.

命题 10.2.19 设 $dy[y]$ 为严格非周期, 则在最小 Markov 表示 $(\mathbb{H},\{\mathcal{U}_t\},\mathrm{X})$ 和 (W,z) 之间存在一一对应 (mod $\mathcal{O}$ 意义下), 其中 W 为最小谱因子、dz 为具有引理 10.2.16 所刻画性质的平稳过程.

证 由定理 10.2.9 及其下面的条件 (ii)',X 为最小的充分必要条件是 $W^\sharp W_+=Q^*Q_+$ 为解析, 即 W 为最小且 K^* 和 $\bar{Q}$ 互质. 然而, 由 (10.49) 和 (10.66) 可知 $\bar{Q}K=\Theta Q=\bar{W}_+^{-1}W_-Q$, 在 mod $\mathcal{O}$ 意义下可从此式中唯一解出 $\bar{Q}$ (和 K). 因此 W 一经选定,$\bar{W}$ 即被确定. □

这些结论对无穷维和有限维 Markov 表示都成立. 在下一节我们考虑 X 为有限维的特殊情形, 在第 10.5 节我们再回到一般情形.

§ 10.3 有限维 Markov 表示的前向和后向实现

给定 Markov 三元组 $(W,\bar{W},K)$ 决定的有限维 Markov 表示 $(\mathbb{H},\{\mathcal{U}_t\},\mathrm{X})$ 及其生成过程 $(dw,d\bar{w})$, 在本节我们将导出有相同分裂子空间 $\mathrm{X}\sim(\mathrm{S},\bar{\mathrm{S}})$ 的两个随机实现, 分别为对应于 S、有传递函数 W 和生成噪声 dw 的前向实现 $\mathcal{S}$ 和对应于 $\bar{\mathrm{S}}$、有传递函数 $\bar{W}$ 和生成噪声 $d\bar{w}$ 的后向实现 $\bar{\mathcal{S}}$. 存在若干个理由来研究随机实现得到的 $(\mathcal{S},\bar{\mathcal{S}})$. 首先, 在几何理论中过去与将来之间存在固有的对称, 这自然地对状态空间表示 $\mathcal{S}$ 和 $\bar{\mathcal{S}}$ 也成立. 回忆之前内容, 例如最小性可为可观性和可构造性所

刻画, 而可观性与可构造性对于时间的方向来说是对称的. 我们将要说明, 可观性是 $\mathcal{S}$ 的性质而可构造性是 $\bar{\mathcal{S}}$ 的性质. 在应用于非因果估计的时候, 不仅要考虑后向模型也要考虑非最小表示, 而这一点最好用 $(\mathcal{S},\bar{\mathcal{S}})$ 来理解.

引理 10.3.1 设 $(\mathbb{H},\{\mathcal{U}_t\},\mathrm{X})$ 为正规 Markov 表示, 则 X 为有限维的充分必要条件是它的结构函数 K 为有理的.

证 依定理 7.3.6 和 (10.38), 有

$$\mathrm{X} = \mathrm{E}^{\mathrm{S}}\,\bar{\mathrm{S}} = \mathrm{E}^{\mathrm{H}^-(\mathrm{d}w)}\,\mathrm{H}^+(\bar{w}) = \mathcal{I}_{\hat{w}}\,\overline{\mathrm{range}}\{H_K\},$$

其中 $H_K:\bar{H}^2_p\to H^2_p$ 为 Hankel 算子, 将 f 映射为 $P^{H^2_p}fK$,$P^{H^2_p}fK$ 为 fK 到 H^2_p 上的正交投影,$P^{H^2_p}fK$ 的值空间为有限维的充分必要条件是 K 为有理的, 见[104, 定理 3.8, p. 256]. □

设 X 为有限维且 K 的 McMillan 度为 n. 从而由引理 10.3.1 可知存在 $p\times p$ 可逆矩阵多项式 M 和 $\bar{M}$ 使下式成立

$$K(s)=\bar{M}(s)M(s)^{-1}, \tag{10.83}$$

且 M 和 $\bar{M}$ 右互质, 即右公因子均为单模阵[104]. 矩阵多项式 M 和 $\bar{M}$ 在模乘共同的单模因子的意义下是唯一的. 注意 K 为内在的,$\det M$ 的所有根都在复平面的左半开平面, 并且有 $\det\bar{M}(s)=\kappa\det M(-s)$, 其中 κ 为复数且模为 1. 为了保持我们给出的表示中过去与将来之间的对称性, 我们还需注意

$$K^*(s)=M(s)\bar{M}(s)^{-1}. \tag{10.84}$$

下面结论说明 X 在同构映射 $\mathcal{I}_{\hat{w}}$ 下的像 $H(K)$ (定理 10.2.8) 是由有理的严格正规 的行向量函数构成, 即每个分量中的分子多项式的幂次小于分母多项式的幂次.

定理 10.3.2 设 K 为 $p\times p$ 维有理内函数且有矩阵分式多项式表示 (10.83), 则

$$H(K)=\{gM^{-1}\mid g\in\mathbb{R}^p[s];\ gM^{-1}\ \text{严格正规}\}, \tag{10.85}$$

其中 $\mathbb{R}^p[s]$ 为 p 维多项式行向量构成的向量空间.

证 我们首先证明若 K 为有理, 则空间 $H(K)$ 由严格正规有理函数构成. 为此, 定义 $k:=\det K$, 则有 $H^2_pk\subset H^2_pK$ [104, p. 187], 由此可得 $H(K)\subset H(kI)$. 因此只要考虑标量情形 $p=1$. 事实上, 若 K 为有理,k 也为有理. 因此如果能够证明标量函数构成的空间 $H(k)$ 由严格正规有理函数构成, 可知 $H(kI)$ 和 $H(K)$ 也

由严格正规有理函数构成. 标量有理内函数 k 为有限 Blaschke 乘积, 即互质函数 $k_i(s) := (s-s_i)^{\nu_i}(s+\bar{s}_i)^{-\nu_i}$ 的有限项乘积, 其中对每个 i,s_i 为复数,$\bar{s}_i$ 为复共轭,ν_i 为整数. 从而有 $H^2k = \bigcap_i H^2k_i$, 因而有 $H(k) = \bigvee_i H(k_i)$, 所以只要证明任意 $H(k_i)$ 都是由严格正规有理函数构成. 为此我们引用 [82, p. 34] 如下结论

$$e_j(s) = \frac{1}{s+\bar{s}_i}\left[\frac{s-s_i}{s+\bar{s}_i}\right]^j, \quad j = 0, 1, 2, \cdots$$

为 H^2 中的正交基. 然而注意 $e_jk_i = e_{\nu_i+j}$, 因此空间 H^2k_i 由 $\{e_{\nu_i}, e_{\nu_i+1}, \cdots\}$ 所张成, 空间 $H(k_i)$ 由 $\{e_0, e_1, \cdots, e_{\nu_{i-1}}\}$ 所张成, 这是严格正规有理函数构成的空间, 因而对 $H(K)$ 相同结论也成立. 相应结论得证.

接下来我们首先回忆

$$H(K) = H_p^2 \cap (\bar{H}_p^2K) = \{f \in H_p^2 \mid fK^* \in \bar{H}_p^2\}, \tag{10.86}$$

因此对任意 $f \in H(K)$ 有 $\bar{f} := fK^* \in \bar{H}_p^2$. 同时注意 (10.84) 可得 $\bar{f} = fM\bar{M}^{-1}$, 进而有

$$g := fM = \bar{f}\bar{M}.$$

注意 fM 在复平面的右半闭平面解析且 $\bar{f}\bar{M}$ 在复平面的左半闭平面解析,g 必在整个复平面解析. 然而 f 为有理,g 也为有理, 因此有 $g \in \mathbb{R}^p[s]$. 至此我们已证明所有 $f := gM^{-1} \in H(K)$ 均为严格正规, 据此 (10.85) 从 (10.86) 立得. □

推论 10.3.3 设 $(\mathbb{H}, \{\mathcal{U}_t\}, \mathrm{X})$ 为 $y[\mathrm{d}y]$ 的有限维正规 Markov 表示, 有 Markov 三元组 $(K, W.\bar{W})$. 若 K 由 (10.83) 给出, 则存在 $m \times p$ 维矩阵多项式 N 满足

$$W(s) = N(s)M(s)^{-1}, \tag{10.87a}$$

$$\bar{W}(s) = N(s)\bar{M}(s)^{-1}. \tag{10.87b}$$

此外,W 和 $\bar{W}$ 为正规有理矩阵函数.

证 从 (10.69a) 可得 $W = \bar{W}K$, 此式与 (10.83) 结合可得 $WM = \bar{W}\bar{M}$, 这个矩阵函数记为 N. 注意 WM 在右半平面解析、$\bar{W}\bar{M}$ 在左半平面解析, N 必为 $m \times p$ 维矩阵整函数. 因此若能证明 W 有理, 可知 N 为矩阵多项式.

为此首先考虑平稳情形, 则有 $a'W \in H_p^2$,$a'\bar{W} \in \bar{H}_p^2$, 同时注意

$$a'\bar{W} = a'WK^*, \quad \forall a \in \mathbb{R}^m, \tag{10.88}$$

由 (10.86) 可知 $a'W \in H(K)$ 对任意 $a \in \mathbb{R}^m$ 都成立. 因此由定理 10.3.2 可知 W 为有理且严格正规. 在平稳增量 (dy) 情形下, 由定理 5.2.3 可知 $a'W \in \mathcal{W}_p^2 = (1+s)H_p^2$ 并且 $a'\bar{W} \in \bar{\mathcal{W}}_p^2 = (1-s)\bar{H}_p^2$. 因此在这种情形下 (10.88) 就变成

$$\frac{1}{1-s}a'\bar{W} = \frac{1}{1+s}a'W\tilde{K}^*, \quad \forall a \in \mathbb{R}^m,$$

其中 $\tilde{K}(s) := K(s)\frac{1-s}{1+s}$ 为内在有理函数, 我们可知 $\frac{1}{1+s}a'W \in H_p^2$, 进而利用定理 10.3.2 知 H_p^2 由严格正规有理函数构成. 因此 W 为有理且正规. □

推论 10.3.4　过程 $y[\mathrm{d}y]$ 有有理谱密度的充分必要条件是它有有限维 Markov 表示.

证　依引理 10.3.1 和命题 10.3.3 知有限维 Markov 表示的 Markov 三元组由有理矩阵函数构成, 因此谱密度 (10.58) 同样为有理. 反之, 若谱密度为有理, 外在和共轭外在谱因子也为有理, 相同结论对相位函数 (10.66) 也成立. 因此 (10.53) 中的互质因子 K_+ 为有理, 依引理 10.3.1 可知 X_+ 为有限维. □

结构函数 (10.83) 同样可表示为最小实现

$$K(s) = I - \bar{B}'(sI - A)^{-1}B, \tag{10.89}$$

其中 (A, B) 和 $(A', \bar{B})$ 为可达的. 注意 Markov 三元组 $(W, \bar{W}, K)$ 是由模运算正交变换 (10.71) 定义的, 我们可以选择满足 $K(\infty) = I$ 的适当 K. 因为 K 解析, 所以矩阵 A 的特征值均在复平面的左半开平面.

引理 10.3.5　设 K 为有理内函数, 有 (10.89) 式的最小实现, 则有

$$\bar{B} = P^{-1}B, \tag{10.90}$$

其中 P 是 Lyapunov 方程的唯一对称解

$$AP + PA' + BB' = 0. \tag{10.91}$$

证　给定 (10.89), 可得

$$K(s)^{-1} = I + \bar{B}'(sI - A - B\bar{B}')^{-1}B$$

和

$$K^*(s) = K(-s)' = I + B'(sI + A')^{-1}\bar{B}.$$

注意 K 为内在的, 就有 $K(s)^{-1} = K^*(s)$, 因此存在正则矩阵 P 使得

$$(A + B\bar{B}', B, \bar{B}') = (-PA'P^{-1}, P\bar{B}, B'P^{-1}).$$

从而知 P 满足 Lyapunov 方程 (10.89) 并且有 $\bar{B} = P^{-1}B$. 引理得证. □

引理 10.3.6 设 K 为有理内函数,McMillan 度为 n, 有 (10.89) 式的最小实现, 设 $H(K)$ 和 $\bar{H}(K)$ 为定理 10.2.8 定义的子空间, 则 $(sI-A)^{-1}B$ 的各行构成 $H(K)$ 的基底,$(sI+A')^{-1}\bar{B}$ 的各行构成 $\bar{H}(K^*)$ 的基底. 特别地, 有

$$\dim H(K) = \dim \bar{H}(K) = n. \tag{10.92}$$

证 利用 (10.90) 和 (10.91), 经过直接前向计算可得

$$(sI-A)^{-1}BK^*(s) = P(sI+A')^{-1}\bar{B}. \tag{10.93}$$

同时注意 $a'(sI-A)^{-1}B \in H_p^2$ 和 $a'P(sI+A')^{-1}\bar{B} \in \bar{H}_p^2$ 对任意 $a \in \mathbb{R}^n$ 都成立, 从 (10.86) 可得

$$a'(sI-A)^{-1}B \in H(K), \quad \forall\, a \in \mathbb{R}^n;$$

即 $(sI-A)^{-1}B$ 的各行均属于 $H(K)$. 为证它们能够张成空间 $H(K)$, 首先对比 (10.83) 和 (10.89) 可知 $\deg\det M = n$, 与 (10.85) 相结合就可证明 $\dim H(K) = n$. 此外, 注意 (A, B) 可达,$(sI-A)^{-1}B$ 的 n 行之间线性独立, 因而张成空间 $H(K)$. 关于 $\bar{H}(K)$ 的相关结论可以类似得证. □

注 10.3.7 对任意 $f, g \in H(K)$ 存在 $a, b \in \mathbb{R}^n$ 使得 $f = a'(sI-A)^{-1}B$ 和 $g = b'(sI-A)^{-1}B$ 成立. 从而有

$$\langle f, g\rangle_{H(K)} = a'\int_{-\infty}^{\infty}(\mathrm{i}\omega I-A)^{-1}BB'(-\mathrm{i}\omega-A')^{-1}\mathrm{d}\omega\, b = a'Pb =: \langle a, b\rangle_P,$$

其中 P 为 Lyapunov 方程 (10.91) 的正定解, 因此关于引理 10.3.6 中的基底定义了一个标量乘积.

注意 $H(K)$ 为 X 在同构映射 $\mathcal{I}_{\hat{w}}$ 下的像, 引理 10.3.1 和 10.3.6 可以总结如下.

定理 10.3.8 设 $(\mathbb{H}, \{\mathcal{U}_t\}, \mathrm{X})$ 为正规 Markov 表示, 则 X 为有限维的充分必要条件是它的结构函数 K 为有理, 在此情形下 X 的维数等于 K 的 McMillan 度.

定理 10.3.9 设 $(\mathbb{H}, \{\mathcal{U}_t\}, \mathrm{X})$ 为 n 维正规 Markov 表示, 有生成过程 $(\mathrm{d}w, \mathrm{d}\bar{w})$ 和 (10.89) 式给出的结构函数 K, 考虑如下定义的向量 Markov 过程 x 和 $\bar{x}$

$$x(t) = \int_{-\infty}^{t} \mathrm{e}^{A(t-\tau)}B\mathrm{d}w(\tau), \tag{10.94a}$$

$$\bar{x}(t) = -\int_{t}^{\infty} \mathrm{e}^{A'(\tau-t)}\bar{B}\mathrm{d}\bar{w}(\tau). \tag{10.94b}$$

则 $x(0)$ 和 $\bar{x}(0)$ 为 X 的两个基底. 过程 x 和 $\bar{x}$ 之间满足线性变换

$$\bar{x}(t) = P^{-1}x(t), \tag{10.95}$$

其中 $P := \mathrm{E}\{x(t)x(t)'\}$ 为 Lyapunov 方程 (10.91) 的唯一对称解,$\bar{B}$ 由 (10.90) 给出. 此外, 下式成立

$$\mathrm{d}\bar{w} = \mathrm{d}w - \bar{B}'x\mathrm{d}t. \tag{10.96}$$

证 因为 A 为稳定阵, (10.94) 式的积分定义是良定义. 从 (10.97a) 式可得

$$P := \mathrm{E}\{x(t)x(t)'\} = \int_{-\infty}^{t} \mathrm{e}^{A(t-\tau)}BB'\mathrm{e}^{A'(t-\tau)}\mathrm{d}\sigma = \int_{0}^{\infty} \mathrm{e}^{A\sigma}BB'\mathrm{e}^{A'\sigma}\mathrm{d}\sigma,$$

此矩阵显然为常数. 因此对 t 求导即可知 P 为 Lyapunov 方程 (10.91) 的唯一解.

由 (3.48) 可知 (10.94a) 可以改写为 (3.54) 的形式且 (10.94a) 与 (10.94b) 类似, 即

$$x(t) = \int_{-\infty}^{\infty} \mathrm{e}^{\mathrm{i}\omega t}(\mathrm{i}\omega I - A)^{-1}B\mathrm{d}\hat{w}, \tag{10.97a}$$

$$\bar{x}(t) = \int_{-\infty}^{\infty} \mathrm{e}^{\mathrm{i}\omega t}(\mathrm{i}\omega I + A')^{-1}\bar{B}\mathrm{d}\hat{\bar{w}}. \tag{10.97b}$$

因此依定理 10.2.8 和引理 10.3.5 可知从引理 10.3.6 可得 $x(0)$ 和 $\bar{x}(0)$ 为 X 的基底. 接下来对 (10.93) 式的两边都应用 $\mathcal{I}_{\hat{w}}M_{\mathrm{e}^{\mathrm{i}\omega t}}$, 同时注意 $M_{K^*} = \mathcal{I}_{\hat{\bar{w}}}^{-1}\mathcal{I}_{\hat{w}}$ (引理 10.2.7), 可得

$$\int_{-\infty}^{\infty} \mathrm{e}^{\mathrm{i}\omega t}(\mathrm{i}\omega I - A)^{-1}B\mathrm{d}\hat{w} = P\int_{-\infty}^{\infty} \mathrm{e}^{\mathrm{i}\omega t}(\mathrm{i}\omega I + A')^{-1}\bar{B}\mathrm{d}\hat{\bar{w}};$$

即 $x(t) = P\bar{x}(t)$, (10.95) 得证.

最后, 注意 (10.89) 和 (10.97a), 从 (10.68) 可得

$$\begin{aligned}
\bar{w}(h) - \bar{w}(0) &= \int_{-\infty}^{\infty} \chi_h(\mathrm{i}\omega)K(\mathrm{i}\omega)\mathrm{d}\hat{w} \\
&= \int_{-\infty}^{\infty} \chi_h(\mathrm{i}\omega)\mathrm{d}\hat{w} - \int_0^h \int_{-\infty}^{\infty} \mathrm{e}^{\mathrm{i}\omega t}\bar{B}'(\mathrm{i}\omega I - A)^{-1}B\mathrm{d}\hat{w}\mathrm{d}t \\
&= w(h) - w(0) - \int_0^h \bar{B}'x(t)\mathrm{d}t,
\end{aligned}$$

(10.96) 得证. □

推论 10.3.10 设 $(\mathbb{H}, \{\mathcal{U}_t\}, \mathrm{X})$ 为平稳过程 y 的有限维正规 Markov 表示, 设过程 x 和 $\bar{x}$ 由 (10.94) 式给出, 从而存在唯一的 $m \times n$ 维矩阵 C 和 $\bar{C}$ 使得

$$y(t) = Cx(t) = \bar{C}\bar{x}(t), \quad \bar{C} = CP, \tag{10.98}$$

其中 P 为 Lyapunov 方程 (10.91) 的唯一解.

证 注意 $a'y(0) \in \mathrm{H}^- \cap \mathrm{H}^+ \subset \mathrm{S} \cap \bar{\mathrm{S}} = \mathrm{X}$ 对任意 $a \in \mathbb{R}^m$ 都成立 (定理 10.2.3), 并且 $x(0)$ 和 $\bar{x}(0)$ 为 X 的基底 (定理 10.3.9), 逐个分量应用移位算子 $\mathcal{U}_t$ 可知存在矩阵 C 和 $\bar{C}$ 使得 $y(0) = Cx(0) = \bar{C}\bar{x}(0)$. 从而由 (10.95) 可得 $\bar{C} = CP$. □

相应地, 给定平稳过程 y 的任意 Markov 表示 $(\mathbb{H}, \{\mathcal{U}_t\}, \mathrm{X})$, 存在 y 的两个随机实现, 分别是

$$(\mathcal{S}_0)\begin{cases} \mathrm{d}x = Ax\mathrm{d}t + B\mathrm{d}w, \\ y = Cx, \end{cases} \qquad (\bar{\mathcal{S}}_0)\begin{cases} \mathrm{d}\bar{x} = -A'\bar{x}\mathrm{d}t + \bar{B}\mathrm{d}\bar{w}, \\ y = \bar{C}\bar{x}. \end{cases} \tag{10.99}$$

此处有

$$\{a'x(0) \mid a \in \mathbb{R}^n\} = \mathrm{X} = \{a'\bar{x}(0) \mid a \in \mathbb{R}^n\}, \tag{10.100}$$

利用定理 10.2.3 可知

$$\mathbb{H} = \mathrm{H}^-(\mathrm{d}\bar{w}) \oplus \mathrm{X} \oplus \mathrm{H}^+(\mathrm{d}w), \tag{10.101}$$

$\mathcal{S}_0$ 为前向实现,$\bar{\mathcal{S}}_0$ 为后向实现. 事实上, 在 $\mathcal{S}_0$ 中的未来输入噪声与当前状态 X 和过去输出 $\mathrm{H}^- \subset \mathrm{H}^-(\mathrm{d}w)$ 垂直, 这使得系统前向 ; 在 $\bar{\mathcal{S}}_0$ 中的过去输入噪声与当前状态和未来输出 H^+ 垂直, 这使得系统 $\bar{\mathcal{S}}_0$ 后向.

定理 10.3.11 设 $(\mathbb{H}, \{\mathcal{U}_t\}, \mathrm{X})$ 为平稳增量过程 $\mathrm{d}y$ 的有限维正规 Markov 表示, 有增量谱密度 Φ, 设过程 x 和 $\bar{x}$ 由 (10.94) 给出, 则存在唯一的矩阵 C,$\bar{C}$ 和 D 使得

$$\mathrm{d}y = Cx\mathrm{d}t + D\mathrm{d}w, \tag{10.102a}$$

$$\mathrm{d}y = \bar{C}\bar{x}\mathrm{d}t + D\mathrm{d}\bar{w}. \tag{10.102b}$$

此处 $D = W(\infty) = \bar{W}(\infty)$ 满足

$$DD' = R := \Phi(\infty), \tag{10.103}$$

$m \times n$ 维矩阵 C 和 $\bar{C}$ 满足

$$\bar{C} = CP + DB'. \tag{10.104}$$

Markov 三元组 $(K, W, \bar{W})$ 由 (10.89) 给出，并满足

$$W(s) = C(sI - A)^{-1}B + D, \tag{10.105a}$$

$$\bar{W}(s) = \bar{C}(sI + A')^{-1}\bar{B} + D. \tag{10.105b}$$

证　由命题 10.3.3 知，解析谱因子 W 为正规有理矩阵函数. 因此有 $W = W(\infty) + G$，其中 G 为严格正规且各行属于 H_p^2. 注意 $\chi(\mathrm{i}\omega) = \int_0^h \mathrm{e}^{\mathrm{i}\omega t}\mathrm{d}t$，可知

$$\begin{aligned} y(h) - y(0) &= \int_{-\infty}^{\infty} \chi_h(\mathrm{i}\omega)W(\mathrm{i}\omega)\mathrm{d}\hat{w} \\ &= W(\infty)[w(h) - w(0)] + \int_0^h z(t)\mathrm{d}t, \end{aligned}$$

其中

$$z_k(t) = \int_{-\infty}^{\infty} \mathrm{e}^{\mathrm{i}\omega t}G_k(\mathrm{i}\omega)\mathrm{d}\hat{w} = \mathcal{U}_t z_k(0), \quad k = 1, 2, \cdots, m,$$

G_k 为 G 的第 k 行，即 $\{z(t)\}_{t\in\mathbb{R}}$ 为由条件导数定义的平稳向量过程：

$$z_k(t) = \lim_{h\downarrow 0} \frac{1}{h} \mathrm{E}^{\mathcal{U}_t \mathrm{S}}[y_k(t+h) - y_k(t)], \quad k = 1, 2, \cdots, m,$$

其中 $\mathrm{X} \sim (\mathrm{S}, \bar{\mathrm{S}})$. 由定理 10.2.3 可知对任意 $a \in \mathbb{R}^m$ 都有下式成立

$$a'z(0) \in \mathrm{E}^{\mathrm{S}}\,\mathrm{H}^- \subset \mathrm{E}^{\mathrm{S}}\,\bar{\mathrm{S}} = \mathrm{S} \cap \bar{\mathrm{S}} = \mathrm{X}.$$

注意 $x(0)$ 为 X 的基底，从而存在 $m \times n$ 维矩阵 C 使得 $z(0) = Cx(0)$，即 $z(t) = Cx(t)$. 因此若定义 $D := W(\infty)$，我们就有 (10.102a)，据此并结合 (10.94a) 可得 (10.105a)，进而 (10.103) 立得. 接下来，把从 (10.96)、(10.90) 和 (10.95) 得到的 $\mathrm{d}w = \mathrm{d}\bar{w} + B'\bar{x}\mathrm{d}t$ 带入 (10.102a) 可得

$$\mathrm{d}y = (CP + DB')\bar{x}\mathrm{d}t + D\mathrm{d}\bar{w}.$$

若定义 $\bar{C} = CP + DB'$ 可知上式与 (10.102b) 相同. 所以 (10.105b) 从 (10.94b) 立得. □

将定理 10.3.9 与定理 10.3.11 的表示相结合，我们就构造了 $(\mathbb{H}, \{\mathcal{U}_t\}, \mathrm{X})$ 的前向随机实现

$$(\mathcal{S})\begin{cases} \mathrm{d}x = Ax\mathrm{d}t + B\mathrm{d}w, \\ \mathrm{d}y = Cx\mathrm{d}t + D\mathrm{d}w, \end{cases} \tag{10.106}$$

对应于解析谱因子 W 和前向生成过程 $\mathrm{d}w$, 以及 $(\mathbb{H},\{\mathcal{U}_t\},\mathrm{X})$ 的后向实现

$$(\bar{\mathbb{S}})\begin{cases}\mathrm{d}\bar{x}=-A'\bar{x}\mathrm{d}t+\bar{B}\mathrm{d}\bar{w},\\ \mathrm{d}y=\bar{C}\bar{x}\mathrm{d}t+D\mathrm{d}\bar{w},\end{cases}\tag{10.107}$$

对应于协解析谱因子 $\bar{W}$ 和后向生成过程 $\mathrm{d}\bar{w}$, 并使得 (10.100) 成立. 对于无观测噪声模型,$\mathcal{S}$ 和 $\bar{\mathbb{S}}$ 的前向和后向刻画 $\mathbb{S}_0$ 和 $\bar{\mathbb{S}}_0$ 同样也是分割性质 (10.101) 的结论.

注 10.3.12 若像 (10.89) 那样选择标准化的 K, 在前向表示 (10.102a) 和后向表示 (10.102b) 中我们可取相同的 D. 此外, 实际上我们可以选取 D 的非零部分在所有 Markov 表示中都相同, 这可通过例如选择 $\mathrm{d}w$ 的使下式成立的任意正交变换来达到

$$\begin{bmatrix}B\\D\end{bmatrix}=\begin{bmatrix}B_1 & B_2\\R^{1/2} & 0\end{bmatrix},\tag{10.108}$$

其中 $R^{1/2}$ 为矩阵 R 的对称正定方根, B_2 为经标准化方式选出的满秩阵. 这就显示出与离散情形极大的差异, 在离散情形下 D 的秩可在最小 Markov 表示类中变化. 因此, 在连续时间情形下我们不会碰到第 8.8 节和第 9.3 节中退化情形的漂亮结构.

在本节的剩下部分我们考虑第 6.5 节在连续时间情形下的结论.

定理 10.3.13 设 $(\mathbb{H},\{\mathcal{U}_t\},\mathrm{X})$ 为 Markov 表示, 有前向实现 $\mathbb{S}[\mathbb{S}_0]$ 和后向实现 $\bar{\mathbb{S}}[\bar{\mathbb{S}}_0]$ 以及 Markov 三元组 $(K,W,\bar{W})$, 则若给定推论 10.3.3 中的表示, 下面陈述相互等价

(i) X 可观测;

(ii) (C,A) 可观测;

(iii) (10.87a) 的分解 $W=NM^{-1}$ 为互质的.

下面的陈述也相互等价:

(iv) X 可构造;

(v) $(\bar{C},A')$ 可观测;

(vi) (10.87b) 的分解 $\bar{W}=N\bar{M}^{-1}$ 为互质的.

特别地,$\deg W\leqslant\dim\mathrm{X}$, 等式成立充分必要条件是 X 可观测,$\deg\bar{W}\leqslant\dim\mathrm{X}$, 等式成立充分必要条件是 X 可构造. 此外,$W[\bar{W}]$ 为最小的充分必要条件是它的度为最小.

证 我们只需考虑第一部分, 第二部分的证明类似可得.(ii) 和 (iii) 之间的等价性可从 [104, p. 41] 得证, 因而只需考虑 (i) 和 (ii) 等价. 为此, 我们首先考虑平

稳情形. 设 $\xi = a'x(0)$, 则 $\xi \in \mathrm{X} \cap (\mathrm{H}^+)^\perp$ 成立的充分必要条件是

$$a'x(0) \perp b'y(t), \quad \forall b \in \mathbb{R}^m,\ t \geqslant 0; \tag{10.109}$$

即 $\mathrm{E}\{y(t)x(0)'\}a = 0$, $\forall t \geqslant 0$. 然而注意到 $\mathrm{E}\{y(t)x(0)'\}a = Ce^{At}Pa$, 上式等价于

$$Pa \in \bigcap_{t=0}^{\infty} \ker Ce^{At}, \tag{10.110}$$

注意 P 非奇异, 由此可知 $\mathrm{X} \cap (\mathrm{H}^+)^\perp = 0$ 的充分必要条件是 $\bigcap_{t=0}^{\infty} \ker Ce^{At} = 0$, 即 (C, A) 可观测 [163]. 接下来考虑 $\mathrm{d}y$ 为独立增量过程. 平稳过程情形下的 (10.109) 在此情形可改写为

$$a'x(0) \perp b'[y(t+h) - y(t)], \quad \forall b \in \mathbb{R}^m, \forall t \geqslant 0,$$

其中 $h > 0$. 这与 $\mathrm{E}\{[y(t+h) - y(t)]x(0)'\}a = 0, \forall t \geqslant 0$ 等价, 又等价于

$$\int_t^{t+h} Ce^{At}Pa\mathrm{d}t = 0, \quad \forall t \geqslant 0, \forall h > 0,$$

而上式又等价于 (10.110). 因此在这种情形下 (i) 和 (ii) 等价.

此外, 注意 $K = \bar{M}M^{-1}, W = NM^{-1}$ 和 $\bar{W} = N\bar{M}^{-1}$, 其中第一式右边总为互质的, 可知 W 和 $\bar{W}$ 的幂次不会超过 K 的幂次. 进一步,$\deg W = \dim \mathrm{X}$ 成立的充分必要条件是 $W = NM^{-1}$ 为互质,$\deg W = \dim \mathrm{X}$ 成立的充分必要条件是 $\bar{W} = N\bar{M}^{-1}$ 为互质. 最后, 给定谱因子 W, 设 X 为相应的可观测 Markov 分裂子空间, 则有 $\deg W = \dim \mathrm{X}$. 注意 W 为最小的充分必要条件是 X 为最小 (见命题 10.2.19),X 为最小的充分必要条件是 $\dim \mathrm{X}$ 为最小 (见推论 7.6.3),W 为最小的充分必要条件是 $\deg W$ 为最小. $\bar{W}$ 相应结论的证明可以类似得到. □

推论 10.3.14 设 $(\mathbb{H}, \{\mathcal{U}_t\}, \mathrm{X})$ 为 Markov 表示, 有 Markov 三元组 $(K, W, \bar{W})$, 则下面条件等价

(i) X 为最小;

(ii) W 为最小且 $\deg W = \dim \mathrm{X}$;

(iii) $\bar{W}$ 为最小且 $\deg \bar{W} = \dim \mathrm{X}$.

证 由定义 10.2.18,W 为最小的充分必要条件是第329 页条件 (ii)′ 成立, 或 $\mathrm{X} \perp \mathrm{N}^+$ 成立. 由定理 10.3.13 可知 $\deg W = \dim \mathrm{X}$ 成立的充分必要条件是 X 可观测. 所以 (i) 和 (ii) 的等价性从定理 10.2.9 立得.(i) 和 (iii) 的等价性可以类似得证. □

推论 6.5.5 在连续时间情形有如下的对应结论.

推论 10.3.15 随机实现 $\mathcal{S}$ 为最小的充分必要条件是 (i) (C,A) 可观测, (ii) (A,B) 可达, (iii) $(CP+DB,A)$ 可观测, 其中 P 是 Lyapunov 方程 $AP+PA'+BB'=0$ 的唯一解.

注意随机实现的最小性是同时涵盖前向和后向实现的条件. 此外, 最小实现为分子矩阵多项式 N 所刻画,W 和 $\bar{W}$ 有相同的零点.

定理 10.3.13 和定理 10.2.9 给出了从 $W=\bar{W}K$ 得到解析有理谱因子的互质分解的步骤.

推论 10.3.16 设 W 为解析有理谱因子, 设 $W=NM^{-1}$ 为互质矩阵分式表示, 设 $\bar{M}$ 为矩阵多项式分解问题的解

$$\bar{M}(-s)'\bar{M}(s)=M(-s)'M(s), \tag{10.111}$$

并且所有零点均在右半平面. 则互质分解问题 $W=\bar{W}K$ 有解 $K=\bar{M}M^{-1}$ 和 $\bar{W}=N\bar{M}^{-1}$, 其中后一个表示为互质的充分必要条件是 W 为最小谱因子.

证 注意 $W=NM^{-1}$ 互质, 相应的 X 可观测 (定理 10.3.13), 则 K^* 和 $\bar{Q}$ 右互质 (定理 10.2.8), 即分解 $W=\bar{W}K$ 为互质的, 从而 $\bar{W}=NM^{-1}$ 为互质的充分必要条件是 X 为最小 (定理 10.3.13), 这又等价于 W 为最小 (定理 10.2.9). □

§ 10.4 谱分解与 Kalman 滤波

在第 7.7 节, 我们将最小 Markov 分裂子空间构成的等价类之集合 $\mathcal{X}$ 通过协方差矩阵之集合 $\mathcal{P}$ 来参数化 (见注 7.7.6). 本节的一个重要结论是通过一个线性矩阵不等式的解集来确定集合 $\mathcal{P}$, 并且将其与谱分解联系起来. 这就建立了 $\mathcal{X}$ 与最小谱因子 (之等价类) 构成的集合之间的一一对应, 这与命题 10.2.19 相协调.

10.4.1 基底的一致选择

设 $(\mathbb{H},\{\mathcal{U}_t\},\mathrm{X})$ 为 n 维正规 Markov 表示, 前向和后向实现 $\mathcal{S}$ 和 $\bar{\mathcal{S}}$ 分别由 (10.106) 和 (10.107) 给出. 由 (10.94a) 可知, 对 $t\geqslant 0$ 有

$$\mathcal{U}_t(\mathrm{X})a'x(0)=a'\mathrm{e}^{At}x(0), \quad \forall a\in\mathbb{R}^n, \tag{10.112}$$

其中 $\mathcal{U}_t(\mathrm{X})$ 是 (10.35) 定义的受限移位算子.

我们考虑第 7.7 节引入的最小 Markov 分裂子空间的偏序, 特别地, 注意定义 8.7.1 的连续时间版本. 依第 7.7 节的结论, 类似于第 8.7 节中对离散时间情形的

结论, 此处我们为最小 Markov 分裂子空间之集合引入基底的一致选择, 这是通过如下方式实现的：首先选定 X_+ 中的一个基底 $x_+(0)$, 然后在任意其他最小 X 中选择基底 $x(0)$ 并满足

$$a'x(0) = \mathrm{E}^{\mathrm{X}} a'x_+(0), \quad \forall a \in \mathbb{R}^n. \tag{10.113}$$

如第 7.7 节所讨论的, 相应基底的协方差矩阵

$$P = \mathrm{E}\{x(0)x(0)'\} \tag{10.114}$$

构成集合 $\mathcal{P}$, 它为偏序且 $P_1 \leqslant P_2$ 成立的充分必要条件是 $\mathrm{X}_1 \prec \mathrm{X}_2$ (见定义 7.7.1 和命题 7.7.7).$\mathcal{P}$ 与 $\mathcal{X}$ 之间存在一一对应, 而后者为最小 Markov 分裂子空间构成的等价类之集合. 事实上, 在此序下 $\mathcal{P}$ 有对应于预报空间 X_- 的最小元 P_- 和对应于后向预报空间 X_+ 的最大元 P_+(见定理 7.7.3).

定理 10.4.1　*考虑具有有理谱密度的平稳增量过程 $\mathrm{d}y$ 的最小 Markov 表示之集合, 则对应于 (10.113) 一致选取基底的随机实现 (10.106) – (10.107) 之前向–后向对 $(\mathcal{S}, \bar{\mathcal{S}})$ 有相同的矩阵 A,C 和 $\bar{C}$. 反之, 对任意实现 (10.106) [(10.107)], 存在 X_+ 中的基底 $x_+(0)$ 使得 (10.113) 成立.*

证　注意 $\mathrm{d}y$ 具有有理的谱密度函数, 所有有限维 Markov 分裂子空间均为有限维 (见推论 10.3.4 和定理 7.6.1). 任意给定最小 Markov 分裂子空间 $\mathrm{X} \sim (\mathrm{S}, \bar{\mathrm{S}})$, 接下来我们证明对应于 X 的 $(A, C, \bar{C})$ 等于对应于 $\mathrm{X}_+ \sim (\mathrm{S}_+, \bar{\mathrm{S}}_+)$ 的 $(A_+, C_+, \bar{C}_+)$. 首先注意 (10.113) 可改写为

$$a'x(0) = \hat{\mathcal{O}}^* a'x_+(0), \quad \forall a \in \mathbb{R}^n, \tag{10.115}$$

其中 $\hat{\mathcal{O}}$ 为推论 7.6.5 中的受限可观性映射、在此处的有限维条件下为可逆 (见推论 7.6.6 和定理 10.2.9). 进一步, 依推论 7.6.6 就有

$$\mathcal{U}_t(X)\hat{\mathcal{O}}^* a'x_+(0) = \hat{\mathcal{O}}^* \mathcal{U}_t(X_+) a'x_+(0),$$

同时利用 (10.115) 可知左边项等于 $\mathcal{U}_t(X)a'x(0)$, 注意 (10.112) 可知此式等于

$$a'\mathrm{e}^{At}x(0) = \hat{\mathcal{O}}^* a'\mathrm{e}^{A_+t}x_+(0).$$

再次利用 (10.115), 由上式可得

$$a'\mathrm{e}^{At}x(0) = a'\mathrm{e}^{A_+t}x(0),$$

进一步可知对任意 $a \in \mathbb{R}^n$ 和 $t \geqslant 0$ 都成立 $a' e^{At} P = a' e^{A_+ t} P$, 其中 $P := \mathrm{E}\{x(0)x(0)'\}$ 非奇异. 这就证明了 $A = A_+$.

接下来, 回忆定理 10.3.11 的证明可得

$$b' C x(0) = \lim_{h \downarrow 0} \mathrm{E}^{\mathrm{S}} b'[y(h) - y(0)] = \lim_{h \downarrow 0} \mathrm{E}^{\mathrm{X}} b'[y(h) - y(0)]$$

对任意 $b \in \mathbb{R}^m$ 都成立. 注意 X 为最小, 可知 $\mathrm{X} \perp \mathrm{N}^+$ (见定理 10.2.9), 同时注意 $\mathrm{S}_+ = (\mathrm{N}^+)^\perp$, 可得 $\mathrm{X} \subset \mathrm{S}_+ \oplus \mathrm{H}^\perp$. 因此由 $b'[y(h) - y(0)] \perp \mathrm{H}$ 可得

$$b' C x(0) = \lim_{h \downarrow 0} \mathrm{E}^{\mathrm{S}_+} b'[y(h) - y(0)] = \mathrm{E}^{\mathrm{X}} b' C_+ x_+(0) = b' C_+ x(0),$$

其中最后一个等式由 (10.113) 可得, 这就证明了 $C = C_+$. 经类似的分析即可证 $\bar{C} = \bar{C}_-$. 接下来取 $\mathrm{X} = \mathrm{X}_+$ 可得 $\bar{C}_+ = \bar{C}_-$, 因此可知 $\bar{C} = \bar{C}_+$ 对任意最小 X 都成立. 为证明引理的最后一条结论, 注意 $\hat{\mathcal{O}}^*$ 可逆, 就有 $x_+(0)$ 可依据 $x(0)$ 从 (10.115) 唯一解出. 若 $\bar{x}(0)$ 给定,$x(0)$ 可首先从 (10.95) 确定. □

10.4.2 谱分解, 线性矩阵不等式和集合 $\mathcal{P}$

注意矩阵 A,C,$\bar{C}$ 和 R 在基底的一致选择下是不变的, 能够从谱密度 Φ 来确定这些矩阵. 为证明这个事实, 将 (10.105a) 代入 (10.58) 可得到

$$\begin{aligned} \Phi(s) &= [C(sI - A)^{-1}B + D][B'(-sI - A')^{-1}C' + D'] \\ &= C(sI - A)^{-1}BB'(-sI - A')^{-1}C' + C(sI - A)^{-1}BD' \\ &\quad + DB'(-sI - A')^{-1}C' + DD'. \end{aligned} \tag{10.116}$$

设 P 为 (10.91) 式的 Lyapunov 方程 $AP + PA' + BB' = 0$ 唯一对称解, 此方程可改写为

$$BB' = (sI - A)P + P(-sI - A'). \tag{10.117}$$

将此方程代入 (10.116) 即得

$$\Phi(s) = \Phi_+(s) + \Phi_+(-s), \tag{10.118}$$

与 (10.104) 式类似地定义 $\bar{C} := CP + DB'$, 与 (10.103) 式类似地定义 $DD' = R$, 由上式可得

$$\Phi_+(s) = C(sI - A)^{-1}\bar{C}' + \frac{1}{2}R. \tag{10.119}$$

满足 (10.118) 的解析函数 Φ_+ (其中 Φ 为谱密度) 被称为*正实的*, 因此我们称 (10.119) 为 Φ 的*正实部*. 注意 Φ_+ 可由 Φ 的部分分式扩张得到.

由上面的构造过程我们就有如下简单但却重要的结论.

命题 10.4.2 对 Φ 的任意有理解析谱因子 W, 有如下结论

$$\deg W \geqslant \deg \Phi_+ = \frac{1}{2}\deg \Phi, \tag{10.120}$$

其中 Φ_+ 的 Φ 正实部. 若 W 为最小谱因子, 则有 $\deg W = \deg \Phi_+$.

证 设 (A,B,C,D) 为 W 的最小实现. 若 A 为 $n\times n$, 则 $\deg W = n$. 由上面的构造就有 $\deg \Phi_+ \leqslant n$, 因此成立 $\deg W \geqslant \deg \Phi_+$. 从 (10.119) 可得 $\deg \Phi = 2\deg \Phi_+$. 基于定理 10.3.13, 为证最后一条结论我们只需证明等式可从 (10.120) 得到. 为此, 设 $(C, A, \bar{C}, \frac{1}{2}R)$ 为 Φ_+ 的最小实现. 则从 (10.94a) 式所得 $x(0)$ 为基底的 Markov 分裂子空间 X 可得随机实现 (10.106), 其传递函数为 (10.105a). 若 A 为 $n\times n$, 则有 $\dim \mathrm{X} = n = \dim \Phi_+$, 因而由定理 10.3.13 和 (10.120) 可得 $\deg W = n$. □

反之, 给定 Φ_+, 设 (10.119) 为 $\Phi+$ 的最小实现, 即 (C,A) 可观测且 $(A,\bar{C}')$ 可达, 或等价地 (C,A) 和 $(\bar{C},A')$ 可观测, 则由 (10.118) 可得

$$\Phi(s) = \begin{bmatrix} C(sI-A)^{-1} & I \end{bmatrix} \begin{bmatrix} 0 & \bar{C}' \\ \bar{C} & R \end{bmatrix} \begin{bmatrix} (-sI-A')^{-1}C' \\ I \end{bmatrix}. \tag{10.121}$$

另一方面, 由等式

$$-AP - PA' = (sI-A)P + P(-sI-A'),$$

知对任意对称 P 有

$$0 = \begin{bmatrix} C(sI-A)^{-1} & I \end{bmatrix} \begin{bmatrix} -AP-PA' & -PC' \\ -CP & 0 \end{bmatrix} \begin{bmatrix} (-sI-A')^{-1}C' \\ I \end{bmatrix}, \tag{10.122}$$

上式与 (10.121) 结合可得

$$\Phi(s) = \begin{bmatrix} C(sI-A)^{-1} & I \end{bmatrix} M(P) \begin{bmatrix} (-sI-A')^{-1}C' \\ I \end{bmatrix}, \tag{10.123}$$

其中 $M : \mathbb{R}^{n\times n} \to \mathbb{R}^{(n+m)\times(n+m)}$ 为如下线性映射

$$M(P) = \begin{bmatrix} -AP-PA' & \bar{C}'-PC' \\ \bar{C}-CP & R \end{bmatrix}. \tag{10.124}$$

因此若 P 满足线性矩阵不等式

$$M(P) \geqslant 0, \tag{10.125}$$

则存在如下最小实现

$$M(P)=\begin{bmatrix}B\\D\end{bmatrix}\begin{bmatrix}B' & D'\end{bmatrix},\tag{10.126}$$

其中因子 $\begin{bmatrix}B\\D\end{bmatrix}$ 在左边模运算正交变换的意义下是唯一的. 上式代入 (10.123) 可得

$$W(s)W(-s)'=\Phi(s),\tag{10.127}$$

其中

$$W(s)=C(sI-A)^{-1}B+D.\tag{10.128}$$

定理 10.4.3 (**正实引理**) 具有 (10.119) 式最小实现的有理矩阵函数 Φ_+ 为正实的充分必要条件是线性矩阵不等式 (10.125) 有对称解 P.

因此下列公式

$$AP+PA'+BB'=0,\tag{10.129a}$$

$$PC'+BD'=\bar{C}',\tag{10.129b}$$

$$DD'=R,\tag{10.129c}$$

被称为正实引理公式.

证 设 P 为满足 (10.125) 的对称阵, 则 $M(P)$ 可分解为 (10.126) 式的形式, 从而可得谱因子 (10.128). 因此

$$\begin{bmatrix}C(sI-A)^{-1} & I\end{bmatrix}M(P)\begin{bmatrix}(-sI-A)^{-1}C'\\I\end{bmatrix}=W(s)W(-s)',$$

由此式减去等式 (10.122) 可得

$$\Phi_+(s)+\Phi_+(-s)=W(s)W(-s)'.\tag{10.130}$$

因此 Φ_+ 为正实的. 反之, 若 Φ_+ 为正实的, 则存在可选取为最小的谱因子 W 使 (10.130)成立. 设

$$W(s)=H(sI-F)^{-1}B+D\tag{10.131}$$

为最小实现. 进一步假设 P 为 Lyapunov 方程 $FP+PF'+BB'=0$ 的唯一解并记 $G:=PH'+BD'$. 如 (10.116) 那样构造 $W(s)W(-s)'$, 我们可得 (10.118), 其中 Φ 的正实部分为

$$\Phi_+(s)=H(sI-A)^{-1}G+\frac{1}{2}DD'.$$

从而存在非奇异矩阵 T 使得

$$(H,F,G)=(CT^{-1},TAT^{-1},T\bar{C}').$$

进一步选择 $T=I$, 则 P 满足正实公式 (10.129), 因而有 $M(P)\geqslant 0$. □

定理 10.4.4 给定谱密度为 Φ、正实部分为 Φ_+ 的最小实现 (10.119), 设 M 为 (10.124) 给出的线性映射, 则在线性矩阵不等式 (10.125) 的对称解集和 Φ 的最小谱因子等价类之集合之间存在一一对应. 事实上, 给定 (10.125) 的对称解 P, 取 $\begin{bmatrix} B \\ D \end{bmatrix}$ 为 $M(P)$ 唯一的 (mod O 意义下) 由 (10.126) 给出的满秩因子, 并设 $W(s)$ 由 (10.128) 给出, 则 W 为最小谱因子. 反之亦然: 给定 W 如 (10.128) 式的等价类 $[W]$, 求解 (10.129) 可解得唯一对称阵 $P>0$, 进而 (10.125) 成立.

证 设 P 为 (10.125) 的解, 若矩阵 A 为 $n\times n$ 则 $\deg\Phi_+=n$. 从而依上述思路构造的谱因子 (10.128) 满足 $\deg W\leqslant n$. 因此由命题 10.4.2 可知 W 为最小. 反之, 给定具有 (10.131) 式最小实现的最小谱因子 (10.128), 仿照定理 10.4.3 证明的最后部分就可证得存在唯一 P 使 $M(P)\geqslant 0$ 成立. □

我们现在证明以下定理, 此定理确立 (10.125) 的每个对称解都可表为一个合理的状态协方差.

定理 10.4.5 (10.114) 给出的状态协方差的有序集合 $\mathcal{P}$ 即为线性矩阵不等式 (10.125) 的所有对称解集.

证 由定义, 每个 $P\in\mathcal{P}$ 都对应一个最小随机实现 (10.106). 由定理 10.3.9 和 10.3.11 可知存在 (B,D) 使 P 满足 (10.129), 因此 (10.125) 成立. 反之, 假设 P 满足线性矩阵不等式 (10.125), 设 W 为 (10.128) 给出的最小谱因子 (见定理 10.4.4), 则任意选取适当维数的 dz, (10.74) 定义了生成过程 dw, 这与 (A,B,C,D) 结合可得到状态过程为 (10.94a) 的前向实现 (10.106), 使得 $x(0)$ 有协方差矩阵 P 且为相应分裂子空间 X 的一个基底 (见定理 10.3.9). 注意 $\dim \mathrm{X}=\deg W$ 以及 W 为最小, 可知 X 为最小 (见推论 10.3.14). 从而由定理 10.4.1 可知存在 X_+ 中的 $x_+(0)$ 和相应的参数为 $(A,C,\bar{C})$、状态为 x_+ 的随机实现 $\mathcal{S}_+$, 使得 (10.113) 成立. 因此 $P\in\mathcal{P}$ 得证. □

特别地, 从上面定理和定理 10.4.5 可知两个有限维最小 Markov 分裂子空间等价 (在第 7.7 节的意义下) 的充分必要条件是它们有相同的解析 (协解析) 谱因子 W $(\bar{W})$(mod O 意义下).

定理 10.4.6 $\mathcal{P}$ 为闭有界凸集, 有最大元 P_+ 和最小元 P_-. 因此有 $P_+=\mathrm{E}\{x_+(0)x_+(0)'\}$, 其中的 $x_+(0)$ 为后向预测空间 X_+ 所选定的基底, 以及 $P_-=$

$\mathrm{E}\{x_-(0)x_-(0)'\}$, $x_-(0)$ 为预测空间 X_- 中一致选定的基底, 即 $a'x_-(0) = \mathrm{E}^{\mathrm{X}_-} a'x_+(0)$ 对任意 $a \in \mathbb{R}^n$ 都成立.

证 由线性矩阵不等式 (10.125) 立知 $\mathcal{P}$ 为闭凸集. 命题 7.7.5 保证偏序集 $\mathcal{P}$ 与 $\mathcal{X}$ 同构. 注意 $\mathcal{X}$ 有 (7.76) 给出的最大元 X_+ 和最小元 X_-, 从而存在具有定理所要求性质的 P_+ 和 P_-. 由此还可知 $\mathcal{P}$ 有界. □

10.4.3 代数 Riccati 不等式

我们首先回忆有理谱密度 Φ 是 $m \times m$ 维的有理矩阵函数, 满足在虚轴 $\mathbb{I}$ 半正定且在如下意义下准 Hermitian

$$\Phi(-s) = \Phi(s)'.$$

与之前内容相同, 我们假设正实部 Φ_+ 有最小实现

$$\Phi_+(s) = C(sI - A)^{-1}\bar{C}' + \frac{1}{2}R, \tag{10.132}$$

其中 $R := \Phi(\infty)$.

接下来我们假设谱密度 Φ 为强制的, 即 Φ 在虚轴 $\mathbb{I}$ (包括无穷远处) 无零点. 由此可知 $R > 0$ 以及 $\mathcal{P}$ 可为如下代数 Riccati 不等式 的对称解所确定

$$\Lambda(P) \leqslant 0, \tag{10.133}$$

其中 $\Lambda : \mathbb{R}^{n\times n} \to \mathbb{R}^{n\times n}$ 为二次矩阵函数

$$\Lambda(P) = AP + PA' + (\bar{C} - CP)'R^{-1}(\bar{C} - CP). \tag{10.134}$$

上式中的矩阵 $(A, C, \bar{C})$ 由 (10.132) 给定. 事实上, 注意 $R > 0, M(P)$ 可块状对角化为如下形式

$$\begin{bmatrix} I & T \\ 0 & I \end{bmatrix} M(P) \begin{bmatrix} I & 0 \\ T' & I \end{bmatrix} = \begin{bmatrix} -\Lambda(P) & 0 \\ 0 & R \end{bmatrix},$$

其中

$$T = -(\bar{C} - CP)'R^{-1},$$

由此可知 $M(P) \geqslant 0$ 的充分必要条件是 $\Lambda(P) \leqslant 0$. 进一步, 对任意 $P \in \mathcal{P}$ 有

$$p := \operatorname{rank} M(P) = m + \operatorname{rank} \Lambda(P) \geqslant m.$$

因此由 (10.123), (10.126) 和 (10.128), 对应于 $m\times m$ 维的方阵谱因子 W 以及由此对应于内部 Markov 表示的 $P\in\mathcal{P}$, 恰为满足如下代数 Riccati 等式 的那些 $P\in\mathcal{P}$

$$\Lambda(P)=0. \tag{10.135}$$

命题 10.4.7　设 $R:=\Phi(\infty)>0$, 则

$$\mathcal{P}=\{P\mid P'=P;\ \Lambda(P)\leqslant 0\}. \tag{10.136}$$

此外, 对应于内部 Markov 分裂子空间的子集 $\mathcal{P}_0\subset\mathcal{P}$ 由下式给出

$$\mathcal{P}_0=\{P\mid P'=P;\ \Lambda(P)=0\}. \tag{10.137}$$

在此情形下通过选取 (10.126) 式分解中的正交变换, 我们就可以对谱因子的每个等价类固定一个代表以使 (10.108) 成立, 从而 (10.129b) 可解得 B_1, 即

$$B_1=(\bar{C}'-PC')R^{-1/2}, \tag{10.138}$$

将其代入 (10.129b) 可得

$$\Lambda(P)=-B_2B_2'. \tag{10.139}$$

从而对每个 $P\in\mathcal{P}$ 都存在 (一一对应)$\mathcal{X}$ 中的元, 即具有如下前向实现的最小 Markov 分裂子空间的等价类

$$\begin{cases}\mathrm{d}x=Ax\mathrm{d}t+B_1\mathrm{d}u+B_2\mathrm{d}v\\ \mathrm{d}y=Cx\mathrm{d}t+R^{1/2}\mathrm{d}u\end{cases} \tag{10.140}$$

除外部驱动噪声 $\mathrm{d}w=\begin{bmatrix}\mathrm{d}u\\ \mathrm{d}v\end{bmatrix}$ 可能带来的任意性外, 上式是唯一确定的. 显然内部实现 (10.140) 即为 $B_2=0$ 且使 (10.135) 成立的那些实现.

10.4.4　Kalman 滤波

设 $\mathcal{S}$ 为线性可观 (但不必为最小) 随机系统 (10.106), 状态协方差阵为 P, 设 $\mathrm{H}^-_{[0,t]}(\mathrm{d}y)$ 为有限区间 $[0,t]$ 上观测过程 $\mathrm{d}y$ 生成的子空间, 则如下定义的线性最小方差估计 $\{\hat{x}(t)\mid t\geqslant 0\}$

$$a'\hat{x}(t)=\mathrm{E}^{\mathrm{H}^-_{[0,t]}(\mathrm{d}y)}a'x(t),\quad \forall a\in\mathbb{R}^n,t\geqslant 0, \tag{10.141}$$

由如下 Kalman 滤波公式给出

$$d\hat{x} = A\hat{x}dt + K(t)[dy - C\hat{x}dt], \quad \hat{x}(0) = 0, \tag{10.142}$$

其中增益

$$K(t) = [Q(t)C' + BD']R^{-1} \tag{10.143}$$

由误差的协方差矩阵决定

$$Q(t) = E\{[x(t) - \hat{x}(t)][x(t) - \hat{x}(t)]'\}, \tag{10.144}$$

并满足矩阵 Riccati 方程

$$\begin{cases} \dot{Q} = AQ + QA' - (QC' + BD')R^{-1}(QC' + BD')' + BB', \\ Q(0) = P, \end{cases} \tag{10.145}$$

(见文献 [163]). 一个众所周知也为下面证实 (推论 10.4.10) 的结论是, 在上述条件下当 $t \to \infty$ 时 $Q(t)$ 收敛于 $Q_\infty \geqslant 0$, 因此可定义稳态 Kalman 滤波器

$$d\hat{x} = A\hat{x}dt + K_\infty[dy - C\hat{x}dt], \tag{10.146}$$

其中增益 K_∞ 为常数, 系统在整个实轴上定义, 且有

$$a'\hat{x}_\infty(t) = \mathrm{E}^{\mathcal{U}_t\mathrm{H}^-} a'x(t), \quad \forall a \in \mathbb{R}^n, \forall t \in \mathbb{R}. \tag{10.147}$$

此系统定义的平稳过程记为 $\hat{x}_\infty(t)$, 注意如下新息过程

$$d\nu = R^{1/2}[dy - C\hat{x}_\infty dt] \tag{10.148}$$

为 Wiener 过程 (见文献 [198]), (10.146) 就定义了 dy 在实轴上的随机实现

$$\begin{cases} \hat{x}_\infty = A\hat{x}_\infty dt + K_\infty R^{-1/2}d\nu, \\ dy = C\hat{x}_\infty dt + R^{1/2}d\nu. \end{cases} \tag{10.149}$$

依前面假设,$\mathcal{S}$ 定义的 Markov 分裂子空间 X 是可观的, 因此由命题 7.4.13 和推论 7.4.14 就有

$$\mathrm{E}^{\mathrm{H}^-} \mathrm{X} = \mathrm{X}_-. \tag{10.150}$$

同时注意

$$\mathrm{E}^{\mathrm{H}^-} a'x(0) = a'\hat{x}_\infty(0), \quad \forall a \in \mathbb{R}^n, \tag{10.151}$$

可知 $\hat{x}_\infty(0)$ 为 X_- 的生成元. 在第 10.1 节已有解释,$\hat{x}_\infty(0)$ 为基底的充分必要条件是 (10.149) 可达. 我们将证明 (10.149) 的可达性等价于模型 $\mathcal{S}$ 的最小性.

命题 10.4.8 可观测系统 $\mathcal{S}$ 为 dy 最小实现的充分必要条件是它的稳态 Kalman 滤波器 (10.149) 为可达.

证 设 X_- 的维数为 n, 则所有最小 X 有相同维数 (定理 7.6.1). 我们上面已证得 (10.149) 可达的充分必要条件是 $\hat{x}_\infty(0)$ 的维数为 n. 然而, 注意 $\dim \mathrm{X} \leqslant \dim x(0) = \dim \hat{x}_\infty(0)$, 因此 (10.149) 可达的充分必要条件是 $\dim \mathrm{X} \leqslant n$, 由此命题得证. □

设可视为 dy 一个实现的线性随机系统 $\mathcal{S}$ 为最小, 则依上面结论可知稳态 Kalman 滤波估计 $\hat{x}_\infty$ 等于 x_-, 即对应于在一致基底下预报空间 X_- 的前向状态过程. 为证此结论, 在命题 7.7.7 中将 (10.151) 与 (7.82) 对比, 通过分裂的技巧可得 $\mathrm{E}^{\mathrm{H}^-}\lambda = \mathrm{E}^{\mathrm{X}_-}\lambda$ 对任意 $\lambda \in \bar{\mathrm{S}} \supset \mathrm{X}$ 都成立.

设 $\mathcal{S}$ 为任给最小随机实现, 我们下面将 Kalman 滤波公式 (10.143) 和 (10.145) 用 (10.132) 给出的 Φ_+ 的实现的不变参数 $(A, C, \bar{C}, R)$ 来表示. 为此我们引入变量

$$\Pi(t) := \mathrm{E}\{\hat{x}(t)\hat{x}(t)'\} = P - Q(t), \tag{10.152}$$

并利用正实引理 (10.129) 将 (10.143) 和 (10.145) 变换为

$$K(t) = [\bar{C} - C\Pi(t)]'R^{-1} \tag{10.153}$$

和

$$\dot{\Pi} = \Lambda(\Pi), \quad \Pi(0) = 0, \tag{10.154}$$

其中 Λ 由 (10.134) 定义. 在与模型 $\mathcal{S}$ 特定选择相独立的意义下, 矩阵 Riccati 方程 (10.154) 为不变的, 这与性质 (10.154) 协调一致.

命题 10.4.9 矩阵 Riccati 方程 (10.154) 在 $t \in (0, \infty)$ 上有唯一解. 此外, 对任意 $P \in \mathcal{P}$ 有

$$0 \leqslant \Pi(\tau) \leqslant \Pi(t) \leqslant P, \quad \tau \leqslant t. \tag{10.155}$$

当 $t \to \infty$ 时有 $\Pi(t) \to P_- \in \mathcal{P}_0$.

证 首先注意对任意 $t \geqslant 0$ 有 $P - \Pi(t) = Q(t) \geqslant 0$. 这就得到了不等式上界. 其次, 对 (10.154) 求导可得矩阵微分方程

$$\ddot{\Pi} = \Gamma\dot{\Pi} + \dot{\Pi}\Gamma', \quad \dot{\Pi}(0) = \Lambda(0) = \bar{C}R^{-1}\bar{C}',$$

其中 $\Gamma := A - (\bar{C} - C\Pi)'R^{-1}C$. 对上式积分可得

$$\dot{\Pi}(t) = \int_0^t \Psi(t,\tau)\bar{C}R^{-1}\bar{C}'\Psi(t,\tau)'\mathrm{d}\tau \geqslant 0,$$

其中 Ψ 为 Green 函数且满足

$$\frac{\partial}{\partial t}\Psi(t,\tau)=\Gamma(t)\Psi(t,\tau),\quad \Psi(\tau,\tau)=I.$$

从而 Π 为单调非降且有上界. 因此当 $t\to\infty$ 时 $\Pi(t)$ 收敛于极限 Π_∞, 而此极限必定满足对任意 $P\in\mathcal{P}$ 都有 $\Pi_\infty\leqslant P$. 然而 $\Lambda(\Pi_\infty)=0$, 即 $\Pi_\infty\in\mathcal{P}_0\subset\mathcal{P}$. 因此 $\Pi_\infty=P_-$ 得证. □

注意 (10.152), 立得命题 10.4.9 的如下推论.

推论 10.4.10 矩阵 Riccati 方程 (10.145) 对 $t\in(0,\infty)$ 有唯一解, 且当 $t\to\infty$ 时 $Q(t)$ 收敛到 $Q_\infty\geqslant 0$.

类似地, 从最小后向实现 (10.107) 开始我们可以定义后向 Kalman 滤波器以及可从 X_+ 的后向实现确定的后向滤波器稳态版本. 由此可得对偶矩阵 Reccati 方程

$$\dot{\bar{\Pi}}=\bar{\Lambda}(\bar{\Pi}),\quad \bar{\Pi}(0)=0, \tag{10.156}$$

其中

$$\bar{\Lambda}(\bar{P})=A'\bar{P}+\bar{P}A+(C-\bar{C}\bar{P})'R^{-1}(C-\bar{C}\bar{P}). \tag{10.157}$$

与上面类似的分析即得

$$\bar{\Pi}(t)\to\bar{P}_+=(P_+)^{-1} \tag{10.158}$$

和 $\bar{P}_+\leqslant\bar{P}$, 或等价地, 对任意 $P\in\mathcal{P}$ 有 $P\leqslant P_+$.

§ 10.5 一般情形下的前向和后向随机实现

在第 10.3 节, 给定维数为 n 的 Markov 表示 $(\mathbb{H},\{\mathcal{U}_t\},\mathrm{X})$, 我们构造取值于 $\mathbb{R}^n$ 的状态过程 $\{x(t);t\in\mathbb{R}\}$ 以及此状态过程的前向和后向微分方程表示. 若 $(\mathbb{H},\{\mathcal{U}_t\},\mathrm{X})$ 为平稳过程 y 的 Markov 表示, 由这种构造可得一组前向和后向实现 (10.99). 类似地, 若 $(\mathbb{H},\{\mathcal{U}_t\},\mathrm{X})$ 对应于平稳增量过程 dy, 由这种构造可得实现 (10.106) – (10.107). 上面构造对应于 y 有有理谱密度 (dy 增量谱密度) 的情形.

另一方面, Markov 表示的几何理论独立于 X 维数上的任何限制. 此外, 许多工程问题涉及非有理谱的随机过程, 例如湍流、波浪频谱、螺旋噪声等. 由此自然引出如下问题, 给定无穷维 Markov 分裂子空间, 如何能得到上述类型的微分方程表示?

这基本上是表示问题, 其中需要寻找局部或无穷小数据的全局描述, 总的来说并无有意义的解. 获得非有理谱的过程的微分方程表示必定涉及关于谱因子在技

术上的一些约束 (本质上说是光滑性条件), 这些约束条件在第 8 章离散时间情形下并不涉及. 本节的目标之一就是阐明这些条件. 注意有多种数学框架来刻画作为随机微分方程解的无穷维 Markov 过程, 当问题特化为有限维情形时这些框架相一致. 此处我们将基于我们最熟悉的框架, 其他的方法也可能偶尔使用.

10.5.1　前向状态表示

设 $(\mathbb{H}, \{\mathcal{U}_t\}, \mathrm{X})$ 为无穷维、正规 Markov 表示, 有前向生成过程 $\mathrm{d}w$. 如同第 8.10 节 (p. 266), 我们将构造在 $\mathcal{X}$ 上取值的随机过程, 其中 $\mathcal{X}$ 定义于 X、同构映射 $T : \mathrm{X} \to \mathcal{X}$ 使得 $\langle T\xi, T\eta\rangle_{\mathcal{X}} = \langle \xi, \eta\rangle_{\mathrm{X}}$. 我们定义 $\mathcal{X}$ 如下

$$\mathcal{X} = (\mathcal{I}_w)^{-1}\mathrm{X}, \tag{10.159}$$

其中 $\mathcal{I}_w$ 由 (10.39) 式定义, 即

$$\mathcal{I}_w f = \int_{-\infty}^{\infty} f(-t)\mathrm{d}w(t).$$

回忆 $(\mathcal{I}_{\hat{w}})^{-1}\mathrm{X} = H(K)$ 以及 (L^2) Fourier 变换 $(\mathcal{I}_{\hat{w}})^{-1}\mathcal{I}_w = \mathfrak{F}$, 可得 $\mathfrak{F}\mathcal{X} = H(K) \subset H^2_p$ (见 (10.40) 和定理 3.5.6), 从而知 f 在负实轴上退化. 同时注意 $T^* = T^{-1} = \mathcal{I}_{w|\mathcal{X}}$ 就有

$$T^* f = \int_{-\infty}^{0} f(-t)\mathrm{d}w(t). \tag{10.160}$$

回忆第 10.2 节内容

$$\mathcal{U}_t(\mathrm{X}) = \mathrm{E}^{\mathrm{X}}\,\mathcal{U}_{t|\mathrm{X}}, \tag{10.161}$$

上式定义了一个满足 (7.60) 的强连续收缩半群 $\{\mathcal{U}_t(\mathrm{X}); t \geqslant 0\}$. 无穷小生成元

$$\Gamma = \lim_{h\to 0+} \frac{\mathcal{U}_t(\mathrm{X}) - I}{h}$$

为闭无界线性算子, 定义域 $\mathrm{w}\mathcal{D}(\Gamma)$ 在 X 中稠密 (见文献 [180, 318]). 然而伴随算子 Γ^* 为伴随半群 $\{\mathcal{U}_t(\mathrm{X})^*; t \geqslant 0\}$ 的无穷小生成元 (见文献 [180, p. 251]).

与第 8.10 节的构造方式类似, 我们定义

$$A := T\Gamma^* T^*, \tag{10.162}$$

上式也为压缩半群的无穷小生成元, 记为 $\{\mathrm{e}^{At}; t \geqslant 0\}$. 同样地,$A^*$ 为伴随半群的无穷小生成元, 记为 $\{\mathrm{e}^{A^*t}; t \geqslant 0\}$, 从而有

$$\mathrm{e}^{At} = T\mathcal{U}_t(\mathrm{X})^* T^*, \quad \mathrm{e}^{A^*t} := T\mathcal{U}_t(\mathrm{X}) T^*. \tag{10.163}$$

定义域 $\mathcal{D}(A)$ 和 $\mathcal{D}(A^*)$ 均在 $\mathcal{X}$ 中稠密.

对任意 $\xi \in \mathrm{X}$, 设 $f \in \mathcal{X}$ 为状态空间中的相应点, 即 $f = T\xi$. 注意 (10.160) 就有

$$\mathcal{U}_t\xi = \int_{-\infty}^{0} f(-\tau)\mathrm{d}w(\tau+t) = \int_{-\infty}^{t} f(t-\tau)\mathrm{d}w(\tau). \tag{10.164}$$

同时注意 $\mathrm{S} = \mathrm{H}^-(\mathrm{d}w)$, 由 (7.62a) 可得

$$\mathcal{U}_t(\mathrm{X})\xi = \int_{-\infty}^{0} f(t-\tau)\mathrm{d}w(\tau),$$

进而有

$$(\mathrm{e}^{A^*t}f)(\tau) = \begin{cases} f(t+\tau) & \tau \geqslant 0, \\ 0 & \tau < 0. \end{cases} \tag{10.165}$$

因此无论何时定义,A^*f 为 f 在 L^2 意义下的导数.

现在依标准构造方式, 定义 $\mathcal{Z}$ 为伴有如下图拓扑的无界算子 A^* 的定义域 $\mathcal{D}(A^*)$

$$\langle f, g\rangle_{\mathcal{Z}} = \langle f, g\rangle_{\mathcal{X}} + \langle A^*f, A^*g\rangle_{\mathcal{X}}. \tag{10.166}$$

注意 A^* 为稠密定义域的闭算子, 因而 $\mathcal{Z}$ 为稠密嵌入 $\mathcal{X}$ 的 Hilbert 空间.$\mathcal{Z}$ 的拓扑强于 $\mathcal{X}$ 的拓扑, 因此 $\mathcal{X}$ 上的所有连续线性泛函也在 $\mathcal{Z}$ 上连续. 因而可知对偶空间 $\mathcal{X}^*$ 嵌入对偶空间 $\mathcal{Z}^*$. 视 $\mathcal{X}^*$ 为 $\mathcal{X}$, 我们可得

$$\mathcal{Z} \subset \mathcal{X} \subset \mathcal{Z}^*, \tag{10.167}$$

其中 $\mathcal{Z}$ 在 $\mathcal{X}$ 中稠密, 进而有 $\mathcal{X}$ 在 $\mathcal{Z}^*$ 中稠密. 记 (f, f^*) 为线性泛函 $f^* \in \mathcal{Z}^*$ 在 $f \in \mathcal{Z}$ 的值, 或依反射性,f 在 f^* 的值视为 $\mathcal{Z}^*$ 上的泛函. 易知当 $f^* \in \mathcal{X}$ 时双线性型 (f, f^*) 与内积 $\langle f, f^*\rangle_{\mathcal{X}}$ 一致. 注意 A^*f 为 f 的导数, $\mathcal{Z}$ 为 Sobolev 空间 $H^1(\mathbb{R}^p)$ 的子空间且 $\mathcal{Z}^*$ 是分布函数构成的空间 (见文献 [15]).

依同样方式, 我们定义 Z 为 $\mathcal{D}(\Gamma)$ 伴有如下图拓扑生成的空间

$$\langle \xi, \eta\rangle_{\mathrm{Z}} = \langle \xi, \eta\rangle_{\mathrm{X}} + \langle \Gamma\xi, \Gamma\eta\rangle_{\mathrm{X}}. \tag{10.168}$$

则 Z 连续地嵌入分裂子空间 X, (10.167) 对应于

$$\mathrm{Z} \subset \mathrm{X} \subset \mathrm{Z}^*. \tag{10.169}$$

回到 (10.167) 的设置, 定义 $Q: \mathcal{Z} \to \mathcal{X}$ 为 $\mathcal{Z}$ 上的微分算子, 则 $Qf = A^*f$ 对任意 $f \in \mathcal{Z}$ 都成立, 但注意 $\|Qf\|_{\mathcal{X}} \leqslant \|f\|_{\mathcal{Z}}$ 可知 Q 为 $\mathcal{Z}$ 拓扑下的有界算子. 它的

伴随算子 $Q^*: \mathcal{X} \to \mathcal{Z}^*$ 为 A 到 $\mathcal{X}$ 的扩张, 这是因为 $(f, Q^*g) = \langle A^*f, g\rangle_{\mathcal{X}}$. 注意 $\{e^{A^*t}; t \geqslant 0\}$ 为强连续收缩半群, 从而 Q 为耗散的, 即 $\langle Qf, f\rangle_{\mathcal{X}} \leqslant 0$ 对任意 $f \in \mathcal{Z}$ 都成立, 且 $I - Q$ 将 $\mathcal{Z}$ 映射到 $\mathcal{X}$, 即

$$(I - Q)\mathcal{Z} = \mathcal{X}, \tag{10.170}$$

见 [318, p. 250]. 此外利用耗散性就有

$$\|(I - Q)f\|_{\mathcal{X}}^2 \geqslant \|f\|_{\mathcal{X}}^2 + \|Qf\|_{\mathcal{X}}^2, \tag{10.171}$$

因此 $I - Q$ 为单射,$(I - Q)^{-1}: \mathcal{X} \to \mathcal{Z}$ 在所有 $\mathcal{X}$ 上都有定义, 且由 (10.171) 可知它为有界算子. 类似地, 伴随算子 $(I - Q^*)^{-1}$ 也为有界算子, 将 $\mathcal{Z}^*$ 映射到 $\mathcal{X}$. 最终就有下式成立:

$$\|f\|_{\mathcal{Z}}^2 \leqslant \|(I - Q)f\|_{\mathcal{X}}^2 \leqslant 2\|f\|_{\mathcal{Z}}^2. \tag{10.172}$$

事实上, 上式中的第一个不等式即为 (10.171), 而第二个不等式可从 $\|a - b\|^2 \leqslant 2\|a\|^2 + 2\|b\|^2$ 立得.

为后文引述方便, 我们给出下面引理.

引理 10.5.1　*子集 $\mathcal{M}$ 在 $\mathcal{Z}$ 中稠密的充分必要条件是 $(I - Q)\mathcal{M}$ 在 $\mathcal{X}$ 中稠密.*

证　设 $(I - Q)\mathcal{M}$ 在 $\mathcal{X}$ 中稠密, 则由 (10.170) 和 (10.172) 中的第一个不等式可知 $\mathcal{M}$ 在 $\mathcal{Z}$ 中稠密. 反之, 若 $\mathcal{M}$ 在 $\mathcal{Z}$ 中稠密, 由 (10.170) 和 (10.172) 中第二个不等式可知 $(I - Q)\mathcal{M}$ 在 $\mathcal{X}$ 中稠密. □

设 $f \in \mathcal{Z}$. 因为 $\mathcal{Z}$ 为 Sobolev 空间 $H^1(\mathbb{R}^+)$ 的子空间,$H^1(\mathbb{R}^+)$ 包含于有强拓扑的连续函数空间[15, p. 195], 我们可求 f 在每个点的值, 因而由 (10.165) 可得

$$f(t) = (e^{A^*t}f)(0). \tag{10.173}$$

然而 $\mathcal{X}$ 为状态空间, 因此可用 (10.170) 将 (10.173) 改写如下

$$f(t) = [(I - Q)^{-1}e^{A^*t}(I - Q)f](0). \tag{10.174}$$

事实上, 注意 A^* 与 e^{A^*t} 相交换,$(I - Q)$ 也具此性质. 由于 $(I - Q)^{-1}$ 将 $\mathcal{X}$ 映射到 $\mathcal{Z}$, 可知

$$B^*g = [(I - Q)^{-1}g](0) \tag{10.175}$$

定义了无界映射 $B^*: \mathcal{X} \to \mathbb{R}^p$. 设 $B: \mathbb{R}^p \to \mathcal{X}$ 为其伴随算子, 则 (10.174) 可表示为

$$f(t) = B^*e^{A^*t}(I - Q)f, \tag{10.176}$$

因此若 e_k 为 $\mathbb{R}^p$ 中第 k 个单位轴向量, 就有

$$f_k(t) = \langle B^* e^{A^* t}(I-Q)f, e_k\rangle_{\mathbb{R}^p} = \langle (I-Q)f, e^{At}Be_k\rangle_{\mathcal{X}}, \quad k=1,2,\cdots,p;$$

也即

$$f_k(t) = \langle g, e^{At}Be_k\rangle_{\mathcal{X}}, \quad k=1,2,\cdots,p, \tag{10.177}$$

其中 $g := (I-Q)f$. 上式与 (10.164) 结合可得对任意 $\xi \in \mathrm{Z}$ 有如下表示

$$\mathcal{U}_t\xi = \sum_{k=1}^{p}\int_{-\infty}^{t}\langle g, e^{A(t-\tau)}Be_k\rangle_{\mathcal{X}}\mathrm{d}w_k(\tau), \tag{10.178}$$

其中 $g = (I-Q)T\xi$.

定义取值于 $\mathcal{X}$ 的随机积分

$$x(t) = \int_{-\infty}^{t} e^{A(t-\tau)}B\mathrm{d}w(\tau), \tag{10.179}$$

上述积分是在第 8.10 节弱的意义下对任意 $t\in\mathbb{R}$ 经由下式给出

$$\langle g, x(t)\rangle_{\mathcal{X}} := \sum_{k=1}^{p}\int_{-\infty}^{t}\langle g, e^{A(t-\tau)}Be_k\rangle_{\mathcal{X}}\mathrm{d}w_k(\tau). \tag{10.180}$$

事实上, 由构造的方式可知 (10.177) 为平方可积, 所以 (10.177) 的右边项是良定义的. 从而对任意 $\xi\in\mathrm{Z}$, 由 (10.178) 可得

$$\mathcal{U}_t\xi = \langle g, x(t)\rangle_{\mathcal{X}}, \tag{10.181}$$

其中 $g := (I-Q)T\xi$ 为 $\mathcal{X}$ 中的相应函数. 从而对任意 $\xi\in\mathrm{Z}$ 存在 $g\in\mathcal{X}$ 使得 $\xi = \langle g, x(0)\rangle_{\mathcal{X}}$, 即 $x(0)$ 为 Z 在弱的意义下的精确生成元. 注意 Z 在 X 中稠密, 进一步可得

$$\mathrm{cl}\,\{\langle g, x(0)\rangle_{\mathcal{X}} \mid g\in\mathcal{X}\} = \mathrm{X}; \tag{10.182}$$

即 $x(0)$ 为 X 在弱的意义下的生成元 (但并非精确生成元). 进一步, 若 $f_i := (I-Q)^{-1}g_i, i=1,2$, 经过直接的前向计算可得

$$\mathrm{E}\{\langle g_1, x(0)\rangle_{\mathcal{X}}\langle g_2, x(0)\rangle_{\mathcal{X}}\} = \langle f_1, f_2\rangle_{\mathcal{X}} = \langle g_1, Pg_2\rangle_{\mathcal{X}}, \tag{10.183}$$

其中 $P:\mathcal{X}\to\mathcal{X}$ 为状态协方差算子

$$P = (I-A)^{-1}(I-A^*)^{-1}. \tag{10.184}$$

定理 10.5.2 设 $(\mathbb{H}, \{\mathcal{U}_t\}, \mathrm{X})$ 为正规 Markov 表示, 有前向生成过程 w, 记 $\mathcal{X} := (\mathcal{I}_w)^{-1}\mathrm{X}$. 设算子 A 和 B 分别由 (10.162) 和 (10.175) 定义, 设 $\{x(t)\}_{t\in\mathbb{R}}$ 为由 (10.180) 式在弱的意义下定义的取值于 $\mathcal{X}$ 的随机过程. 若 Γ 为 $\mathcal{U}_t(\mathrm{X})$ 的无穷小生成元, 则有

$$\{\langle g, x(0)\rangle_{\mathcal{X}} \mid g \in \mathcal{X}\} = \mathcal{D}(\Gamma) \subset \mathrm{X}, \tag{10.185}$$

其中 $\mathcal{D}(\Gamma)$ 在 X 中稠密. 事实上, 对任意 $\xi \in \mathcal{D}(\Gamma)$ 都存在 $g \in \mathcal{X}$ 使得

$$\mathcal{U}_t\xi = \langle g, x(t)\rangle_{\mathcal{X}}, \tag{10.186}$$

且 $g := (I - A^*)T\xi$.(A, B) 在 $\cap_0^\infty \ker B^*\mathrm{e}^{A^*t} = 0$ 的意义下可达. 此外, 协方差算子 (10.184) 满足 Lyapunov 方程

$$AP + PA^* + BB^* = 0. \tag{10.187}$$

证 只要证 (A, B) 可达和 (10.187) 成立即可. 注意 (10.176), $g \in \cap_{t\geqslant 0} \ker B^*\mathrm{e}^{A^*t}$ 成立的充分必要条件是 $f = 0$, 即 $g = 0$, 这就证明了可达性. 为证 (10.184) 满足 Lyapunov 方程 (10.187), 首先回忆 $A^*f = Qf$ 对任意 $f \in \mathcal{D}(A^*)$ 都成立, 其中 Q 是微分算子. 设 $g_1, g_2 \in \mathcal{X}$, 则有 $f_i = (I - A^*)^{-1}g_i \in \mathcal{Z}, i = 1, 2$, 并且

$$\langle A^*f_1, f_2\rangle_{\mathcal{X}} + \langle f_1, A^*f_2\rangle_{\mathcal{X}} = \int_0^\infty (\dot{f}_1 f_2' + f_1\dot{f}_2')\mathrm{d}t = -f_1(0)f_2(0)'. \tag{10.188}$$

同时注意 (10.176) 就有

$$\langle g_1, BB^*g_2\rangle_{\mathcal{X}} = \langle B^*(I - Q)f_1, B^*(I - Q)f_2\rangle_{\mathbb{R}^p} = f_1(0)f_2(0)'. \tag{10.189}$$

将 (10.188) 和 (10.189) 相加可得

$$\langle g_1, (AP + PA^* + BB^*)g_2\rangle_{\mathcal{X}} = 0,$$

其中 $P := (I - A)^{-1}(I - A^*)^{-1}$, 定理得证. □

10.5.2 后向状态表示

为得到后向状态表示, 定义算子 $\bar{T}$ 为 $(\mathcal{I}_{\bar{w}})^{-1}$ 限制在 X 上的映射, 其中 $\mathcal{I}_{\bar{w}}$ 由 (10.41) 给出, 即

$$\bar{T}^*\bar{f} = \int_{-\infty}^\infty \bar{f}(-t)\mathrm{d}w(t).$$

设 $\bar{\mathfrak{X}} := \bar{T}\mathrm{X}$, 则 $\bar{T} : \mathrm{X} \to \bar{\mathfrak{X}}$ 为同构映射使得 $\langle \bar{T}\xi, \bar{T}\eta \rangle_{\bar{\mathfrak{X}}} = \langle \xi, \eta \rangle_{\mathrm{X}}$. 注意 (10.42) 定义的 $\mathfrak{I}_{\hat{\bar{w}}}$ 等于 $\mathfrak{I}_{\bar{w}}\mathfrak{F}^{-1}$, 其中 $\mathfrak{F}$ 为 (L^2) Fourier 变换, $\mathfrak{F}\bar{\mathfrak{X}} = \bar{H}(K^*) \subset \bar{H}_p^2$ 且 $\bar{f}$ 在负实轴上退化, 实际上我们就有

$$\bar{T}^*\bar{f} = \int_0^\infty \bar{f}(-t)\mathrm{d}\bar{w}(t). \tag{10.190}$$

进一步

$$\bar{A} := \bar{T}\Gamma\bar{T}^*, \tag{10.191}$$

其伴随算子 $\bar{A}^*$ 为两个伴随半群的无穷小生成元, 分别记为

$$\mathrm{e}^{\bar{A}t} := \bar{T}\mathcal{U}_t(\mathrm{X})\bar{T}^*, \quad \mathrm{e}^{\bar{A}^*t} := \bar{T}\mathcal{U}_t(\mathrm{X})^*\bar{T}^*, \tag{10.192}$$

且区域 $\mathcal{D}(\bar{A})$ 和 $\mathcal{D}(\bar{A}^*)$ 在 $\bar{\mathfrak{X}}$ 中稠密.

对任意 $\xi \in \mathrm{X}$, 有

$$\mathcal{U}_t\xi = \int_t^\infty \bar{f}(t-\tau)\mathrm{d}\bar{w}(\tau), \tag{10.193}$$

其中 $\bar{f} = \bar{T}\xi$, 因此

$$\mathcal{U}_t(\mathrm{X})^*\xi = \mathrm{E}^{\mathrm{S}}\int_{-t}^\infty \bar{f}(-t-\tau)\mathrm{d}\bar{w}(\tau) = \int_0^\infty \bar{f}(-t-\tau)\mathrm{d}\bar{w}(\tau).$$

相应地就有

$$(\mathrm{e}^{\bar{A}^*t}\bar{f})(\tau) = \begin{cases} \bar{f}(-t+\tau), & \tau \geqslant 0, \\ 0, & \tau < 0, \end{cases} \tag{10.194}$$

所以 $\bar{A}^*$ 为微分算子. 定义 $\bar{\mathcal{Z}}$ 为伴有相应图拓扑的 $\mathcal{D}(\bar{A}^*)$、$\bar{\mathrm{Z}} := \bar{T}^*\bar{\mathcal{Z}}$ 为相应随机变量空间, 我们可以定义算子 $\bar{Q} : \bar{\mathcal{Z}} \to \bar{\mathfrak{X}}$ 使得 $\bar{Q}\bar{f} = \bar{A}^*\bar{f}$ 对任意 $\bar{f} \in \bar{\mathcal{Z}}$ 都成立. 进一步, 对任意 $\bar{f} \in \bar{\mathcal{Z}}$, 由 (10.194) 可得

$$\bar{f}(-t) = (\mathrm{e}^{\bar{A}^*t}\bar{f})(0) = [(I-\bar{Q})^{-1}\mathrm{e}^{\bar{A}^*t}(I-\bar{Q})\bar{f}](0), \quad t \geqslant 0. \tag{10.195}$$

设 $\bar{B} : \mathbb{R}^p \to \bar{\mathfrak{X}}$ 由其伴随算子所定义

$$\bar{B}^*\bar{g} = [(I-\bar{Q})^{-1}\bar{g}](0). \tag{10.196}$$

注意 (10.195) 就有

$$\bar{f}(-t) = \bar{B}^*\mathrm{e}^{\bar{A}^*t}(I-\bar{Q})\bar{f}.$$

因此, 与前向情形类似可得

$$\bar{f}_k(-t) = \langle g, \mathrm{e}^{\bar{A}t}\bar{B}e_k \rangle_{\bar{\mathfrak{X}}}, \quad k = 1, 2, \cdots, p, \tag{10.197}$$

其中 $\bar{g} := (I - \bar{Q})\bar{f}$. 从而注意 (10.193), 对每个 $\xi \in \bar{\mathrm{Z}}$ 都有

$$\mathcal{U}_t\xi = \sum_{k=1}^{p} \int_t^{\infty} \langle \bar{g}, \mathrm{e}^{\bar{A}t}\bar{B}e_k\rangle_{\bar{\mathcal{X}}} \mathrm{d}\bar{w}_k(\tau), \tag{10.198}$$

其中 $\bar{g} := (I - \bar{Q})\bar{T}\xi \in \bar{\mathcal{X}}$, 也可通过如下公式

$$\langle \bar{g}, \bar{x}(t)\rangle_{\bar{\mathcal{X}}} := \sum_{k=1}^{p} \int_t^{\infty} \langle \bar{g}, \mathrm{e}^{\bar{A}t}\bar{B}e_k\rangle_{\mathcal{X}} \mathrm{d}\bar{w}_k(\tau), \tag{10.199}$$

表示为

$$\mathcal{U}_t\xi = \langle \bar{g}, \bar{x}(t)\rangle_{\bar{\mathcal{X}}}. \tag{10.200}$$

现在可得弱定义的取值于 $\bar{\mathcal{X}}$ 的随机过程 $\{\bar{x}(t)\}_{t\in\mathbb{R}}$ 有如下表示

$$\bar{x}(t) = \int_t^{\infty} \mathrm{e}^{\bar{A}(\tau - t)}\bar{B}\mathrm{d}\bar{w}(\tau). \tag{10.201}$$

与前向情形类似, 在如下意义下 $\bar{x}(0)$ 为 $\bar{\mathrm{Z}}$ 的弱精确生成元、为 X 的弱生成元 (非精确生成元)

$$\mathrm{cl}\left\{\langle \bar{g}, \bar{x}(0)\rangle_{\bar{\mathcal{X}}} \mid \bar{g} \in \bar{\mathcal{X}}\right\} = \mathrm{X}. \tag{10.202}$$

进一步, 若 $\bar{f}_i := (I - \bar{Q})^{-1}\bar{g}_i, i = 1, 2$, 经直接的前向计算可得

$$\mathrm{E}\{\langle \bar{g}_1, x(0)\rangle_{\bar{\mathcal{X}}}\langle \bar{g}_2, x(0)\rangle_{\bar{\mathcal{X}}}\} = \langle \bar{f}_1, \bar{f}_2\rangle_{\bar{\mathcal{X}}} = \langle \bar{g}_1, \bar{P}\bar{g}_2\rangle_{\bar{\mathcal{X}}}, \tag{10.203}$$

其中 $\bar{P} : \bar{\mathcal{X}} \to \bar{\mathcal{X}}$ 为状态协方差算子

$$\bar{P} = (I - \bar{A}^*)^{-1}(I - \bar{A})^{-1}. \tag{10.204}$$

至此我们可以得到定理 10.5.2 的后向版本.

定理 10.5.3　设 $(\mathbb{H}, \{\mathcal{U}_t\}, \mathrm{X})$ 为正规 Markov 表示, 有后向生成过程 $\bar{w}$, 设 $\bar{\mathcal{X}} := (\mathcal{I}_{\bar{w}})^{-1}\mathrm{X}$. 设算子 $\bar{A}$ 和 $\bar{B}$ 分别由 (10.191) 和 (10.196) 定义并设 $\{\bar{x}(t)\}_{t\in\mathbb{R}}$ 为 (10.199) 式在弱意义下定义的取值于 $\bar{\mathcal{X}}$ 的随机过程. 若 Γ 为 $\mathcal{U}_t(\mathrm{X})$ 的无穷小生成元, 则

$$\left\{\langle \bar{g}, \bar{x}(0)\rangle_{\mathcal{X}} \mid \bar{g} \in \bar{\mathcal{X}}\right\} = \mathcal{D}(\Gamma^*) \subset \mathrm{X}, \tag{10.205}$$

其中 $\mathcal{D}(\Gamma^*)$ 在 X 中稠密. 事实上, 对任意 $\xi \in \mathcal{D}(\Gamma^*)$ 都存在 $\bar{g} \in \bar{\mathcal{X}}$ 使得

$$\mathcal{U}_t\xi = \langle \bar{g}, \bar{x}(t)\rangle_{\bar{\mathcal{X}}}, \tag{10.206}$$

且 $\bar{g} := (I - \bar{A}^*)\bar{T}\xi$.$(\bar{A}, \bar{B})$ 在 $\cap_0^{\infty} \ker \bar{B}^*\mathrm{e}^{\bar{A}^*t} = 0$ 意义下可达. 此外, 协方差算子 (10.204) 满足 Lyapunov 方程

$$\bar{A}\bar{P} + \bar{P}\bar{A}^* + \bar{B}\bar{B}^* = 0. \tag{10.207}$$

注 10.5.4 为建立前向和后向情形之间的联系，定义同构映射 $R := T\bar{T}^* : \bar{\mathcal{X}} \to \mathcal{X}$, 若 $\xi = T^*f = \bar{T}^*\bar{f}$, 则有

$$f = R\bar{f}. \tag{10.208}$$

进一步有

$$Re^{\bar{A}t}R^* = e^{A^*t}, \quad A^*R = R\bar{A}. \tag{10.209}$$

10.5.3 平稳过程的随机实现

给定 m 维平稳随机过程 $\{y(t)\}_{t\in\mathbb{R}}$ 的无穷维正规 Markov 表示 $(\mathbb{H}, \{\mathcal{U}_t\}, \mathrm{X})$, 是否可能基于前向状态表示 (10.179) 构造一个随机实现？从定理 10.5.2 可见上述问题的充分必要条件是

$$y_k(0) \in \mathcal{D}(\Gamma), \quad k = 1, 2, \cdots, m, \tag{10.210}$$

其中 Γ 为半群 $\{\mathcal{U}_t(\mathrm{X})\}$ 的无穷小生成元. 以同样的方式, 由定理 10.5.3 可知存在基于后向状态表示 (10.201) 的随机实现的充分必要条件是

$$y_k(0) \in \mathcal{D}(\Gamma^*), \quad k = 1, 2, \cdots, m. \tag{10.211}$$

命题 10.5.5 设 $(\mathbb{H}, \{\mathcal{U}_t\}, \mathrm{X})$ 为正规 Markov 表示, 有谱因子 W 和协谱因子 $\bar{W}$, 设 Γ 为半群 $\{\mathcal{U}_t(\mathrm{X})\}$ 的无穷小生成元, 则条件 (10.210) 成立的充分必要条件是存在 $m\times p$ 维常值矩阵 N 使得 $\mathrm{i}\omega W(\mathrm{i}\omega) - N$ 的各行属于 H_p^2. 类似地, 条件 (10.211) 成立的充分必要条件是存在 $m\times p$ 维常值矩阵 $\bar{N}$, 使得 $\mathrm{i}\omega\bar{W}(\mathrm{i}\omega) - \bar{N}$ 的各行属于 $\bar{H}_p^2$.

证 易知条件 (10.210) 等价于 $\mathfrak{F}^*a'W \in \mathcal{D}(A^*), \forall a \in \mathbb{R}^m$, 后者又等价于存在 $m\times p$ 维常值矩阵 N 使得 $\mathrm{i}\omega W(\mathrm{i}\omega) - N$ 属于 H_p^2[180, 引理 3.1], 第一个结论得证. 第二个结论类似可得. □

设条件 (10.210) 成立, 则从 (10.180) 和 (10.181) 可得

$$y(t) = \int_{-\infty}^{t} Ce^{A(t-\tau)}B\mathrm{d}w(\tau), \tag{10.212}$$

其中无界算子 $C : \mathcal{X} \to \mathbb{R}^m$ 由下式给出

$$a'Cg = \langle (I-Q)\mathfrak{F}^*a'W, g\rangle_{\mathcal{X}}, \quad \forall a \in \mathbb{R}^m. \tag{10.213}$$

类似地, 若条件 (10.211) 成立, 从 (10.198) 就有

$$y(t) = \int_t^{\infty} \bar{C} e^{\bar{A}(\tau - t)} \bar{B} \mathrm{d}\bar{w}(\tau), \tag{10.214}$$

其中无界算子 $\bar{C}: \bar{\mathfrak{X}} \to \mathbb{R}^m$ 由下式给出

$$a'\bar{C}\bar{g} = \langle (I - \bar{Q})\mathfrak{F}^* a'\bar{W}, \bar{g}\rangle_{\bar{\mathfrak{X}}}, \qquad \forall a \in \mathbb{R}^m. \tag{10.215}$$

定理 10.5.6 设 $(\mathbb{H}, \{\mathcal{U}_t\}, \mathrm{X})$ 为具有谱因子 $(W, \bar{W})$ 和生成过程 $(\mathrm{d}w, \mathrm{d}\bar{w})$ 的 m 维平稳随机过程的正规 Markov 表示. 若条件 (10.210) 成立, 则

$$y(t) = Cx(t), \tag{10.216}$$

其中 $\{x(t)\}_{t\in\mathbb{R}}$ 为取值于 $\mathfrak{X}$ 的弱随机过程 (10.179).(C, A) 在 $\cap_{t\geqslant 0} \ker C e^{At} = 0$ 意义下完全可观的充分必要条件是 X 可观测. 进一步有

$$\Lambda(t) := \mathrm{E}\{y(t)y(0)'\} = Ce^{At}PC^*, \tag{10.217}$$

其中 P 由 (10.184) 给出并满足算子 Lyapunov 方程 (10.187). 同样地, 若条件 (10.211) 成立, 则

$$y(t) = \bar{C}\bar{x}(t), \tag{10.218}$$

其中 $\{\bar{x}(t)\}_{t\in\mathbb{R}}$ 为取值于 $\bar{\mathfrak{X}}$ 的弱随机过程 (10.179). $(\bar{C}, \bar{A})$ 在 $\cap_{t\geqslant 0} \ker \bar{C} e^{\bar{A}t} = 0$ 意义下完全可观的充分必要条件是 X 可构造并且

$$\Lambda(t) := \mathrm{E}\{y(t)y(0)'\} = \bar{C}e^{\bar{A}t}P\bar{C}^*, \tag{10.219}$$

其中 $\bar{P}$ 由 (10.204) 给出并满足算子 Lyapunov 方程 (10.207).

从而为使 $\{y(t)\}_{t\in\mathbb{R}}$ 关于 Markov 分裂子空间 X 同时有前向和后向表示, 必须要有以下条件成立

$$y_k(0) \in \mathcal{D}(\Gamma) \cap \mathcal{D}(\Gamma^*), \quad k = 1, 2, \cdots, m.$$

(10.216) 和 (10.218) 由已证得的结论立得. 为证可观测性和可构造性的结论, 我们需要引入一些概念. 定义 M 为如下向量空间

$$\mathrm{M} = \mathrm{span}\{\mathrm{E}^{\mathrm{X}} y_k(t);\ t \geqslant 0, k = 1, 2, \cdots, m\}. \tag{10.220}$$

注意 $\mathrm{E}^{\mathrm{X}} y_k(t) = \mathcal{U}_t(\mathrm{X}) y_k(0)$, 可知 M 在 $\mathcal{U}_t(\mathrm{X})$ 映射下不变, 即 $\mathcal{U}_t(\mathrm{X})\mathrm{M} \subset \mathrm{M}, \forall t \geqslant 0$. 然而 $\mathcal{D}(\Gamma)$ 在 $\mathcal{U}_t(\mathrm{X})$ 下不变, 这是半群的基本性质. 因此由 (10.210) 可得 $\mathrm{M} \subset \mathrm{Z}$.

若 X 可观测, 则 M 在 X 中稠密 (推论 7.4.12), 但由此并不能自动得出在图拓扑下 M 在 Z 中稠密. 然而, 在此处的假定下, 上述结论确实成立, 注意到下式以及 $e^{A^*t} = T\mathcal{U}_t(\mathrm{X})T^*$, 此结论可从下面引理得证

$$\mathcal{M} := T\mathrm{M} = \operatorname{span}\{e^{A^*t}\mathfrak{F}^*W_k;\ t \geqslant 0, k = 1, 2, \cdots, m\} \subset \mathcal{Z}. \tag{10.221}$$

用文献 [15, p. 101] 的术语, 这是指包含向量空间 M 并且连续嵌入到 Hilbert 空间 X 的 Hilbert 空间 Z 是标准的.

引理 10.5.7 设 $\mathcal{M}$ 为 $\mathcal{Z}$ 的子集且在 $e^{A^*t}\mathcal{M} \subset \mathcal{M}$, $\forall t \geqslant 0$ 意义下 $\mathcal{M}$ 为不变的, 设 $\mathcal{M}$ 在 $\mathcal{X}$ 中稠密, 则在图拓扑下 $\mathcal{M}$ 在 $\mathcal{Z}$ 中稠密.

证 设 $\mathcal{M} \subset \mathcal{Z} \subset \mathcal{X}$ 且 $\mathcal{M}$ 在 $\mathcal{X}$ 中稠密. 设在图拓扑下 $\overline{\mathcal{M}}$ 为 $\mathcal{M}$ 的闭包. 已知 $\overline{\mathcal{M}} \subset \mathcal{Z}$, 往证 $\overline{\mathcal{M}} = \mathcal{Z}$. 为此, 定义 $\overline{Q}$ 为 Q 在 $\overline{\mathcal{M}}$ 上的限制算子. 则 $\overline{Q}$ 为定义于 $\mathcal{X}$ 的稠密子集上的无界算子, 类似于 Q, 易知 $\overline{Q}$ 为闭的和耗散的. 因此 $(I - \overline{Q})$ 的值域为闭集 [103, 定理 3.4, p. 79]. 因此若能证明 $(I - \overline{Q})$ 的值域在 $\mathcal{X}$ 中稠密, 我们就证得 $\mathcal{X}$ 稠密. 从而 $\overline{Q}$ 为极大耗散 [103, 定理 3.6, p. 81]. 然而 Q 为 $\overline{Q}$ 的耗散性扩展, 因此有 $\overline{Q} = Q$, 从而 $\mathcal{D}(\overline{Q}) = \mathcal{D}(Q)$, 即 $\overline{\mathcal{M}} = \mathcal{Z}$.

还需证明 $(I - \overline{Q})\overline{\mathcal{M}}$ 在 $\mathcal{X}$ 中稠密. 注意 $\overline{\mathcal{M}}$ 在 $\mathcal{X}$ 中稠密, 只需证明方程 $(I - \overline{Q})f = g$(即 $\dot{f} - f = -g$) 对每个 $g \in \overline{\mathcal{M}}$ 都有解 $f \in \overline{\mathcal{M}}$. 然而对此 g, 微分方程 $\dot{f} - f = -g$ 有 L^2 解

$$f(t) = \int_0^\infty e^{-\tau}g(t+\tau)\mathrm{d}\tau = \int_0^\infty (e^{A^*\tau}g)(t)\mathrm{d}m(\tau), \tag{10.222}$$

其中 $\mathrm{d}m = e^{-\tau}\mathrm{d}\tau$, 从而只需证明 f 属于 $\overline{\mathcal{M}}$. 注意 $e^{A^*\tau}\mathcal{M} \subset \mathcal{M}$, 由连续性可得 $e^{A^*\tau}g \in \overline{\mathcal{M}}$, $\forall \tau \geqslant 0$. 因此函数 $\tau \to e^{A^*\tau}g$ 为 $\mathbb{R}^+$ 到 $\overline{\mathcal{M}}$ 的映射. 易知强可测性, 注意 $e^{A^*\tau}$ 为收缩的, 可知 $\|e^{A^*\tau}g\|_{\overline{\mathcal{M}}} \leqslant \|g\|_{\overline{\mathcal{M}}}$, 因此有

$$\int_0^\infty \|e^{A^*\tau}g\|^2_{\overline{\mathcal{M}}}\mathrm{d}m(\tau) < \infty,$$

进而 (10.222) 为 Bochner 积分 [318, p. 133]. 因此从定理可知 $f \in \overline{\mathcal{M}}$, 结论得证. □

为完成定理 10.5.6 的证明, 我们首先注意由于 e^{A^*t} 和 $(I - Q)$ 交换, 则有

$$a'Ce^{At}g = \langle (I - Q)e^{A^*t}\mathfrak{F}^*(a'W), g\rangle_{\mathcal{X}}$$

对任意 $a \in \mathbb{R}^m$ 都成立. 因此, 鉴于 (10.221) 可知 $g \in \cap_{t\geqslant 0} \ker Ce^{At}$ 成立的充分必要条件是

$$\langle h, g\rangle = 0, \quad \forall h \in (I - Q)\mathcal{M}. \tag{10.223}$$

若 (C, A) 可观测, 即 $\cap_{t\geqslant 0} \ker C\mathrm{e}^{At} = 0$, 仅当 $g = 0$ 时满足 (10.223), 因此 $(I - Q)\mathcal{M}$ 在 $\mathcal{X}$ 中稠密. 所以 $\mathcal{M}$ 在 $\mathcal{Z}$ 中稠密 (引理 10.5.1), 即 X 可观测. 反之, 假设 X 可观测, 则 $\mathcal{M}$ 在 $\mathcal{Z}$ 中稠密 (引理 10.5.7), 所以 $(I - Q)\mathcal{M}$ 在 $\mathcal{X}$ 中稠密 (引理 10.5.1). 然而此情形下仅当 $g = 0$ 时满足 (10.223), 因此 (C, A) 可观测. 这就证得定理 10.5.6 可观性部分, 可构造性部分可以类似得证.

10.5.4　平稳增量过程的随机实现

设 $(\mathbb{H}, \{\mathcal{U}_t\}, \mathrm{X})$ 为 m 维平稳增量过程 $\mathrm{d}y$ 的正规 Markov 表示,$\mathrm{X} \sim (\mathrm{S}, \bar{\mathrm{S}})$ 有谱因子 $(W, \bar{W})$ 和生成过程 $(\mathrm{d}w, \mathrm{d}\bar{w})$.

在第 10.3 节, 我们首先注意 W 可分解为下式, 进而对有限维情形能够构造前向随机实现 (10.106) :

$$W(s) = G(s) + D, \tag{10.224}$$

其中 G 的各行属于 H_p^2,D 为 $m \times p$ 维矩阵. 在无穷维情形下上面结论的一个充分必要条件是 $\mathrm{d}y$ 关于 S 为条件 Lipschitz 的 (推论 5.5.2).

在此情形下, 依第 5 章的详尽解释, 有

$$y(h) - y(0) = \int_{-\infty}^{\infty} \frac{\mathrm{e}^{\mathrm{i}\omega h} - 1}{\mathrm{i}\omega} W(\mathrm{i}\omega)\mathrm{d}\hat{w} = \int_0^h z(t)\mathrm{d}t + D[w(h) - w(0)],$$

其中 $\{z(t)\}_{t\in\mathbb{R}}$ 为如下平稳过程

$$z(t) = \int_{-\infty}^{\infty} \mathrm{e}^{\mathrm{i}\omega t} G(\mathrm{i}\omega)\mathrm{d}\hat{w}.$$

由定理 10.2.3 可得

$$a'z(0) \in \mathrm{E}^{\mathrm{S}}\, \mathrm{H}^- \subset \mathrm{E}^{\mathrm{S}}\, \bar{\mathrm{S}} = \mathrm{S} \cap \bar{\mathrm{S}} = \mathrm{X}$$

对任意 $a \in \mathbb{R}^m$ 都成立. 因此

$$\mathrm{d}y = z\mathrm{d}t + \mathrm{d}w, \tag{10.225}$$

其中 $z(0)$ 的各个分量属于 X. 进一步知 $z_k(0)$, $k = 1, 2, \cdots, m$ 为关于 S 的条件导数

$$z_k(t) = \lim_{h\downarrow 0} \frac{1}{h} \mathrm{E}^{\mathcal{U}_t \mathrm{S}}[y_k(t + h) - y_k(t)], \quad k = 1, 2, \cdots, m.$$

类似地,$\mathrm{d}y$ 关于 $\bar{\mathrm{S}}$ 为条件 Lipschitz 的充分必要条件是

$$\bar{W}(s) = \bar{G}(s) + \bar{D}, \tag{10.226}$$

其中 $\bar{G}$ 的各行属于 H_p^2,$\bar{D}$ 为 $m\times p$ 维矩阵, 此情形下存在平稳过程

$$\bar{z}(t) = \int_{-\infty}^{\infty} \mathrm{e}^{\mathrm{i}\omega t}\bar{G}(\mathrm{i}\omega)\mathrm{d}\hat{\bar{w}},$$

使得

$$\mathrm{d}y = \bar{z}\mathrm{d}t + D\mathrm{d}\bar{w}, \tag{10.227}$$

其中 $\bar{z}_k(0),k=1,2,\cdots,m$ 属于 X 且为 dy 关于 $\bar{\mathrm{S}}$ 的条件导数.

定理 10.5.8 设 $(\mathbb{H},\{\mathcal{U}_t\},\mathrm{X})$ 为 m 维平稳增量过程 dy 的正规 Markov 表示, 有谱因子 $(W,\bar{W})$ 和生成过程 $(\mathrm{d}w,\mathrm{d}\bar{w})$, 设 $\mathrm{X}\sim(\mathrm{S},\bar{\mathrm{S}})$ 并且 Γ 为半群 $\{\mathcal{U}_t(\mathrm{X})\}$ 的无穷小生成元.

若 dy 关于 S 是条件 Lipschitz 连续且条件导数 $z_k(0),k=1,2,\cdots,m$ 属于 $\mathcal{D}(\Gamma)$, 则有

$$\mathrm{d}y = Cx(t)\mathrm{d}t + D\mathrm{d}w, \tag{10.228}$$

其中 $\{x(t)\}_{t\in\mathbb{R}}$ 是取值于 $\mathcal{X}$ 的弱随机过程 (10.179),$D := W(\infty)$, 且有界算子 $C:\mathcal{X}\to\mathbb{R}^m$ 由下式给出

$$a'Cg = \langle (I-Q)\mathfrak{F}^*a'(W-D),g\rangle_{\mathcal{X}},\quad \forall a\in\mathbb{R}^m. \tag{10.229}$$

(C,A) 在 $\cap_{t\geqslant 0}\ker C\mathrm{e}^{At}=0$ 意义下完全可观测的充分必要条件是 X 可观测.

类似地, 若 dy 关于 $\bar{\mathrm{S}}$ 是条件 Lipschitz 连续且条件导数 $\bar{z}_k(0),k=1,2,\cdots,m$ 属于 $\mathcal{D}(\Gamma^*)$, 则

$$\mathrm{d}y = \bar{C}\bar{x}(t)\mathrm{d}t + \bar{D}\mathrm{d}\bar{w}, \tag{10.230}$$

其中 $\{\bar{x}(t)\}_{t\in\mathbb{R}}$ 是取值于 $\bar{\mathcal{X}}$ 的弱随机过程 (10.179),$\bar{D} := \bar{W}(\infty)$, 有界算子 $\bar{C}:\bar{\mathcal{X}}\to\mathbb{R}^m$ 由下式给出

$$a'\bar{C}g = \langle (I-\bar{Q})\mathfrak{F}^*a'(\bar{W}-\bar{D}),\bar{g}\rangle_{\bar{\mathcal{X}}},\quad \forall a\in\mathbb{R}^m. \tag{10.231}$$

$(\bar{C},A^*)$ 在 $\cap_{t\geqslant 0}\ker \bar{C}\mathrm{e}^{A^*t}=0$ 意义下完全可观测的充分必要条件是 X 可观测.

证 若 $z_1(0),z_2(0),\cdots,z_m(0)\in\mathcal{D}(\Gamma)$, 则从 (10.180) 和 (10.181) 可得

$$z(t) = \int_{-\infty}^{t} C\mathrm{e}^{A(t-\tau)}B\mathrm{d}w(\tau), \tag{10.232}$$

其中有界算子 $C:\mathcal{X}\to\mathbb{R}^m$ 由 (10.229) 式给出, 因此 $z(t)=Cx(t)$, 与 (10.225) 结合可得 (10.228). 后向表示 (10.230) 可类似证得.

取 M 满足如下条件

$$\mathrm{M} := \mathrm{span}\{\mathrm{E}^{\mathrm{X}}[y_k(t+h) - y_k(t)];\ t \geqslant 0, k = 1, 2, \cdots, m\}$$

注意

$$\mathrm{M} = \mathrm{span}\{\mathrm{E}^{\mathrm{X}} z_k(t);\ t \geqslant 0, k = 1, 2, \cdots, m\},$$

可观测性的证明可从定理 10.5.6 的证明类似得到. 可构造性部分的证明类似可得.

□

§ 10.6　相关文献

本章几何理论的基本参考文献是 [198, 204–206]. 第 10.1 节和第 10.2 节与 [206] 密切相关, 第 10.3 节来自 [205, 206]. 第 10.4 节的定理 10.4.1 来自 [206].

主要用来处理谱分解的随机实现经典理论, 线性矩阵不等式和代数 Riccati 方程是由 Kalman [157] 首先引入, 主要由 Anderson [10] 和 Faurre [88] 发展起来. 定理 10.4.4 受到了文献 Anderson [10] 的启发, 解决了 Anderson 在 [10] 提出的"平稳协方差生成的逆问题". 围绕着正实引理的理论是基于 Yakubovich [317], Kalman [156] 和 Popov [258] 给出的经典结论. 集合 $\mathcal{P}$ 的几何性在 Faurre [88] 中得到研究, 定理 10.4.6 的几何部分同样归于 Faurre 的研究工作. 线性矩阵不等式、代数 Riccati 方程和代数 Riccati 不等式的理论在 Willems [310] 中发展得相当完善.

第 10.5 节是基于 [203, 205], 平稳增量过程的表示可参考 [204]. 除框架变换以适应可观性 (可构造性) 和前向 (后向) 实现之间的适当关系外, 移位实现的构造与 [20, 21, 103, 104, 141] 中的无穷维确定性实现理论类似. 引理 10.5.7 的证明见于 [203], 最初是由 A. Gombani 建议给本书作者.

第 11 章

随机均衡和模型降阶

设我们有如下形式的随机模型

$$\begin{cases} x(t+1) = Ax(t) + Bw(t), \\ y(t) = Cx(t) + Dw(t). \end{cases} \tag{11.1}$$

上述模型可能来自某种物理或者工程问题的描述, 不失一般性, 我们假设 (11.1) 为最小随机实现, 从而 $\mathrm{X} = \operatorname{span}\{x_k(0),\ k = 1, \cdots, n\}$ 为最小 Markov 分裂子空间.

许多与辨识、控制和统计信号处理相关的问题中, 随着模型 (11.1) 的维数增加算法的复杂性经常以超过线性的速度增长, 因此需要一些随机模型的降阶技术以便用适当维数的模型来逼近原模型. 注意 (11.1) 仅为潜在的随机过程许多可能表示中的一种, 经典的确定性模型降阶理论不足以解决这个问题, 需要更为深入的分析.

在本章开始, 我们首先讨论 (11.1) 的随机均衡, 这相当于定义 X 中的一组特定基, 这组基能保证得到所需的系统性质, 这些性质与确定性均衡实现的性质相类似 (见附录 A). 而后我们考虑模型降阶, 为此我们考虑模型降阶的基本原则, 这些原则与 Kullback-Leibler 逼近、预报误差和 Hankel 范数测度及其之间的互联相关联, 当然也与随机均衡截断相关联.

§ 11.1 典型相关分析与随机均衡

设 $\{y(t)\}_{t\in\mathbb{Z}}$ 为 m 维平稳过程, 过去空间为 H^-、将来空间为 H^+, 使得 Hankel 算子 $\mathcal{H} := \mathrm{E}^{\mathrm{H}^+}|_{\mathrm{H}^-}$ 的秩满足

$$\operatorname{rank}\mathcal{H} = n < \infty. \tag{11.2}$$

显然这要求 y 具有有理的谱密度.

如同第 7.3 节所解释的, $\mathcal{H}$ 的值域是 (6.64) 定义的后向预报空间 X_+, 并且满足

$$\ker\mathcal{H} = \mathrm{H}^- \cap (\mathrm{H}^+)^\perp. \tag{11.3}$$

同样地,$\mathcal{H}^*$ 的值域是 (6.63) 定义的预报空间 X_-, 并且满足

$$\ker\mathcal{H}^* = \mathrm{H}^+ \cap (\mathrm{H}^-)^\perp. \tag{11.4}$$

显然有 $\dim\mathrm{X}_- = \dim\mathrm{X}_+ = n$, 而核 (11.3) 和 (11.4) 为无穷维.

如同第 2.3 节所解释的, 正自伴随算子 $\mathcal{H}^*\mathcal{H}$ 有特征值分解

$$\mathcal{H}^*\mathcal{H}u_k = \sigma_k^2 u_k, \quad k = 1,2,3,\cdots \tag{11.5}$$

以及正交特征向量 $(u_1,u_2,u_3,\cdots)$ 和正特征值 $\sigma_1^2,\sigma_2^2,\sigma_3^2,\cdots$, 在当前情形下特征值的模均小于等于 1. 类似地,$\mathcal{H}\mathcal{H}^*$ 有特征值分解

$$\mathcal{H}\mathcal{H}^*v_k = \sigma_k^2 v_k, \quad k = 1,2,3,\cdots \tag{11.6}$$

以及特征向量 $(v_1,v_2,v_3,\cdots)$ 和同样的特征值. 特征值的平方根 $\sigma_1,\sigma_2,\sigma_3,\cdots$ 为 $\mathcal{H}$ (或 $\mathcal{H}^*$) 的奇异值, 显然也小于等于 1.

注意 (11.2), 就知仅有 n 个奇异值非零, 我们将它们以降序排列

$$1 \geqslant \sigma_1 \geqslant \sigma_2 \geqslant \sigma_3 \cdots \geqslant \sigma_n > 0. \tag{11.7}$$

进一步,(u_k,v_k) 为对应于奇异值 σ_k 的 Schmidt 对, 即

$$\mathcal{H}u_k = \sigma_k v_k, \quad k = 1,2,\cdots,n. \tag{11.8a}$$

$$\mathcal{H}^*v_k = \sigma_k u_k, \quad k = 1,2,\cdots,n. \tag{11.8b}$$

在第 2.3 节我们已证明 $\sigma_1,\sigma_2,\cdots,\sigma_n$ 为子空间 H_- 和 H_+ 之间主夹角的余弦, 被称为过程 y 的标准相关系数. 易知 $\sigma_1 < 1$ 的充分必要条件是 H_- 和 H_+ 之

间的夹角为正, 在有限维情形下等价于 $H_- \cap H_+ = 0$, 进而又等价于 y 的谱密度为强制的 (定理 9.4.2).

前 n 个左主向量 或标准向量, 即 $\mathcal{H}^*\mathcal{H}$ 的归一化特征向量 $u_1, u_2, \cdots, u_n$ 构成预报空间 X_- 的一组正交基, 而 $\mathcal{H}\mathcal{H}^*$ 的归一化特征向量 $v_1, v_2, \cdots, v_n$ 构成 X_+ 的一组正交基. 从而通过定义 $u_{n+1}, u_{n+2}, \cdots$ 和 $v_{n+1}, v_{n+2}, \cdots$ 分别为零空间 (11.3) 和 (11.4) 的任意正交基, 我们就可完备化左右主向量的基底.

正交基的有用之处在于它们适应于正交分解 (7.52), 即

$$H^- \vee H^+ = [H^- \cap (H^+)^\perp] \oplus H^\Box \oplus [H^+ \cap (H^-)^\perp], \tag{11.9}$$

其中 $H^\Box := X_- \vee X_+$ 为 (7.53) 定义的框架空间, 其中

$$X_- = \text{span}\{u_1, u_2, \cdots, u_n\}, \qquad X_+ = \text{span}\{v_1, v_2, \cdots, v_n\}.$$

上述结论的正确性是因为 X_- 为 H^- 中与未来 H^+ 有非零相关系数的随机变量构成的子空间, 对偶地,X_+ 为 H^+ 中与过去 H^- 有非零相关系数的随机变量构成的子空间. 注意 $\{v_{n+1}, v_{n+2}, v_{n+3}, \cdots\}$ 和 $\{u_{n+1}, u_{n+2}, u_{n+3}, \cdots\}$ 分别张成无用空间 $H^- \cap (H^+)^\perp$ 和 $H^+ \cap (H^-)^\perp$, 下文中这些空间并不起作用.

现在定义 n 维向量

$$z = \begin{bmatrix} \sigma_1^{1/2} u_1 \\ \sigma_2^{1/2} u_2 \\ \vdots \\ \sigma_n^{1/2} u_n \end{bmatrix}, \qquad \bar{z} = \begin{bmatrix} \sigma_1^{1/2} v_1 \\ \sigma_2^{1/2} v_2 \\ \vdots \\ \sigma_n^{1/2} v_n \end{bmatrix}, \tag{11.10}$$

易知 z 为 X_- 的基底、$\bar{z}$ 为 X_+ 的基底, 并满足如下性质

$$\text{E}\{zz'\} = \Sigma = \text{E}\{\bar{z}\bar{z}'\}, \tag{11.11}$$

其中 $\Sigma := \text{diag}(\sigma_1, \sigma_2, \cdots, \sigma_n)$. 这些正交但并非标准正交的基底被称为标准基, 并在接下来的部分中起重要作用. 由 (11.5) 和 (11.6), 它们在模正负号意义下唯一的充分必要条件是标准相关系数为互异的.

11.1.1　可观性与可构造性 Gram 算子

设 $(\mathbb{H}, U, \mathrm{X})$ 为 y 的任意最小 Markov 表示, 则如第 7.3 节所证 X 为分裂子空间, 分裂性质等价于如下分解

$$\begin{array}{ccc} \mathrm{H}^- & \xrightarrow{\mathcal{H}} & \mathrm{H}^+ \\ \mathcal{C}^* \searrow & & \nearrow \mathcal{O} \\ & \mathrm{X} & \end{array} \qquad \mathcal{H} = \mathcal{O}\mathcal{C}^*, \tag{11.12}$$

其中 $\mathcal{O} := \mathrm{E}^{\mathrm{H}^+}|_{\mathrm{X}}$ 为可观性算子,$\mathcal{C} := \mathrm{E}^{\mathrm{H}^-}|_{\mathrm{X}}$ 为可构造性算子. 相应的对偶分解为

$$\begin{array}{ccc} \mathrm{H}^+ & \xrightarrow{\mathcal{H}^*} & \mathrm{H}^- \\ \mathcal{O}^* \searrow & & \nearrow \mathcal{C} \\ & \mathrm{X} & \end{array} \qquad \mathcal{H}^* = \mathcal{C}\mathcal{O}^*. \tag{11.13}$$

注意 X 为最小分裂子空间, 这些分解与双射 $\mathcal{O}$ 和 $\mathcal{C}$ 规范 (见第 7.3 节), 因此 $\dim \mathrm{X} = n$, 进而可观性 Gram 算子 $\mathcal{O}^*\mathcal{O}$ 和可构造性 Gram 算子 $\mathcal{C}^*\mathcal{C}$ 均为可逆正自伴随算子 $\mathrm{X} \to \mathrm{X}$ 且范数小于等于 1.

接下来我们选取状态空间中的一对对偶基底, 即最小 Markov 分裂子空间 X 中的基底 x 和 $\bar{x}$ 使得

$$\mathrm{E}\{\bar{x}x'\} = I. \tag{11.14}$$

在第 8.3 节已解释到对前向系统 (11.1), 若 $x := x(0)$, 则在后向系统 (8.60) 中有 $\bar{x} = \bar{x}(-1)$. 回忆第 8.7 节内容, 在三元组 $(A, C, \bar{C})$ 被保留的方式下, 如此选择的基底诱导出所有最小 Markov 分裂子空间中的一对对偶基底 (见定理 8.7.3). 这被称为在过程 y 的最小 Markov 表示等价类族 $\mathcal{M}$ 中的基底的一致选择. 可观性和可构造性 Gram 算子在这些基底上有非常简单的矩阵表示.

特别地, 如第 7.7 节和第 8.7 节详尽解释的那样, 这对基底 $(x, \bar{x})$ 在前向和后向预报空间 X_- 和 X_+ 中分别诱导了基底 $(x_-, \bar{x}_-)$ 和 $(x_+, \bar{x}_+)$ 并使得

$$a'x = \mathrm{E}^{\mathrm{X}} a'x_+ = \mathcal{O}^* a'x_+, \qquad a'\bar{x} = \mathrm{E}^{\mathrm{X}} a'\bar{x}_- = \mathcal{C}^* a'\bar{x}_- \tag{11.15}$$

对任意 $a \in \mathbb{R}^n$ 都成立. 进一步, 由命题 7.7.7 及其后向情形下的对称结论就有

$$a'x_- = \mathrm{E}^{\mathrm{X}_-} a'x, \qquad a'\bar{x}_+ = \mathrm{E}^{\mathrm{X}_+} a'\bar{x}, \tag{11.16}$$

或等价地,

$$a'x_- = \mathrm{E}^{\mathrm{H}^-} a'x = \mathcal{C}a'x, \qquad a'\bar{x}_+ = \mathrm{E}^{\mathrm{H}^+} a'\bar{x} = \mathcal{O}a'\bar{x} \tag{11.17}$$

(见命题 7.4.13). 相应的协方差矩阵

$$P_{-} := \mathrm{E}\{x_{-}x_{-}'\}, \qquad \bar{P}_{+} := \mathrm{E}\{\bar{x}_{+}\bar{x}_{+}'\} \tag{11.18}$$

在接下来将起重要作用.

为叙述下一个结论, 我们给出计算 X 上算子矩阵表示的流程. 对 X 中的每个基底 x, 设 $T_x : \mathbb{R}^n \to \mathrm{X}$ 为 a 到 $a'x$ 的线性双射, 则

$$\mathrm{E}^{\mathrm{H}^-} a'x = \mathcal{C}T_x a, \qquad \mathrm{E}^{\mathrm{H}^+} a'\bar{x} = \mathcal{O}T_{\bar{x}}a. \tag{11.19}$$

此外, 若 $\xi := b'\bar{x}$ 为 X 中的任意元, 则有

$$\langle T_x a, \xi\rangle_{\mathrm{X}} = \langle a'x, b'\bar{x}\rangle_{\mathrm{X}} = a'\,\mathrm{E}\{x, \bar{x}'\}b = a'b = \langle a, T_{\bar{x}}^{-1}\xi\rangle_{\mathbb{R}^n};$$

即伴随算子 $T_x^* : \mathrm{X} \to \mathbb{R}^n$ 由下式给出

$$T_x^* = T_{\bar{x}}^{-1}. \tag{11.20}$$

命题 11.1.1 设 X 为 (有限维) 最小分裂子空间并设 $(x, \bar{x})$ 为 X 中的对偶基底对. 此外, 设 P_- 和 $\bar{P}_+$ 为由 X_- 和 X_+ 中的 $(x, \bar{x})$ 诱导出的基底 x_- 和 $\bar{x}_+$ 构成的协方差 (11.18). 则可构造性 Gram 算子有矩阵表示

$$\mathcal{C}^*\mathcal{C} := T_x^*\mathcal{C}^*\mathcal{C}T_x = T_{\bar{x}}^{-1}\mathcal{C}^*\mathcal{C}T_x = P_-. \tag{11.21a}$$

类似地, 可观性 Gram 算子有矩阵表示

$$\mathcal{O}^*\mathcal{O} := T_{\bar{x}}^*\mathcal{O}^*\mathcal{O}T_{\bar{x}} = T_x^{-1}\mathcal{O}^*\mathcal{O}T_{\bar{x}} = \bar{P}_+. \tag{11.21b}$$

特别地, 上述两个 Gram 算子并不依赖特定的最小分裂子空间 X, 因此在最小 Markov 表示族 $\mathcal{M}$ 中为不变的.

证 对任意 $a \in \mathbb{R}^n$, 有

$$\mathcal{C}\,a'x = \mathrm{E}^{\mathrm{H}^-} a'x = a'x_-,$$

其中我们用到事实 x_- 为 X_- 中的基底, 且与 x 一样都属于一致选择基底 (见第 8.7 节). 然而注意 (11.14), 有 $x_- = P_-\bar{x}_-$, 因此

$$\mathcal{C}^*\mathcal{C}\,a'x = \mathrm{E}^{\mathrm{X}}\,a'P_-\bar{x}_- = a'P_-\bar{x},$$

其中最后一步可从一致基底的定义得来 (见 (8.154)). 上式即为

$$T_{\bar{x}}^{-1}\mathcal{C}^*\mathcal{C}T_x a = P_- a,$$

因此结合 (11.20) 就知 (11.21a) 成立.

与上述分析类似, 对任意 $a \in \mathbb{R}^n$ 有

$$\mathcal{O}^*\mathcal{O}\, a'\bar{x} = \mathrm{E}^{\mathrm{X}}\,\mathrm{E}^{\mathrm{H}^+}\, a'\bar{x} = \mathrm{E}^{\mathrm{X}}\, a'\bar{x}_+ = \mathrm{E}^{\mathrm{X}}\, a'\bar{P}_+ x_+ = a'\bar{P}_+ x,$$

进而就得 (11.21b). □

需要注意在定义域和值域中用相同基底 x, 可观性 Gram 算子的矩阵表示就为 $P\bar{P}_+$, 这个矩阵表示不再是不变的.

接下来我们由基本原则出发构造 X 中的一对对偶基底.

命题 11.1.2　由下式定义的 n 元组 $(\xi_1, \xi_2, \cdots, \xi_n)$ 和 $(\bar{\xi}_1, \bar{\xi}_2, \cdots, \bar{\xi}_n)$,

$$\xi_k := \sigma_k^{-1/2}\mathcal{O}^* v_k, \qquad \bar{\xi}_k := \sigma_k^{-1/2}\mathcal{C}^* u_k, \quad k = 1, 2, \cdots, n, \tag{11.22}$$

分别构成 X 中的对偶正交基底 x 和 $\bar{x}$. 此外,

$$\mathcal{O}^*\mathcal{O}\bar{\xi}_k = \sigma_k \xi, \quad k = 1, 2, \cdots, n, \tag{11.23a}$$

$$\mathcal{C}^*\mathcal{C}\xi = \sigma_k \bar{\xi}_k, \quad k = 1, 2, \cdots, n. \tag{11.23b}$$

证　易知 $\xi_k = \sigma_k^{-1/2}\hat{\mathcal{O}}^* v_k$, 其中 $\hat{\mathcal{O}}$ 为限制于 X_+ 的可观性映射. 由推论 7.6.5 以及空间为有限维的事实, 可知 $\hat{\mathcal{O}} : \mathrm{X}_+ \to \mathrm{X}$ 为双射. 注意 $(v_1, v_2, \cdots, v_n)$ 为 X_+ 中的基底, 所以 $(\xi_1, \xi_2, \cdots, \xi_n)$ 为 X 中的基底.$(\bar{\xi}_1, \bar{\xi}_2, \cdots, \bar{\xi}_n)$ 为 X 中的基底可以类似地证明. 接下来, 注意 (11.8a) 就有

$$\langle \xi_j, \bar{\xi}_k \rangle = \sigma_j^{-1/2}\sigma_k^{-1/2}\langle v_j, \mathcal{H}u_k \rangle = \sigma_j^{-1/2}\sigma_k^{1/2}\langle v_j, v_k \rangle = \delta_{jk},$$

因此 $(\xi_1, \xi_2, \cdots, \xi_n)$ 和 $(\bar{\xi}_1, \bar{\xi}_2, \cdots, \bar{\xi}_n)$ 为对偶基底. 最后, 从 (11.8) 就得

$$\mathcal{O}\mathcal{C}^* u_k = \sigma_k v_k, \quad \mathcal{C}\mathcal{O}^* v_k = \sigma_k u_k, \quad k = 1, 2, \cdots, n.$$

上述各式第一项左乘 $\sigma_k^{-1/2}\mathcal{O}^*$, 第二项左乘 $\sigma_k^{-1/2}\mathcal{C}^*$, 立得 (11.23) 式. □

推论 11.1.3　设 $x := (\xi_1, \xi_2, \cdots, \xi_n)$ 和 $\bar{x} := (\bar{\xi}_1, \bar{\xi}_2, \cdots, \bar{\xi}_n)$ 为命题 11.1.2 里定义的对偶基, 设 $[\mathcal{O}^*\mathcal{O}]$ 和 $[\mathcal{C}^*\mathcal{C}]$ 为可观性和可构造性 Gram 算子的矩阵表示 (11.21), 则

$$\mathcal{O}^*\mathcal{O} = \Sigma = \mathcal{C}^*\mathcal{C}, \tag{11.24}$$

其中 $\Sigma := \mathrm{diag}\,(\sigma_1, \sigma_2, \cdots, \sigma_n)$.

证 记 e_k 为第 k 个轴向量, 由 (11.23a) 就得

$$\mathcal{O}^*\mathcal{O}T_{\bar{x}}e_k = \sigma_k T_x e_k, \quad k = 1, 2, \cdots, n,$$

注意命题 11.1.1, 由此就得 (11.24) 的第一式, 第二式从 (11.23b) 可得. □

推论 11.1.4 设 $x := (\xi_1, \xi_2, \cdots, \xi_n)$ 和 $\bar{x} := (\bar{\xi}_1, \bar{\xi}_2, \cdots, \bar{\xi}_n)$ 为命题 11.1.2 定义的 X 中的对偶基, 设 $(x_-, \bar{x}_-)$ 和 $(x_+, \bar{x}_+)$ 分别为由 $(x, \bar{x})$ 诱导出的在一致选取基底中的 X_- 和 X_+ 的基底, 则

$$\mathcal{C}\xi_k = z_k, \qquad \mathcal{O}\xi_k = \bar{z}_k, \tag{11.25}$$

对 $k = 1, 2, \cdots, n$ 都成立, 其中 z 和 $\bar{z}$ 为 (11.10) 定义的标准基底. 特别地, 有 $x_- = z$ 和 $\bar{x}_+ = \bar{z}$ 成立.

证 由 (11.8b) 可知

$$\mathcal{C}\xi_k = \sigma_k^{-1/2}\mathcal{C}\mathcal{O}^* v_k = \sigma_k^{-1/2}\mathcal{H}^* v_k = \sigma_k^{1/2} u_k = z_k,$$

因此 (11.25) 的第一式成立, 第二式可以对称得证, 注意 (11.17) 进而就得 $x_- = z$ 和 $\bar{x}_+ = \bar{z}$. □

下述推论给出了 P_- 和 $\bar{P}_+$ 可从一致选择基底中得到时, 如何计算标准相关系数的方式.

推论 11.1.5 设平稳过程 y 有最小实现 (6.1), 其 (非零) 标准相关系数的平方为乘积 $P_-\bar{P}_+$ 的特征值, 即

$$\{\sigma_1^2, \sigma_2^2, \cdots, \sigma_n^2\} = \text{spectrum}\{P_-\bar{P}_+\}. \tag{11.26}$$

证 注意 (11.23), 则有 $\mathcal{C}^*\mathcal{C}\mathcal{O}^*\mathcal{O}\bar{\xi}_k = \sigma_k^2\xi_k$, 其中 $\bar{\xi}_k$ 如命题 11.1.2 所给出. 然而由命题 11.1.1 可知

$$P_-\bar{P}_+ e_k = T_{\bar{x}}^{-1}\mathcal{C}^*\mathcal{C}\mathcal{O}^*\mathcal{O}\bar{\xi}_k = \sigma_k^2 T_{\bar{x}}^{-1}\bar{\xi}_k = \sigma_k^2 e_k,$$

其中 e_k 是 $\mathbb{R}^n$ 的第 k 个轴向量. 因此 $P_-\bar{P}_+$ 特征值为 $\sigma_1^2, \sigma_2^2, \cdots, \sigma_n^2$, 结论得证. □

11.1.2 随机均衡

随机均衡 是指在最小 Markov 分裂子空间 X 的族中寻找一致选择基底, 直观上说, 关于过去和将来均衡. 更确切地说, 在每个 X 中我们想确定一对对偶基底 $(x, \bar{x})$ 使得

$$\| \mathrm{E}^{\mathrm{H}^+} \bar{x}_k \| = \| \mathrm{E}^{\mathrm{H}^-} x_k \|, \quad k = 1, 2, \cdots, n, \tag{11.27}$$

且使预报空间 X_- 和 X_+ 中的基底相互正交. 这个基底对被称为随机均衡的. 随机均衡区别于确定性均衡 (附录 A) 的地方在于后者所有最小 Markov 分裂子空间中的基底同时为均衡的.

命题 11.1.6 设 $\sigma_1, \sigma_2, \cdots, \sigma_n$ 为 y 的标准相关系数, 则 X 中的对偶基底对 $(x, \bar{x})$ 为随机均衡的充分必要条件是

$$\mathcal{O}^*\mathcal{O} = \Sigma = \mathcal{C}^*\mathcal{C}, \tag{11.28}$$

其中 $\Sigma := \operatorname{diag}(\sigma_1, \sigma_2, \cdots, \sigma_n)$, 矩阵表示 $[\mathcal{O}^*\mathcal{O}]$ 和 $[\mathcal{C}^*\mathcal{C}]$ 由 (11.21) 定义. 若对偶基底对 $(x, \bar{x})$ 为随机均衡的, 则最小 Markov 分裂子空间族中的所有一致选取对偶基底对同时为均衡的.

证 设 $(x, \bar{x})$ 为对偶基底的随机均衡对, 注意 (11.17), 则 $\mathcal{C}x_k$, $k = 1, 2, \cdots, n$ 和 $\mathcal{O}\bar{x}_k, k = 1, 2, \cdots, n$ 分别为 x_- 和 $\bar{x}_+$ 的正交分量. 因此, 基于 (11.27) 就有 $P_- = P_+ = D$, 其中 $P_- := \mathrm{E}\{x_- x_-'\}, \bar{P}_+ := \mathrm{E}\{\bar{x}_+ \bar{x}_+'\}, D$ 为对角阵. 然而根据推论 11.1.5 有 $D = \Sigma$, 因此从 11.1.1 就得 (11.28). 反之, 若 (11.28) 成立, 则

$$\langle \mathcal{O}\bar{x}_j, \mathcal{O}\bar{x}_k \rangle = \langle \mathcal{C}x_j, \mathcal{C}x_k \rangle = \sigma_k \delta_{jk}, \quad j, k = 1, 2, \cdots, n,$$

所以就得 (11.27), 并且知 x_- 和 $\bar{x}_+$ 的分量相互正交,$x_+ = \Sigma^{-1}\bar{x}_+$ 和 $\bar{x}_- = \Sigma^{-1}x_-$ 的各个分量也有相同性质. 注意 $[\mathcal{O}^*\mathcal{O}]$ 和 $[\mathcal{C}^*\mathcal{C}]$ 在最小 Markov 分裂子空间族中是不变的 (命题 11.1.1), 本命题的最后一个结论得证. □

选取命题 11.1.2 的对偶基底, 从推论 11.1.4 可知 (11.27) 有如下形式

$$\|\bar{z}_k\| = \|z_k\|, \quad k = 1, 2, \cdots, n,$$

注意 (11.10) 知上式成立. 由于 z 和 $\bar{z}$ 还有正交分量, 均衡性立得.

命题 11.1.7 命题 11.1.2 定义的对偶基底 $x := (\xi_1, \xi_2, \cdots, \xi_n)$ 和 $\bar{x} := (\bar{\xi}_1, \bar{\xi}_2, \cdots, \bar{\xi}_n)$ 是随机均衡的. 若标准相关系数互异, 则随机均衡的对偶基底在模符号变换的意义下是唯一的.

证 注意命题 11.1.6, 第一条结论从推论 11.1.3 立得. 为证第二条结论, 设 $(x_+, \bar{x}_+)$ 为 X_+ 中对偶基底的一个均衡对, 则存在 X_+ 中的正交基底 $\hat{v}$ 使得 $\bar{x}_+ = \Sigma^{1/2}\hat{v}$, 因而有 $x_+ = \Sigma^{-1/2}\hat{v}$. 注意 (11.15), 若 $(x, \bar{x})$ 为 X 中的相应基底, 则有 $x_k := \sigma_k^{-1/2}\mathcal{O}^*\hat{v}_k$. 因此由 (11.28) 的第一式可得

$$\langle \mathcal{H}^*\hat{v}_j, \mathcal{H}^*\hat{v}_k \rangle = \sigma_k \langle \mathcal{C}x_j, \mathcal{C}x_k \rangle = \sigma_k^2 \delta_{ij} = \sigma_k^2 \langle \hat{v}_j, \hat{v}_k \rangle,$$

据此对 $k = 1, 2, \cdots, n$ 可得

$$\langle \hat{v}_j, \mathcal{H}\mathcal{H}^* \hat{v}_k - \sigma_k^2 \hat{v}_k \rangle = 0,$$

其中 $j = 1, 2, \cdots, n$, 进而就有

$$\mathcal{H}\mathcal{H}^* \hat{v}_k = \sigma_k^2 \hat{v}_k.$$

然而若 $\mathcal{H}\mathcal{H}^*$ 的特征值 $\sigma_1^2, \sigma_2^2, \cdots, \sigma_n^2$ 互异, 则有特征向量 $\hat{v}_k = v_k, k = 1, 2, \cdots, n$ 在模符号变化意义下成立, 因而 $x_k = \xi_k$ 成立. 依同样方式可证 $\bar{x}_k = \bar{\xi}_k$. □

11.1.3 均衡的随机实现

考虑最小随机实现

$$\begin{cases} x(t+1) = Ax(t) + Bw(t), \\ y(t) = Cx(t) + Dw(t), \end{cases} \tag{11.29}$$

及相应的后向随机实现

$$\begin{cases} \bar{x}(t-1) = A'\bar{x}(t) + \bar{B}\bar{w}(t), \\ y(t) = \bar{C}\bar{x}(t) + \bar{D}\bar{w}(t), \end{cases} \tag{11.30}$$

则如第 8.3 节所详细解释的那样,$x := x(0)$ 和 $\bar{x} := \bar{x}(-1)$ 为最小 Markov 分裂子空间 X 的对偶基底. 设 $[\mathcal{O}^*\mathcal{O}]$ 和 $[\mathcal{C}^*\mathcal{C}]$ 为对偶基底 $(x, \bar{x})$ 下可观测性和可构造性 Gram 算子的矩阵表示 (11.21).

如果下面条件成立, 则称 y 的最小随机实现 (11.29) 为*随机均衡的*

$$\mathcal{O}^*\mathcal{O} = \Sigma = \mathcal{C}^*\mathcal{C}, \tag{11.31}$$

其中 $\Sigma := \operatorname{diag}(\sigma_1, \sigma_2, \cdots, \sigma_n)$ 为 y 的标准相关系数构成的对角阵. 由定理 8.7.3 知 (11.29) 的随机均衡相当于适当选取三元组 $(A, C, \bar{C})$, 我们称其为*随机均衡三元组*.

接下来我们假设 $\mathcal{M}$ 中一致选取基底已被取定, 这意味着固定了三元组 $(A, C, \bar{C})$ (见定理 8.7.3).

注意命题 11.1.1, (11.31) 可改写为

$$P_- = \Sigma = \bar{P}_+ = P_+^{-1}, \tag{11.32}$$

其中 P_- 和 P_+ 分别为线性矩阵不等式 (6.102) 的最小和最大解,$\bar{P}_+$ 为对偶线性矩阵不等式 (6.111) 的最小解. 回忆 $P_- = \mathrm{E}\{x_-(t)x_-(t)'\}$ 以及 $\bar{P}_+ = \mathrm{E}\{x_+(t)x_+(t)'\}$, 其中

$$\begin{cases} x_-(t+1) = Ax_-(t) + B_-w_-(t) \\ y(t) = Cx_-(t) + D_-w_-(t) \end{cases} \tag{11.33a}$$

为预报空间 X_- 的前向模型,

$$\begin{cases} \bar{x}_+(t-1) = A'\bar{x}_+(t) + \bar{B}_+\bar{w}_+(t) \\ y(t-1) = \bar{C}\bar{x}_+(t) + \bar{D}_+\bar{w}_+(t) \end{cases} \tag{11.33b}$$

为后向预报空间 X_+ 的后向模型. 如第 6.9 节所见, 这两个随机实现可做如下解释

$$x_-(t+1) = Ax_-(t) + B_-D_-^{-1}[y(t) - Cx_-(t)],$$

上式为在一致选取基底下 y 的任意最小实现 (11.29) 的 (唯一) 稳态 Kalman 滤波器. 依同样方式有

$$\bar{x}_+(t-1) = A'\bar{x}_+(t) + \bar{B}_+\bar{D}_+^{-1}[y(t-1) - C\bar{x}_+(t)],$$

是在给定一致基底下所有最小后向实现的稳态后向 Kalman 滤波器.

我们将上述讨论内容总结在如下命题中.

命题 11.1.8 $\mathcal{M}$ 中对应于一致选取基底下 y 的全部最小随机实现 (11.29) 同时均衡的充分必要条件是对偶线性矩阵不等式 (6.102) 和 (6.111) 两个最小解 P_- 和 $\bar{P}_+$ 相等且均为对角, 即

$$P_- = \Sigma = \bar{P}_+, \tag{11.34}$$

其中 $\Sigma = \mathrm{diag}\{\sigma_1, \sigma_2, \cdots, \sigma_n\}$ 为 y 的标准相关系数构成的对角阵.

条件 P_- 和 $\bar{P}_+$ 相等且均为对角是 Desai 和 Pal 提出随机均衡时的原始定义, 这两位学者实际上将 P_- 和 $\bar{P}_+$ 分别作为如下对偶代数 Riccati 方程 的最小解

$$P = APA' + (\bar{C}' - APC')\,(\Lambda_0 - CPC')^{-1}(\bar{C} - CPA) \tag{11.35a}$$

和

$$\bar{P} = A'\bar{P}A + (C' - A'\bar{P}\bar{C}')(\Lambda_0 - \bar{C}\bar{P}\bar{C}')^{-1}(C - \bar{C}\bar{P}A). \tag{11.35b}$$

然而由第 6.9 节和第 9.4 节的讨论知 P_- 和 $\bar{P}_+$ 为对偶代数 Riccati 方程的解仅当过程 y 的某些进一步正则化条件成立 (见命题 9.4.3).

当三元组 $(A, C, \bar{C})$ 选为均衡形式的时候, 潜在的正实传递函数

$$\Phi_+(z) = C(zI - A)^{-1}\bar{C}' + \frac{1}{2}\Lambda_0, \tag{11.36}$$

被称为正实均衡.

剩下的一个重要问题是如何均衡一个随机实现 (11.29), 这是因为随机实现通常不具有随机均衡的形式. 这相当于寻找坐标变换使得 P_- 和 $\bar{P}_+$ 变换为相同的对角阵.

定理 11.1.9 考虑对应于给定三元组 $(A, C, \bar{C})$ 的最小随机实现 (11.29) 族, 则存在坐标变换

$$(A, B, C) \to (TAT^{-1}, TB, CT^{-1}) \tag{11.37}$$

使得整个最小随机实现族在新坐标下为随机均衡的. 若标准相关系数互异, 则均衡变换 T 在模乘一个符号矩阵的意义下为唯一的.[1]

证 设 $P := \mathrm{E}\{x(0)x(0)'\}$, 并设 P_- 和 $\bar{P}_+$ 为 $x_-(0)$ 和 $\bar{x}(-1)$ 的协方差矩阵. (11.37) 式的坐标变换对应于 X 中基底的变换 $x := x(0) \to \hat{x} := Tx$, 也对应于三元组 $(A, C, \bar{C})$ 的坐标变换

$$(A, C, \bar{C}) \to (TAT^{-1}, CT^{-1}\bar{C}T'). \tag{11.38}$$

我们想选择非奇异矩阵 T 使得 P_- 和 $\bar{P}_+$ 变换为相同的对角阵. 为此, 注意到在此变换下 P 映射为 $\hat{P} = TPT'$, 并且依相同方式有 $\hat{P}_- = TP_-T'$ 和 $\hat{P}_+ = TP_+T'$. 然而注意 $\bar{P}_+^{-1} = P_+^{-1}$ 就有 $\hat{\bar{P}}_+ = (T')^{-1}\bar{P}_+T^{-1}$. P_- 和 $\bar{P}_+$ 的同时对角化可与确定性系统相同的方式进行 (见附录 A). 事实上, 依命题 A.2.1 中的步骤, 我们取 T 为 $T := \Sigma^{1/2}U'R^{-1}$, 其中 $P_- = RR'$ 为 Cholesky 分解,$R'\bar{P}_+R = U\Sigma^2U'$ 为 $R'\bar{P}_+R$ 的奇异值分解, 其中矩阵 U 为正交阵.

进而矩阵 T 为我们要寻找的基底变换矩阵. 事实上

$$TP_-T' = \Sigma^{1/2}U'R^{-1}\,P_-\,(R')^{-1}U\Sigma^{1/2} = \Sigma$$

和

$$(T')^{-1}\bar{P}_+T^{-1} = \Sigma^{-1/2}U'R'\bar{P}_+RU\Sigma^{-1/2} = \Sigma,$$

就证明了 $\hat{P}_- = \Sigma = \hat{\bar{P}}_+$, 相关陈述得证.

[1]符号矩阵是对角元为 ±1 的矩阵.

最后一个结论从命题 11.1.7 立得, 但为完备性我们给出另一个证明. 为此, 设三元组 $(A, C, \bar{C})$ 对应于均衡的一致选取坐标并使得 (11.34) 成立, 进而设对三元组 $(QAQ^{-1}, CQ^{-1}, \bar{C}Q')$ 相同结论也成立, 则有

$$Q\Sigma Q' = \Sigma, \quad (Q')^{-1}\Sigma Q^{-1} = \Sigma,$$

由此就得

$$Q\Sigma^2 = \Sigma^2 Q.$$

若 Σ 有两两不同的分量, 从 [106, 推论 2, p.223] 就知存在一个标量多项式 $\varphi(z)$ 使得 $Q = \varphi(\Sigma^2)$. 因此 Q 为对角且与 Σ 相交换, 注意 $Q\Sigma Q' = \Sigma$ 就得 $QQ' = I$. 因为 Q 为对角, 基于上述分析就知它必为符号矩阵. □

为后面引用, 我们在下面推论中整理一下随机均衡的计算步骤. 其中最后一个结论可从推论 11.1.5 得到.

推论 11.1.10　设 P_- 和 $\bar{P}_+$ 为对偶线性矩阵不等式 (6.102) 和 (6.111) 的两个最小解. 设 $P_- = RR'$ 为 P_- 的 Cholesky 分解并设

$$R'\bar{P}_+R = U\Sigma^2 U'$$

为 $R'\bar{P}_+R$ 的奇异值分解, 其中 $\Sigma := (\sigma_1, \sigma_2, \cdots, \sigma_n)$ 为对角阵且 U 为正交阵, 则有

$$TP_-T' = \Sigma = (T')^{-1}\bar{P}_+T^{-1},$$

其中

$$T = \Sigma^{1/2}U'R^{-1}. \tag{11.39}$$

Σ^2 的对角元 $\{\sigma_1^2, \cdots, \sigma_n^2\}$ 可以从直接计算 $P_-\bar{P}_+ = P_- P_+^{-1}$(按大小排序) 的特征值得到.

§ 11.2 基于 Hankel 矩阵的随机均衡实现

现在我们将给出直接从 Hankel 算子 $\mathcal{H}$ 的矩阵表示来构造过程 y 的随机均衡实现的具体过程. 这种构造方式为我们理解第 13 章子空间辨识提供了工具.

为得到 Hankel 算子 $\mathcal{H}^*$ 的一个方便的矩阵表示, 我们首先引入 H^- 和 H^+ 中

的正交基. 为此, 我们将过去和将来的输出表示为如下形式的无穷维向量

$$y_- = \begin{bmatrix} y(-1) \\ y(-2) \\ y(-3) \\ \vdots \end{bmatrix}, \qquad y_+ = \begin{bmatrix} y(0) \\ y(1) \\ y(2) \\ \vdots \end{bmatrix}. \tag{11.40}$$

设 L_- 和 L_+ 为无穷维块状 Toeplitz 矩阵的下三角 Cholesky 因子

$$T_- := \mathrm{E}\{y_- y_-'\} = L_- L_-', \qquad T_+ := \mathrm{E}\{y_+ y_+'\} = L_+ L_+',$$

并设

$$\nu := L_-^{-1} y_-, \qquad \bar{\nu} := L_+^{-1} y_+ \tag{11.41}$$

分别为 H^- 和 H^+ 中的正交基. 由 (6.60) 我们知由协方差矩阵 $\Lambda_k = \mathrm{E}\{y(t+k)y(t)'\}$ 构成的无穷维块状 Hankel 矩阵

$$H_\infty := \mathrm{E}\{y_+ y_-'\} = \begin{bmatrix} \Lambda_1 & \Lambda_2 & \Lambda_3 & \dots \\ \Lambda_2 & \Lambda_3 & \Lambda_4 & \dots \\ \Lambda_3 & \Lambda_4 & \Lambda_5 & \dots \\ \vdots & \vdots & \vdots & \ddots \end{bmatrix}, \tag{11.42}$$

可以分解为

$$H_\infty = \begin{bmatrix} C \\ CA \\ CA^2 \\ \vdots \end{bmatrix} \begin{bmatrix} \bar{C} \\ \bar{C}A' \\ \bar{C}(A')^2 \\ \vdots \end{bmatrix}', \tag{11.43}$$

因此我们可得如下结论.

命题 11.2.1 设 y 为 (11.1) 的有限维模型的实现. 则在标准正交基 (11.41) 中,Hankel 算子 $\mathcal{H}^*$ 的矩阵表示为

$$\hat{H}_\infty := \mathrm{E}\{\bar{\nu}\nu'\} = L_+^{-1} H_\infty (L_-)^{-1} = L_+^{-1} \Omega \bar{\Omega}' (L_-)^{-1}, \tag{11.44}$$

其中

$$\Omega = \begin{bmatrix} C \\ CA \\ CA^2 \\ \vdots \end{bmatrix}, \quad \bar{\Omega} = \begin{bmatrix} \bar{C} \\ \bar{C}A' \\ \bar{C}(A')^2 \\ \vdots \end{bmatrix}. \tag{11.45}$$

证　对任意 $\xi \in \mathrm{H}^+$, 都存在一个 ℓ^2 序列 $a_1, a_2, a_3, \cdots$, 使得

$$\mathrm{E}^{\mathrm{H}^-}\xi = \sum_k^\infty a_k\nu_k = a'\nu,$$

并满足 $\langle \xi - a'\nu, \nu_k\rangle = 0$, 或者等价地有 $a_k = \mathrm{E}\{\xi\nu_k\}, k = 0, 1, 2, \cdots$. 依同样的方式可知存在 ℓ^2 序列 $b_1, b_2, b_3, \cdots$ 使得 $\xi = b'\bar{\nu}$, 因此

$$\mathrm{E}^{\mathrm{H}^-} b'\bar{\nu} = b'\,\mathrm{E}\{\bar{\nu}\nu'\}\nu,$$

进而就得

$$\mathcal{H}^*(b'\bar{\nu}) = b'\hat{H}_\infty \nu.$$

□

注意到 H_∞ 的矩阵分解 (11.43) 仅依赖于三元组 $(A, C, \bar{C})$, 并且不随从 $(A, C, \bar{C})$ 诱导的一致选取基底中 X(即 y 的最小实现) 的选取而变化.

同样注意到在对偶基底为 $(x, \bar{x})$ 的任意最小 Markov 分裂子空间 X 中, 相应的实现 (11.1) 和 (11.30) 有如下表示

$$y_- = \bar{\Omega}\bar{x} + \mathrm{H}^-(\bar{w}) \text{ 中的项}, \qquad y_+ = \Omega x + \mathrm{H}^+(w) \text{ 中的项}, \tag{11.46}$$

由此容易验证下式成立

$$\mathrm{E}\{y_- \mid \bar{x}\} = \bar{\Omega}\bar{x}, \qquad \mathrm{E}\{y_+ \mid x\} = \Omega x\,.$$

这意味着无穷维矩阵 Ω 和 $\bar{\Omega}$(从左侧运算) 是伴随算子 $\mathcal{O}^*$ 和 $\mathcal{C}^*$ 的矩阵表示. 我们称之为扩张可观性和扩张可构造性矩阵. 分解 (11.44) 也可从 $\mathcal{H} = \mathcal{O}\mathcal{C}^*$ 以及可观测性和可构造性算子的上述矩阵表示得到.

命题 11.2.2　可观测性和可构造性 Gram 矩阵 P_- 和 $\bar{P}_+$ 由下式给出

$$P_- = \bar{\Omega}' T_-^{-1}\bar{\Omega}, \qquad \bar{P}_+ = \Omega' T_+^{-1}\Omega \tag{11.47}$$

标准基底 z 和 $\bar{z}$ 由下式给出

$$z = \bar{\Omega}' T_-^{-1} y_-, \qquad \bar{z} = \Omega' T_+^{-1} y_+. \tag{11.48}$$

证　设 x 和 $\bar{x}$ 为 z 和 $\bar{z}$ 诱导的最小 Markov 分裂子空间 X 中的对偶基底. 注意 $\mathrm{X} \subset \mathrm{S} = \mathrm{H}^-(w) \perp \mathrm{H}^+(w)$, 从 (11.46) 就得

$$\mathrm{E}\{y_+ x'\} = \Omega P,$$

其中 $P := \mathrm{E}\{xx'\}$, 因此知

$$a'\bar{z} = \mathrm{E}^{\mathrm{H}^+} a'\bar{x} = E^{\mathrm{H}^+} a' P^{-1} x = a' P^{-1} \mathrm{E}\{x\bar{\nu}'\}\bar{\nu} = a' P^{-1} \mathrm{E}\{xy'_+\}(L'_+)^{-1}\bar{\nu}$$

对任意 $a \in \mathbb{R}^n$ 都成立, 从而 (11.48) 最后一式成立. 第一式对称可证. 据此, (11.47) 从(11.48) 立得. □

由命题 11.2.1, 无穷维正规化 Hankel 矩阵 $\hat{H}_\infty$ 为算子 $\mathcal{H}^*$ 在标准正交基 (11.41) 下的矩阵表示. 它的奇异值分解可表示为

$$\hat{H}_\infty = U\Sigma V', \tag{11.49}$$

其中 Σ 为由 (非零) 标准相关系数构成的 $n\times n$ 维对角矩阵

$$\Sigma = \mathrm{diag}\{\sigma_1, \sigma_2, \sigma_3, \ldots, \sigma_n\}, \tag{11.50}$$

U 和 V 为 $\infty\times n$ 维矩阵且满足

$$U'U = I = V'V. \tag{11.51}$$

旋转在 H^+ 和 H^- 中的正交基 (11.41) 来恢复标准向量如下

$$u := U\nu, \qquad v := V'\bar{\nu}. \tag{11.52}$$

注意, 为使奇异值成为标准相关系数 (即 $\mathcal{H}$ 的奇异值), 对块状 Hankel 矩阵 H_∞ 的正规化是必要的. 事实上, 若利用 (11.42) 所给的 $\mathcal{H}^*$ 的未正规化矩阵表示 H_∞, 尽管看起来似乎更简单更自然, 但是 H_∞ 的转置将不是 $\mathcal{H}$ 在相同基底下的矩阵表示, 而这个性质在上面的奇异值分解中十分关键. 这是因为 H_∞ 对应于 H^- 中的基底 y_- 以及 H^+ 中的基底 y_+, 这些基底非正交.

定理 11.2.3　设 H_∞ 为无穷维的 (块状)Hankel 矩阵 (11.42),$\hat{H}_\infty$ 为对应的正规化矩阵 (11.44) 并有奇异值分解 (11.49), 则对应于 (11.10) 定义的标准基底 z 和 $\bar{z}$ 的随机均衡三元组 $(\hat{A}, \hat{C}, \hat{\bar{C}})$ 由下式给出

$$\hat{A} = \Sigma^{1/2}U'SU\Sigma^{-1/2} = \Sigma^{-1/2}V'S'V\Sigma^{1/2}, \tag{11.53a}$$

$$\hat{C} = \rho_1(H_\infty)(L'_-)^{-1}U\Sigma^{-1/2}, \tag{11.53b}$$

$$\hat{\bar{C}} = \rho_1(H'_\infty)(L'_+)^{-1}V\Sigma^{-1/2}, \tag{11.53c}$$

其中 $\rho_1(H_\infty)$ 为 H_∞ 的第一个行块,S 为块状移位矩阵

$$S := \begin{bmatrix} 0 & 0 & 0 & \dots \\ I & 0 & 0 & \dots \\ 0 & I & 0 & \dots \\ 0 & 0 & I & \dots \\ \vdots & \vdots & \vdots & \ddots \end{bmatrix}. \tag{11.54}$$

证　由 (11.52) 可得

$$z = \Sigma^{1/2}u = \Sigma^{1/2}U'\nu, \tag{11.55}$$

因此从推论 8.3.2 的第一式 (8.71a) 就有

$$\hat{A} = \Sigma^{1/2}U' \,\mathrm{E}\{\boldsymbol{\sigma}(\nu)\nu'\}U\Sigma^{1/2}\Sigma^{-1},$$

其中

$$\boldsymbol{\sigma}(\nu) := \begin{bmatrix} \nu(0) \\ \nu(-1) \\ \nu(-2) \\ \vdots \end{bmatrix}, \qquad \nu = \begin{bmatrix} \nu(-1) \\ \nu(-2) \\ \nu(-3) \\ \vdots \end{bmatrix}.$$

注意 $\mathrm{E}\{\boldsymbol{\sigma}(\nu)\nu'\} = S$, 就知 (11.53a) 的第一式成立. (11.53a) 的第二式从 (8.71a) 的第二式类似可得. 接下来, 从 (8.71b) 就得

$$\hat{C} = \mathrm{E}\{y(0)z'\}\Sigma^{-1} = \mathrm{E}\{y(0)\nu'\}U\Sigma^{-1/2} = \mathrm{E}\{y(0)y_-'\}(L_-')^{-1}U\Sigma^{-1/2},$$

其中利用了 (11.55) 和 (11.41), 因而 (11.53b) 得证. 类似地, 将 $\bar{z}$ 代入 (8.71b) 就得 (11.53c). □

给定均衡三元组 $(\hat{A}, \hat{C}, \hat{\bar{C}})$, 所有相应的实现 (11.1) 都是随机均衡的, 就如同相应的后向模型 (11.30). 为确定 (11.33a) 中的矩阵 (B_-, D_-), 我们需要分解第 6.7 节中由 (6.101) 所定义的 $M(\Sigma)$. 通常这可通过求解代数 Riccati 方程加以解决, 可参考第 6.9 节.

§ 11.3　随机模型降阶的基本原理

系统辨识中的“预报误差法”围绕着“实验性的”随机模型逼近为中心, 具有直观性和实际应用价值, 可作为定义自然的随机模型降阶准则的一个起点.

给定过程 y, 设其为纯非确定性 (p.n.d.)、满秩 (秩为 m) 且有 (几乎处处非奇异的) 谱密度矩阵 Φ, 定义 Φ 的正则化最小相位谱因子 G_- 为无穷远处正则化的外函数 (即 $G_-(\infty)=I$) 使得存在矩阵 $\Lambda=\Lambda'>0$ 满足

$$\Phi(z)=G_-(z)\Lambda G_-(z^{-1})'. \tag{11.56}$$

从而伴有如下 Fourier 变换的过程 e

$$\mathrm{d}\hat{e}=G_-^{-1}\,\mathrm{d}\hat{y} \tag{11.57}$$

为 y 的非正则化新息过程 且有协方差

$$\mathrm{E}\{e(t)e(s)'\}=\Lambda\delta_{ts}.$$

事实上, 注意 G_- 为外函数,e 因果等价于 过程 y, 即

$$\mathrm{H}^-(e)=\mathrm{H}^-(y). \tag{11.58}$$

进一步,

$$e(t)=\Lambda^{1/2}w_-(t),\qquad G_-(z)=W_-(z)\Lambda^{-1/2}, \tag{11.59}$$

其中 $\Lambda^{1/2}$ 为 Λ 的非奇异平方根,W_- 和 w_- 分别为 y 的预测空间 X_- 的前向谱因子和前向生成过程.

注意 $G_-(\infty)=I$, 从而 G_- 有 Laurent 展开

$$G_-(z)=I+\sum_{k=1}^{+\infty}\Gamma_k z^{-k},$$

由此可知

$$y(t)=\hat{y}(t\mid t-1)+e(t), \tag{11.60}$$

其中

$$\hat{y}(t\mid t-1)=\sum_{k=-\infty}^{t-1}\Gamma_{t-k}e(k)$$

为给定过去 $\mathrm{H}_t^-(y)$ 条件下 $y(t)$ 的一步向前预测. 易见一步向前预测 $\hat{y}(t\mid t-1)$ 可从过程 y 经过传递函数$[G_-(z)-I]G_-(z)^{-1}$的因果滤波器滤波而得 (可参考图 11.1). 因而 (11.57) 所定义的非正则化新息过程 e 为过程 y 的一步预测误差.

设 G 为 McMillan 度为 r 的正则化 ($G(\infty)=I$) $m\times m$ 维的最小相位有理矩阵函数, 属于某个预先定义的容许传递函数 模型类 $\mathcal{W}$. 我们视 G 为 G_- 的近似,

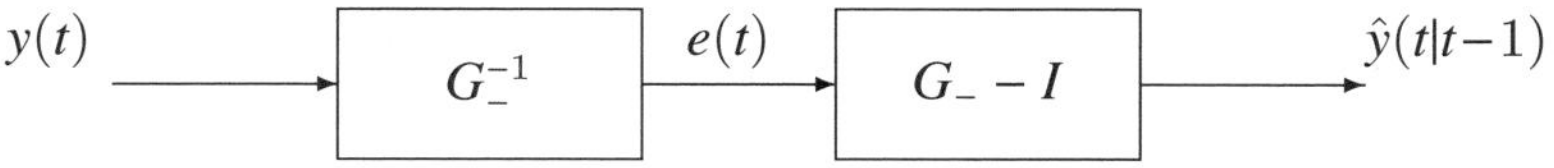

图 11.1　一步预测的串联结构

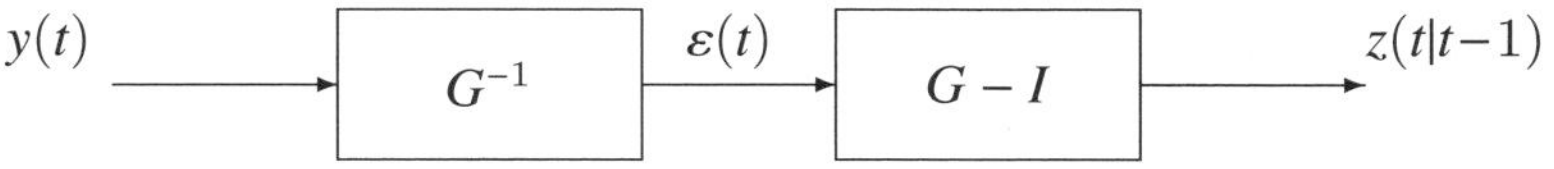

图 11.2　近似一步预测的串联结构

若 G_- 度为 n 且为有理, 一般就有 $r < n$. 这个近似模型 G 可得 $y(t)$ 的基于直到 $t-1$ 过去测量值的近似预测, 记为 $z(t \mid t-1)$, 这可借助于将 y 通过如图 11.2 所示滤波器 $[G(z)-I]G(z)^{-1}$ 而得到.

近似预报器所得误差

$$\varepsilon(t) := y(t) - z(t \mid t-1) \tag{11.61}$$

称为近似模型 G 的预测误差, 此误差为将 y 通过具有传递函数 G^{-1} 的滤波器而得

$$\mathrm{d}\hat{\varepsilon} = G^{-1}\mathrm{d}\hat{y}. \tag{11.62}$$

从而预报误差过程 ε 有方差

$$R(G) := \mathrm{E}\{\varepsilon(t)\varepsilon(t)'\} = \int_{-\pi}^{\pi} G(\mathrm{e}^{\mathrm{i}\theta})^{-1}\Phi(\mathrm{e}^{\mathrm{i}\theta})G^*(\mathrm{e}^{\mathrm{i}\theta})^{-1}\,\frac{\mathrm{d}\theta}{2\pi}. \tag{11.63}$$

显然, 当 $G = G_-$ 时就有 $\varepsilon(t) \equiv e(t)$.

命题 11.3.1　当 $G = G_-$ 时, 方差 (11.63) 取最小值 $\Lambda = \mathrm{Var}\,[e(t)]$. 在矩阵的半正定序下, 对所有容许传递函数 G 我们有

$$R(G) = \mathrm{Var}\,[\varepsilon(t)] \geqslant \Lambda. \tag{11.64}$$

证　注意

$$\varepsilon(t) = y(t) - z(t \mid t-1) = e(t) + [\hat{y}(t \mid t-1) - z(t \mid t-1)],$$

其中最后一项属于 $\mathrm{H}_t^-(y) \equiv \mathrm{H}_t^-(e)$, 就有

$$\mathrm{Var}\,[\varepsilon(t)] = \mathrm{Var}\,[e(t)] + \mathrm{Var}\,[\hat{y}(t \mid t-1) - z(t \mid t-1)] \geqslant \mathrm{Var}\,[e(t)] = \Lambda$$

等式成立的充分必要条件是 $G = G_-$. □

定义 11.3.2 使得预测误差方差 (11.63) 行列式的对数函数最小化的正则化最小相位函数 $G \in \mathcal{W}$ 被称为 G_- 的一个最小预测误差近似.

上述定义将最小预测误差近似与 Kullback-Leibler 伪距离测度下的近似联系起来, 在下一节我们将做详细解释.

11.3.1 随机模型近似

基于前述预备知识, 我们现在考虑随机模型近似问题, 这个问题可视为利用一个更为简单的结构来逼近一个概率分布函数, 此处"更为简单"我们将给出详细的解释. 在这点上, 我们很自然想到 Kullback-Leibler (伪) 距离, 虽然从严格意义上说这个定义并非距离, 但它是关于概率分布之间距离的一个广为接受的刻画.

定义 11.3.3 设 p_1 和 p_2 为 $\mathbb{R}^n$ 中的概率密度, 从 p_1 到 p_2 (以此为序) 的 Kullback-Leibler 距离为

$$D(p_1|p_2) := \int_{\mathbb{R}^n} p_1(x) \log \frac{p_1(x)}{p_2(x)} \,\mathrm{d}x. \tag{11.65}$$

设 y 和 z 为维数均为 m 的离散时间向量值平稳随机过程, 有 N 维密度函数 p_y^N 和 p_z^N. 从 y 到 z (以此为序) 的 Kullback-Leibler 距离定义为

$$D(y\|z) := \limsup_{N\to\infty} \frac{1}{N} D(p_y^N | p_z^N)\,. \tag{11.66}$$

利用 Jensen 不等式可证

$$-D(p_1|p_2) = \int_{\mathbb{R}^n} \log\left(\frac{p_2}{p_1}\right) p_1 \mathrm{d}x \leqslant \log\left\{\int_{\mathbb{R}^n} \frac{p_2}{p_1} p_1 \mathrm{d}x\right\} = \log 1 = 0$$

因此有 $D(p_1|p_2) \geqslant 0$, 且等式成立的充分必要条件是几乎处处有 $p_1 = p_2$. 然而, 注意到

$$D(p_1|p_2) \neq D(p_2|p_1),$$

所以 D 并非度量空间中的真实距离.

这种距离的概念已自然地应用到许多统计问题的刻画中 [175], 因与发散 的概念相吻合, 这种距离与信息论有紧密联系. 对随机过程来说, 表达式 (11.66) 有时被称为从 y 到 z 的散度. 注意若 y 和 z 均为独立同分布变量, 距离 (11.66) 即为从 $y(t)$ 的概率分布到 $z(t)$ 的概率分布的距离 (对任意时刻 t),

$$D(y(t)\|z(t)) = \int_{\mathbb{R}^m} p_y(x) \log \frac{p_y(x)}{p_z(x)} \,\mathrm{d}x.$$

接下来对 x 和 z 均为平稳且正态的情形，我们将从它们的谱密度出发推导出 $D(y\|z)$ 的公式. 首先需要下面的引理.

引理 11.3.4 设 y 和 z 为零均值 N 维正态随机向量，协方差阵分别为 Σ_y 和 Σ_z 并且均假设为非奇异，则其密度函数之间的 Kullback-Leibler 距离由下式给出

$$D(p_y|p_z) = \frac{1}{2}\operatorname{trace}\left\{[\Sigma_y - \Sigma_z]\,\Sigma_z^{-1}\right\} - \frac{1}{2}\log\det\left[\Sigma_y\Sigma_z^{-1}\right]. \tag{11.67}$$

证 零均值 N 维正态随机向量 x 有概率密度函数

$$p(\xi) = \left[(2\pi)^N \det\Sigma\right]^{-1/2} e^{-\frac{1}{2}\xi'\Sigma^{-1}\xi}, \quad \xi \in \mathbb{R}^N$$

其中 $\Sigma := \mathrm{E}\{xx'\}$ 为协方差阵. 发散公式 (11.67) 的推导等价于计算下式

$$D(p_1|p_2) := \int_{\mathbb{R}^n} p_1(\xi)\log\frac{p_1(\xi)}{p_2(\xi)}\mathrm{d}\xi = \mathrm{E}_{p_1}\left\{\log\frac{p_1(x)}{p_2(x)}\right\},$$

其中 p_1 和 p_2 为两个零均值的 N 维正态密度函数，有非奇异的协方差矩阵 Σ_1 和 Σ_2. 为此，注意到

$$\log p_k(\xi) = -\frac{1}{2}\left\{\log[(2\pi)^N] + \log\det\Sigma_k + \operatorname{trace}\{\Sigma_k^{-1}\xi\xi'\}\right\}, \quad k = 1, 2$$

所以有

$$\log\left(\frac{p_1(\xi)}{p_2(\xi)}\right) = \frac{1}{2}\log\det[\Sigma_2\Sigma_1^{-1}] + \frac{1}{2}\operatorname{trace}\{[\Sigma_2^{-1} - \Sigma_1^{-1}]\xi\xi'\}.$$

注意迹算子为线性的且与期望可交换，对概率密度 p_1 取期望就得

$$D(p_1|p_2) = \frac{1}{2}\log\det[\Sigma_2\Sigma_1^{-1}] + \frac{1}{2}\operatorname{trace}\{[\Sigma_2^{-1} - \Sigma_1^{-1}]\Sigma_1\}.$$

现在有

$$\operatorname{trace}\{\Sigma_1[\Sigma_2^{-1} - \Sigma_1^{-1}]\} = \operatorname{trace}\{[\Sigma_1 - \Sigma_2]\Sigma_2^{-1}\},$$

(11.67) 得证. □

定理 11.3.5 设 y 和 z 为零均值 m 维离散时间平稳正态随机过程，有谱密度 Φ 和 Ψ 并设其几乎处处有界. 进一步假设 Ψ^{-1} 在单位圆周上本征有界，则有

$$\begin{aligned} D(y\|z) \;=\; & \frac{1}{2}\int_{-\pi}^{\pi} \operatorname{trace}\left\{[\Phi(e^{i\theta}) - \Psi(e^{i\theta})]\Psi(e^{i\theta})^{-1}\right\} \\ & - \log\det\left[\Phi(e^{i\theta})\Psi(e^{i\theta})^{-1}\right]\frac{\mathrm{d}\theta}{2\pi}. \end{aligned} \tag{11.68}$$

证 我们对记录过程 y 和 z 在长度为 $N+1$ 的有限时间窗口上历史数据的两个随机向量来应用引理 11.3.4,

$$\begin{aligned} \mathrm{y}_N &:= \left[y(t)' \quad y(t+1)' \quad \ldots \quad y(t+N)'\right]' \\ \mathrm{z}_N &:= \left[z(t)' \quad z(t+1)' \quad \ldots \quad z(t+N)'\right]'. \end{aligned}$$

相应的协方差矩阵如下

$$T_N(\Phi) := \operatorname{Var}\{y^N\}, \qquad T_N(\Psi) := \operatorname{Var}\{z^N\},$$

注意 y 和 z 有正定谱密度, 因此为纯非确定性过程, 所以上面矩阵为块状 Toeplitz 矩阵且对任意给定 N 均为非奇异 (见定理 4.7.1). 从而就有过程 y 和 z 的 Kullback-Leibler 距离的两倍值由下面极限给出

$$\lim_{N\to\infty}\frac{1}{N}\left\{\operatorname{trace}\left[T_N(\Phi)-T_N(\Psi)\right]T_N(\Psi)^{-1}-\log\det\left[T_N(\Phi)T_N(\Psi)^{-1}\right]\right\},$$

此极限值可借助第 4.7 节 Toeplitz 矩阵的相关理论求得. 特别地,

$$\log\det\left[T_N(\Phi)T_N(\Psi)^{-1}\right]=\log\det[T_N(\Phi)]-\log\det[T_N(\Psi)]$$

(4.87) 的极限关系可直接应用于上式. 而另一式

$$\operatorname{trace}[T_N(\Phi)T_N(\Psi)^{-1}]$$

需要另外处理：注意 $m\times m$ 维矩阵函数 Φ 和 Ψ^{-1} 本征有界, 在 (4.97) 中取 $F=\Phi$ 和 $G=\Psi^{-1}$ 就完成了证明. □

距离 (11.68) 仅依赖于两个过程的谱密度, 因此从本书的立意角度可解释为二阶随机过程之间的距离, 而非局限于正态分布. 为简单起见, 我们引入符号

$$\mathbb{D}(\Phi\|\Psi)=\frac{1}{2}\int_{-\pi}^{\pi}\left\{\operatorname{trace}\left[(\Phi-\Psi)\Psi^{-1}\right]-\log\det\left[\Phi\Psi^{-1}\right]\right\}\frac{\mathrm{d}\theta}{2\pi} \tag{11.69}$$

对任意正定矩阵 P 和 Q 有如下著名的矩阵不等式

$$\operatorname{trace}\left\{PQ^{-1}\right\}-\operatorname{trace}I-\log\det\left[PQ^{-1}\right]\geqslant 0. \tag{11.70}$$

从上式可知 (11.69) 中的被积函数对任意 $\theta\in[-\pi,\pi]$ 都为非负, 且当 $\Psi=\Phi$ 时等于零. (11.70) 的证明包含于定理 11.3.6 的证明.

给定形如 (11.56) 的 $m\times m$ 维谱密度 Φ, 我们考虑在具有如下形式的 $m\times m$ 维谱密度中寻找近似值 Ψ

$$\Psi(z)=G(z)\Delta G(z^{-1}), \tag{11.71}$$

其中 $G\in\mathcal{W},\Delta>0$, 并使得 (11.69) 达极小. 注意 $\mathcal{W}$ 由最小相位、度满足 $r<\deg G_-$ 的 $m\times m$ 维有理矩阵函数构成.

定理 11.3.6 谱函数 $\hat{\Psi}=\hat{G}\hat{\Delta}\hat{G}^*$ 最小化散度 $\Psi\mapsto\mathbb{D}(\Phi\|\Psi)$ 的充分必要条件是 $\hat{G}\in\mathcal{W}$ 为最小预测误差近似 (定义 11.3.2) 并且 $\hat{\Delta}$ 为相应的最小方差, 即

$$\hat{G}:=\operatorname{argmin}_{G\in\mathcal{W}}\log\det R(G), \tag{11.72a}$$

$$\hat{\Delta}:=R(\hat{G}). \tag{11.72b}$$

证 首先注意

$$\begin{aligned}\mathbb{D}(\Phi\|\Psi) &= \frac{1}{2}\int_{-\pi}^{\pi}\left[\operatorname{trace}\{(\Phi-\Psi)\Psi^{-1}\}-\log\det(\Phi\Psi^{-1})\right]\frac{\mathrm{d}\theta}{2\pi}\\ &= \frac{1}{2}\int_{-\pi}^{\pi}\left[\operatorname{trace}\{\Phi\Psi^{-1}\}+\log\det\Psi\right]\frac{\mathrm{d}\theta}{2\pi}\\ &\qquad -\frac{1}{2}\left[m+\int_{-\pi}^{\pi}\log\det\Phi\frac{\mathrm{d}\theta}{2\pi}\right],\end{aligned} \tag{11.73}$$

其中最后一项为常数. 同时, 注意 (11.71) 就得

$$\operatorname{trace}\{\Phi\Psi^{-1}\}=\operatorname{trace}\{\Phi(G^*)^{-1}\Delta^{-1}G^{-1}\}=\operatorname{trace}\{G^{-1}\Phi(G^*)^{-1}\Delta^{-1}\},$$

由 (11.63) 进而就得

$$\int_{-\pi}^{\pi}\operatorname{trace}\{\Phi\Psi^{-1}\}\frac{\mathrm{d}\theta}{2\pi}=\operatorname{trace}\{R(G)\Delta^{-1}\}.$$

利用定理 4.7.5 的 (4.88), 可得

$$\int_{-\pi}^{\pi}\log\det\Psi\frac{\mathrm{d}\theta}{2\pi}=\log\det\Delta.$$

因而就有

$$\begin{aligned}2\mathbb{D}(\Phi\|\Psi) &= \operatorname{trace}\{R(G)\Delta^{-1}\}+\log\det\Delta+\text{常数}\\ &= \operatorname{trace}\{R(G)\Delta^{-1}\}-\log\det(R(G)\Delta^{-1})+\log\det R(G)+\text{常数}.\end{aligned}$$

注意 Ψ 以及散度函数 $\mathbb{D}(\Phi\|\Psi)$ 分别依赖于 Δ 和 G. 在继续证明本定理之前, 我们需要一个引理.

引理 11.3.7 对任意 $G\in\mathcal{W}$ 及相应的 $\Delta=R(G)$, 散度 $\mathbb{D}(\Phi\|\Psi)$ 有最小值.

证 设 R 可分解为 $R = VV'$, 其中 V 为方阵. 注意 R 非奇异,V 也为非奇异, 因此 $Y := V'\Delta^{-1}V$ 为对称阵且有正特征值 $\lambda_1, \lambda_2, \cdots, \lambda_m$. 因而有

$$\begin{aligned}\operatorname{trace}\{R\Delta^{-1}\} - \log\det(R\Delta^{-1}) &= \operatorname{trace} Y - \log\det Y \\ &= \sum_{k=1}^{m} \lambda_k - \log\prod_{k=1}^{m}\lambda_k \\ &= \sum_{k=1}^{m}(\lambda_k - \log\lambda_k), \qquad (11.74)\end{aligned}$$

当 $\lambda_1 = \lambda_2 = \cdots = \lambda_m = 1$ 时上式达极小. 易知此极小值唯一. 因此, 当 $Y = UIU^*$ 时达极小值, 其中 U 为特征向量构成的矩阵且特征向量可取为相互正交. 所以 $Y = I$ 并且 $\Delta^{-1} = V^{-\top}V^{-1} = R^{-1}$. 引理得证. □

从而就有

$$\min_{\Delta,G} \mathbb{D}(\Phi\|\Psi) = \min_{G} \log\det R(G) + 常数,$$

当 G 为最小预报误差近似时上式达极小. 定理 11.3.6 得证. □

注意 (11.74) 的最小值为 $\operatorname{trace} I$, 在引理 11.3.7 的证明中我们已证得不等式 (11.70).

是否存在 (唯一的) 预测误差近似取决于模型类 $\mathcal{W}$ 的选取, 我们将在第 11.4 节再次讨论这个问题.

11.3.2 与极大似然准则的联系

假设给定样本轨道有限测量值

$$\{y_0, y_1, \cdots, y_N\}, \qquad (11.75)$$

其中 y 为零均值、谱密度 Φ 的正态平稳随机过程, 基于测量值, 我们要构造 Φ 的一个统计学估计值, 并且属于一个先验的 $m \times m$ 维有理谱密度矩阵 $\Psi = G\Delta G^*$ 构成的估计类, 其中 Δ 为正定对称阵、G 为正则化的最小相位谱因子且 McMillan 度为 r.

记 $(\eta_1, \eta_2, \cdots, \eta_N) \mapsto p_N(\eta_1, \eta_2, \cdots, \eta_N; \Psi)$; $\eta_k \in \mathbb{R}^m$, $k = 1, 2, \cdots, N$, 谱密度为 Ψ 的联合 N 维正态密度函数属于此模型类. 观测数据 (11.75) 的*似然函数* 定义如下

$$L_N(\Psi) := p_N(y_1, y_2, \cdots, y_N\,;\,\Psi), \qquad (11.76)$$

其中每个 η_t 用其观测值 y_t 代替. 根据 Gauss 于 1821 年引入的极大似然准则, 在给定模型类中最恰当描述观测数据的谱密度 Ψ 为极大化似然函数 (11.76) 的 $\hat{\Psi}_N$. 在极大化过程中得到的 Φ 的极大似然估计 (假设当 N 充分大时唯一的极大值存在) 可被证明具有某些最优统计性质, 诸如一致性、渐近有效性等[212]. 易知极大化函数 (11.76) 等价于极小化 (负) 对数似然函数 $\ell_N(\Psi) := -\log L_N(\Psi)$.

现在我们讨论 P. Whittle [302] 发现的“频率域”用对数似然函数的著名表达, 这种频率域表达也常常应用于统计决策中. Whittle 给出的最初表达式 包含形如 $\theta_k = \frac{2\pi k}{N}$ 的离散频率的有限和. 此处我们采用当 N 充分大时成立的一种渐近表达, 此时可以用积分来近似有限和

$$\ell_N(\Psi) := \frac{1}{2}\int_{-\pi}^{\pi}\left\{\operatorname{trace}\left[\Phi_N(\mathrm{e}^{\mathrm{i}\theta})\Psi(\mathrm{e}^{\mathrm{i}\theta})^{-1}\right] + \log\det\Psi(\mathrm{e}^{\mathrm{i}\theta})\right\}\frac{\mathrm{d}\theta}{2\pi}, \tag{11.77}$$

其中 Φ_N 是称为周期图 的谱密度的经典估计

$$\Phi_N(\mathrm{e}^{\mathrm{i}\theta}) = \frac{1}{N}Y_N(\mathrm{e}^{-\mathrm{i}\theta})Y_N(\mathrm{e}^{-\mathrm{i}\theta})^*,$$

Y_N 为数据序列的离散 Fourier 变换

$$Y_N(\mathrm{e}^{-\mathrm{i}\theta}) := \sum_{t=0}^{N}\mathrm{e}^{-\mathrm{i}\theta t}y_t.$$

易见 (11.77) 即为 Kullback-Leibler 距离 (或散度) $\mathbb{D}(\Phi_N\|\Psi)$. 基于某些较为一般的条件 (见 [62]), 有当 $N\to\infty$ 时下式几乎处处收敛

$$\mathbb{D}(\Phi_N\|\Psi) \to \mathbb{D}(\Phi\|\Psi).$$

同样可以基于此事实将 Whittle 估计与预测误差估计相联系, 事实上与有限样本预测误差方差阵的极小化相联系

$$R_N := \operatorname{Var}[\varepsilon_N(t)] = \int_{-\pi}^{\pi} G^{-1}(\mathrm{e}^{\mathrm{i}\theta})\Phi_N(\mathrm{e}^{\mathrm{i}\theta})G^{-*}(\mathrm{e}^{\mathrm{i}\theta})\,\frac{\mathrm{d}\theta}{2\pi}. \tag{11.78}$$

因此, 至少在正态情形下极大似然估计 (当 N 趋于无穷时) 渐近等价于 Kullback-Leibler 距离的极小化, 进而等价于预报误差近似的极小化.

与前面几节相同, 可以证明 $\ell_N(\Psi)$ 可以针对变量 Δ 和 G 单独极小化, 并且此极小化过程等价于极小化 $\log\det R_N$.

§ 11.4 受限模型类中的预报误差近似

最自然的模型类 $\mathcal{W}$ 为所有正则化的最小相位有理传递函数 G 且指定其 MacMillan 度 $r < \deg G_-$ 所构成的模型类. 有很多文献 (例如 [212, 285]) 讨论对此种

模型类的最小预测误差 (PEM) 辨识, 但遗憾的是此问题非凸, 因而分析上非常棘手. 在实际应用中, 预测误差辨识算法通过“实验”的办法、即通过极小化样本方差而非理论方差 (11.63) 的办法解决此问题.

另一方面, 存在更多的受限模型类 $\mathcal{W}$ 在其上的预测误差辨识算法为凸的, 例如, 设 $\mathcal{F}$ 为满足如下条件的所有 $m\times m$ 维谱密度 Ψ 构成的模型类

$$\Psi(e^{i\theta})^{-1} = Q(e^{i\theta}) := \operatorname{Re}\left\{\sum_{k=0}^{n} Q_k g_k(e^{i\theta})\right\}, \tag{11.79}$$

其中 $Q_0, Q_1, \cdots, Q_n \in \mathbb{C}^{m\times m}$, 对任意 $\theta\in[-\pi,\pi]$ 满足 $Q(e^{i\theta})\geqslant 0$, 其中 $g_0, g_1, g_2, \cdots, g_n$ 为给定的线性独立的 Lipschitz 连续函数；此外, 设 $\mathcal{Q}$ 为具有上面形式的所有函数 Q 构成的函数类, 其为凸集.

当 $g_k = z^k$, $k=0,1,\cdots,n$ 的简单情形下, 模型类 $\mathcal{W}$ 由所有 $AR(n)$ 模型构成. 更一般地, 我们可以选取正交基函数

$$g_k(z) = \frac{\sqrt{1-|\xi_k|^2}}{z-\xi_k}\prod_{j=0}^{k-1}\frac{1-\xi_j^* z}{z-\xi_j}, \quad k=0,1,\cdots,n,$$

其中 $\xi_0,\xi_1,\xi_2,\cdots$ 为使用者可以选取的极点. 然而, 基函数并不需要为标准正交的基底.

定理 11.4.1 设 Φ 为使得如下广义矩函数存在的任意 $m\times m$ 维谱密度

$$C_k := \int_{-\pi}^{\pi} g_k(e^{i\theta})\Phi(e^{i\theta})\frac{d\theta}{2\pi}, \quad k=0,1,\cdots,n. \tag{11.80}$$

则存在唯一的最小预测误差近似 $\Psi\in\mathcal{F}$. 记其极小值点为 $\hat{\Psi}$, 有

(i) $\hat{\Psi}^{-1} = \operatorname{argmin}_{Q\in\mathcal{Q}}\int_{-\pi}^{\pi}[\operatorname{trace}\{\Phi(e^{i\theta})Q(e^{i\theta})\} - \log\det Q(e^{i\theta})]\frac{d\theta}{2\pi}$

(ii) $\hat{\Psi} = \operatorname{argmax}_{\Psi\in\mathcal{H}}\int_{-\pi}^{\pi}\log\det\Psi(e^{i\theta})\frac{d\theta}{2\pi}$,

其中 $\mathcal{H}$ 为满足如下条件的所有 $\Psi\in\mathcal{F}$ 所构成的函数类

$$\int_{-\pi}^{\pi} g_k(e^{i\theta})\Psi(e^{i\theta})\frac{d\theta}{2\pi} = C_k, \quad k=0,1,\cdots,n. \tag{11.81}$$

值得注意的是, 不同于一般预测误差近似问题, 上述为凸优化问题.

证 如下定义的泛函 $\mathbb{J}:\mathcal{Q}\to\mathbb{R}$

$$\mathbb{J}(Q) := \frac{1}{2}\int_{-\pi}^{\pi}[\operatorname{trace}(\Phi Q) - \log\det Q]\frac{d\theta}{2\pi}, \tag{11.82}$$

在凸集 $\mathcal{Q}$ 上严格凸, 因此在 $\mathcal{Q}$ 的内部有唯一的极小值点 $\hat{Q}$. 这点以及本证明的其他部分, 可从 [33, 定理 4.1 及 4.2] 经过细节上的必要修改可得, 从而

$$\hat{\Psi} := \hat{Q}^{-1} \in \mathcal{F}, \tag{11.83}$$

并且

$$\hat{\Psi} = \mathrm{argmin}_{\Psi\in\mathcal{F}} \int_{-\pi}^{\pi} \left[\mathrm{trace}(\Phi\Psi^{-1}) + \log\det\Psi\right] \frac{d\theta}{2\pi}.$$

注意 (11.73),$\hat{\Psi} = \mathrm{argmin}_{\Psi\in\mathcal{F}}\mathbb{D}(\Phi,\Psi)$, 因此 $\hat{\Psi}$ 为模型类 $\mathcal{F}$ 中预报误差方差阵 (11.63) 行列式的唯一极小值点, 从而 (i) 得证.

极小化 $\mathbb{J}$ 对偶于在 $\mathcal{F}$ 中并在条件 (11.81) 下极大化下面问题

$$\mathbb{I}(\Psi) := \int_{-\pi}^{\pi} \log\det\Psi \frac{d\theta}{2\pi} \tag{11.84}$$

上述问题有唯一解 $\hat{\Psi}$, 从而 (ii) 得证. □

§ 11.5 H^∞ 中相对误差极小化

有另外一种方式可以得到 Kullback-Leibler 范式且同时保证分析上的便宜, 即极小化 Kullback-Leibler 距离的表达式 (11.68) 中被积函数的 L^∞ 范数. 由不等式 (11.70), (11.68) 中的被积函数逐点非负, 因此这种方式是合理的. 我们利用以下结论来详细阐述这个思想.

引理 11.5.1 设 P 与 Q 为相同维数的 Hermite 正定矩阵, L 为方阵且满足 $Q = LL^*$, 则如下近似在相差一个 $\|P-Q\|/\|Q\|$ 的三阶无穷小量意义下成立

$$\mathrm{trace}[(P-Q)Q^{-1}] - \log\det[PQ^{-1}] \simeq \frac{1}{2}\mathrm{trace}(EE^*), \tag{11.85}$$

其中 $E := L^{-1}(P-Q)(L^*)^{-1}$.

证 注意 $\mathrm{trace}[(P-Q)Q^{-1}] = \mathrm{trace}(E)$ 以及

$$\begin{aligned}\log\det[PQ^{-1}] &= \log\det(I+E)\\ &= \mathrm{trace}\log(I+E)\\ &= \mathrm{trace}(E - \frac{1}{2}E^2 + \frac{1}{3}E^3 - \cdots).\end{aligned}$$

同时注意 $E^* = E$, 就知 (11.85) 成立. □

在继续相关内容的讨论之前我们需要一些预备知识.

11.5.1 Hankel 范数近似的简短回顾

给定 McMillan 度为 n 的 $m\times p$ 维稳定传递函数 $G(z)$, 确定性模型降阶问题 是指寻找 McMillan 度 $k < n$ 的 $m\times p$ 维稳定传递函数 $\hat{G}_k(z)$ 使得近似误差

$\|G(z)-\hat{G}_k(z)\|$ 在某个适当范数下极小化. 范数是否适当首先取决于计算上的需要, 以及此范数是否为所研究问题的误差的恰当度量.

注意 $G \in H^{\infty}_{m\times p}$, 因此很自然地把 Hankel 算子映射定义为将任意 p 维输入信号 $u \in \ell^2_p$ 的无穷远过去映射为相应输出的 (严格) 将来, 映射的像为 ℓ^2_m 中的严格因果信号. 取 Fourier 变换, 易知在频率域下, 此 Hankel 算子 $\mathcal{H}_G : \bar{H}^2_p \to z^{-1}H^2_m$ 为如下形式

$$\mathcal{H}_G\hat{u} := P^{z^{-1}H^2_m} G\hat{u}, \quad \hat{u} \in \bar{H}^2_p. \tag{11.86}$$

$\mathcal{H}_G$ 的诱导 2 范数如下

$$\|\mathcal{H}_G\| := \sup_{u\in\bar{H}^2_p} \frac{\|P^{z^{-1}H^2_m} G\hat{u}\|_2}{\|\hat{u}\|_2}, \tag{11.87}$$

被称为函数 G 的 Hankel 范数，记为 $\|G\|_H$. 从 (2.22) 可知紧算子 (特别是具有有理形式的紧算子) 的诱导 2 范数 $\|T\|$ 等于它的最大奇异值 $\sigma_1(T)$.

通过在 Hankel 范数下用 $\hat{G}$ 来逼近 G, 我们可以将模型降阶问题重新描述为算子逼近. 详细地说, 模型降阶可刻画成秩为 n 的 Hankel 算子 $\mathcal{H}_G$ 用秩 $k<n$ 的另一个 Hankel 算子 $\mathcal{H}_{\hat{G}}$ 来逼近, 其中 $\hat{G}$ 的 McMillan 度 $k<n$ 且解析. 因此从直观上看可以直接应用基本逼近公式 (2.21), 此公式通过一个给定有限秩的算子, 给出了 $\mathcal{H}_{\hat{G}}$ (在算子范数下) 最优近似的一个显式表达式 (2.20). 但遗憾的是,Hankel 算子的有限奇异值截断 (2.20) 一般说来不再是 Hankel 的, 因此不能解释为某个传递函数诱导的输入-输出映射. 这个令人不快的事实很容易用有限维 Hankel 矩阵来验证.

例 11.5.2 (基于奇异值分解的 Hankel 矩阵近似) 设初始 Hankel 矩阵为

$$H = \begin{bmatrix} 1.0 & 0.508 & 0.258 & 0.00800 \\ 0.508 & 0.258 & 0.00800 & 0.00160 \\ 0.258 & 0.00800 & 0.00160 & 0.000320 \\ 0.00800 & 0.00160 & 0.000320 & 0.0000640 \end{bmatrix},$$

其正则化奇异值矩阵为

$$\begin{bmatrix} 1.0 & 0.0 & 0.0 & 0.0 \\ 0.0 & 0.100 & 0.0 & 0.0 \\ 0.0 & 0.0 & 0.0688 & 0.0 \\ 0.0 & 0.0 & 0.0 & 0.0000337 \end{bmatrix},$$

考虑秩 r 近似 $\hat{H}_r := U_r\Sigma_r V_r^T, r = 1,2,3$：保持前 r 个主要特征值，设置其余 $4-r$ 个为零. 当 $r=1$ 时有

$$\hat{H}_1 = \begin{bmatrix} 1.02 & 0.497 & 0.205 & 0.00691 \\ 0.497 & 0.243 & 0.100 & 0.00338 \\ 0.205 & 0.100 & 0.0413 & 0.00139 \\ 0.00691 & 0.00338 & 0.00139 & 0.0000470 \end{bmatrix},$$

当 $r=2$ 时有

$$\hat{H}_2 = \begin{bmatrix} 0.995 & 0.524 & 0.245 & 0.00779 \\ 0.524 & 0.209 & 0.0496 & 0.00227 \\ 0.245 & 0.0496 & -0.0336 & -0.000246 \\ 0.00779 & 0.00227 & -0.000246 & 0.0000111 \end{bmatrix},$$

而 $\hat{H}_3$ 实际上与 H 相等, 除了个别分量与 H 的对应分量相差 10^{-5} 以内. 然而这三个阵均非 Hankel 阵, 为评估其与 Hankel 结构的差别, 我们可以计算沿着 6 个斜对角线的正则化相对振荡. 据此, 当 $r=1, 2$ 时可得

$$\begin{bmatrix} 0.0 \\ 2.23\times 10^{-16} \\ 0.174 \\ 1.74 \\ 2.37 \\ 3.11\times 10^{-16} \\ 0.0 \end{bmatrix}, \quad \begin{bmatrix} 0.0 \\ 2.12\times 10^{-16} \\ 0.155 \\ 1.46 \\ -3.70 \\ -1.67\times 10^{-14} \\ 0.0 \end{bmatrix}.$$

其中某些值出人意料的大. □

即使我们限制逼近类为 (有限秩)Hankel 算子的子集, 我们仍然可以获得相同的逼近误差, 这个深刻且令人惊讶的事实是由 Adamjan,Arov 和 Krein [1–3] 首先发现. 因此, 一般逼近公式 (2.20) 当 R 限制于 Hankel 算子时仍然成立, 从而就得到了基本等式

$$\min_{\hat{G}\in H_{m\times p}^{\infty}} \left\{ \|\mathcal{H}_G - \mathcal{H}_{\hat{G}}\| \mid \hat{G}\ \text{为有理, 且}\ \delta\{\hat{G}\} = k < n \right\} = \sigma_{k+1}(\mathcal{H}_G). \tag{11.88}$$

通常把 $\sigma_k(\mathcal{H}_G)$ 简记为 $\sigma_k(G)$, 并称其为函数 G 的 Hankel 奇异值. 因此 (11.88) 可改写成紧凑形式

$$\min_{\hat{G}\in H_{m\times p}^{\infty}} \|G - \hat{G}\|_H = \sigma_{k+1}(G). \tag{11.89}$$

对确定性系统一个自然的逼近准则为频率响应函数 $G(\mathrm{e}^{\mathrm{i}\theta})$ 的 L^∞ 范数

$$\|G\|_\infty := \text{ess sup}_{-\pi\leqslant\theta\leqslant\pi}\,\sigma_1\big(G(\mathrm{e}^{\mathrm{i}\theta})\big), \tag{11.90}$$

其中 $\sigma_1(A)$ 为矩阵 A 的最大奇异值. 注意

$$\|P^{z^{-1}H_m^2}G\hat{u}\|_2 \leqslant \|G\hat{u}\|_2 \leqslant \|G\|_\infty\|\hat{u}\|_2$$

可得

$$\|G\|_H \leqslant \|G\|_\infty, \tag{11.91}$$

所以 Hankel 范数可被无穷 (上) 范数界住.Hankel 范数近似理论的一个非平凡结论是: 对一个最优逼近, 误差的无穷范数实际上与误差的 Hankel 范数相同.

这里起到特别作用的是满足如下关系的全通 $m\times m$ 维严格非循环传递函数 (方阵)

$$G(\mathrm{e}^{\mathrm{i}\theta})G(\mathrm{e}^{\mathrm{i}\theta})^* = G(\mathrm{e}^{\mathrm{i}\theta})^*G(\mathrm{e}^{\mathrm{i}\theta}) = \sigma^2 I\,.$$

当传递函数 G 有命题 9.2.11 中 Θ 的分解时, 称其为严格非循环.

引理 11.5.3 对任意满足 $GG^* = \sigma^2 I$ 的严格非循环全通函数 G,$\mathcal{H}_G$ 的奇异值都等于 σ.

证 注意

$$\mathcal{H}_G\mathcal{H}_G^* = P^{z^{-1}H_m^2}M_G|_{\bar{H}_m^2}P^{\bar{H}_m^2}M_{G^*}|_{z^{-1}H_m^2}$$

在引理 2.2.9 中取 $U = M_G$, 同时利用 $GG^* = \sigma^2 I$, 就有 $P^{\bar{H}_m^2}M_{G^*} = M_{G^*}P^{G\bar{H}_m^2}$ 以及

$$\mathcal{H}_G\mathcal{H}_G^* = P^{z^{-1}H_m^2}GG^*P^{G\bar{H}_m^2}|_{z^{-1}H_m^2} = \sigma^2P^{z^{-1}H_m^2}P^{G\bar{H}_p^2}|_{z^{-1}H_m^2}.$$

任取 $f\in H_m^2$, 再次利用引理 2.2.9 就得

$$\mathcal{H}_G\mathcal{H}_G^*z^{-1}f = \sigma^2P^{z^{-1}H_m^2}P^{G\bar{H}_m^2}z^{-1}f = z^{-1}\sigma^2P^{H_m^2}P^{G\bar{H}_m^2}f = z^{-1}\sigma^2P^{H(G)}f,$$

其中 $H(G)$ 为协不变子空间 $H_m^2\cap G\bar{H}_m^2$. 基于严格非循环性可知存在分解 $G = \sigma J_1J_2^*$, 其中 J_1 和 J_2 为内函数. 从而有 $G\bar{H}_m^2 = J_1J_2^*\bar{H}_m^2 \subset J_1\bar{H}_m^2$ 并使得 $H(G)$ 为 $H(J_1)$ 的不变子空间. 同时注意 $P^{H(J_1)}$ 仅有至多可数个非零特征值且均为 1, 引理得证. □

因此, 当利用任意较小 McMillan 度的有理函数 $\hat{G}$ 来逼近全通函数 G, 逼近误差 $G-\hat{G}$ 的 Hankel 范数必然等于 G 的范数. 这意味着对这类函数,Hankel 范数近似并不能得到比平凡模型 $\hat{G}\equiv 0$ 更接近于 G 的降阶模型. 换句话说, 一个全通函数的最优 Hankel 范数近似与零函数 $\hat{G}\equiv 0$ 表现同样优越.

这意味着为得到 Hankel 范数下的最优性, 误差 $G-\hat{G}$ 应当为全通的, 因为此情形下“残差” $G-\hat{G}$ 不能被非平凡的方式进一步近似. 我们将见到, 为使此成立我们需要扩大逼近类并把它们嵌入到更大的空间 L^∞. 如下定理是 [119] 中定理 7.2 的离散时间版本, 并能用类似的方式证明.

定理 11.5.4　设 RH_k^∞ 为 McMillan 度 k 的稳定有理传递函数构成的向量空间. 给定 $m\times m$ 维稳定有理传递函数 G, 则有

$$\sigma_{k+1}(G)=\inf_{\hat{G}\in RH_k^\infty}\|G-\hat{G}\|_H=\inf_{\hat{G}\in RH_k^\infty,\,F\in\bar{H}^\infty}\|G-\hat{G}-F\|_\infty. \tag{11.92}$$

若 G 的第 $k+1$ 个 Hankel 奇异值有重数 h, 即

$$\sigma_1\geqslant\cdots\geqslant\sigma_k>\sigma_{k+1}=\sigma_{k+2}=\cdots=\sigma_{k+h}>\sigma_{k+h+1}\geqslant\cdots\geqslant\sigma_n>0,$$

则 $\hat{G}\in RH_k^\infty$ 为 G 的最优 Hankel 范数逼近的充分必要条件是: 存在 McMillan 度小于或等于 $n+k-1$ 的有理函数 $F\in\bar{H}^\infty$, 使得下面差函数为全通的

$$\Delta_k(z):=G(z)-[\hat{G}(z)+F(z)].$$

事实上,Δ_k 满足

$$\Delta_k(z)\Delta_k(z^{-1})'=\sigma_{k+1}^2I \tag{11.93}$$

并且

$$\|G-\hat{G}\|_H=\sigma_{k+1}\,. \tag{11.94}$$

近似的实际构造需要将 $G(z)=C(zI-A)^{-1}B$ 变换为均衡标准型 (命题 A.2.1) 并且将有理函数 $\hat{G}(z)+F(z)$ 投影到 H^∞.

下面的命题是 [119] 中引理 9.1 的离散版本, 包含了对 $\hat{G}$ 的 McMillan 度比 G 的 McMillan 度小 1 时的特殊情形的刻画. 在此情形下 F 可取为零或常数并且最优 Hankel 范数逼近误差 $G-\hat{G}-F$ 解析. 此情形在下面将起到特殊重要的作用.

命题 11.5.5　设第 n 个奇异值 $\sigma_n(G)$ 重数为 $r\geqslant 1$, 并设 $\hat{G}$ 为度 $n-r$ 的最优 Hankel 范数近似. 此情况下可取 $F=0$ 并且逼近误差 $\Delta_n(z):=G(z)-\hat{G}(z)$ 全通解析,

$$\Delta_n(z)\Delta_n(z^{-1})'=\sigma_n(G)^2I. \tag{11.95}$$

等价地, 正则化逼近误差 $\Delta_n(z)/\sigma_n(G)$ 为内函数.$\hat{G}$ 的奇异值为

$$\sigma_i(\hat{G})=\sigma_i(G),\quad i=1,2,\cdots,n-r, \tag{11.96}$$

并且

$$\|G-\hat{G}\|_\infty = \|G-\hat{G}\|_H = \sigma_n(G). \tag{11.97}$$

事实上，相同的性质对于所有 McMillan 度 $k \geqslant n-r$(特别当 $k=n-1$ 时) 的 Hankel 范数近似都成立.

证 文献 [119] 中的定理 11.5.4 和命题 11.5.5 是针对 (连续时间)Hankel 算子给出的证明

$$\mathrm{H}_G\hat{u} := P^{H_m^2(\mathbb{C}_+)}Gf, \quad f \in \bar{H}_p^2(\mathbb{C}_+), \tag{11.98}$$

其中 $H_m^2(\mathbb{C}_+)$ 和 $\bar{H}_p^2(\mathbb{C}_+)$ 分别为右半平面和左半平面的 Hardy 空间. 这些结论可以平行地移植到离散时间情形. 然而尽管利用 Cayley 变换 $z=(s-1)(s+1)^{-1}$, 离散时间的符号 $G \in H_{m\times p}^\infty$ 可以转换为连续时间对应的符号

$$G(z) \mapsto G\left(\frac{s-1}{s+1}\right),$$

但 Hardy 空间 H_m^2 和 $\bar{H}_p^2$ 的变换需要不同的处理. 事实上, 在逆 Cayley 变换 $s=(1+z)(1-z)^{-1}$ 下 $H_m^2(\mathbb{C}_+)$ 的像为 H_p^2 的真子空间 ([145, p. 129]), 此处并不需要这个性质. 我们注意对应关系

$$z^k = \frac{1}{s+1}\left(\frac{s-1}{s+1}\right)^k, \quad k \in \mathbb{Z}$$

将虚轴上的 L^2 同构映射为单位圆周上的 L^2, 因为它是基底变换 ([82, p. 34], 也可参考 p338). 在此对应关系下 $f \in \bar{H}_m^2$ 映射为

$$\frac{1}{s+1}f\left(\frac{s-1}{s+1}\right) \in H_m^2(\mathbb{C}_+),$$

并且 $g \in z^{-1}H_p^2$ 映射为

$$\frac{1}{s-1}g\left(\frac{s+1}{s-1}\right) \in \bar{H}_p^2(\mathbb{C}_+).$$

定理 11.5.4 和命题 11.5.5 的结论在此变换下仍然成立. 众所周知 Cayley 变换保持 Lyapunov 方程的解不变, 所以文献 [119] 中的惯性定理在离散时间下有完全相同的值. 特别地, 定理 7.2 的惯性公式 (7.21) 对矩阵 $\hat{A}$ 完全成立, 文献 [119] 中引理 9.1 的证明前面部分对离散时间完全成立. □

11.5.2 极小化相对误差

给定谱密度 Φ, 分别考虑 (非正则化) 的外和共轭外谱因子 W_- 和 $\bar{W}_+$, 以及 (9.51) 所定义的相位函数

$$\Theta = \bar{W}_+^{-1}W_-, \tag{11.99}$$

一般情况下它为全通但非稳定. 注意分别由 (9.58) 和 (9.59) 定义的 Hankel 算子 $\mathcal{H}^*$ 和 $\mathcal{H}_\Theta$ 有相同的奇异值 $\sigma_1, \sigma_2, \cdots, \sigma_n$, 它们也同时为 $\mathcal{H}$ 的奇异值. 所以 $\sigma_1, \sigma_2, \cdots, \sigma_n$ 实际上为过程 y 的标准相关系数 (见第 11.1 节).

现在我们寻找谱密度 $\Phi = W_- W_-^*$ 的逼近 $\Psi = VV^*$, 其中 V 为低 McMillan 度的稳定谱因子. 设谱 Φ 和 Ψ 在幅值上差别不大, 由引理 11.5.1 可知极小化 Kullback-Leibler 距离 (11.68) 大致等价于极小化谱密度相对误差的 L^∞ 范数,

$$E := V^{-1}(\Phi - \Psi)(V^*)^{-1} = V^{-1}\Phi(V^*)^{-1} - I = V^{-1}W_- W_-^*(V^*)^{-1} - I, \tag{11.100}$$

约束条件为 V 的 McMillan 度 $k < n$. 与估计 (11.85) 一致的是, 相对误差幅值的一个自然度量是无穷 Frobenius 范数,

$$\|E\|_{F,\infty} := \operatorname*{ess\,sup}_\theta \left\{\operatorname{trace}[E(e^{i\theta})E(e^{i\theta})^*]\right\}^{1/2} = \operatorname*{ess\,sup}_\theta \|E(e^{i\theta})\|_F, \tag{11.101}$$

然而其并非完全适合于 Hankel 范数逼近. 注意对 $m \times m$ 维矩阵 A 有 $\|A\|_F \leqslant \sqrt{m}\|A\|_2$, 此范数可以被矩阵函数最大奇异值诱导出的标准 ∞ 范数界住. 基于此原因, 我们可以免于用此新范数重新给出 Hankel 范数近似的相关结论. 利用附录中的界 (B.3) 可得

$$\begin{aligned} u(e^{i\theta})^*G(e^{i\theta})G(e^{i\theta})^*u(e^{i\theta}) &= \operatorname{trace}\{G(e^{i\theta})G(e^{i\theta})^*u(e^{i\theta})u(e^{i\theta})^*\} \leqslant \\ &\leqslant \operatorname{trace}\{G(e^{i\theta})G(e^{i\theta})^*\}\|u(e^{i\theta})u(e^{i\theta})^*\|_2 = \|G(e^{i\theta})\|_F^2\,\|u(e^{i\theta})\|_2 \end{aligned}$$

其中 2 范数为欧式的, 对 $u \in L^2_m(\pi, \pi)$ 我们同样有

$$\|P^{z^{-1}H^2_m} G\hat{u}\|_2 \leqslant \|G\hat{u}\|_2 \leqslant \|G\|_{F,\infty}\|\hat{u}\|_2,$$

并且用 F 无穷范数可得 Hankel 范数更紧的上界

$$\|G\|_H \leqslant \|G\|_{F,\infty}\,. \tag{11.102}$$

满足如下关系的全通 $m \times m$ 传递函数 (方阵)

$$G(e^{i\theta})G(e^{i\theta})^* = G(e^{i\theta})^*G(e^{i\theta}) = \sigma^2 I$$

有无穷范数 $\|G\|_\infty = \sigma$ 以及 $\|G\|_{F,\infty} = \sqrt{m}\,\sigma$, 因此对 $m \times m$ 全通函数有

$$\|G\|_{F,\infty} = \sqrt{m}\|G\|_\infty, \tag{11.103}$$

并且若无穷范数用 $\frac{1}{\sqrt{m}}$ 乘以 F 无穷范数替代, 定理 11.5.4 和命题 11.5.5 中的所有误差界仍然成立.

现在我们针对离散时间情形来修改 Glover 于文献 [120] 所给的过程, 以此来获得“几乎最优”的近似, 并得到范数 $\|E\|_\infty$ 下的一个紧上界. 为此, 基本步骤是给出 $V^{-1}W_-$ 的一个适当的乘法分解, 这也相当于对 $W_-^{-1}V$ 做同样分解.

第一步是寻找 W_- 的一个度为 k 的解析近似 V, 使得相对误差的无穷范数

$$D := W_-^{-1}(W_- - V) = I - W_-^{-1}V \tag{11.104}$$

尽可能小. 注意 Θ 为全通,

$$\|D\|_\infty = \|\Theta D\|_\infty = \|\Theta - \bar{W}_+^{-1}V\|_\infty . \tag{11.105}$$

因此很自然地通过具有形式 $\bar{W}_+^{-1}V$ 的低度矩阵来考虑 Θ 的近似. 设 Θ_+ 和 $\hat{\Theta} := [\bar{W}_+^{-1}V]_+$ 分别表示 Θ 和 $\bar{W}_+^{-1}V$ 到 H^∞ 的投影 (即包含常数项的因果解析部分). 特别地, Θ_+ 依 (9.62) 所定义. 注意 $\bar{W}_+^{-1}$ 协解析, 基于部分分式展开的直接分析就知 $\hat{\Theta}$ 与 V 有相同的度 k. 因此, 注意 (11.91) 和定理 11.5.4, 就有

$$\|D\|_\infty \geqslant \|\Theta_+ - \hat{\Theta}\|_\infty \geqslant \|\Theta_+ - \hat{\Theta}\|_H \geqslant \sigma_{k+1}, \tag{11.106}$$

其中 σ_{k+1} 为 y 的第 $k+1$ 个标准相关系数.

我们现在证明 (11.106) 的下界当 $k = n-1$ 时可以达到. 设 $\hat{\Theta}_{n-1}$ 为 Θ_+ 的一个度为 $n-1$ 的最优 Hankel 范数近似. 此近似满足

$$\Theta_+ - \hat{\Theta}_{n-1} = \sigma_n \Delta_{n-1}, \tag{11.107}$$

其中 Δ_{n-1} 为内函数 (参考命题 11.5.5). 给定 Θ_+ 的最优 Hankel 范数近似 $\hat{\Theta}_{n-1}$, 接下来我们计算 W_- 的解析近似以使相对误差范数 $\|D\|_\infty$ 极小化. 首先需要如下引理.

引理 11.5.6 记 $\hat{V}_{n-1} := [\bar{W}_+\hat{\Theta}_{n-1}]_+$ 为 $\bar{W}_+\hat{\Theta}_{n-1}$ 的因果部分, 则

$$\bar{W}_+^{-1}(W_- - \hat{V}_{n-1}) = \sigma_n \Delta_{n-1}, \tag{11.108}$$

其中 Δ_{n-1} 为内函数. 此外,

$$\hat{D} := W_-^{-1}(W_- - \hat{V}_{n-1}) = \sigma_n Q_{n-1}, \tag{11.109}$$

其中 Q_{n-1} 为内的.

证 注意 $[\bar{W}_+\Theta_+]_+ = [\bar{W}_+(\bar{W}_+^{-1}W_- - \text{严格非因果项})]_+ = W_-$, 有 $(W_- - \hat{V}_{n-1}) = [\bar{W}_+(\Theta_+ - \hat{\Theta}_{n-1})]_+$, 因此由 (11.107) 可得

$$\bar{W}_+^{-1}(W_- - \hat{V}_{n-1}) = \bar{W}_+^{-1}[\bar{W}_+(\Theta_+ - \hat{\Theta}_{n-1})]_+ = \sigma_n \bar{W}_+^{-1}[\bar{W}_+\Delta_{n-1}]_+.$$

因而 $\bar{W}_+\Delta_{n-1}$ 解析且最后一项等于 $\sigma_n\Delta_{n-1}$. 事实上, 注意 (9.64) 和 (9.65),$\bar{W}$ 与 Θ_+^* 有相同极点, 所以若能证明 Θ_+^* 的极点同时也是 Δ_{n-1}^* 的极点并且也是 Δ_{n-1} 的零点, 就可得证 $\bar{W}\Delta_{n-1}$ 的解析性. 然而, 此结论可从 Glover[119, 公式 (6.25)] 中的构造方式得证, 其中证明了误差项 $\sigma_n\Delta_{n-1}$ 的极点动态为 Θ_+ 和 $\hat{\Theta}_{n-1}$ 极点动态之和. 从而 (11.108) 得证.

注意

$$\hat{D} := W_-^{-1}(W_- - \hat{V}_{n-1}) = W_-^{-1}\bar{W}_+\sigma_n\Delta_{n-1} = \sigma_n Q_{n-1},$$

其中 $Q_{n-1} := W_-^{-1}\bar{W}_+\Delta_{n-1}$ 为内的. 事实上, 上面已证 Q_{n-1} 为全通且 W_-^{-1} 和 $\bar{W}_+\Delta_{n-1}$ 为解析. 从而 (11.109) 得证. □

我们现在给出极小化相对误差范数 $\|D\|_\infty$ 的度为 $n-1$ 的一个解析近似和在谱密度下对应的相对误差 (11.100) 的界.

定理 11.5.7 设 W_- 和 $\bar{W}_+$ 为 Φ 的外谱因子和共轭外谱因子. 设 Θ 为相位函数 (11.99), D 为相对误差 (11.104). 定义 $\hat{V}_{n-1} := [\bar{W}_+\hat{\Theta}_{n-1}]_+$, 则 $V = \hat{V}_{n-1}$ 为下式的极小值点

$$\|D\|_\infty = \|\Theta - \bar{W}_+^{-1}V\|_\infty. \tag{11.110}$$

此外, 有下式成立

$$\|W_-^{-1}(W_- - \hat{V}_{n-1})\|_\infty = \sigma_n, \tag{11.111}$$

以及

$$\frac{\sigma_n}{1+\sigma_n} \leqslant \|\hat{V}_{n-1}^{-1}(W_- - \hat{V}_{n-1})\|_\infty \leqslant \frac{\sigma_n}{1-\sigma_n}. \tag{11.112}$$

最后, 定义 $V := \hat{V}_{n-1}$, 谱密度相对误差 (11.100) 满足

$$\|E\|_\infty \leqslant \frac{1}{(1-\sigma_n)^2} - 1. \tag{11.113}$$

证 (11.111) 从 (11.109) 直接可得. 改写 (11.109), 可知如下分解

$$W_- = \hat{V}_{n-1}(I - \sigma_n Q_{n-1})^{-1} \tag{11.114}$$

对度 $n-1$ 的 W_- 的最优解析近似成立. 因此有

$$R := \hat{V}_{n-1}^{-1}(W_- - \hat{V}_{n-1}) = (I - \sigma_n Q_{n-1})^{-1} - I = \sigma_n(I - \sigma_n Q_{n-1})^{-1}Q_{n-1}.$$

由于 Q_{n-1} 为全通函数, 可得

$$\sigma_n = \|(I - \sigma_n Q_{n-1})R\|_\infty \leqslant (1+\sigma_n)\|R\|_\infty,$$

由此可得 (11.112) 中的下界. 对上界我们首先注意

$$R = \sigma_n Q_{n-1} + \sigma_n^2 Q_{n-1}^2 + \sigma_n^3 Q_{n-1}^3 + \dots,$$

同时注意 Q_{n-1} 为内的, 因此有

$$\|R\|_\infty \leqslant \sigma_n + \sigma_n^2 + \sigma_n^3 + \dots = \frac{\sigma_n}{1-\sigma_n}.$$

最后, 为证 (11.113), 我们注意 $E = (R+I)(R+I)^* - I$, 因此有

$$\|E\|_\infty \leqslant (\|R\|_\infty + 1)^2 - 1 \leq \frac{1}{(1-\sigma_n)^2} - 1,$$

定理得证. □

注意 $\hat{V}_{n-1}$ 并非必定为外的, 但通过右乘一个适当的共轭内函数, 它可转换为 $\hat{V}_{n-1}\hat{V}_{n-1}^*$ 的外在谱因子, 记为 $\hat{W}_{n-1}$, 并且不增加其 McMillan 度 (见第 6.7 节).

推论 11.5.8 对 $V := \hat{W}_{n-1}$, 界 (11.113) 仍然成立.

证 设 $J := \hat{W}_{n-1}^{-1}\hat{V}_{n-1}$ 为 $\hat{V}_{n-1}$ 的内因子, 则

$$\hat{W}_{n-1}^{-1}W_- = J(I-\sigma_n Q_{n-1})^{-1} = (I-\sigma_n\tilde{Q}_{n-1})^{-1}J,$$

其中 $\tilde{Q}_{n-1} := JQ_{n-1}J^*$ 仍为全通的. 因此,$\tilde{R} := (I-\sigma_n\tilde{Q}_{n-1})^{-1} - I$ 满足

$$\|\tilde{R}\|_\infty \leqslant \frac{\sigma_n}{1-\sigma_n}.$$

注意 $E = (\tilde{R}+I)(\tilde{R}+I)^* - I$, 类似于上面的分析可得 (11.113). □

此过程可依如下方式迭代进行. 设 $\bar{W}$ 为近似谱密度 $\hat{V}_{n-1}\hat{V}_{n-1}^*$ 的共轭外谱因子, 寻找 $\hat{W}_{n-1}$ 的度 $n-2$ 的解析近似 $\hat{V}_{n-2}$ 使得相对误差的无穷范数最小化

$$D_2 := \hat{W}_{n-1}^{-1}(\hat{W}_{n-1} - \hat{V}_{n-2}). \tag{11.115}$$

易知, 上述过程可得到 (11.114) 的一个相似分解, 且此过程可不断重复直到获得所需的 McMillan 度为 k 的一个外函数 $\hat{W}_k$, 从而得到一个乘积分解

$$W_- = \hat{W}_k(I-\sigma_{k+1}\tilde{Q}_k)^{-1}\cdots(I-\sigma_n\tilde{Q}_{n-1})^{-1}K, \tag{11.116}$$

其中 $\tilde{Q}_k, \cdots, \tilde{Q}_{n-1}$ 为全通函数且 K 为内函数. 因此, 利用类似于推论 11.5.8 的证明过程, 我们可知利用 (逐步获得的) 最优近似 $V = \hat{W}_k$ 得到的相对误差 (11.100) 的界为

$$\|\hat{E}_k\|_\infty \leqslant (1+\sigma_{k+1})^{-2}\cdots(1+\sigma_n)^{-2} - 1\,. \tag{11.117}$$

注意若此公式中的 $\sigma_{k+1},\cdots,\sigma_n$ 充分小 (<< 1), 此界可由 $2(\sigma_{k+1}+\cdots+\sigma_n)$ 近似. 所以我们可对 L^∞ 模型近似构造一个有效的过程, 其用奇异值给出一个紧的误差界.

接下来我们考虑一个简单的模型降阶过程, 它给出了几乎相同的误差界.

§ 11.6 随机均衡截断

随机均衡截断由 Desai 和 Pal 提出, 它是指用低 McMillan 度的正实函数

$$\Psi_+(z) = C_1(zI - A_{11})^{-1}\bar{C}_1' + \frac{1}{2}\Lambda_0 \tag{11.118}$$

来逼近满秩过程 y 谱密度 Φ 的正实部分

$$\Phi_+(z) = C(zI - A)^{-1}\bar{C}' + \frac{1}{2}\Lambda_0. \tag{11.119}$$

这可由均衡和截断两步过程来实现. 我们首先通过应用推论 11.1.10 的变换 (11.39) 来均衡系统 (11.1), 从而获得随机均衡三元组 $(A, C, \bar{C})$. 然后通过首要子系统截断的方式, 从下式来计算维数 $r < n$ 的降阶三元组 $(A_{11}, C_1, \bar{C}_1)$

$$A = \begin{bmatrix} A_{11} & A_{12} \\ A_{21} & A_{22} \end{bmatrix}, \quad C = \begin{bmatrix} C_1 & C_2 \end{bmatrix}, \quad \bar{C} = \begin{bmatrix} \bar{C}_1 & \bar{C}_2 \end{bmatrix}, \tag{11.120}$$

并用下式来计算相应截断后的 Σ_1

$$\Sigma = \begin{bmatrix} \Sigma_1 & 0 \\ 0 & \Sigma_2 \end{bmatrix}. \tag{11.121}$$

基本的想法在于选择 $(A_{11}, C_1, \bar{C}_1)$ 的维数 r 使得 Σ_2 中被舍弃的标准相关系数 $\sigma_{r+1},\cdots,\sigma_n$ 比 Σ_1 中的 $\sigma_1,\cdots,\sigma_r$ 小得多. 这同样也可以解释子空间辨识逼近的基本思想, 其在于设置某些标准相关系数为零 (见第 13 章).

首先需要如下引理.

引理 11.6.1　设 $(A, C, \bar{C})$ 为正实矩阵函数 Φ_+ 随机均衡表示的最小实现, 则 A_{11} 为稳定矩阵, 即其所有特征值在单位圆周之内.

证　随机均衡实现 (11.33a) 的协方差矩阵 $P_- = \Sigma$ 满足 Lyapunov 方程

$$\Sigma = A\Sigma A' + B_- B_-'.$$

将 B_- 表示成分块矩阵 $\begin{bmatrix} B_1 \\ B_2 \end{bmatrix}$, 从而可得

$$\Sigma_1 = A_{11}\Sigma_1 A_{11}' + A_{12}\Sigma_2 A_{12}' + B_1 B_1'.$$

若 v 为 A_{11} 的特征向量且 λ 为相应特征值, 则有

$$(1 - |\lambda|^2) v^* \Sigma_1 v = v^*(A_{12}\Sigma_2 A_{12}' + B_1 B_1') \geqslant 0.$$

注意 $v^*\Sigma_1 v > 0$, 则 $|\lambda| \leqslant 1$. 若 $|\lambda| = 1$, 则 $v^* A_{12} = \bar{\lambda} v^*$ 以及 $v^* B_1 = 0$, 也即

$$(v^*, 0)[A - \bar{\lambda} I, B_-] = 0,$$

由上式可知 (A, B_-) 非可达, 注意 A 为稳定阵且 $\Sigma > 0$(参考命题 B.1.20) 就得矛盾. 因此 $|\lambda| < 1$, 引理得证. □

在本节我们证明了由随机均衡和截断构成的两步过程不仅保持了稳定性而且具有正实性, 由此可得正实逼近 Ψ_+. 然而与连续时间情形不同的是, 降阶三元组 $(A_{11}, C_1, \bar{C}_1)$ 一般不是均衡的.

因此启发我们首先考虑此问题对应的连续时间情形, 因为相比而言后者简单且具有更多所需的性质.

11.6.1 连续时间情形

回忆第 10.4 节内容, 有如下最小实现的 $m \times m$ 矩阵函数 Φ_+

$$\Phi_+(s) = C(sI - A)^{-1}\bar{C}' + \frac{1}{2}R, \tag{11.122}$$

针对右半平面为正实的充分必要条件是 A 为稳定阵 (即所有特征值都在左半开平面) 且存在对称阵 $P > 0$ 使得

$$M(P) := \begin{bmatrix} -AP - PA' & \bar{C}' - PC' \\ \bar{C} - CP & R \end{bmatrix} \geqslant 0, \tag{11.123}$$

此处我们假设 R 为对称正定. 此情形下, 存在 (11.123) 的两个解 P_- 和 P_+ 满足 (11.123) 的任意其他解都有

$$P_- \leqslant P \leqslant P_+. \tag{11.124}$$

此外, 有

$$\operatorname{rank} M(P_-) = m = \operatorname{rank} M(P_+). \tag{11.125}$$

与离散时间情形相同, 若选择状态空间变量使得 P_- 和 $\bar{P}_+ := P_+^{-1}$ 为相等的对角阵, 则由 (11.26) 知其与标准相关系数构成的对角阵 Σ 也相等, 我们称 $(A, C, \bar{C})$ 为随机均衡的.

假设 Φ_+ 严格正实, 即谱密度

$$\Phi(s) = \Phi_+(s) + \Phi_+(-s)' \tag{11.126}$$

为强制的, 即存在 $\epsilon > 0$ 对虚轴上的任意 s 有 $\Phi(s) \geqslant \epsilon I$. 与离散时间情形类似 (参考定理 9.4.2), 我们可以证明其与如下每个条件等价：(i) Φ 在虚轴无零点,(ii) $P_- < P_+$. 此外强制性蕴含 $R > 0$(参考 [88, 定理 4.17]).

定理 11.6.2 设 (11.122) 为 (连续时间意义下) 正实的, 并设 $(A, C, \bar{C})$ 为随机均衡表示. 若 $\sigma_{r+1} < \sigma_r$, 则首要子系统截断 (11.120) 得到的降阶系统 $(A_{11}, C_1, \bar{C}_1)$ 定义的如下函数为正实

$$\Psi_+(s) = C_1(sI - A_{11})^{-1}\bar{C}_1' + \frac{1}{2}R. \tag{11.127}$$

若 Φ_+ 为严正实, 则 Ψ_+ 也为严正实, 且 (11.127) 为具有随机均衡表示的最小实现.

证 与离散时间情形下的结论有所不同 (参考定理 11.6.4), 在此我们并不提供一个完全独立的证明.

首先注意到针对连续时间情形存在引理 11.6.1 的对应结论, 其中要求 $\sigma_{r+1} < \sigma_r$. 因此 A_{11} 为稳定阵 [152, 245].

注意

$$M(\Sigma) = \begin{bmatrix} -A_{11}\Sigma_1 - \Sigma_1 A_{11}' & * & \bar{C}_1' - \Sigma_1 C_1' \\ * & * & * \\ \bar{C}_1 - C_1\Sigma_1 & * & R \end{bmatrix} \geqslant 0, \tag{11.128}$$

其中在分析中不起作用的分块矩阵用星号表示, 我们有

$$M_1(\Sigma_1) = \begin{bmatrix} -A_{11}\Sigma_1 - \Sigma_1 A_{11}' & \bar{C}_1' - \Sigma_1 C_1' \\ \bar{C}_1 - C_1\Sigma_1 & R \end{bmatrix} \geqslant 0. \tag{11.129}$$

因此 Ψ_+ 为正定.

还需证明 Ψ_+ 为强制的并且 $(A_{11}, C_1, \bar{C}_1)$ 为随机均衡的, 即 $P_{1-} = \Sigma_1 = P_{1+}^{-1}$, 其中 P_{1-} 和 P_{1+} 为如下代数 Riccati 方程的解

$$A_{11}P_1 + P_1 A_{11}' + (\bar{C}' - P_1 C_1')R^{-1}(\bar{C}' - P_1 C_1')' = 0, \tag{11.130}$$

并使得 (11.130) 的任意其他解 P_1 都满足 $P_{1-} \leqslant P_1 \leqslant P_{1+}$. 为此, 注意 $M_1(\Sigma_1)$ 和 $M_1(\Sigma_1^{-1})$ 的秩为 m,Σ_1 和 Σ_1^{-1} 均满足 (11.130). 因此, 易证 $Q := \Sigma_1^{-1} - \Sigma_1$ 并满足

$$\Gamma_1 Q + Q\Gamma_1' + QC_1'R^{-1}C_1Q = 0, \tag{11.131}$$

其中

$$\Gamma_1 = A_{11} - (\bar{C}' - \Sigma_1 C_1')R^{-1}C_1. \tag{11.132}$$

由于 Φ 为强制的, 所以 $\Sigma^{-1} - \Sigma = P_+ - P_- > 0$ 并使得 $\sigma_1 < 1$. 因此 $Q > 0$, 由此进一步可得 (11.131) 等价于

$$\Gamma_1 Q^{-1} + Q^{-1}\Gamma_1 + C_1'R^{-1}C_1 = 0. \tag{11.133}$$

因为 (C_1, A_{11}) 可观测, 注意 (11.132), 可知 (C_1, Γ_1) 可观测. 此外, 注意 Lyapunov 方程 (11.133) 有正定解 Q^{-1}, 可知 Γ_1 为稳定矩阵. 因此 Σ_1 为 (11.130) 的最小正定解 P_{1-}. 依同样方式并利用后向设定, 我们可证 $\bar{P}_{1+} := P_{1+}^{-1} = \Sigma_1$. 所以就有 $(A_{11}, C_1, \bar{C}_1)$ 为随机均衡的. 注意 $P_{1+} - P_{1-} > 0$, 可知 Φ_1 为强制的.

在 [152] 中已证得 $(A_{11}, C_1, \bar{C}_1)$ 为 Ψ_+ 的最小实现. □

11.6.2 离散时间情形

我们回到离散时间情形. 回忆第 6.7 节, 若 $(A, C, \bar{C}, \frac{1}{2}\Lambda_0)$ 为 (11.119) 的最小稳定实现, 则矩阵函数 Φ_+ 为正实的充分必要条件是线性矩阵不等式

$$M(P) := \begin{bmatrix} P - APA' & \bar{C}' - APC' \\ \bar{C} - CPA' & \Lambda_0 - CPC' \end{bmatrix} \geqslant 0 \tag{11.134}$$

有对称解 $P > 0$.

假设 (11.119) 为正实并且 $(A, C, \bar{C})$ 为随机均衡三元组, 则有

$$M(\Sigma) = \begin{bmatrix} \Sigma_1 - A_{11}\Sigma_1 A_{11}' - A_{12}\Sigma_2 A_{12}' & * & \bar{C}_1' - A_{11}\Sigma_1 C_1' - A_{12}\Sigma_2 C_2' \\ * & * & * \\ \bar{C}_1 - C_1\Sigma_1 A_{11}' - C_2\Sigma_2 A_{12}' & * & \Lambda_0 - C_1\Sigma_1 C_1' - C_2\Sigma_2 C_2' \end{bmatrix} \geqslant 0,$$

其中在分析中不起作用的分块矩阵同样用星号表示. 相应地有

$$M_1(\Sigma_1) - \begin{bmatrix} A_{12} \\ C_2 \end{bmatrix} \Sigma_2 \begin{bmatrix} A_{12} \\ C_2 \end{bmatrix}' \geqslant 0, \tag{11.135}$$

其中

$$M_1(\Sigma_1) = \begin{bmatrix} \Sigma_1 - A_{11}\Sigma_1 A_{11}' & \bar{C}_1' - A_{11}\Sigma_1 C_1' \\ \bar{C}_1 - C_1\Sigma_1 A_{11}' & \Lambda_0 - C_1\Sigma_1 C_1' \end{bmatrix} \tag{11.136}$$

为对应于降阶三元组 $(A_{11}, C_1, \bar{C}_1)$ 的矩阵函数 (11.134), 因而有 $M(\Sigma_1) \geqslant 0$. 注意引理 11.6.1 可知 A_{11} 为稳定矩阵, 进而就得 (11.118) 为正实的. 注意此结论成立不需要连续时间情形下 $\sigma_{r+1} < \sigma_r$ 的假设.

为使 $(A_{11}, C_1, \bar{C}_1)$ 也为均衡的,Σ_1 须为 $M_1(P_1) \geqslant 0$ 的最小解 P_{1-}, 为此需要 $\operatorname{rank} M_1(\Sigma_1) = \operatorname{rank} M(\Sigma) = m$. 由于 (11.135) 中额外的半正定项 (总的来说此情形并不总是成立), 就有 $\Sigma_1 \geqslant P_{1-}$ 对应于外实现. 同样有 $\Sigma_1 \leqslant P_{1-}$.

为证 $(A_{11}, C_1, \bar{C}_1)$ 是最小的, 我们需要假设 Φ_+ 为严正实, 即

$$\Phi(z) = \Phi_+(z) + \Phi_+(z^{-1})' \tag{11.137}$$

为强制的 (参考第 9.4 节). 假设 y 满秩, 则有 $\Lambda_0 > 0$ 并且

$$P_+ - P_- > 0. \tag{11.138}$$

(参考定理 9.4.2). 此外, 由定理 6.6.1 就知

$$\Lambda_0 - CP_-C' > 0. \tag{11.139}$$

注 11.6.3 基于均衡表达的 $(A, C, \bar{C})$, 可得 $P_- = \Sigma = \bar{P}_+$, 同时注意 (6.23) 可得 $P_+ = \Sigma^{-1}$. 因此由 (11.138) 就得到 $\Sigma^{-1} > \Sigma$, 后一式成立的充分必要条件是 $\sigma_1 < 1$, 此条件又等价于 $\mathrm{H}^- \cap \mathrm{H}^+ = 0$. 因此, 给定满秩条件 $\Lambda_0 > 0$, 强制性等价于 y 的过去空间与将来空间仅有平凡的交集. 这就给出了定理 9.4.2 中某些结论的另一种证明.

定理 11.6.4 设 (11.119) 为正实的并设 $(A, C, \bar{C})$ 为随机均衡表达, 则经过首要子空间分解得到的降低 McMillan 度的函数 (11.118) 为正实. 若 Φ_+ 为严正实, 则 Ψ_+ 亦然, 并且 $(A_{11}, C_1, \bar{C}_1, \frac{1}{2}\Lambda_0)$ 为 Ψ_+ 的最小实现.

为证此结论首先需要如下引理.

引理 11.6.5 设 Φ_+ 为 (11.119) 给出的稳定传递函数, 其中 $\Lambda_0 > 0$, 但其中的 (C, A) 和 $(\bar{C}, A')$ 不必为可观. 设 (11.134) 有两个正定对称解 P_1 和 P_2, 并满足

$$P_2 - P_1 > 0, \tag{11.140}$$

则 Φ_+ 为严正实.

证 首先考虑 $(A, C, \bar{C})$ 为最小三元组的情形, 则 Φ_+ 为正实 (参考定理 6.108), 并且线性矩阵不等式 (11.134) 有最小解和最大解, 分别记为 P_- 和 P_+, 满足性质 $P_- \leqslant P_1$ 并且 $P_2 \leqslant P_+$. 注意 (11.140), 可知 $P_+ - P_- > 0$, 因此 Φ_+ 为严正实 (定理 9.4.2).

接下来我们把一般情形转化为上述情形. 若 (C, A) 不可观, 通过变换 $(A, C, \bar{C}) \to (QAQ^{-1}, CQ^{-1}, Q\bar{C}')$ 在状态空间中做坐标变换使得

$$C = \begin{bmatrix} \hat{C} & 0 \end{bmatrix}, \quad A = \begin{bmatrix} \hat{A} & 0 \\ * & * \end{bmatrix}, \quad \bar{C} = \begin{bmatrix} \hat{\bar{C}} & * \end{bmatrix},$$

其中 $(\hat{C}, \hat{A})$ 可观测. 若 P_1 和 P_2 有相应的表示

$$P_1 = \begin{bmatrix} \hat{P}_1 & * \\ * & * \end{bmatrix}, \quad P_2 = \begin{bmatrix} \hat{P}_2 & * \\ * & * \end{bmatrix},$$

则容易验证 $\hat{P}_1$ 和 $\hat{P}_2$ 满足将 $(A, C, \bar{C})$ 变为 $(\hat{A}, \hat{C}, \hat{\bar{C}})$ 而得到的线性矩阵不等式 (11.134) 的简化版本, 并且在新的设定下 (11.140) 成立, 即 $\hat{P}_2 - \hat{P}_1 > 0$. 我们去掉这些不可观测的模态, 注意 $\hat{P}_1^{-1}$ 和 $\hat{P}_2^{-1}$ 满足将 $(\hat{A}, \hat{C}, \hat{\bar{C}})$ 变换为 $(\hat{A}', \hat{\bar{C}}, \hat{C})$ 而得到的对偶线性矩阵不等式. 则变换状态空间的坐标使得下式成立

$$\hat{\bar{C}} = \begin{bmatrix} \tilde{\bar{C}} & * \end{bmatrix}, \quad \hat{A}' = \begin{bmatrix} \tilde{A}' & 0 \\ * & * \end{bmatrix}, \quad \hat{C} = \begin{bmatrix} \tilde{C} & 0 \end{bmatrix},$$

其中 $(\hat{\bar{C}}, \tilde{A}')$ 可观测, 并定义

$$\hat{P}_1^{-1} = \begin{bmatrix} \tilde{P}_1^{-1} & * \\ * & * \end{bmatrix}, \quad \hat{P}_2^{-1} = \begin{bmatrix} \tilde{P}_2^{-1} & * \\ * & * \end{bmatrix},$$

由上可见 $(\tilde{A}, \tilde{C}, \tilde{\bar{C}}, \frac{1}{2}\Lambda_0)$ 为 Φ_+ 的最小实现. 此外 $\tilde{P}_1$ 和 $\tilde{P}_2$ 满足相应的线性矩阵不等式 (11.134), 并在此设定下满足性质 (11.140). 因此问题转换为上面已证的情形. 引理得证. □

定理 11.6.4 的证明： 在上面我们已经证明降阶函数 (11.118) 为正实的. 还需证明若 Φ_+ 为严正实, 则 Ψ_+ 也为严正实, 并且在此情形下 $(A_{11}, C_1, \bar{C}_1, \frac{1}{2}\Lambda_0)$ 为 Ψ_+ 的最小实现.

由注记 11.6.3 知 Φ 的强制性意味着 $\Sigma^{-1} - \Sigma > 0$, 由此就得 $\Sigma_1^{-1} - \Sigma_1 > 0$ 以及 $\Lambda_0 > 0$. 此外, 根据构造方式可知 $M_1(\Sigma_1) \geqslant 0$ 以及 $M_1(\Sigma_1^{-1}) \geqslant 0$. 因此, 由引理 11.6.5 知, 若 Φ_+ 为严正实, 则 Ψ_+ 也为严正实.

为证最小性，我们首先证明 (C_1, A_{11}) 可观测，其余部分可经对称性得到. 由正则化条件 (11.139) 可得

$$\Lambda_0 - C_1\Sigma_1 C_1' \geqslant \Lambda_0 - C\Sigma C' > 0, \tag{11.141}$$

同时注意 $M_1(\Sigma_1) \geqslant 0$，可知 Σ_1 满足代数 Riccati 不等式

$$A_{11}P_1A_{11}' - P_1 + (\bar{C}_1' - A_{11}P_1C_1')(\Lambda_0 - C_1P_1C_1')^{-1}(\bar{C}_1' - A_{11}P_1C_1')' \geqslant 0, \tag{11.142}$$

但一般说来上式中的等号并不成立. 由于A_{11}稳定(参考引理 11.6.1)，可知(A_{11}', C_1')可稳定化. 由于 Φ 为强制的，基于前面已证的结论可知降低 McMillan 度的谱密度 Ψ 也为强制的. 因此，由定理 9.4.2 (参考第 6.9 节) 就知存在唯一的对称阵 $P_{1-} > 0$ 满足 (11.142) 中的等式，并且对此阵有下面矩阵稳定

$$\Gamma_{1-} := A_{11} - (\bar{C}_1' - A_{11}P_{1-}C_1')(\Lambda_0 - C_1P_{1-}C_1')^{-1}C_1.$$

注意 (11.141) 和命题 9.4.3，可知矩阵 Γ_{1-} 也非奇异. 回忆第 6.6 节和第 6.7 节，知 P_{1-} 为线性矩阵不等式 $M_1(P_1) \geqslant 0$ 的最小对称解，即任意其他的对称解 P_1 都满足 $P_1 \geqslant P_{1-}$. 同样可知 $M_1(\Sigma_1^{-1}) \geqslant 0$. 接下来，注意 $\Sigma_1^{-1} - \Sigma_1 > 0$，可知 $Q := \Sigma_1^{-1} - P_{1-} > 0$. 通过冗长但直接的计算就知 Q 满足

$$\Gamma_{1-}(Q^{-1} - C_1'R^{-1}C_1)^{-1}\Gamma_{1-}' - Q \geqslant 0,$$

由此就得

$$Q^{-1} - C_1'R^{-1}C_1 - \Gamma_{1-}'Q^{-1}\Gamma_{1-} \leqslant 0. \tag{11.143}$$

设 (C_1, A_{11}) 不可观. 从而存在非零 $a \in \mathbb{C}^r$ 和 $\lambda \in \mathbb{C}$ 使得 $[C_1, \lambda I - A_{11}]a = 0$，同时注意 (11.143) 就知

$$(1 - |\lambda|^2)a^*Q^{-1}a \leqslant 0.$$

但 λ 为稳定矩阵 A_{11} 的特征值，从此就得 $|\lambda| < 1$，进一步就知 $a = 0$，这与假设矛盾. 因而 (C_1, A_{11}) 可观测. □

总的来说，最小随机实现 (11.29) 的均衡随机截断包括如下几步. 首先对协方差矩阵 P 求解 Lyapunov 方程 (6.9)，从 (6.20) 来确定 $\bar{C}$ 并令 $\Lambda_0 := CPC' + DD'$. 进而分别计算线性矩阵不等式 (6.102) 和 (6.111) 的最小解 P_- 和 $\bar{P}_+$. 然后如推论 11.1.10 方式来均衡三元组 $(A, C, \bar{C})$，并执行首要子系统截断 (11.120).

我们从 [300] 引用一个关于模型降阶过程相对误差的估计量但不证明. 对比 (11.112)，可见对度为 1 的降阶，上界两倍于 Hankel 范数近似，而下界同样更大.

命题 11.6.6 设 W 为 (11.29) 的传递函数, 设 V_r 是经随机均衡截断得到的度为 r 的近似, 则

$$\sigma_{r+1} \leqslant \|W^{-1}(W - V_r)\|_\infty \leqslant \prod_{k=r+1}^{n} \frac{2\sigma_k}{1-\sigma_k}, \tag{11.144}$$

其中 $\sigma_1, \sigma_2, \cdots, \sigma_n$ 为W的奇异值.

在 [299] 中已证相同的估计对连续时间情形也成立.

11.6.3 离散时间模型的均衡截断

一个尚存的问题在于在离散时间下是否存在某个均衡的降阶过程, 其同时保持正性和均衡性. 连续时间情形下上述问题有肯定的答案, 但降阶系统不能为简单的首要子系统截断.

定理 11.6.7 设 (11.119) 为严正实, 设 $(A, C, \bar{C})$ 为随机均衡表达. 此外, 给定分割 (11.120) 使得 $\sigma_{r+1} < \sigma_r$, 设

$$\begin{aligned}
A_r &= A_{11} - A_{12}(I + A_{22})^{-1}A_{21}, \\
C_r &= C_1 - C_2(I + A_{22})^{-1}A_{21}, \\
\bar{C}_r &= \bar{C}_1 - \bar{C}_2(I + A'_{22})^{-1}A'_{12}, \\
\Lambda_{r0} &= \Lambda_0 - C_2(I + A_{22})^{-1}\bar{C}'_2 - \bar{C}_2(I + A'_{22})^{-1}C'_2,
\end{aligned}$$

则 $(A_r, C_r, \bar{C}_r, \Lambda_{r0})$ 为如下严正实函数的一个最小实现

$$(\Phi_r)_+(z) = C_r(zI - A_r)^{-1}\bar{C}'_r + \frac{1}{2}\Lambda_{r0}. \tag{11.145}$$

此外,$(A_r, C_r, \bar{C}_r, \Lambda_{r0})$ 为随机均衡并有标准相关系数 $\sigma_1, \sigma_2, \cdots, \sigma_r$.

为了理解为何此降阶系统不能同时保持正性和均衡性, 首先注意

$$T = \begin{bmatrix} I & -A_{12}(I + A_{22})^{-1} & 0 \\ 0 & I & 0 \\ 0 & -C_2(I + A_{22})^{-1} & I \end{bmatrix},$$

因而可得

$$TM(\Sigma)T' = \begin{bmatrix} \Sigma_1 - A_r\Sigma_1A'_r & * & \bar{C}'_r - A_r\Sigma_1C'_r \\ * & * & * \\ \bar{C}_r - C_r\Sigma_1A'_r & * & \Lambda_{r0} - C_r\Sigma_1C'_r \end{bmatrix},$$

相应的地, 若 $M_r(P)$ 对应于降阶系统的矩阵函数 (11.134), 则 $M_r(\Sigma_1) \geqslant 0$ 并且 $\operatorname{rank} M_r(\Sigma_1) \leqslant \operatorname{rank} M(\Sigma)$.

为证定理 11.6.7, 首先注意 $(A_r, C_r, \bar{C}_r, \Lambda_{r0})$ 为将 $(A, C, \bar{C}, \Lambda_0)$ 通过适当的线性分式变换转化为连续时间情形下的矩阵后，再经降阶，然后再变换为离散时间下的相应矩阵.

证 众所周知, 经双线性变换 $s = \frac{z-1}{z+1}$ 可使离散时间的设定转换为连续时间的设定, 此双线性变换将单位圆盘映射到左半平面并且使得

$$\Phi_+^c(s) = \Phi_+^d\left(\frac{1+s}{1-s}\right) \tag{11.146}$$

为连续时间意义下正实的充分必要条件是 Φ_+^d 为离散时间意义下正实的. 可证 (参考文献 [88, 119]) 若 $(A_d, C_d, \bar{C}_d, \frac{1}{2}\Lambda_0)$ 和 $(A_c, C_c, \bar{C}_c, \frac{1}{2}R)$ 分别是 Φ_+^d 和 Φ_+^c 的实现, 则

$$\begin{cases} A_c = (A_d + I)^{-1}(A_d - I), \\ C_c = \sqrt{2}C_d(A_d + I)^{-1}, \\ \bar{C}_c = \sqrt{2}\bar{C}_d(A_d' + I)^{-1}, \\ R = \Lambda_0 - C_d(A_d + I)^{-1}\bar{C}_d' - \bar{C}_d(A_d' + I)^{-1}C_d', \end{cases} \tag{11.147}$$

并且反之有

$$\begin{cases} A_d = (I - A_c)^{-1}(I + A_c), \\ C_d = \sqrt{2}C_c(I - A_c)^{-1}, \\ \bar{C}_d = \sqrt{2}\bar{C}_c(I - A_c')^{-1}, \\ \Lambda_0 = R + C_c(I - A_c)^{-1}\bar{C}_c' + \bar{C}_c(I - A_c')^{-1}C_c', \end{cases} \tag{11.148}$$

在此变换下可观 Gram 矩阵和可构造 Gram 矩阵 (即 $(\bar{C}, A')$ 的可观测 Gram 矩阵) 被保留并使 $(A_d, C_d, \bar{C}_d, \frac{1}{2}\Lambda_0)$ 为最小实现的充分必要条件是

$(A_c, C_c, \bar{C}_c, \frac{1}{2}R)$ 为最小实现 (参考文献 [119, p. 1119]). 此外, 强制性被保留并且相应线性矩阵不等式 (11.123) 和 (11.134) 的解集相同.(这是由于 P 为谱因子的可达 Gram 矩阵且此 Gram 矩阵也被保留.)

因此, 定理 11.6.7 是定理 11.6.2 的直接结论. 事实上, 将定理 11.6.7 的问题经过 (11.147) 转换为连续时间下的设定时, 定理 11.6.2 的所有条件都满足. 进而在连续时间设定下执行首要子空间分解, 并将降阶正实函数经 (11.148) 转换回离散时间情形, 结论即可得证. □

§ 11.7 相关文献

第 11.1 节和第 11.2 节来自文献 [207], 但第 11.1 节重新改写并突出带有几何性、坐标无关的结构. 标准相关系数的概念首先由 Hotelling 在文献 [146] 中引入, 其后被 Akaike [6] 广泛使用. 随机均衡首先由 Desai 和 Pal 在文献 [73–75] 中用将对偶代数 Riccati 方程 (11.35) 最小解 P_- 和 $\bar{P}_+$ 同时对角化的方法引入. 在本章中我们采取了一个对偶基底一致选择的更一般的方式. 对可观性和可构造性 Gram 矩阵可参考 [256]. 关于标准相关分析理论的早期文献, 可参考第 2 章文献注记部分.

定理 11.3.5 可参考文献 [228] (引理 5.1) 以及文献 [288] (公式 (E.12)). 本文所给的证明重新梳理过.

对一般传递函数 (不必为有理) 的 Hankel 范数近似问题首先由 Adamjan,Arov 和 Krein 在文献 [1, 3] 中提出. 有理函数的最优 Hankel 范数近似的基本参考文献是 Glover 的论文 [119]. 第 11.5 节关于相对误差极小化的过程可参考 Glover [120].

第 11.6 节主要来自 [207]. 随机均衡截断首先由 Desai 和 Pal 在文献 [73, 74] 中给出, 其中还给出了若干公开问题. 基于随机实现的框架, Harshavaradana, Jonckheere 和 Silverman [152] 证明了 (11.127) 为正实函数的最小实现并猜测 $(A_{11}, C_1, \bar{C}_1)$ 为 (连续时间下的) 随机均衡. 这个猜测由 Green 在 [125] 中完全证明.402 页的引理是 Pernebo 和 Siverman 在文献 [245] 中结论的离散版本. 命题 11.6.6 给出的估计值归于 Wang 和 Safanov [300] ([299] 针对连续时间情形), 并且比 Green [126] 中的结论更加精细. 对标准型框架下均衡的一般化处理, 还可参考 Ober [234]. 引理 11.6.1 本质上归于文献 [245].